无机材料合成与制备

主　编　朱继平　闫　勇

副主编　李家茂　罗派峰

冒爱琴　王庆平

合肥工业大学出版社

前　言

　　回顾已经过去的二十世纪,您可以发现新材料从来没有像今天这样广泛而深刻地影响着我们的社会、生活、观念,而且这种影响仍在继续深化。无机材料合成与制备主要从材料科学的角度看问题,把无机材料研究中有关合成与制备的内容集中起来加以分析、综合以及提升,是研究无机材料制备、组成、结构、性质和应用的科学。

　　本书分为经典合成方法,软化学合成方法,特殊合成方法,无机薄膜材料与制备技术,先进陶瓷与新型耐火材料的制备,晶体、非晶态材料的制备,功能信息材料的制备和新能源材料的制备及应用等九章。其中,第1章内容包括无机材料的高温合成,低温合成及高压合成;第2章内容包括溶胶-凝胶法,前驱物法,水热/非水溶剂热合成法,低热固相反应法,化学气相沉积法及插层反应与支撑接枝工艺法;第3章内容包括电解合成,光化学合成,微波合成及自蔓延高温合成;第4章内容包括薄膜的形成与生长,薄膜的物理制备方法,薄膜的化学制备方法,典型薄膜材料简介;第5章内容包括先进陶瓷粉体的制备,先进陶瓷的成型、烧结,新型耐火材料;第6章内容包括晶体生长基础,晶体的生长方法和技术,水热法在合成无机晶体中的应用;第7章内容包括非晶态材料的结构、制备技术,非晶合金的形成理论、形成规律,非晶合金的性能及应用;第8章内容包括微电子材料,光电子材料,新型元器件材料;第9章内容包括锂离子电池材料,太阳能电池材料,燃料电池材料等。

　　本书的特点是:

　　① 选择组织内容的时候,尽量反映前沿领域的新知识、新成果、新应用;

　　② 在呈现内容的时候,关注科学思路以及方法的介绍,注意兼顾科学性和可读性;

　　③ 综合考虑了无机材料的制备、结构、性质和应用的关系,体现了实用为主、够用为度的原则,特别适合材料科学与工程专业少学时教学的特点。

　　本书适合高等学校材料、化工、环境、生命等相关学科的师生作为选修课教材和参考读物;也适用于材料化学专业研究生的教材。

　　本书第1章由安徽工业大学闫勇编写,第2章、第9章由合肥工业大学朱继平编写,第3章、第8章由安徽理工大学王庆平编写,第4章由合肥工业大学罗派峰编写,第5章由安徽工业大学冒爱琴编写,第6章、第7章由安徽工业大学李家茂编写。

　　由于作者本身水平和视野所限,本书难免存在一些不当甚至错误之处,恳切地希望读者予以指正。

编者

2009 年 12 月

目　　录

第1章　经典合成方法

1.1　高温合成

高温合成并不是一个崭新的领域,古代的人们就已知道燃烧现象。然而,称其为一种合成技术则是指人们能够在大的容积空间里长时间地保持高达数千度的温度,以及能够通过各种脉冲技术(如激光脉冲、冲击波、爆炸和放电)产生短时间的极高温度(可高达 10^6 K)。现今高温合成已经发展成为无机材料合成,尤其是无机固体材料合成所特有的合成方法,在现代生产和科技领域中占有重要地位。例如,超高硬度和强度的钻头和刀具,应用于航天领域的耐高温、耐冲击材料及先进陶瓷材料等都是通过高温手段合成的,所以高温合成技术是无机材料合成中必须掌握的一项技术。

1.1.1　高温的获得和测量

高温技术是无机合成的一个重要手段,许多和无机合成有关的化学反应往往都是在高温下进行的,特别在合成一些新型无机高温材料时,要求达到的温度越来越高。例如高熔点金属粉末的烧结、难熔化合物的熔化和再结晶、陶瓷材料的烧结等都需要很高的温度。为了进行无机材料的高温合成,就需要一些能符合不同要求并能产生高温的设备和手段。

实验室中,大家熟知的加热设备是煤气灯、酒精灯、酒精喷灯,它们是通过煤气和酒精的燃烧来产生高温。此外还常用电炉、半球形的电热套来作为加热设备,它们利用电阻丝通电来获得高温。但上述几种设备通常只能产生几百度的高温,例如用煤气灯可以把较小的坩埚加热到 700℃～800℃,难于满足无机材料合成中对温度的更高要求。表 1-1 列出了一些产生高温的方法及其所能达到的温度。

表 1-1　获得高温的各种方法和达到的温度

获得高温的方法	温度/K
各种高温电阻炉	1273～3273
聚焦炉	4000～6000
闪光放电	＞4273
等离子电弧	20000
激光	10^5～10^6
原子核的分离和聚变	10^6～10^9
高温粒子	10^{10}～10^{14}

上面这些获得高温的手段中,最常用的是高温电阻炉。

1. 高温电炉

高温电阻炉就用途不同可区分为工业炉和实验用炉。工业炉又分为冶金用炉、硅酸盐窑炉等。高温炉的炉体是由各种耐火材料砌成,能源可采用固体、气体、液体、电,现代工业生产多采用火焰窑炉,但电炉与火焰炉相比有许多优点,如清洁环保、热效率高、炉温调控精确、便于实验工艺的控制等,所以实验室常用的加热炉基本都是电炉。根据加热方式的不同,电炉有电阻炉、感应炉、电弧炉、电子束炉等。

(1)电阻炉　当电流流过导体时,因为导体存在电阻,于是产生焦耳热,就成为电阻炉的热源。一般电阻发热材料的电阻值比较稳定,因此在稳定电源作用下,并具备稳定的散热条件,则电阻炉的温度比较容易控制。电阻炉设备简单,使用方便,温度性能好,故在实验室和工业中最为常用。另外,电阻发热材料不同,电阻炉所能达到的高温限度也会有所不同。

(2)感应炉　在线圈中放一导体,当线圈中通以交流电时,在导体中便感应出电流,借助于导体的电阻而发热。此感应电流称为涡流。由于导体的电阻小,涡流很大;又由于交流的线圈产生的磁力线不断改变方向,感应涡流也会不断改变方向,新感应的涡流受到反向涡流的阻滞,就导致电能转化为热能,使被加热物体很快加热并达到高温。感应加热时无电极接触,便于被加热体系密封和气氛控制。另外,感应炉操作起来也很方便,并且十分清洁。感应炉按其工作电源频率的不同有中频和高频之分,前者多用于工业熔炼,后者多用于实验室。目前感应加热主要用于粉末热压烧结和金、银、铜、铁、铝等金属的真空熔炼等。

(3)电弧炉和等离子炉　电弧炉是利用电弧弧光为热源加热物质的,广泛应用于工业熔炼炉,可熔炼金属,如钛、锆等,也可用于制备高熔点化合物,如碳化物、硼化物以及低价氧化物等。在实验室中,为了熔化高熔点金属,常使用小型电弧炉。等离子炉是利用工作气体被电离时产生的等离子体来进行加热或熔炼的电炉。把工作气体通入等离子枪中,枪中有产生电弧或高频(5~20MHz)电场的装置,工作气体受作用后电离,生成由电子、正离子以及气体原子和分子混合组成的等离子体。等离子体从等离子枪喷口喷出后,形成高速高温的等离子弧焰,温度比一般电弧高得多。最常用的工作气体是氩气,它是单原子气体,容易电离,而且是惰性气体,可以保护物料。工作温度可高达20000℃;用于熔炼特殊钢、钛和钛合金、超导材料等。

(4)电子束炉　电子束炉是利用高速电子轰击炉料时产生的热能来进行熔炼的一种电炉,可产生3500℃以上的高温,用来熔炼在熔化时蒸气压低的金属材料或蒸气压低而高温时能够导电的非金属材料。主要用来熔炼钨、钼、钽、铌、锆、铪等难熔金属。在直流高压下,电子冲击会产生X光辐射,对人体有害,故一般不希望采用过高的电子加速电压。电子束炉比电弧炉的温度容易控制,但它仅适用于局部加热和在真空条件下使用。

图1-1~图1-4为各种电炉的结构示意图。

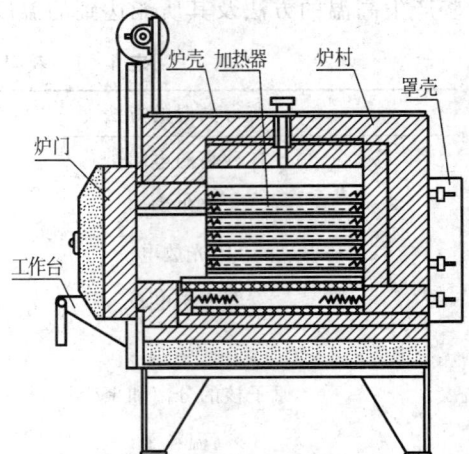

图1-1　箱形电阻炉结构示意图

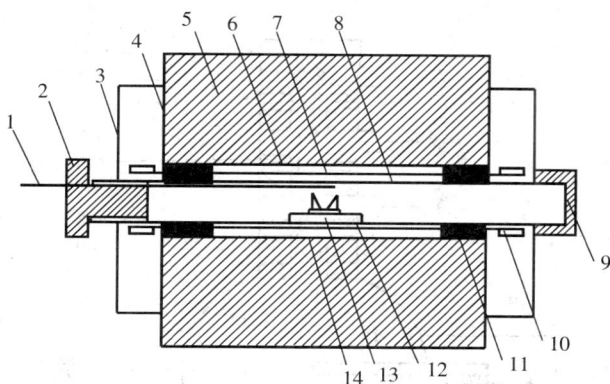

图 1-2 硅碳管电炉结构示意图

1. 热电偶 2. 保温塞头砖 3. 散热防护罩 4. 炉壳 5. 氧化铝空心球扇形保温砖
6. 刚玉外套管 7. 硅碳管 8. 刚玉内套管 9. 观测管盖 10. 接线电极
11. 柔性石墨箔 12. 刚玉舟 13. 锥台及试锥 14. 石墨粉

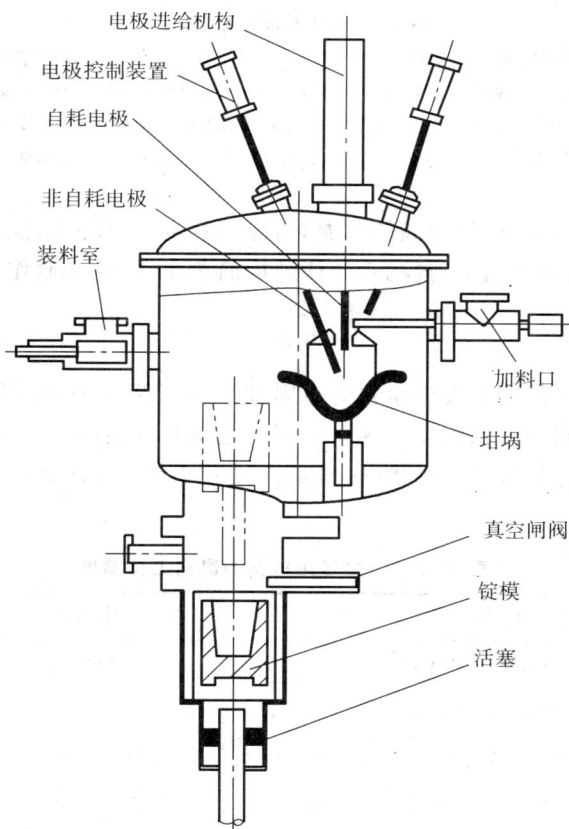

图 1-3 真空电弧炉示意图

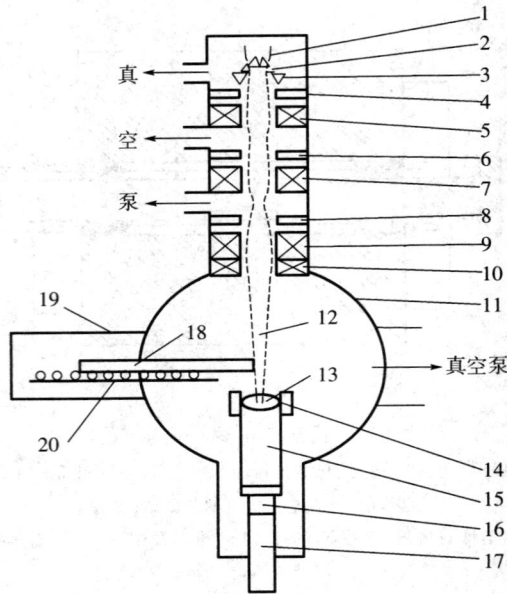

图 1-4　电子束炉结构简图

1. 钨丝阴极　2. 阻极　3. 聚束极　4. 加速阳极　5. 一次磁聚焦透镜
6. 栏孔板　7. 二次磁聚焦透镜　8. 栏孔板　9. 二次磁聚焦透镜　10. 磁偏转扫描透镜
11. 炉体　12. 电子束流　13. 熔池　14. 水冷铜坩埚(结晶器)　15. 凝固的金属锭
16. 锭座　17. 拖锭杆　18. 原料棒　19. 给料箱　20. 给料装置

　　总体来说,应用于无机材料合成的高温炉,应当具备以下特点:能达到足够高的温度,有合适的温度分布;炉温易于测量与控制;炉体结构简单灵活,便于制作;炉膛易于密封与气氛调整。

　　2. 电阻发热材料

　　制造电阻炉加热元件用的发热材料有金属和非金属两大类,应用不同的电阻发热材料可以使电阻炉得到不同的高温限度。现将不同电阻材料的最高工作温度列于表 1-2 中,应该注意的是一般使用温度应低于电阻材料最高工作温度,这样就可延长电阻材料的使用寿命。

表 1-2　电阻发热材料的最高工作温度

电阻材料	最高工作温度/℃	备注
镍铬丝(80%Ni,20%Cr)	1060	
镍铬铁丝(60%Ni,16%Cr,24%Fe)	950	
堪塔耳(25%Cr,6.2%Al,19%Co,余Fe)	1250~1300	
第10号合金(37%Cr,7.5%Al,55.5%Fe)	1250~1300	
硅碳棒	1400	
铂丝	1400	

（续表）

电阻材料	最高工作温度/℃	备注
铂 90％铑 10％合金丝	1540	
钼丝	1650	真空
硅化钼棒	1700	
钨丝	1700	真空
钽丝	2000	真空
$ThO_2 85％，CeO_2 15％$	1850	
$ThO_2 85％，La_2O_3 15％$	1950	
ZrO_2	2400	
石墨棒	2500	真空
钨管	3000	真空
碳管	2500	

（1）Ni－Cr 和 Fe－Cr－Ni 合金发热体　在空气中，1000℃～1500℃高温范围内使用最多的发热元件。它们具有抗氧化、价格便宜、易加工、电阻大和电阻温度系数小的特点。Ni－Cr 和 Fe－Cr－Ni 合金有较好的抗氧化性，在高温下由于空气的氧化能生成 CrO、$NiCrO_4$ 致密的氧化膜，能阻止空气对合金的进一步氧化。为了不使保护膜受到破坏，此类发热体不能在还原气氛下使用；此外还应尽量避免与碳、硫酸盐、水玻璃、石棉以及有色金属及其氧化物接触。发热体也不能急剧地升降温，以防致密的氧化膜产生裂纹或脱落，起不到保护的作用。实验室用的 Ni－Cr 或 Fe－Cr－Ni 合金发热体大部分制成直径为 0.5mm～3mm 的丝状，并绕在耐火炉管外侧；也有的绕在待制炉膛的沟槽中。

（2）Mo、W、Ta 发热体　在高真空和还原气氛下，金属发热材料如 Mo、W、Ta 等，已被证明是适用于产生高温的。W 在常温下很稳定，但在空气中加热后便氧化成 WO_3。通常采用钨丝或钨棒作为加热元件，可获得 2000℃以上的高温。与钨相比，钼的密度小，价格便宜，加工性能好，广泛用于获得 1600℃～1700℃高温的发热元件。钼有较高的蒸气压，故在高温下长时间使用，会因基体挥发而缩短发热元件的寿命。同时钼在高温下极易氧化生成 MoO_3 而挥发，因此气氛中的氧应尽量去除。实验室中的钼丝炉，一般都是将钼丝直接绕在刚玉炉管上，因此钼丝炉能达到的最高温度会受到炉管的限制。钼丝炉一般要求有足够缓慢的升降温速度，以防刚玉炉管炸裂。钽不能在氢气中使用，因为它会吸氢而使性能变坏。钽比钼熔点高，比钨加工性能好，在真空或惰性气氛中稳定，但价格较贵。

（3）碳化硅发热体　是由 SiC 粉加黏结剂成形后烧结而成的。其在空气中可使用到 1600℃，一般使用到 1450℃左右，是一种比较理想的高温电热材料。碳化硅发热体通常被制成棒状和管状，并称为硅碳棒和硅碳管。硅碳棒有不同规格，可以灵活地放置在炉膛内需要的位置。缺点是炉内温度分布不够均匀，并且各支硅碳棒电阻匹配困难。相比之下，使用硅碳管电热体，炉膛的温度分布更均匀。

（4）二硅化钼发热体　在高温下具有良好的抗氧化性，空气中可安全使用到 1700℃，在氮气和惰性气氛中,最高使用温度将下降,不能在氢气或真空中使用。另外,二硅化钼发热体不宜在低于 1000℃ 下长时间使用,以防产生"$MoSi_2$ 疫"。二硅化钼发热体通常制成棒状或 U 形两种,大多在垂直状态下使用。若水平使用,必须用耐火材料支持发热体,但最高使用温度不能超过 1500℃。二硅化钼在常温下很脆,安装时应特别小心,以免折断,并要留有一定的伸缩余地。

(5)石墨发热体　用石墨作为电阻发热材料,在真空下可以达到相当高的温度,但需注意使用的条件,如在氧化或还原气氛下,则很难去除石墨上吸附的气体,而使真空度不易提高,并且石墨常能与周围的气体形成挥发性的物质,使需要加热的物体受到污染,而石墨本身在使用过程中逐渐损耗。

(6)氧化物发热体　在氧化气氛中,氧化物发热体是最为理想的加热材料。ZrO_2、ThO_2 等氧化物作为发热体在空气中能使用到 1800℃ 以上。ZrO_2、ThO_2 具有负的电阻温度系数,它们在常温下具有很大的电阻值,以致无法直接通电加热。实际上,在氧化物通电之前,先采用其他发热体把它加热到 1000℃ 以上,使其电阻大为下降,此时才能对氧化物通电加热升温。因此,使用氧化物电热体的高温炉需要配备两套供电系统。铬酸镧是以 La-CrO_3 为主要成分的高温电炉发热体,是利用 $LaCrO_3$ 的电子导电性的氧化物发热体。其特点是:热效率高,单位面积发热量大;发热体表面温度可长时间保持在 1900℃,炉内有效温度可达 1850℃;在大气、氧化气氛中可以稳定使用;使用方法简单,电极安全可靠;较容易得到较宽的均热带,易于实现高精度的温度控制。通常 $LaCrO_3$ 发热体是棒状的,适于制作管式炉。

3. 高温的测量

测温仪表分为接触式和非接触式两大类。接触式可以直接测量被测对象的真实温变,非接触式只能获得被测对象的表观温度。一般非接触式测温仪表精度低于接触式。测温仪表的主要类型见图 1-5。实验室中最常用的是热电偶。

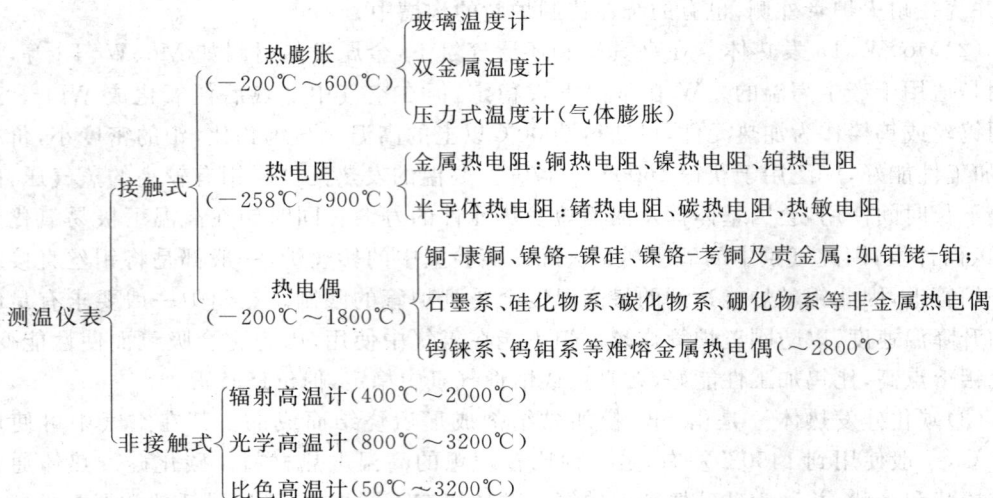

测温仪表
- 接触式
  - 热膨胀（−200℃～600℃）
    - 玻璃温度计
    - 双金属温度计
    - 压力式温度计（气体膨胀）
  - 热电阻（−258℃～900℃）
    - 金属热电阻:铜热电阻、镍热电阻、铂热电阻
    - 半导体热电阻:锗热电阻、碳热电阻、热敏电阻
  - 热电偶（−200℃～1800℃）
    - 铜-康铜、镍铬-镍硅、镍铬-考铜及贵金属:如铂铑-铂;
    - 石墨系、硅化物系、碳化物系、硼化物系等非金属热电偶
    - 钨铼系、钨钼系等难熔金属热电偶（～2800℃）
- 非接触式
  - 辐射高温计（400℃～2000℃）
  - 光学高温计（800℃～3200℃）
  - 比色高温计（50℃～3200℃）

图 1-5　测温仪表的主要类型

(1)热电偶高温计　是以热电偶作为测温元件,以测得与温度相对应的热电动势,再通过仪表显示温度。它是由热电偶、测量仪表及补偿导线构成的,具有如下特点:

① 体积小,重量轻,结构简单,易于装配维护,使用方便。

② 主要作用点是由两根线连成的很小的热接点,两根线较细,所以热惰性很小,有良好的热感度。

③ 能直接与被测物体相接触,不受环境介质如烟雾、尘埃、水蒸气等影响而产生误差,具有较高的准确度,可保证在预期的误差以内。

④ 测温范围较广,一般可在室温至 2000℃ 左右应用,某些情况可达 3000℃。

⑤ 测量讯号可远距离传送,并由仪表迅速显示或自动记录,便于集中管理。

但是热电偶在使用中,还需注意避免受到污染、侵蚀和电磁的干扰,同时要求有一个不影响其热稳定性的环境。例如有些热电偶不宜置于氧化气氛中,但有些又应避免还原气氛。在不合适的气氛环境中,应以耐热材料套管如刚玉管将其密封,并用惰性气体加以保护,但这样会在一定程度上影响它的灵敏度。

热电偶材料有纯金属、合金和非金属半导体等。纯金属的均质性、稳定性和加工性一般较好,但热电势并不太大;用作热电偶的某些特殊合金热电势较大,具有适用于特定温度范围的测量,但均质性、稳定性通常都低于纯金属。非金属半导体一般热电势都大得多,但制成材料较为困难,因而用途受到局限。纯金属和合金的高温热电偶一般可用于室温至 2000℃ 的高温,某些合金的应用范围可高达 3000℃。常用的高温热电偶材料有 Pt、Rh、Ir、W 等纯金属和含 Rh 较高的 Pt - Rh 合金、Ir - Rh 合金和 W - Rh 合金。

(2)光学高温计　它是利用受热物体的单波辐射强度(即物体的单色亮度)随温度升高而增加的原理来进行高温测量的。使用热电偶测量温度虽然简便可靠,但也存在一些限制。如热电偶必须与测量的物体接触,热电偶的热电性质和保护管的耐热程度等使热电偶不能长时间地用于很高温度的测量,在这方面光学高温计具有显著的优势:

① 不需要同被测物体接触,同时也不影响被测物体的温度场。

② 测量温度极高,范围较大(700℃~6000℃)。

③ 精确度较高,在正确使用的前提下,误差可小到 ±10℃,且使用简便,测量迅速。

1.1.2　高温合成反应类型

很多无机合成和材料制备反应需要在高温条件下进行。主要的合成反应类型如下:

(1)高温下的固相合成反应,也叫制陶反应。如各种陶瓷材料、金属陶瓷、金属氧化物以及复合氧化物等均是借高温下固相反应来合成的。

(2)高温下的化学转移反应。

(3)高温下的固-气合成反应。如金属化合物借 H_2、CO 甚至碱金属蒸气在高温下的还原反应,金属或非金属的高温氧化、氯化反应等等。

(4)高温熔炼和合金制备。

(5)高温下的相变合成。

(6)高温熔盐电解。

(7)等离子体、激光、聚焦等作用下的超高温合成。

(8)高温下的单晶生长和区域熔融提纯。

以上反应类型在相关章节将会涉及。在此,主要介绍前面两种,首先介绍高温固相反应,随后叙述高温下的化学转移反应。

1.1.3　高温固相反应

　　高温固相反应是一类很重要的高温合成反应,它不需要使用溶剂,具有高选择性、高产率、工艺过程简单等优点,已成为人们制备新型固体材料的主要手段之一。一大批具有特种性能的无机功能材料和化合物,如为数众多的各类复合氧化物、含氧酸类、二元或多元的金属陶瓷(碳、硼、硅、磷、硫族等化合物)等等,都是通过高温下(一般 1000℃~1500℃)反应物固相间的直接反应合成而得到的,因此这类反应具有重要的实际应用背景。

　　1. 基本原理

　　高温固相反应本身具有明显的特点,下面通过一具体的实例:$MgO(s) + Al_2O_3(s) \rightarrow MgAl_2O_4(s)$来比较详细地说明此类反应的机理和特点。

　　从热力学性质来讲,$MgO(s) + Al_2O_3$ $(s) \rightarrow MgAl_2O_4(s)$完全可以进行,这可从该反应的 Gibbs 自由能计算公式获知。然而实际上,在 1200℃以下几乎观察不到反应的进行,即使在 1500℃反应也得数天才能完成。这类反应为什么对温度的要求如此之高?这可从下面图 1-6 的简单图示中得到初步说明。

　　在一定的高温条件下,MgO 和 Al_2O_3晶粒界面间将发生反应而生成尖晶石型化合物 $MgAl_2O_4$ 层。这种反应的第一阶段是在晶粒界面上或界面临近的反应物晶格中生成 $MgAl_2O_4$ 晶核,实现这一步是相当困难的,因为生成的晶核结构与反应物的结构不同。因此,成核反应需要通过反应物界面

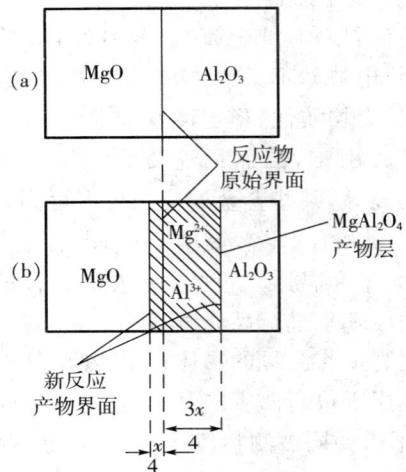

图 1-6　固相反应示意图

结构的重排,其中包括结构中化学键的断裂和重新结合,MgO 和 Al_2O_3 晶格中 Mg^{2+} 和 Al^{3+} 离子的脱出、扩散和进入缺位。高温下有利于这些过程的进行和晶核的生成。同样,进一步实现在晶核上的晶体生长也有相当的困难,因为对原料中的 Mg^{2+} 和 Al^{3+} 来说,则需要经过两个界面(见图 1-6(b))的扩散才可能在晶核上发生晶体生长反应,并使原料间的产物层加厚。因此可明显地看出,决定此反应的控制步骤应该是晶格中 Mg^{2+} 和 Al^{3+} 离子的扩散,而升高温度有利于晶格中离子的扩散,因而明显有利于促进合成反应的进行。另外,随着反应物层厚度的增加,反应速度随之而减慢。曾经有人详细研究过另一种尖晶石型 $NiAl_2O_4$产物层的内扩散是反应的控制步骤。按一般的规律,它应服从于下列关系:

$$\frac{\mathrm{d}x}{\mathrm{d}t} = kx^{-1}$$

$$x = (k't)^{\frac{1}{2}}$$

式中,x 是 $NiAl_2O_4$产物层的厚度;t 是时间;k、k′是反应速率常数。

　　实验证明 $NiAl_2O_4$的生成反应的确符合上述关系。同样,从实验结果来看,$MgAl_2O_4$

的生长速率(x)和时间(t)的关系也符合上述规律。图 1-7 示出了 $NiAl_2O_4$ 在不同温度下的反应动力学关系 x^2 与 t 的线性关系。速率常数 k 可由直线的斜率求得,反应活化能可从 $lgk' - T^{-1}$ 作图得出。同样,从实验结果来看,$MgAl_2O_4$ 的生长速度(x)和时间(t)的关系也符合上述规律。根据上述分析和实验的验证,$MgAl_2O_4$ 生成反应的机理可由下列式(a)和式(b)二式示出。

$MgO/MgAl_2O_4$ 界面:

$$2Al^{3+} - 3Mg^{2+} + 4MgO = MgAl_2O_4 \tag{a}$$

$MgAl_2O_4/Al_2O_3$ 界面:

$$3Mg^{2+} - 2Al^{3+} + 4Al_2O_3 = 3MgAl_2O_4 \tag{b}$$

总反应为:$4MgO + 4Al_2O_3 = 4MgAl_2O_4$

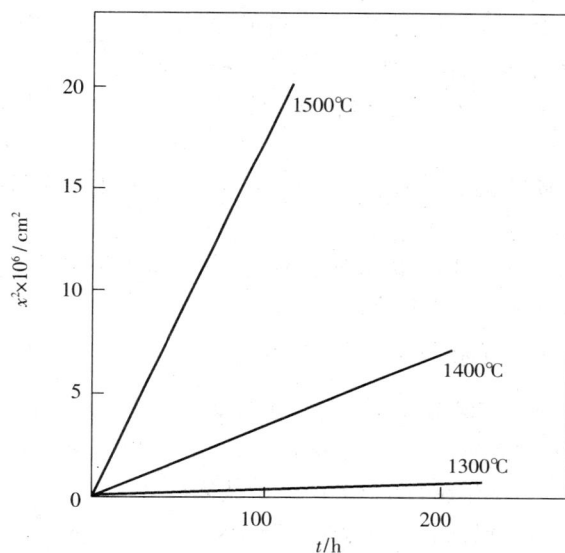

图 1-7　$NiAl_2O_4$ 在不同温度下的反应动力学关系

从以上界面反应可以看出,由反应(b)生成的产物将是由反应(a)生成的三倍。这即如图 1-6(b)所表明的那样,产物层右方界面的增长速度将为左面的三倍,关于这点已为实验结果所证实。

综上所述,可以看出固-固反应进行的条件是反应物相互接触,在接触面上发生反应生成新的固相。因此,反应结果和反应速率明显受到反应物接触面性质,如反应物固体的表面积和反应物间的接触面积,产物成核速率和反应物离子扩散速率(或反应物输运速率)等因素的影响,其中固相反应物输运速率往往决定了整个反应的速率。为了消除这种扩散控制过程,在进行高温反应前,通常对反应物进行粉碎并混合均匀,有时还要压制成坯体,来增大反应物接触面积。例如,在陶瓷材料高温烧结过程中,尽可能使起始原料细化并通过研磨充分混匀,加压成型,然后再进行烧结。有时为使反应完全和陶瓷烧结致密,往往要经过反复研磨和预烧。

因此，对此类固相反应规律和特点的认识，将有利于我们对高温固相反应的控制和新反应的开发。然而固相反应也存在着一些缺点：

① 反应以固态形式发生，反应物的扩散途径随着反应的进行变得越来越长（可达 100nm 的距离），反应速度越来越慢；

② 反应的进程无法控制，反应结束时往往得到的是产物和反应物的混合物；

③ 难以得到组成均匀的产物。

为了克服以上不足，近些年来人们研究开发出了一些更简单方便的软化学方法，如先驱物法、溶胶-凝胶法、低热固相法等，这些内容参见第 2 章。

2. 高温固相反应在无机材料合成中的应用

(1) 陶瓷材料的高温固相合成

利用高温固相合成反应可以合成各类陶瓷。对于功能陶瓷，起始原料一般要经过提纯或选用高纯度的化学试剂，常用的原料有氧化物、氯化物、硫酸盐、硝酸盐、氢氧化物、草酸盐和醇盐等。首先将原料处理成符合要求（化学组成、相组成、纯度、细度等）的粉料，再将调整好的粉料进行高温烧结，冷却后便得到陶瓷产品。在整个制备过程中，由于烧结是在固相之间或固-液相之间进行，其过程十分复杂，各种参数同时变化、相互影响，因此成为陶瓷制备的关键步骤。

有关陶瓷及陶瓷粉体高温合成的文献报道很多。现举例来说明陶瓷材料的高温合成过程。

$CaTiO_3$ 陶瓷是一种性能优良的微波介质陶瓷，其制备大都采用高温固相反应。起始原料采用纯度 99% 以上的 $CaCO_3$ 和 TiO_2，合成 $CaTiO_3$ 的化学反应式为：

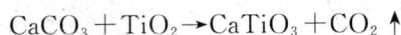

$$CaCO_3 + TiO_2 \rightarrow CaTiO_3 + CO_2 \uparrow$$

预合成温度选为 1300℃，保温 3h，升温速率为 300℃/h。预烧后球磨，加黏合剂（PVA）造粒后，采用干压成型方式压制成直径 14mm、厚 7mm 左右的圆柱体，在 1300℃ 下烧结 3h，随炉冷却，便可得到正交钙钛矿结构的 $CaTiO_3$ 微波陶瓷。

另外一个例子是利用高温固相反应法合成 $LaNbO_4$ 粉末。将一定量的 La_2O_3 和 Nb_2O_5 粉末（纯度大于 99.9%）按摩尔比 1∶1 配好，以酒精为介质，刚玉球为磨子，在球磨机上球磨后烘干、碾碎、过筛，然后将混合粉置于高温箱式电阻炉中煅烧 2h，煅烧温度为 1000℃，使发生反应：

$$La_2O_3 + Nb_2O_5 \rightarrow 2LaNbO_4$$

对所得 $LaNbO_4$ 粉末进行 XRD 晶相分析，表明其残留有少量未反应完全的 La_2O_3。

(2) 纳米粉体的高温合成

用传统的高温固相反应合成纳米粒子（如氧化物和氧化物的固相反应）是相当困难的，因为在高温下，颗粒容易发生烧结或发生表面吸附反应，产生团聚。利用高温固相反应合成金属氧化物纳米粒子多采用热分解的方法，选择的前驱体通常是碳酸盐、硝酸盐、氢氧化物、草酸盐等。如以七水硫酸锌和无水草酸钠为原料，用室温固相化学反应首先合成出前驱体草酸锌，草酸锌在 400℃ 分解 3h，可得到平均粒径为 28nm 的纳米氧化锌；又如以醋酸铅和碳酸钠为原料，室温下先合成出前驱体碳酸铅，碳酸铅在 620℃ 下分解 4h，可得到 5nm～30nm 的纳米 β-PbO 粉体；再如热分解稀土柠檬酸盐或酒石酸盐可以制备出一系列稀土纳米氧化物颗粒。

其他无机化合物纳米粒子一般不直接采用高温固相反应合成,通常是在低温下先合成出纳米粉体前驱体,然后再高温晶化。如利用溶胶-凝胶法制备的纳米粒子总是需要高温热处理。例如,电子陶瓷材料 $BaAl_2O_4$ 的溶胶-凝胶法制备过程,就是先在室温下形成溶胶,然后在 400℃～800℃ 锻烧制备的。

1.1.4　化学转移反应

把所需要的沉积物质作为反应源物质,用适当的气体介质与之反应,形成一种气态化合物,这种气态化合物借助载气输运到与源区温度不同的沉积区,再发生逆反应,使反应源物质重新沉积出来,这样的反应过程称为化学转移反应。反应过程可用下述方程表示:

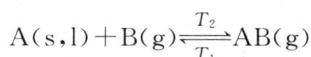

$$A(s,l)+B(g)\underset{T_1}{\overset{T_2}{\rightleftharpoons}}AB(g)$$

源区温度为 T_2,沉积区温度为 T_1。

例如金属镍粉(粗)在 80℃ 时与 CO 反应,生成气态的四羰基镍;在 200℃ 时,四羰基镍又分解为镍与 CO。经过化学转移反应得到的镍,其纯度可达 99.99% 以上。

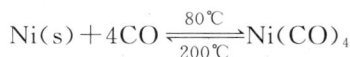

$$Ni(s)+4CO\underset{200℃}{\overset{80℃}{\rightleftharpoons}}Ni(CO)_4$$

这里,气体 CO 称为转移介质或转移剂,它在反应过程中没有消耗,只是对镍起反复转移作用,这是化学转移反应与化学气相沉积不同的地方。

1. 化学转移反应类型

化学转移反应类型很多,现举例如下。

(1)用卤素转移剂的转移反应

利用碘化物热分解法制备高纯难熔金属 Ti、Zr 是人们最早知道的化学转移反应:

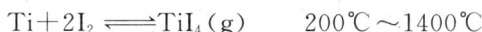

$$Ti+2I_2\rightleftharpoons TiI_4(g)\qquad 200℃～1400℃$$

(2)用氯化氢或挥发性氯化物的金属转移

例如利用氯化氢进行金属转移反应有:

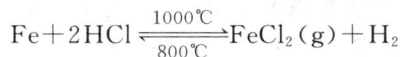

$$Fe+2HCl\underset{800℃}{\overset{1000℃}{\rightleftharpoons}}FeCl_2(g)+H_2$$

利用挥发性氯化物进行的转移反应有:

$$Si+AlCl_3(g)\rightleftharpoons SiCl_2(g)+AlCl(g)$$

(3)通过形成中间态化合物的转移

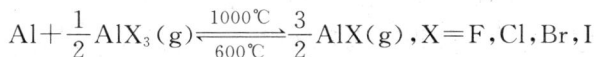

$$Al+\frac{1}{2}AlX_3(g)\underset{600℃}{\overset{1000℃}{\rightleftharpoons}}\frac{3}{2}AlX(g),X=F,Cl,Br,I$$

(4)其他化学转移反应

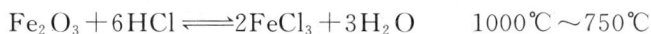

$$Fe_2O_3+6HCl\rightleftharpoons 2FeCl_3+3H_2O\qquad 1000℃～750℃$$

该方法不仅可以用来提纯物质,还可以使晶体生长大,并且有时还使一些合成反应更方便。例如,以气体 HCl 为转移试剂,可以通过下述反应制得钨酸铁晶体:

$$FeO + WO_3 \Longrightarrow FeWO_4$$

如果没有 HCl 存在,该反应不会发生,因为 FeO 和 WO_3 都不具备挥发性;当 HCl 存在时,由于生成了 $FeCl_2$、$WOCl_4$、水蒸气,就可以通过相转移反应制得完美的钨酸铁晶体。

在化学转移反应中,转移试剂具有非常重要的作用,它的使用和选择是化学转移反应能否进行的关键。

2. 化学转移反应条件的选择

选择一个合适的化学转移反应,并确定反应温度、浓度、压力等条件是非常重要的。对于一个可逆的多相反应:

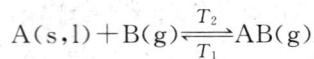

$$A(s,l) + B(g) \underset{T_1}{\overset{T_2}{\Longrightarrow}} AB(g)$$

其平衡常数的表达式为:

$$K_p = \frac{p_{AB}}{p_B} \tag{1-1}$$

式中,p_{AB} 和 p_B 分别表示气体 AB 和 B 的分压。

我们希望在源区反应自左向右进行,在沉积区反应自右向左进行。为了使可逆反应易于随温度的不同而改向(即所需的 $\Delta T = T_2 - T_1$ 不太大),平衡常数 K 值最好是接近于 1。根据范特霍夫(Van'tHoff)方程式:

$$\frac{d \ln K_p}{dT} = \frac{\Delta H}{RT^2} \tag{1-2}$$

对上式积分得:

$$\ln K_{T_1} - \ln K_{T_2} = \frac{\Delta_r H_m^{\ominus}}{R} \left(\frac{1}{T_2} - \frac{1}{T_1} \right) \tag{1-3}$$

当温度变化范围不太大时,反应热 $\Delta_r H_m^{\ominus}$ 可视为常数。

由范特霍夫方程可以看出:如果反应是吸热反应,$\Delta_r H_m^{\ominus}$ 为正,当 $T_2 > T_1$ 时,温度越高,平衡常数越大,即从左向右反应的平衡常数增大,反应容易进行,物质由热端向冷端转移,即源区温度(T_2)应大于沉积区温度(T_1),物质由源区向沉积区转移;如果反应是放热反应,$\Delta_r H_m^{\ominus}$ 为负,则应控制源区温度(T_2)小于沉积区温度(T_1),这样才能实现物质由源区向沉积区转移。如果 $\Delta_r H_m^{\ominus}$ 近似为 0,则不能用改变温度的方法来进行化学转移。

$\Delta_r H_m^{\ominus}$ 的绝对值决定了 K 值随温度变化的速率,也就决定了为取得适宜沉积速率和晶体质量所需要的源区和沉积区之间温差。$\Delta_r H_m^{\ominus}$ 的绝对值较小时,温差大才可以获得可观的转移;$\Delta_r H_m^{\ominus}$ 的绝对值较大时,即使 lnK 不改变符号,也可以获得较高的沉积速率。但如果 $\Delta_r H_m^{\ominus}$ 的绝对值太大,为了使气相过饱和度维持在较低程度以防止过多成核,则温差必须足够小。这说明体系的 $\Delta_r H_m^{\ominus}$ 值必须适当。

3. 化学转移反应的应用实例

近几十年来的统计表明化学转移反应应用广泛,发展速度快,这不仅由于它们能大大改善某些晶体或晶体薄膜的质量和性能,而且更由于它们能用来制备许多其他方法不易制备的晶体,加上设备简单、操作方便、适应性强,因而广泛用于合成新晶体。下面简单举例说明。

(1)铌酸钙 $CaNb_2O_6$ 单晶的生长　　先用摩尔比为 1∶1 的 $CaCO_3$ 和 Nb_2O_5 混合后在 1300℃铂坩埚中合成 $CaNb_2O_6$ 多晶,然后取 1g $CaNb_2O_6$ 放在一根石英管的一端。石英管长 110mm,直径 17mm,抽为真空后再充入 10^5Pa 的 Cl_2 并熔封起来;将石英管水平放在一个双温区电炉中,有 $CaNb_2O_6$ 多晶的一端保持在 1020℃,另一端 980℃。经过两个星期的化学转移反应,在低温端生长出大小为 $1mm \times 0.5mm \times 0.2mm$ 的单晶。$CaNb_2O_6$ 单晶的制备装置示意图如图 1-8 所示。反应过程可用下述反应式表示:

$$CaNb_2O_6(s) + 8HCl(g) \underset{T_1}{\overset{T_2}{\rightleftharpoons}} 2NbOCl_3(g) + CaCl_2(g) + 4H_2O(g)$$

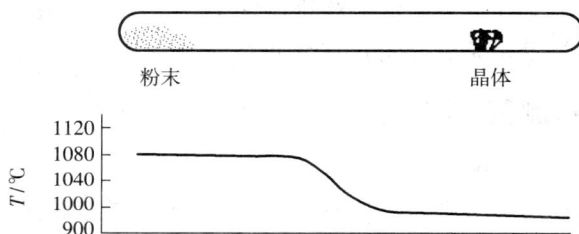

图 1-8　$CaNb_2O_6$ 单晶的制备装置示意图

(2)GaAs 单晶薄膜的外延生长　　GaAs 由于具有元素半导体所没有的优良性能(如较高的载流子迁移率、较短的载流子寿命以及较好的电性能稳定性等),使其广泛被应用于研制高频、高速微波器件和高功率、低噪声的光电器件等方面。

利用化学转移反应,在 GaAs 衬底表面生长 GaAs 单晶薄膜的反应装置如图 1-9 所示。

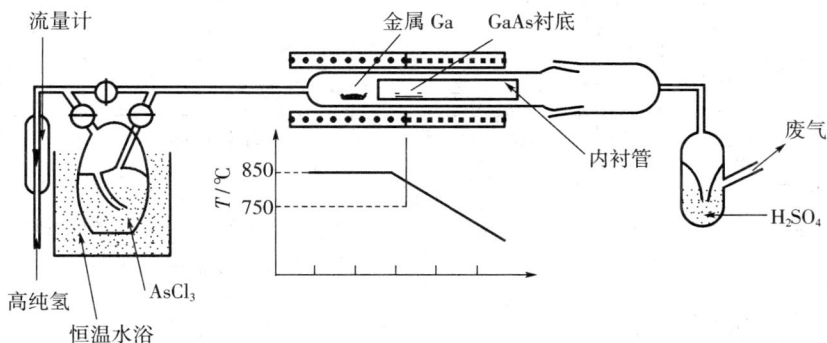

图 1-9　GaAs 单晶薄膜的反应装置示意图

气相转移过程的各步化学反应方程式表示如下:

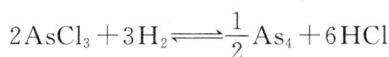

$$2AsCl_3 + 3H_2 \rightleftharpoons \frac{1}{2}As_4 + 6HCl$$

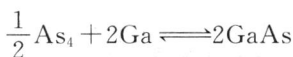

$$\frac{1}{2}As_4 + 2Ga \rightleftharpoons 2GaAs$$

$$2GaAs+2HCl \Longleftrightarrow 2GaCl+\frac{1}{2}As_4+H_2$$

$$2GaCl+\frac{1}{2}As_4+H_2 \Longleftrightarrow 2GaAs+2HCl$$

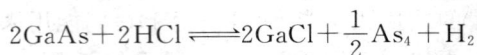

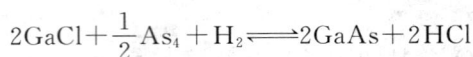

1.2 低温合成和分离

在常温乃至高于上千度的温度下,合成无机材料的实例有很多,举不胜举。而在低温特别是在超低温条件下,合成无机化合物和无机材料却不多见。这是因为在低温下,物质不仅发生物理性质变化,还会发生性能的奇妙变化。物质的超导性和完全抗磁性就是很好的例证。近些年来,低温合成技术发展十分迅速,已被广泛应用于微电子学、原子能、能源、生物工程等领域,同时也为新化合物和无机材料的合成开辟了新的途径。本节将介绍低温的获得、低温测量以及低温技术在无机合成方面的应用。

1.2.1 低温的获得、测量和控制

1. 低温的获得

在低温物理学中,低温被定义为−150℃(即123K)以下的温度。将局部空间的温度降低到低于环境温度的操作,称为制冷。降低到123K称为普冷,123K~4.2K称为深冷,降低到4.2K以下称为极冷。

（1）获得低温的方法

目前获得低温的方法很多,可分成物理方法和化学方法等,而绝大多数的制冷方法属于物理方法。其中常用的有气体绝热膨胀制冷和相变制冷。另外还有涡流制冷、绝热放气制冷、温差热电制冷、顺磁盐或绝热退磁制冷、He³和He⁴稀释制冷、He³绝热压缩制冷、吸附制冷等。这些方法的制冷原理在这里不做介绍,可参考有关材料。表1-3列出了一些主要的制冷方法及能够达到的温度。

表1-3　获得低温的一些主要方法

方法名称	可达温度/K	方法名称	可达温度/K
一般半导体制冷	~150	气体部分绝热膨胀二级沙尔凡制冷机	12
三级级联半导体制冷	77	气体部分绝热膨胀三级G—M制冷机	6.5
气体节流	~4.2	气体部分绝热膨胀西蒙氦液化器	~4.2
一般气体做外功的绝热膨胀	~10	液体减压蒸发逐级冷冻	~63
带氦两相膨胀机气体	~4.2	液体减压蒸发(He³)	4.2~0.7
做外功的绝热膨胀		液体减压蒸发(He⁴)	3.2~0.3
二级菲利浦制冷机	12	氦涡流制冷	1.3~0.6
三级菲利浦制冷机	7.8	He³绝热压缩相变制冷	0.002
气体部分绝热膨胀的三级脉管制冷机	80	He³—He⁴稀释制冷	1~0.001
气体部分绝热膨胀的六级脉管制冷机	20	绝热去磁	$1\sim10^{-6}$

(2)低温源

① 冰盐共熔体系。将冰块和盐尽量磨细并充分混合,可以达到比较低的温度,冰和盐的比例不同,能够达到的温度也不一样,具体数据如表 1-4 所示。

表 1-4　冰盐浴

盐	含盐量/wt%	低共熔点/℃
NH_4Cl	18.6	−15.8
NaCl	23.3	−21.1
$MgCl_2$	21.6	−33.6
$CaCl_2$	29.8	−55
$ZnCl_2$	51	−62

② 干冰浴。这也是经常用的一种低温浴,它的升华温度为 −78.3℃,用时常加一些惰性溶剂,如丙酮、醇、氯仿等,以使它的导热性能更好一些。通常能达到的温度如表 1-5 所示。

表 1-5　非水冷冻浴

体系	临界点	温度/℃
液氨	沸点	−33.4
无水乙醇−干冰	低共熔	−72
氯仿−干冰	低共熔	−77
无水乙醇−液氮		−115~−125
液氮	沸点	−196

③ 液氮。N_2 液化的温度是 −195.8℃,它是在合成反应与物化性能实验中经常用到的一种低温浴,当用于冷浴时,使用温度可达 −205℃(减压过冷液氮浴)。

④ 相变制冷浴。这种低温浴可以恒定温度。如 CS_2 可达 −111.6℃,这个温度是标准气压下 CS_2 的固液平衡点。经常用的低温浴的相变温度如表 1-6 所示。

表 1-6　一些常用低温浴的相变冷浴温度

低温浴	温度/℃	低温浴	温度/℃
冰+水	0	CS_2	−111.6
CCl_4	−22.8	甲基环己烷	−126.3
液氨	−33~−45	液氮	−195.8
氯苯	−45.2	液氦	−268.95
氯仿	−63.5	正戊烷	−130
干冰	−78.3	异戊烷	−160.5
乙酸乙酯	−83.6	液氧	−183
甲苯	−95		

2. 低温的测量和控制

(1)低温的测量

低温的测量有其特殊方法,不仅所选用的温度计与测量常温时的有所不同,而且在不同低温区也有相对应的测温温度计。低温温度计的测温原理是利用物质的物理参量与温度之间的定量关系,通过测定物质的物理参量就可以转换成对应的温度值。常用的低温温度计有低温热电偶、电阻温度计和蒸气压温度计等。实验室中,最常用的是蒸气压温度计。

① 低温热电偶。用于测量低温的常用传感器,测温范围为 2K～300K。表 1-7 列出了各种热电偶的测温范围。

表 1-7　热电偶的测温范围

名　称	测温范围/K
铜-康铜(60Cu+40Ni)	75～300
镍铬-康铜	20～300
镍铬(9:10)-金铁(金+0.03% 或 0.07% 原子铁)	2～300
镍铬-铜铁(铜+0.02% 或 0.05% 原子铁)	2～300

低温热电偶与高温热电偶除了在选材方面不相同外,在使用时还应考虑选择丝径更细的线材,以满足低温下漏热少的要求。另外热电偶接点的焊接方法也不相同,低温热电偶要求焊接点能承受低温而不易脱离。例如,铜-康铜热电偶可采用电弧碰焊,金铁-镍铬热电偶可采用铟焊。

② 电阻温度计。电阻温度计是利用感温元件的电阻与温度之间存在着一定的关系而制成的。其关系如下:

$$R_t = R_0(1 + \alpha t + \beta t^2 + \gamma t^3) \tag{1-4}$$

式中,R_t、R_0 感温元件在是温度 t 及 0℃ 时的电阻值;α、β、γ 是常数。

制作电阻温度计时,应选用电阻比较大、性能稳定、物理及金属复制性能好的材料,最好选用电阻与温度间具有线性关系的材料。常用的有铂电阻温度计、锗电阻温度计、碳电阻温度计、铑铁电阻温度计等。

用低温热电偶与电阻温度计测量中的主要要求是精度、可靠性、重复性和实际温度标定。温度标定使用的热力学温标是 1989 国际温标。同时还要考虑到布线和读出设备等的费用,最好是用某种温度计测量它本身的最佳适用温度。由于几乎所有的温度计都必须提供一个恒定的电流,这就需要考虑寄生热负载的影响(如沿着导线的热传递和在读出期间的焦耳热)。充分考虑这些影响后选择的温度计,就应是很好的低温温度计了。表 1-8 列出了一些低温温度计的特性。

③ 蒸气压温度计。液体的蒸气压随温度的变化而变化,因此,通过测量蒸气压可以知道其温度。

表 1-8　一些低温温度计的特性

温度计类型	测量范围/K	精度	稳定性	热循环	磁场的影响
E 热电偶	30～300	1.0～3.0	<0.5	<1.0	—
铂电阻	20～30	0.2～0.5	<0.1	<0.4	—
CLTS	2.4～270	1.0～3.0	<0.1	<0.5	—
碳玻璃电阻	1.5～300	<0.02	<1.0	<5	小
碳电阻	1.5～30	<0.05	<1.0	大	小
锗电阻	4～100	<0.01	<0.5	<1.0	大

理论上液体的蒸气压可以从克劳修斯-克拉伯龙方程积分得出：

$$\frac{\mathrm{d}p}{\mathrm{d}T}=\frac{\Delta S}{\Delta V}=\frac{L}{T\Delta V} \tag{1-5}$$

式中，ΔV 是蒸发时体积的变化；L 为汽化热，一般可视为常数。因为是气液平衡，液体的体积 V_1 和气体的体积 V_g 相比可以忽略不计，再假定蒸气是理想气体，则式 1-5 可进一步简化：

$$\frac{\mathrm{d}p}{\mathrm{d}T}=\frac{L}{T(V_g-V_1)}=\frac{L}{TV}=\frac{L}{T\dfrac{RT}{p}}=\frac{L}{RT^2}\cdot p$$

移项得：

$$\frac{\mathrm{d}\ln p}{\mathrm{d}T}=\frac{L}{RT^2};\int\mathrm{d}\ln p=\int\frac{L}{RT^2}\mathrm{d}T$$

积分：

$$\ln p=-\frac{L}{RT}+c' \tag{1-6}$$

或写作：

$$\lg p=\frac{L}{2.303RT}+c \tag{1-7}$$

式(1-6)最初是经验公式，现已得到了理论证明。这个方程式与蒸气压的实验数据很接近。目前比较简便的做法是将 p 和 T 列成对照表，根据此表可以从蒸气压的测量值直接得出 T。

（2）低温的控制

低温的控制，简单来说有两种，一种是恒温冷浴，另一种是低温恒温器。

① 恒温冷浴。恒温冷浴可用纯物质液体和固体平衡混合物（泥浴），也可用沸腾的纯液体来实现。

除了冰水浴外，其他泥浴的制备都是在通风橱里慢慢地加液氮到杜瓦瓶里。杜瓦瓶中预先放上装有调制泥浴的某种液体的容器并搅拌，当加液氮到成一种稠的牛奶状的组成时，就表明已制成了液-固平衡物了。注意不要加过量的液氮，否则就会形成难以熔化的固体。液氮也不能加得太快，开始如果加得太快，被冷却的大量物质就会从杜瓦瓶中飞溅出来。

干冰浴也是经常使用的恒温冷浴，但它不是一个泥浴。干冰浴可以通过缓慢地加一些精的干冰和一种液体（如 95% 的乙醇）到杜瓦瓶中得到。如果干冰加得太快或里面的液体太多，由于 CO_2 剧烈地释放，液体有可能从杜瓦瓶中喷溅出来。制好的冰浴是由大量的干冰块和漫过干冰 1cm～2cm 的液体所组成。当这样一个干冰浴准备好之后，再在里面放一个反应管是很困难的。最好是在制浴之前就在杜瓦瓶里放上仪器。随着干冰的升华,干冰块将渐渐减少,新的干冰块不断地被加到顶部以维持这个浴,液体仅是用作热的传导介质。一些低沸点的液体(如丙酮、异丙醇)和溶纤剂像乙醇一样,也可以用。在一个真正好的浴中,温度是与所用的热传导液体无关的。由仔细磨细的干冰制成的浴,它的温度常常低于 CO_2 固体与该大气压下 CO_2 气体平衡的温度。对一个过冷浴来说,最简单的补救办法就是等到温度升高到平衡值。一个平衡的干冰浴可用 CO_2 的鼓泡来鉴定,因为 CO_2 会不断地释放。

液氧是非常危险的,因为很多物质,如有机物、磨细的金属同它会发生爆炸性的反应。还原剂与液氧的混合物遇电化、摩擦震动也能引起爆炸。

② 低温恒温器。低温恒温器通常是指这样的实验装置:它利用低温液体或其他方法,使试样处在恒定的或按所需方式变化的低温温度下,并能对试样进行某种化学反应或某种物理量的测量。

大多数低温实验工作是在盛有低温液体的实验杜瓦容器中进行的。低温恒温器是实验杜瓦容器和容器内部装置的总称。

低温恒温器大体上可以分为两类。第一类是所需温度范围可用浸泡试样或使实验装置在低温液体中的方法来实现。改变液体上方蒸气的压强即可以改变温度,如减压降温恒温器。第二类是所需温度包括液体正常沸点以上的温度范围,例如 4.2K～77K,77K～300K 等,一般称为中间温度。中间温度可以用两种方法获得,一种是使试样或装置与液池完全绝热或部分绝热,然后用电加热来升高温度;另一种是用冷气流,制冷机或其他制冷方法(如活性炭吸附等)控制供冷速率,以得到所需的温度。

实验工作中,经常要使试样或装置在所要求的温度上稳定一定的时间,进行工作后再改变到另一温度。在减压降温恒温器中,要用恒压的方法稳定温度;在连续流恒温器中,则要用调节冷剂流量的方法来稳定温度。最简单的一种液体浴低温恒温器如图 1-10 所示。

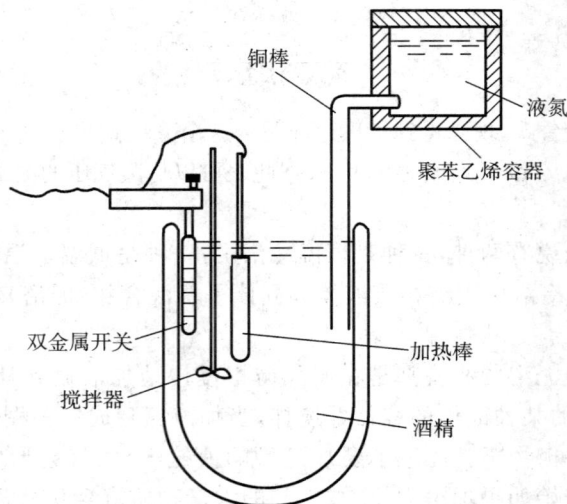

图 1-10　低温恒温器示意图

它可以用于保持 -70℃ 以下的温度。它制冷是通过一根铜棒来实现的。铜棒作为冷源,它的一端同液氮接触,可借铜棒浸入液氮的深度来调节温度,目的是使冷浴温度比所要求的温度低 5℃ 左右。另外有一个控制加热器的开关,经冷热调节可使温度保持恒定(±0.1℃)。

1.2.2　低温分离

非金属化合物的反应因存在化学平衡而不可能反应完全,加之副反应较多,所以所得的产物往往是混合物。它们的分离主要根据其的沸点不同,在低温下进行。低温分离的方法主要有五种:①低温下的分级冷凝;②低温下的分级减压蒸发;③低温吸附分离;④低温分馏;⑤低温化学分离。

1. 低温下的分级冷凝

所谓低温下的分级冷凝就是让气体混合物通过不同低温的冷阱,由于气体的沸点不同,就分别冷凝在不同低温的冷阱内,从而达到分离的目的。

分级冷凝的关键是如何判断在什么情况下能够冷凝,在什么情况下不能冷凝,是否冷凝彻底。通常认为,当某气体通过冷阱后其蒸气压小于 1.3Pa 时就认为是定量地捕集在冷阱中,冷凝彻底了;而通过冷阱后其蒸气压大于 133.3Pa 的气体就认为不能冷凝,穿过了冷阱。当然这是一个很粗略的判断标准。

对于一些重要的化合物在 1.3Pa 压强左右的温度-蒸气压数据往往是没有的,或者不能很快地被计算出来,这给选择冷阱造成困难。但是对要分离的两种化合物来说,可以根据它们的沸点或在 0.1MPa 压强下的升华点来选择一个合适的低温冷阱进行分离是可行的。

例如,假设欲分离乙醚(bp＝34.6℃)和锑化氢(bp＝－18.4℃),就可以选择一个冷阱使乙醚定量冷凝,而让锑化氢通过。选择什么样的冷阱呢? 利用图 1-11 就可以选择进行分离乙醚和锑化氢的冷阱。首先从图的横坐标上找到 34.6℃(乙醚的沸点),再沿着这点垂直向上找到 3 线(因为乙醚和锑化氢的沸点之差为 53℃),从 3 线上的这一点向纵坐标作垂线,交于纵坐标的一点,该点的标度接近于－100℃,也即可选择接近－100℃的冷阱来冷凝乙醚。从表 1-6 中可以看出甲苯冷浴(－95℃)非常合适。如果选用 CS_2 浴(－111.6℃)有可能会冷凝一些锑化氢,因此只有在蒸馏进行得很慢时,才可以使用。

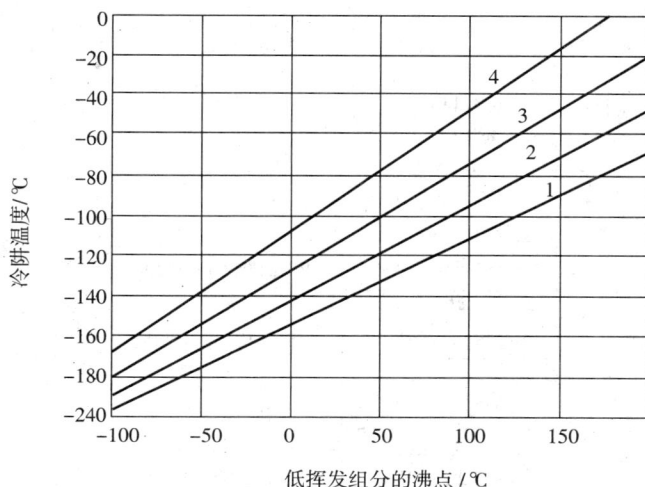

图 1-11　分离挥发性多元混合物的冷阱

1. 当 $\Delta bp > 120$℃时能很好地冷却捕集;2. 当 $\Delta bp > 90$℃时能较好地冷却捕集;
3. 当 $\Delta bp > 60$℃时能基本冷却捕集;4. 当 $\Delta bp > 40$℃时冷却不好,捕集较差。

需要注意的是,混合气体通过冷阱时的速度不能太快,不然分离效率要受影响,这是因为:低挥发性组分在冷阱里不可能彻底冷凝下来,有可能被高挥发性组分带走。因此高挥发性组分中就含有一部分低挥发性组分;再者,由于系统中的压力很高,高挥发性组分可能部分被冷凝到冷阱中,因此低挥发性组分可能含有高挥发性组分。

当然混合物也不能通过的太慢,如果太慢的话,冷阱中部分低挥发性组分的冷凝物要蒸发(即使在这种低温下也还具有一定的蒸气压)。因此易挥发性组分中可能含有低挥发性组分。

那么混合气体通过冷阱的速度为多大才合适呢? 一般地说,当混合气体以 1mmol/min 的速度分离效果最好。再一点就是当混合物组分沸点之差小于 40℃ 时,通过分级冷凝达不到定量的分离。虽然可以通过重复的分级冷凝来实现分离,但一般说来这样做的回收率较低。

下面举一应用实例对低温下的分级冷凝原理进行进一步阐释,以加深理解。

【例】 在标准状况下,将 83.3mL$B_3N_3H_6$(硼氮环)和 23.8mLBCl_3 混合并在室温下反应 116h,可以得到一种混合物:$B_3N_3H_4Cl_2$、$B_3N_3H_5Cl$、$B_3N_3H_6$、B_2H_6、H_2。其反应式如下:

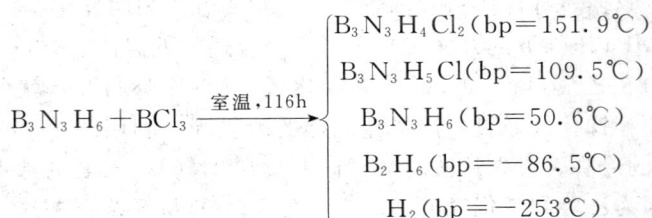

$$B_3N_3H_6 + BCl_3 \xrightarrow{\text{室温,116h}} \begin{cases} B_3N_3H_4Cl_2(bp=151.9℃) \\ B_3N_3H_5Cl(bp=109.5℃) \\ B_3N_3H_6(bp=50.6℃) \\ B_2H_6(bp=-86.5℃) \\ H_2(bp=-253℃) \end{cases}$$

显然得到的是反应物和产物的混合物,如何分离这一混合物呢? 可以用图 1-12 来说明。首先要选择合适的冷阱,第一个冷阱可选氯苯;第二个选干冰;第三个选二硫化碳;第四个选液氮。当混合物通过第一个冷阱时,$B_3N_3H_4Cl_2$ 冷却下来,它的蒸气压和温度有如下的关系:

$$\lg p_1 = \frac{-1994}{T} + 7.572 \qquad (1-18)$$

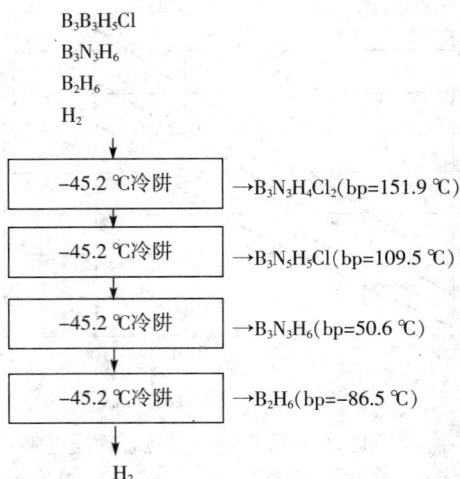

图 1-12 低温分级冷凝分离

当 $T=-45.2℃$（即 227.8K），代入上式计算得 $p_1=8.8Pa$，该值接近于 1.3Pa，可认为 $B_3N_3H_4Cl_2$ 基本上冷凝下来了。而 $B_3N_3H_5Cl$ 的蒸气压与温度的关系是：

$$\lg p_2=\frac{-1846}{T}+7.703 \tag{1-19}$$

将 $T=227.8K$ 代入上式计算得 $p_2=53Pa$，该值说明 $B_3N_3H_5Cl$ 没被冷凝下来，而是基本上跑掉了。由此可将 $B_3N_3H_4Cl_2$ 同其他混合物分离开。这样依次类推，最后可以达到全部分离的目的。

2. 低温下的分级真空蒸发

这种方法是分离两种挥发性物质最简单的方法。它是建立在"当用泵把最易挥发的物质抽走以后，混合物中难挥发的物质基本上不蒸发"这样一个假设上，从而达到分离的目的。这种方法的有效范围是要分离的两种物质的沸点之差大于 80℃。一般说来是将干冰或液 N_2 作为制冷浴。

3. 低温吸附分离

在物理吸附过程中，吸附是放热的。因此，吸附量随温度的升高而降低，这是热力学的必然结果。但当气体吸附质分子（如 N_2、Ar、CO 等）的大小与吸附剂的孔径接近时，温度对吸附量的影响就会出现特殊的情况，如图 1-13 所示。这是 O_2、N_2、Ar、CO 等气体在 4A 型沸石上的吸附等压线，其中对于 O_2，吸附量随温度的下降而增加，在 0℃ 只有微量的吸附，而在 -196℃ 时吸附量可达 130mL/g（18.6%），对于 N_2、Ar、CO 等气体，在 0℃～-80℃ 时吸附量随温度的降低而增加，而在 -80℃～-196℃ 的范围内吸附量随温度的降低而减小。也就是说，吸附量在 -80℃ 左右有一个极大值。这是由于 N_2、Ar、CO 等气体分子和 4A 型沸石的孔径很接近，在很低的温度下，它们的活化能很低，而且沸石的孔径发生收缩，从而增加了这些分子在晶孔中扩散困难。因此，温度降低反而使吸附量下降。由此我们可以选择一个较低的温度使 O_2 同其他气体分离。

再如在低温下分离氦和氖，这两种气体在 5A 和 13X 型分子分子筛上的吸附等温线（-196℃）见图 1-14。如果选用 13X 型分子筛作吸附剂，当吸附温度在 -196℃ 时，其分离系数 $\alpha=5.3$，而且氖的等温线呈线性。在适当压力下进行吸附分离可以得到纯度为 99.5% 的氖，回收率大于 98%。

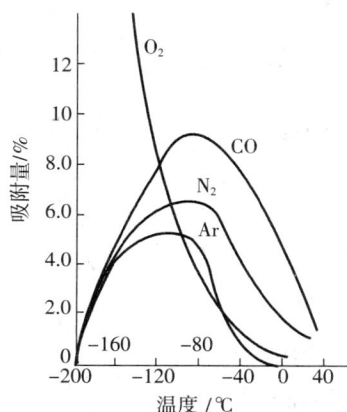

图 1-13　4A 型沸石上的吸附等压线　　　　图 1-14　氖和氦在 5A 和 13X 型分子筛上吸附等温线

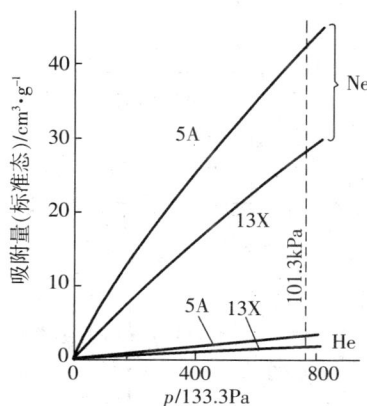

4. 低温下的化学分离

有时两种化合物通过它们的挥发性的差别进行分离不太容易时,可通过化学反应的方法来进行分离,这就是低温下的化学分离。该法的要点是,通过加入过量的第三种化合物,使之同其中一种化合物形成不挥发性的化合物,这样把挥发性的组分除去之后,再向不挥发性这一产物中加入过量的第四种化合物,使第四种化合物从不挥发性化合物中把原来的组分置换出来,进而同加入的第三种化合物形成不挥发性的化合物,最终达到分离的目的。

现举例如图 1-15 所示。由图 1-15 可知,四氟化硫中含有杂质 SF_6 和 SOF_2,向其中加入过量的第三种化合物 BF_3,BF_3 与 SF_4 形成低挥发性的配合物 $SF_4 \cdot BF_3$,这时将整个体系降温至 $-78\,℃$ 并加泵抽,易挥发性组分 BF_3,SF_6,SOF_2 都被泵抽掉,只剩下不易挥发的配合物 $SF_4 \cdot BF_3$。再向这个配合物中加入第四种过量的化合物 Et_2O。由于 Et_2O 与 BF_3 的配合能力大于 SF_4 与 BF_3 的配合能力,因此就形成了 $Et_2O \cdot BF_3$ 配合物。它具有低的挥发性,在 $-112\,℃$ 进行泵抽时 SF_4 被抽走,剩下的是 $Et_2O \cdot BF_3$。

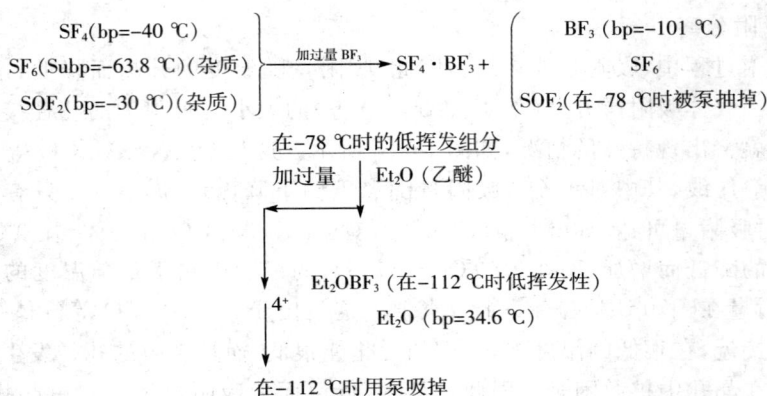

图 1-15　SF_4 的低温纯化

再举一个例子。如图 1-16 所示,向待分离的 GeH_4 和 PH_3 中,加入过量的第三种化合物 HCl,则 PH_3 与 HCl 形成低挥发化合物 PH_4Cl,而 HCl 与 GeH_4 不反应。在 $-112\,℃$ 时用泵抽走 GeH_4,剩下 PH_4Cl,然后分别用 KOH 处理就可得到纯的 PH_3 和 GeH_4。

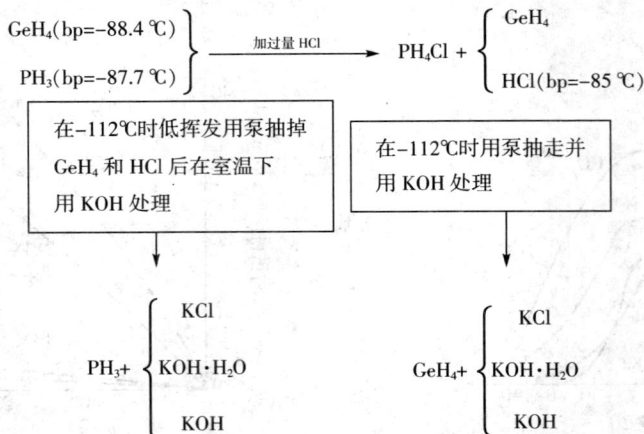

图 1-16　低温分离 GeH_3 和 PH_3

1.2.3　冷冻干燥法合成氧化物和复合氧化物粉体

无机合成方法按反应物的存在状态可分为:固相法、气相法和液相法。对于无机材料的制备,固相法具有简单易行、成本低等优点,但因存在着产品粒径大、粒度及组成不均匀、易混入杂质等缺点,达不到对产品质量的要求;气相法与之相反,其产品具有粒径小、粒度和组成均匀、纯度高等优点,但该法需要设备庞大、复杂,难以操作,而且成本高,因而使一些生产厂家望而却步;液相法在产品质量的某些方面虽不及气相法,但它具有设备简单、易于操作、成本低等优点,目前仍受到人们的青睐。进一步开发液相法的研究工作,仍是化学和材料工作者的一项重要任务。

从水溶液中制备无机材料,最早是用沉淀法。由于该法需添加沉淀剂,有时不可避免地会混入杂质。于是,研究者近年来又开发了冷冻干燥法、醇盐水解法、喷雾干燥法、喷雾分解法、蒸发法等新方法。这里主要介绍冷冻干燥法的原理、操作过程及其特征。

冷冻干燥法属于低温合成,是合成金属氧化物、复合氧化物等精细陶瓷粉末的有效方法之一。通常,是把要制备的化合物起始原料——可溶性盐,调制成所要求浓度的水溶液。把该水溶液经过喷嘴喷雾冷冻成微小液滴,被冷冻的液滴经过加热使冰升华,得到松散的无水盐。最后煅烧之,即得所要制的化合物陶瓷粉体。

冷冻干燥法最初是由 Landsberg 和 Campbell 开发的,用于制备金属超细粉末。后来由美国比尔研究所的 Schnettller 用来合成氧化物超细粉体。

1. 冷冻干燥法的原理

冷冻干燥法的原理可用盐水溶液的温度压力状态图说明。如图 1 – 17 所示,点①是在室温大气压下调制的盐水溶液,水溶液的蒸气压等于水的蒸气压。将水溶液急速冷冻,由①变成②的状态。体系是冰和盐的固体混合物。保持冷冻状态,减压到四相点 E 以下,变成点③的状态之后慢慢升温,在点④的位置升华干燥冰盐混合物中的冰,即得无水盐。

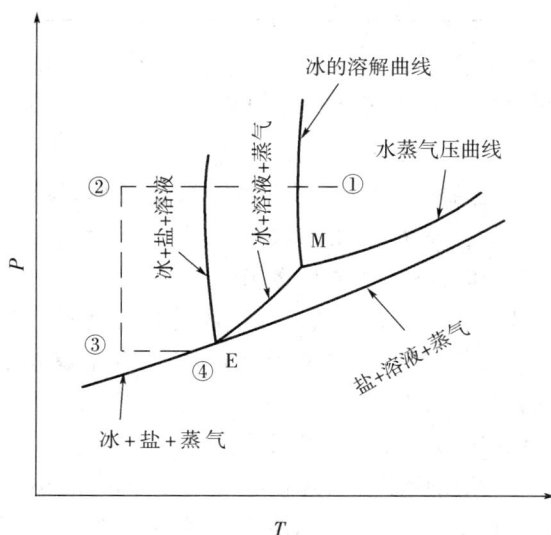

图 1 – 17　盐-水溶液的 P – T

2. 冷冻干燥操作

首先要配制成所要求浓度的盐水溶液(点①所示状态)。用玻璃制喷嘴把配好的盐水溶液喷射到被致冷剂冷却的冷浴中急速冷冻(点②所示状态)。喷射液滴的方法有：单流体喷嘴或双流体喷嘴法，旋转体离心喷雾法，超声波振动法。图1-18是日本架谷昌信制造氧化钴超细粉体的液滴冷冻装置。冷冻过程中要注意不能使冰-盐分离。把冷冻物放入预先冷却的烧瓶中，迅速接入真空系统，边冷冻，边减压排气(点③所示状态)，随即加热，使冰升华。加热与排气是同时进行的，当真空度达到一定时，干燥也就结束(点④所示状态)。干燥过程必须做到不使冷冻的液滴溶化，而使冰升华，而且要在四相点 E 以下进行。将得到的冷冻干燥物在一定温度下进行煅烧热分解，即得到所要求的化合物粉体。真空装置如图1-19所示。

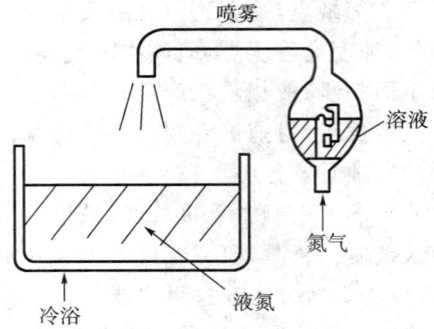

图1-18　液滴冷冻装置

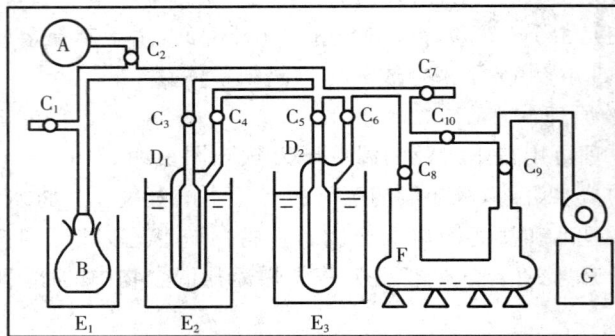

图1-19　真空干燥装置

A. 麦克劳德真空规；B. 样品瓶；C. 节门；D. 冷阱；E. 杜瓦瓶；F. 扩散泵；G. 真空泵

3. 实验条件的选择

喷嘴直径和喷射压力的选择：用冷冻干燥法制备超细粉体，粒径的大小取决于液滴直径的大小，而液滴直径又取决于喷嘴直径和喷嘴压力。液滴直径一般要求在 0.1mm～0.5mm 之间，所以喷嘴直径和喷嘴压力要与之相匹配。

溶液浓度的选择：溶液的浓度对有效的冷冻干燥是非常重要的。通常浓度不能太高，如果浓度太高，溶液的冰点就很低，这样会延长干燥时间，削弱干燥效果；此外，浓度太强也会使溶液在冷却时变成玻璃体，从而发生盐的分离和粒子凝聚。溶液一旦变成玻璃体，通过真空干燥除去其中的水分就要比结晶态时困难得多。但是溶液浓度也不能太低，否则就会降低设备的处理能力。溶液的浓度应根据实际情况适当选择，一般小于 0.1M。

冷媒的选择：在冷冻过程中，必须保证不使冰-盐分离。为此，通常是致冷剂的致冷温度越低，效果越好。常用的冷媒有被干冰-丙酮冷却的己烷和液氮。使用前者时液滴的热接触优于后者，因为液氮中液滴周围的气体层会妨碍热传导。

真空度的选择:在冷冻物的干燥过程中,真空度太高,也会妨碍热传导,从而影响干燥速度。一般要求真空度为 0.1 Torr(或真空度为 13.33Pa)。

4. 冷冻干燥法的特点

(1)盐的水溶液易配制,与沉淀相比,由于不添加沉淀剂,可避免杂质的混入。

(2)因为冷冻的液滴中仍保持着溶液中的离子混合状态,所以组成不发生分离,可实现原子级的完全混合。

(3)用冷冻干燥法制备无水盐的工艺简单,此无水盐的热分解温度与其他方法制备的无水盐相比要低得多,还可避免水合盐溶化的问题。

(4)用冷冻干燥法能得到多孔质粉体,热分解时气体放出容易,利用流动床煅烧时,气体透过性好。

(5)用该法得到微粒子的大小为 0.1 μm～0.5 μm。

表 1-9 列举了冷冻干燥法制成的几种粒子的特性。表 1-10 列举了用三种方法制备的 $LaMnO_3$ 系列触媒的特性。表 1-9 中的喷雾干燥法就是把溶液喷射成微细的液滴到热风中进行干燥的方法。此方法与沉淀法相比,能更精确控制微粒的组成。由表 1-10 可知,冷冻干燥法与另两种方法相比,制备的微粒子比表面积大,催化活性高,热分解温度低,是一种很有发展前途的催化剂制造方法。

表 1-9　用冷冻干燥法制造的微粒子

生成物	原料盐	粒径	生成物	原料盐	粒径
W				硝酸盐	比表面积
W－25％Re	铵盐	38～60Å	MgO		13～32m²/g
Al_2O_3	铵盐	300Å	Cu－1.5at％Al_2O_3	硫酸盐	0.1 μm
$LiFe_3O_8$	硫酸盐	700～2200Å	Mn－Co－Ni 氧化物	硫酸盐	20～50 μm
$LiFe_{2.7}Mn_{0.3}O_8$	草酸盐	10 μm		硫酸盐	12 μm
$LaMnO_3$(添加 Sr、Pb、Co 等)	柠檬酸盐	20 μm			

表 1-10　$LaMnO_3$ 系触媒特性

组成	冷冻干燥法			喷雾干燥法			共沉淀法		
	处理温度 /℃	比表面 m²/g	载持量	处理温度 /℃	比表面 m²/g	载持量	处理温度 /℃	比表面 m²/g	载持量
$La_{0.5}Sr_{0.5}MnO_3$	700	31.5	1.79	850	16.0		800	8.0	1.59
$La_{0.5}Pb_{0.8}MnO_3$	700	17.5	1.26	700	15.2	1.46	800	7.5	1.49
$La_{0.75}K_{0.25}MnO_3$	700	18.7	1.06	700	17.0	1.04			
$La_{0.5}Ce_{0.5}MnO_3$							900	2.4	1.17
$LaNi_{0.5}Mn_{0.5}O_3$	700	24.0	1.42	800	11.5	1.23	900	10.9	1.21
$LaMg_{0.33}Mn_{0.67}O_3$	700	22.5	1.19				900	10.6	1.06
$LaCo_{0.5}Mn_{0.5}O_3$	700	13.6	1.34	800	9.3	1.41			
	700	25.5	1.33	800	12.3	1.29	900	4.7	0.99

5. 冷冻干燥法应用实例

【例 1-1】 $MgAl_2O_4$ 的制备

日本的横田俊幸以可溶性的 $MgSO_4$ 和 $Al_2(SO_4)_3$ 为原料，用冷冻干燥法合成了 $MgAl_2O_4$ 粉末。制作过程及条件如下：用 0.2M 的 $MgSO_4$ 溶液（熔点 $-1.3\ ℃$）和 0.5M 的 $Al_2(SO_4)_3$ 溶液（熔点为 $-6.2\ ℃$）配制阳离子比为 1∶2 的混和溶液，冷浴为用干冰-丙酮冷却的己烷（$-30\ ℃$，$-70\ ℃$），把配好的混合溶液用单流体喷嘴喷射到冷浴中，喷出的液滴直径为 $20\ μm\sim30\ μm$。冷却的液滴迅速从冷浴中取出，移入干燥器中。减压 0.1Pa，加热干燥，升华的水分用冷阱收集，得到的冷冻干燥粒子的横截面为带空隙的树枝状组织。X 射线分析结果表明，该粒子不是两种盐的混合物，而是它们的非晶态复盐，吸湿性很强，如放在空气中，就会变成结晶的 $[MgAl_2(SO_4)_4]\cdot H_2O$。冷冻干燥粒子的热分解温度为 1100 ℃，此温度是根据 TG-DTA 曲线确定的。

【例 1-2】 Mn-Co-Ni 氧化物超微粉体的制备

$Mn_{1.5}CoNi_{0.5}O_4$ 复合氧化物是负温度系数热敏电阻材料，由日本的鸟饲直亲等人用冷冻干燥法合成得到。以 $MnSO_4\cdot(4\sim6)H_2O$、$CoSO_4\cdot7H_2O$ 及 $NiSO_4\cdot7H_2O$ 为原料，配制成阳离子比为 Mn∶Co∶Ni=3∶2∶1 的混合溶液。硫酸盐的浓度为 2.6%～23.9%。用塑料喷雾器（$0.5dm^3$）把混合溶液喷到液氮表面，使之瞬间冷冻。随后把冷冻物移入到预先冷却的烧瓶（$0.2dm^3$）中，接入真空系统。用水冰-丙酮冷浴保持冻结状态，不使冻结盐在排气中溶化。当瓶中压力达 $1.3\times10^{-2}Pa$ 时，去掉冷浴，使水分升华，升华的水分用干冰-丙酮冷却到 $-80\ ℃$ 的冷阱捕集。当真空度恢复到 0.13Pa 时，干燥结束，得复盐 $Mn_3Co_2Ni(SO_4)_6\cdot(15\sim16)H_2O$，此冷冻干燥物为非晶态多孔球状粒子。溶液浓度的大小影响多孔质结构。在 1000 ℃加热分解变成 $Mn_{1.5}CoNi_{0.5}O_4$ 复合氧化物，产品粒径为 $1\ μm\sim2\ μm$。在空气中于 1000 ℃～1400 ℃煅烧 10min，得到易烧结的致密烧结粒子。

【例 1-3】 冷冻干燥法制备羟基磷灰石多孔支架

采用美国 Alfa Aesar Co. 公司生产的商用羟基磷灰石粉体 $[Ca_{10}(PO_4)_6(OH)_2，HA]$ 为原料，以水为溶剂，采用冷冻干燥法制备出了具有不同孔结构的多孔羟基磷灰石支架，研究了 HA 冷冻速率与孔径尺寸的关系，对组织工程学中生物陶瓷支架材料的孔结构控制具有重要的使用价值。

样品制备过程如下：在去离子水中溶入 2% 的黏合剂，并加入不同体积（10%、20%、30%、40% 和 50%）的 HA 粉体，用控温磁力搅拌器搅拌 30min 制成 HA 浆料，并真空脱气 24h。将配好的浆料注入 $\phi10mm\times20mm$ 的圆柱形铜模具中（模具侧壁和顶端采用保温材料包裹），然后将其在不同冷冻速率下预冻。完全冻结的样品脱模后在低温下（$-5\ ℃\sim-10\ ℃$）升华干燥，随后在 1250 ℃下烧结样品，保温时间为 3h，得到 HA 多孔支架。

支架的孔径尺寸随着冷冻速率的升高而降低，且降低的趋势越来越慢；当冷冻速率低于 7℃/min 时，通过提高冷冻速率的方法来减小孔径尺寸已变得很不明显；冷冻速率分别为 9℃/min 和 11℃/min 时，得到支架的孔径尺寸相差不大，为 $90\ μm\sim110\ μm$。

【例 1-4】 冷冻干燥法生产直通型多孔 Si_3N_4

在 Si_3N_4 粉（其中 α 相含量 >95%，平均粒径 $0.55\ μm$，比表面积 $6.6m^2\cdot g^{-1}$）中加入 5% 的 Y_2O_3 和 2% 的 Al_2O_3，以尼龙球和蒸馏水球磨 20h。加少量分散剂，配成固相含量为

20%～30%(体积分数)的泥浆。经真空脱气后放入底为金属、壁为氟碳聚合物的圆筒形容器中,将其底部浸入−50℃～−80℃的乙醇中进行冷冻,当泥料全部结冰后连容器一起放入真空容器内进行冷冻干燥。将试样置于石墨坩埚中,以 BN 覆盖,在 0.8MPa 的 N_2 气氛中于 1700℃～1850℃烧成 2h,升温速率为 10℃/min。

结果表明,烧成后的多孔 Si_3N_4 的气孔率高达 50% 以上,其气孔率主要受固相含量的影响,受烧成温度的影响较小,几乎不受冷冻温度的影响;试样的孔隙结构独特,为扁平的圆形通道状,独立而均匀地分布在 Si_3N_4 基质中,孔隙的方向与冷冻时冰柱的生长方向一致;孔隙内壁上生长出许多纤维状的 Si_3N_4 晶粒,这是由于 SiO_2-Y_2O_3-Al_2O_3 液相中的 SiO_2 以 SiO 形式挥发后凝固在 Si_3N_4 中所形成的。

研究者认为,由于这种多孔陶瓷具有独特的孔隙结构,在诸如分离用过滤器、触媒或吸收剂用载体等领域都可能具有广泛的用途。尤其是这种制造方法,因其对环境的亲和性以及对各种材料的适应性,是一种很有用的方法。

1.3　高压合成

高温高压作为一种特殊的研究手段,在物理、化学及材料合成等方面具有特殊的重要性。这是因为高压作为一种典型的极端物理条件,能够有效地改变物质的原子间距和原子壳层状态,因而经常被用来作为一种原子间距调制、信息探针和其他特殊的应用手段,几乎渗透到绝大多数的前沿课题的研究中。利用高压手段不仅可以帮助人们从更深层次去了解常压条件下的物理现象和性质,而且可以发现常规条件下难以出现的新现象、新规律、新物质、新性能、新材料。

高压合成就是利用外加的高压力,使物质产生多型相转变或发生不同物质间的化合,从而得到新相、新化合物或新材料。众所周知,由于施加在物质上的高压卸掉以后,大多数物质的结构和行为产生可逆的变化,失去高压状态的结构和性质。因此,通常的高压合成都采用高压和高温两种条件交加的高压高温合成法,目的是寻求经卸压降温以后的高压高温合成产物能够在常压常温下保持其高压高温状态的特殊结构和性能的新材料。自 20 世纪 50 年代初期人工合成金刚石成功以后,高压合成就引起了人们的关注,并在无机化合物和材料的合成中取得了一系列的成果。如今,在高科技领域中得到广泛应用的很多无机功能材料,如立方氮化硼、强磁性材料 CrO_2、铁氧体和铁电体的合成都离不开高压技术,并不断推动着高压技术的发展。

通常,需要高压手段进行合成的有以下几种情况:

(1)在大气压(0.1MPa)条件下不能生长出满意的晶体;

(2)要求有特殊的晶型结构;

(3)晶体生长需要有高的蒸气压;

(4)生长合成的物质在大气压下或在熔点以下会发生分解;

(5)在常压条件下不能发生化学反应而只有在高压条件下才能发生化学反应;

(6)要求有某些高压条件下才能出现的高价态(或低价态)以及其他特殊的电子态;

(7)要求某些高压条件下才能出现的特殊性能等情况。

针对不同的情况,可以采用不同的压力范围进行合成。目前通常所采用的高压固态反应合成范围一般有 1MPa～10MPa 的低压力合成以及几十个 GPa 的高压下合成。一般意义上的高压合成通常为 1GPa 以上的合成。

本节着重介绍在高温高压下一些无机材料的合成原理以及高压合成中有关的技术问题。

1.3.1　高压高温的产生和测量

1. 高压的产生

(1)静高压

利用外界机械加载方式,通过缓慢逐渐施加负荷挤压所研究的物体或试样,当其体积缩小时,就在物体或试样内部产生高压强。由于外界施加载荷的速度缓慢(通常不会伴随着物体的升温),所产生的高压力就称为静高压。

静高压发生装置一般有两类。一是利用油压机作为动力,推动高压装置中的高压构件,挤压试样,产生高压。这类高压装置,最常见的有六面顶(高压构件由六个顶锤组成)高压装置和年轮式两面顶(高压构件由一对顶锤和一个压缸组成)高压装置。六面顶高压装置见图1-20,其操作简便,压力传递快,效率高,再加上其吨位低、投入少,因而应用相对容易。缺点是被挤压时高压腔形变不规则,温度场不稳定,且压机吨位产生的高压腔当量体积小。年轮式两面顶压机示意图见图1-21,其特点是高压冲程适中,对中性好,温度场与压力场稳定并且相互匹配,特别是高压腔体积大,适合需要长时间生长的大单晶,尤其适合生长杂质含量低的高档锯片级金刚石、形状规矩的片状 PCD 和拉丝模等聚晶产品。目前,这种高压设备被欧美各国及日本的金刚石厂家广泛采用。

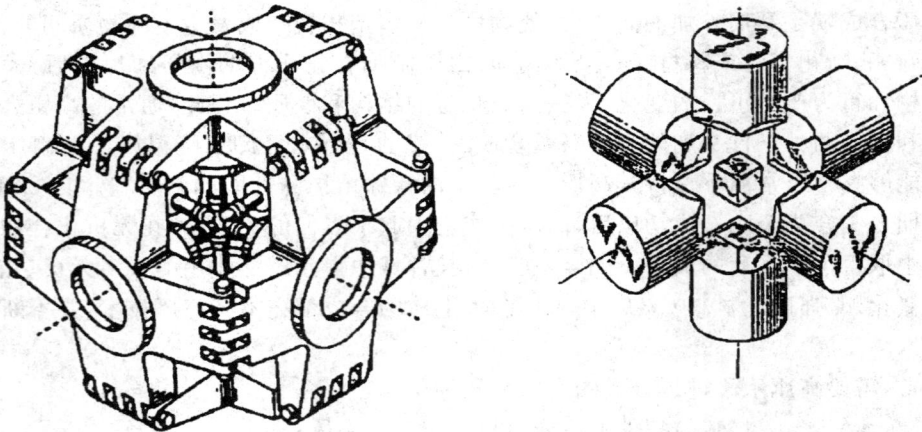

图 1-20　六面顶高温高压设备示意图

二是利用天然金刚石做顶锤(压砧),制成的微型金刚石对顶砧高压装置(见图1-22)。这种装置可以产生几十 GPa 到三百多 GPa 的高压,还可以与同步辐射光源、X 射线衍射、Raman 散射等测试设备联用,开展高压条件下的物质相变、高压合成的原位测试。但是若以合成材料为研究目的,微型金刚石对顶砧的腔体太小,难以取出试样来进行产物的各种表征及做其他性能的测试。

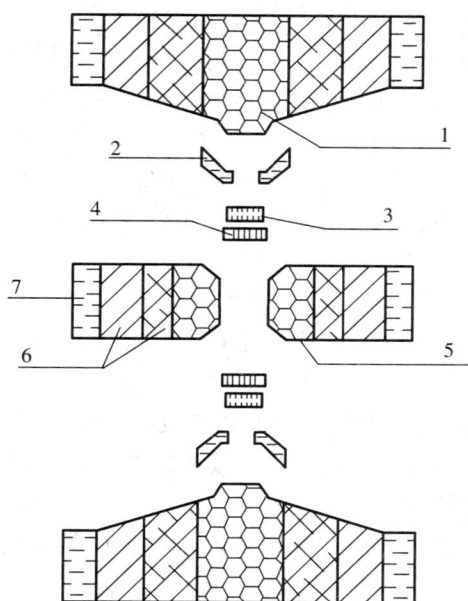

图 1-21 年轮式两面顶压机示意图

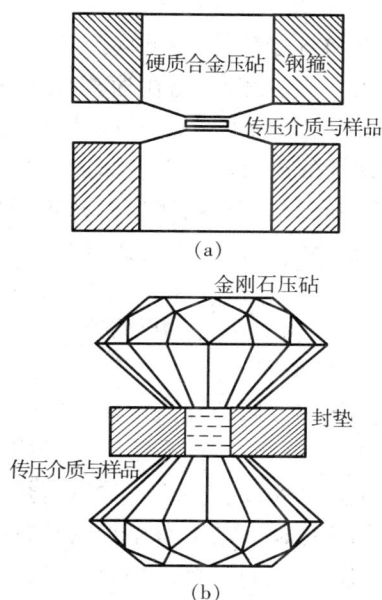

图 1-22 微型金刚石对顶砧高压装置图

（2）动高压

利用爆炸（核爆炸、火药爆炸等）、强放电等产生的冲击波，在 μs～ps 的瞬间以很高的速度作用到物体上，可使物体内部压力达到几十吉帕，甚至上千吉帕，同时伴随着骤然升温。这种高压力就称为动态高压。它可以用来开展新材料的合成研究，但因受条件的限制，动高压合成的研究工作开展得还不多。

动态法和静态法有本质的区别，它们各有其特点。动态法产生的压强远比静态法的高，前者可达几百万乃至上千万大气压，而后者由于受到高压容器和机械装置的材质及一些条件的限制，一般只能达到十几万大气压；动态高压存在的时间远比静态的短得多，一般只有几微秒，而静态高压原则上可以人工控制，可达几十至上百个小时；动态高压是压力和温度同时存在并同时作用到物质上，而静态高压的压力和温度是独立的，由两个系统分别控制；动态高压法一般不需要昂贵的硬质合金和复杂的机械装置，并且测量压强较精确。

2. 高温的产生

高温的产生可通过直接加热和间接加热实现。直接加热是利用大电流直接通过试样，可产生高达 2000K 的高温。若采用激光直接加热，可在试样内产生 $(2\sim5)\times10^3$K 的高温。冲击波的作用，可在产生高压的同时产生高温。间接加热通常可在高压腔内，试样室外放置一个加热管（如石墨管、耐高温金属管等），使外加的大电流通过加热管，产生焦耳热，使试样升温，一般可达 2000K。这种加热法称为内加热法。还可以采用在高压腔外部进行加热的外加热法。有时根据情况需要，还可以内、外加热法兼用。

3. 高温和高压的测量

（1）高压的测量

高压合成要测量的物理量首先是作用在试样单位面积上的压力，也就是压强。在高压研究的文献中，一般都习惯把压强称为压力，它不等于外加的负载。在实验室和工业生产中,经常采用物质相变点定标测压法。利用国际公认的某些物质的相变压力作为定标点,把一些定标点和与之对应的外加负荷联系起来,给出压力定标曲线,就可以对高压腔内试样所承受的压力进行定标。现在通用的是利用纯金属 Bi(Ⅰ→Ⅱ)(2.5GPa)、Tl(Ⅰ→Ⅱ)(3.67GPa)、Cs(Ⅱ→Ⅲ)(4.2GPa)、Ba(Ⅰ→Ⅱ)(5.3GPa)、Bi(Ⅲ→Ⅳ)(7.4GPa)等相变时电阻发生跃变的压力值作为定标点。有时也用一维有机金属络合物 $Pt(DMG)_2$(6.9GPa)(崔硕景等)和聚苯胺有机高分子 $Pan-H^+$(3.5GPa)材料的电阻-压力极小值作为定标(许大鹏、王佛松等),效果也不错。

对于微型金刚石对顶砧高压装置,常采用红宝石的荧光 R 线随压力红移的效应进行定标测压,也有利用 NaCl 的晶格常数随压力变化来定标的。详情可参见有关书籍。

(2)高温的测量

在静高压装置高压腔内试样温度的测量中,最常用的方法是热电偶直接测量法。因为是在高压作用下的热电偶高温测量,技术上有较大的难度。如果积累一定的经验,可以获得较高的测试成功率和精确度。常用的热电偶有 Pt30%Rh - Pt6%Rh,Pt - Pt10%Rh,以及镍铬-镍铝热电偶。其中双铂铑热电偶的热稳定性和化学稳定性很好,对周围有很强的抗污染能力,其热电动势对压力的修正值很小,可适用于 2000K 范围内高压下的高温测量。

对动高压加载过程中的高压和高温测量,情况比较复杂,很难采取直接测量法,需用一些特殊的专门测算方法,有兴趣的读者可参看有关专著。

1.3.2　高压高温合成方法

高压高温合成,根据高压高温的不同产生方式和使用的设备而划分成许多合成方法,一般分为动态高温高压方法和静态高温高压方法,下面分别介绍。

1. 静态高温高压合成方法

实验室和工业生产中常用的是静态高压高温合成,是利用具有较大尺寸的高压腔体和试样的两面顶和六面顶高压设备来进行的。按照合成路线和合成组装的不同,这类方法还可细分成许多种。如静高压高温直接转变合成法,在合成中,除了所需的合成起始材料外,不加其他催化剂,而让起始材料在高压高温作用下直接转变(或化合)成新物质。静高压高温催化剂合成法,在起始材料中加入催化剂,这样,由于催化剂的作用,可以大大降低合成的压力、温度和缩短合成时间。非晶晶化合成法,以非晶材料为起始材料,在高压高温作用下,使之晶化成结晶良好的新材料。与此相反,也可将结晶良好的起始材料,经高压高温作用,压致转变成为非晶材料。前驱物高压转变合成法,对一些不易转变或不适于转变成所需的合成物质,可以通过其他方法,将起始材料预先制成前驱物,然后进行高压高温合成。这种方法十分有效。与此类似,经常看到,将起始材料进行预处理,如常压高温处理,其他的极端条件处理,包括高压条件,然后再进行高压高温合成的混合型合成法。高压溶态淬火方法,将起始材料施加高压,然后加高温,直至全部熔化,保温保压,最后在固定压力下,实行淬火,迅速冻结高压高温状态的结构。这种方法可以获得准晶、非晶、纳米晶,特别是可以获得各种中间亚稳相,是研究和获取中间亚稳相的行之有效的方法。为了实际应用,有时经常需把粉末状物质压制成具有一定机械强度和不同形状的大尺寸块状材料,这也是利用高压高温手段进行粉末材料的高压高温成型制备。

在静高温高压实验中,合理地选择传压介质和密封材料是很重要的,以使固体样品受到的压力尽可能地接近于静水压力。传压介质主要有叶蜡石、滑石、白云石、氯化钠、立方氮化硼等,密封材料主要有叶蜡石,而其中叶蜡石兼具良好的传压性、密封性、电绝缘性、隔热耐热性以及加工成型性能。由于叶蜡石综合性能良好,因此被广泛地用做试料的容器。叶蜡石的分子式为 $Al_2O_3 \cdot 4SiO_2 \cdot H_2O$,常压下熔点超过 1670K,当压强为 5GPa～6GPa 时,其熔点超过 2000℃。但是叶蜡石会对试样造成污染。

2. 动态高温高压合成方法

动态高温高压合成方法是利用爆炸等方法产生的冲击波,在物质中引起瞬间的高温高压来合成新材料的动态高压方法,也称为冲击波合成法或爆炸法。

20 世纪 50 年代,人们对陨石中存在金刚石的形成机理做了各种预测,想到模拟陨石中金刚石形成的条件采用动态法来合成金刚石。1961 年,Decarli 已经很成功地用动态爆炸法把石墨转化为少量的金刚石,所用的爆炸压强估计为 30GPa。Decarli 用不同密度的石墨粉压缩样品,采用定向爆炸合成装置、圆柱体结构、球形装置等不同的形式的合成装置合成了金刚石。Dupont 尝试在石墨中加入一定比例的 Cu、Fe、Al 金属粉末来合成金刚石。一般来说,采用金属和石墨混合压缩样品用动态高温高压合成金刚石,其转化率比单独采用纯石墨压缩样品大一个数量级。

20 世纪 70 年代初,我国的各单位也进行了动态爆炸法合成金刚石。中科院力学所、中科院物理所等都相继用动态爆炸法成功地合成了金刚石。

也有人用六方 BN 为原料,以动态高温高压法合成纤锌矿和闪锌矿的混合 BN。合成得到不同结构的 BN 是由于动态合成工艺或所用原料的结晶状态不同所致。70 年代以后各国竞相研究用动态法合成纤锌矿结构的 BN。

至今,利用这种方法已经合成了人造金刚石、闪锌矿型氮化硼和纤锌矿型氮化硼微粉,立方 B-C-N 等,当然还有一些其他的新相、新的化合物。

1.3.3　高压下无机材料合成

目前,人们在高压合成领域关注的主要有以下三个大的研究方向:新型超硬材料;具有高转变温度(T_c)的超导材料;具有特殊结构和性质的新化合物。

下面即从这三个方面介绍高压合成在无机材料制备中的应用。

1. 高温高压条件下超硬材料的合成

从古代的石器、青铜器、铁器到现代的钢、合金和陶瓷,材料技术的每一次革命都极大地推进了人类物质文明和社会的进步,而材料技术进步的最重要指标就是硬度。目前人们已经知道的硬度较大的材料有很多种,如图 1-23 所示。其中大部分是在高温高压条件下合成的,因此这里简单介绍一下高温高压条件下超硬材料的合成。

(1)人造金刚石的高压合成

超硬材料的合成及性质是现代凝聚态物理和材料科学研究的重点之一。自然界存在的材料中最硬的是金刚石。它在切割、研磨和石油开采等领域有着广泛的应用。但是天然金刚石的产量较低,价格昂贵,无法满足工业生产中日益增加的需求,因此上世纪初人们开始尝试人工合成金刚石。

原则上讲,人造金刚石的合成有直接法和间接法两种。前者是在高温高压下使碳素材料直接转变成金刚石。后者是用碳素材料和合金做原料,在高温高压下合成金刚石,这两种方法需要的温度大约都是 1500℃,直接法需要的压力为 20GPa,间接法需要的压力仅为 5GPa 左右。工业上人造金刚石的合成均是采用间接法。1954 年美国通用电气(GE)公司的研究人员采用高温高压方法合成了金刚石,促进了切削加工及先进制造技术的飞速发展。1962 年,人们将具有六角晶体结构质地柔软的层状石墨作起始原料,不加催化剂,在约 12.5GPa、3000K 的高压高温条件下,使石墨直接转变成具有立方结构的金刚石。如果起始石墨材料添加金属催化剂,则在较低的压力(5GPa~6GPa)和温度(1300K~2000K)条件下,就可以实现由石墨到金刚石的转变。这是静高压高温催化剂合成法成功的一个典型例子。但是金刚石的热稳定性较差,在空气中加热到 600℃时就发生氧化,而且容易与铁族金属发生反应,因而在钢铁材料的加工中受到极大的限制。

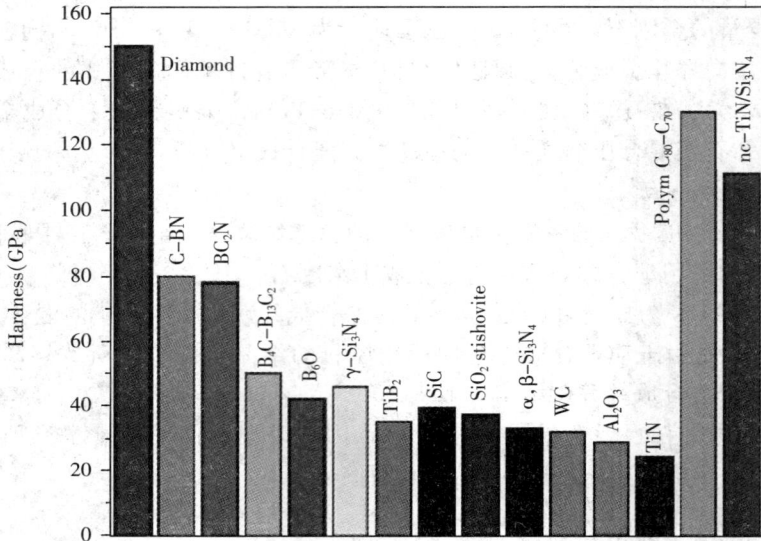

图 1-23　各种高硬度材料

(2)立方氮化硼的高压合成

c-BN 是一种在机械、热学、光学、化学、电子学等方面具有优良性能的纯人工合成的多功能材料。它不仅具有仅次于金刚石的硬度,是一种典型的在机械加工领域应用广泛的超硬材料,满足了人们在高温领域对超硬材料的需求,而且 c-BN 晶体还是典型的 Ⅲ-Ⅴ 族化合物,其电阻率为 $10^{10}\,\Omega\cdot cm$,热导率为 $13W/(cm\cdot K)$,可以耐受 1200℃高温,并且具有 6.4eV 最宽的直接带隙,既可 n 型掺杂又可 p 型掺杂,是一种十分重要的优异的半导体材料,在高温高功率宽带器件微电子学领域有着广泛的应用前景。c-BN 在红外到紫外区具有较高的光谱透过率,可以作为良好的保护涂层、光学窗口及紫外发光二极管(波长 215nm);c-BN 具有表面负电子亲和势,是极好的场发射材料;c-BN 具有二阶非线性光学效应,可以用来制作光的高次谐波发生器、电光调制器、可见紫外光转换器、光学整流器、光参量放大器等。c-BN 与金刚石一样还具有很强的抗辐射能力,可制备抗辐射器件。因此,c-BN 材料的制备研究对国民经济各领域,特别是在航天、战争等严酷环境条件下应用器件的性能有着重要的现实意义。

1957 年,Wentorf 采用金属镁作为触媒成功地合成出了具有立方结构的闪锌矿型 BN。

1962 年 Bundy 和 Wentorf 在没有触媒参与的情况下,使用改进的两面顶高压装置在短时间内使 h-BN 转化为 c-BN。1974 年,Sawaoka 等人采用动态高压法(爆炸法)成功地合成了 h-BN 和 c-BN,转化率达到了 90%。1987 年,Tadamasa 等人确切证实在薄膜中得到了 c-BN。

到目前为止,c-BN 的高压合成方法已发展出很多种,大体可以归纳为:①静态高压触媒法;②静态高压下直接转变法;③晶种温度梯度法;④冲击压缩法(爆炸法)。

以上方法中,应用最为广泛的为静态高压触媒法,静态高压触媒法是以液压装置产生高压,以交流或直流电通过装试料的石墨发热体间接加热产生高温,在触媒材料的参与下合成 c-BN 晶体的方法。对比静态高压直接转变法,高压触媒法能明显有效地降低 h-BN→c-BN 相转变压力(直接转化压力>10GPa,高压触媒 4GPa~6GPa),已成为工业生产 c-BN 的最主要方法。到目前为止,高压合成 c-BN 所用触媒已有 50 多种,其中应用最为广泛的是碱金属、碱土金属及其氮化物、硼化物和氮硼化物。另外,Si、Fe-Al 合金、Ag-Cd 合金、水、尿素和硼酸也是高压合成的有效触媒。不同触媒合成的 c-BN 在晶体颜色、形状、大小和机械性能上都会存在差异。以 Mg、Mg_3N_2 或 $Mg_3B_2N_4$ 为触媒通过添加少量的添加剂,在合适的温度和压力下可以分别合成出黑色、棕色、淡黄色甚至无色的 c-BN 晶体。

尽管静态高压触媒法较直接转变法在压力和温度上有大幅度的降低,但 c-BN 晶体仍是在高温高压的极端条件下合成的,压力越高,对生产设备的要求也就越高,危险性越大,成本的控制也越困难。多年来,人们一直在努力寻找更有效的 c-BN 合成触媒,以期达到降低 c-BN 合成的压力和温度、提升 c-BN 晶体的质量的目的。

虽然 c-BN 的热稳定性和化学惰性都较好,在很多高温领域也得到了广泛的应用,但其硬度却远不如金刚石。所以人们又开始寻找新的物理、化学性质更好的超硬材料。

(3)B-C-N 的高压合成

寻找新的超硬材料的工作主要是在 B-C-O-N 体系中展开。由于 C 和 BN 是等电子体,而且它们在化学和结构方面有很多的相似性,所以人们的目光首先集中到了 B-C-N 三元化合物的研究上。理论研究表明,立方 B-C-N 化合物具有高的硬度,其硬度介于金刚石和 c-BN 之间,是一种理想的新一代超硬材料。

与石墨在高温高压条件下可以转变为金刚石相类似,六方 BN 在高温高压条件下可以转变为立方 BN,六方 B-C-N 化合物也有可能在高温高压下转变成立方 B-C-N 化合物。近年来,不少小组在从事这方面的研究。几个小组研究了立方 B-C-N 化合物相的稳定性,指出立方 B-C-N 化合物是亚稳相。他们认为立方 B-C-N 稳定相的合成只有在非平衡方法中才可能出现,如冲击合成法和高温高压法。因此人们尝试利用高温高压法合成立方 B-C-N 化合物。

A. R. Badzian 使用 h-BN 和石墨为原料,在压强为 14GPa,温度 3000℃下,利用高温高压法制备了具有闪锌结构的 c-BN 晶体和金刚石的固溶体。S. Nakano 等使用和 Badzian 同样的原料成分,利用高温高压法没有得到 B-C-N 化合物,而是得到了 c-BN 和金刚石的混合物。

Satoshi 等在无任何触媒作用的情况下,在压强为 7.7GPa、温度 2000℃～2400℃时对类石墨结构的 BC_2N 进行高温高压实验。在温度 2150℃～2300℃时得到的产物为 c-BN,金刚石(包括少量的 B 和 N)及立方 B-C-N 的混合物;在温度高于 2400℃时,立方 B-C-

N 倾向于分解成 c-BN 和金刚石。说明随着温度的升高,立方 B-C-N 化合物开始分解,转变成 c-BN 和金刚石。李辉在压强 5.5GPa、温度 1200℃和 1500℃时分别对乱层石墨结构的 B-C-N 前驱物进行了高温高压实验,在 1200℃得到了 B-C-N 多晶颗粒,在 1500℃却得到了六方 BN 和石墨的混合物。分析结果也说明了在压强一定的条件下,随着温度的升高,六方 B-C-N 化合物也趋向于分离。

Vladimir 等对 Hubacek 所制得的类石墨结构的 BC_4N 化合物进行高温高压实验,然后对得到的产物进行了研究。研究表明,当压强为 6.6GPa,石墨结构的 BC_4N 化合物开始分解的温度为 1070K,在 1070K～1400K 的温度范围内产物保持不变,分解率始终为 0.1;在压强为 7GPa,温度为 2050K 时类石墨结构的 BC_4N 完全分解,生成高度有序的 c-BN 和乱层结构的石墨两相。

为了降低合成所需要的温度和压强,S. Nakano 还在 Co 触媒的作用下,对相同的原料进行了高温高压实验。使用 Co 为催化剂,虽然所需的压强可降至 5.5GPa、温度降至 1400℃～1600℃,但是没有得到 B-C-N 化合物,而是得到了晶型良好的 c-BN 及金刚石晶体的混合物。研究表明 Co 这个溶剂触媒能够起到完全分析的作用。还有人用不同的触媒来合成立方 B-C-N 化合物,但是效果都不是很好,这是因为立方 B-C-N 化合物在高温高压的条件下倾向于分解为金刚石和立方 BN。

何巨龙利用 $Ca_3B_2N_4$ 为触媒,在压强 5.5GPa、温度 1500℃条件下对乱层石墨结构的 B_2CN 前驱物进行高温高压实验,得到正交结构的 B_2CN。李辉用 Fe 粉为触媒,在压强 5.5GPa、温度 1500℃条件下,对乱层石墨结构的 B-C-N 进行高温高压实验,制备了晶粒尺寸几百纳米的六方 BC_2N 单晶颗粒。说明在触媒的作用下虽然得到立方 B-C-N 化合物有一定的难度,但是却可以得到具有其他结构的 B-C-N 化合物。

1981 年 Basziman 首次以 h-BCN 为原料,在 14GPa、3600K 的条件下合成了 BCN 固溶体。此后,关于 BCN 材料的制备及特性研究受到了越来越多人的关注。1998 年,Komatsu 等人使用冲击波的方法在 50GPa,3000℃～10000℃的条件下,合成了具有金刚石结构的 $BC_{2.5}N$ 化合物;同年,Bando 等人利用金刚石对顶砧技术(通过激光加热的方法)合成了具有相似组分的富勒烯型结构的化合物。

除了 BN 和 BCN 之外,B_2O 也是 C 的等电子体。所以人们认为,如果以 BBO 取代金刚石结构中的 CCC 应该能够形成具有类金刚石结构的化合物。1987 年,Endo 等人成功地合成了具有金刚石结构的 B_2O 化合物。但进一步的研究发现在所有的 B-O 化合物中,只有富硼化合物 B_6O_{1-x} 是稳定结构。1998 年,Hubert 等人以 B 和 B_2O_3 为原料在 4GPa～5GPa,1200℃～1800℃的条件下合成了近乎完美的 B_6O 大单晶。

2. 高温高压条件下超导材料的合成

在合成具有高 T_c 超导材料的研究中,高压是不可或缺的有效手段。其应用大致分为两方面:

(1)压力效应

即在不同的压力下"原位"测量超导样品 T_c 的变化以及其他物理性质(例如电阻、比热、磁化率等等)。

(2)高温高压合成

由于高压有利于高密度、高配位数相的形成,压力对阴离子和阳离子半径影响不同有利于掺杂,压力抑制合成温度下合成物和生成物的挥发和分解,提高熔点,高压环境又提供还原气氛或高氧化气氛等独特优点,因而在高温超导材料发展的后期,在合成一系列新超导材料中起着其他常规方法不可替代的关键作用。利用高温高压方法可以合成一些在常压条件下得不到的新超导材料。

原位测量技术在超导材料的设计和合成等方面有着非常重要的作用。例如,在 LaBaCuO 材料发现后不久,朱经武等即在高压下将其 T_c 提高到 52K。巨大的压力效应使得他们认识到压力在提高超导体的 T_c 上所起到的巨大作用。于是他们开始尝试用化学压力替代物理压力,来提高超导体的 T_c。他们用离子半径小的 Y 替代离子半径较大的 La,以使化合物的内部产生内压,获得了 T_c 高于液氮温度的 YBaCuO 超导材料。另外,原位测量的方法不仅可以为新材料的合成提供线索,而且可以帮助人们了解超导产生的机制。例如,压力可以使 p 型超导体的 T_c 有较大的增加,而对于没有 Cu—O 面"顶点氧"n 型超导体的 T_c 则几乎没有什么影响,揭示了"顶点氧"对超导电性的重要作用。另外,梯形(Spin Ladder) $Ca_{1.36}Sr_{0.4}Cu_{24}O_{41}$ 化合物(其 Cu_2O_3 面存在梯形对称性)没有一般铜氧超导材料的铜氧面。这种化合物在常压下并无超导性,但在 3GPa～4GPa 的压力下却转变为 $T_c=12K$ 的超导体,因而该化合物所特有的晶体结构和超导电性也就成为人们关注的焦点。

高温超导体材料的类钙钛矿密堆结构,使得高温高压合成方法在高温超导研究中的作用得天独厚。近些年来,几乎所有的新的超导铜氧化物材料都是在高温高压下合成的。从无限层、铜系、卤素系列,一直到 Ba - Ca - Cu - O 体系,已经有数十个系列。目前常用的提高 Cu 的氧化物超导体 T_c 的方法是在合成过程中用高氧压(通常在几百到几千个大气压)办法来控制氧的含量,同时也可以抑制杂相的产生。1997 年 Moriwaki 等人提出一个在高压条件下以组分氧化物为原料合成超导材料的合成路线。同年,Lokshin 等人在高压(2GPa～4GPa)下合成了系列 Hg - 1234 和 Hg - 1223($HgBa_2Ca_3Cu_4O_{10+\delta}$)超导材料。在仔细研究了样品的纯度与合成温度、压力和起始反应物中各成分的比例之间的关系之后,发现产物中 Hg - 1234 相的比例与起始反应物中的氧的含量有关。另外,他们还发现产物的 T_c 与其晶胞参数 a 有很紧密的关系。例如 Hg - 1223 的 T_c 在其晶胞参数 $a=3.825Å$ 时达到最大为 135K。Attifield 等人在 1998 年研究了 A_2CuO_4 (A＝La,Nd,Ca,Sr,Ba)系列化合物,发现当 A 位原子的平均半径为 1.22Å 时,超导转变温度 T_c 达到最大值(39K)。这两个研究表明超导转变温度 T_c 对晶格张力的变化很敏感。Locquet 等人根据这个现象曾把生长在 $SrLaAlO_4$ 基底上的 $La_{0.9}Sr_{0.1}CuO_4$ 薄膜材料的超导转变温度 T_c 提高了一倍(从 25K 提高到 49K)。给人们提供了一种很好的方法来调节薄膜超导材料的性质。

另外一类比较令人感兴趣的高压合成超导材料是那些含有稀土元素特别是含有 Pr^{3+} 离子的超导材料。但是这些含有 Pr^{3+} 离子的超导材料的母体化合物 $PrBaCuO_2$ 本身并不是超导材料。导致这种现象的原因到目前还没有弄清楚。1997 年,Chen 及其合作者们在研究化合物($R_{1-x}Pr_x)_2Ba_4Cu_7O_{14-\delta}$ (R＝Nd,Sm,Eu,Gd,Ho 和 Tm)的超导性质时,发现化合物中 Pr^{3+} 含量的增加会抑制化合物的超导性。另外,Yao 等人在高氧压(以 $KClO_4$ 为氧源)下获得了近乎单相的正交相 Ca 掺杂的 Pr - 123 相,并发现其超导转变温度 T_c 为 52K。改变实验条件后,又获得了高纯的四方相材料,其 T_c 更高为 97K。高压还可以用来合成一系列陶瓷超导材料。例如,Iyo 等人 1997 年合成了(M,C)$(Ba,Sr)_2CaCu_3O_9$ 超导材料,并发现部分地用 C^{4+} 离子取代 Al^{3+} 离子和 Ga^{3+} 离子可以提高化合物的 T_c 值。

探索更高 T_c 和性能更好的高温超导材料是超导研究的活力所在,高温高压合成方法正在这一领域发挥着重要作用。在利用高氧压方法合成超导材料的同时,人们还得到了虽然不是超导材料,但是却具有很好的其他性质的材料。例如,1998 年 Karpinski 等人利用高氧压(0.2GPa)的方法合成了自旋阶梯式化合物 $Sr_{0.73}CuO_2$。Kopnin 等人在高氩气压下制备了 $CaCuO_2$、$Sr_{0.53}Ca_{0.47}CuO_2$ 和 $Ca_{1-x}La_xCuO_2$（$x<0.016$）的单晶体。这些材料虽然都不是超导材料,但是它们都具有很好的磁学性质。

3. 高温高压条件下其他固体材料的合成

当然高压方法并不只是用来合成我们前面提到的两类材料。例如,Wunden 和 Marler 在高压(2GPa,650℃)下合成了具有黄宝石结构的镓酸铝材料,分子式为 $Al_2GeO_4(OH)_2$。Park 和 Parise 在 4.5GPa,1200℃ 合成了具有钙钛矿结构的 $ScCrO_3$。Troyanchuk 等人利用高压制备了一系列固溶体材料 $La_{1-x}Pb_xMnO_3$ 和具有混合价态 Mn 离子（Mn^{3+},Mn^{4+}）的 $La_{0.56}Pb_{0.44}MnO_{2.56}F_{0.44}$。这些具有钙钛矿结构的材料都具有巨磁阻效应。Kanke 在 5.5GPa,1200℃～2000℃ 的条件下以氧化物为原料第一次合成了具有 $V^{3+}-V^{4+}$ 混合价态的氧化物 KV_6O_{11} 和 BaV_6O_{11}。

压致无定型研究也是近年来人们比较关注的课题。现在人们已经知道,即使是在不能发生晶态到非晶态转变的低温下,仍然可以采用介稳压缩的办法获得玻璃体材料。这种方法可应用于那些难以得到玻璃体的体系中来获得玻璃体相。例如,虽然采用熔融后淬火的办法难以得到 ZrW_2O_8 的玻璃体材料,但在常温高压下进行处理却可以获得其玻璃体相。

相对于其他系列材料对硫族化合物的高压研究是很少的。Poulsen 等人在高压下合成了 $(Ba,K)VS_3$ 系列固溶体材料。这种材料的结构是基于 $BaNiO_3$ 的,因其具有低维磁学和电学性质而受到人们的关注。就像硫族元素化合物一样,对磷族化合物（包括 P,As,Sb）和 Si,Ge,Sm 的化合物在高压下的研究相对于元素周期表中的第一行元素（O,N 和 C 的化合物）的研究也是很少的。Shirotani 等人在高压下（～4GPa）合成了超导转变温度约为 10K 的超导材料 $ZrNi_4P_2$ 和 MRu_4P_2（M＝Zr 或 Hf）。Evers 等人在高压下第一次合成了 Li 元素的硅化物。这个领域还有很多很多的工作要做。

1.3.4　高压在合成中的作用

目前,人们熟知的许多有关固体材料的物理化学知识都是从常温常压下进行的实验中得到的。但是地球上 90％以上的元素和化合物都是存在于压力大于 10GPa 的超高压状态中,所以研究元素和化合物在高温高压状态中的性质,就显得尤为重要。

压力作为一个热力学参量,对物质有着巨大的影响。随着高压技术的不断进步,高压已不仅仅是一种实验手段和极端条件,而是独立于温度、化学组分之外的第三个物理学参量。在高温高压条件下,出现了一系列新颖的物理化学现象。即使是最简单的物质,例如氢和水,在高压下也产生了一系列出乎意料的新奇变化。现在人们普遍认为,在百万大气压下,平均每种物质存在五种不同的相。换言之,在加上“压力”这个物理学参量之后,将获得数倍于现有数量的新物质。这些物质中包括具有超导、巨磁阻、超硬等性质的新型功能材料,对人类社会具有重要的应用价值。但是大部分化合物的高压相都处于亚稳态。要想应用这些化合物在高压下所表现出来的新的物理、化学性质,就必须设法在常压下使这些材料的亚稳相仍能够稳定地存在。这对从事高压材料科学研究的科研工作者来说是挑战,同时也是机遇。

高压的作用一般表现为缩短物质的原子间距、改变原子间相互作用、原子壳层结构和组态等。例如,在常压下金属钙是六方密堆积结构,但当压力达到20GPa以上时将转变为体心结构,并且密度降低。导致这种现象的原因是在高压下钙单质的4s和3d电子发生杂化,使得Ca元素呈现出类似过渡金属的性质;碱金属钾在常压下是不与过渡金属发生反应的,但在压力的作用下却会形成K-Ni、K-Ag等化合物以及其他的一些固溶体材料。另外,在适当的温度和压力条件下,浓缩的气体分子会展现出一些新的类似固体材料的化学性质。例如,在高温高压状态中氮氧化合物(NO_2,N_2O)会转变为具有方解石或文石结构的氮氧离子固体;浓缩的CO_2分子在高压下会聚合形成以$[CO_4]^{4-}$为结构基元的三维网状结构。这是因为在常压下CO_2分子中的C原子是sp(O=C=O)杂化,但是在高压下会转变为sp^3杂化,这样每个C原子都要与其他的氧原子配位从而形成CO_4四面体。

在不同的情况下,高压表现出许多具体的特殊作用。在化学反应过程中,高压具有抑制原子的扩散,加快反应速率,提高转化效率,降低合成温度,增加物质致密度、配位数和对称性,缩短键长,提高物质冷凝速度,截获各种亚稳相,以及提高产物的单相性和结晶程度等作用。在非平衡相变中,高压可以使非晶体发生晶化,也可以使晶体转变为非晶,导致许多压致结构相变。晶体的能带结构在高压条件下也要改变,特别是具有窄能带结构的晶体,对于压力表现的尤为敏感。另外,高压对物质的表面、介面结构和状态也有重要的影响。总之,高压是具有独特作用的一种极端手段,结合凝聚态物理学的问题,可以深化对常规条件下出现的凝聚态物理新现象、新规律的认识。

除了研究物质在高温高压条件下的性质、相变以及新材料的合成之外,建立准确的"压力-温度-组成"(P-T-X)相图也是一项高温高压研究的基本任务。相图可以为人们设计可控高温高压实验提供一些必需的数据,包括高温高压催化合成和晶体生长过程的一些有用的信息。高温高压催化合成方法是现代工业生产中合成超硬材料的主要手段,像金刚石和立方氮化硼等这些材料的工业化生产所用的都是这种方法。同样高温高压催化合成方法也可以应用于其他的许多新的高温高压材料的工业生产。到目前为止,科研工作者们已经建立了几乎所有元素和一些简单化合物的高温高压相图,特别是对于硅酸盐和其他一些涉及到地球科学的矿物的数据更加全面。但是,即使是粗略的对相图的数据进行研究,也可以发现我们对高温高压下的无机合成的了解还有很多盲区。直到今天,对一些我们熟知的系列化合物,比如氮化物、磷化物、卤化物和硅化物等的高温高压研究还是很少,而对于B_2O_3、Al_2S_3和$SrGeO_3$等化合物的研究就更加稀少了。现在许多已有的高温高压相图,实际上是化合物的"合成"相图,并不能表现平衡态的高温高压关系。我们还必须想办法将这些相图与温度和压力的平衡关系相联系,以期确定化合物的稳定态和亚稳态之间的关系,为已有的材料寻找更合理的合成路线,同时也可以设计一些具有工业价值的合成路线。总之,完善标准的高温高压相图的数据会对人们发现和合成新材料提供巨大的帮助。

1.3.5 无机材料高压合成的研究方向及展望

迄今为止,人们已合成出千余种高压高温新相新物质。然而,和已有各类人工合成物质相比,犹如沧海一粟。现有通用的1.0GPa～8.0GPa,2000K的高压合成设备的潜力,远没有充分发挥。今后的高压高温合成研究有很多工作需要去做。

（1）充分发挥 1.0GPa～8.0GPa,2000K 的温压段的合成潜力,积极发展大腔体(小于大压机腔体,大于微型金刚石对顶砧高压装置的腔体。合成产物易于取出来进行表征测试)的高压高温合成技术,把合成压力温度推向 30GPa,2600K 范围。注意开展 DAC 和激光直接加热的超高压高温合成研究及有关高压高温合成的原位(in-situ)测试研究。

（2）开展高压高温无机化合物的反应和化合机制的研究,总结合成规律,合成出有助于加深新现象、新规律认识和有重要应用前景的化合物。

（3）进行各种前驱物、纳米原料和合成产物(如层状结构等)的原子分子水平设计,开展高压高温合成。重视稀土变价化合物和具有硼笼结构的高硼化合物的高压高温合成研究。

（4）注意开展纳米固体的纳米界面区中的化学反应和难合成化合物的高压高温合成研究。

（5）积极进行高压高温单晶体的合成和机制研究。

（6）重视亚稳中间物质的截获,开展动力学理论研究,控制条件,寻找具有新结构、新性能、新应用的中间物质。

（7）进行已有高压高温合成物质的应用可能性的研究。

（8）积极开展新化合物(包括生物物质)的结构、行为的高压飞秒观测研究。

参考文献

[1] 张克立,孙聚堂,袁良杰,等. 无机合成化学. 武汉:武汉大学出版社,2006

[2] Margarve John L and Hauge Robert. High Temperature Technique, In Techniques of Chemistry. Edited by Bryaut W Rossiter Vol Ⅸ (Chemical Experimentation under Extreme Conditions). New York:John Wiley & Sons,1980

[3] 张启昆,卢峰. 现代无机合成化学. 汕头:汕头大学出版社,1995

[4] 徐如人,庞文琴. 无机合成与制备化学. 北京:高等教育出版社,2001

[5] West A R. Basic Solid State Chemistry,Second Edition. New York:John Wiley & Sons,2000

[6] 日本化学会编. 无机固相反应. 董万堂,董绍俊译. 北京:科学出版社,1985

[7] 张克立. 固体无机化学. 武汉:武汉大学出版社,2005

[8] 刘海涛,杨郦,张树军等. 无机材料合成. 北京:化学工业出版社,2003

[9] 王巍. $CaTiO_3$ 基微波介质陶瓷的研究. 清华大学硕士学位论文,2006

[10] 张志力,翟洪祥,金宗哲等. 正铌酸镧($LaNbO_4$)及其掺杂粉体的发光特性. 中国稀土学报,2003,21(S1):8～12

[11] 宁桂玲,仲剑初. 高等无机合成. 上海:华东理工出版社,2007

[12] 孟广耀. 化学气相淀积与无机新材料. 北京:科学出版社,1984

[13] 张智敏,任建国,王白为. 无机合成化学及技术. 北京:中国建材工业出版社,2002

[14] 王晓冬等. 真空技术. 北京:冶金工业出版社,2006

[15] 徐烈. 低温真空技术. 北京:机械工业出版社,2008

[16] 徐成海. 真空低温技术与设备(第二版). 北京:冶金工业出版社,2007

[17] www.chvacuum.com

［18］中科院大连化物所分子筛组．沸石分子筛．北京：科学出版社,1978

［19］马广成,丁世文．冷冻干燥法——水溶液合成无机物新法之一．现代化工,1989,
9(5):44～47

［20］赵康,魏俊琪,罗德福等．冷冻干燥法制备羟基磷灰石多孔支架．硅酸盐学报,
2009,37(3):432～435

［21］研究动态．冷冻-干燥法生产直通型多孔 Si_3N_4．耐火材料,2002(6):338

［22］苏文辉,刘宏建,李莉萍等．高温高压极端条件下的稀土固体物理学研究．吉林
大学自然科学学报,1992(特刊,物理):188～201

［23］苏文辉,许大鹏,刘宏建等．凝聚态物理学中若干前沿问题的高压研究．吉林大
学自然科学学报,1992(特刊,物理):170～187

［24］Y. Bando, D. Golberg, O. Stephan and T. Tamiya. National Institute for Research
in Inorganic Materials,1998,145

［25］M. P. Grumbach, O. F. Sankey and P. F. McMillan. Phys. Rev. B,1995,52,15807

［26］T. Endo, T. Sato and M. Shimida. J. Mat. Sci. Lett. ,1987,6,683

［27］ H. Hubert, L. A. J. Garvie, K. Leinenweber, P. Buseck, W. T. Petuskey and
P. F. McMillan. MRS Symp. ,1996,410,191

［28］H. Hubert, L. A. J. Garvie, B. Devouard, P. R. Buseck, W. T. Petuskey and P. F.
McMillan. Chem. Mater. ,1998,10,1530

［29］王超．具有特殊结构的硅酸盐的高温高压合成与表征．长春:吉林大学博士学位
论文,2006

［30］杨大鹏．立方氮化硼-六方硼碳氮化合物的高压合成及应用研究．长春:吉林大
学博士学位论文,2008

第 2 章　软化学合成方法

2.1　概　述

无机材料的性质和功能与其最初的合成或制备过程密切相关,不同的合成方法和合成路线对材料的组成、结构、价态、凝聚态、缺陷等方面均有影响,从而决定了材料的性质和功能。虽然苛刻或极端条件下的合成可生成特定结构和性能的材料,但是其苛刻的条件对实验设备的依赖与技术上的不易控制性以及化学上的不易操作性减弱了材料合成的定向程度。温和条件下的化学合成,即"软化学合成",则正是具有对实验设备要求简单及化学上的易控制性和可操作性的特点,因而在无机材料的合成化学领域中显得越来越重要。

2.1.1　软化学方法的基本原理

软化学的原理是,在温度相对较低的条件下通过化学反应使"硬"结构拼块与"软"溶剂或有机分子连接起来,该过程产生由"硬"的单元与"软"的大分子组成的前驱体产物,一些"硬"的拼块溶解在"软"的溶剂中,形成具有"软"特性的流体。该流体中含有作为硬核的多核阳离子的复合物,这种复合物是通过在适当的溶剂中溶解前驱体并控制反应参数来聚集纳米级的结构拼块制得的。因此,软化学方法是相对于传统的高温固相的"硬化学"而言的,它是通过化学反应克服固相反应过程中的反应势垒,在温和的反应条件下和缓慢的反应进程中,以可控制的步骤逐步地进行化学反应,实现制备新材料的方法。用此方法可以合成组成特殊、形貌各异、性能优异的材料,这些性质是传统的高温固相反应难以达到的。

2.1.2　软化学方法的分类

软化学方法的种类较多,主要包括溶胶-凝胶法、前驱物法、水热/非水溶剂热合成法、沉淀法、支撑接枝工艺法、微乳液法、微波辐射法/超声波法、淬火法、自组装技术、电化学法等。

2.1.3　软化学体系及产物的表征技术

在软化学法制备材料过程中,无论是从事科学研究还是实际生产,都需要随时对产物或中间产物进行表征和分析,以确保最终获得合格的目标产品。实际上,这些表征方法采用的都是常规的物理、化学手段,只是观察对象为软化学产物。

1. X 射线衍射分析

固体材料可以描述为晶体型和非晶型两种结构,其中 95% 属于晶体型结构。所谓晶体型是指原子规则地排列成点阵结构,而非晶型是指原子呈随机排列,与液相中原子的排列情况相似。当 X 射线照射到晶体表面并发生相互作用时,就能产生衍射花样。每一种晶相都有各自的衍射花样,相同的晶相结构具有相似的衍射花样;对于混合晶相,每个晶相都独自地产生各自的衍射花样,即每个晶相的衍射花样互不干扰。某一纯晶相物质的 X 射线衍射花样是独一无二的。因此,粉末 X 射线衍射是多晶物质的简单而理想的表征和鉴定手段。由于衍射峰下覆盖的峰面积与物质中该晶相的含量相关联,这一规律可用于定量分析。

2. 透射电子显微镜

透射电子显微镜在成像原理上与光学显微镜类似,所不同的是光学显微镜以可见光作为光源,透射电子显微镜则以高速电子束为光源。在光学显微镜中将可见光聚焦成像的是玻璃透镜,在电子显微镜中相应的部件是电磁透镜。电子波长极短,同时与物质作用满足布拉格方程,产生衍射现象,使透射电镜在具有高分辨成像的情况下具有结构分析的功能。

3. 扫描电子显微镜

在扫描电镜中,成像信号主要来自二次电子、背散射电子和吸收电子,用得最多的是二次电子(SE)衬度像,而成分分析的信号主要来自 X 射线和俄歇电子。二次电子是样品中原子的核外电子在入射电子的激发下离开该原子而形成的,其信号主要来自样品表面 5 μm～10 μm 深度范围,能量较低,一般小于 50eV,因而在样品中的平均自由程也短,只有在近表面(约 10nm 量级),二次电子才能逸出表面被接收器接收并用于成像。背散射电子像的质量主要取决于原子序数和表面的凹凸度。背散射电子路径为直线形,所以其电子像有明显的阴影,比二次电子像更富于立体感,但有时阴影太暗会影响清晰度。

4. 原子力显微镜

AFM 是利用一个对力极为敏感的探测针尖与样品之间的相互作用力来实现表面成像的。如图 2-1 所示,将针尖安装在一个对微弱力极敏感的 V 字形的微悬臂上,微悬臂的另一端固定,使针尖趋近样品表面并与表面轻轻接触,由于针尖尖端原子与样品表面原子之间存在着微弱的排斥力,当针尖进行扫描时,可通过反馈系统控制压电陶瓷管伸缩来保持原子间的作用力恒定,带有针尖的微悬臂将随着样品表面的起伏而颤动,将微悬臂弯曲的形变信号转换成光电信号并加以放大,就可以得到原子之间微弱变化的信号。由此可见,AFM 的工作原理是利用微悬臂间接地感受和放大原子之间的作用力,从而达到检测的目的,通过扫描,能得到十分直观的图像。

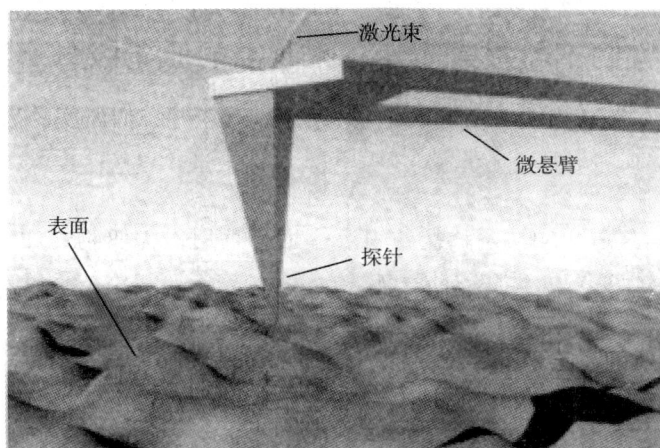

图 2-1　原子力显微镜工作示意图

5. X 射线光电子能谱

XPS 的基本原理是基于光的电离作用。当一束光子辐射到样品表面时,样品中某一元素的原子轨道上的电子吸收了光子的能量,使得该电子脱离原子的束缚,以一定的动能从原子内部发射出来,成为自由电子,而原子本身则变成处于激发态的离子。而发射出电子的结合能主要由元素的种类和激发轨道所决定。

2.2　先驱物法

2.2.1　概述

软化学方法中最简单的一类是所谓的先驱物法(或称前驱体法、初产物法等)。先驱物法是为解决高温固相反应法中产物的组成均匀性和反应物的传质扩散所发展起来的节能的合成方法。其基本思路是:首先通过准确的分子设计,合成出具有预期组分、结构和化学性质的先驱物,再在软环境下对先驱物进行处理,进而得到预期的材料。其关键在于先驱物的分子设计与制备。

在这种方法中,人们选择一些化合物如硝酸盐、碳酸盐、草酸盐、氢氧化物、含氰配合物以及有机化合物如柠檬酸等和所需的金属阳离子制成先驱物。在这些先驱物中,反应物以所需要的化学计量存在着,这种方法克服了高温固相反应法中反应物间均匀混合的问题,达到了原子或分子尺度的混合。一般高温固相反应法是直接用固体原料在高温下反应,而先驱物法则是用原料通过化学反应制成先驱物,然后焙烧即得产物。

复合金属配合物是一类重要的先驱物。其合成过程通常在溶液中进行,以对其组分和结构做很好的控制。这些化合物一般可在 $400\,^{\circ}\mathrm{C}$ 分解,形成相应的氧化物,这就为制备高质量的复合氧化物材料提供了一个途径。例如,利用镧-铁、镧-钴复合羧酸盐热分解,可以制备出化学组分高度均匀的钙铁矿型氧化物半导体;利用钛的配合物的钡盐,可以制备高质量的铁电体微粉。利用相似的方法,在真空中加热分解某些特殊的配合物,则可得到一些非氧化物体系(如纳米尺寸的镉硒半导体簇)。

另一类比较有用的先驱物是金属碳酸盐。它可用于制备化学组分高度均匀的氧化物固溶体系。因为很多金属碳酸盐都是同构的,如钙、镁、锰、铁、钴、锌、镉等均具有方解石结构,故可利用重结晶法先制备出一定组分的金属碳酸盐,再经过较低温度的热处理,最后得到组分均匀的金属氧化物固溶体。像锂离子电池的正极材料 $LiCoO_2$,$LiCo_{1-x}Ni_xO_2$ 等都可用碳酸盐先驱物制备。

此外,一些金属氢氧化物或硝酸盐的固溶体也可被用作先驱物。如利用金属硝酸盐先驱物制备出了高纯度的 $YBa_2Cu_3O_7$ 超导体。

2.2.2　先驱体法在无机合成中的应用

1. 尖晶石 $ZnFe_2O_4$ 的合成

利用锌和铁的水溶性盐配成 Fe:Zn=2:1 摩尔比的混合溶液,与草酸溶液作用,得铁和锌的草酸盐共沉淀,生成的共沉淀是一固溶体,它所包含的阳离子已在原子尺度上混合在一起。将得到的草酸盐先驱物加热焙烧即得 $ZnFe_2O_4$。由于混合物的均一化程度高,反应所需温度可大大降低(例如生成 $ZnFe_2O_4$ 的反应温度为－700℃)。反应式可以写成：

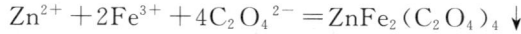

$$Zn^{2+} + 2Fe^{3+} + 4C_2O_4{}^{2-} = ZnFe_2(C_2O_4)_4 \downarrow$$

$$ZnFe_2(C_2O_4)_4 = ZnFe_2O_4 + 4CO + 4CO_2$$

尖晶石 $NiFe_2O_4$ 的制备是通过一个镍和铁的碱式双乙酸吡啶化合物作为先驱物,其化学整比组成为 $Ni_3Fe_6(CH_3COO)_{17}O_3OH \cdot 12C_5H_6N$,其中 Ni：Fe 的摩尔比精确为 1：2,并且可用重结晶的方法从吡啶中进一步提纯。首先将该先驱物缓慢加热到 200℃～300℃,以除去有机物质,然后于空气中在 1000℃下加热 2～3 天即得 $NiFe_2O_4$。

2. 尖晶石 MCo_2O_4 的合成

尖晶石 MCo_2O_4（M＝Zn,Ni,Mg,Mn,Cu,Cd）的合成是通过将钴（Ⅱ）和相应 M 的盐在水溶液中与草酸发生反应,生成草酸盐先驱物,该先驱物为一固溶体。按钴：M＝2：1 摩尔比,将草酸盐先驱物在空气中加热到 400℃ 左右,即得 MCo_2O_4 尖晶石。在先驱物热分解过程中,钴（Ⅱ）被空气中的氧氧化为钴（Ⅲ）。

$$M^{2+} + 2Co^{2+} + 3C_2O_4{}^{2-} + 6H_2O = MCo_2(C_2O_4)_3 \cdot 6H_2O$$

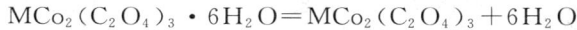

$$MCo_2(C_2O_4)_3 \cdot 6H_2O = MCo_2(C_2O_4)_3 + 6H_2O$$

$$MCo_2(C_2O_4)_3 = MCo_2O_4 + 4CO + 2CO_2$$

对于 MCo_2O_4 尖晶石化合物来说,这是一个非常方便有效的合成方法。因为 MCo_2O_4 尖晶石化合物在高于 600℃ 的温度下会发生相变而分解为一种富含 Co 的尖晶石相,从而不能用高温固相反应的方法得到它。

3. 亚铬酸盐的合成

亚铬酸盐尖晶石化合物 MCr_2O_4 的合成也用类似的方法,此处 M＝Mg,Zn,Mn,Fe,Co,Ni。亚铬酸锰 $MnCr_2O_4$ 是将已沉淀的 $MnCr_2O_7 \cdot 4C_6H_5N$ 逐渐加热到 1100℃ 制备的。加热期间,重铬酸盐中的六价铬被还原为三价,混合物最后在富氢气氛中于 1100℃ 下焙烧,以保证所有的锰处于二价状态。常用来合成亚铬酸盐尖晶石化合物的先驱物如表 2－1 所示。只要严格控制实验条件,此类先驱物法均能制备出确定化学比的物相。这种合成方法简单有效且很重要,因为许多亚铬酸盐和铁氧体都是具有重大应用价值的磁性材料,它们的性质对于其纯度及化学计量关系非常敏感。

表 2－1　主要用于合成亚铬酸盐尖晶石化合物的先驱物

先驱物	焙烧温度/℃	亚铬酸盐
$(NH_4)_2Mg(CrO_4)_2 \cdot 6H_2O$	1100～1200	$MgCr_2O_4$
$(NH_4)_2Ni(CrO_4)_2 \cdot 6H_2O$	1100	$NiCr_2O_4$
$MnCr_2O_7 \cdot 4C_5H_5N$	1100	$MnCr_2O_4$
$CoCr_2O_7 \cdot 4C_5H_5N$	1200	$CoCr_2O_4$
$(NH_4)_2Cu(CrO_4)_2 \cdot 2NH_3$	700～800	$CuCr_2O_4$
$(NH_4)_2Zn(CrO_4)_2 \cdot 2NH_3$	1400	$ZnCr_2O_4$
$NH_4Fe(CrO_4)_2$	1150	$FeCr_2O_4$

2.2.3　先驱体法的特点和局限性

从以上例子可以看出,先驱物法有以下特点:①混合的均一化程度高;②阳离子的摩尔比准确;③反应温度低。

原则上讲,先驱物法可应用于多种固态反应中。但由于每种合成法均要求其本身的特殊条件和先驱物,为此不可能制定出一套通用的条件以适应所有这些合成反应。对有些反应来说,难以找到适宜的先驱物。因而此法受到一定的限制。如该法就不适用于以下情况:①两种反应物在水中溶解度相差很大;②生成物不是以相同的速度产生结晶;③常生成过饱和溶液。

2.3　溶胶-凝胶法

2.3.1　概述

溶胶-凝胶法在软化学方法中具有特殊的地位。溶胶-凝胶技术是一种由金属有机化合物、金属无机化合物或上述两者混合物经水解缩聚过程,逐渐胶化并进行相应的后处理,最终获得氧化物或其他化合物的新工艺。80年代后,这一方法被引入各种无机纳米晶材料(铁电材料、超导材料、粉末冶金材料、陶瓷材料、薄膜材料等)的化学制备中,并不断被赋予新的内涵,如今它已成为研究得最多、应用最广泛的制备纳米材料的化学方法之一。

2.3.2　溶胶-凝胶法的特点

溶胶-凝胶法制备粉体最突出的创新之处就在于其能同时控制粉体的尺寸、形貌和表面结构,因此溶胶-凝胶法可以用来制备单分散的、无缺陷的粉体。尽管如此,在溶胶-凝胶法制备过程中晶粒长大的问题是不可忽视的。溶胶-凝胶法制备纳米结构材料是无粉加工路线,这是溶胶-凝胶法的核心。在该加工途径中,作为前驱体的纳米单元以连续的方式相互连接成很大的网状结构,从而可以不经过粉体阶段,直接形成纳米结构的氧化物骨架。由于此时不再有离散的粉体颗粒,因此可以避免晶粒长大。实际上,氧化物骨架是一个无限大的分子,其反应时所在的模形状决定了分子的形状。这种连续的连接要取得成功,获得预期的骨架结构,在很大程度上取决于所选择的前驱体和合成方法。前驱体一般用醇盐、可溶盐和胶体溶液,而醇盐一般是制备 SiO_2、Al_2O_3、ZrO_2 等氧化物的前驱体。为了诱发反应并控制 pH 值,还需要加入催化剂。

2.3.3　溶胶-凝胶法过程中的反应机理

这些超细固体颗粒称为胶粒,它们的结构和形态因胶粒间的相互作用而随时可能处在变化之中。从热力学的角度看,溶胶属于亚稳体系,因此胶粒有发生凝聚或聚合的趋向。稳定溶胶中粒子的粒径很小,通常为 1nm～10nm,其表面积很大。凝胶的形成是由于溶胶中胶体颗粒或高聚物分子相互交联,空间网络状结构不断发展,最终溶胶液失去其流动性,粒子呈网状结构,这种充满液体的非流动半固态的分散体系称为凝胶。经过干燥,凝胶变成干凝胶或气凝胶,呈现一种充满孔隙的结构。

　　简单地说,溶胶-凝胶法的过程是:用制备所需的各液体化学品(或将固体化学品溶于溶剂)为原料,在液相下将这些原料均匀混合,经过水解、缩合(缩聚)的化学反应,形成稳定的透明溶胶液体系。溶胶经过陈化,胶粒间逐渐聚合,形成凝胶。凝胶再经过低温干燥,脱去其溶剂而成为具有多孔空间结构的干凝胶或气凝胶。最后,经过烧结、固化,制备出致密的氧化物材料。

　　溶胶是否能向凝胶发展取决于胶粒间的相互作用是否能克服凝聚时的势垒。因此,增加胶粒的电荷量,利用位阻效应和溶剂化效应等都可以使溶胶更稳定,凝胶更困难;反之,则容易产生凝胶。

　　溶胶-凝胶法的制备过程可以分为 5 个阶段:①经过源物质分子的聚合、缩合、团簇、胶粒长大形成溶胶。②伴随着前驱体的聚合和缩聚作用,逐步形成具有网状结构的凝胶,在此过程中可形成双聚、链状聚合、准二维状聚合、三维空间的网状聚合等多种聚合物结构。③凝胶的老化,在此过程中缩聚反应继续进行直至形成具有坚实的立体网状结构。④凝胶的干燥,同时伴随着水和不稳定物质的挥发。由于凝胶结构的变化使这一过程非常复杂,凝胶的干燥过程又可以分为 4 个明显的阶段,即凝胶起始稳定阶段、临界点、凝胶结构开始塌陷阶段和后续塌陷阶段(形成干凝胶或气凝胶)。⑤热分解阶段,在此过程中,凝胶的网状结构彻底塌陷,有机物前驱体分解、完全挥发,同时目标产物的结晶度提高。经过以上 5 个阶段,即可以制得具有指定组成、结构和物理性质的纳米微粒、薄膜、纤维、致密或多孔玻璃、致密或多孔陶瓷、复合材料等。

　　在溶胶-凝胶过程中,溶液的 pH 值对产物的形貌有明显的影响。这是由于在凝胶的形成过程中,溶液的酸碱性影响凝胶网状结构的形成。因此,可以根据需要,通过调节溶液的pH 值来催化金属醇盐水解,从而对所形成的凝胶的网状结构进行剪裁,形成富有交联键或分枝的聚合物链,或者形成具有最少连接键的不连续的球状颗粒。纳米材料的合成,通常采用碱性催化水解。所有的试验结果表明,在对产物尺寸和形貌的控制中,溶液的 pH 值至少和前驱体的结构一样重要。

　　无论是采用加热蒸发还是采用超临界的溶剂热法,从凝胶到形成干凝胶阶段,凝胶的结构都发生了明显的变化。凝胶的表面张力所产生的压力使胶粒包围的粒子数增加,诱使胶体网状结构的塌陷。然而,随着胶粒周围粒子数的进一步增加,反而会产生额外的连接键,从而增强了网状结构的稳定性以抵抗进一步的塌陷,最终形成刚性的多孔结构。

　　随着网状结构的塌陷及有机物的挥发,凝胶的烧结过程是决定溶胶-凝胶反应产物尺寸和形貌的关键阶段。

2.3.4　溶胶-凝胶法在无机合成中的应用

　　20 世纪 80 年代国际上掀起溶胶-凝胶制备玻璃态和陶瓷等无机材料的热潮,以代替传统的高温合成路线。溶胶-凝胶法制备无机材料具有均匀性高、合成温度低等特点,同时又可以合成其他方法无法合成的玻璃、陶瓷等,在溶胶-凝胶法被大量应用于无机材料制备的同时,目前国际上一方面发展溶胶-凝胶过程理论,同时进一步开拓扩展溶胶-凝胶制备新材料的应用,以有效控制溶胶-凝胶过程,制备高质量材料,主要在下列方面得到进一步发展。

　　1. 复合材料的制备

　　特别是纳米复合材料的制备。诸如不同组分(compositionally different phases)之间的纳米复合材料;不同结构(structurally different phases)之间的纳米复合材料;由组成和结构均不同的组分所制备的纳米复合材料;凝胶与其中沉积相组成的复合材料;干凝胶与金属相之间的纳米复合材料;无机-有机纳米(杂化)复合材料等均有了很大进展,且是有一个非常重要的研究领域。

2. 薄膜材料的制备

诸如:保护增强膜,如在金属表面制备一层对金属表面有良好保护作用的 SiO_2 膜或 $SiO_2 - AlO_3$ 复合薄膜;分离过渡膜,如 Galan M. 等人研制成功的 SiO_2、$SiO_2 \cdot TiO_2$、$SiO_2 - AlO_3$ 和 TiO_2 系统的分离膜,采用这些无机膜可以从 CO_2、N_2 和 O_2 的混合气体中分离出 CO_2 等;光学效应膜,如有色膜、减反射膜、高反射膜、电致变色膜;功能膜(如铁电、压电膜,导电与超导膜,信息存储介质材料膜和气体、适度敏感膜等),都获得了很好的成果,且显示出众多优点,然而还需要大量基础研究和规律的探索工作。

3. 陶瓷材料的制备

20 世纪 80 年代溶胶-凝胶技术在新型功能陶瓷、结构陶瓷及陶瓷基复合材料的制备科学中的应用备受重视,且得到长足进步,如应用粉体的制备,陶瓷薄膜与纤维的制备,陶瓷材料的凝胶铸成型技术(gelcasting),等等。

2.4　低热固相反应

2.4.1　概述

固相化学反应能否进行取决于固体反应物的结构和热力学函数。所有固相化学反应和溶液中的化学反应一样,必须遵守热力学的规则,即整个反应的吉布斯函数改变小于零。在满足热力学条件下,固体反应物的结构成为固相反应进行的速率的决定性因素。

事实上,由于固相化学反应的特殊性,人们为了使之在尽量低的温度下发生,已经做了大量的工作。例如,在反应前尽量研磨混匀反应物以改善反应物的接触状况及增加有利于反应的缺陷浓度;用微波或各种波长的光等预处理反应物以活化反应物等,从而发展了各种降低固相反应温度的方法。

我们根据固相化学反应发生的温度将固相化学反应分为三类,即反应温度低于 100℃ 的低热固相反应、反应温度介于 100℃ ~ 600℃ 之间的中热固相反应以及反应温度高于 600℃ 的高热固相反应。虽然这仅是一种人为的划分,但每一类固相反应的特征各有所别,不可替代,充分发挥了各自的优势。

高温固相反应已经在材料合成领域中建立了主导地位。虽然还没能实现完全按照人们的愿望进行目标合成,在预测反应产物的结构方面还处于经验胜过科学的状况,但人们一直致力于对它的研究,积累了丰富的实践经验,相信随着研究的不断深入,定会在合成化学中再创辉煌。中热固相反应虽然起步较晚,但由于可以提供重要的机理信息,并可通过动力学控制,生成只能在较低温度下稳定存在而在高温下分解的介稳化合物,甚至在中热固相反应中可使产物保留反应物的结构特征。由此而发展起来的前驱体合成法、水热合成法的研究特别活跃,对指导人们按照所需设计并实现反应意义重大。

2.4.2　低热固相反应机理

与液相反应一样,固相反应的发生起始于两个反应物分子的扩散接触,接着发生化学作用,生成产物分子。此时生成的产物分子分散在母体反应物中,只能当作一种杂质或缺陷的分散存在,只有当产物分子聚积到一定大小,才能出现产物的晶核,从而完成成核过程。随着晶核的长大,达到一定的大小后出现产物的独立晶相。可见,固相反应经历了扩散——反应——成核——生长的过程。但由于各阶段进行的速率在不同的反应体系或同一反应体系不同的反应条件下不尽相同,使得各个阶段的特征并非清晰可辨,总反应特征只表现为反应的决速步的特征。

2.4.3　低热固相反应的规律

固相化学反应与溶液反应一样,种类繁多,按照参加反应的物种数可将固相反应体系分为单组分固相反应和多组分固相反应。到目前为止,已经研究的多组分固相反应体系有如下 15 大类:①中和反应;②氧化还原反应;③配位反应;④分解反应;⑤离子交换反应;⑥成簇反应;⑦嵌入反应;⑧催化反应;⑨取代反应;⑩加成反应;⑪异构化反应;⑫有机重排反应;⑬偶联反应;⑭缩合与聚合反应;⑮主客体包合反应。从上述各类反应的研究中,可以发现低热固相化学与溶液化学有许多不同,遵循其独有的规律。

1. 潜伏期

多组分固相化学反应开始于两相的接触部分,反应产物层一旦生成,为了反应继续进行,反应物通过扩散方式与生成物进行物质输运,而这种扩散对大多数固体是较慢的。同时,反应物只有集中到一定大小时才能成核,而成核需要一定温度,低于一定温度 T_n,反应则不能发生,只有高于 T_n 时反应才能进行。这种固体反应物间的扩散及产物成核过程便构成了固相反应特有的潜伏期。这种过程受温度的影响显著,温度越高,扩散越快,产物成核越快,反应的潜伏期就越短;反之,则潜伏期就越长。当低于成核温度 T_n 时,固相反应就不能发生。

2. 无化学平衡

根据热力学知识,若反应

$$\sum_{B=1}^{N} v_B B = 0$$

发生微小变化 $d\xi$,则引起反应体系吉布斯函数改变为:

$$dG = -SdT + VdP + (\sum_{B}^{N} v_B u_B) d\xi$$

若反应是在等温等压下进行的,$dG = \sum_{B}^{N} v_B u_B$,从而得到反应的摩尔吉布斯函数改变为

$$\Delta_r G_m = (\frac{\partial G}{\partial \xi})_{T,P} = \sum_{B}^{N} v_B u_B$$

它是反应进行的推动力的源泉。

3. 拓扑化学控制原理

我们知道,溶液中反应物分子处于溶剂的包围中,分子碰撞机会各向均等,因而反应主

要由反应物的分子结构决定。但在固相反应中,各固体反应物的晶格是高度有序排列的,因而晶格分子的移动较困难,只有合适取向的晶面上的分子足够地靠近,才能提供合适的反应中心,使固相反应得以进行。这就是固相反应特有的拓扑化学控制原理。它赋予了固相反应以其他方法无法比拟的优越性,提供了合成新化合物的独特途径。

4. 分步反应

溶液中配位化合物存在逐级平衡,各种配位比的化合物平衡共存。如金属离子 M 与配体 L 有下列平衡(略去可能有的电荷):

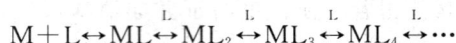

$$M+L \leftrightarrow ML \overset{L}{\leftrightarrow} ML_2 \overset{L}{\leftrightarrow} ML_3 \overset{L}{\leftrightarrow} ML_4 \overset{L}{\leftrightarrow} \cdots$$

各种型体的浓度与配体浓度、溶液 pH 值等有关。由于固相化学反应一般不存在化学平衡,因此可以通过精确控制反应物的配比等条件,实现分步反应,得到所需的目标化合物。

5. 嵌入反应

具有层状或夹层状结构的固体,如石墨、MoS_2、TiS 等都可以发生嵌入反应,生成嵌入化合物。这是因为层与层之间具有足以让其他原子或分子嵌入的距离,容易形成嵌入化合物。固体的层状结构只有在固体存在时才拥有,一旦固体溶解在溶剂中,层状结构不复存在,因而溶液化学反应中不存在嵌入反应。

2.4.4　固相反应与液相反应的差别

固相化学反应与液相反应相比,尽管绝大多数得到相同的产物,但也有很多例外。即使使用同样摩尔比的反应物,但产物却不同,其原因当然是两种情况下反应的微环境的差异造成的,可将原因具体归纳为以下几点。

1. 反应物溶解度的影响

若反应物在溶液中不溶解,则在溶液中不能发生化学反应,如 4-甲基苯胺与 $CoCl_2 \cdot 6H_2O$ 在水溶液中不发生反应,原因就是 4-甲基苯胺不溶于水中,而在乙醇或乙醚中两者便可发生反应。Cu_2S 与 $(NH_4)_2MoS_4$,$n-Bu_4NBr$ 在 CH_2Cl_2 中反应产物是 $(n-Bu_4N)_4MoS_4$,而得不到固相中合成的 $[(n-Bu_4N)_4[Mo_8Cu_{12}S_{32}]$,原因是 Cu_2S 在 CH_2Cl_2 中不溶解。

2. 产物溶解度的影响

$NiCl_2$ 与 $(CH_3)_4NCl_3$ 在溶液中反应,生成难溶的长链取代产物 $[(CH_3)_4N]NiCl_3$,而以固相反应,则可以控制摩尔比生成一取代的 $[(CH_3)_4N]NiCl_3$ 和二取代的 $[(CH_3)_4N]_2NiCl_3$ 分子化合物。

3. 热力学状态函数的差别

$K_3[Fe(CN)_6]$ 与 KI 在溶液中不发生反应,但固相中反应可以生成 $KI[Fe(CN)_6]$ 和 I_2,原因是各物质尤其是 I_2 处于固态和溶液中的热力学函数不同,加上 $I_2(s)$ 的易升华挥发性,从而导致反应方向上的截然不同。

4. 控制反应的因素不同

溶液反应受热力学控制,而低热固相反应往往受动力学和拓扑化学原理控制,因此,固相反应很容易得到动力学控制的中间态化合物。利用固相反应的拓扑化学控制原理,通过与光学活性的主体化合物形成包结物控制反应物分子构型,实现对映选择性的固态不对称合成。

5. 溶液反应体系受到化学平衡的制约,而固相反应中在不生成固熔体的情形下,反应完全进行,因此固相反应的产率往往都很高。

2.4.5　低热固相反应的应用

低热固相反应由于其独有的特点,在合成化学中已经得到许多成功的应用,制备了许多新化合物,有的已经或即将步入工业化的行列,显示出它应有的生机和活力。随着人们的不断深入研究,低热固相反应作为合成化学领域中的重要分支之一,成为绿色生产的首选方法已是人们的共识和企盼。

1. 合成原子簇化合物

原子簇化合物是无机化学的边缘领域,它在理论和应用方面都处于化学学科的前沿。原子簇化合物由于其结构的多样性以及具有良好的催化性能、生物活性和非线性光学性等重要应用前景而格外引人注目。传统的 $Mo(W,V)-Cu(Ag)-S(Se)$ 簇化合物的合成都是在液相中进行的。低热固相反应合成方法利用较高温度有利于簇化合物的生成,而低沸点溶剂(如 CH_2Cl_2)有利于晶体生长的特点,开辟了合成原子簇化合物的新途径。已有两百多个簇合物直接或间接用此方法合成出来,其中 70 多个确定了晶体结构,发现了一些由液相合成方法,较易得到的新型结构簇合物,如二十核笼状结构的 $(n-Bu_4N)_4[Mo_8Cu_{12}S_{32}]$ 鸟巢状结构的 $[MoOS_3Cu_3(py)_5X](X=Br,I)$,双鸟巢状结构的 $(Et_4N)_2[Mo_2Cu_6S_6O_2Br_2I_4]$,同时含有 Ph_3P 和吡啶配体的蝶形结构 $MoOS_3Cu_2(PPh_3)_2(py)_2$ 以及半开口的类立方烷结构的 $(Et_4N)_3[MoOS_3Cu_3Br_3(u-Br)_2]\cdot 2H_2O$ 等等。

该法典型的合成路线如下:将四硫代铂酸铵(或四硫代钨酸铵等)与其他化学试剂(如 $CuCl$、$AgCl[n-Bu_4NBr$ 或 PPh_3 等)以一定的摩尔比混合研细。移入反应管中油浴加热(一般控制温度低于 100℃),N_2 保护下反应数小时,然后以适当的溶剂萃取固相产物,过滤,在滤液中加入适当的扩散剂,放置数日,即得到簇合物的晶体,这是直接的低热固相反应合成原子簇化合物。还有一种间接的低热固相反应合成法,即将上述固相反应生成的一种簇合物,再与另一配体进行取代反应,获得一种新的簇合物。

到目前为止,已合成并解析晶体结构的 $Mo(W,V)-Cu(Ag)-S(Se)$ 簇合物有 190 余个,分居 23 种骨架类型,其中液相合成的有 120 余个,分居 20 种骨架结构;通过固相合成的有 70 余个,从中发现了 3 种新的骨架结构。

2. 合成新的配合物

应用低热固相反应方法可以方便地合成单核和多核配合物。

3. 合成固配化合物

有些低热固相配位化学反应中生成的配合物只能稳定地存在于固相中,遇到溶剂后不能稳定存在而转变为其他产物,无法得到它们的晶体,因此表征这些物质的存在主要依据学术手段推测,这也是这类化合物迄今未被化学家接受的主要原因。我们将这一类化合物称为固配化合物。

例如,$CuCl_2\cdot 2H_2O$ 与 AP 在溶液中反应只能得到摩尔比为 1∶1 的产物 $Cu(AP)Cl_2$。利用固相反应可以得到摩尔比为 1∶2 的反应产物 $Cu(AP)_2Cl_2$。分析测试表明,$Cu(AP)_2Cl_2$ 不是 $Cu(AP)Cl_2$ 与 AP 的简单混合物,而是一种稳定的新固相化合物,它对于溶剂的洗涤均是不稳定的。类似地,$CuCl_2 \cdot 2H_2O$ 与 8-羟基喹啉(HQ)在溶液中反应只能得到 1:2 的产物 $Cu(HQ)_2Cl_2$,而固相反应则还可以得到液相反应中无法得到的新化合物 $Cu(HQ)Cl_2$。

　　某些有机配体(例如醛),它们的配位能力很弱,并且容易在金属离子的催化下发生转化。已知醛的配合物主要是一些重过渡金属与螯合配体(如水杨醛及其衍生物)的配合物,而过渡金属卤化物与简单醛的配合物数目很少,且制备均是在严格的无水条件下利用液相反应进行的。用低热固相反应的方法可以方便地合成 $CoCl_2$、$NiCl_2$、$CuCl_2$、$MnCl_2$ 等过渡金属卤化物与芳香醛的配合物,如对二甲氨基苯甲醛(p-DMABA)和 $CoCl_2 \cdot 6H_2O$ 通过固相反应可以得到暗红色配合物 $Co(p-DMABA)_2Cl_2 \cdot 2H_2O$,测试表明配体是以醛的碳基与金属配位的,这个化合物对溶剂不稳定,用水或有机溶剂都会使其分解为原来的原料。

　　具有层状结构的固体参加固相反应时,可以得到溶液中无法生成的嵌入化合物。如 $Mn(OAc)_2 \cdot 4H_2O$ 的晶体为层状结构,层间距为 9.7Å。当 $Mn(OAc)_2 \cdot 4H_2O$ 与 $H_2C_2O_4$ 以 2:1 摩尔比发生固相反应时,$H_2C_2O_4$ 先进入 $Mn(OAc)_2 \cdot 4H_2O$ 的层间,取代部分 H_2O 分子而形成层状嵌入化合物,在温度不高时,它具有一定的稳定性。XRD 谱显示它有层状结构特征,新层间距为 11.4Å,红外谱表明该化合物中既存在 OAc^- 又存在 $H_2C_2O_4$。但当用乙醇、乙醚等溶剂洗涤后,XRD 谱和红外谱都发生明显变化,层间距又缩小到 9.7Å,表明嵌入 $Mn(OAc)_2 \cdot 4H_2O$ 层间的 $H_2C_2O_4$ 已被洗脱出去。由于 $Mn(OAc)_2 \cdot 4H_2O$ 的层状结构只存在于固态中,因此,同样摩尔比的液相反应无法得到嵌入化合物。

　　利用低热固相反应分步进行和无化学平衡的特点,可以通过控制固相反应发生的条件而进行目标合成或实现分子组装,这是化学家梦寐以求的目标,也是低热固相化学的魅力所在。如 $CuCl_2 \cdot 2H_2O$ 与 8-羟基喹啉以 1:1 摩尔比固相反应,可得到稳定的中间产物 $Cu(HQ)Cl_2$,以 1:2 摩尔比固相反应则得到液相中以任意摩尔比反应所得的稳定产物 $Cu(HQ)_2Cl_2$;$AgNO_3$ 与 2,2-联吡啶(bpy)以 1:1 摩尔比于 60℃固相反应时可得到浅棕色的中间态配合物 $Ag(bpy)NO_3$,它可以与 bpy 进一步固相反应生成黄色产物 $Ag(bPy)_2NO_3$。

　　利用低热固相配位反应中所得到的中间产物作为前驱体,使之在第二或第三配体的环境下继续发生固相反应,从而合成所需的混配化合物,成功实现分子组装。例如,将 $Co(bpy)Cl_2$ 和 $Phen \cdot H_2O$ 以 1:1 或 1:2 摩尔比混合研磨后分别获得了 $Co(bpy)(Phen)Cl_2$ 和 $Co(bpy)(Phen)_2Cl_2$;将 $Co(bpy)(Phen)Cl_2$ 和 bpy 按 1:2 摩尔比反应得到 $Co(bpy)_2(Phen)Cl_2$。

　　总之,低热固相反应可以获得高温固相反应及液相反应无法合成的固配化合物,但这类新颖的配合物的纯化、表征及其性质、应用研究均需要更多化学家的重视和投入。

　　4. 合成功能材料

　　其中包括非线性光学材料的制备、纳米材料的制备等等。

2.5　水热与溶剂热合成

2.5.1　水热与溶剂热合成基础

　　水热与溶剂热合成化学与技术的诞生是由于工业生产的要求,随着水热与溶剂热合成化学与技术自身的发展又促进了其他学科和工业技术的进步。水热与溶剂热合成化学与溶液化学不同,它是研究物质在高温和密闭或高压条件下溶液中的化学行为与规律的化学分支。因为合成反应在高温和高压下进行,所以产生对水热与溶剂热合成化学反应体系的特殊技术要求,如耐高温高压与化学腐蚀的反应釜等。水热与溶剂热合成是指在一定温度(100℃~1000℃)和压强(1MPa~100MPa)条件下利用溶液中物质化学反应所进行的合成。水热合成化学侧重于研究水热合成条件下物质的反应性、合成规律以及合成产物的结构与性质。

　　水热与溶剂热合成与固相合成研究的差别在于"反应性"不同。这种"反应性"不同主要反映在反应机理上,固相反应的机理主要以界面扩散为其特点,而水热与溶剂热反应主要以液相反应为其特点。显然,不同的反应机理首先可能导致不同结构的生成,此外即使生成相同的结构也有可能由于最初的生成机理的差异而为合成材料引入不同的"基因",如液相条件生成完美晶体等。我们已经知道材料的微结构和性能与材料的来源有关,因此不同的合成体系和方法可能为最终材料引入不同的"基因"。水热与溶剂热化学侧重于溶剂热条件下特殊化合物与材料的制备、合成和组装。重要的是,通过水热与溶剂热反应可以制得固相反应无法制得的物相或物种,或者使反应在相对温和的溶剂热条件下进行。

2.5.2　功能无机材料的水热与溶剂热合成

1. 介稳材料的合成

　　沸石分子筛是一类典型的介稳微孔晶体材料,这类材料具有分子尺寸、周期性排布的孔道结构,其孔道大小、形状、走向、维数及孔壁性质等多种因素为它们提供了各种可能的功能。沸石分子筛微孔晶体的应用从催化、吸附以及离子交换等领域,逐渐向量子电子学、非线性光学、化学选择传感、信息储存与处理、能量储存与转换、环境保护及生命科学等领域扩展。水热合成是沸石分子筛经典和适宜的方法之一。

　　常规的沸石分子筛合成方法为水热晶化法,即将原料按照适当比例均匀混合成反应凝胶,密封于水热反应釜中,恒温热处理一段时间,晶化出分子筛产品。反应凝胶多为四元组分体系,可表示为 $R_2O-Al_2O_3-SiO_2-H_2O$,其中 R_2O 可以是 NaOH、KOH 或有机胺等,作用是提供分子筛晶化必要的碱性环境或者结构导向的模板剂,硅和铝元素的提供可选多种多样的硅源和铝源,例如硅溶胶、硅酸钠、正硅酸乙酯、硫酸铝和铝酸钠等。反应凝胶的配比、硅源、铝源和 R_2O 的种类以及晶化温度等对沸石分子筛产物的结晶类型、结晶度和硅铝比都有重要的影响。沸石分子筛的晶化过程十分复杂,目前还未有完善的理论来解释,粗略地可以描述分子筛的晶化过程为:当各种原料混合后,硅酸根和铝酸根可发生一定程度的聚合反应形成硅铝酸盐初始凝胶。在一定的温度下,初始凝胶发生解聚和重排,形成特定的结构单元,并进一步围绕着模板分子(可以是水合阳离子或有机胺离子等)构成多面体,聚集形成晶核,并逐渐成长为分子筛晶体。

2. 人工水晶的合成

　　石英(水晶)有许多重要性质,它广泛地应用于国防、电子、通讯、冶金、化学等部门。石英有正、逆压电效应。压电石英大量用来制造各种谐振器、滤波器、超声波发生器等。石英谐振器是无线电子设备中非常关键的一个元件,它具有高度的稳定性(即受温度、时间和其他外界因素的影响极小),敏锐的选择性(即从许多信号与干扰中把有用的信号选出来的能力很强),灵敏性(即对微弱信号响应能力强),相当宽的频率范围(从几百赫兹到几兆赫兹)。

人造地球卫星、导弹、飞机、电子计算机等均需石英谐振器才能正常工作。石英滤波器相比一般电感电容做的滤波器,具有体积小、成本低、质量好等特点。在有线电通讯中用石英滤波器安装各种载波装置,在载波多路通讯装置(载波电话、载波电视等)的一根导线上可以同时使用几对、几百对甚至几千对电话,且它们之间互不干扰。利用石英透过红外线、紫外线和具有旋光性等的特点,在化学仪器上可做各种光学镜头、光谱仪棱镜等。除石英外,许多工业上重要的晶体都可通过水热法生长(见表2-2)。

表 2-2 水热法生长的几种单晶

材料	温度/℃	压强/GPa	矿化剂
Al_2O_3	450	0.2	Na_2CO_3
Al_2O_3	500	0.4	K_2CO_3
ZrO_2	600~650	0.17	KF
TiO_2	600	0.2	NH_4F
GeO_2	500	0.4	
CdS	500	0.13	

(1)石英晶体结构和压电性质

石英的化学成分为 SiO_2,属于六方晶系,空间群 $P_2^4 - P3_12_1$。在 α-石英的结构中, $[SiO_4]^{4-}$ 四面体在 c 轴方向上作螺旋形排列,好似围绕螺旋轴旋转,Si—O—Si 夹角为 144°,Si—O 键长为 1.597Å 和 1.617Å,O—O 键长为 2.640Å 和 2.640Å。 $[SiO_4]^{4-}$ 四面体彼此以顶角相连。沿螺旋轴 3_2 或 3_1 作顺时针或逆时针旋转而分左形和右形。

石英的一个重要特点是具有压电效应(如图2-2)。所谓压电效应就是当某些电介晶体在外力作用下发生形变时,它的某些表面上会出现电荷积累。

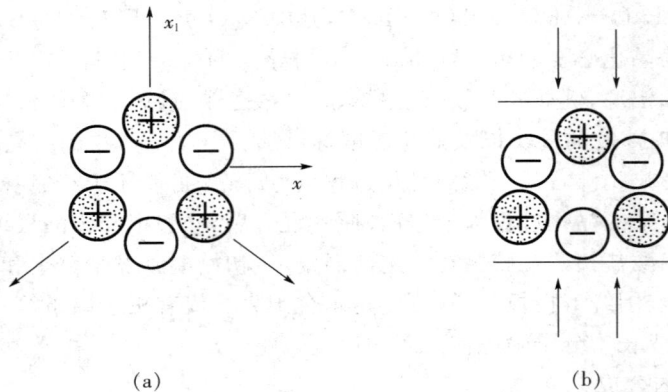

(a)   (b)

图 2-2 压电效应示意图

(2)石英的生长机制

高温高压下,石英的生长分为培养基石英的溶解以及溶解的 SiO_2 向籽晶上生长两个过程。石英的溶解与温度关系密切,符合 Arrhenius 方程。

$$lgS = -\Delta H/2.303RT$$

式中，S—溶解度；ΔH—溶解热；T—热力学温度；R—摩尔气体常数，负号表示过程为吸热反应。由于石英的溶解，溶液的电导率下降很大，表明溶液中 OH^- 离子和 Na^+ 离子参与了石英溶解反应。有人认为，石英在 NaOH 溶液中的化学反应生成物以 $Si_3O_7^{2-}$ 为主要形式，而在 Na_2CO_3 溶液中则以 SiO_3^{2-} 为主要形式。它是氢氧离子和碱金属与石英表面没有补偿电荷的硅离子和氧离子起化学反应的结果。石英在 NaOH 溶液中溶解反应可用下式表示：

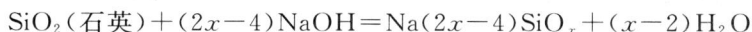

$$SiO_2(石英) + (2x-4)NaOH = Na(2x-4)SiO_x + (x-2)H_2O$$

式中，$x \geqslant 2$，在接近培育石英的条件下，测得的 x 值约在 7/3 和 5/2 之间，这意味着反应产物应当是 $Na_2Si_2O_5$，$NaSi_3O_7$ 以及它们的电离和水解产物。$Na_2Si_2O_5$ 和 $NaSi_3O_7$ 经电离和水解，在溶液中产生大量的 $Na_2Si_2O_5^-$ 和 $NaSi_3O_7^-$。因此，石英的人工合成含下述两个过程：

① 溶质离子的活化

$$NaSi_3O_7^- + H_2O = Si_3O_6^- + Na^+ + 2OH^-$$

$$Na_2Si_2O_5^- + H_2O = Si_2O_4^- + Na^+ + 2OH^-$$

② 活化了的离子受生长体表面活性中心的吸引（静电引力、化学引力和范德华力），穿过生长表面的扩散层而沉降到石英体表面。

关于水晶晶面的活化，有不同的观点，有人认为是由于晶面的羟基所致，所以产生如下反应，形成新的晶胞层：

$$Si-OH + (Si-O)^- \rightarrow Si-O-Si + OH^-$$

羟基化的石英表面　　　　石英表面的化学吸附

放入溶液中，有人认为 OH^- 及 Na^+ 参与了晶面的活化作用，还有人认为 Si-ONa 起了作用。

3. 特殊结构、凝聚态与聚集态的制备

在水热与溶剂热条件下的合成比较容易控制反应的化学环境和实施化学操作。又由于水热与溶剂热条件下中间态、介稳态以及特殊物相易于生成，因此能合成与开发特种介稳结构、特种凝聚态和聚集态的新合成产物，如特殊价态化合物、金刚石和纳米晶等。

中国科技大学钱逸泰院士及其研究集体在非水合成研究方面获得了重要的研究成果。他们成功地在非水介质中合成出氮化镓、金刚石以及系列硫属化合物纳米晶。这类特殊结构、凝聚态与聚集态的水热与溶剂热制备工作是目前的前沿研究领域，大量的基础和技术研究已经开展起来。

此外，通过水热溶剂热方法还可合成复合氧化物与复合氟化物，低维化合物以及有机、无机杂化材料。

2.5.3　水热与溶剂热合成技术

高压容器是进行高温高压水热实验的基本设备。研究的内容和水平在很大程度上取决于高压设备的性能和效果。在高压容器的材料选择上，要求机械强度大、耐高温、耐腐蚀和易加工。在高压容器的设计上，要求结构简单，便于开装和清洗，密封严密、安全可靠。

1. 反应釜

高压容器的分类至今仍不统一,由于分类标准不同,故一种容器可能有几种不同的名称。下面介绍几种分类情况:

(1)按密封方式分类:①自紧式高压釜;②外紧式高压釜。

(2)按密封的机械结构分类:①法兰盘式;②内螺塞式;③大螺帽式;④杠杆压机式。

(3)按压强产生分类:①内压釜:靠釜内介质加温形成压强,根据介质填充计算压强;②外压釜:压强由釜外加入并控制。

(4)按设计人名分类:如 Morcy 釜(弹);Lmith 釜;Tumle 釜(也叫冷封试管高压釜);Barnes 摇动反应器等。

(5)按加热条件分类:①外热高压釜:在釜体外部加热;②内热高压釜:在釜体内部安装加热电炉。

(6)按实验体系分类:①高压釜:用于封闭系统的实验;②流动反应器和扩散反应器:用于开放系统的实验,能在高温高压下使溶液缓慢地连续通过反应器,可随时提取反应液。

2. 反应控制系统

水热或溶剂热反应控制系统对安全实验特别重要,因而应引起高度重视。通常有三个方面的控制系统,即温度控制、压力控制和封闭系统控制。因此,水热或溶剂热合成又是一类特殊的合成技术,只有掌握这项技术,才能获得满意的实验结果。

3. 水热与溶剂热合成程序

水热与溶剂热合成技术是在不断发展的。中温中压($100℃\sim240℃$,$1MPa\sim20MPa$)水热合成化学中最为成功的实例是沸石分子筛以及相关微孔和中孔晶体的合成。高温高压($>240℃$,$>20MPa$)水热合成研究早期主要集中在模拟地质条件下的矿物合成,石英晶体生长和湿法冶金。近年来,水热合成已扩展到功能氧化物或复合氧化物陶瓷、电子和离子导体材料以及特殊无机配合物和原子簇化合物等无机合成领域。

(1)装满度

装满度(FC)是指反应混合物占密闭反应釜空间的体积分数。它之所以在水热和溶剂热合成实验中极为重要,是由于直接涉及实验安全以及合成实验的成败。实验中我们既要保持反应物处于液相传质的反应状态,又要防止由于过大的装满度而导致的过高压力。实验上,为安全起见,装满度一般控制在$60\%\sim80\%$之间,80%以上的装满度,在$240℃$下压力有突变。

压力的作用是通过增加分子间碰撞的机会而加快反应。正如气、固相高压反应一样,高压在热力学状态关系中起改变反应平衡方向的作用。如高压对原子外层电子具有解离作用,因此固相高压合成促进体系的氧化。类似的现象是微波合成中液相极性分子间的规则取向问题,与压力对液相的作用是相似的。在水热反应中,压力在晶相转变中的作用是众所周知的。压力怎样影响一个具体产物晶核的形成,目前仍有待研究。在ABO_3(如$BaTiO_3$)的立方与四方相转变中,我们看到高温低压和高压低温有利于四方相的生成(水热条件)。从上述例子中看到压力会影响产物的形成。

(2)压力在试验中的技术要求

在高温高压反应中,提高压力往往是由外界提供的。内压是指反应试管(如金、银、石英质)内的压力。封管技术为冰冻法,即在装有溶液的一端用冰浴,同时在管的上端快速点封,防止由于溶液蒸发至管口使得不易封管。内压可由溶液的 $PV=-nRT$ 关系估算;外压则根据内压通过反应系统人为设置。实际上对水溶液体系外压的设置往往参考 FC - P - C 图。反应过程中,随温度增加,要随时调节外压,使之与该温度下的内压相近,特别是在恒温期间,更应精细调节外压,否则将造成内外压力差别过大而使反应试管破裂。

(3)合成程序

一个好的水热或溶剂热合成实验程序是在对反应机制的了解和化学经验的积累的基础上建立的。水热和溶剂热合成实验的程序决定于研究目的,如下是指一般的水热合成实验程序:

① 选择反应物料;

② 确定合成物料的配方;

③ 配料序摸索,混料搅拌;

④ 装釜,封釜;

⑤ 确定反应温度、时间、状态(静止与动态晶化);

⑥ 取釜,冷却(空气冷、水冷);

⑦ 开釜取样;

⑧ 过滤,干燥;

⑨ 光学显微镜观察晶貌与粒度分布;

⑩ 粉末 X 射线衍射物相分析。

(4)合成与现场表征技术

传统的水热或溶剂热反应的表征方法是在快速中止反应后,应用光学和 X 射线等物理手段测试体系或产物的变化和结构。如在超临界体系中用高压液相色谱法、气相色谱法等。虽然该法非常普遍,但它有一个不容忽视的缺点,即反应的中间过程只能推测不能观察。而更直接的方法是使用光谱。最早应用的是紫外可见光谱,振动光谱对于确定主要的中间产物类型、最终产物和反应速率有重要意义。由于要进行实时在线观测,视窗材料必须耐腐蚀,能透过入射光。单晶蓝宝石视窗用于中红外;Ⅱ型金刚石则用于拉曼与红外区域。由于受到腐蚀与临界点附近密度波动大的影响,产生的临界乳白光会削弱散射光测量的灵敏度。为解决此问题,于是使用傅里叶变换—拉曼光谱。目前,已经应用激光光谱观察亚纳秒范围内超临界水反应,也有应用组合技术开发新的合成与现场表征联合技术。

2.6　化学气相沉积理论

化学气相沉积(CVD)是把含有构成薄膜元素的化合物或单质气体通入反应室内,利用气相物质在工件表面的化学反应形成固态薄膜的工艺方法。它是一种适应性强、用途广泛的技术,可以制备几乎所有固体材料的涂层、粉末、纤维和成形元器件。

2.6.1　化学气相沉积的分类

按激发方式分,有热 CVD、等离子体 CVD、光激发 CVD、激光(诱导)CVD 等;按反应室压力分,有常压 CVD、低压 CVD 等;按反应温度分,有高温 CVD、中温 CVD、低温 CVD 等;按源物质类型分,有金属有机化合物 CVD、氯化物 CVD、氢化物 CVD 等;按主要特征分,有热激发 CVD、低压 CVD、等离子体 CVD、激光（诱导）CVD、金属有机化合物 CVD 等。也有将常压 CVD 称为"常规 CVD"，而把低压 CVD、等离子体 CVD、激光 CVD 等归入"非常规 CVD"的分类方法。

2.6.2　化学气相沉积机理概述

1. 化学气相沉积的过程

化学气相沉积包括反应气体到达基材表面，反应气体分子被基材表面吸附，在基材表面发生化学反应、形核，生成物从基材表面脱离，生成物在基材表面扩散等过程。

2. 化学气相沉积的基本条件

(1)反应物的蒸气压　在沉积温度下，反应物必须有足够高的蒸气压。

(2)反应生成物的状态　除了需要得到的固态沉积物外，化学反应的生成物都必须是气态。

(3)沉积物的蒸气压　沉积物本身的饱和蒸气压应足够低，以保证它在整个反应、沉积过程中都一直保持在加热的基体上。

3. 化学反应的类型

(1)热分解反应　利用沉积元素的金属氢化物、卤化物、有机化合物加热分解，在工件表面沉积成膜。如：

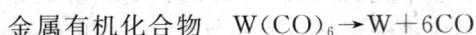

金属氢化物　$SiH_4 \rightarrow Si + 2H_2$

金属卤化物　$SiI_4 \rightarrow Si + 2I_2$

金属有机化合物　$W(CO)_6 \rightarrow W + 6CO$

(2)还原反应　利用金属元素的还原反应，在工件表面沉积成膜。如：

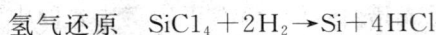

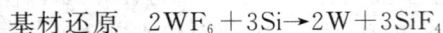

氢气还原　$SiCl_4 + 2H_2 \rightarrow Si + 4HCl$

单质金属还原　$BeCl_2 + Zn \rightarrow Be + ZnCl_2$

基材还原　$2WF_6 + 3Si \rightarrow 2W + 3SiF_4$

(3)化学输送反应　在高温区被置换的物质构成卤化物，或者与卤素反应形成低价卤化物，然后被输送到低温区，通过非平衡反应在基材上形成薄膜。如：

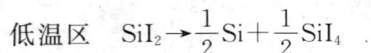

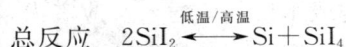

高温区　$Si + I_2 \rightarrow SiI_2$

低温区　$SiI_2 \rightarrow \frac{1}{2}Si + \frac{1}{2}SiI_4$

总反应　$2SiI_2 \overset{低温/高温}{\longleftrightarrow} Si + SiI_4$

(4)氧化反应　利用沉积元素的氧化反应，在工件表面制备氧化物薄膜。如：

$$SiH_4 + O_2 \rightarrow SiO_2 + 2H_2$$

(5)加水分解　利用某些金属卤化物在常温下能与水完全发生反应的性质，将其和 H_2O 的混合气体输至基材表面成膜。如：

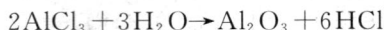

$$2AlCl_3 + 3H_2O \rightarrow Al_2O_3 + 6HCl$$

其中，H_2O 是由 $CO_2 + H_2 \rightarrow H_2O + CO$ 反应得到的。

(6)与氨反应　利用氨与化合物反应在基材上成膜。如：

金属氢化物　$3SiH_2Cl_2 + 4NH_3 \rightarrow Si_3N_4 + 6HCl + 6H_2$

(7)合成反应　几种气体物质在沉积区内反应于工件表面形成所需物质的薄膜。如：$SiCl_4$ 和 CCl_4 在 1200℃～1500℃ 温度下形成 SiC 薄膜。

(8)等离子体激发反应　用等离子体放电使反应气体活化，可在低温温度下成膜。

(9)光激发反应　如在 $SiH - O_2$ 反应体系中使用汞蒸气为感光性物质，用波长为 253.7nm 的紫外线照射，并被汞蒸气吸收，此激发反应中可在 100℃ 左右制备硅氧化物。

(10)激光激发反应　某些有机金属化合物在激光激发下成膜，如：

$$W(CO)_6 \rightarrow W + 6CO$$

化学气相沉积的源物质可以是气态、液态和固态。制备装置一般由反应室、气体输送和控制系统、蒸发器、排气处理系统等构成。采用合适的方式加热基材，使其保持一定的温度，并且要高于环境气体温度。

2.6.3　化学气相沉积

1. 热化学气相沉积(TCVD)

TCVD 是利用高温激活化学反应气相生长的方法。按其化学反应的形式分又包括化学输运法、热分解法和合成反应法三类。化学输运法主要用于块状晶体生长，热分解法通常用于制取薄膜，合成反应法则两种情况都用。TCVD 可应用于半导体等材料。

2. 低压化学气相沉积(LPCVD)

LPCVD 的压力范围一般在 $(1\sim4)\times10^4 Pa$ 之间。低压下因气体分子平均自由程提高，气体分子向基体的输送速度加快，并易于达到基体的各个表面，扩散系数增大，薄膜均匀性得到了显著的改善。这对于形成大面积均匀薄膜(如大规模硅器件工艺中的介质膜外延生长)和复杂几何外形工件的薄膜(如模具的硬质耐磨薄膜)等是十分有利的。在有些情况下，LPCVD 是必须采用的手段，如在化学反应对压力敏感、常压下不易进行时，在低压下则变得容易进行。但与常压化学气相沉积(NPCVD)相比，LPCVD 需增加真空系统，进行精确的压力控制，故加大了设备投资。

3. 等离子体化学气相沉积(PCVD)

PCVD 是将低气压气体放电等离子体应用于化学气相沉积中的技术，也可称为等离子增强化学气相沉积(PECVD)。在常规的 CVD 中，是以热能作为提供化学反应的能量，故沉积温度一般较高，其应用受到了不同程度的制约。而 PCVD 是在反应室内设置高压电场，除对基材加热外，还借助反应气体在外加电场作用下的放电，使其成为等离子体状态，成为非常活泼的激发态分子、原子、离子和原子团等，降低了反应的激活能，促进了化学反应，在基材表面形成薄膜。因此，PCVD 可以显著降低基材温度，沉积过程不易损伤基材；还能使根据热力学规律难以发生的反应得以顺利进行，从而能开发出用常规手段不能制备出的新材料。PCVD 具有成膜温度低、致密性好、结合强度高等优点，可用于非晶态膜和有机聚合物薄膜的制备。

按等离子形成方式的不同，PCVD 方法主要包括直流法、射频法和微波法等。

4. 金属有机化合物化学气相沉积(MOCVD)

MOCVD 是利用金属有机化合物热分解反应进行气相外延生长的方法,即把含有外延材料组分的金属有机化合物,通过前驱气体输运到反应室,在一定的温度下进行外延生长。所用的金属有机化合物是具有易合成及提纯,在室温下为液态并有适当的蒸气压、较低的热分解温度,对沉积薄膜污染小和毒性小等特点的碳-金属键的物质。目前应用最多的是Ⅱ族~Ⅶ族烷基衍生物,如$(C_2H_5)_2Be$、$(C_2H_5)Al$、$(CH_3)_4Ge$、$(CH_3)_3N$、$(C_2H_5)_2Se$ 等。

除了需要输送前驱气体外,MOCVD 和普通热 CVD 的反应热力学和动力学原理没有任何差别。MOCVD 的特点是沉积温度低,可以在不同的基材表面沉积单晶、多晶、非晶的多层和超薄层、原子层薄膜,改变 MOCVD 源的种类和数量可以得到不同化学组成和结构的薄膜,工艺的适用性强,成本较低,可以大规模制备半导体化合物薄膜及复杂组分的薄膜。但其沉积速度较慢,仅适宜于沉积微米级薄膜,而且原料的毒性较大,安全防护要求高。

5. 激光(诱导)化学气相沉积(LCVD)

LCVD 是利用激光束的光子能量激发和促进化学反应,实现薄膜沉积的化学气相沉积技术。使用的设备是在常规的 CVD 基础上,添加激光器、光路系统及激光功率测量装置。与常规 CVD 相比,LCVD 可以大大降低基材的温度,可在不能承受高温的基材上合成薄膜。例如,使用 LCVD,在 $350℃\sim480℃$ 的温度下可制取 SiO_2、Si_3N_4 和 AlN 等薄膜;而用 TVCD 制备同样的材料,要将基材加热到 $800℃\sim1000℃$ 才行。与 PCVD 相比,LCVD 可以避免高能粒子辐照对薄膜的损伤,更好地控制薄膜结构,提高薄膜的纯度。

2.6.4　影响化学气相沉积制备材料质量的因素

影响化学气相沉积制备材料质量的因素有以下几个方面。

1. 反应混合物的供应

毫无疑问,对于任何淀积体系,反应混合物的供应是决定材料层质量的最重要因素之一。在材料研制过程中,总要通过实验选择最佳反应物分压及其相对比例。

2. 淀积温度

淀积温度是最主要的工艺条件之一。由于淀积机制的不同,它对淀积物质量影响的程度也不同。同一反应体系在不同温度下,淀积物可以是单晶、多晶、无定型物,甚至根本不发生淀积。

3. 衬底材料

化学气相淀积法制备无机薄膜材料,都是在一种固态基体表面(衬底)上进行的。对淀积层质量来说,基体材料是一个十分关键的影响因素。

4. 系统内总压和气体总流速

这一因素在封管系统中往往起着重要作用。它直接影响输运速率,因此波及生长层的质量。开管系统一般在常压下进行,很少考虑总压力的影响,但也有少数情况下是在加压或减压下进行的。在真空(一至几百帕)淀积工作日益增多的情况下,它往往会改善淀积层的均匀性和附着性等。

5. 反应系统装置因素

反应系统的密封性、反应管和气体管道的材料以及反应管的结构形式对产品质量也有不可忽视的影响。

6. 原材料的纯度

大量事实表明,器件质量不合格往往是由于材料问题,而材料质量又往往与原材料的(包括载气)纯度有关。

2.6.5　化学气相沉积制备材料的应用

化学气相沉积技术可以方便地控制薄膜的化学组成,合成新薄膜。利用 CVD 法,可以在金属、半导体、陶瓷、玻璃等各种基材上,制备半导体外延膜,例如 SiO_2、Si_3N_4、TiC、TiN、Ti(C,N)、Cr_7C_3、Al_2O_3 等绝缘膜,耐蚀防护膜、修饰膜、耐磨硬质膜等各种功能薄膜。这些薄膜广泛用于国防、航空航天、机械制造、电子电器、计算机等领域。

2.7　插层反应与支撑接枝工艺

2.7.1　插层反应

插层反应是一种主体化合物和几种客体化合物通过插层复合而形成的一类新特色性物质。由于主体层状材料具有二维的可膨胀的层间空间,插层则意味着客体物质可以可逆地进入层状的主体材料中但却保持主体材料的结构特点。插层化合物作为一种特色物质体,通过插层反应使其具有选择性吸附、离子交换和光催化等功能,具有重要研究与应用价值。许多具有独特插层结构和功能性材料的主-客体系统已被研究和报道。插层化合物最重要的特点之一是层间的可膨胀能力,因而可通过选择和设计主体和客体或通过共吸附来裁剪微观结构。插层主体材料复合的机理如图 2-3 所示。

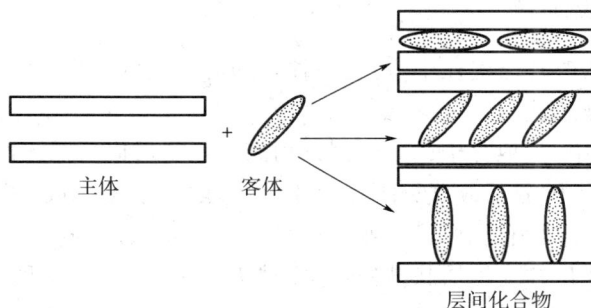

图 2-3　插层复合的机理

各种层状材料如石墨、黏土矿物、层状的双氢氧化合物、金属磷酸盐和磷酸盐以及过渡金属氧化物等,均可作为插层化合物的主体材料。研究较多的是石墨和黏土。它们通常有两种键合构型。例如,石墨结构在六边形的石墨层内有共价键(金刚石结合键 6),同时在层之间是 Van der Waals 键(π)。在两个共价连接的碳原子之间的距离仅为 0.149nm,在自然界中是最短的,而沿 c 轴的层间距离是 0.34nm。在黏土结构中氧和硅原子形成一个共价键合的并具有额外负电荷的四面体层,在 Si-O 四面体层之间阳离子被吸引。这些二维结构通过离子互换反应进行调整。如果一些外来的分子被插入到两层之间的空间,这个工艺叫做插层反应,所形成的化合物叫做插层化合物。插层反应通常是可逆的,因此在逆反应过程中外来的分子从两层之间的空间被除去,该反应叫做去插层反应。插层化合物处于亚稳态,并且去插层反应可以具有不同的速率。石墨的层状结构如图 2-4 所示,石墨晶体具有互联六边形层。在石墨三维次配位的 sp^2 电子构形中,3 个四价电子被分配到 3 个方向的 sp^2 杂化轨道上,形成强大的层间 6 键,第四个电子位于垂直于键合平面的 $p\pi$ 轨道上。这使石墨在其表面上容易吸收其他分子。p 电子能使自己给予受主,例如 NO^{3-}、CrO_3、Br_2、$FeCl_3$ 或 AsF_5,石墨层能贡献电子给插层分子或离子,产生局部充满的键带,因此,插层石墨的导电性增加,其中一些化合物的导电性和铝一样高。

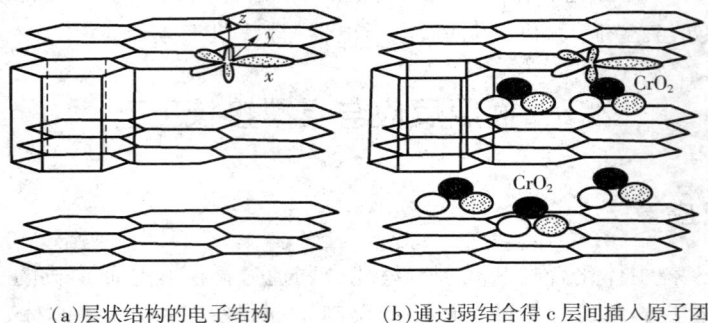

(a)层状结构的电子结构　　　　　(b)通过弱结合得 c 层间插入原子团

图 2-4　石墨的层状结构及演变

插层化合物可以用在能量储藏和电子装置中。插层和去插层过程在电池材料方面是充电和放电过程,在充电过程中 Li^+ 阳离子被储藏在两石墨层之间,而当电池放电时它们被释放出来。

2.7.2　支撑和接枝工艺

在主、客体材料的改性与优化中,还有一种特殊的对层状结构化合物进行改进的工艺方法,这就是支撑和接枝工艺。

在二维层状结构中,其他分子或离子团采用离子互换反应可插入两层之间,这使该结构沿 c 轴膨胀。如果插入的分子或离子团有硬核,金属阳离子由氧或 OH^- 配位基进行配位,热处理能烧毁软的部分(如有机原子团或水合物原子团),然后这些核或原子团能被插入层状结构的层之间,以便用柱支撑层状结构,形成纳米级多孔材料,这种工艺叫做支撑。如果插入的有机功能分子与层的交互面形成结合,就能获得一种新的、能够互换阴离子的层状晶体,该晶体能形成有机衍生物,这种工艺叫做接枝。

图 2-5 表示的是蒙脱石结构。在该结构中 SiO_4 四面体在同一面中共用 3 个角,并且第 4 个角位于共角面的一侧,可在面的上侧或是下侧。SiO_4 层将有额外负电荷位于不共有角的位置。SiO_4 层不共角的上下两层通过带正电荷的阳离子吸引在一起形成中性层。阳离子通常是 Al^{3+} 或 Fe^{3+},如果 Al^{3+} 被 Mg^{2+} 代替,层片将带一些负电荷。正电荷必须被吸入,在两层之间形成蒙脱石结构。被吸入的阳离子通常是 M^+ 或 H_2O,它们很容易互换。如果水解前身合成物溶胶含有前身合成物的多核金属羟基阳离子,例如 $[Al_{12}O_4(OH)_{24}]^{2+}$ 或 $[Ti_8O_8(OH)_{12}(OH_2)_x]^{4+}$ 通过离子互换反应可替换两层之间的阳离子,就能获得支撑蒙脱石结构。后续的热处理把支撑蒙脱石转变成一种氧化物支撑黏土(图 2-6)。支撑氧化

物可以结晶为固体颗粒或微细非晶体球,也可能是被细小原子团覆盖的非晶球。

　　使用有机分子作为柱支撑的层状结构的最终配合体可以接枝到层的交互面上,形成有机物衍生的氧化物。一般接枝有机功能原子团到这样的表面上是很困难的。已经发现层结构的磷酸锆和碱性醋酸铜,有可能接枝这些功能原子配位体到这些层状结构的交互表面上。

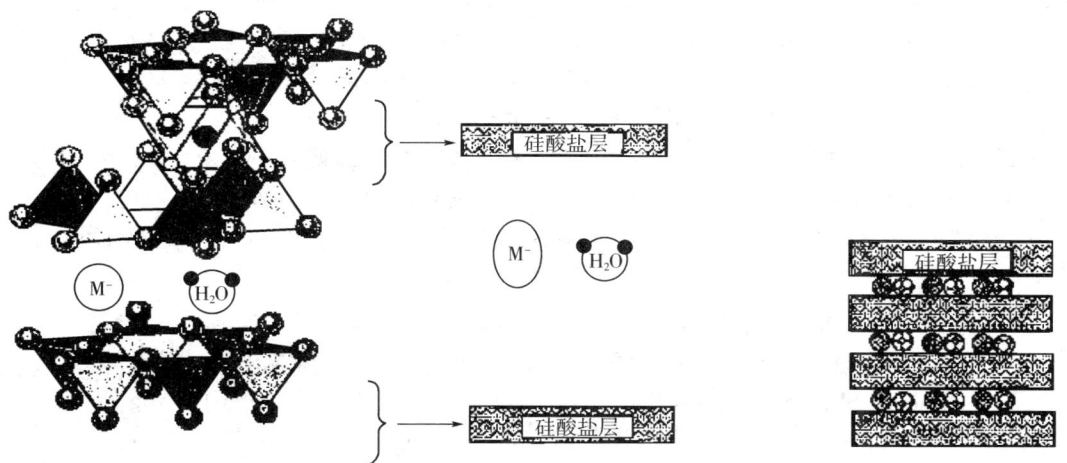

(a)取向相反的两个 SiO^4 四面体形成的一阳离子八面体层
(由虚线表示),该层可看做一个新层(被称为硅酸盐层),其
他电荷取决于被引进的两个 SiO^4 四面体形层间的阳离子

(b)吸收电荷、水和一些
阳离子层,形成多层材料

图 2-5　蒙脱石结构

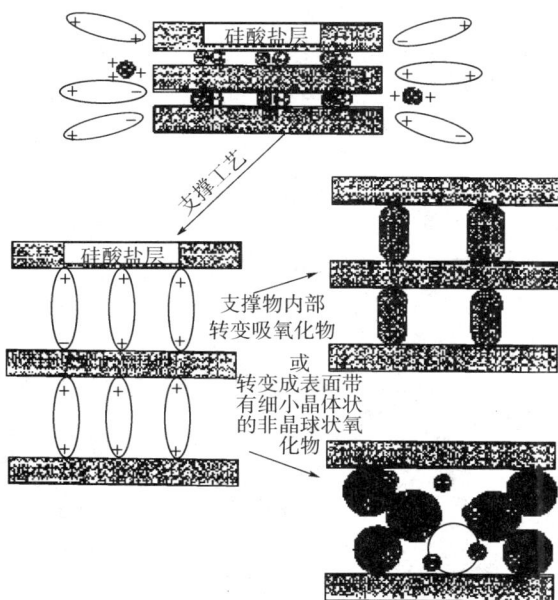

图 2-6　蒙脱石支撑工艺示意图,键合层是共价键结合的

参考文献

［1］MacDonald F. Dictionary of Inorganic and Organometallic Compounds［M］. Chapman and Hall,1996

［2］Kenneth D Karlin,Stephen J Lipard. Progress in Inorganic Chemistry Vol. 1~47［M］. John Wiley and Sons,1997

［3］汪信,郝青丽,张莉莉等. 软化学方法导论［M］. 北京:科学出版社,2007

［4］徐如人,庞龙琴. 无机合成与制备化学［M］. 北京:高等教育出版社,2001

［5］季惠明. 无机材料化学［M］. 天津:天津大学出版社,2007

［6］张克立等. 无机合成化学［M］. 武汉:武汉工业大学出版社,2004

［7］申泮文. 无机化学［M］. 北京:化学工业出版社,2002

［8］王中林,康振川. 功能与智能材料结构演化与结构分析［M］. 北京:科学出版社,2002

［9］戴安邦等. 无机化学丛书第 12 卷:配位化学［M］. 北京:科学出版社,1987

［10］宣天鹏. 材料表面功能镀覆层及其应用［M］. 北京:机械工业出版社,2008

［11］Roberts M A,Sankar G,Thomas J M,Jones R H,Du H,Chen J,Pang W and Xu R. Synthesis and structure of a layered titanosilicate catalyst with five-coordinate titanium［J］. Nature,1996,381:401

［12］Zhao X,Roy R,Cherian K and Badzian A. Hydrothermol growth of diamond in metal-C-H_2O systems［J］. Nature,1997,385:513~515

［13］Xie Y,Qian Y,Wang W,Zhang S,Zhang Y. A benzene-thermal synthetic route to nanocrystalline GaN［J］. Science,1996,272:1926~1927

第 3 章　特 殊 合 成 方 法

3.1　电解合成

3.1.1　电化学的一些基本概念

1. 电解定律

1833 年 M. 法拉第在研究电解作用时,从实验结果发现通过电解池的电量与析出物质的质量有一定的关系,总结为法拉第电解定律,其基本内容为:电解时,电极上发生化学反应的物质的质量和通过电解池的电量成正比。可用下列公式定量表示:

$$G=\frac{E}{96490}; \quad Q=\frac{E}{96490}It$$

式中,G 为析出物质的质量(g);E 为析出物质的摩尔质量,其值随所取的基本单元而定(原子量或分子量与每分子或原子得失电子数的比值);Q 为电量(C);I 为电流强度(A);t 为电流通过的时间(s)。法拉第定律对电解反应或电池反应都是适用的。

2. 电流效率

根据法拉第定律,沉积物质的当量与通过的电流量成正比。但在实际工作中我们并不能获得理论量的沉积物质。实际析出的金属量与法拉第定律计算出来的理论量之比,称为电流效率,即电流效率=实际产量/理论产量×100%。

3. 电流密度

每单位电极面积上所通过的电流称为电流密度。通常以每平方米电极面积所通过的电流(单位为安培)来表示。

4. 电极电位和标准电位

在任意电解质溶液中浸入同一金属的电极,在金属和溶液间即产生电位差,称为电极电位,不同的金属有不同的电极电位值,而且与溶液的浓度有关。这可由奈斯特(Nernst)公式计算:

$$E=E^{\ominus}+\frac{2.3RT}{nF}\lg c$$

对于任意氧化还原反应 Nernst 公式可表示为:

$$E=E^{\ominus}+\frac{2.3RT}{nF}\lg \frac{\alpha_{氧化态}}{\alpha_{还原态}} \quad (\alpha \text{ 表示活度})$$

式中,$R=8.314J/(mol \cdot K)$(摩尔气体常数);$F=96500C/mol$(法拉第常数);n 为离子的价

数;α 为溶液活度。$E^{\ominus}$ 称为标准电极电位,在一定的温度下它是一个常数,等于溶液中离子活度为 1 时的电极电位。

3.1.2　含高价态元素化合物的电氧化合成

电可以说是一种适用性非常宽广的氧化剂或还原剂。一般要进行一个氧化反应,就必须找到一个强的氧化剂。如氟是已知最强的一个氧化剂,要从氟化物制备氟,用什么去氧化它呢?由于现在还没有这样一种氧化剂,因此必须采用电化学的方法。由于水溶液电解中能提供高电势,使之可以达到普通化学试剂无法具有的特强氧化能力,因而可以通过电氧化过程来合成。事实上许多强氧化剂都是利用电氧化合成生产的。

(1)具极强氧化性的物质,如 O_3,OF_2 等。

(2)难于合成的最高价态化合物,如在 KOH 溶液中电氧化可得 Ag,Cu 的 +3 最高价态(在 Ag、Cu 的某些配位离子中被氧化)。再如高电势下,$(ClO_4)_2S_2O_8$ 的电氧化合成;$H_2SO_4-HClO_4$ 混合液中低温电氧化合成 $(ClO_4)_2SO_4$,以及 $NaCuO_2$,$NiCl_3$,NiF_3 的合成等等。

(3)特殊高价元素的化合物,除了早为人所熟知的过二硫酸路线(persulfate route)通过电氧化 HSO_4^- 以合成过二硫酸、过二硫酸盐和 H_2O_2 外,其他不少元素的过氧化物或过氧酸均可通过电氧化来合成,如 H_3PO_4,HPO_4^{2-},PO_4^{3-} 的电氧化;合成 PO_5^{3-},$P_2O_8^{4-}$ 的 K^+,NN_4^+ 盐;过硼酸及其盐类 BO_3^- 的合成;$S_2O_6F_2$(perox disulfuryl difluoride)的合成等等,以及金属特殊高价态化合物的合成如 NiF_4,NbF_6,TaF_6,AgF_2,$CoCl_4$ 等等。

由于这类电氧化合成反应,其产物均为强氧化性的物质,有高的反应性且不稳定。因而往往对电解设备、材质和反应条件有特殊的要求。

3.1.3　含中间价态和特殊低价态元素化合物的电还原合成

此类化合物用一般的化学方法来合成是相当困难的。因为无论是用化学试剂还是用高温下的控制还原来进行都不如电还原反应的定向性,而且用前者时还会碰到副反应的控制和产物的分离问题。因而在开发出电解还原(有时也可用电氧化)的合成路线以后,有一系列难于合成的含中间价态或特殊低价元素的化合物被有效地合成出来。

(1)含中间价态非金属元素的酸或其盐类　如 HClO,$HClO_2 \cdot BrO^-$,BrO^{2-},IO^-,$H_2S_2O_4$,H_2PO_3,$H_4P_2O_6$,H_3PO_2,HCNO,HNO_2,$H_2N_2O_2$ 等等,用一般化学方法来合成纯净的和较浓的溶液部是相当困难的。

(2)特殊低价元素的化合物　这类化合物由于其氧化态的特殊性,很难借其他化学方法合成得到,下面举一些典型实例:如 Mo 的化合物或简单配合物很难用其他方法制得纯净的中间价态化合物,然而电氧化还原方法在这方面具有明显优点。用它可以容易地从水溶液中制得 Mo^{2+}(如 $[MoOCl_2]^{2-}$,K_3MoCl_5 等),Mo^{3+}(如 $K_2[MoCl_5H_2O]$,K_3MoCl_6),Mo^{4+} [如 $Mo(OH)_4$,KOH 溶液中电解],Mo^{5+}(如钼酸溶液还原以制得 $[MoOCl_5]^{2-}$)。在其他过渡元素中也出现类似的情况。此外一些常见和很难合成的"特殊"低价化合物诸如 Ti^+ [如 $TiCl$,$Ti(NH_3)_4Cl$],Ga^+(如 $GaCl$ 的簇合物),Ni^+,Co^+ [如 $K_2Ni(CN)_3$,$K_2Co(CN)_3$],Mn^+ [如 $K_3Mn(CN)_4Tl^{2+}$、Ag^{2+}、Os^{3+}(如 K_3OsBr)],W^{3+}(如 $K_3W_2Cl_9$)等均可借特定条件下的电解方法合成得到。

（3）非水溶剂中低价元素化合物的合成　由于在水溶液中无法合成或电解产物与水会发生化学反应，因此某些低价化合物只能在非水溶剂中（此处不包括熔盐体系的电解合成）合成出来。如在 HF 溶剂中或与 KHF_2、SO_2 的混合溶剂中可合成出 NF_2、NF_3、N_2F_2、SO_2F_2 等等，用液氨溶剂可合成出一系列难于制得的如 N_2H_2、N_2H_4、N_3H_3、N_4H_4、$NaNH_2$、$NaNO_2$、Na_2NO_2、$Na_2N_2O_2$ 等等，在乙醇溶剂中可获得纯净的 VCl_2、VBr_2、VI_2、$VOCl_2$ 等。这为"特殊"低价或中间价态化合物的合成提供了一条很好的途径。

（4）新合成路线　1998 年 George Msrnellos 与 Michael Stonkides 报道了一条在常压与 570℃下利用电解法制 NH_3 的新合成路线。这条电解合成路线的基本原理是应用一种固态质子导体作阳极，将 H_2 气通过此阳极时发生下列氧化反应：

$$3H_2 \longrightarrow 6H^+ + 6e^-$$

生成的 H^+ 通过固体电解质传输到阴极与 N_2 发生下列合成反应：

$$N_2 + 6H^+ + 6e^- \longrightarrow 2NH_3$$

这一电解合成反应是在图 3-1 模型反应器中进行的。

图 3-1 中，1 为一无孔封底 SCY 陶瓷管质子导体，此陶瓷管置于一石英管 2 内，3 与 4 为沉积于 SCY 内外管壁上的多孔多晶体 Pd 膜，分别作为阴极与阳极。

3.1.4　水溶液中的电沉积

在实验室中用水溶液电解法提纯或提取金属往往是为了下列目的：①在市场上难以得到的特殊金属；②比市售品纯度更高的金属；③粉状和其他具有特别形状和性能的金属；④从实验室和其他废物中回收的金属。当然更具重要意义的是为工业上的水法冶金进行重要的基础实验研究。

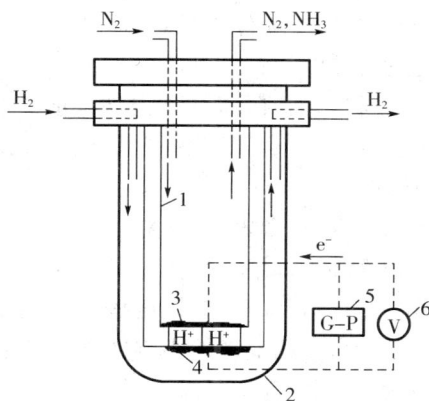

图 3-1　电解池反应器
1.SCY 陶瓷管（H^+ 导体）；2. 石英管；3. 阴极（Pd）；
4. 阳极（Pd）；5. 恒电流-电位器；6. 伏特计

1. 金属电沉积原理

金属电沉积理论主要是研究在电场作用下，金属从电解质中以晶体形式结晶出来的过程，又称电结晶。电镀就是电沉积过程，电提取、电解精炼等也都属金属电沉积过程，不同的是电镀要求沉积金属与基体结合牢固，结构致密，厚度均匀。

金属电沉积应包括阴极、阳极反应和电镀液中的传质过程。在阴极进行还原反应的同时，阳极进行氧化反应，电镀液将离子传递给两个电极。在理想条件下，阳极溶解下来的电子与阴极沉积出的金属应保持相对平衡，这样的电镀液就能保持稳定。实际上，这种平衡往往难以控制，因为阳极反应和阴极反应并不是单一的，副反应难以避免（如气体或杂质的析出等）。

2. 水溶液中电沉积的方法

通过电解金属盐水溶液而在阴极沉积纯金属的方法。其原料的供给有下列两类：

① 用粗金属为原料作阳极进行电解，在阴极获得纯金属的电解提纯法；

② 以金属化合物为原料，以不溶性阳极进行电解的电解提取法。

无论是前者或后者，电解液的组成（包括浓度）是决定金属电沉积的主要因素。

(1) 电解液的组成

电解液必须合乎以下几个要求：①含有一定浓度的欲得金属的离子，并且性质稳定；②电导性能好；③具有适于在阴极析出金属的 pH 值；④能出现金属收率好的电沉积状态；⑤尽可能少地产生有毒和有害气体。为了满足上述条件，一般认为使用硫酸盐制作电解液较好。氯化物也可以用。近年来用磺酸盐也得到良好结果。制取高纯金属时，电解液需用反复提纯的金属化合物配制。提高欲得金属离子浓度，可使阴极附近的浓度降得到及时补充，可抵消高电流密度造成的不良影响。除电解液组成和浓度外，电流密度、温度等均影响电沉积金属的性质（如聚集态等），下面将作一些讨论。

(2) 电流密度

当电流密度低时，有充分晶核生长的时间，而不去形成新核，特别当电解液浓度大，温度高时，在这种情况下，能生成大的晶状沉积物（沉淀）。而当电流密度较高时，促进核的生成，成核速率往往胜于晶体生长，从而生成了微晶，因此沉积物一般是十分细的晶粒或粉末状。然而在电流密度很高时，晶体多半趋向于朝着金属离子十分浓集的那边生长，结果晶体长成树状或团粒状。同时，高电流密度也能导致 H_2 的析出，结果在极板上生成斑点，并且由于 pH 值的局部增高而沉淀出一些氢氧化物或碱式盐。

(3) 温度

对电解沉积物来讲，温度对它们的影响是不尽相同的，而且有时不易预计影响的结果。可能是由于在提高温度时，产生对立的影响，如提高温度有利于向阴极的扩散并使电沉积均匀，但同时也有利于加快成核速率，反而使沉积粗糙。如果氢的超电压降低，那么提高温度时 H_2 的逸出和由此带来的影响也比较突出。

除上述外，电解液中加入添加剂和络合剂也将对金属的电沉积产生影响。

(4) 添加剂

添加少量的有机物质如糖、樟脑、明胶等往往可使沉积物晶粒由粗变细，同时使金属表面光滑，这可能是由于添加剂被晶体表面吸附并覆盖住晶核，抑止晶核生长而促进新晶核的生成，结果导致细晶粒沉积。

(5) 金属离子的配位作用

通常，当简单的金属盐溶液电解时，往往得不到理想的沉积物。如从 $AgNO_3$ 溶液电解 Ag 时，其沉积物由大晶体组成，经常黏附不住。当加入 CN^-，用 $Ag(CN)_2^-$ 电解时，则沉积物坚固、光滑。因此电解 Au，Cu 等时均用含氰电解液，其他金属沉积时也往往使用加入配合物的方法来改进沉积物状态，如加 F^-、PO_4^{3+}、酒石酸、柠檬酸盐等等。

根据大量的实验结果，得到上述讨论的结果：电解液组成，电流密度，电解温度，金属离子的配位作用和添加剂是支配金属电沉积形态的主要因素，并且认为大体上有如表 3-1 中所列的倾向。

表 3 - 1　电解析出金属形态的倾向

电解液和电解条件	粗大结晶或针状→致密组织→海绵状或粉末状
电解条件(温度)	低————→高
pH	中性————→酸性
(酸性电解液时)电流密度	低————→高
电　压	低————→高

3.1.5　熔盐电解

1. 离子熔盐种类

离子熔盐通常是指由金属阳离子和无机阴离子组成的熔融液体。据古川统计,构成熔盐的阳离子有 80 种以上,阴离子有 30 多种,简单组合起来就有 2400 多种单一熔盐。其实熔盐种类远远超过此数。

科研和生产实际中大都采用二元和多元混合熔盐,例如 LiCl－KCl(离子卤化物混合盐)、KCl－NaCl－AlCl₃(离子卤化物混合盐再与共价金属卤化物混合)和电解制铝常用的 Al₂O₃－NaF－AlF₃－LiF－MgF₂(多种阳离子和阴离子组成的多元混合熔盐,其中还有共价化合物 AlF₃)。显然,混合熔盐的数目大大多于单一熔盐。

2. 熔盐特性

与水和有机物质这两类多由共价键组成的常温分子溶剂比较,作为离子化高温特殊溶剂的熔盐类具有下列特性:

(1)高温离子熔盐对其他物质具有非凡的溶解能力,例如用一般湿法不能进行化学反应的矿石、难熔氧化物,以及超强超硬、高温难熔物质,可望在高温熔盐中进行处理。

(2)熔盐中的离子浓度高、黏度低、扩散快和导电率大,从而使高温化学反应过程中传质、传热、传能速率快、效率高。

(3)金属/熔盐离子电极界面间的交换电流 I 特别高,达到 $1A/cm^2 \sim 10A/cm^2$(而金属/水溶液离子电极界面间的 I 只有 $10^{-4}A/cm^2 \sim 10^{-1}A/cm^2$),使电解过程中的阳极氧化和阴极还原不仅可在高温高速下进行,而且所需能耗低;动力学迟缓过程引起的活化过电位和扩散过程引起的浓差过电位都较低;熔盐电解生产合金时往往伴随去极化现象。

(4)常用熔盐溶剂,如碱(碱土)金属的氟(氯)化物的生成自由能负值很大,分解电压高,组成熔盐的阴阳离子在相当强的电场下比较稳定,这就使那些水溶液电解在阴极得不到金属(氢先析出)和在阳极得不到元素氟(氧先析出)的许多过程,可以用熔盐电解法来实现。

(5)不少熔盐在一定温度范围内具有良好的热稳定性,它可使用的温度区间从 100℃～1100℃(有的更高),可根据需要进行选择。

(6)熔盐的热容量大、贮热和导热性能好,在科研和工业上用作蓄热剂、载热剂和冷却剂。

(7)某些熔盐耐辐射,以碱金属和碱土金属氟化物及其混合熔盐为代表,它们很少或几乎不受放射线辐射损伤,因而在核工业中受到重视并广泛应用。

(8)熔盐的腐蚀性较强,能与许多物质互相作用,熔盐喷溅和挥发将对人体和环境产生危害,这对使用熔盐的材料选择(如容器材料、电极材料、绝缘材料、工具材料等)和工艺技术操作带来不少麻烦。

3. 熔盐在无机合成中的应用

(1)熔盐法或提拉法生长激光晶体。如 YAG：Nd^{3+}(掺钕的钇铝石榴石),GSGG：Nd^{3+},Cr^{3+}(掺钕和铬的轧钪镓石榴石)以及氟化物激光晶体基质材料等。

(2)稀土发光材料的制备,比如 Gd_2SiO_5：Ce(钆铈)闪烁体就是用提拉法单晶生长工艺制备的;新的闪烁体 BaF_2：Ce、CeF_3 和 LaF_3：Ce 也是用提拉法或熔剂法生长出来的。

(3)单晶薄膜磁光材料的制备。如用稀土石榴石单晶在等温熔盐浸渍液相外延生长法制备。

(4)玻璃激光材料的制备。目前输出脉冲能量最大、输出功率最高的固体激光材料是稀土玻璃,其中有稀土硅酸盐玻璃、磷酸盐玻璃、氟磷酸盐玻璃和氟锆酸盐玻璃等。

(5)阴极发射材料和超硬材料的制备。如 LaB_6 粉末可通过熔盐电解法制备,LaB_6 单晶也可通过熔剂生长法、熔盐电解法或区域熔炼法获得。

(6)合成超低损耗的氟化物玻璃光纤预制棒。它们是将按比例配好的无水氟化物的原料,在 800℃～1000℃下熔化混合熔盐,而后浇注成型。

3.1.6　非水溶剂中无机化合物的电解合成

非水溶剂包括多种有机溶剂和无机溶剂,近年来广泛应用于无机物的合成。由于电解质在非水溶剂中的性能大大不同于在水溶液中的,因而促使其电位、电极反应等以至于非水溶剂对电解产物的选择性各具特点,从而可借助非水溶剂中的电解反应合成出很多颇具特点的无机化合物。

近 20 年来,非水溶剂已经比较广泛地应用在下列与无机合成有关的方面,包括:某些特种简单盐类的制备,低价化合物电解制备中的稳定化作用,金属配位化合物与金属有机化合物的制备。更值得注意的是不少非金属化合物可从非水溶剂中电解合成出来。

3.2　无机光化学合成

光化学合成是一种重要的纳米材料合成方法,近来这种方法被用来合成半导体薄膜,其基本原理是通过紫外光辐照前躯溶液,溶液中光激发离子(photo-excited ions)吸收光子而产生一定的电子,与其他离子相结合使相应的物质沉积在紫外光辐照的衬底区域,这种方法使得大面积控制合成薄膜变得非常容易,适合于特定器件的加工。目前这种薄膜合成还只是局限在同一个层面,薄膜的有序纳米结构化及其相关的性质和应用研究还是空白。纳米结构有序多孔薄膜具有均匀分布的孔,可以方便地通过调节这种孔径的大小来实现对薄膜性质的人工控制。目前国际上合成该类薄膜比较简单、灵活的方法是二维胶体晶体模板法,即以紧密排列的胶体球[如聚苯乙烯微(或纳米)球、SiO_2 球]组成的单层胶体晶体为模板,通过不同的方法将相应的物质填充到球与球之间、球与衬底之间的孔隙,去除模板可得单层有序多孔膜。已发展的物质填充方法有:溶胶凝胶、电化学沉积、溶液浸渍等。利用光化学沉积技术来合成这种纳米结构则是一个全新的课题。

3.2.1　基本概念

1. 电子激发态的光物理过程

光化学反应实质是光致电子激发态的化学反应。在光的作用下（通常是紫外光和可见光），电子从基态跃迁到激发态，此激发态再进行各种各样的光物理和光化学过程。依据电子激发态中电子的自旋情况，激发态有单线态（自旋反平行）和三线态（自旋平行）。这两种状态具有不同的物理性质和化学性质，能量上三线态低于单线态。图 3-2 显示出了体系状态改变时所发生所有物理过程。

在图中 S_0，S_1、S_2，…分别表示单线态基态，第一单线态激发态，第二单线态激发态，…T_1，T_2，…则表示第一三线态激发态，第二三线态激发态……当电子从单线态基态跃迁到单线态第一激发态时，吸收光子，在吸收光谱中给出相应的吸收带（$S_0 \rightarrow S_1$）。当电子从三线态的第一激发态跃迁到第二激发态时产生 $T_1 \rightarrow T_2$ 的吸收带。但通常这种吸收是相当弱的，只有用灵敏度较高的仪器才能检测出来。与之相反的过程是发射光子的过程。电子从第一单线态激发态回到单线态基态而得到的发射光叫荧光（$S_1 \rightarrow S_0$），而电子从第一三线态激发态回到单线态基态所放出的光叫磷光。这两种光在寿命上相差很大，落在不同的数量级范围内磷光的寿命长于荧光的寿命。单线态第二或更高的激发态返回到第一激发态的过程叫做内部转变，此过程一般是相当快的，属无辐射过程。从三线态的第一激发态回到单线态的基态也可以通过系间窜跃的无辐射过程实现。另外，从单线态的激发态向三线态的激发态的转变也通过系间窜跃实现。在这一过程中实质上是电子的自旋状态发生了改变。光化学反应涉及以上描述的各种光物理过程。换句话说，以上的各种光物理过程对光化学反应都有直接的或间接的影响。

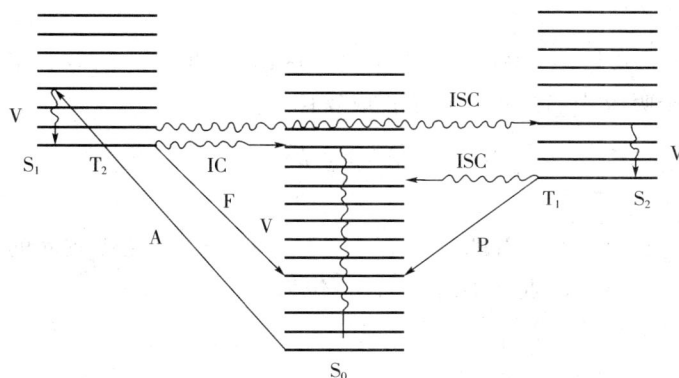

图 3-2　分子激发与失活的主要途径

A. 吸收（-10^{15} s）；F. 荧光（$10^{-9} \sim 10^{-5}$ s）；P. 磷光（$10^{-9} \sim 10^{-5}$ s）

V. 振动阶式失活（-10^{10} s）；IC. 内部转换（-10^{10} s）；ISC. 系间窜跃（-10^{10} s）

以上的光物理过程主要发生在有机分子光化学反应中。如果光化学反应涉及的不是有机分子，而是其他的无机分子或过渡金属的配合物，或是无机固体诸如半导体，其光化学反应中所涉及的光物理过程会是完全不同的。例如，过渡金属配合物是由过渡金属和配体构成的。金属可以是单核、双核或多核，双核或多核金属又可以是同种或不同种原子，配体也可以是同种或几种。在这样的一个体系中,电子跃迁可以发生在中心离子上,又可以发生在配体自身或配体之间。金属离子到配体或配体到金属离子的电荷转移是过渡金属配合物参与的光化学反应中非常重要的光物理过程。在双核或多核过渡金属配合物中,金属离子到金属离子间的电荷转移也是会发生的。对于这样的一个体系,选择不同波长的光可以选择性地激发某一过程,从而改变此种过渡金属配合物的光化学反应性,使反应朝着设计的方向进行。无机固体如半导体,由于其存在能带结构,故光物理过程涉及能带之间的跃迁与电荷转移。

2. 光的吸收

无机固体如半导体的光吸收遵循不同的机制。首先这些化合物的能级是以能带而不像有机化合物分子那样以分立的能级存在。当测定这种化合物的吸收光谱时,只有在一定的临界波长以上(朝高能量)发生光的吸收。临界波长取决于此半导体材料的禁带宽度。半导体材料的禁带宽度受粒子大小影响。当粒子小到一定程度时,"量子大小效应"使禁带宽度增加,吸收波长临界值朝短波长(高能量)方向移动。

在正常情况下,化合物吸收光的特性符合 Beer-Lambert 定律,表示为:

$$I = I_0 e^{-\alpha l}$$

式中,I_0 为入射光强度,I 为透射光强度,c 为吸收光物质的浓度(mol·L^{-1}),l 为试样的光程长度,即溶液的厚度(单位为 cm),α 为吸光系数。实际应用中常用的公式为:

$$\lg (I_0/I) = \varepsilon c l$$

式中,ε 为吸光物质的摩尔消光系数,($\varepsilon = \alpha/2.303$)。Beer-Lambert 定律有一定的适用范围和要求,满足稀溶液、浓度均匀、光照下溶液不发生化学反应等条件才可应用。

3. 光化学能量

一般在光化学反应中所用的能量范围处在 200nm～700nm 的波长范围内。在吸收光的过程中,一个分子吸收光的能量与其波长成反比:

$$E = h\nu = \frac{hc}{\lambda}$$

式中,E 是能量(单位为 J),h 是普朗克常量,6.62×10^{34}J·s,ν 是吸收光的频率,c 为真空中的光速 2.998×10^8 m·s^{-1},λ 是吸收光波长(单位为 nm)。

摩尔吸收能量的方程式为:

$$E = N_A h\nu = \frac{N_A hc}{\lambda}$$

式中,N_A 为 Avogadro 常数,6.023×10^{23}mol^{-1}。因此,物质吸收 1 摩尔光量子(6.023×10^{23} 光子或一个 Einstein)的能量为

$$E = \frac{6.62 \times 10^{-34} \times 2.998 \times 10^8 \times 6.023 \times 10^{23}}{10^{-9} \times \lambda \times 10^3}$$

$$= \frac{1.197 \times 10^5}{\lambda} (\text{kJ} \cdot \text{mol}^{-1})$$

　　由此公式,知道了波长就可以计算出相应的能量。例如,波长 500nm,相应的能量 E 为 239.4kJ · mol^{-1}。

3.2.2　实验方法

　　目前,用于光化学研究的实验方法有两类:一类是用来说明光化学过程中详细反应机理的仪器,一般要由单色光、滤光片和热滤片、准光镜和标定光强度的光学系统组成,以测定入射光和所研究分子的吸收光量;一类是由光化学方法进行新化合物和已知化合物合成的仪器。这类仪器一般指能够提供由反应分子吸收的较宽波长范围的高强度光源。为达到实验的目的,一般要求光源具有使用方便,照射范围大等特点。下面我们就主要用于光化学合成的实验仪器加以讨论。

　　1. 光源

　　目前用于光化学合成的光源主要是汞灯光源,因为这种光源使用极为方便,而且可提供从紫外到可见(200nm～750nm)范围内的辐射光。依据汞灯中汞蒸气的压强,汞灯有三种类型:低压汞灯、中压汞灯和高压汞灯,其汞蒸气压范围分别为 0.6665Pa～13.33Pa、1.013 $\times 10^4$ Pa～1.013 $\times 10^5$ Pa 和 2.026 $\times 10^7$ Pa。低压汞灯在室温下主要发射 253.7nm 和 184.9nm 的光,184.9nm 波长的高能辐射一般强度很低,由于所用的玻璃材料,使此光不能透过。如果使用超纯石英作为窗口材料,则此光可被利用。除这两种主要的辐射光外,其他波长的光也有,但强度非常低。中压汞灯要在相对高的温度下使用,故需要几分钟预热到操作温度。从此种汞灯中发出的 265.4nm、310nm 和 36nm 的光具有相对高的强度。此灯的波长分布范围比较宽,对有机化合物的激发是很有用的。高压汞灯与以上两种汞灯相比有更多的谱线,甚至成为连续谱线。除这三种低、中、高压汞灯以外,其他光源还有氮-汞灯以及涂磷光剂的灯等。

　　有时在光化学反应中需要单色光光源,在这种情况下,激光光源有其独到之处。如果需要几种波长的单色光光源,可把两种或两种以上的激光器按一定的配置组合起来,以满足研究之用。在一种激光器上,有时可以通过改变激光器中气体的种类以及气体间的比达到输出不同波长的激光的目的。目前可调谐激光器也可以使辐射光波长在一定的范围内变化。

　　2. 光化学研究装置

　　用于光化学合成的装置有两类:一类是反应溶液围绕着光源的装置;另一类是光源围绕着反应溶液的装置。对于第一类反应装置,光源灯被装在双壁的浸没阱中。浸没阱壁的材料的选择决定了光透过的波长,如用 Pyrex 玻璃,只有 >300nm 波长的光透过,如用石英,>200nm 波长的光可以透过。这种装置的示意图见图 3-3。第二类装置是光源围绕着反应溶

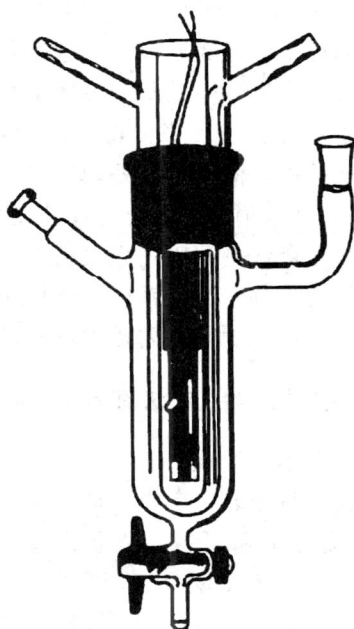

图 3-3　浸没式光化学反应装置

液的装置,如图 3-4 所示。这种装置中有多个
光源灯围绕着反应容器,用不同的灯可以得到
不同的辐射波长。

3. 光量计

在量子产率的测定中,一般要知道吸收光
子的数目,光子数的测定常用光量计。光量计
有两种:一种是溶液光量计,另一种是电子光量
计。在一般溶液光化学的波长范围内(250nm
～450nm),草酸铁光量计是最重要的一种光量
计。这种光量计利用 3×10^{-3} mol·L^{-1} 浓度的
草酸铁溶液,在不需脱气的条件下同光反应产
生不吸收光的草酸亚铁和 CO_2,具体的反应过
程如下:

图 3-4　多灯式光化学反应装置

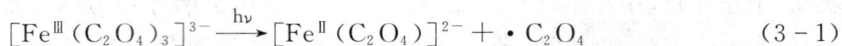

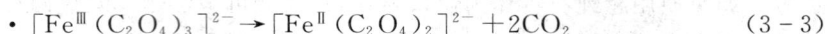

$$[Fe^{III}(C_2O_4)_3]^{3-} \xrightarrow{h\nu} [Fe^{II}(C_2O_4)]^{2-} + \cdot C_2O_4 \qquad (3-1)$$

$$\cdot C_2O_4 + [Fe^{III}(C_2O_4)_3]^{3-} \rightarrow C_2O_4 + \cdot [Fe^{III}(C_2O_4)_3]^{2-} \qquad (3-2)$$

$$\cdot [Fe^{III}(C_2O_4)_3]^{2-} \rightarrow [Fe^{II}(C_2O_4)_2]^{2-} + 2CO_2 \qquad (3-3)$$

由式(3-1)知道,仅吸收一个光子就产生一个草酸亚铁阴离子。按式(3-2)和式(3-
3),不吸收光子(通过暗反应),也有可能产生一个草酸亚铁阴离子。因此,从式(3-1)到式
(3-3)可以看出,每吸收一个光子,可能产生两个草酸亚铁离子。亚铁离子的浓度可通过其
同 1,10-非咯啉的络合反应产生红色络合物,由比色法在 510nm 波长下测得。在较短的
光波长 254nm～360nm 范围内,Fe^{2+} 离子的形成量几乎是不变的,量子产率的平均值为
1.24。知道了生成亚铁离子的量子产率,又知道生成的 Fe^{2+} 离子浓度,就可以按量子产率
的计算公式求出草酸铁水溶液体系的吸收的光子数。这种光量计最近又得到了改进,光量
计中利用了脱氧的 0.08mol·L^{-1} 草酸铁钾溶液。

除草酸铁溶液光量计外,其他的溶液光量计还有二苯甲酮-二苯基甲醇光量计,戊苯酮
光量计,十氟苯酮-异丙醇光量计以及 Aberchrotne540 光量计。

电子光量计是利用硅光二极管或光电倍增管测定通过试样的光并与由光束分离器反射
的光比较的积分光量计系统。这种光量计虽然使用方便,但由于检测器对不同波长光的敏
感度或某些可能的误差需要进行校正。

3.2.3　光化学合成法在无机合成中的应用

1. 光取代反应

绝大多数光取代反应的研究集中在对热不活泼的某些配合物上。这些配合物主要是
d^3,低自旋的 d^5 和 d^6 组态的金属离子的六配位配合物和 d^8 组态的平面配合物以及 Mo(Ⅳ)
和 W(Ⅳ)的八氰基配合物,其取代反应类型和取代程度依赖于以下几个方面:①中心金属
离子和配位体的本性;②电子激发产生的激发态类型;③反应条件(温度、压强、溶剂以及其
他作用物等)。

许多光取代反应可表现为激发态的简单一步反应：

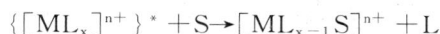

$$\{[ML_x]^{n+}\}^* + S \longrightarrow [ML_{x-1}S]^{n+} + L$$

式中，L 为配体；M 为中心金属离子；S 为另一种取代基；＊表示激发态。

2. 光异构化反应

某些金属的有机金属配合物中的配体当受到光照时，会发生异构化作用，产生具有不同配体的异构配合物。例如，固体反应式[Ru(NH₃)₄Cl(SO₂)]Cl 在 365nm 的低温光解发生配位基 SO₂ 的异构化：

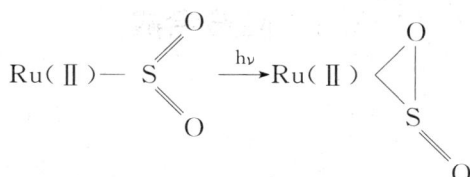

该反应在室温下是可逆的。同样，Co 的配合物也可发生这样的反应。由于这种异构化产物的不稳定，长时间光照可按配位体自身的异构化产物进一步发生反应，生成由溶剂或其他配体取代的产物。

3. 光致电子转移反应

电子转移反应中涉及的电子激发态是多种多样的，根据电子跃迁的分子轨道，激发态可分为：

(1)以金属为中心的(MC)激发态；

(2)以配体内或配体为中心的(LC)激发态；

(3)电荷转移(CT)激发态。它又分为金属到配体(MLCT)或配体到金属(LMCT)两种。

另外还有电荷到溶剂的(CTTS)转移以及发生在多核配合物中的金属-金属间的转移。涉及电子转移反应的光化学合成，最重要的有两类：

① 光氧化还原反应制备低价过渡金属配合物，如由此方法可以制备出低价金属如 Pt^0，Rh^+ 的配合物。

② 光解水制备 H_2 和 O_2。

到目前为止，光解水制备 H_2 和 O_2 的体系还是很不完善的，离大规模实际应用还有很大的距离，目前这方面的研究相当活跃，正在寻找更有效的体系以及新型材料以期达到实用的目的。最近新发现的一些适合紫外光的多相催化材料，包括含有某些金属或金属氧化物 NbO_x，RuO_2，RhO_2 或铂的钛酸盐和铌酸盐，具有铜铁矿结构的 $CuFeO_2$ 材料被发现在光照射下可分解产生氢气和氧气。

从最近的发展来看，新型光催化剂材料的发现与开发使水作为二级能源的综合利用将为期不远了。

4. 光敏化反应

光敏化反应是在敏化剂存在下进行的光化学反应。敏化剂的作用在于传递能量或自身参与光化学反应生成自由基，而后与反应物作用再还原成敏化剂。因此，在光化学合成中，光敏剂是实现光化学反应的关键，如上述阳光分解水制取氢和氧的反应得以实用化，将依赖于新型配套光敏剂研究的突破。

　　5. 光化学气相沉积制备半导体薄膜

　　光化学沉积(PVD)技术作为化学气相沉积技术的一个重要分支,相对来讲,是一种较新的薄膜沉积技术。这一技术的主要特点是利用紫外光辅助完成整个 CVD 过程。它具有沉积温度低(50℃~250℃),带电离子冲击样品的几率很小,膜层覆盖均匀等特点。如采用此方法可获得 ZnS、Si_3N_4 及 SiO_2 薄膜,通过对工艺条件的控制,可沉积形成满足不同需求的薄膜。

3.3　微波合成

3.3.1　概述

　　微波是一种频率在 300MHz~3000GHz,即波长在 0.1mm~1000mm 范围内的电磁波。位于电磁波谱的红外辐射(光波)和无线电波之间。微波是特殊的电磁波段,不能用在无线电和高频技术中普遍使用的器件(如传统的真空管和晶体管)来产生。100W 以上的微波功率常用磁控管作为发生器。微波在一定条件下可方便地穿透某些材料,如玻璃、陶瓷、某些塑料(如聚四氯乙烯)等。20 世纪 30 年代初,微波技术主要用在军事方面。第二次世界大战后,发现微波具有热效应后才广泛应用于工业、农业、医疗及科学研究。实际应用中,一般波段的中波长即 1cm~25cm 波段专门用于雷达,其余部分用于电信传输。为防止微波对无线电通信、广播、电视和雷达等造成干扰,国际上对科学研究、医学及民用微波的频段都做了相应的规定。国际无线电通讯协会(CCIP)规定家用或工业用微波加热设备的微波频率是 2450MHz(波长 12.2cm)和 915MHz(波长 32.8cm),家用微波炉使用的频率都是 2450Hz,915MHz 的频率主要用于工业加热。

　　微波加热作用的最大特点是可以在被加热物体的不同深度同时产生热,也正是这种“体加热作用”,使得加热速度快且加热均匀,缩短了处理材料所需要的时间,节省了能源。也正是微波的这种加热特性,使其可以直接与化学体系发生作用从而促进各类化学反应的进行,进而出现了微波化学这一崭新的领域。由于有强电场的作用,在微波中往往会产生用热力学方法得不到的高能态原子、分子和离子,因而可使一些在热力学上本来不可能的反应得以发生,从而为有机和无机合成开辟了一条崭新的道路。微波合成技术在化学领域的应用已经非常广泛,如在无机化学方面,陶瓷材料的烧结、超细纳米材料和沸石分子筛的合成都广泛地应用到微波合成技术。

3.3.2　微波燃烧合成和微波烧结

　　所谓微波烧结或微波燃烧合成是用微波辐射来代替传统的热源,均匀混合的物料或预先压制成型的料坯通过自身对微波能量的吸收(或耗散)达到一定高的温度,从而引发燃烧反应或完成烧结过程。Peelamedu 等通过 1880℃微波高温处理多晶透明氧化铝陶瓷,得到单晶的宝石级氧化铝,同时透光性提高了 20%。他们另一项成果是利用微波和激光混合加热技术成功烧结了纳米氧化锆陶瓷,平均晶粒尺度控制在 20nm。俄罗斯科学院应用物理研究所的 Egorove 等用毫米波加热烧结出接近理论密度的氧化铝纳米陶瓷,晶粒尺寸为

85nm～90nm。Paranosenkov 等烧结了纳米 Si_3N_4 陶瓷,在相同密度下,强度比常规烧结样品提高了 25%～30%。

由于它与传统技术相比较,属于两种截然不同的加热方式,因此微波烧结或微波合成有着自身的特点:

(1)采用微波辐射,样品温度很快达到着火温度,一旦反应发生后,就能保证反应在足够高的温度下进行,反应时间短。

(2)通过对一系列参数的调整,可以人为地控制燃烧波的传播。可供调控的主要参数有:样品的质量和压紧的密度、微波功率、反应物料颗粒大小、添加剂的种类和数量等。

和传统加热方式相比,微波烧结或微波燃烧合成有着大不相同的传热过程(如图 3-5 所示)。

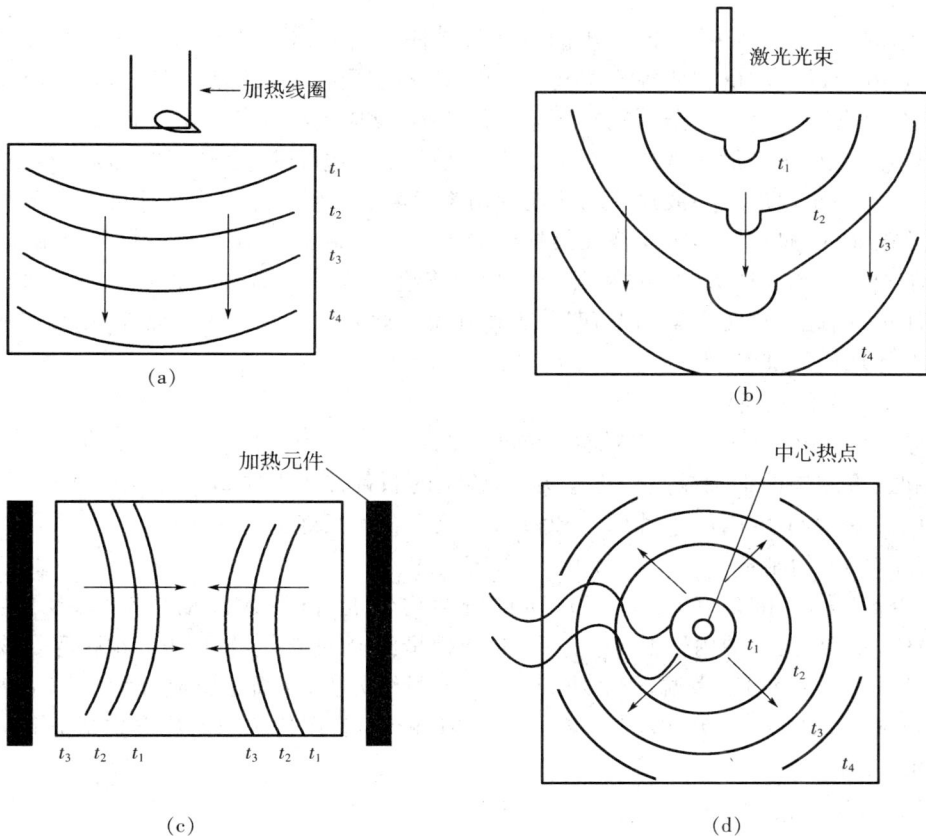

图 3-5　不同加热方式引发的燃烧波的传播过程

从图 3-5(a)、(b)及(c)中可以看出,当用传统方式加热时,点火引燃总是从样品表面开始,燃烧波从表面向样品内部传播,最终完成烧结反应。而采用微波辐射时图(d)的情况就不同了。由于微波有较强的穿透力,能深入到样品的内部,首先样品中心温度迅速升高,达到着火点并引发燃烧合成,并沿径向从里向外传播,使整个样品几乎是均匀地被加热,最终完成烧结反应。

3.3.3　微波水热合成

　　该法主要是用于沸石分子筛的合成。沸石分子筛是一种具有规则孔道结构的新型无机材料,在催化、吸附和离子交换等领域有着广泛的应用。沸石分子筛一般是在一定的温度下利用水的自身压力的水热法合成。按一定比例配制成的混合物,混合均匀后成为无色不透明的凝胶(成胶速率因配比的不同而不同),再置于反应容器中,在一定温度下进行晶化反应。采用微波合成方法制得了比常规方法更为优异的 NaA 沸石。用微波法合成 NaA 沸石的优点不仅在于其晶化时间短(最多几十分钟),节省能源;而且合成的 NaA 沸石粒径比用传统方法合成的要小得多,粒径大部分位于 $1.0~\mu m \sim 2.0~\mu m$ 之间。

3.3.4　微波辐射法在无机合成中的应用

　　无机固体物质制备中,目前使用的方法有制陶法、高压法、水热法、溶胶-凝胶法、电弧法、熔渣法和化学气相沉积法等。这些方法中,有的需要高温或高压;有的难以得到均匀的产物;有的制备装置过于复杂、昂贵,反应条件苛刻,反应周期太长。微波辐射法不同于传统的借助热量辐射、传导加热方法。由于微波能可直接穿透样品,里外同时加热,不需传热过程,瞬时可达一定温度。微波加热的热能利用率很高(能达 $50\% \sim 70\%$),可大大节约能量,而且调节微波的输出功率,可使样品的加热情况无条件地改变,便于进行自动控制和连续操作。由于微波加热在很短时间内就能将能量转移给样品,使样品本身发热,而微波设备本身不辐射能量,因此可避免环境高温,改善工作环境。此外微波除了热效应外,还有非热效应,可以有选择地进行加热。

　　1. $CuFe_2O_4$ 的制备

　　等摩尔的 CuO 和 Fe_2O_3 用玛瑙研钵研磨混合,在 350W 的功率下,微波辐照 30min,得到四方和立方结构的铜尖晶石 $CuFe_2O_4$,而传统的制备方法需要 23h,粉末经 X 射线衍射的结果表明其 d 值与 JCPDS 卡片(25-28)的 d 值吻合得很好。

　　2. La_2CuO_4 的制备

　　12.28g La_2O_3 和 3g CuO 用玛瑙研钵研磨均匀混合,置入高铝坩锅内,反应物料在 2450MHz,500W 微波炉内辐照 1min 后,混合物呈鲜亮的橙色,辐照 9min 后混合物熔融,关闭微波炉,产品冷却至室温,研磨成细粉,经 X 射线分析,表面主要成分为 La_2CuO_4 产物,晶胞参数 $a=0.5354nm$,$b=0.5402nm$,$d=1.3149nm$,若用传统的加热方式制备 La_2CuO_4,则需 12h~24h。

　　3. YBa_2CuO_7 的制备

　　CuO,Y_2O_3 和 $Ba(NO_3)_2$ 按一定的化学计量比混合,反应物料置入经过改装的微波炉内(能使反应过程中释放出来 NO_2 气体安全排放),在 500W 功率水平,辐照 5min,所有 NO_2 气体均已释放出[取样经 X 射线分析表明,已无 $Ba(NO_3)_2$ 相存在]。物料重新研磨,辐照(130W~500W 功率以上)15min,再研磨,辐照 25min,取样。经衍射分析显示,产物的主要成分为 $YBa_2Cu_3O_{7-x}$,但也存在强度较低的 YBa_2CuO_5 衍射线,若继续辐照 25min,则可得到单一相纯的 $YBa_2Cu_3O_{7-x}$,其四方晶胞参数为:$a=b=0.3861nm$,$c=1.13893nm$,这个四方结构按常规方式通过缓慢冷却,将转变为具有超导性质的正交结构。

4. 稀土磷酸盐发光材料的微波合成

发光材料的研制和开发是材料科学的一项重要任务,它在充分利用能源方面起着促进科学进步的作用。稀土元素是良好的发光材料激活剂,已广泛地用于彩色电视、照明或印刷光源、三基色节能灯、荧光屏等方面。通常制备发光材料是用固相高温反应法。利用微波辐射的新技术,可合成以 Y^{3+},La^{3+} 稀土离子的磷酸盐为基质,以稀土元素(Gd^{3+},Eu^{3+},Dy^{3+},Sm^{3+},Tb^{3+})和钒为激活剂的发光体。在 $100W \sim 350W$ 微波功率下,可进一步合成晶态、微晶态和无定型态磷酸盐发光体。

综上所述,化学反应中采用微波技术会产生热力学方法所得不到的高能态原子、离子和分子,使某些使用传统热力学方法不可能进行的反应得以发生,且一些反应速度快数倍甚至数百倍。由此可知,微波合成作为一种新兴的合成方法,将为化学合成带来一场变革,在化学合成领域具有广阔的应用前景。

3.4　自蔓延高温合成

3.4.1　概述

自蔓延高温合成技术(Self-propagating High-temperature Synthesis,简称 SHS)是前苏联科学家 A. G. Merzhanov 于 1967 年首次提出的一种材料合成新工艺,又称燃烧合成(Combustion Synthesis)。它是在高真空或介质气氛中点燃原料引发化学反应,反应放出的热量使得邻近物料的温度骤升而引起新的化学反应,并以燃烧波的形式蔓延至整个反应物。当燃烧波向前推进的时候,反应物逐步反应而变成了产物。同其他常规工艺方法相比,SHS 具有以下优点:节约能源,利用外部能源点火后,仅靠反应放出的热量即可使燃烧波持续下去;反应迅速,其燃烧波蔓延速度最高可达到 $25cm/s$;反应温度高,反应体系中的大部分杂质可以挥发掉,因此产物的纯度很高。除了上述优点以外,用 SHS 技术还能制取具有超性能的材料。在燃烧过程中,由于材料经历了很大的温度梯度,极高的加热、冷却速度,生成物中很可能存在高浓度的缺陷和非平衡相,可用作"高活性"的烧结材料。此外,它还可用来制取非化学计量化合物、中间相或亚稳相,因此被广泛用于制备工业陶瓷和其他先进材料。迄今为止,用该技术所合成的 SHS 产物已超过 500 种,它们包括碳化物、硼化物、氮化物、硅化物、氧化物、氢化物、金属间化合物以及金属陶瓷复合材料、硬质合金等。由于这项技术具有巨大的潜力,自 20 世纪 70 年代末期,就在世界范围内引起广泛的重视,特别是发达国家投入大量人力、财力竞相开发和研究。

根据 SHS 燃烧波的传播方式,可将 SHS 分为自蔓延和"热爆"两种工艺。前者是利用高能点火,引燃粉末坯体的一端,使反应自发地向另一端蔓延。这种工艺适合制备生成焓高的化合物;后者是将粉末坯放在加热炉中加热到一定温度,使燃烧反应在整个坯体中同时发生,称之为"热爆"。这种工艺适合生成焓低的弱放热反应。

3.4.2　自蔓延高温合成原理

自蔓延高温元素合成是最原始的 SHS 合成粉末材料的方法,其反应原理为:

$$xA + yB \rightarrow A_xB_y + Q$$

式中,A 为金属单质,B 为非金属单质,A_xB_y 为合成反应的产物,Q 为合成反应放出的热量。

由于 SHS 技术本身的特点和优势,在国防和民用材料的发展上均显示出极大的应用潜力。粉末材料的自蔓延高温合成是开展时间最长且最具有生命力的 SHS 研究方向,采用此技术合成的材料体系已达 500 多种,尤其是基于还原反应的自蔓延高温还原合成技术。

自蔓延高温还原合成即采用更易于得到且价格便宜的氧化物、卤化物等原料来代替原来单一的元素进行还原合成。反应式可用下式表示:

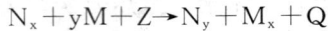

$$N_x + yM + Z \rightarrow N_y + M_x + Q$$

式中,N_x 代表氧化物、卤化物等,M 代表金属还原剂(Mg,Al,Ca 等);Z 代表非金属或非金属化合物(N_2,CB_2O_3,BiO_2 等);N_y 代表合成产品,M_x 代表金属还原剂的化合物,Q 代表反应所放出的热量。

从反应式可以看出,合成反应分两步进行。第一步是还原反应,先还原出单体元素;第二步是单体元素与非金属元素合成为所需的制品。

3.4.3　自蔓延高温合成反应类型

按反应物的状态,可以将 SHS 反应分为如下几种类型。

(1)固-固反应

当燃烧温度低于反应物的熔点,或者反应过程中没有液相和气体参与的条件下,即为固-固反应。其反应机制受扩散控制,反应物之间一旦出现产物层,进一步的反应只有依赖于反应物原子通过反应产物的扩散。颗粒之间的有限接触限制了反应物之间的物质交换,反应速度相对较慢,反应物的颗粒尺寸直接影响反应物的转化程度。

(2)固-液反应

固-液反应是 SHS 中最常见的反应,燃烧过程中出现的液相(a<1)可以作为质量传输的媒介,从而大大促进反应进行的速度,因而在 SHS 过程中扮演着决定性的角色。液相不仅通过反应物的熔化产生,而且可以通过接触共晶熔化产生。固-液反应通过溶解-沉淀析出机制来完成,即在固相反应物表面形成的反应产物溶解到液相中,然后在液相中沉淀析出,或者在溶解过程中与液相形成新的产物后再沉淀析出。在 SHS 燃烧波阵面内,熔化液相在毛细作用下铺展到高熔点组分上,如果铺展的时间大于反应的时间,SHS 反应就受毛细作用液相铺展速率控制;反之,则受反应组分在生成层内的扩散速率控制。

(3)液-液反应

许多金属间化合物的 SHS 合成都是液-液反应机制。大多数金属间化合物都属于低放热体系,其放热温度小于 1800K,因此需要对其进行预热或采用热爆模式进行合成。Ni-AlSHS 合成即为典型的液相反应,在反应的初始阶段,Ni 与熔融的 Al 剧烈反应导致温度升高,进而使 Ni 熔化而发生液-液反应。

(4)气-固反应

气-固反应中,气相为 N_2、O_2 等,固相为金属粉末。金属粉末或压坯的孔隙率一般为 0.4~0.6,计算表明当其在反应气体中点燃时,孔隙内的气体不足以使反应进行完全,因而反应前沿压力下降,引起外部气体的渗入。但固相的熔化会阻碍气体的渗入,因此,在气-固反应中,需要控制反应气体的压力,通过加入稀释剂控制燃烧温度,还需要选择适当的尺寸和形状的固相颗粒。值得一提的是,正常压力下可以使用可分解化合物产生气体。

3.4.4　自蔓延高温合成技术及其特点

1. 自蔓延高温合成技术

在 SHS 材料制备中已形成了 30 多种不同的技术,通称为"SHS 技术"。主要有以下几种形式:

(1)SHS 制粉技术

这是 SHS 最简单的技术,根据粉末制备的化学过程,SHS 制粉工艺可分为两类:①化合法:气体合成化合物或复合化合物粉末的制备;②还原化合法(带还原反应的 SHS):由氧化物或矿物原料、还原剂(镁等)和元素粉末(或气体),经还原化合过程制备粉末。

采用无气燃烧合成(固-固反应剂)或渗透燃烧合成(固-气反应剂)制成产物,然后将产物粉碎,研磨和筛分而获得各种碳化物、硼化物、氮化物、硫化物、硅化物、氢化物、金属间化合物等粉末。高质量的 SHS 粉末可用于陶瓷及金属陶瓷制品的烧结、保护涂层、研磨膏以及刀具制造中所用的原材料。

(2)SHS 烧结技术

SHS 烧结技术是指在燃烧过程中发生固相烧结,从而能制备出具有一定形状和尺寸的零件,故 SHS 烧结能够保证制品的外形精度,烧结产品的空隙度可控制在 5%～20%。SHS 烧结制品可以用作多孔过滤器、催化剂载体以及耐火材料等。

(3)SHS 致密化技术

制备致密材料和制品的 SHS 致密化技术有如下几种:

① SHS-加压法:利用常规压力和对模具中燃烧着的 SHS 坯料施加压力,制备致密制品。例如,TiC 基硬质合金辊环刀片等。

② SHS-挤压法:对挤压模具中燃烧着的物料施加压力,制备棒条状制品。例如,硬质合金麻花钻等。

③ SHS 等静压法:SHS 等静压机,不同于常规热等静压,没有加热器。它利用高压气体对自发热的 SHS 反应坯进行热等静压,制备大致密件。例如六方 BN 坩埚、SiN 叶片等。

SHS 致密化技术还有热爆成型、轧制等。

(4)SHS 熔铸

如在 SHS 反应过程中放热量很大,使其燃烧温度超过了产物熔点,便能获得液相产品,液相可以进行传统的铸造处理,以获得铸锭或铸件。如液相属难熔物质,则意义更大。它包括两个阶段:用 SHS 制取高温液相和用铸造方法对液相进行处理。目前 SHS 熔铸技术主要有两个研究方向,即制备铸锭和铸件的 SHS 技术以及离心 SHS 铸造技术,采用第一个技术可制备碳化物、硼化物和氧化物等涂层和金属陶瓷铸件,利用第二个技术可以铸造陶瓷内衬管以及难熔化合物(外层)-氧化铝(内层)复合管等。

(5)焊接技术

在待焊接的两块材料之间添进合适的燃烧反应原料,以一定的压力夹紧待焊材料,待燃烧反应过程完成后,即可实现两块材料之间的焊接。这种方法可用来焊接耐火材料-耐火材料、金属-陶瓷、金属-金属等系统。

(6)SHS 涂层技术

SHS 涂层技术有三种工艺:①熔铸沉积涂层:在一定气体压力下,利用燃烧合成反应在金属工件表面形成高温熔体同金属基体反应后,生成有冶金结合过渡区的防护涂层,过渡区的厚度一般为 0.5mm 以上,其中 SHS 硬化涂层技术已在耐磨件中得到应用。②气相传输燃烧合成涂层:通过气相传输反应,可在金属表面形成 10 μm～250 μm 厚的金属陶瓷涂层。③离心燃烧合成涂层:将被涂物(如钢管)内装满能进行燃烧合成反应的粉体,利用离心力使其旋转的同时,点燃粉体进行燃烧合成反应,从而在物体表面涂上一层物质,是一种已实用化的涂层技术。

(7)热爆技术

热爆技术是指在加热钟罩内对反应物进行加热,达到一定温度后,整个试样将同时出现燃烧反应,合成可在瞬间完成,通常用来合成金属间化合物。

(8)"化学炉"技术

"化学炉"技术采用具有强放热反应潜能的物料作为覆盖层,该覆盖层在燃烧反应时提供强热,使其中难以引发的或反应较弱的体系发生燃烧,从而进行合成反应。

(9)SHS 制备多孔材料

采用 SHS 工艺,将粉末素坯预成型后,无需再进行特殊的预处理和致密化,采用 SHS 工艺便可直接合成所需尺寸、几何形状以及孔隙率的材料。SHS 后的产品基本保持原有骨架。采用挥发性的黏结剂,可提高产品的孔隙率。此技术已广泛用于制备 BN 绝热绝缘材料、陶瓷过滤器、浸渗用的多孔坯块、催化剂及高温载体等。

2. 自蔓延高温合成技术特点

(1)工艺、设备简单,需要的能量较少,无需配置复杂的工艺装置,一经引燃,就不需要对其提供任何能量;

(2)节省时间,能源利用充分,产量高;

(3)产品具有较高纯度。燃烧波通过混合料时,由于燃烧波产生高温,可将易挥发杂质(低熔点物)排除,化学转变完全;

(4)反应产物除化合物及固溶体外,还可以形成复杂相和亚稳相。这是由于燃烧过程中材料经历了很大的温度梯度和非常高的冷却速度之故;

(5)不仅能生产粉末,如同时施加压力,还可以得到高密度的燃烧产品;

(6)如要扩大生产规模,不会引起什么问题,故从实验室走向生产所需时间短而且大规模生产的产品质量优于实验室生产的产品;

(7)不仅可以制造某些非化学计量比的产品、中间产物和亚稳相,还能够生产新产品,例如立方氮化钽。

3.4.5 自蔓延高温合成法的工艺与设备概况

SHS 的工艺流程大致可归纳为混粉、压制、装入容器、点火引燃、燃烧反应。

1. 混粉

在混粉工序中粉料颗粒的大小及形状,尤其是粉末的表面积与体积的比值直接影响燃烧反应,它们不仅影响到混粉后的压实工序,而且是影响偏离绝热状态的主要因素之一。

2. 压制

压制压力直接影响到试样的密度,从而影响到热量的传递。压力的大小还会影响产品的组织结构和外形。

3. 点火引燃(启动)

反应的点火引燃需要高能量。概括起来,SHS 反应的点火技术有以下几种:

(1)燃烧波点火:采用点火剂,如用钨丝或镍铬合金线圈点燃。

(2)辐射流点火:采用氙灯等作为辐射源,采用辐射脉冲的方式点火。

(3)激光诱导点火:采用不同类型的激光点火,可获得很高的热流密度。

(4)通过加热气体点火:这种方法是用于在热气相中点燃金属的。

(5)火花点火:电火花是由电容器放电而生成,可采用高压放电点火。

(6)化学(自燃式)点火:将要点燃的系统在瞬间与一种反应的气相或液相药剂相接触,而这种药剂能在接触面上发出大量的热,从而引发燃烧过程。

(7)电热爆炸:将电流通过样品,从而使样品加热至点燃。

(8)微波能点火:将样品放在可透过微波的坩埚中,用微波场来加热。

(9)线性加热的热爆炸:将样品用恒定速度加热直至热爆炸。

不同的点火技术适用于不同的反应体系,各自都有其独特的优点。

3.4.6　自蔓延高温合成在无机合成中的应用

SHS 技术因其独特的优越性,已越来越引起材料科学家的兴趣。继前苏联做了大量的开创性工作以来,世界各国,包括美国、日本、中国、波兰、印度、韩国、西班牙等地的科研院所陆续投入大量人力物力开展这方面工作,并取得令人瞩目的成就。

(1)合成了碳化物(TiC,BC_4,Cr_3C_2,WC),氮化物(AIN,Si_3N_4,BN,VN,$Sialon$,$TiCN$),硼化物(ZrB_2,TiB_2)、硅化物($MoSi_2$)、硫化物(NbS_2),氢化物(TiH_2),磷化物(AlP),氧化物和复合氧化物(Cr_2O_3,$BaTiO_3$,$NbLiO_3$),复合物(TiC_2-TiN,TiC_2-TiB_2,$TiC-Al_2O_3-SiC$)、合金($NiAl$)、超导体($YBa_2Cn_3O_{7-x}$)、铁合金、有机物等 500 多种物质。

(2)SHS 理论得到进一步发展,多种模型、多种体系被研究,从一维到多维,提出了各种理论。SHS 理论与开发紧密结合,许多产品已经或正在连续化和规模化生产(TiC,TiN,$TiC-TiN$,TiB_2,AIN,Si_3Ni_4,$MOSi_2$,$NiAl$),在前苏联已经建立了许多生产基地,目前世界各国纷纷将实验室 SHS 技术应用到生产上去。

(3)许多迄今为止难以制备的物质如梯度功能材料(FGM)、特种复合材料等先进材料也被合成出来。它们具有优异的性能,目前正在一些尖端技术上应用。

(4)一些原来用 SHS 技术难以合成的材料现在也合成出来了,这是因为 SHS 技术实际上是一种燃烧过程,因此合成产物颗粒常常比较大;而现在采用改进的 SHS 技术,也能合成超细粉末和纳米粉末等特殊材料,使 SHS 技术又焕发出新的活力。

(5)500 多种产品已被合成,许多产品还在不断合成出来,研究范围不断扩大,从无机领域拓宽到有机领域,从地面走向太空,利用空间微重力及其他特殊环境来合成特殊的材料也正在得到发展。

参考文献

[1] 张克立等. 无机合成化学. 武汉:武汉大学出版社,2004

[2] 徐如人,庞文琴. 无机合成与制备化学. 北京:高等教育出版社,2001

[3] 阎思泽,傅军. 绿色化学的进展. 化学通报,1999,1:10

[4] 朱清时. 绿色化学的进展. 大学化学,1997,12(6):7

[5] 申伴文. 近代化学导论,下册. 北京:高等教育出版社,2002

[6] 贡长生,张克立. 新型功能材料. 北京:化学工业出版社,2001

第 4 章　无机薄膜材料与制备技术

4.1　薄膜及其特征

4.1.1　薄膜的定义

能源、材料和信息科学是当前新技术革命的先导和支柱,作为特殊形态材料的薄膜科学,已成为微电子、信息、传感探测器、光学及太阳能电池等技术的基础。当今薄膜科学与技术已经发展成为一门跨多个领域的综合性学科,涉及物理、化学、材料科学、真空技术和等离子技术等领域。近年来薄膜产业的规模正日益发展壮大,比如在卷镀薄膜产品、塑料金属化制品、建筑薄膜膜制品、光学薄膜、集成电路薄膜、太阳能电池薄膜、液晶显示薄膜、刀具硬化膜、光盘磁盘等方面都具有相当大的生产规模和研究价值。

当材料的一维线性尺度远远小于它的其他二维尺度,往往为纳米至微米量级,我们将这样的材料称之为薄膜(thin film)。通常薄膜的划分具有一定的随意性,一般分为厚度大于 1 μm 的厚膜及小于 1 μm 的薄膜,而本章所指的薄膜材料主要是无机薄膜。薄膜材料的制作具有悠久的历史,最古老的薄膜制备可追溯到 3000 多年前的商朝时期给陶瓷上"釉"。进入 17 世纪,人们已能从银溶液中提取出银,使之在玻璃容器表面形成银薄膜;此后不久出现了用机械加工方式制备的金箔;1650 年 R.Boye 等观察到在液体表面上薄膜产生的相干彩色花纹,随后各种制备薄膜的方法和手段相继诞生。真正从科学或物理学的角度研究薄膜是从 18 世纪以后才开始的,而固体薄膜的制造技术初步形成是在 19 世纪。伴随电解法、真空蒸镀法以及化学反应法等现代薄膜制备技术的问世,人们开始系统地研究薄膜技术。进入 20 世纪以来,伴随溅射镀膜技术的诞生,随着电子工业和信息产业的兴起,尤其是在印刷线路的大规模制备和集成电路的微型化方面,薄膜材料与薄膜技术更是显示出独有的巨大优势。当前,薄膜材料与技术已渗透到现代科技和国民经济的各个重要领域,更在高新技术产业占有重要的一席之地,正在向综合型、智能型、复合型、环境友好型、节能长寿型以及纳米化方向发展,必将对整个材料科学的发展起到推动和促进作用。

薄膜材料主要还是一种人造材料,薄膜材料的制备方法和形成过程完全不同于块体材料,这些差别使它具有完全不同于块状材料的许多独特的性质。下面将介绍薄膜材料在性质和结构上的特点。

4.1.2　薄膜的特性

薄膜材料的制备方法和形成过程完全不同于块体材料,使其具有与块体材料迥异的许多独特性质。通常认为三维块体材料内部的物理量是连续的,因而其某种物理特性与其体积无关。但是当材料的厚度变成微米或纳米量级时,有些物理量便会在表面处中断,表面的能态与内部的能态则截然不同,导致表面粒子所受到的力不同于体内粒子,产生明显的非对称性。虽然物质的种类还未改变,但是物质的性质可能已经发生了巨大的变化,表现出许多奇异的物理化学性质,使它的机械性质、载流子输运机理、超电导、磁性、光学和热力学性质发生巨大的变化,这些奇异的特性都是由薄膜的尺寸效应所引起的。下面举几个例子。

1. 熔点降低

考虑一个半径为 r 的固体球,溶解时与外侧相液体之间的界面能为 ε,固体的溶解热和密度分别为 L 和 ρ,溶解过程中熵变为 ΔS,求块体材料熔点 T_m 和上述球熔点 T_s 之间的关系。当质量为 dm 的固体熔化成液体,球的表面积产生 dA 的变化,其热力学平衡关系式如下:

$$Ldm - T_s\Delta Sdm - \varepsilon dA = 0 \qquad (4-1)$$

对块体材料,则

$$Ldm - T_m\Delta Sdm = 0 \qquad (4-2)$$

将 $\Delta S = L/T_m$ 和 $dA/dm = 2/\rho r$ 代入(4-1)和(4-2)中,得

$$\frac{T_m - T_s}{T_m} = \frac{2\varepsilon}{\rho Lr} > 0 \qquad (4-3)$$

由此可见,$T_m > T_s$,即小球的熔点低于块材的熔点,并且随着小球半径 r 的减小,其熔点降得更低。以 Pb 为例,纳米铅的熔点要比块材铅低 150℃。

2. 表面散射

根据 Sondheimer 理论,在和表面相碰撞的电子中,发生弹性碰撞的几率为 p($0 \leqslant p \leqslant 1$),发生非弹性碰撞的几率为 $(1-p)$。取沿薄膜表面的电场方向为 x 方向,与膜表面垂直的方向为 z 方向,分布函数为 $f(z, v_x)$,其中 v_x 是速度在 x 方向的分量。沿 x 方向的电流密度 j_x 和分布函数之间的关系如下式:

$$j_x = -2e\left(\frac{m}{h}\right)^3 \int_v v_x f dV \qquad (4-4)$$

式中,e,m 分别为电子电荷和质量;h 为普朗克常量。

可根据 $j_x(z)$ 在膜厚方向的平均值 j 和电场的关系近似求得薄膜电导率 σ 为

$$\frac{\sigma}{\sigma_\infty} = 1 - \frac{3(1-p)L_\infty}{8d} \qquad (4-5)$$

式中,d 为膜厚;L_∞ 和 σ_∞ 分别为膜厚为 ∞ 的块材时的电子平均自由程和电导率。由上式可以看出,σ 和 $1/d$ 之间可用直线关系近似,即薄膜的电导率 σ 将明显地随着薄膜厚度 d 的减小而降低。薄膜表面的散射效应还会影响其电阻温度系数、霍尔系数、热电系数、电流磁场效应等。

3. 表面能级

在固体的表面,原子周期性排列的连续性发生中断,电子波函数的周期性当然也要受到影响,Tamm 和 Shockley 等已计算出把表面考虑在内的电子波函数。一般在固体内部是周期性的电子波函数,而在固体外侧,电子波函数则呈指数衰减,而使二者平滑连接所得到的

函数即为表面电子态波函数。这时对该波函数就会产生新的约束条件,按照周期性条件求解所产生的能隙中会出现几个电子态能级,我们称之为表面态能级。在表面电子波函数的计算中,用紧束缚近似法得到的表面能级称之为 Tamm 能级;而 Shockley 能级则是采用自由电子近似得到的。薄膜材料具有非常大的比表面,因而受表面影响巨大,而表面态的数目和表面原子的数目具有同一数量级,因此表面能级数量会影响到薄膜内的电子输运状况,特别是在半导体等载流子少的物质中将产生更为严重的影响。

薄膜的尺寸效应还包括薄膜的干涉效应、量子尺寸效应以及平面磁化单轴磁各向异性等众多奇异的物理特性。

4.1.3　薄膜的结构与缺陷

要了解薄膜的奇异物性,只有从研究薄膜结构入手,才能找到制备工艺对薄膜结构的影响和薄膜结构与薄膜性质的关系。而薄膜的制备工艺条件,如气压、温度、功率等影响因素非常之多,因而薄膜的结构和缺陷与块材存在很大的不同,情况更为复杂。薄膜的结构一般包括薄膜的晶体结构、薄膜的微观结构及表面结构等。下面将逐一介绍薄膜的晶体结构、微观及表面结构、薄膜的缺陷、薄膜的异常结构和非理想化学计量比等。

1. 薄膜的晶体结构

一般来说,足够厚的薄膜的晶格结构与块材相同,只有在超薄薄膜中其晶格常数才与块材时明显不同,晶格常数的增加或减小分别取决于各自表面能的正负。薄膜的晶体结构与沉积时吸附原子的迁移率有关,它可以从完全无序,即无定形非晶膜过渡到高度有序的单晶膜,即薄膜的晶体结构包括单晶、多晶和非晶结构。

在理想情况下,较高的衬底温度和较低的沉积速率有利于形成高度完整性的薄膜,将导致单晶薄膜的生长。在实际的单晶薄膜生长中,还采用高度完整的单晶基片作为薄膜生长的衬底。如果对单晶基片、衬底温度和沉积速率等进行恰当的控制,薄膜可沿单晶基片的结晶轴方向呈单晶生长,称之为外延(epitaxy)。根据衬底与被沉积薄膜是否属于同种物质,单晶外延又可分为同质外延和异质外延。外延生长在半导体器件和集成电路中,具有极其重要的作用。实现外延生长必须满足三个基本条件:第一个条件是吸附原子必须有高的迁移率,因而基片温度和淀积速率是相当关键的,单晶薄膜一般都在高温低速区域。第二个条件是基片与薄膜材料的结晶相容性。对异质外延来讲,衬底材料和薄膜之间晶格一般不匹配。在点阵常数差别不大时,晶界两侧的晶体点阵将出现应变;而差别较大时,单靠引入点阵应变已不能完成点阵之间的连续过渡,因而在界面上将出现平行于界面的刃位错。假设基片材料的晶格常数为 a,薄膜材料的晶格常数为 b,在基片上外延生长薄膜的晶格失配度为 $m=(b-a)/a$,m 值越小,二者晶格结构越相似,外延生长就越容易实现。第三个条件是要求基片干净、光滑、化学性质稳定。

非晶结构有时也称作无定形态或玻璃态结构,非晶膜是高度无序态的无定形膜,形成无定形膜的条件是低的表面迁移率。在制备薄膜的时候,比较容易得到非晶态结构,这是因为制备方法可以比较容易地实现获得非晶态结构的外界条件,即较高的过冷度和低的原子扩散能力。采用较高的沉积速率和较低的衬底温度,可以显著提高薄膜的成核率,提高相变过程的过冷度,抑制原子扩散,从而形成非晶薄膜。而降低吸附原子表面迁移率的方法有:第一,降低基片温度。对硫化物和卤化物等在温度低于 77K 的基片上可形成无定形膜,少数氧化物(如 TiO_2,ZrO_2,Al_2O_3 等),即使在室温下也有生长成无定形结构的趋势。第二,引进反应气体。例如在 $10^{-2}Pa \sim 10^{-3}Pa$ 氧分压中,蒸发铝、镓、铟和锡等超导膜,由于氧化层阻碍了晶粒生长而形成了无定形膜。第三,掺杂。掺杂膜由于两种淀积原子的尺寸不同也可形成无定形膜。

介于单晶和非晶薄膜之间的多晶膜的制备最为简单。用真空蒸发或溅射制成的薄膜,都是通过岛状结构生长起来的,因而必然产生许多晶界,形成多晶结构。多晶薄膜的晶粒可以按照一定的取向排列起来,形成不同的结构,如纤维状结构薄膜就是晶粒具有择优取向生长的薄膜结构。在玻璃基片上生长的 ZnO 压电薄膜是纤维结构薄膜的典型代表,这种薄膜具有优良的压电特性,就是与其沿垂直于基片表面的 c 轴择优取向生长的结果。在多晶膜中,常常出现块状中未曾发现的介稳结构。造成介稳结构的原因可能是淀积条件,也可能是基片、杂质、电场、磁场等。例如块材 ZnS 常温下是立方相闪锌矿结构,高温相为六方相纤锌矿结构。但在薄膜中,高温的六方相能介稳于低温的立方相之中。而介稳结构在退火条件下可转变成稳定的正常结构。

2. 薄膜的微观结构及表面结构

Pearson 根据电子显微镜照片最早观察到多层膜微观结构,并得出三条结论:第一,薄膜呈现柱状与空穴结构;第二,柱状几乎垂直于基片表面生长,而且上下端尺寸几乎相同;第三,层与层之间有明显的界限,上层柱体与下层柱体并不完全连续。现在已经非常清楚所有热蒸发的薄膜无一例外都是一种柱状结构,因为决定薄膜结构的重要参数是基片温度与蒸发物熔点温度之比 T_s/T_m(T_s 为衬底温度,T_m 为沉积物质熔点),该值几乎总是低于 0.45,所以其结构总是明显的柱状结构。图 4-1 画出了不同基片温度上形成的薄膜微观结构的模型。薄膜微观结构包括两个方面:一是薄膜表面和横断面的形貌;二是薄膜内部的结晶构造。借助于电子显微镜可成功地进行薄膜微观结构分析。电子显微镜有两种,即扫描电子显微镜(SEM)和透射电子显微镜(TEM)。前者的主要优点是扫描范围大;后者主要是分辨

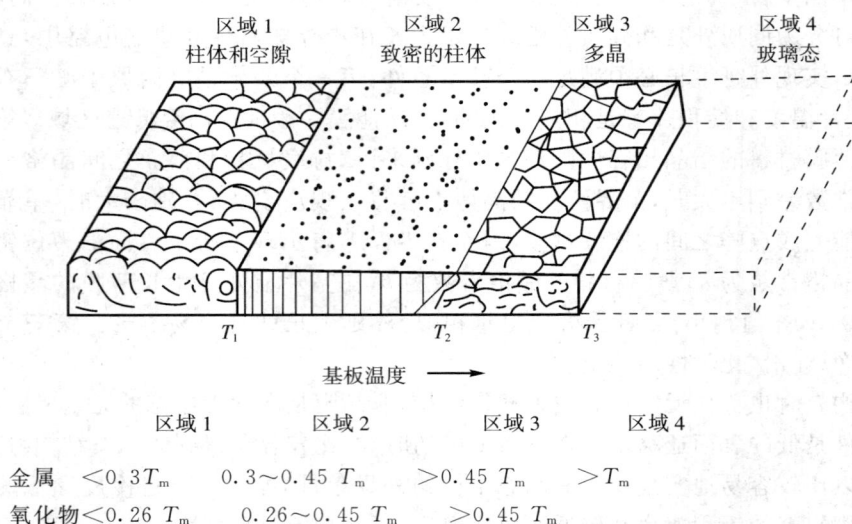

	区域1	区域2	区域3	区域4
金属	$<0.3T_m$	$0.3 \sim 0.45 T_m$	$>0.45 T_m$	$>T_m$
氧化物	$<0.26 T_m$	$0.26 \sim 0.45 T_m$	$>0.45 T_m$	

图 4-1　不同基片温度上形成的薄膜微观结构的模型

率高,主要缺点是电子的穿透本领低(<100nm),因此需将样品减薄来观察。为了使总能量达到最低值,薄膜应该具有最小的表面积,实际上无法得到这种理想的平面状态薄膜。由于原子在表面上的扩散,将占据表面上的一些空位,导致薄膜表面积缩小,表面能降低。同时,前期到达表面的原子在表面的吸附和堆积,会影响到后期原子在表面的扩散,容易形成"阴影"效应。原子在表面的扩散运动的能量大小与基片温度相关。基片温度较高时,表面迁移率增加,凝结优先发生在表面凹处,或沿某些晶面择优生长,同时为了降低表面能,薄膜倾向于使表面光滑生长;当基片温度较低时,原子迁移率低,表面将比较粗糙,且表面积较大,容易形成多孔结构。

3. 薄膜的缺陷

薄膜生长过程中会产生空位、位错,吸附杂质会产生点缺陷、线缺陷、台阶及晶界等。一般来讲薄膜中的缺陷密度往往高于相应的体材料。薄膜生成时的基片温度越低,薄膜中的点缺陷,特别是空位的密度就越大,有的达到 0.1at%,加上由于杂质和应变的存在,使得薄膜内空位的产生、消失、移动等状态就不一定是确定的。空位的存在和薄膜物性的不稳定性密切相关,例如,有些薄膜的电导率会随着时间而发生变化。点缺陷的另一个实例就是杂质。特别是在溅射镀膜中,放电气体混入膜层的量非常大,甚至达到 10at%,不过在高温下,大部分会通过扩散越过薄膜的表面而释放掉。薄膜中的位错就更容易观察,可以发现如下规律:薄膜中产生位错的最大源出现在岛状膜的凝结过程;最大位错密度为 10^{10} cm^{-2} 左右;位错容易相互缠绕,位错穿过表面的部分,在表面上很难运动,从而处于钉扎(pinning)状态,因而薄膜位错难于通过退火来消除。在单晶薄膜中还有面缺陷,主要有孪晶界和堆垛层错。对多晶薄膜而言,还有一类重要的面缺陷——晶界。在较高的温度之下,晶粒的大小都会发生变化,大的晶粒逐步吞噬小的晶粒,具体表现为晶界的移动。在固态的相变过程中,晶界往往是新相成核之处,原子可以比较容易地沿晶界扩散,所以外来原子可以渗入并分布在晶界处,内部的杂质原子也往往集中在晶界处,因此晶界具有非常复杂的性质。

4. 异常结构和非理想化学计量比

大多数薄膜的制法属于非平衡态的制取过程,因此薄膜的结构不一定与相图相符合,我们这里规定把与相图不相符合的结构称之为异常结构。异常结构是一种准稳态结构,通过加热或长时间地放置,还会慢慢变成稳态结构。而薄膜技术就是制取非晶态异常机构材料的有力手段之一。在 300℃～400℃以下生成的非晶态Ⅳ族元素薄膜就是一种异常结构,除了具有优良的抗腐蚀性之外,强度还非常高,摩擦性能好,同时具有普通晶态结构所无法比拟的电、热、光、磁性能。一般只要基片的温度足够低,许多物质都可以实现非晶态。例如,当基片温度为 4K 时,蒸镀出的非晶态 Bi 薄膜具有超导特性;而如果对薄膜加热,在 10K～15K 就会发生晶化,超导性消失。多组元化合物薄膜的成分往往偏离其理想化学计量比,属于非化学计量化合物。如 Si 在 O_2 中蒸镀或溅射,所得到的 $SiO_x (0 < x \leqslant 2)$ 的计量比可以是任意的。

4.1.4　薄膜和基片

薄膜一般都是在基片之上生长的,薄膜与衬底经常属于不同的材料,在薄膜与衬底之间,可能存在物理吸附或化学键合等作用。薄膜材料的应用涉及薄膜和基片构成的一个复合体系,因此薄膜的附着力与内应力这两个问题就成为制约薄膜材料实际应用的关键所在。

如果薄膜与基片的附着力不强,或者膜中内应力过大,都会造成薄膜材料在使用过程中起皮、脱落。只有薄膜和基片之间有了良好的附着特性,研究薄膜的其他物性才成为可能。薄膜的附着力和内应力均与材料的种类及制备的工艺条件密切相关,也是薄膜材料的一种固有特征。

设薄膜和基片属于不同物质,二者之间的相互作用能就是附着能,它可看作界面能的一种。附着能对薄膜与基片之间的间距微分,微分最大值就是附着力。薄膜的附着力的产生与不同物质之间的范德瓦尔斯力、静电力以及扩散引起的混合化合物的凝聚能等有关。附着力具有以下明显规律:第一,在金属薄膜-玻璃基片系统中,Au 薄膜的附着力最弱;第二,易氧化元素的薄膜附着力较大;第三,对薄膜加热会使附着力增加;第四,基片表面能较小,经离子照射、清洗、腐蚀、机械研磨等手段使得表面活化,以提高表面能,从而附着力增加。氧化物还具有过渡胶粘层的作用。一般金属都不能牢固地附着在塑料等基片之上,但氧化物薄膜却能比较牢固地附着,因而经常在沉积金属薄膜之前,先沉积氧化物过渡层,再沉积金属薄膜,这样可以获得非常大的附着力。

薄膜往往是沉积在非常薄的基片之上的,即使在没有任何外力作用之下,薄膜中也总存在应力。由于薄膜和基片物质之间线膨胀系数和弹性模量的差异,薄膜可能成为弯曲面的内侧,这种内应力称为拉应力;相反弯曲情况之下的内应力称为压应力。依据薄膜应力产生的根源,可以把薄膜应力分为热应力和生长应力。由于薄膜和衬底材料的线膨胀系数不同和温度变化引起的薄膜应力称为热应力。而在薄膜与衬底材料、沉积温度与室温均差别较大的情况下,单纯的热应力也可能导致薄膜的破坏。再有,薄膜材料的制备方法往往涉及一些非平衡的过程,比如高能离子的轰击、杂质原子的掺杂、大量缺陷和孔洞的存在、低温薄膜的沉积、较大的温度梯度、亚稳相或非晶态相的产生等,都会造成薄膜材料的组织状态偏离平衡态,并在薄膜中留下应力,我们把这部分由于薄膜沉积过程中所造成的应力称为生长应力。热应力与生长应力总是同时存在的,生长应力总是在测量的总应力中减去热应力部分而求出的。

4.2　薄膜的形成与生长

4.2.1　薄膜生长过程概述

薄膜的成核长大过程相当复杂,它包括一系列热力学和动力学过程。薄膜通常是通过材料的气态原子凝聚而成,在薄膜形成的早期,原子凝聚是以三维成核形式开始的,然后通过扩散过程核长大形成连续膜。薄膜形成的方式和过程都是非常独特的,薄膜的生长过程直接影响到薄膜的结构及其最终的性能,与材料的相变问题一样,可把薄膜的生长过程大致划分为新相形核与薄膜生长两个阶段。

薄膜的生长模式可归纳为三种形式:岛状生长(Volmer - Weber)模式、层状生长(Frank - van der Merwe)模式和层岛复合生长(Stranski - Krastanov)模式。图 4 - 2 为三种不同的薄膜生长模式示意图。岛状生长模式是指被沉积物质的原子或分子更倾向于自己相互键合起来,而避免与衬底原子键合,这主要是由于沉积物质与衬底之间的浸润性较差。当二者之间浸润性较好时,被沉积物质的原子或分子更倾向于与衬底原子或分子键合,薄膜从形核阶段即为二维扩展模式生长,这便是层状生长模式。而层岛复合生长模式是在最开始一两个原子层厚度以层状生长之后,转化为岛状模式生长。

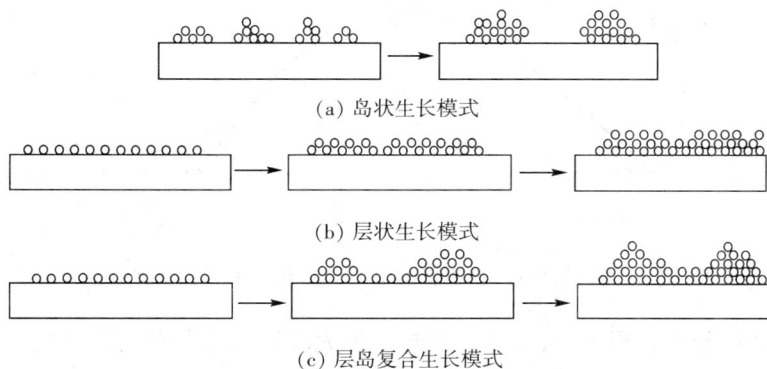

(a) 岛状生长模式

(b) 层状生长模式

(c) 层岛复合生长模式

图 4-2　三种不同的薄膜生长模式

4.2.2　薄膜的形核理论

薄膜的新相形核过程可以被分为自发形核和非自发形核两种类型。所谓自发形核过程完全是在相变自由能 $\triangle G$ 的推动下进行的;而非自发形核则指除了有相变自由能作为推动力之外,还有其他的因素起到帮助新相核心生成的作用。

首先考虑自发形核的例子,考虑从过饱和气相中凝结出一个球形核的成核过程。在新核的形成过程之中,系统的自由能变化除了体积变化引起的相变自由能之外,还将伴随新的固-气相界面的生成,导致相应界面能的增加。于是得到系统自由能变化为

$$\Delta G = \frac{4}{3}\pi r^3 \Delta G_V + 4\pi r^2 \gamma \qquad (4-6)$$

式中, ΔG_V 为单位体积的相变自由能,是薄膜形核的驱动力;而 γ 为单位面积的界面能。将上式对 r 微分,求出使得自由能为零的条件临界核心半径 r^* 为

$$r^* = -\frac{2\gamma}{\Delta G_V} \qquad (4-7)$$

判定能否导致新相核心形成的关键就是临界核心半径 r^* ,即能够平衡存在的最小的固相核心半径。当新相核心的半径 $r<r^*$ 时,在热涨落过程中形成的这个新相核心将处于不稳定状态,可能再次消失;当 $r>r^*$ 时,新相核心处于可以继续稳定生长的状态,并且生长过程将使得自由能下降。将(4-7)代入(4-6)即可求出形成临界核心的临界自由能变化

$$\Delta G^* = \frac{16\pi\gamma^3}{3\Delta G_V^2} \qquad (4-8)$$

而形成临界核心的临界自由能变化 ΔG^* 实际上就是形核过程中的势垒。热激活过程提供的能量起伏将使某些原子具备了 ΔG^* 大小的自由能涨落,从而导致了新相核心的形成。新相形核过程中自由能变化随核心半径的变化趋势如图 4-3 所示。

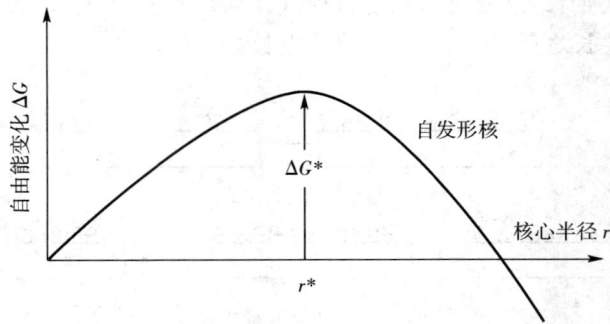

图 4 - 3　新相形核过程中自由能变化随核心半径的变化趋势

　　在实际的固体相变过程中，所涉及的形核过程大多数都是非自发形核过程，自发形核过程一般只发生在一些精心控制的特殊情况之下。我们首先来考察非自发形核过程的热力学过程。如图 4 - 4 所示为薄膜非自发形核核心的示意图。考察一个原子团在衬底上形成初期的自由能变化为

$$\Delta G = a_3 r^3 \Delta G_V + a_1 r^2 \gamma_{vf} + a_2 r^2 \gamma_{fs} - a_2 r^2 \gamma_{sv} \tag{4-9}$$

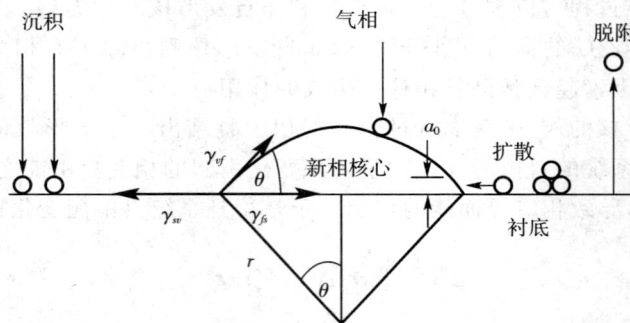

图 4 - 4　薄膜非自发形核核心的示意图

其中 a_1、a_2、a_3 则是与冠状核心具体形状有关的几个常数，而 γ_{vs}、γ_{fs}、γ_{vf} 分别为气相、衬底和薄膜三者之间的界面能。由杨氏方程给出接触角 θ 与各个界面能的关系为

$$\gamma_{vf} \cos \theta = \gamma_{sv} - \gamma_{fs} \tag{4-10}$$

接触角 θ 只取决于各界面能之间的数量关系，当 $\theta > 0$ 时，为岛状生长模式；当 $\theta = 0$ 时，为层状或层岛生长模式。对原子团半径 r 微分，求出使得自由能为零的条件

$$r^* = -\frac{2\gamma_{vf}}{\Delta G_V} \tag{4-11}$$

可见非自发形核与自发形核所对应的临界核心半径相同，而非自发形核过程自由能变化随核心半径的变化趋势也与前面自发形核的相同，其临界自由能变化为

$$\Delta G^* = \frac{16\pi \gamma_{vf}^3}{3\Delta G_V^2} \frac{(2 - 3\cos \theta + \cos^3 \theta)}{4} \tag{4-12}$$

即是在自发形核过程的临界自由能变化之上加上了能量势垒的降低因子,薄膜与沉积的浸润性越好,θ 越小,则势垒降低越多,非自发形核倾向也越大。

4.2.3　薄膜的成核率及连续薄膜的形成

薄膜的成核率也与临界自由能密切相关,ΔG^* 的降低、高的脱附能及低的扩散激活能都有利于提高成核率。衬底温度与沉积速率也是影响薄膜生长的两个重要因素。一般情况下温度越高,需要形成的临界核心的尺寸越大,临界自由能势垒也越高,首先易形成粗大的岛状组织结构;相反温度降低,则形成的核心数目增加,有利于形成晶粒细小而连续的薄膜结构。而沉积速率的增加将导致临界核心尺寸减小,将使薄膜的晶粒细化。所以一般要想得到粗大的类似单晶结构的薄膜,应当尽量提高衬底的温度,同时降低沉积的速率。

成核初期形成的岛状核心将逐渐长大,除了吸收单个气相原子之外,还包括核心之间的相互吞并联合过程,从而形成连续的薄膜。主要可能存在奥斯瓦尔多吞并过程、熔结过程和岛的迁移等三种机制。所谓奥斯瓦尔多吞并过程是指当两个大小不同的核心相邻时,尺寸较小的核心中的原子有自蒸发倾向,而较大的核心则因其平衡蒸气压较低而吸收蒸发来的原子,导致较大核心吞并较小核心而长大。熔结过程是指两个相互接触的核心由于表面自由能的降低而引起原子的表面扩散,进而相互吞并的过程。原子团的迁移则是由热激活过程所引起的,一般激活能越低,原子团越小,原子团迁移也就越容易,最终原子团的运动导致其相互碰撞与合并。

在电子显微镜的观测实验中,人们对薄膜的成核和生长已有了较为透彻的了解。在薄膜成核以后,薄膜的生长过程可归结为以下四个主要阶段:岛状阶段、聚结阶段、沟渠阶段和连续阶段。

4.2.4　薄膜生长的晶带模型

在介绍完薄膜沉积初期的形核及核心合并过程之后,我们最后来讨论薄膜生长过程的晶带模型。在原子的沉积过程包含了三个过程,即气相原子的沉积或吸附,表面扩散以及体扩散过程。这些过程均受到激活能的控制,因此薄膜结构的形成将与衬底相对温度 T_s/T_m 以及沉积原子自身的能量密切相关。下面我们以溅射方法制备的薄膜结构为例,讨论沉积条件对薄膜组织的影响。

溅射方法制备的薄膜组织可依沉积条件不同而出现如图 4-5(a)所示的四种形态。衬底相对温度和溅射气压对薄膜组织的综合影响如图 4-5(b)所示。在低温高压下,入射粒子的能量较低,原子的表面扩散能力有限,薄膜的临界核心尺寸很小,不断产生新的核心,形成的薄膜组织为晶带 1 型的组织。加上沉积阴影效应的影响,沉积组织呈现细纤维状形态,晶粒内缺陷密度很高,晶粒边界处的组织疏松,细纤维状组织由孔洞所包围,力学性能很差。晶带 T 型组织是过渡型组织。沉积过程中原子已开始具有一定的表面扩散能力,因而虽然组织仍保持了细纤维状的特征,但晶粒边界明显地较为致密,机械强度提高,孔洞消失。晶带 2 是表面扩散过程控制的生长组织。这时,表面扩散能力已经很高,因而沉积阴影效应的影响下降。组织形态为各个晶粒分别外延而形成均匀的柱状晶组织,晶粒内部缺陷密度低,晶粒边界致密性好,力学性能高。晶带 3 型的薄膜组织是体扩散开始发挥重要作用的结果,随着温度的进一步升高,晶粒开始迅速长大,直至超过薄膜厚度,晶粒内缺陷密度很低。一般在温度较低时,晶带 1 和晶带 T 型生长过程中原子的扩散能力不足,因而这两类生长又被称为抑制型生长;而晶带 2 型和晶带 3 型的生长则被称为热激活型生长。

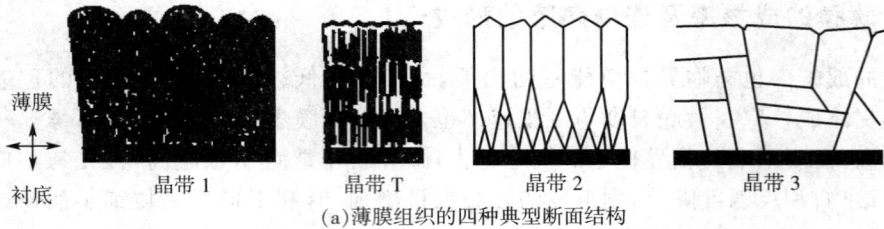

(a)薄膜组织的四种典型断面结构

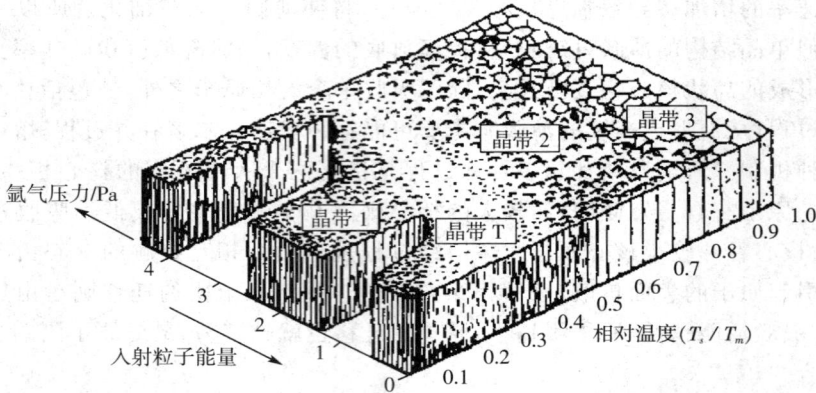

(b)衬底相对温度和溅射气压对薄膜组织的影响

图 4-5　薄膜生长的晶带模型

4.3　薄膜的物理制备方法

薄膜的物理制备方法主要以气相沉积方法为主,物理气相沉积(PVD)是指利用某种物理过程,如物质的热蒸发或在受到粒子轰击时物质表面原子的溅射等现象,实现原子从源物质到薄膜的可控转移的过程,并具有以下特点:

(1)需要使用固态或者熔融态物质作为薄膜沉积的源物质;

(2)源物质经过物理过程而进入环境(真空腔);

(3)需要相对较低的气体压力环境;

(4)在气相中及在衬底表面并不发生化学反应。

物理气相沉积过程可概括为三个阶段:

(1)从源物质中发射出粒子;

(2)粒子输运到基板;

(3)粒子在基板上凝结、成核、长大、成膜。

由于粒子发射方式可以采用多种不同的手段,因此物理气相沉积方法包括蒸镀、溅射沉积、离子镀和离子束沉积等,下面将逐一进行简单介绍。

4.3.1　真空蒸镀

真空蒸发和溅射是物理气相沉积的两种基本方法,蒸发更是常见的物理现象,利用蒸发沉积薄膜已成为常用的镀膜技术。下面将从蒸发的基本原理、物质的热蒸发过程和真空蒸发技术类型等方面进行说明。

1. 蒸发的基本原理

真空蒸发镀膜是在真空腔体之中,加热蒸发器中待形成薄膜的材料,使其原子或分子从表面气化逸出形成蒸气流,入射到基片表面,凝固形成固态薄膜的方法。图 4-6 为真空蒸发镀膜原理示意图。真空蒸发沉积薄膜具有操作简单、快速成膜、较高的真空度以及由此导致的较高薄膜质量等优点,是薄膜制备中应用最广的技术之一。但蒸镀也存在一些缺点,比如薄膜与基片附着力差,工艺重复性不佳,很难大面积均匀成膜等。

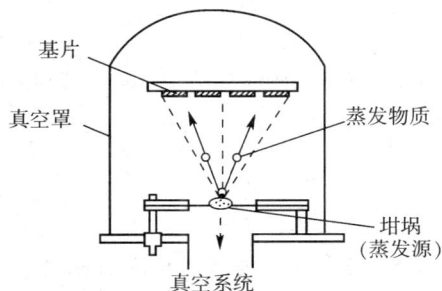

图 4-6　真空蒸发镀膜原理示意图

2. 物质的蒸发过程

物质的蒸发过程涉及物质的蒸气压、蒸发速率、化合物与合金的蒸发、薄膜的厚度均匀性和纯度等问题,是一个相对比较复杂的过程。

(1)物质的蒸气压

物质的饱和蒸气压就是指在一定温度下,真空腔内蒸发物质的气相与凝聚相(液相或固相)动态平衡过程中所表现出的压强。饱和蒸气压随温度的增加而增加。例如,常温下,水和酒精等的饱和蒸气压比较大,蒸发很快;而菜油、金属等饱和蒸气压很小,基本上不蒸发。而蒸发温度是指规定物质在饱和蒸气压为 1.3Pa 时的温度,称为该物质的蒸发温度。饱和蒸气压 P_v 和温度 T 的关系可以用克拉伯龙－克劳修斯(Clapeylon－Clausius)方程来表示:

$$\frac{\mathrm{d}P_v}{\mathrm{d}T} = \frac{H_v}{T(V_g - V_s)} \tag{4-13}$$

式中,H_v 为摩尔汽化热或蒸发热(J/mol);V_g 和 V_s 分别为气相和固相(凝聚相)的摩尔体积。因为 $V_g \geqslant V_s$,低压气体符合理想气体状态方程,则有

$$\frac{\mathrm{d}P_v}{\mathrm{d}T} = \frac{P_v H_v}{RT^2} \tag{4-14}$$

因此,饱和蒸气压和温度的关系可以近似表示为

$$\ln P_v = C - \frac{H_v}{RT} \tag{4-15}$$

即

$$\lg P_v = A - \frac{B}{T} \tag{4-16}$$

在描述物质的平衡蒸气压随温度变化的图中,$\ln P$ 与 l/T 两者之间基本上呈现为一条直

线。饱和蒸气压与温度的关系曲线对于薄膜制作技术有重要意义,它可以帮助我们合理选择蒸发材料和确定蒸发条件。

(2)物质的蒸发速率

物质的蒸发速率也是一个关键因素。在一定的温度下,每种液体或固体物质都具有特定的平衡蒸气压。只有当环境中被蒸发物质的分压降低到了它的平衡蒸气压以下时,才可能有物质的净蒸发。由气体分子运动论,可求出单位源物质表面上物质的净蒸发速率应为

$$J_e = \frac{\alpha_e N_A (P_v - P_h)}{\sqrt{2\pi MRT}} \qquad (4-17)$$

式中,α_e 为蒸发系数,介于 $0 \sim 1$ 之间,P_h 为液体静压强。当 $\alpha_e = 1$,$P_h = 0$ 时,得到最大蒸发速率

$$J_m = \frac{N_A P_v}{\sqrt{2\pi MRT}} \qquad (4-18)$$

由于物质的平衡蒸气压随着温度的上升增加很快,因此对物质蒸发速度影响最大的因素是蒸发源的温度。在蒸发温度以上进行蒸发时,蒸发源温度的微小变化可以引起蒸发速率发生很大的变化,蒸发源 1% 的温度变化会引起铝薄膜蒸发速率有 19% 的变化。

(3)化合物与合金的蒸发

化合物与合金的蒸发也是必须考虑的问题。在化合物的蒸发过程中,蒸发出来的蒸气可能具有完全不同于其固态或液态的成分。另外在气相状态下,还可能发生化合物各组元间的化合与分解过程。上述现象的一个直接后果是沉积后的薄膜成分可能偏离化合物正确的化学组成。合金在蒸发的过程中也会发生成分偏差。但合金的蒸发过程与化合物有所区别。这是因为,合金中原子间的结合力小于在化合物中不同原子间的结合力,因而合金中各元素原子的蒸发过程实际上可以被看做是各自相互独立的过程,就像它们在纯元素蒸发时的情况一样。合金的蒸发可看成为一种理想溶液,结合理想溶液的拉乌尔(Raoult)定律,可得出合金组元 A、B 的蒸发速率之比为

$$\frac{\phi_A}{\phi_B} = \frac{\gamma_A x_A P_A(0)}{\gamma_B x_B P_B(0)} \sqrt{\frac{M_B}{M_A}} \qquad (4-19)$$

其中,γ 为活度系数;x 为组元在合金中的摩尔分数;$P(0)$ 为纯组元的蒸气压;M 为组元的摩尔质量。因此由上式就可以确定所需要使用的合金蒸发源的成分。比如,已知在 1350K 的温度下,Al 的蒸气压高于 Cu,因而为了获得 A1 - 2%(wt)成分的薄膜,需要使用的蒸发源的大致成分应该是 A1 - 13.6%Cu(wt)。但对于初始成分确定的蒸发源来说,物质蒸发速率之比将随着时间变化而发生变化。这是因为,易于蒸发的组元的优先蒸发将造成该组元的不断贫化,进而造成该组元蒸发速率的不断下降。解决此问题的办法之一是使用较多的蒸发物质作为蒸发源;其二是采用向蒸发容器中每次只加入少量被蒸发物质,使其瞬间同步蒸发。第三种方法是利用双源或多源蒸发,分别控制和调节每一组元的蒸发速率。

(4)薄膜的厚度均匀性和纯度

蒸发过程还涉及薄膜的厚度均匀性和纯度问题。薄膜的沉积方向受到蒸发源及阴影效应的影响也较大。比如点蒸发源和使用克努森(Knudsen)盒的面蒸发源都将影响到薄膜沉

积的厚度均匀性。而阴影效应就是指蒸发出来的物质被障碍物阻挡而未能沉积到衬底之上,在不平的衬底上将会破坏薄膜沉积的均匀性。同时有效利用阴影效应,可使用掩膜进行薄膜的选择性沉积。蒸发沉积薄膜的纯度取决于蒸发源的纯度、加热装置及坩埚的污染和真空中的残留气体等。特别是后者,必须从改善真空条件入手。蒸发沉积都是在一定的真空环境中进行的,但腔体中的残余气体会对薄膜的形成、结构产生重要的影响。要获得高纯度的薄膜,就必须要求残余气体的压强非常低。只有分子的平均自由程远大于源—基距离时,才能有效地减少蒸发分子在输运中的碰撞现象。而分子的平均自由程取决于气体压强,因此,提高真空度是减少蒸发分子在输运过程中碰撞损失的关键。另一方面,需要提高物质的蒸发及薄膜的沉积速率。比如真空度低于 10^{-6} Pa,沉积速度 $100nms^{-1}$,就可以制备出纯度极高的薄膜材料。

3. 真空蒸发技术类型

根据加热源设备及其技术的不同,真空蒸发方法主要包括电阻加热蒸发、电子束蒸发、激光加热蒸发、电弧加热蒸发及射频加热蒸发等。下面将逐一进行简单介绍。

(1)电阻加热蒸发

电阻加热蒸发是采用高熔点金属或陶瓷做成适当形状的蒸发器,利用蒸发器的电阻通过电流加热被蒸发物质。电阻加热蒸发是应用较多的一种蒸发加热方法,对于电阻材料来讲,必须满足的条件包括熔点高,饱和蒸气压低,化学性质稳定,与被蒸发物质不发生化学反应及无放气现象和其他污染等。常用的材料为 W、Mo、Ta、耐高温的氧化物、陶瓷及石墨坩埚等。图 4-7 为各种形状的电阻蒸发源。

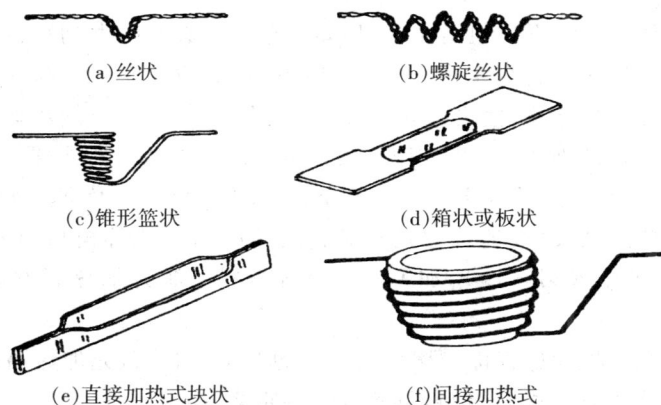

(a)丝状　　　　　　　　　　(b)螺旋丝状

(c)锥形篮状　　　　　　　　(d)箱状或板状

(e)直接加热式块状　　　　　(f)间接加热式

图 4-7　各种形状的电阻蒸发源

(2)电子束蒸发源

由于电阻加热蒸发源不能满足蒸镀某些高熔点金属和氧化物材料的需要,特别是制备高纯薄膜。电子束加热蒸发法克服了电阻加热蒸发的许多缺点,得到广泛应用。其工作原理为,可聚焦的电子束能局部加热待蒸发材料,高能量电子束能使高熔点材料达到足够高温以产生适量的蒸气压。电子束加热的优点包括电子束的束流密度高,能获得远比电阻加热源更大的能量密度,能蒸发高熔点材料;被蒸发材料置于水冷坩埚内,避免了容器材料的蒸发,以及容器材料与蒸发材料的反应,提高了薄膜的纯度。但同时也存在结构复杂,价格昂贵等问题。电子束蒸发源可分为直枪、E 性枪等几种结构。直枪是一种轴对称的直线加速电子枪,电子光斑在材料表面的扫描易于控制,但体积较大,存在灯丝污染等。E 型电子枪是应用较多的电子束蒸发源,其结构如图 4-8 所示。加热的灯丝发射出的电子束受到数千伏的偏置电压的加速,经过横向布置的磁场线圈偏转 270°后到达被轰击的坩埚处。这样可以避免灯丝材料对于沉积过程可能存在的污染。但电子束能量的绝大部分要被坩埚的水冷系统所带走,因而热效率较低。

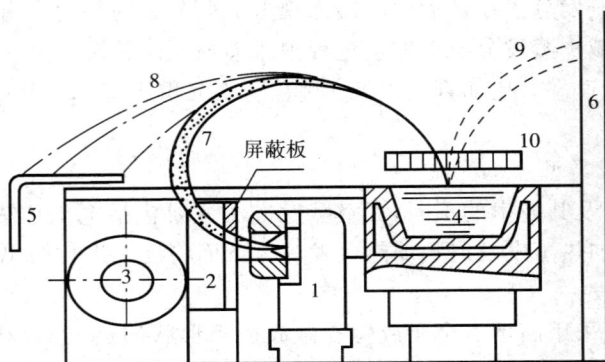

图 4-8　E 型电子束加热装置示意图

1. 发射体;2. 阳极;3. 电磁线圈;4. 水冷坩埚;5. 收集极;
6. 吸收极;7. 电子轨迹;8. 正离子轨迹;9. 散射电子轨迹;10. 等离子体

(3)激光加热蒸发

激光加热蒸发的工作原理如图 4-9 所示,激光光源采用大功率准分子激光器,高能量的激光束透过窗口进入真空室中,经聚焦后可得到 10^{-6} W/cm^2 高功率密度,靶材表面吸收激光束能量以后被烧蚀,使之汽化蒸发,形成具有高度取向的羽辉,在基片上凝聚而形成薄膜。目前在脉冲激光沉积(PLD)技术中采用的激光器主要是固态 Nd^{3+}:YAG (1064nm)激光和气体准分子激光 ArF(193nm),KrF(248nm)及 XeCl(308nm),另外还有连续波长 CO_2 激光器、脉冲红宝石激光器等。棱镜或凸透镜等窗口材料必须尽量透过可见和紫外光,经常采用 MgF_2,CaF_2 和 UV 石英等材料。激光加热蒸发属于高真空制膜技术,具有许多优点:

① 高能激光光子将能量直接转移给被蒸发的原子,因此激光加热温度比其他的蒸发法温度高,可蒸发绝大多数高熔点材料,且蒸发速率很高。

② 激光加热能对化合物或合金起到“闪蒸”的效果,因而其最大的优点就是薄膜成分能做到与靶材一致,不易出现分馏现象。

③ 激光器在真空室外,可避免污染,有利于制备高纯薄膜,同时还可调节真空室内的反应气氛等。

因此,PLD 技术非常适合那些高熔点、成分复杂的化合物或合金的制备,比如近年研究较热的高温超导材料 $YBa_2Cu_3O_7$,也非常适合陶瓷材料的制备。但 PLD 设备昂贵,离子化颗粒飞溅,薄膜均匀性存在问题。

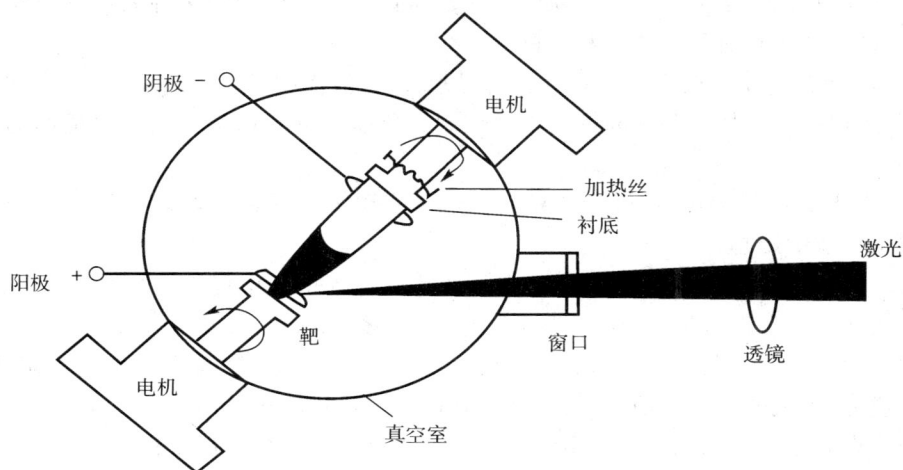

图 4-9　PLD 的工作原理示意图

（4）分子束外延（MBE）

分子束外延是在超高真空条件下精确控制原材料的中性分子束强度，在加热的基片上进行外延生长的一种薄膜制备技术。图 4-10 为分子束外延装置原理图。从本质上来讲，分子束外延也属于一种真空蒸发技术，但具有超高真空、原位监测和分析系统，能够获得高质量的单晶薄膜。近十几年来半导体物理学和材料科学中的一个重大突破就是采用分子束外延技术制备半导体超晶格和量子阱材料。MBE 技术已广泛应用于固态微波器件、光电器件、超大规模集成电路、光通讯和制备超晶格材料等领域。MBE 技术具有如下特点：

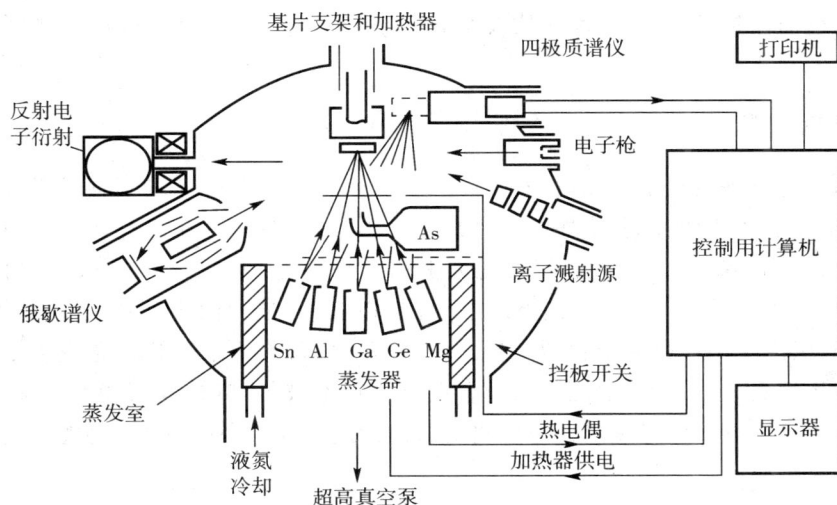

图 4-10　分子束外延装置原理图

① MBE 可以严格控制薄膜生长过程和生长速率。MBE 虽然也是以气体分子论为基础的蒸发过程，但它并不以蒸发温度为控制参数，而是以四极质谱、原子吸收光谱等近代分

析仪器,精密控制分子束的种类和强度。在超高真空下可以利用多种表面分析仪器实时进行成分、结构及生长过程等监测和分析。

② MBE 是一个超高真空的物理沉积过程,即不需要中间化学反应,又不受质量输运的影响,利用快门可对生长和中断进行瞬时控制。薄膜组成和掺杂浓度可以随源的变化作迅速调整。

③ MBE 的衬底温度低,降低了界面上热膨胀引入的晶格失配效应和衬底杂质对外延层自掺杂扩散的影响。

④ MBE 是一个动力学过程,而且生长速率低。入射的中性粒子(原子或分子)一个一个地堆积在衬底上进行生长,而不是一个热力学过程,所以它可以生长普通热平衡生长难以生长的薄膜。同时生长速率低,相当于每秒生长一个单原子层,有利于精确控制薄膜厚度、结构和成分,形成陡峭的异质结结构,并特别适合生长超晶格材料。

分子束外延生长方法也存在设备昂贵、维护费用高、生长时间长、不易大规模生产等问题。

(5)其他加热蒸发简介

常见的蒸发技术除了上述几种加热蒸发方法之外,还有电弧加热蒸发及高频感应蒸发等。电弧加热蒸发法其设备简单,是一种较为廉价的蒸发技术。与电子束加热方式相类似,它也具有可以避免加热丝或坩埚材料污染,加热温度较高的特点,特别适用于熔点高、同时具有一定导电性的难熔金属的蒸发。在这种方法中,使用欲蒸发的材料作为放电电极,依靠调节真空室内电极间距的方法来点燃电弧,瞬间的高温电弧将使电极端部产生蒸发从而实现薄膜的沉积。这种方法的缺点和 PLD 相似,即在放电过程中容易产生微米量级大小的颗粒飞溅,影响薄膜的均匀性。而高频感应加热蒸发就是将坩埚放在一个螺旋线圈中,利用高频电源通过电磁场感应加热使源材料加热蒸发。此方法蒸发速率高,但温度精确控制较难,高频设备笨重而昂贵,同时被蒸发物质要具有一定的导电性,因此仅应用于一些高熔点金属及合金薄膜的制备。

4.3.2　溅射沉积法

所谓的溅射就是指物质受到适当的高能离子轰击,表面的原子通过碰撞获得足够的能量而逃逸,将原子从表面发射出去的一种方式。1852 年,Grove 在研究辉光放电时首次发现了这一现象,Thomson 形象地将其类比为水花飞溅现象,称为“Sputtering”。溅射沉积法具有附着力好,重复性佳,多元合金薄膜成分容易控制,可在大面积基片上获得均匀薄膜等优点,因此已广泛应用于各种薄膜的制备之中,比如金属、合金、半导体、氧化物、氮化物、超导薄膜等。相比真空蒸发,溅射沉积法也存在沉积速率较低,基片与薄膜受等离子的辐射,薄膜纯度不及真空蒸发法等缺点。下面将对溅射的基本原理和常见的溅射装置进行简单的介绍。

1. 溅射的基本原理

用带有几十电子伏以上动能的离子轰击固体表面,表面原子获得入射离子所带的部分能量而在真空中放出,这一溅射过程中,离子的产生与等离子体的产生或气体的辉光放电过程密切相关。因此,我们必须首先对气体放电现象有所了解,同时对溅射特性的了解也对理解溅射沉积过程非常重要。

（1）辉光放电

下面首先以直流辉光放电进行说明。如图 4-11 为直流溅射沉积装置示意图。靶材作为阴极，阳极衬底加载数千伏的电压，在对系统抽真空之后，充入适当压力的惰性气体，辉光放电一般是在真空度约 10^{-1}Pa～10Pa 的 Ar 气体中，两个电极之间在一定电压下产生的一种气体放电现象。在高压作用之下，Ar 气体电离，带正电的 Ar^+ 离子在高压电场的加速作用下高速轰击阴极靶材，使大量靶材原子脱离束缚而飞向衬底。在这一溅射过程中，还伴随二次电子、离子及光子等从阴极的发射。因此，溅射过程比蒸发过程要复杂得多，定量描述较为困难。而气体放电时，两电极之间的电压和电流的关系也非常复杂，不能用欧姆定律描述。图 4-12 为直流辉光放电伏安特性曲线图。根据电流电压不同及气体放电的特点，气体的放电可大致划分为无光放电、汤森放电、正常辉光放电、非正常（异常）辉光放电和弧光放电等。

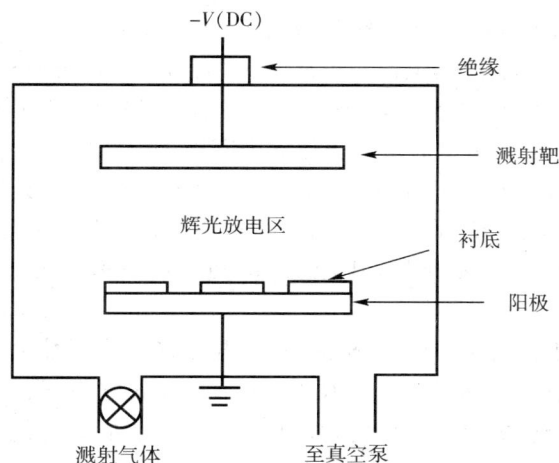

图 4-11　直流溅射沉积装置的示意图

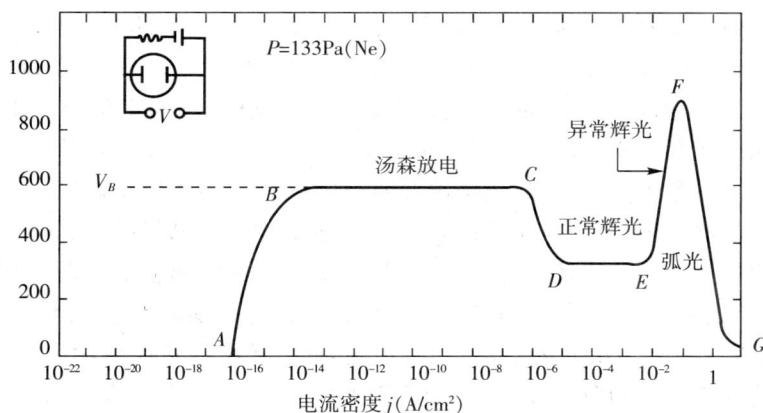

图 4-12　直流辉光放电伏安特性曲线图

①　无光放电区:在开始逐渐提高两个电极之间电压时,电极之间几乎没有电流流过,这时气体原子大多处于中性状态,只是由于宇宙射线产生的游离离子和电子在直流电压作用下运动形成微弱的电流,大致为 $10^{-16}\,A \sim 10^{-14}\,A$,自然游离的离子和电子是有限的,所以随电压增加,电流变化很小。如图 4-12 中曲线 AB 所示。

②　汤森放电区:随电压升高,电子运动速度逐渐加快,由于频繁地碰撞使气体分子开始产生电离,同时离子对阴极的碰撞也将产生二次电子反射,上述碰撞过程导致离子和电子数目呈雪崩式增加。这时随着放电电流的迅速增加,电压变化却不大,于是在伏安特性曲线 BC 区间出现汤森放电区。在汤森放电后期,放电进入电晕放电阶段,如曲线 CD 所示,在电场强度较高的电极尖端部位出现一些跳跃的电晕光斑。无光放电与汤森放电都以自然电离源为前提,且导电而不发光,称为非自持放电。

③　正常辉光放电区:在上述放电阶段之后,气体突然发生放电击穿现象,电流大幅度增加,放电电压显著下降。被击穿气体的内阻随电离度的增加而显著下降,放电区由原来只集中于阴极边缘和不规则处而扩展至整个电极,会产生明显的辉光。辉光放电属于自持放电,电流密度范围在 $2 \sim 3$ 个数量级,电流与电压无关,而与辉光覆盖面积有关,同时电流密度恒定,与阴极材料、气体压强和种类有关,但溅射功率不高,如曲线 DE 所示。

④　异常辉光放电区:当离子轰击覆盖住整个阴极表面之后,进一步增加功率,放电电压和电流同时增加,电流的增加将使得辉光区域扩展到整个放电长度上,辉光亮度提高,进入非正常辉光放电区,如曲线 EF 所示。异常辉光放电一般是溅射方法常采用的气体放电形式。此时若要提高电流密度,必须增加阴极压降,更多的正离子轰击阴极,产生更多的二次电子。

⑤　弧光放电区:随着电流的继续增加,放电电压将再次突然大幅度下降,电流剧烈增加,放电进入弧光放电区,如曲线 FG 所示。弧光放电比较危险,此时极间电压陡降,电流突然增大,相当于极间短路,容易损坏电源,放电集中在阴极局部,常使阴极烧毁。

直流辉光放电区域的划分如图 4-13 所示。从阴极至阳极的整个放电区域可被划分为阿斯顿暗区、阴极辉光区、阴极暗区、负辉区、法拉第暗区、正柱区、阳极暗区和阳极辉光区等八个发光强度不同的区域。其中的暗区相当于离子和电子从电场获得能量的加速区;而辉光区相当于不同粒子发生碰撞、电离、复合的区域。冷阴极发射的电子约 1eV 左右,很少发生电离和激活,所以在阴极附近形成阿斯顿暗区。在阴极附近有一明亮的辉光层,加速电子与气体分子碰撞后,激发态分子退激以及进入该区的二次电子与正离子复合形成中性原子,形成阴极辉光区。穿过阴极辉光区的二次电子,不易与正离子复合,形成阴极暗区,成为其主要加速区。随着电子速度增大,于是离开阴极暗区后与气体发生碰撞,使大量气体电离。正离子移动速度慢产生积聚,电位升高,与阴极之间的电位差成为阴极压降,同时电子在高浓度正离子积聚区经过碰撞速度降低,复合几率增加而形成明亮的负辉光区。少数电子穿过负辉光区,形成法拉第暗区。法拉第暗区过后,少数电子逐渐加速,并使气体电离,由于电子较少,产生的正离子不会形成密集的空间电荷,此区域电压降很小,类似一个良导体,称为正柱区。上述放电区的划分只是一种比较典型的情况,实际上还与容器的尺寸、气体的种类、气压、电极的种类及布置情况等相关。其中主要涉及与溅射相关的问题有以下几个:第一,在阴极暗区周围形成的正离子轰击阴极靶材;第二,电压不变而改变电极间距时,主要发生变化的是正极光柱的长度,而从阴极到负辉光区的距离几乎不变;第三,在溅射镀膜装置中,阴极和阳极之间距离至少要大于阴极与负辉光区的距离。

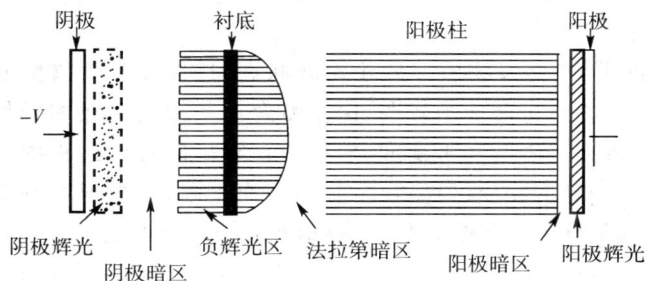

图 4 - 13　直流辉光放电区域的划分

(2)溅射特性

离子与固体表面相互作用的关系及各种溅射产物如图 4 - 14 所示。离子与固体表面发生复杂的一系列物理过程,其中每种物理过程的相对重要性取决于入射离子的能量。了解溅射特性同样对于理解溅射沉积过程非常重要。表征溅射特性的参量主要有溅射阀值和溅射产额,当然还与溅射原子的能量、速度和角度分布相关。

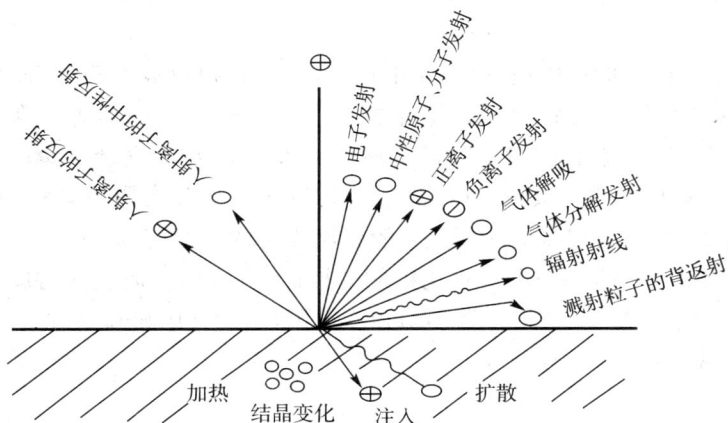

图 4 - 14　离子与固体表面的相互作用

溅射阀值是指将靶材原子溅射出来所需的入射离子最小能量值。当入射离子能量低于溅射阀值时,不会产生溅射现象。溅射阀值与靶材有很大关系,随靶材原子序数增加而减小,对大多数金属来说,溅射阀值为 20eV～40eV。

溅射产额又称溅射系数或溅射率,是指被溅射出来的原子数与入射离子数之比,是描述溅射特性的一个重要参数。溅射产额与入射离子的种类、能量、角度以及靶材的类型、表面状态及溅射压强等因素均有关系。

(3)合金的溅射和沉积

溅射法易于保证所制备薄膜的化学成分与靶材基本一致,蒸发法确是很难做到的,原因可以归纳为以下两点:

① 不同元素之间的平衡蒸气压差别太大,而溅射产额间的差别则较小。比如在 1500K 时,易于蒸发的硫属元素的蒸气压比难熔金属的蒸气压高出 10 个数量级以上,而它们在溅射产额方面的差别则要小得多。

② 在蒸发的情况下,被蒸发物质多处于熔融状态,造成被蒸发物质的表面成分持续变动。而溅射过程中靶材物质扩散能力较弱,由于溅射产额差别造成的靶材表面成分的偏离很快就会使靶材表面成分趋于某一平衡成分,从而在随后的溅射过程中实现一种成分的自动补偿效应,即溅射产额高的物质已经贫化,溅射速率下降;而溅射产额低的元素得到了富集,溅射速率上升。其最终的结果是,尽管靶材表面的化学成分已经改变,但溅射出来的物质成分却与靶材的原始成分相同。所以一般合金靶材需要经过一定的溅射时间,使其表面成分达到平衡后,再开始正式的溅射过程,预溅射层的深度一般需要达到几百个原子层左右。

2. 溅射沉积装置

溅射装置种类繁多,主要的溅射方法可分为以下四种:直流溅射、射频溅射、磁控溅射和反应溅射。直流溅射一般只能用于靶材为良导体材料的溅射;射频溅射则适用于导体、半导体及绝缘体等任何材质的靶材溅射;磁控溅射通过施加磁场束缚和延长电子的运动轨迹,进而提高溅射效率,同时沉积温度降低;而反应溅射则是在溅射过程中引入反应气体,使之与靶材溅射出来的物质发生化学反应,从而生成与靶材不同的薄膜材料。

(1)直流溅射

直流溅射又称二极溅射或阴极溅射,使用直流电源,将靶材放在阴极,而衬底放在接地的阳极之上,就构成了直流溅射系统,如前面图 4-11 所示。工作时,先将真空室预抽到高真空,然后充入氩气,压强范围在 1Pa~10Pa,然后电极加上高压,便会开始产生异常辉光放电。气体电离成等离子体,带正电的 Ar^+ 离子受到电场加速轰击阴极靶材,溅射出靶材原子,沉积到衬底之上,从而实现溅射成膜。一般直流溅射的功率为 0.5kW~1kW,额定电流为 1A,电压可调范围为 0kV~1kV。直流溅射结构简单,可以大面积均匀成膜。但存在一些缺点,比如靶材必须是导体,溅射参数不易独立控制,溅射气压较高,残留气体将影响薄膜纯度,基片温度升高,沉积速率较低等。

(2)射频溅射

当用交流电源代替直流电源之后,由于交流电源的频率在射频段(一般 13.56MHz),所以就构成射频溅射系统。射频溅射是适用于各种金属和非金属材料的一种溅射沉积方法。图 4-15 即为射频溅射装置。电源由射频发生器和匹配网络所组成。匹配网络用来调节输入阻抗,使其与射频电源的输出阻抗相匹配,达到最大输出功率。直流溅射中如果是使用绝缘靶,那么正离子就会在靶材上累积,从而提高阴极电位,导致辉光熄灭。当采用交流电源时,由于其正负极性发生周期性交替,当溅射靶处于正半周时,电子流向靶面中和其表面积累的正电荷,并积累电子而呈负偏压,导致在负半周时吸引正离子轰击靶材,从而实现连续溅射。在射频溅射装置中,等离子体中的电子容易在射频场中吸收能量并在电场中振荡,因此电子与工作气体分子碰撞几率非常大,故使得击穿电压、放电电压和工作气压显著降低。

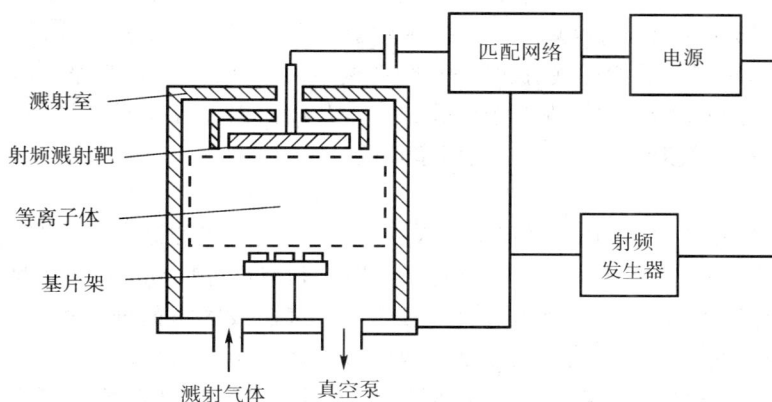

图 4-15　射频溅射装置示意图

(3)磁控溅射

　　磁控溅射是 20 世纪 70 年代发展起来的一种高速溅射技术。因为直流溅射沉积方法具有两个显著缺点:第一,溅射方法沉积薄膜的沉积速度较低;第二,溅射所需的工作气压较高,这两者的综合效果是气体分子对薄膜产生污染的可能性提高。而磁控溅射技术作为一种沉积速度较高、工作气压低的溅射技术,具有其独特的优越性,通过在阴极靶材表面引入磁场,利用磁场对带电粒子的束缚来提高等离子密度,使气体电离从 $0.3\%\sim0.5\%$ 提高到 $5\%\sim6\%$,以增加溅射率。磁控溅射的工作原理如图 4-16 所示。电子在电场作用下,在飞向衬底的过程中与 Ar 原子发生碰撞,使其电离出 Ar^+ 离子和新的电子,Ar^+ 离子在电场作用下加速轰击靶材,发生溅射。溅射中产生的二次电子会受到电场和磁场作用,若为环形磁场,则电子就近似摆线形式在靶表面做圆周运动,运动路径很长,而且被束缚在靠近靶表面的等离子体区域内,并在该区域电离出大量的 Ar^+ 离子轰击靶材,从而提高沉积速率。随着碰撞次数的增加,二次电子能量消耗殆尽,逐步远离靶材,在电场作用下最终沉积到衬底之上。由于能量已经很小了,因此基片的温度上升有限。磁控溅射的特点可以概括为:在阴极靶的表面形成一个正交的电磁场;由于电子一般经过大约上百米的飞行才能到达阳极,碰

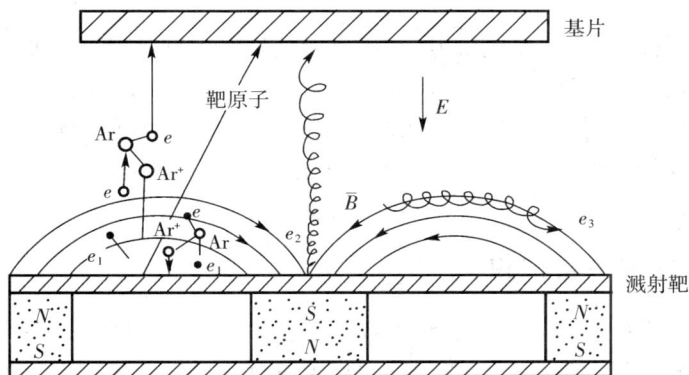

图 4-16　磁控溅射的工作原理图

撞频率约为 $10^7 s^{-1}$，因而电离效率高；可以在低真空 10^{-1}Pa、溅射电压数百伏、靶流几十 mA/m^2 条件下实现低温、高速溅射。磁控溅射源可分为柱状磁控溅射源、平面磁控溅射源和溅射 S 枪等，特别是后者在溅射功率密度、靶材利用率、膜厚均匀性等方面都优于普通的磁控溅射。但是磁控溅射也存在两个问题：第一，难以溅射磁性靶材，因为磁通被磁性靶材短路；第二，靶材的溅射刻蚀不均匀，利用率较低。

（4）反应溅射

与反应蒸发相类似，在溅射过程中引入反应气体，就可以控制生成薄膜的组成和特性，称为反应溅射。图 4-17 为反应溅射过程示意图。利用化合物直接作为靶材也可以实现溅射，但在有些情况下，化合物的溅射过程中也会发生气态或固态的分解过程，沉积得到的物质往往与靶材的化学组成有很大的差别。因此可采用以纯金属作为溅射靶材，在工作气体 Ar 气中混入适量的活性气体如 O_2、N_2、NH_3、CH_4、H_2S 等，使其在溅射沉积的同时生成特定的化合物，从而一步完成从溅射、反应到沉积多个步骤。利用这种方法可以沉积的化合物包括各种氧化物、碳化物、氮化物、硫化物以及其他各种复合化合物等。显然，通过控制反应溅射过程中活性气体的压力，得到的沉积产物可以是有一定固溶度的合金固溶体，也可以是化合物，甚至还可以是上述两相的混合物。一般地说，提高等离子体中活性气体的分压将有利于化合物的形成。

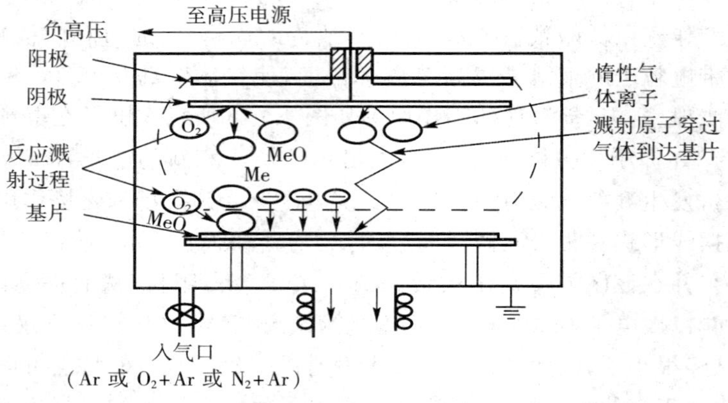

图 4-17 反应溅射过程示意图

溅射的种类还很多，比如偏压溅射、三极或四极溅射、对向靶溅射、非对称交流溅射及吸气溅射等。溅射技术已广泛应用于现代电子工业、塑料工业、太阳能利用、机械及化学应用等领域，与真空蒸发法一起成为物理气相沉积中最常见的两种沉积技术。而且为了充分利用这两种方法各自的特点，还开发了一些介于上述两种方法之间的新的薄膜物理气相沉积技术。

4.3.3 离子镀和离子束沉积

为了充分利用溅射和蒸发两种方法的各自特点，在真空蒸发和真空溅射技术基础上开发了一种新型的薄膜沉积技术——离子镀和离子束沉积。

1. 离子镀

离子镀是在真空条件下，利用气体放电使气体或被蒸发物质部分离化，在气体离子或被蒸发物质离子轰击作用的同时把蒸发物或其反应物沉积在基片上。离子镀把气体的辉光放电、等离子体技术与真空蒸发镀膜技术结合在一起,不仅明显地提高了镀层的各种性能,而且大大地扩充了镀膜技术的应用范围。近年来离子镀在国内外都得到迅速发展。离子镀的典型结构如图 4-18 所示。基片为阴极,蒸发源为阳极,蒸发源气体被电离形成离子,蒸发沉积和溅射同时进行。因此离子镀的一个必备条件就是造成一个气体放电的空间,将镀料原子引进放电空间,使其部分离化。离子镀的类型很多,按材料气化方式可分为电阻加热、电子束加热、高频感应加热、阴极弧光放电加热等;按原子电离或激活方式又可分为辉光放电型、电子束型、热电子型、电弧放电型以及各种离子源等。一般情况下,离子镀膜设备主要由真空室、蒸发源(或气源、溅射源等)、高压电源、离化装置、放置基片的阴极等部分组成。离子镀的主要优点在于它所制备的薄膜与衬底之间具有良好的附着力,薄膜结构致密。因为在蒸发沉积之前以及沉积的同时采用离子轰击衬底和薄膜表面的方法,可以在薄膜与衬底之间形成粗糙洁净的界面,并形成均匀致密的薄膜结构和抑制柱状晶生长,其中前者可提高薄膜与衬底间的附着力,而后者可以提高薄膜的致密性,细化薄膜微观组织。离子镀的另一个优点是它可以提高薄膜对于复杂外形表面的覆盖能力。因为其沉积原子在沉积至衬底表面时具有更高的动能和迁移能力。但离子镀也存在一些缺点,比如薄膜中的缺陷密度较高,薄膜与基片的过渡区较宽,在电子器件应用中受到限制,由于高能粒子轰击使基片温度较高,必须对基片进行冷却,薄膜中含有气体量较高等。离子镀主要应用领域是制备钢及其他金属材料的硬质涂层,如各种工具耐磨涂层中使用的 TiN、CrN 等。这一技术被广泛用来制备氮化物、氧化物以及碳化物等涂层。

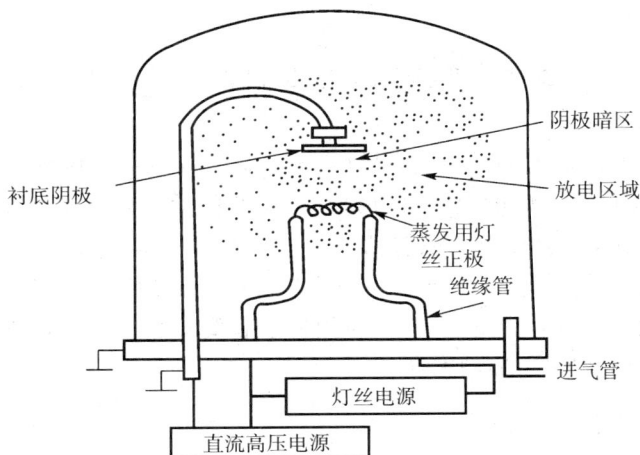

图 4-18　离子镀的典型结构示意图

2. 离子束沉积

前面各种溅射方法都是利用辉光放电产生的离子进行溅射,基片置于等离子体中,存在如下问题:基片受电子轰击,温升;薄膜易混入杂质气体分子,纯度差;溅射条件下,气体压力、放电电流、电压等参数不能独立控制;工艺重复性差。而采用离子束溅射则具有以下优点:高真空下成膜,杂质少,纯度高;沉积在无场区进行,基片不是电路的一部分,不会产生电子轰击引起的基片温升;可以对工艺参数独立地严格控制,重复性好;适合于制备多组分的多层薄膜;可制备几乎所有材料的薄膜,对饱和蒸气压低、熔点高的物质的沉积更为适合。离子束溅射的种类可分为一次离子束沉积和二次离子束沉积,一次离子束沉积离子束由薄膜材料的离子组成,离子能量较低,到达基片后就淀积成膜。二次离子束沉积中离子束由惰性气体或反应气体的离子组成,离子能量高,它们打到由薄膜材料构成的靶上,引起靶原子溅射,并在衬底上形成薄膜。在双离子束沉积系统中,如图 4-19 所示,第一个是惰性气体放电离子源,轰击靶材产生溅射;第二个是反应气体放电引起的离子束直接对准基片,对薄膜进行动态照射,通过轰击、反应或嵌入作用来控制和改变薄膜的结构和性能。

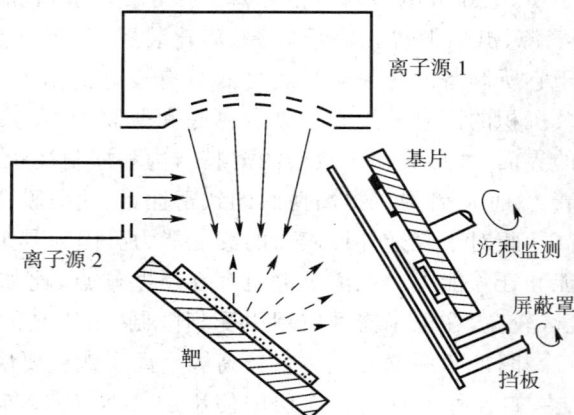

图 4-19　双离子束溅射原理示意图

4.4　薄膜的化学制备方法

　　薄膜的化学制备方法需要一定的化学反应,这种化学反应可由热效应、等离子体、微波、激光等手段引起,也可由离子的电致分离引起。薄膜的化学制备方法主要分为化学气相沉积(CVD)和溶液镀膜法,化学气相沉积包括热 CVD、等离子体 CVD 及光 CVD 等;溶液镀膜法则包括化学镀膜法、溶胶-凝胶(Sol-Gel)法、阳极氧化技术、电镀技术、LB 技术等。尽管化学方法沉积过程与控制较为复杂,但其使用的设备简单、价格低廉,在现代高新技术如微电子技术中更是得到了广泛的应用。

4.4.1　化学气相沉积

　　与物理气相沉积不同,化学气相沉积技术利用气态先驱反应物,通过原子、分子间化学反应的途径生成固态薄膜。CVD 相对于其他薄膜沉积技术具有许多优点:可准确控制薄膜的组分及掺杂水平;可在复杂形状的基片上成膜;由于许多反应可以在常压下进行,所以不需要昂贵的真空设备;CVD 的高沉积温度使晶体的结晶更为完整;可利用材料在熔点附近蒸发时分解的特点制备其他方法无法得到的材料等。其缺点就是推动化学反应需要高温;反应气体会与基片或设备发生反应;CVD 系统比较复杂,需要控制的参数较多。CVD 法实际上很早就有应用,用于材料精制、装饰涂层、耐氧化涂层、耐腐蚀涂层等。在电子学方面CVD 法用于制作半导体电极等。CVD 法一开始用于硅、锗精制上,随后用于适合外延生长法制作的材料上。表面保护膜一开始只限于氧化膜、氮化膜等,之后添加了由Ⅲ、Ⅴ族元素构成的新的氧化膜,最近还开发了金属膜、硅化物膜等。以上这些薄膜的 CVD 制备法为人们所注意。CVD 法制备的多晶硅膜在电子器件上得到广泛应用,这是 CVD 法最有效的应用场所之一。

在 CVD 反应成膜的过程中,可控制的变量有气体流量、气体组分、沉积温度、气压及真空室构型等。用于制备薄膜的化学气相沉积涉及三个基本过程:反应物的输运过程,化学反应过程,去除反应副产品过程。CVD 基本原理包括反应化学、热力学、动力学、输运过程、薄膜成核与生长、反应器工程等学科领域。这里仅对 CVD 技术所涉及的化学反应及化学气相沉积的分类进行简单介绍。

1. 化学气相沉积中的化学反应类型

(1)热解分解反应

早期制备 Si 薄膜的方法就是在一定温度下使硅烷分解,化学反应为:

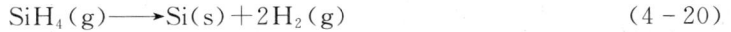

$$SiH_4(g) \longrightarrow Si(s) + 2H_2(g) \qquad (4-20)$$

Si—H 键能小,热分解温度低,产物氢气无腐蚀性。许多元素的氢化物、羟基化合物和有机金属化合物可以以气态存在,在适当的条件下会发生热分解反应而在衬底上生成薄膜。关键是源物质的选择和确定分解温度。

(2)还原反应

一个典型的例子就是 H_2 还原卤化物如 $SiCl_4$:

$$SiCl_4(g) + 2H_2(g) \longrightarrow Si(s) + 4HCl(g) \qquad (4-21)$$

许多元素的卤化物、羟基化合物、卤氧化物等虽然也可以气态存在,但它们具有相当的热稳定性,因而需要采用适当的还原剂(如 H_2)才能将其置换出来,还有各种难熔金属 W、Mo 等薄膜的制备。

(3)氧化反应

例如 SiO_2 薄膜的制备就是利用 O_2 作为氧化剂对 SiH_4 进行的氧化反应为:

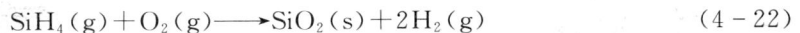

$$SiH_4(g) + O_2(g) \longrightarrow SiO_2(s) + 2H_2(g) \qquad (4-22)$$

这种沉积方法经常应用于半导体绝缘层和光导纤维原料的沉积。

(4)氮化反应和碳化反应

氮化硅和碳化钛的制备就是两个典型的例子:

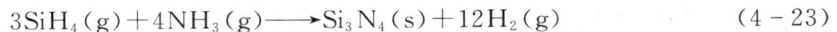

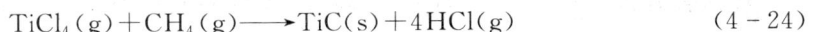

$$3SiH_4(g) + 4NH_3(g) \longrightarrow Si_3N_4(s) + 12H_2(g) \qquad (4-23)$$

$$TiCl_4(g) + CH_4(g) \longrightarrow TiC(s) + 4HCl(g) \qquad (4-24)$$

(5)化合物的制备

由有机金属化合物可以沉积得到Ⅲ－Ⅴ族化合物:

$$Ga(CH_3)_3(g) + AsH_3(g) \longrightarrow GaAs(s) + 3CH_4(g) \qquad (4-25)$$

(6)歧化反应

某些元素具有多种气态化合物,其稳定性各不相同,外界条件的变化往往可促使一种化

合物转变为稳定性较高的另一种化合物,这就是利用歧化反应实现薄膜的沉积:

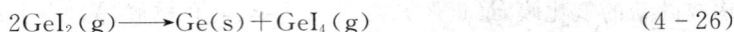

$$2GeI_2(g) \longrightarrow Ge(s) + GeI_4(g) \qquad (4-26)$$

CVD 技术中除了上述反应之外,还涉及可逆反应、气相输运等其他的化学反应类型,由于化学反应的途径可能是多种多样的,因此制备同一种材料可能有多种不同的 CVD 方法。

2. 化学气相沉积装置

CVD 反应体系必须具备以下条件:在沉积温度下,反应物具有足够的蒸气压,并能以适当的速度被引入反应室;反应产物除了形成固态薄膜物质外,都必须是挥发性的;沉积薄膜和基体材料必须具有足够低的蒸气压。根据薄膜化学气相沉积涉及的三个基本过程,一般CVD 装置往往包括以下几个基本部分:反应气体和载气的供给和计量装置;必要的加热和冷却系统;反应产物气体的排出装置。CVD 按照激励化学反应的方式可分为热 CVD、等离子体 CVD 和光 CVD 等;按照其他一些分类标准又可分为高温和低温 CVD,开口式和封闭式 CVD,立式和卧式 CVD,冷壁和热壁 CVD,低压和常压 CVD 等。下面介绍几种基本的CVD 装置。

(1)热 CVD

典型的立式和卧式 CVD 装置分别如图 4-20 和图 4-21 所示,包括进气系统、反应室、排气系统和尾气处理系统、加热器等,都是开口型 CVD。通常在常压下开口操作,装、卸料方便。

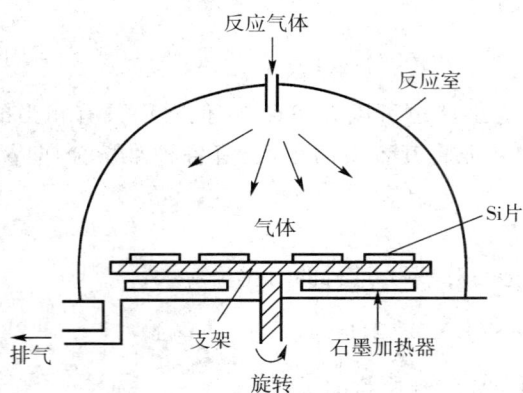

图 4-20　立式 CVD 装置　　　　图 4-21　卧式 CVD 装置

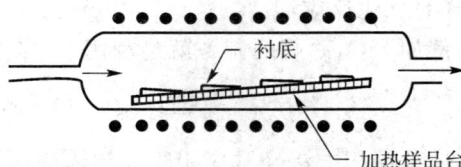

冷壁 CVD 是指器壁和原料区都不加热,仅基片被加热,沉积区一般采用感应加热或光辐射加热。缺点是有较大温差,温度均匀性问题需特别设计来克服。适合反应物在室温下是气体或具有较高蒸气压的液体。而热壁 CVD 的器壁和原料区都是加热的,反应器壁加热是为了防止反应物冷凝。管壁有反应物沉积,易剥落造成污染。

下面简单介绍一下封闭式 CVD。图 4-22 为封闭式 CVD 反应器的示意图。封闭式的优点就是污染的机会少,不必连续抽气保持反应器内的真空,可以沉积蒸气压高的物质;其缺点为材料生长速率慢,不适合大批量生长,一次性反应器生长成本高,管内压力检测困难,存在爆炸危险等。封闭式 CVD 的关键环节在于把握反应器材料选择、装料压力计算、温度选择和控制等。

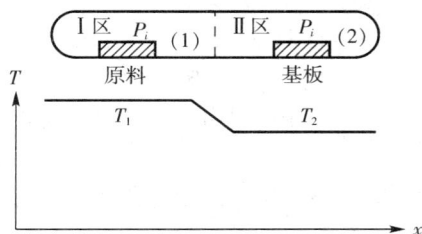

图 4 - 22　封闭式 CVD 反应器示意图

早期 CVD 技术以开管系统的常压 CVD(APCVD)为主。近年来 CVD 技术令人注目的新发展是低压 CVD(LPCVD)技术的出现。图 4 - 23 即为 LPCVD 设备示意图。其原理与 APCVD 基本相同,多一套真空系统,主要差别是低压下气体扩散系数增大,使气态反应物和副产物的质量传输速率加快,形成薄膜的反应速率增加。LPCVD 的优点为:

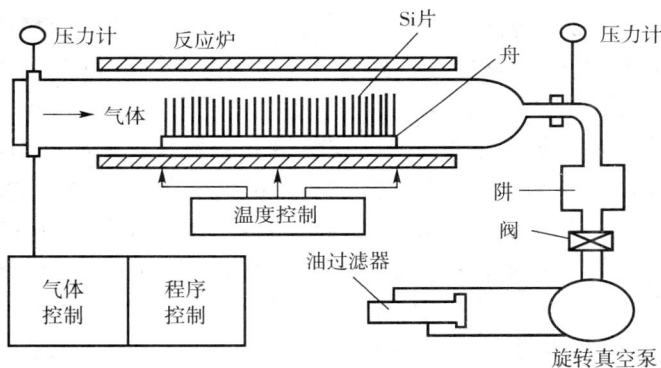

图 4 - 23　低压 CVD 设备示意图

① 低气压下气态分子的平均自由程度增大,反应装置内可以快速达到浓度均一,消除了由气相浓度梯度带来的薄膜不均匀性。

② 薄膜质量高:薄膜台阶覆盖良好;结构完整性好;针孔较少。

③ 沉积过程主要由表面反应速率控制,对温度变化极为敏感,所以 LPCVD 技术主要控制温度变量,工艺重复性优于 APCVD。

④ 反应温度随气体压强的降低而降低,同时卧式 LPCVD 装片密度高,生产成本低。

因此,LPCVD 广泛用于沉积单晶硅和多晶硅薄膜,掺杂或不掺杂的氧化硅、氮化硅、硅化物等薄膜,Ⅲ族～Ⅴ族化合物薄膜以及钨、钼、钽、钛等难熔金属薄膜等。

(2)等离子化学气相沉积

在普通热 CVD 技术中,产生沉积反应所需的能量是各种方式加热衬底和反应气体,因此薄膜沉积温度一般较高(900℃～1000℃)。高温带来的问题有:容易引起基板的形变和组织的变化,会降低基板材料的机械性能;基板材料和膜材在高温下发生互扩散,在界面处形成某些脆性相,从而削弱两者之间的结合能。如果能在反应室内形成低温等离子体(如辉光放电),则可以利用在等离子状态下粒子具有的较高能量,使沉积温度降低。由此可见,等离子体放电对化学反应起了增强作用,所以也称作等离子体增强的化学气相沉积

（PECVD）。等离子体在 CVD 中的作用具体为：

　　① 将反应物气体分子激活成活性离子，降低反应温度；

　　② 加速反应物在表面的扩散作用，提高成膜速率；

　　③ 对基片和薄膜具有溅射清洗作用，溅射掉结合不牢的粒子，提高了薄膜和基片的附着力；

　　④ 由于原子、分子、离子和电子相互碰撞，使形成薄膜的厚度均匀。

　　因此 PECVD 具有很多优点：低温成膜（300℃～350℃），对基片影响小，避免了高温带来的膜层晶粒粗大及膜层和基片间形成脆性相；低压下形成薄膜，膜厚及成分较均匀、针孔少、膜层致密、内应力小，不易产生裂纹；扩大了 CVD 应用范围，特别是在不同基片上制备金属薄膜、非晶态无机薄膜、有机聚合物薄膜等；薄膜的附着力大于普通 CVD。PECVD 利用辉光放电的物理作用来激活化学气相沉积反应的 CVD 技术，广泛应用于微电子学、光电子学、太阳能利用等领域，用来制备化合物薄膜、非晶薄膜、外延薄膜、超导薄膜等，特别是 IC 技术中的表面钝化和多层布线。按照产生辉光放电等离子方式的不同，PECVD 可分为许多类型，包括直流辉光放电等离子体化学气相沉积（DC - PCVD）、射频辉光放电等离子体化学气相沉积（RF - PCVD）、微波等离子体化学气相沉积（MW - PCVD）以及电子回旋共振等离子体化学气相沉积（ECR - PCVD）等。

　　由于 PECVD 方法的主要应用领域是一些绝缘介质薄膜的低温沉积，因而其等离子体的产生多采用射频方法。射频电场可以采用两种不同的耦合方式，即电感耦合和电容耦合。图 4 - 24 是电容耦合的射频 PECVD 装置的典型结构。在装置中，射频电压被加在相对安置的两个平板电极上，其间通过反应气体并产生相应的等离子体。在等离子体各种活性

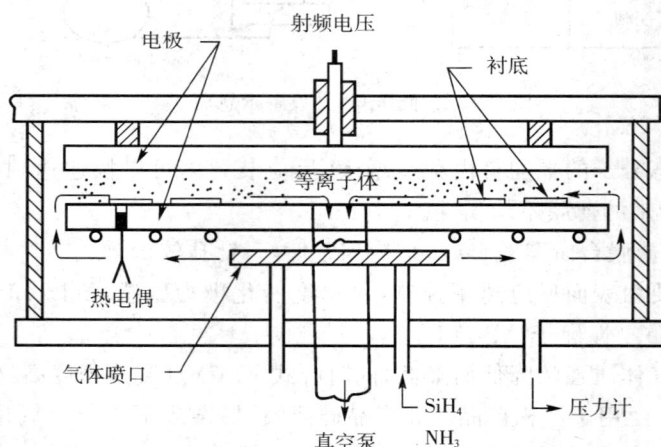

图 4 - 24　电容耦合的射频 PECVD 装置

基团的参与下，在衬底上实现薄膜的沉积。例如 Si_3N_4 的 CVD 沉积过程中，反应如式（4 - 23），在常压 CVD 装置中是在 900℃ 左右，在低压 CVD 装置中要 750℃ 左右，而 PECVD 可以在 300℃ 的低温下实现 Si_3N_4 介质薄膜的大面积均匀沉积。电感耦合的 PECVD 装置的示意图如图 4 - 25 所示。高频线圈放置于反应容器之外，它产生的交变磁场在反应室内诱发交变感应电流，从而形成气体的无电极放电，可避免电极放电中电极材料的污染。电子回

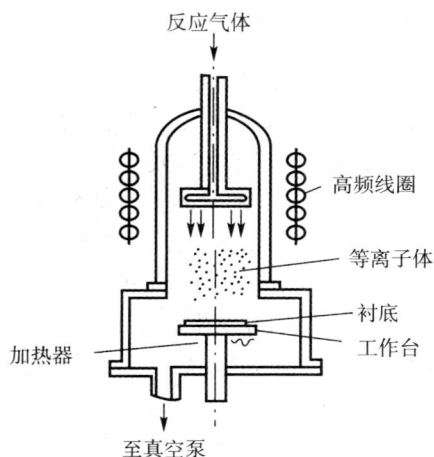

图 4 - 25　电感耦合的射频 PECVD 装置

旋共振（ECR）方法的 PECVD 装置使用微波频率的电源激发产生等离子体，如图 4 - 26 所示，2.45GHz 频率的微波能量由微波波导耦合进入反应容器，并使得其中的气体产生等离子体击穿放电。为了促进等离子体中电子从微波场中的能量吸收过程，在装置中还设置了磁场线圈以产生具有一定发散分布的磁场。ECR 方法所使用的真空度较高（10^{-1} Pa～10^{-3} Pa），等离子体的电离度比一般的 PECVD 方法要高出三个数量级，可以被认为是一个离子源。同时这种方法还具有其他优点，如低气压低温沉积，沉积速率高，可控性好，无电极污染等，使得 ECR 技术被广泛应用于薄膜沉积以及刻蚀方面。

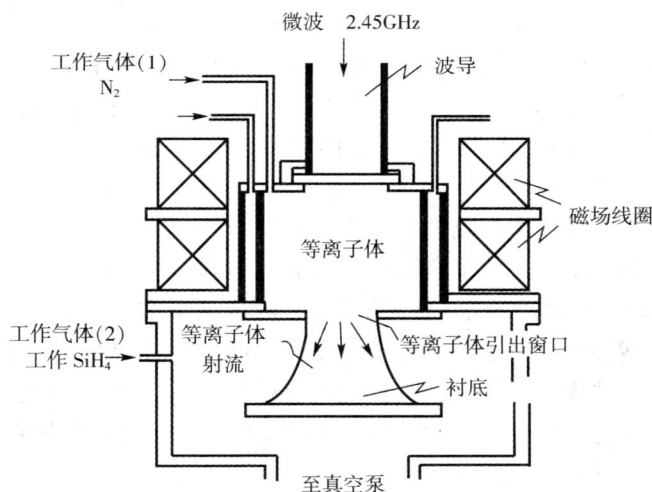

图 4 - 26　电子回旋共振射频 PECVD 装置

（3）光 CVD 及 MOCVD

光 CVD 就是利用高能量的光波使气体分解，增加气体的化学活性，促进化学反应进行的一种化学气相沉积技术。经常使用的光源有激光、紫外光源等。高能量的激光具有热作用和光作用双重效果，激光能量不仅能加热衬底，促进化学反应进行，而且高能量光子可直接促进反应物气体分子的分解。例如 $Al(CH_3)_3$、$Ni(CO_4)$ 光照下室温即可生成铝膜和镍膜。

有机金属化学气相沉积（MOCVD）是一类重要的 Ⅲ-Ⅴ 和 Ⅱ-Ⅵ 族化合物半导体薄膜材料气相生长技术。MOCVD 利用有机金属化合物的热分解反应进行气相外延生长薄膜，有机金属化合物如三甲基镓、三甲基铟等在较低的温度下呈气态存在，因而避免了 Ga、In 等液体金属蒸发的复杂过程，同时整个过程仅涉及有机金属化合物的裂解反应：

$$Ga(CH_3)_3(g) + AsH_3(g) \longrightarrow GaAs(s) + 3CH_4(g) \tag{4-27}$$

因此沉积过程对温度变化的敏感性较低,重复性较好。一般原料化合物应满足的条件包括常温下较稳定且容易处理;反应的副产物不应妨碍晶体生长,不污染生长层;为适合气相生长,在室温附近应有适当的蒸气压(1 托以上)。通常选用金属的烷基或芳基衍生物、烃基衍生物、乙酰丙酮基化合物、羰基化合物等为原材料。MOCVD 的优点有:沉积温度低,如沉积 ZnSe 薄膜 350℃左右,SiC 薄膜小于 300℃,因而减小了自污染,提高了薄膜的纯度;由于不采用卤化物原理,沉积过程中不存在刻蚀反应,可通过稀释载气控制沉积速率,可用来制备超晶格材料和外延生长各种异质结结构;适用范围广,几乎可以生长所有化合物和合金半导体;生长温度较宽,生长易于控制,适宜于大批量生产。但 MOCVD 也存在缺点,比如有机金属化合物蒸气有毒和易燃,不便于制备、储存、输运和使用;由于反应温度低,可在气相中反应,生成固态微粒成为杂质颗粒,破坏了膜的完整性等。若在 MOCVD 中用光能代替热能,则可解决沉积温度过高的问题,这就是所谓的光 MOCVD。

4.4.2　溶液镀膜法

溶液镀膜是指在溶液中利用化学反应或电化学反应等化学方法在基片表面沉积薄膜的技术。溶液镀膜技术不需要真空条件,仪器设备简单,可在各种基体表面成膜,原料易得,在电子元器件、表面涂覆和装饰等方面得到广泛应用。溶液镀膜法主要包括电镀技术、化学镀膜法、溶胶-凝胶(Sol - Gel)法、阳极氧化技术、LB 技术等。下面将逐一作简单介绍。

1. 电镀技术

电镀是指电流通过电解液中的流动而产生化学反应,最终在阴极上沉积金属薄膜的过程。一般是在含有被镀金属离子的水溶液中通入直流电流,使正离子在阴极表面沉积。电镀系统的一般构成如下:电解池的正极,即阳极,一般情况下由钛构成的,钛的上面有一层铂,以达到更好的导电效果,有时也用待镀金属作为阳极,而准备电镀的部件(基片)为负极。这里关键的因素是电解质及电解液,它的组成会影响相关的化学反应和电镀效果,常见的电解质均为各种盐或络合物。电镀方法只适用于在导电的基片上沉积金属和合金。电镀中在阴极放电的离子数以及沉积物的质量遵从法拉第定律:

$$\frac{m}{A} = \frac{jtMa}{nF} \tag{4-28}$$

式中,m/A 代表单位面积上沉积物的质量;j 为电流密度;t 为沉积时间;M 为沉积物的分子量;n 为价数;F 为法拉第常数;a 为电流效率。电镀法制备薄膜的原理是离子被电场加速奔向其极性相反的阴极,在阴极处离子形成双层,屏蔽了电场对电解液的大部分作用。在大约 30nm 厚的双层区,由于电压降低导致此区具有相当强的电场(10^7 V/cm)。在水溶液中,离子被溶入到薄膜以前经历以下一系列过程:去氢、放电、表面扩散、成核和结晶。电镀有如下特点:生长速度较快,可以通过沉积的电流控制;膜层易产生孔隙、裂纹、杂质污染、凹坑等缺陷,这些缺陷可以由电镀工艺条件控制;基片可以是任意形状,这是其他方法所无法比拟的,同时限制电镀应用的最重要因素之一是拐角处镀层的形成,在拐角或边缘电镀层厚度大约是中心厚度的两倍,但多数被镀件是圆形,可降低上述效应的影响。在 70 多种金属元素中,有 33 种可以通过电镀法制备,最常使用电镀法制备的金属有 14 种,即 Al、As、Au、Cd、Co、

Cu、Cr、Fe、Ni、Pb、Pt、Rh、Sn、Zn。目前电镀法已开始用于制备半导体薄膜,这些半导体薄膜在光电子领域具有很大的应用潜力,比如应用于薄膜太阳能电池的 $CuInSe_2$、$CuInS_2$、$CdTe$、CdS 等都可以通过电镀法沉积制备。

2. 化学镀膜法

不加任何电场,直接通过化学反应而实现薄膜沉积的方法叫化学镀。化学镀膜一般是在还原剂的作用下,使金属盐中的金属离子还原成原子,在基片表面沉积的镀膜技术。化学反应可以在有催化剂存在和没有催化剂存在时发生,使用活性催化剂的催化反应也可视为化学镀。Ag 镀是典型的无催化反应的例子,通过在硝酸银溶液中使用甲醛还原剂将 Ag 镀在玻璃上。另一方面,也存在还原反应只发生在催化表面的过程,化学镀镍即为典型的例子。化学镀镍,又称无电解镀镍,是利用镍盐溶液(硫酸镍或氯化镍),在强还原剂次磷酸盐(次磷酸钠、次磷酸钾等)的作用下,使镍离子还原成镍金属(钴金属),同时次磷酸盐分解出磷,在具有催化表面的基板上,获得非晶态 Ni - P 或 Ni - Co - P 等合金的沉积膜。催化剂是指能提供或激活化学反应,而本身又不发生化学变化的物质。自催化是指反应物或生成物之一具有催化作用的反应过程。化学镀膜一般采用自催化化学镀膜机制,靠被镀金属本身的自催化作用完成镀膜过程,目前应用较多的化学镀膜均是指自催化化学镀膜。自催化化学镀膜具有很多优点,如可以在复杂形状的镀件表面形成薄膜;薄膜的孔隙率较低;可直接在塑料、陶瓷、玻璃等非导体表面制备薄膜;薄膜具有特殊的物理、化学性能;不需要电源,没有导电电极等。该技术广泛用于制备 Ni、Co、Fe、Cu、Pt、Pd、Ag、Au 等金属或合金薄膜。除了金属膜的制备,化学镀也被用于制备氧化物膜,其基本原理是,首先控制金属的氢氧化物的均匀析出,然后通过退火工艺得到氧化物膜。例如,用这一技术制备了 PbO_2、TlO_3、In_2O_3、SnO_2 及 ZnO 薄膜等。由于化学镀技术废液排放少,对环境污染小以及成本较低,在许多领域已逐步取代电镀,成为一种环保型的表面处理工艺。目前,化学镀技术已在电子器件、阀门制造、机械、石油化工、汽车、航空航天等工业中得到广泛的应用。

3. 溶胶-凝胶(Sol - Gel)法

采用金属醇盐或其他金属有机化合物作为原料,通常溶解在醇、醚等有机溶剂中形成均匀溶液(solution),该溶液经过水解和缩聚反应形成溶胶(sol),进一步聚合反应实现溶胶—凝胶转变形成凝胶(gel),再经过热处理脱除溶剂和水,最后形成薄膜。一般来说,易水解的金属化合物,如氯化物、硝酸盐、金属醇盐等都适用于溶胶—凝胶工艺。Sol - Gel 技术制备薄膜的主要步骤如下:首先是复合醇盐的制备,将金属醇盐或其他化合物溶于有机溶剂中,然后加入其他组分制成均质溶液;然后是成膜,采用浸渍和离心甩胶等方法将溶液涂覆于基板表面;下一步就是水解和聚合,发生水解作用而形成胶体膜;最后是干燥和焙烧。Sol - Gel 技术具有很多优点,比如高度均匀性,高纯度,可降低烧结温度,可制备非晶态薄膜,可制备特殊材料,如薄膜、纤维、粉体、多孔材料等。但它同时也存在不少问题,比如原料价格高,收缩率高,容易开裂,存在残余微气孔,存在残余的羟基、碳等,有机溶剂有毒,工艺周期较长等。Sol - Gel 工艺已广泛用于制备玻璃、陶瓷和超微结构复合材料。

4. 阳极氧化技术

前面讨论的电镀主要依赖的是阴极反应,而阳极氧化技术则相反,主要关注阳极反应。金属或合金在适当的电解液中作为阳极,并被施加一定的直流电压,由于电化学反应在阳极表面形成氧化物薄膜的方法,称为阳极氧化技术。在薄膜形成初期,同时存在金属氧化和金属溶解反应。溶解反应产生水合金属离子,生成由氢氧化物或氧化物组成的胶态状沉淀氧化物。氧化膜镀覆后,金属活化溶解停止,持续氧化反应使金属离子和电子穿过绝缘性氧化层在膜表面形成氧化物。为维持离子的移动而保证氧化物薄膜的生长,需要一定强度的电场,此电场大约是 7×10^6 V/cm。阳极氧化技术中这种金属氧化物只局限于少量的金属的氧化,如 Al、Nb、Ta、Cr、Si、Ti 等,其中 Al 的氧化膜是迄今最重要的钝化膜,经常作为纳米材料及器件领域应用的模板。采用阳极氧化法生成的氧化膜的结构、性质、色调随电解液的种类、电解条件的不同而变化。用阳极氧化法得到的氧化物薄膜大多是无定形结构。由于多孔性使得表面积特别大,所以显示明显的活性,既可吸附染料也可吸附气体。而化学性质稳定的超硬薄膜耐磨损性强,用封孔处理法可将孔隙塞住,使薄膜具有更好的耐蚀性和绝缘性。阳极氧化技术在电子学领域Ⅲ—Ⅴ族化合物半导体材料受到广泛重视,这是因为它具有硅材料不具备的性能,并可制取特殊功能器件,使器件表面钝化薄膜、氧化膜、绝缘膜等。

　　5.LB 技术

　　Langmuir - Blodgett 技术(LB 技术)是指把液体表面的有机单分子膜转移到固体基底表面上的一种成膜技术,得到的有机薄膜称为 LB 薄膜。如果要形成起始的单层或多层,待沉积的分子一定要小心平衡其亲水性和不亲水性区,即亲水基(如羧基(—COOH)、醇基(—OH)等)和疏水基(如烷烃基、烯烃基、芳香烃基等)。在 Langmuir 原始方法中,一清洁的亲水基片在待沉积单层扩散前浸入水中,然后单层扩散并保持在一定表面压力状态下,基片沿水表面缓慢抽出,则在基片上形成一单层膜。LB 技术具有很多优点,比如 LB 薄膜中分子有序定向排列,这是一个重要特点;很多材料都可以用 LB 技术成膜,LB 膜有单分子层组成,它的厚度取决于分子大小和分子的层数;通过严格控制条件,可以得到均匀、致密和缺陷密度很低的 LB 薄膜,而且设备简单,操作方便。但 LB 技术也存在一些缺点,比如成膜效率低,LB 薄膜均为有机薄膜,包含了有机材料的弱点;LB 薄膜厚度很薄,在薄膜表征手段方面难度较大。LB 技术可以把一些具有特定功能的有机分子或生物分子有序定向排列,使之形成某一特殊功能的超薄膜,如有机绝缘薄膜、非线性光学薄膜、光电薄膜、有机导电薄膜等。它们有可能在微电子学、集成光学、分子电子学、微刻蚀技术以及生物技术中得到广泛应用。LB 薄膜电子束敏感抗蚀层有可能成为超高分辨率微细加工技术的一个发展方向。有机非线性光学材料具有非线性极化效率高,不易被激光损伤,制备方便等特点,LB 技术为有机非线性材料应用提供了重要途径。

4.5　薄膜的表征

　　薄膜的表征主要包括薄膜厚度的测量、薄膜形貌和结构的表征以及薄膜成分的分析等方面,下面将进行简单介绍。

4.5.1　薄膜厚度的测量

　　薄膜厚度是薄膜最重要的参数之一,它影响着薄膜的各种性质及其应用,薄膜的生长条件、电学及光学特性等均与薄膜的厚度密切相关。膜厚的测量方法可分为光学法、机械法和电学法等,而其中有的属于有损测量,有的属于无损测量。

　　1. 光学法

　　薄膜厚度的测量广泛使用各种光学方法。光学方法不仅可以用于透明薄膜的测量,还可以用于某些不透明薄膜的测量;同时光学方法使用方便,精确度高;还能同时给出薄膜的折射率、厚度均匀性等参数。光学法包括光吸收法、光干涉法、椭圆偏振法、比色法等,这里仅对前两者进行简单的介绍。

　　(1)光吸收法

　　光吸收法主要是通过测量薄膜透射光强度进而确定薄膜的厚度。一束强度为 I_0 的光透过吸收系数为 α、厚度为 d 的薄膜后,其光强为

$$I = I_0 (1-R)^2 \exp(-\alpha d) \tag{4-29}$$

其中,R 为光在薄膜与空气界面上的反射率。这种方法非常简单,常在蒸镀金属膜时使用,沉积速率一定时,在半对数坐标图上,透射光强与时间的关系呈线性,所以这种方法适合于薄膜沉积过程的在线控制,薄膜厚度均匀性的检测,以及连续薄膜厚度的测量。

　　(2)光干涉法

　　光干涉法测量薄膜厚度的基本原理就是利用不同薄膜厚度所造成的光程差引起的光的干涉现象。首先让我们研究一下一层厚度为 d,折射率为 n 的薄膜在波长为 λ 的单色光源照射下形成干涉的条件。如图 4-27 所示,薄膜对于单色光的干涉极大条件是直接反射回来的光束与折射后又反射回来的光束之间的光程差为光波长的整数倍,即

$$n(AB+BC) - AN = 2nd\cos\theta = N\lambda \tag{4-30}$$

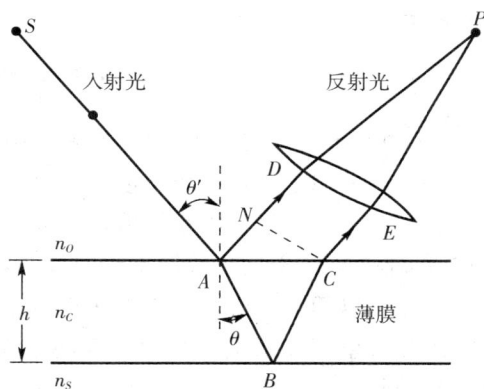

图 4-27　薄膜对于单色光的干涉条件

其中,N 为任意正整数;θ 为薄膜内的折射角;空气的折射率为 1。而观察到干涉极小的条件是光程差等于 $(N+1/2)\lambda$。但在实际应用时还要考虑光在不同物质界面上反射时的相位移动,即在正入射和掠入射的情况下,光在反射回光疏物质中时,光的相位移动相当于光程要移动半个波长,光在反射回光密物质中时其相位不变,而透射光在两种情况下均不发生相位变化。

　　如果被研究的薄膜是不透明的,而且在沉积薄膜时或在沉积之后能够制备出待测薄膜的一个台阶,则可用等厚干涉条纹(FET)或等色干涉条纹(FECO)的方法方便地测出台阶的高度。等厚干涉条纹的测量装置如图 4-28(a)所示。在薄膜的台阶上下均匀地沉积上一层高反射率的金属层,再在薄膜上覆盖上一块半反半透的平面镜。由于反射镜与薄膜表

面之间一般不是完全平行的,因而在单色光的照射下,反射镜和薄膜之间光的多次反射将导致等厚干涉条纹的产生。反射镜与薄膜间倾斜造成的间距变化以及薄膜上的台阶都会引起光程差的不同,因而会使得从显微镜中观察到的光的干涉条纹发生移动,如图 4-28(b)所示。条纹移动所对应的台阶高度应为

$$d = \frac{\Delta \lambda}{\Delta_0} \frac{1}{2} \tag{4-31}$$

因此,用光学显微镜测量出 Δ_0 和 Δ,即测出了薄膜的厚度。当使用 564nm 单色光测量的时候,薄膜厚度的精度可提高到 1nm～3nm 的水平。

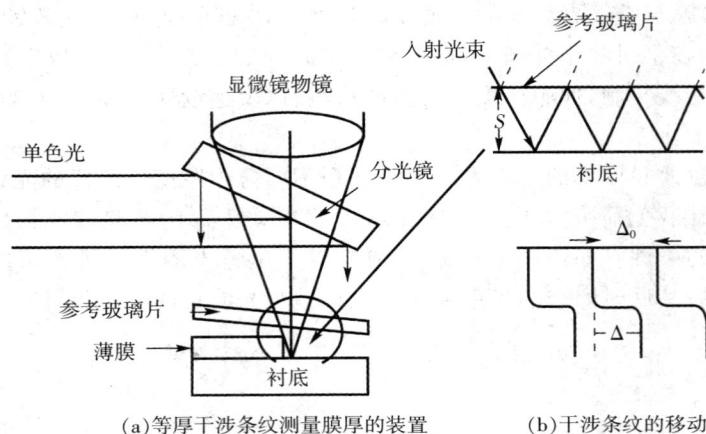

(a)等厚干涉条纹测量膜厚的装置　　　　(b)干涉条纹的移动

图 4-28　等厚干涉条纹或等色干涉条纹方法测量台阶高度

等色干涉条纹法与上一方法稍有不同。这一方法需要将反射镜与薄膜平行放置,另外要使用非单色光源照射薄膜表面,并采用光谱仪分析干涉极大出现的条件,这时不再出现反射镜倾斜所引起的等厚干涉条纹,而采用光谱仪测量干涉极大波长的变化,并由此推算薄膜台阶的高度。等色干涉条纹法的厚度分辨率高于等厚干涉条纹法,可低于 1nm 的水平。

对于透明薄膜来说,其厚度也可以用上述的等厚干涉法进行测量,而透明薄膜的上下表面本身就可以引起光的干涉,因此可以直接用于薄膜的厚度测量而不必预先制备台阶。但由于透明薄膜的上下界面属于不同材料之间的界面,因而在光程差计算中需要分别考虑不同界面造成的相位移动。在薄膜与衬底均是透明的,而且它们的折射率分别为 n_1 和 n_2,薄膜对垂直入射的单色光的反射率随着薄膜的光学厚度 $n_1 d$ 的变化而发生振荡,如图 4-29 中针对 n_1 不同,而 $n_2 = 1.5$ 时的情况那样。对于 $n_1 > n_2$ 的情况,反射极大的位置出现在

$$d = \frac{(2m+1)\lambda}{4n_1} \tag{4-32}$$

在两个干涉极大之间是相应的干涉极小。对于 $n_1 < n_2$ 的情况,反射极大条件变为

$$d = \frac{(m+1)\lambda}{2n_1} \tag{4-33}$$

为了能够利用上述关系实现对于薄膜厚度的测量,需要设计出光强振荡关系的具体测

量方法。第一种是利用单色光入射,但通过改变入射角度的办法来满足干涉条件的方法被称为变角度干涉法(VAMFO)。第二种方法是使用非单色光入射薄膜表面,在固定光的入射角度的情况下,用光谱仪分析光的干涉波长,这一方法被称为等角反射干涉法(CARIS)。

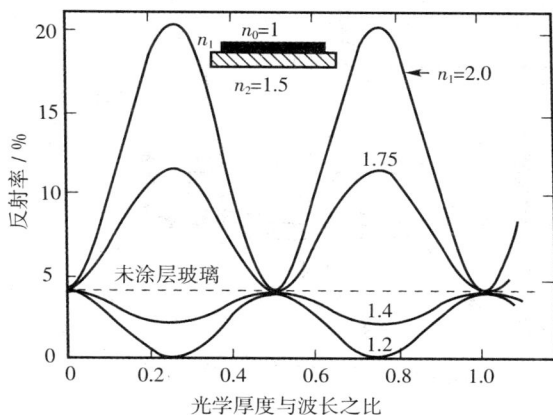

图 4 - 29　薄膜的反射率随光学厚度的变化

2. 机械测量法

(1)表面粗糙度仪法

用直径很小的金刚石触针滑过被测薄膜的表面,同时记录下触针在垂直方向的移动情况并画出薄膜表面轮廓的方法被称为粗糙度仪法。这种方法不仅可以被用来测量表面粗糙度,也可以用来测量薄膜台阶的高度。该方法虽然简单,但容易划伤薄膜,同时测量误差较大。

(2)称重法

称重法又称为微量天平法,就是采用微天平直接测量基片上的薄膜质量,得到质量膜厚。使用高灵敏度微天平可检测的膜厚质量为 $1 \times 10^{-7} kg/m^2$,这一膜厚质量相当于单原子层普通薄膜物质的 1/20 至几分之一。从可以检测基片上微量附着量的意义上说,微天平是膜厚测量中最敏感的方法。这种方法是直接测量,其测量值是可靠的。可以在蒸镀过程中进行膜厚测量,有效用于膜厚监控。该法可用于薄膜制作初期膜厚测量和石英晶体振动的校正,也可用于基片上吸附气体量的测量。称重法的优点包括灵敏度高,能测量沉积质量的绝对值;能在比较广的范围内选择基片材料;能在沉积过程中跟踪质量的变化。但也存在一些问题,比如不能在一个基片上测量厚度分布;由于薄膜的密度与体材料不同,实测的薄膜厚度稍小于实际厚度。

(3)石英晶体振荡法

石英晶体振荡法的原理是基于石英晶体片的固有振动频率随其质量的变化而变化的物理现象。在石英晶体片上沉积薄膜,会改变其质量,也就改变了它的固有振动频率,通过测量其固有频率的变化就可求出质量的变化,进而求出薄膜厚度。测量的灵敏度将随着石英片厚度的减小或晶片的固有频率的提高而提高。当选择固有频率为 6MHz,而频率的测量准确度达到 1Hz 时,相当于可以测量出 $1.2 \times 10^{-8} g$ 左右的质量变化。若取晶片的有效沉积面积为 $1cm^2$,而设沉积的物质为 Al 的话,这相当于厚度的探测灵敏度是 0.05nm 左右。

图 4-30 为石英振荡器的结构示意图。石英晶体振荡器法是目前应用最为广泛的薄膜厚度监测方法。利用与电子技术的结合,不仅可以实现沉积速度、厚度的监测,还可以用来控制物质蒸发或溅射的速率,从而实现对薄膜沉积过程的自动控制。

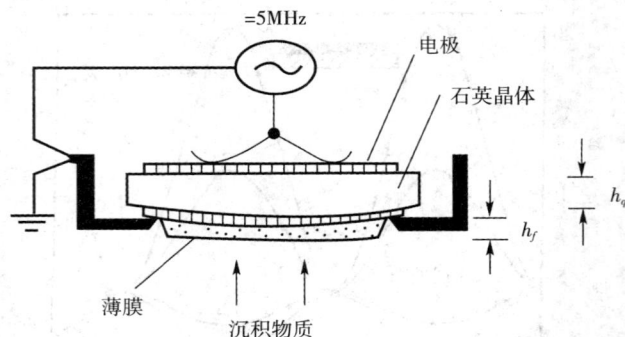

图 4-30 石英振荡器的结构示意图

3. 电学法

(1)电阻法

由于金属导电膜的阻值随膜厚的增加而下降,所以可用电阻法对薄膜厚度进行监测,电阻法是测量金属薄膜厚度最简单的一种方法。长为 L,宽为 W,厚度为 d 的薄膜的电阻可表示为

$$R = \rho \cdot \frac{L}{S} = \frac{\rho}{d} \cdot \frac{L}{W} \qquad (4-34)$$

当 $L = W$ 时,可得到电阻为

$$R_s = \frac{\rho}{d} \qquad (4-35)$$

R_s 为正方形薄膜的电阻值,与正方形边长无关,又称为方块电阻,单位为 $\Omega/\square$,L/W 称为薄膜的方数。假如能测量出薄膜的方块电阻,并且已知薄膜的电阻率值,就可以计算出膜厚。实际工作中,事先测出某种材料薄膜的 $R_s - d$ 曲线,然后测定方块电阻,进而求出薄膜电阻值。用电阻法测量膜厚还取决于如何确切地规定电阻率和厚度之间的关系。实际上电阻法测量金属薄膜的厚度的精度很少优于 5%。

(2)电容法

电介质薄膜的厚度可以通过测量其电容量来确定。在两块金属夹一层介质薄膜的电容系统中,电容量与介质薄膜的厚度相关。电容法主要有平板叉指电容器和平板电容器两种。平板叉指电容法测量膜厚的原理图如图 4-31 所示。当未沉积薄膜介质时,叉指电极间的物质是基片,因而电容量主要由基片的介电常数决定。当沉积了电介质薄膜之后,其电容值由叉指电极的间距以及沉积薄膜的厚度和介电常数决定。如果已知其介电常数值,则只要用电容电桥测出该电容值,便可确定沉积的介质薄膜的厚度。平板电容法是在绝缘基片上先形成下电极,然后沉积一层介质薄膜,再制作上电极,形成一个平板形电容器。根据平板电容器公式,在测出电容值后,便可计算出介质薄膜的厚度。显然电容法只能用于沉积薄膜后的厚度测量,而不能用于沉积过程的实时监测。

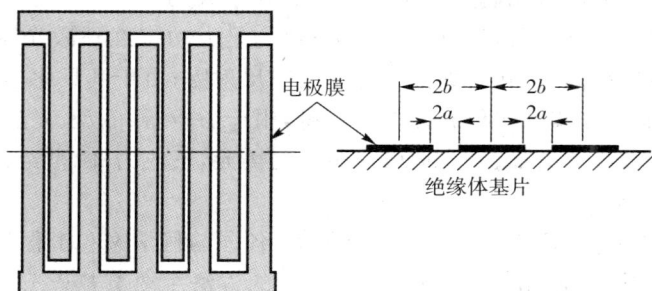

图 4-31　平板叉指电容法测量膜厚的原理图

4.5.2　薄膜的其他表征方法

薄膜的性能取决于薄膜的结构和成分,薄膜的结构和成分也是薄膜材料参数研究中的重要组成部分。薄膜的结构表征方法主要有 X 射线衍射、扫描电子显微镜、透射电子显微镜、低能电子衍射和反射式高能电子衍射等方法;薄膜的成分分析方法主要有 X 射线能量色散谱、俄歇电子能谱、X 射线光电子能谱、X 射线荧光光谱分析、卢瑟福背散射技术、二次离子质谱等。薄膜的表征手段很多,还涉及原子化学键合表征,薄膜应力表征等方面。随着电子技术的发展,根据各种微观物理现象不断研发出各种新型表征手段,这些都为对薄膜材料的深入分析提供了现实可能性。

4.6　典型薄膜材料简介

薄膜材料所涉及的领域极为广泛,包括耐磨及表面防护涂层薄膜材料,发光薄膜材料,光电薄膜材料,介电、铁电、压电薄膜材料,磁性及巨磁阻薄膜材料,集成电路、光学器件及能带工程薄膜材料,磁记录和光存储薄膜材料,形状记忆智能薄膜材料等。前面几节中已经介绍了薄膜材料的特征、生长过程、制备及表征方法等内容,下面我们将介绍几种典型的薄膜材料来反映薄膜材料科学发展的状况。

4.6.1　金刚石薄膜材料

金刚石是自然界中最硬的物质,而且在力学、电学、热学及光学等方面还具有一系列优异的性质,因而长期以来人们一直在尝试采用人工方法合成金刚石。通过热力学计算表明只有在高温高压下才能合成金刚石,但经过科学家的不懈努力,已能在低温低压条件下采用各种 CVD 方法制备金刚石薄膜。CVD 金刚石的许多潜在应用是非常可观的,因为它在纯度和性质上可以与高温高压下生长的金刚石以及天然金刚石相比拟。利用金刚石的硬度及CVD 膜的均匀性,可以用来制造刀具涂层,当前用切割的金刚石膜做的刀具在市场上销售,成功用于切削有色金属、稀有金属、石墨及复合材料。金刚石摩擦系数低、散热快,可作为宇航高速旋转的特殊轴承以及军用导弹的整流罩材料。金刚石具有低的密度和高的弹性模量,声音传播速度大,可作为高保真扬声器高音单元的振膜,是高档音响扬声器的优选材料。

在金刚石膜的应用领域中最为重要的就是其作为半导体材料在高频、大功率和高温电子器件材料等方面的应用,多晶金刚石膜在室温下的热导率大约是铜的 5 倍,可以作为高温、大功率半导体器件热沉。金刚石由于具有高的透过率,是大功率红外激光器和探测器的理想窗口材料;由于其折射率高,可作为太阳能电池的防反射膜;由于其具化学惰性且无毒,可用作心脏瓣膜等。金刚石膜集众多优异性能于一身,用于扬声器、磁盘、光盘、工具、刀具、激光器、光学涂层及保护涂层等方面,其产值已超过千亿美元,正成为 21 世纪最有发展前途的新型薄膜材料之一。

由于世界范围内掀起"CVD 金刚石"研究热潮,各国的科学家和工程师们开发了许多制备金刚石的 CVD 方法,目前用于 CVD 金刚石合成的方法主要有热丝 CVD、微波等离子体CVD、直流电弧等离子体喷射 CVD、燃烧火焰法 CVD 等,下面将进行简单介绍。

1. 热丝化学气相沉积(HFCVD)

金刚石膜的热丝 CVD 法目前已经发展成沉积金刚石膜较为成熟的方法之一,而且也是大众化的方法。1982 年 Matsumoto 等人利用难熔金属灯丝加热至 2000℃以上,在此温度下通过灯丝的 H_2 气体很容易产生原子氢,这种方法的基本原理便是靠在衬底上方设置金属热丝高温加热分解含碳的气体,形成活性的粒子在原子氢的作用下而形成金刚石,在碳氢热解过程中原子氢的产生可以增大金刚石的沉积率,金刚石被择优沉积,而石墨的形成则被抑制,结果金刚石的沉积率增加到 mm/h 量级,对工业生产具有实用价值。图 4-32 即为沉积金刚石薄膜材料的热丝 CVD 装置的示意图。热丝 CVD 由于系统简单,成本及运行费用相对较低,使之成为工业上最普遍的实用方法。热丝 CVD 可以使用各种碳源如甲烷、乙烷、丙烷及其他碳氢化合物,甚至含有氧的一些碳氢化合物如甲醇、乙醇和丙酮等,含氧基团的加入使金刚石沉积的温度范围大大拓宽。但热丝 CVD 法也存在缺点:金属丝的高温蒸发会将杂质引入金刚石膜中,因此该方法不能制备高纯度的金刚石膜。最近发展的等离子体辅助热丝 CVD 法,不仅获得远比一般热丝 CVD 法更高的沉积速度,而且金刚石膜的质量也得到显著提高。

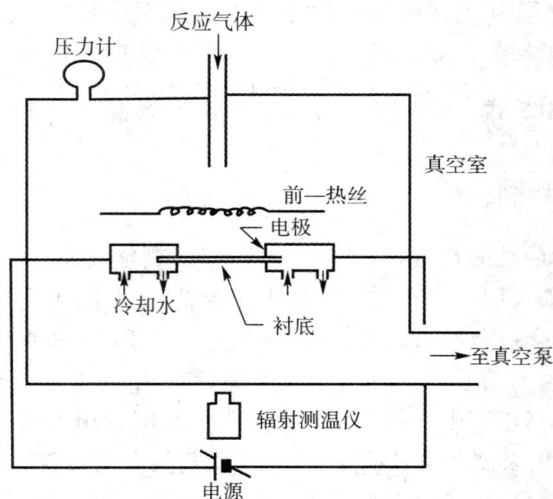

图 4-32　沉积金刚石薄膜的热丝 CVD 装置的示意图

2. 微波等离子体 CVD(MWPCVD)

早在 20 世纪 70 年代,科学家就发现利用直流等离子体可以增加原子氢的浓度,将 H_2 分解为原子氢,激活碳基原子团以促进金刚石形成。除了直流等离子体外,微波等离子体和射频等离子体也被人们使用,此外还包括电子回旋共振微波等离子体助 CVD 等。微波法是利用微波的能量激发等离子体,具有能量利用效率高的优点。同时由于无电极放电,等离子体纯净等优点,是目前高质量、高速率、大面积制备金刚石膜的首选方法。这种方法从反应室装置来分类可以分为石英管式、石英钟罩式和带有微波耦合窗口的金属腔式。从微波等离子体耦合方式分类,有直接耦合式、表面波耦合式和天线耦合式。该方法近年得到快速发展的原因之一是可大面积沉积高质量的金刚石薄膜。最近国外新研制的高气压下工作的高功率微波等离子体 CVD 装置可达到更高的沉积速率,同时能制备强织构的金刚石膜。美国 AS2TEX 公司研制的 75kW 级微波等离子体 CVD 系统沉积速率非常高,但设备太昂贵。我国也成功地研制了 5kW 级 MWPCVD 装置等离子体炬,利用电弧放电产生等离子体,制备出了高质量的金刚石膜。

3. 直流电弧等离子体喷射 CVD

直流电弧等离子喷射法的装置由等离子体炬、电源系统、真空系统及水冷系统构成,利用直流电弧放电所产生的高温等离子喷射流(温度达 $3000℃ \sim 4000℃$),使得碳源气体和氢气离解,获得沉积金刚石薄膜所需要的气相环境。由于等离子体炬工作压力一般低于大气压力,因此得到的是一种偏离平衡状态的低温热等离子体,因为原子氢、甲基原子团和其他活性原子团的密度很高,所以金刚石的生长速度非常快。Kurihara 等人设计了一种直流等离子喷射设备 DIA - JET,使用一个注射喷嘴,喷嘴由一个阴极棒和环绕阴极的阳极管所组成,这一系统所得到的典型金刚石沉积率为 80mm/h。我国北京科技大学近年来开发出具有我国自主知识产权的磁控/流体动力学控制大口径长通道等离子体炬技术建造的 100kW 级高功率直流电弧等离子体喷射 CVD 金刚石薄膜沉积系统,成功制备了高光学质量(光学级透明)大面积金刚石自支撑薄膜。

4. 燃烧助 CVD

Hirose 等人第一次使用燃烧助 CVD 方法沉积金刚石膜。在焊接吹管的喷烧点处使 C_2H_2 和 O_2 混合气体氧化,在内燃点接触基片的明亮点处形成金刚石晶体。燃烧法较传统 CVD 方法具有设备简单、成本低、效率高等优点,可在大面积和弯曲表面沉积金刚石。但由于沉积很难控制,因此薄膜在显微结构和成分上都是不均匀的。焊接吹管在基片表面上形成温度梯度,在大面积基片上合成金刚石膜会引起基片弯曲或断裂。目前在提高燃烧法制备金刚石膜的质量、增大沉积面积方面已取得很大进展,预计这一技术将在制备应用于摩擦领域的金刚石方面获得推广。

CVD 法制备金刚石膜的机理目前还没有完全了解,但原子氢在金刚石膜生长过程中起着重要的作用这一点已经得到确认。原子氢能稳定具有金刚石结构的碳而将石墨结构的碳刻蚀掉。只要 C、H、O 三者比例在一定的范围区域内,在合适的沉积条件下即使是不同的反应前驱物,都能得到金刚石薄膜。调节不同的沉积参数,可以有选择性地生长出不同单晶体形状的金刚石薄膜,满足不同应用领域对金刚石的需要。目前,金刚石薄膜异质外延生长的机理、低温沉积金刚石薄膜、提高金刚石的生长速度、降低生产成本以及如何控制生长条件,减小晶界和缺陷密度,实现均匀的金刚石薄膜定向异质外延等均是当前 CVD 方法生长金刚石薄膜的课题中急需解决的问题。

4.6.2　氧化锌薄膜材料

　　在半导体材料的发展中,一般将 Si、Ge 称为第一代电子材料;GaAs、InP、GaP、InAs、AlAs 等称为第二代电子材料;而将宽带隙高温半导体 ZnO、SiC、GaN、AlN、金刚石等称为第三代半导体材料。第三代半导体材料的兴起,是以 GaN 材料 p 型掺杂的突破为起点,以高亮度蓝光发光二极管(LED)和蓝光激光器(LD)的研制成功为标志,包括 GaN、SiC 和 ZnO 等宽禁带材料。ZnO 是继 GaN、SiC 之后出现的又一种第三代宽禁带半导体,它在晶格常数和禁带宽度等方面均与 GaN 很相近,但在某些方面具有比 GaN 更加优越的性能,比如更高的熔点和激子束缚能、更高的激子增益、更低的制备成本以及更好的光电集成特性等,使得 ZnO 成为低阈值紫外激光器的一种全新的候选材料。

　　ZnO 的结构如图 4-33 所示,属于 IIB-VIA 族二元化合物半导体材料,晶体结构可以分为纤锌矿(B4)、闪锌矿(B3)和岩盐结构(B1)。ZnO 具有独特的电学及光学特性,在众多领域中具有重要的应用价值。理想化学配比的 ZnO 由于带隙较宽而为绝缘体,但是由于存在氧空位、锌填隙等施主缺陷,使之成为极性半导体。由于形成氧空位所需的能量比形成锌空位所需的能量小,因此在室温下 ZnO 材料通常是氧空位,而不是锌空位,当在 ZnO 的晶体中氧空位占主导时,表现出 N 型导电。ZnO 的发光性质及其跃迁过程对未来制备 ZnO 基光电子器件是非常重要的。由于 ZnO 的禁带宽度在室温下为 3.37eV,可见光照射不能产生激发,对可见光是透明的。ZnO 在 400nm～800nm 之间透过率一般在 80% 以上,对于紫外光 ZnO 强烈的吸收,是 ZnO 的本征吸收。ZnO 是一种应用广泛的功能材料,在透明电极、表面声波器件、压敏电阻、湿敏、气敏传感器和太阳能电池等领域有广泛的应用。近年来,随着短波长光电子器件的应用显示出极大潜力,ZnO 的研究受到了人们的重视。

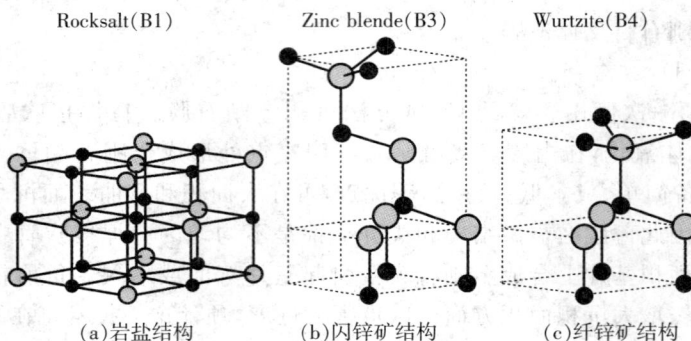

图 4-33　ZnO 的三种结构示意图

　　获得高质量的 ZnO 薄膜是研究 ZnO 特性以及开发 ZnO 基器件的前提。制备 ZnO 薄膜的方法有很多种,各有优缺点。不同的制备方法和工艺条件对薄膜结构特性和光电性质有着很大的影响。高质量 ZnO 薄膜的生长技术在不断提高,主要制备方法有金属有机化学气相沉积(MOCVD)、磁控溅射、溶胶-凝胶法、分子束外延(MBE)以及脉冲激光淀积(PLD)等,其中 MBE、PLD、MOCVD 技术生长的薄膜质量较好。

1. 金属有机化学气相沉积

MOCVD 是生长高质量 ZnO 薄膜的主要技术之一,图 4 - 34 是 MOCVD 装置的示意图。MOCVD 技术生长 ZnO 薄膜的锌源有二乙基锌、二甲基锌,CO_2、N_2O、H_2O 等是常用的氧源。MOCVD 经过 30 多年的发展,已经成为半导体外延生长的一种重要技术,尤其是适合于大规模生产的特点使其成为在生产中应用最广的外延技术。Gruber 等人利用 MOCVD 方法,以 ZnO 为衬底,在衬底温度 380℃,反应气压 400mbar 的条件下生长出了单晶 ZnO 薄膜,其双晶摇摆曲线半高宽仅为 100arcsec,并观察到了低温下的带边发光和声子伴线,带边发光半高宽仅为 5meV。

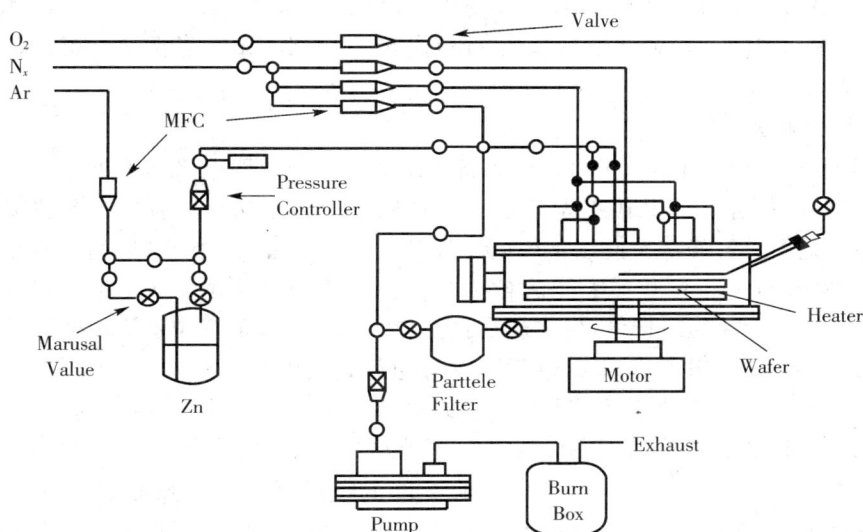

图 4 - 34　MOCVD 装置的示意图

2. 分子束外延

MBE 也是一种有效的 ZnO 薄膜生长技术,易于控制组分和高浓度掺杂,可进行原子操作,而且衬底温度也较低。但设备需要超高真空,生长速率也较慢。MBE 主要有激光增强(L - MBE)和微波增强 MBE 两种。L - MBE 典型工艺为:KrF 激光器(248nm,$0.6J/cm^2$,10Hz)烧蚀高纯 ZnO 靶,在蓝宝石衬底 α - Al_2O_3 上沉积,氧分压为 1×10^{-4} Pa,生长温度为 500℃。微波 MBE 一般也采用蓝宝石衬底,微波功率 120W,氧分压为 1×10^{-2} Pa,反应温度 500℃,可观察到 400nm 附近的光泵浦紫外受激辐射。T. Makino 等人还利用 L - MBE 在 $ScAlMgO_4$ 衬底上(与 ZnO 晶格失配度仅为 0.09%)沉积得到优质 ZnO 膜,并在透射谱上观测到 A、B 激子分裂开来,能量差为 8meV。

3. 溅射法

ZnO 薄膜的溅射制备法是研究最多、最成熟和应用最广泛的方法。此法适用于各种压电、气敏和透明导体用优质 ZnO 薄膜的制备。该方法采用 Zn 或 ZnO 作靶材,以 Ar 与 O_2 的混合气体作为反应气体。在溅射镀膜的过程中,使放电气体 Ar 电离成高能粒子束轰击靶材,产生的溅射原子到达衬底上与 O_2 进行反应,从而形成 ZnO 薄膜。溅射法包括电子束溅射、磁控溅射、射频溅射、直流溅射等。由于溅射原子的能量较高,因而可制备出结构较为致密、均一、近似单晶的 ZnO 薄膜。据文献记载，人们用此方法制备的 ZnO 薄膜，观测到了 ZnO 薄膜蓝-绿光、红光及紫外光发射的现象。

4. 脉冲激光沉积

脉冲激光沉积（PLD）工艺是近年发展起来的真空物理沉积工艺，是一种很有竞争力的新工艺。与其他工艺相比，具有可精确控制化学计量、合成与沉积同时完成、对靶的形状与表面质量无要求的优点，所以可对固体材料进行表面加工而不影响材料本体。脉冲激光沉积方法是高功率的脉冲激光束经过聚焦之后通过窗口进入真空室照射靶材，激光束在短时间内使靶表面产生很高的温度，并使其气化，产生等离子体，其中所包含的中性原子、离子、原子团等以一定的动能到达衬底，从而实现薄膜的沉积。据文献报道，研究人员利用脉冲激光沉积的方法在不同的沉积条件下制备出 ZnO 薄膜，观察到 ZnO 薄膜发射黄-绿光、紫光和紫外光的现象。

5. 喷射热分解法

喷射热分解法（Spray Pyrolysis）是由制备太阳能电池用透明电极而发展起来的一种方法。由于用溅射法制备大面积电极易损伤衬底，故喷射热分解法得以发展。此法无需高真空设备，因而工艺简单且经济。此法一般以溶解在醇类中的醋酸锌为前体，可获得电学性能极好的薄膜。Van Heerden 考查了此法各工艺参数对生长结果的影响，得出以生长温度 420℃、溶液浓度 0.05M 为最佳值，生成后在真空、空气、氢气及氮气中退火对薄膜结构几乎无影响的结论。掺 In 被用来提高 ZnO 薄膜的导电性能，但在喷射热分解法中，一般以氯盐作掺杂剂，这会造成薄膜的氯污染。为克服这一缺点，Gomez 用三种不同的 In 掺杂剂以不同的 [In]/[Zn] 比值进行了实验，结果在用醋酸铟为掺杂剂、[In]/[Zn] = 2at% 时获得最低电阻率 $\rho = 2 \times 10^{-3} \Omega \cdot cm$。一些文献报道了应用超声喷射热分解法在衬底温度 450℃、溶液浓度 0.03M 时制成了具有高度择优生长取向的 ZnO 薄膜，装置示意图见图 4-35。

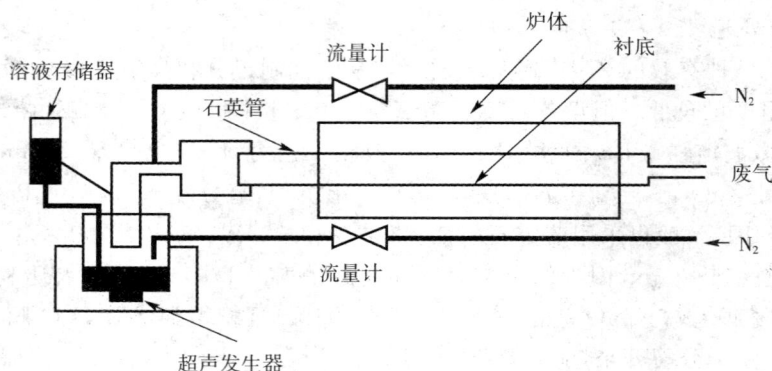

图 4-35　超声喷射热分解示意图

6. 溶胶-凝胶法

溶胶-凝胶法（Sol-gel）是采用提拉或甩胶法将含锌盐类的有机溶胶均匀涂于基片上以制取 ZnO 薄膜的工艺。溶胶的制备主要是利用锌的可溶性无机盐或有机盐如 $Zn(NO_3)_2$、$Zn(CH_3COO)_2$ 等，在催化剂冰醋酸及稳定剂乙醇胺等作用下，溶解于乙二醇独甲醚等有机溶剂中而形成。涂胶一般在提拉设备或匀胶机上进行。每涂完一层后，立即置于 200℃～450℃下预烧，并反复多次，直至达到所需厚度。最后在 500℃～800℃下进行退火处理，即得 ZnO 薄膜。本法的合成温度较低（约 300℃），材料均匀性好，与 CVD 及溅射法相比，有望提高生产效率，已受到电子材料行业的重视。另外，此法还可在分子水平控制掺杂，尤其适合于制备掺杂水平要求精确的薄膜。

4.6.3　铜铟镓硒薄膜材料

太阳能电池多为半导体材料制造，发展至今已经种类繁多。在薄膜太阳能电池中，CIGS 电池转换效率最高，接近多晶硅的水平。同时还具有吸收率高、带隙可调、品质高、成本低、性能稳定、可选用柔性基材、弱光性好等优点，因此被日本 NEDO 的太阳能发电首席科学家东京工业大学的小长井诚教授认为是第三代太阳能电池的首选，并且是单位重量输出功率最高的太阳能电池，其优异性能被国际上称为下一代的廉价太阳能电池，吸引了众多机构及专家进行研究开发。

CIGS 薄膜太阳能电池是一种以 CIGS 为吸收层的高效率薄膜太阳能电池，CIGS 是 $CuInSe_2$ 和 $CuGaSe_2$ 的无限固溶混晶半导体，都属于 I-III-VI$_2$ 族化合物，在室温下具有黄铜矿结构。CIGS 薄膜是电池的核心材料，原子的晶格配比及结晶状况对其电学和光学性能影响很大，因而其制备方法显得尤为重要。目前，已报道的制备方法大致可归为真空工艺和非真空工艺两类。真空工艺主要有多源共蒸法、溅射后硒化法、混合溅射法、脉冲激光沉积、分子束外延技术、近空间蒸气输运、化学气相沉积等；非真空工艺包括电沉积、旋涂涂布、喷涂热解及丝网印刷等方法。下面主要介绍多源共蒸法、溅射后硒化法和部分低成本非真空工艺。

1. 真空蒸发法

真空蒸发法按照蒸发热源数目的多少可分为单源蒸发、双源蒸发和三源蒸发。所谓单源蒸发就是利用单一热源加热 CIS 合金，使之蒸发沉积到玻璃基片上，获得 CIS 薄膜；双源蒸发即利用两个热源分别使 Cu_3Se_2 和 In_2Se_3 蒸发后沉积在基片上，获得单相薄膜；三源及多源蒸发即利用三个以上热源使 Cu、In、Ga、Se 分别蒸发后共同沉积到基片上。目前在小面积高效率 CIGS 电池的制备方面，美国可再生能源实验室（NREL）开发的三段法最好。图 4-36 给出了多源共蒸和三段蒸发法的示意图。在整个过程中保持 Se 足量的情况下，首先在较低的温度（300℃左右）衬底上蒸镀 In、Ga 元素，形成了 $(In,Ga)_2Se_3$ 化合物；接着在较高温度的衬底上蒸镀 Cu；最后再一次蒸镀 In 和 Ga，以满足组分的计量比。三步法得到的薄膜形貌非常光滑、晶格缺陷少、晶粒巨大，这主要与第二段中 Cu_2Se 的液相烧结有关。沉积过程中控制 Ga/In 比例，还可以形成梯度带隙结构，因而三段法能得到较高的转换效率。蒸发法制备 CIGS 薄膜的成分不仅和源物质的成分有关，还受衬底温度、蒸发速率和蒸发质量等因素的影响，如何精确控制蒸发过程是决定元素配比和晶相结构的关键。虽然三段蒸发法在小面积高效率电池方面取得了成功，但其工艺复杂、无法精确控制元素比例、重复性差、材料利用率不高、成本较高、很难实现大面积均匀稳定成膜，因而在大规模工业化生产中的应用受到限制。

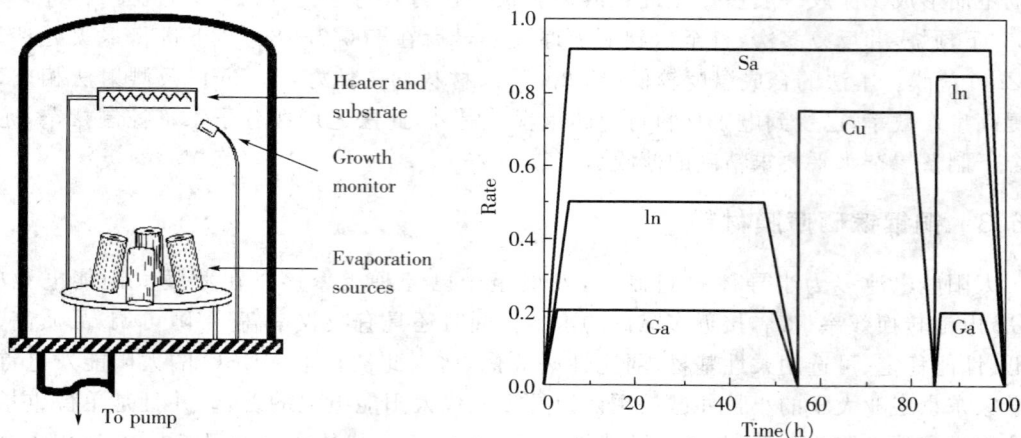

图 4-36　CIGS 薄膜的三段蒸发法示意图

2. 溅射后硒化法

低成本、高效率、大面积规模化等指标是检验 CIGS 电池技术开发成功与否的关键。溅射后硒化法作为大规模工业化生产技术，使用商业半导体薄膜沉积设备，易于放大，同时能保证大面积均匀成膜。Grindle 等人最早采用溅射后硒化工艺在 H_2S 中制备 $CuInS_2$，Chu 等最先采用这种工艺制备 $CuInSe_2$ 薄膜。溅射后硒化法制备的电池实验室最高效率达到 16.2%，但研究重点都放在实验室工艺的放大及其大规模生产方面。Showa Shell 和 Shell Solar 采用溅射后硒化工艺成功实现商业化生产，大面积模件效率超过 13%。溅射后硒化法实际上就是预先溅射沉积 Cu/In/Ga 等金属前躯体，然后利用 Se 容易与金属反应的特性，在 H_2Se 或 Se 的气氛中硒化，从而制备出 CIGS 薄膜。根据硒源是固体还是气体的不同分为固态硒化法和气态硒化法。H_2Se 硒化能在常压下操作，可精确控制反应过程，加之其活性较高，因而得到的薄膜质量较好，目前生产线上均采用 H_2Se 硒化。但 H_2Se 是剧毒气体，且易燃，造价高，对保存、操作的要求非常严格，因此其应用受到一定限制。采用固态源硒化成本低、设备简单、操作安全，但在工艺可控性、重复性和硒化效果上面有一定差距，仅处在实验室研究阶段。溅射后硒化工艺虽然组分易控制、能大面积均匀成膜，但也存在形成 $MoSe_2$ 增大串联电阻和薄膜的附着力下降，同时在硒化过程中 Ga 易向 Mo 层迁移堆积而很难实现梯度带隙，需要额外增加硫化工艺以提高带隙等硒化工艺问题。总之，溅射后硒化工艺正成为当前 CIGS 电池研究的重点和难点，已成为当前工业化生产的主流技术路线。

3. 电沉积法

电沉积法分为两大类：一步法和分步法。目前电沉积单一金属元素已经比较成熟，但是对于四元化合物 CIGS 的共沉积则相当困难。Cu、In、Ga、Se 的沉积电位相差很大，而 In、Ga 由于其标准电位值相对较负，因此比较难还原。因此通常需要通过优化溶液条件（pH 值、浓度、络合剂、电位等），使几种元素的电极电位尽可能相近，以保证几种元素以接近 CIGS 分子式的化学计量比析出，才能得到很好的电镀层薄膜。一步法虽然在原理上比较简单，但在电化学方面变得很复杂，因为除了沉积出 CIGS 外，还有可能沉积出单一元素或者其他二元杂相。1983 年 NREL 的 Bhattacharya 首先在含有 Cu、In、Se 元素的溶液中一步电沉积 CIS 前驱物薄膜。为控制溶液中各化学物质的比例，Guillen 通过添加络合剂，调节溶液中各离子的浓度。1997 年 Bhattacharya 使用脉冲电镀方法首次把 Ga 添加到氯化物电解溶液中,成功地一步电沉积出 CIGS 薄膜。香港理工大学 Yang 等采用二电极方法电沉积 CIGS 薄膜,并取得了初步的成果。分步法电沉积 CIS 薄膜过程为,先沉积 CuIn 或 CuIn-Ga 合金膜,然后在 H_2Se 或 Se 气氛中硒化。Guillen 等在 Cu/In - Se 的基础上进行硒化过程,研究了硒化过程的反应机理。Bhatachary 等人通过调整 In/Ga 比例,在真空下高温热处理后的电沉积 CIGS 薄膜所得产品的转化效率高达 15.4%。此外,还有报道在非水溶液(如己二胺、乙二醇、安基乙酸)中电沉积 CIS 光电薄膜。非真空电沉积法制备 CIGS 薄膜具有如下突出的优点:成本低、方法简单、沉积温度低、速率高、安全环保、材料回收成本低等优点,但其沉积的薄膜质量和附着力较差,同时工艺的精确控制和重复性还有待加强。

4. 旋涂印刷等非真空工艺

采用设备简单,原料利用率高,生长速度快,可大面积均匀制膜,能更方便采用卷绕技术(Roll-to-Roll)的非真空工艺正逐渐成为当前 CIGS 电池研究的热点。CIGS 薄膜制备的非真空工艺就是先配置出一定粘度的符合化学计量比的前驱物料浆、墨水或有机溶剂,然后通过旋涂、涂布、喷雾热解或印刷等非真空成膜工艺制备出前驱体薄膜,再经过还原、硒化和退火等后处理工艺转变成 CIGS 薄膜。美国 Nanosolar 研发出非真空低成本纳米墨水印刷制备 CIGS 工艺,有望与传统化石燃料发电媲美。Basol 通过 Cu - In 合金粉末作为前驱物,沉积完后在 H_2Se 的气氛下烧结硒化,得到了转化效率为 10% 的 CIS 器件,吸收层薄膜呈多孔性。Kapur 等采用金属氧化物为前驱体,在高温下 H_2 还原并在 H_2Se 气氛中硒化得到的 CIS 薄膜器件的光电转换效率达到 13.6%。但高温还原硒化过程既不利于降低成本,还涉及 H_2Se 的毒性和易燃易爆的安全性等一系列问题。Kaelin 研究了非氧化物前躯体 $Cu(NO_3)_2$、$InCl_3$ 和 $Ga(NO_3)_3$ 溶解于甲醇中,添加乙基纤维素流延成膜,最后改用 Se 气氛来代替 H_2Se 硒化得到 CIGS 薄膜,制备的电池效率达到 6.7%。但也存在薄膜表面粗糙、非晶碳层和附着力差等问题。旋涂印刷等非真空工艺最大优势就是成本低、适合大面积生产,但技术尚处于研发阶段。

参考文献

[1] 郑伟涛. 薄膜材料与薄膜技术. 北京:化学工业出版社,2004

[2] 唐伟忠. 薄膜材料制备原理、技术及应用. 北京:冶金工业出版社,1998

[3] 田民波,刘德令. 薄膜科学与技术手册. 北京:机械工业出版社,1991

[4] 田民波等. 薄膜技术与薄膜材料. 北京:清华大学出版社,2006

[5] 宁兆元,江美福等. 固体薄膜材料与制备技术. 北京:科学出版社,2008

[6] 王力衡. 薄膜技术. 北京:清华大学出版社,1992

[7] 顾培夫. 薄膜技术. 杭州:浙江大学出版社,1990

[8] 金曾孙. 薄膜制备技术及其应用. 长春:吉林大学出版社,1989

[9] 小沼光晴,张光华译. 等离子体及成膜基础. 北京:国防工业出版社,1994

[10] 王力衡译. 薄膜. 北京:电子工业出版社,1988

[11] 赵化桥. 等离子体化学与工艺. 合肥:中国科学技术大学出版社,1992

[12] 薛增泉,吴全德等. 薄膜物理. 北京:电子工业出版社,1991

[13] 陈光华,张阳. 金刚石薄膜的制备与应用. 北京:化学工业出版社,2004

［14］朱宏喜. CVD 金刚石薄膜生长织构和残余应力的研究. 博士学位论文,2007

［15］邓锐. 宽带隙半导体(ZnO,SiC)材料的制备及其光电性能研究. 博士学位论文,2008

［16］罗派峰. 铜铟镓硒薄膜太阳能电池关键材料与原理型器件制备与研究. 博士学位论文,2009

［17］李惠. ZnO 和钴掺杂的 ZnO 薄膜的制备及其性能研究. 硕士学位论文,2008

［18］M. Ohring. The Materials Science of Thin Films. Academic Press,Boston,1992

［19］D. L. Smith. Thin Film Depostion. McGraw – Hill Inc. ,New York,1995

［20］R. P. Goyal,G. Raviendra,et al. Phys. Chem. Solids,1985,87:79

［21］N. Khare,G. Razzine,et al. Thin Solid Films,1990,186:113

［22］D. Raviendra,J. K. Sharma,J. Appl. Phys,1985,46:945

［23］C. H. Bates,W. B. White,and R. Roy. Science,1962,137:993

［24］C. R. Gorla,N. W. Emanetoglu,et al. ,J. Appl. Phys,1998,85:2595

［25］D. M. Bagnall,Y. F. Chen,et al. Appl. Phys. Lett,1998,73:1038

［26］T. Makino,G. Isoya,et al. ,J. Cryst. Growth,2000,214:289

［27］F. O. Adurodija,M. J. Carter,et al. Sol. Energy Mater. Sol. Cells,1996,40:359

［28］P. F. Luo,C. F. Zhu. Solid State Communications,2008,146:57

［29］V. K. Kapur,A. Bansal,et al. Thin Solid Films,2003,431:53

第5章　先进陶瓷与新型耐火材料的制备

　　无机非金属材料是一种古老而又年轻的材料,它的历史可上溯到距今几百万年的石器时代。但在科学技术飞速发展的今天,它又是一种最年轻的材料,随着航天工业、电子工业等新型工业的发展,作为基础产业的新材料工业得到了迅速的发展。其中,无机非金属材料因其优良的物理化学性能而受到了极大的重视。这一时期,可以说是无机非金属材料学科"百花齐放"的时期。人们发展了用在工程机械上的结构材料,如用于航空工业的耐热高强陶瓷、耐热涂层、发动机材料等;用于机械工业的陶瓷密封环、陶瓷阀门、切削刀具、研磨磨料等;用于食品、化工、环境保护等行业的多孔陶瓷、耐酸陶瓷、薄膜材料等;用于耐高温行业的新型耐火材料等。

　　本章将简单扼要地把先进陶瓷材料及其特点,先进陶瓷粉体的制备、成型、烧结、新型耐火材料和某些应用作一阐述。

5.1　先进陶瓷材料及其特点

　　先进陶瓷又称为新型陶瓷、精细陶瓷、高性能陶瓷、高技术陶瓷,其内涵远远超出了传统普通陶瓷范畴,几乎涉及整个无机非金属领域。一般认为,它是采用高度精选且具有特定化学组成的原料,按照便于进行结构设计和控制的工艺进行制备、加工,得到的具有优异性能的陶瓷。先进陶瓷材料与传统陶瓷的差别,主要体现在以下几个方面。

　　(1)原材料不同　　前者选用人工合成或提纯的高质量粉体作起始原料;后者则将天然矿物,如黏土、石英、长石等,经过粉碎、除渣等工艺处理后直接使用。

　　(2)化学组成不同　　前者除氧化物外,还有氮化物、碳化物、硼化物、硅化物等,它们的化学和相组成简单明晰,纯度高,显微结构均匀细密;后者以氧化物为主,其化学和相组成均复杂多变,显微结构粗劣且多气孔。

　　(3)制备工艺不同　　前者必须加入添加剂才能进行干法或湿法成型,烧结温度较高(1200℃~2200℃),且需加工后处理;而后者烧结温度较低(900℃~1400℃)。

　　(4)品种不同　　前者除烧结体外,还有单晶、薄膜、纤维、复合物;而后者主要是天然硅酸盐矿物原体的烧结体。

　　(5)用途不同　　前者因其优异的力、光、电、磁性能等,被广泛应用于石油、化工、钢铁、电子、航空航天、核动力、军事、纺织、生物和汽车等诸多工业领域;后者一般仅限于日用和建筑使用。

　　根据性能和应用不同,先进陶瓷材料可分为结构陶瓷、功能陶瓷和陶瓷涂层材料等。在工程结构上使用的陶瓷称为结构陶瓷,它具有高温下强度和硬度高、蠕变小、抗氧化、耐腐蚀、耐磨损、耐烧蚀等优越性能;在空间科学和军事技术的许多场合,它往往是唯一可用的材料,例如作为热机原件、切削工具、耐磨损部件、宇航、国防、生物陶瓷器件等。利用陶瓷具有的物理性能(电、磁、光、铁电、压电、热释电等)制造的陶瓷材料称为功能陶瓷,亦称为电子陶瓷,它具有的物理性能差异很大,所以用途也很广泛,例如作为绝缘体、集成电路封装材料、压电陶瓷、铁氧体、电容器、超导体等。在生产中,几乎所有部件都可以用涂层的办法来满足其对耐高温、耐化学腐蚀的要求,即加工成陶瓷涂层材料,它已广泛用于汽车、内燃机、涡轮机、宇宙发动机、热交换器及其他一些工业器件。

先进陶瓷工艺过程与其性能之间存在密切的关系,这种联系可用材料的显微结构来表征。工艺过程、显微结构和性能三者之间存在如图 5-1 所示的关系。化合物的性质是固有的,几乎不受外界的影响,它包括晶体结构、热膨胀系数、折射率、磁性晶体的各向异性等。但同时,材料的性质在很大程度上是可变的,通过不同的工艺路线改变显微结构会使材料性能发生很大变化,如断裂强度、断裂韧性、介电常数、磁导率等。

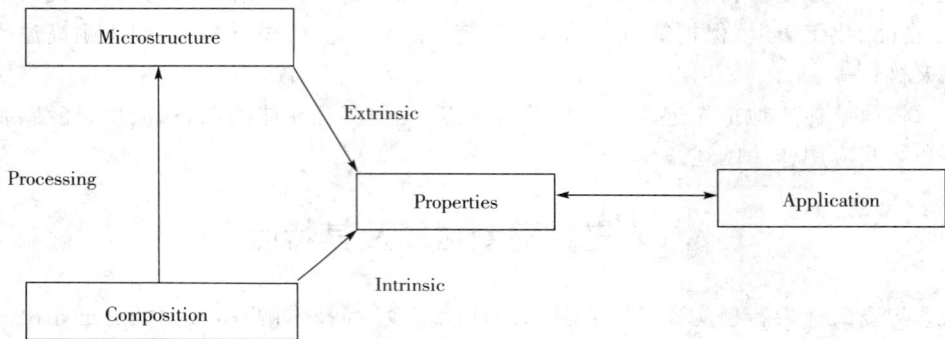

图 5-1　工艺、性能与显微结构的关系

陶瓷制备过程主要包括四个阶段,即原料制备、部件的坯体成型、陶瓷的烧结、达到要求的尺寸及表面光洁度的机加工等。目前有趋向表明,可以通过近净尺寸成型(Near-Net-Shape)避免材料的机加工,故以下重点介绍前三个阶段的制备工艺。

5.2　先进陶瓷粉体的制备

先进陶瓷制作工艺中的一个基本特点就是,以粉体为原料,经成型和烧结形成多晶烧结体。陶瓷粉体的质量直接影响最终产品的质量,因而发展先进陶瓷的首要问题就是要获得符合要求的粉末原料。现代高科技陶瓷材料通常要求粉体具备以下特点:高纯、超细、组分均匀、团聚程度小。根据材料对粉体特性的要求,选择合适的制备方法,对于研究材料的性能,评价材料的应用前景至关重要。许多先进陶瓷粉体要求用纳米颗粒作原料,例如催化剂材料纳米化可提高比表面积,使活性增加反应加快;传感器材料纳米化可使元件更灵敏;磁性材料纳米化可提高纪录密度;多孔硅纳米化可作为光电子元件连接材料。

陶瓷超微粉体的制备可以通过以下两个途径来获得:(1)通过机械剪切力将材料超细化;(2)借助于一些化学和物理手段。后者通常可得到亚微米级或纳米级粉体,它主要包括气相法、液相法和固相法(参见表 5-1)。

气相法是直接利用气体或者通过各种手段将物质变成气体,使之在气体状态下发生物理变化或化学反应,最后在冷却过程中凝聚长大形成纳米微粒的方法。其主要包括表 5-1 提到的溅射法、真空蒸发法、等离子体 CVD、激光法喷雾热分解等。

固相法是通过从固相到固相的变化来制备粉体,其特征不像气相法和液相法伴随有气相到固相、液相到固相那样的状态变化。对于气相或液相,分子(原子)具有大的易动度,所以集合状态是均匀的,对外界条件的反应很敏感。另一方面,对于固相,分子(原子)的扩散很迟缓,集合状态是多样的。固相法所得的固相粉体和最初固相原料可以是同一物质,也可以不是同一物质。固相法包括固相反应法、自蔓延高温合成、机械化学合成法等,这部分内容可以参考本书有关章节。

与气相法和固相法相比,液相法(或称湿化学法)制备超细粉体的共同特点是该法均以均相的溶液为出发点,通过各种途径使溶质与溶剂分离,溶质形成一定形状和大小的颗粒,得到所需粉末的前驱体,热解后得到超细陶瓷粉体。

湿化学法因为具有在分子或原子尺度上提高化学均匀性的优势,而越来越多成为化学工作者研究材料的一种重要手段。由于各组分是在胶体或分子/原子尺度上混合,反应扩散距离短,较低反应温度即可生成所需晶相。所以,该法普遍存在均匀、分散性好、温度低、易操作、设备简单、成本低等诸多优点而最为常用。液相法中的溶胶凝胶法、溶剂挥发分解法、水热法、低温燃烧合成法可以参考本书第二章的部分内容。以下简单介绍液相法中的化学共沉淀、均相沉淀法(盐溶液强制水解)、醇盐水解法、有机树脂法并举例分析。

表 5-1　高纯超微粉的制备方法及优缺点

制法	方法		特点
气相法	物理气相沉积 化学气相沉积 气相反应	溅射法、真空蒸发法 等离子体 CVD, 激光法喷雾热分解化学反应	原料易钝化;气氛易控制;微粒分散性好;不易凝聚;粒径分布窄。
液相法	化学共沉淀 均相沉淀法(盐溶液强制水解) 醇盐水解法 溶剂挥发分解法 溶胶凝胶法 水热法 有机树脂法 微乳液法 低温燃烧合成法		化学均匀性好;活性高;微米级以下; 沉淀剂均匀生成;纯度高 得高纯超微粉;均匀;分散性好 冷冻或喷雾干燥;杂质很少 得高纯超微粉;均匀;分散性好 得高纯超微粉;均匀;分散性好 可制备复杂陶瓷粉体 可制备复杂陶瓷粉体
固相法	固相反应法 自蔓延高温合成 机械化学合成法		原料须高纯度,不易混匀 快速,低能耗,温度很高,不易控制 可制备复合粉体,易引入杂质

5.2.1　沉淀法

沉淀法通常是在溶液状态下将不同化学成分的物质混合,在混合溶液中加入适当的沉淀剂(如 OH^-、$C_2O_4^{2-}$、CO_3^{2-} 等)后,于一定温度下使溶液发生水解,形成不溶性的氢氧化物、水合氧化物或盐类从溶液中析出,将溶剂和溶液中原有的阴离子洗去,再将此沉淀物进行干燥或煅烧,从而制得相应的超细陶瓷粉体。

1. 共沉淀法

含多种阳离子的溶液中加入沉淀剂后,所有离子完全沉淀的方法称共沉淀法。它又可分成单相共沉淀和混合物共沉淀法。

(1)单相共沉淀

用化学方法得到的沉淀物为单一化合物或单相固溶体时,称为单相共沉淀。如在控制 pH 值、温度和反应物浓度的条件下,向 Ba、Ti 的可溶性盐混合溶液中加入沉淀剂草酸,得到单一复合草酸盐沉淀。

$$Ba(NO_3)_2 + Ti(NO_3)_4 + 草酸 \longrightarrow BaTiO(C_2H_4)_2 + 4H_2O \qquad (5-1)$$

$$BaCl_2 + TiCl_4 + 草酸 \longrightarrow BaTiO(C_2O_4)_2 + 4H_2O \qquad (5-2)$$

沉淀经过滤、洗涤、干燥后煅烧,发生一系列热分解,最后制得 $BaTiO_3$。需要说明的是 $BaTiO_3$ 并不是由沉淀物 $BaTiO(C_2O_4)_2$ 的热解直接合成,而是分解为碳酸钡和二氧化钛后,再通过它们之间的固相反应来合成的。因为由内热解而得到的碳酸钡和二氧化钛是微细颗粒,有很高的活性。所以这种合成反应在 450℃ 的低温就开始,不过要想得到完全单一相的钛酸钡,必须加热到 750℃。在这期间的各种温度下,很多中间产物参与钛酸钡的生成,而且这些中间产物的反应活性也不同。所以,$BaTiO(C_2O_4)_2$ 沉淀所具有的良好化学计量性就丧失了。几乎所有利用化合物沉淀法来合成微粉的过程中,都伴随着中间产物的生成,因而,中间产物之间的热稳定性差别越大,所合成的微粉组成不均匀性就越大。这种方法的缺点是适用范围很窄,仅对有限的草酸盐沉淀适用,如二价金属的草酸盐间产生固溶体沉淀。

(2)混合物共沉淀

如果沉淀产物为混合物时,称为混合物共沉淀。四方氧化锆或全稳定立方氧化锆共沉淀物制备就是一个很普通的例子。采用 $ZrOCl_2 \cdot 8H_2O$ 和 Y_2O_3(化学纯)为原料制备 $ZrO_2 - Y_2O_3$ 的过程如下:Y_2O_3 用盐酸溶解得到 YCl_3,然后将 $ZrOCl_2 \cdot 8H_2O$ 和 YCl_3 配成一定浓度的混合溶液,在其中加入 NH_4OH 后便有 $Zr(OH)_4$ 和 $Y(OH)_3$ 的沉淀粒子缓慢生成。反应式如下:

$$ZrOCl_2 + 2NH_4OH + H_2O \longrightarrow Zr(OH)_4 + 2NH_4Cl \qquad (5-3)$$

$$YCl_3 + 3NH_4OH \longrightarrow Y(OH)_3 + 3NH_4Cl \qquad (5-4)$$

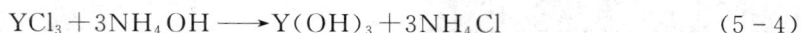

得到的氢氧化物共沉淀物经洗涤、脱水、煅烧后得到具有很好烧结活性的 $ZrO_2(Y_2O_3)$。混合物共沉淀过程是非常复杂的,溶液中不同种类的阳离子不能同时沉淀,各种离子沉淀的先后与溶液的 pH 值密切相关。例如,Zr、Y、Mg、Ca 的氯化物溶入水形成溶液,随 pH 值的逐渐增大,各种金属离子发生沉淀的 pH 值范围不同,如图 5-2 所示。上述各种离子分别进行沉淀,形成了水、氢氧化锆和其他氢氧化物微粒的混合沉淀物,为了获得沉淀的

均匀性,通常是将含多种阳离子的盐溶液慢慢加到过量的沉淀剂中并进行搅拌,使所有沉淀离子的浓度大大超过沉淀的平衡浓度,尽量使各组分按比例同时沉淀出来,从而得到较均匀的沉淀物。但由于组分之间的沉淀产生的浓度及沉淀速度存在差异,故溶液的原始原子水平的均匀性可能部分地失去,沉淀通常是氢氧化物或水合氧化物,但也可以是草酸盐、碳酸盐等。

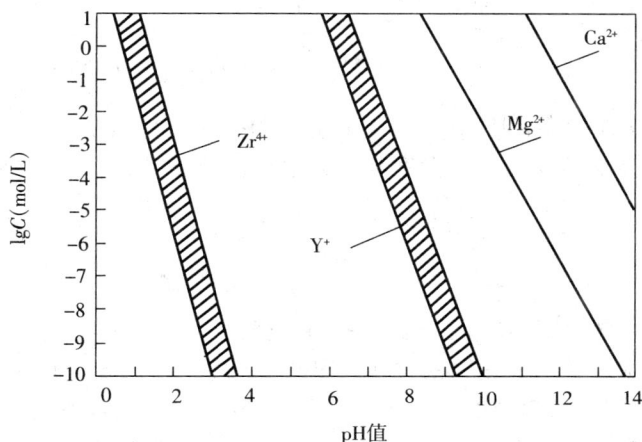

图 5-2　水溶液中锆离子和稳定剂离子的浓度与 pH 值的关系

全世红等人以硝酸钇[$Y(NO_3)_3 \cdot 6H_2O$]、硫酸铝氨[$NH_4Al(SO_4)_2 \cdot 6H_2O$]和硝酸钕[$Nd(NO_3)_3 \cdot 6H_2O$]等,将钇盐、铝盐、钕盐石榴石 $Nd_xY_{3-x}Al_5O_{12}$(x 为 Nd^{3+} 掺杂浓度)的组成进行称量钇盐、铝盐、钕盐,将其混合物溶于适量的去离子水中,形成混合盐溶液;将适量的 NH_4HCO_3 溶于适量的水溶剂或乙醇—水复合溶剂中,配制适量浓度的沉淀剂溶液;然后将混合的盐溶液加入到沉淀剂中得到混合均匀的沉淀。具体工艺流程见图 5-3。

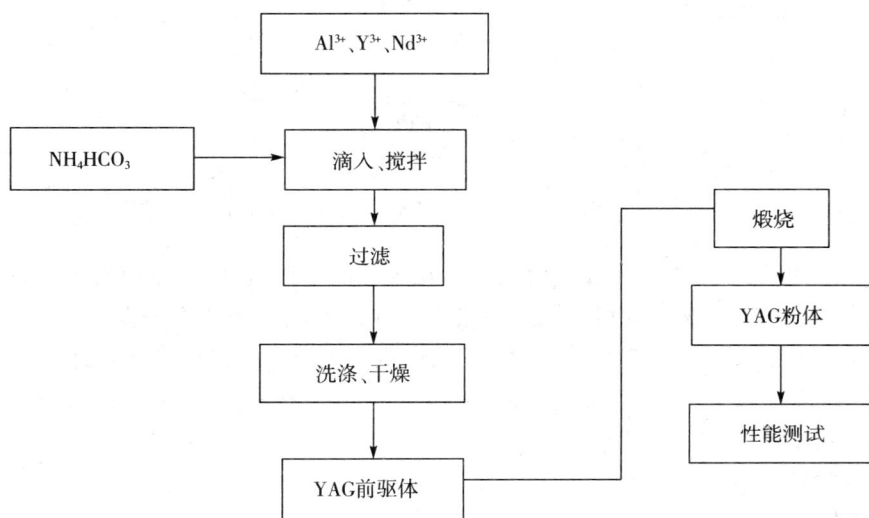

图 5-3　醇水溶液共沉淀法制备纯相 Nd：YAG 纳米粉体流程图

2. 均相沉淀法

一般的沉淀过程是不平衡的,如控制溶液中的沉淀剂浓度,使之缓慢地增加,则使溶液中的沉淀处于平衡状态,且沉淀能在整个溶液中均匀地出现,这种方法称为均相沉淀。通常,沉淀是通过溶液中的化学反应使沉淀剂慢慢地生成,从而克服了由外部向溶液中加沉淀剂而造成沉淀剂的局部不均匀性,导致沉淀不能在整个溶液中均匀出现的缺点。例如,随尿素水溶液温度逐渐升高到 70℃,尿素就会发生水解,即

$$(NH_2)_2CO + 3H_2O \xrightarrow{>70℃} 2NH_4OH + CO_2 \uparrow \qquad (5\text{-}5)$$

由此生成的沉淀剂 NH_4OH 在金属盐的溶液中分布均匀,浓度低,使得沉淀物均匀地生成。由于尿素的分解速度受加热温度和尿素浓度的控制,因此可以使尿素分解速度降低。

5.2.2 水解法

1. 无机盐水解法

利用金属的氯化物、硫酸盐、硝酸盐溶液,通过胶体化的手段合成超微粉,是人们熟知的制备金属氧化物或水合金属氧化物的方法。最近,通过控制水解条件来合成单分散球形微粉的方法,广泛地应用于新材料的合成中。例如,氧化锆纳米粉的制备。它是将四氯化锆和锆的含氧氯化物在开水中循环地加水分解,图 5-4 是该法的流程图。生成的沉淀是含水氧化锆,其粒径、形状和晶型等随溶液初期浓度和 pH 值等变化,可得到一次颗粒的粒径为 20nm 左右的微粉。

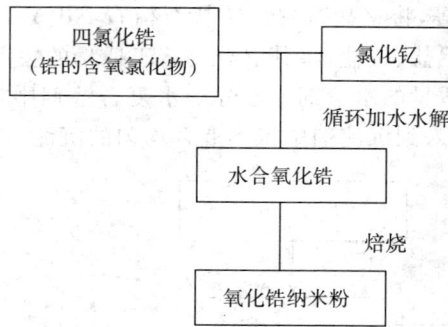

图 5-4 用无机盐水解法制备氧化锆纳米粉流程图

单分散、球形氧化物由于粒径不同其色调在很宽的范围内变化,所以胶体的颗粒调制法也正向颜料应用方向开发。特别是在硫酸根离子和磷酸根离子存在的条件下,用 20min 到两周左右缓慢地加水分解铬矾溶液、硫酸铝溶液、氯化钛溶液和硝酸钍溶液时,就可得到各自的球状中分散含水氧化铬、含水氧化铝、金红石、含水氧化钍的单分散球状颗粒,它们可望用作涂料和宝石原料。

2. 金属醇盐水解法

利用一些金属有机醇盐能溶于有机溶剂并可能发生水解从而生成氢氧化物或氧化物沉淀的特性,制备细粉料的一种方法。该法制备粉体的特点如下:

(1)采用有机试剂作金属醇盐的溶剂,由于有机试剂纯度高,因此氧化物粉体纯度高;

(2)可制备化学计量的复合金属氧化物粉末。

金属醇盐是有机金属化合物的一个种类，可用通式 $M(OR)_n$ 来表示，它是醇(ROH)中羟基的 H 被金属 M 置换而形成的一种化合物，如 $Zr(OC_2H_5)_4$，称作锆乙醇盐或乙醇锆。亦可把它看作是金属氢氧化物 $M(OH)_n$ 中氢氧根的 H 被烷基 R 置换而成的一种化合物。如 $Si(OC_2H_5)_4$、$B(OC_2H_5)_3$、$Ti(OC_2H_5)_4$ 习惯上被称作硅酸乙酯、硼酸乙酯、钛酸乙酯。

金属醇盐与水反应生成氧化物、氢氧化物、水合氧化物的沉淀。除硅和磷的醇盐外，几乎所有的金属醇盐与水反应都很快，沉淀是氧化物时就可以直接干燥，产物中的氢氧化物、水合物煅烧后成为氧化物粉末。由于水解条件不同，沉淀的类型亦不同，例如铅的醇化物，室温下水解生成 $PbO \cdot \frac{1}{3}H_2O$，而回流下水解则生成 PbO 沉淀。金属醇盐法制备各种复合金属氧化物粉末是本法的优越性之所在。除硅和磷的醇盐外，几乎所有的金属醇盐与水反应都很快，产物中的氢氧化物、水合物灼烧后变为氧化物。

例如按 $Ba:Ti=1:1$ 的形式将两种金属醇盐混合，再进行 2h 左右的回流。向这种溶液之中逐步加入蒸馏水，一边搅拌一边进行水解，水解之后就会生成结晶 $BaTiO_3$ 粉体。具体工艺流程见图 5-5。

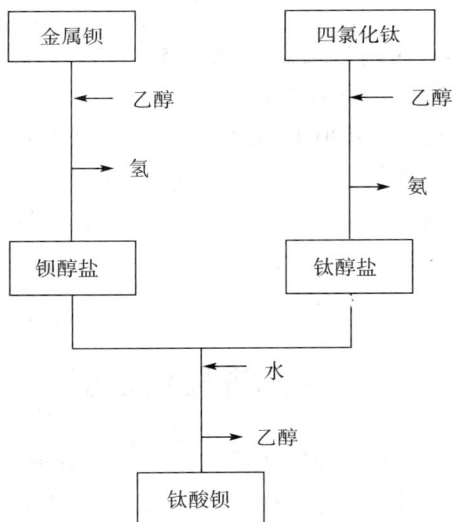

图 5-5　钛酸钡的合成工艺流程图

5.2.3　有机树脂法

有机树脂法是利用某些有机物和金属离子可形成凝胶状树脂的特点，实现多组分氧化物的均匀固化成相。它分为 Pechini 法、柠檬酸法、乙酸盐前驱体法等。

1. Pechini 法

Pechini 法首先是在金属离子与 α 羟基羧酸(如柠檬酸)和乙醇酸之间，形成多元螯合物；该螯合物在加热过程中与多元醇(如乙二醇)发生聚酯化反应；进一步加热产生黏性树脂，然后得到透明的刚性玻璃状凝胶，最后生成细的氧化物粉体。它的优点是能够制备出成分复杂的粉体，并且在溶液中通过在分子尺度上的混合保证了均匀性，能够控制化学计量比,较低煅烧温度即可将树脂转化为氧化物。近年来,Pechini 法被用于制备许多复杂组分的体系,如钛酸盐、铌酸盐、锆酸盐、铬酸盐、铁氧体、锰酸盐、铝酸盐、钴酸盐、硅酸盐等。

例如利用 Pechini 法制备 $Bi_{0.5}Na_{0.5}TiO_3$ 陶瓷时首先将柠檬酸溶解于适量去离子水中,然后将柠檬酸水溶液缓慢加入到钛酸正丁酯 $Ti(OC_4H_9)_4$ 中;接着将乙二醇加入到 $Ti(OC_4H_9)_4$ 中,然后加入硝酸铋 $Bi(NO_3)_3 \cdot 5H_2O$ 与硝酸钠 $NaNO_3$,加热促进溶解;利用氨水调节溶液 pH 值为 6.5~7.0,加热除去溶剂得到黑色泡沫凝胶,120℃~150℃干燥得脆性胶状物,最后在 600℃热处理,除去有机成分,得到晶化的 BNT 粉体。

2. 柠檬酸盐法

高温超导体的发现引起人们对 Pechini 法的重视,与此同时,柠檬酸盐法和金属乙酸盐法也逐渐成为获得复杂多元体系的主要手段。柠檬酸盐凝胶法是由 Marcilly 等人提出的,与 Pechini 法相似,它主要利用柠檬酸对多种金属离子的螯合作用,将金属离子保留在溶液中;溶液经浓缩成为粘性树脂,再干燥成透明凝胶,最后热解为超细粉体。

例如,南京航空航天大学徐国跃等人利用改进的柠檬酸法合成了具有钙钛矿结构的 $La_{0.9}Sr_{0.1}Ga_{0.85}Mg_{0.15}O_{3-\delta}$ 和 $La_{0.9}Sr_{0.1}(Ga_{0.9}Co_{0.1})_{0.85}Mg_{0.15}O_{3-\delta}$ 陶瓷粉体。首先将 Ga 和浓硝酸在水浴中加热反应直至完全,然后加入 $Sr(NO_3)_2$、$La(NO_3)_3$、$Mg(NO_3)_2$、$Co(NO_3)_2$ 配成 $La_{0.9}Sr_{0.1}Ga_{0.85}Mg_{0.15}O_{3-\delta}$ 和 $La_{0.9}Sr_{0.1}(Ga_{0.9}Co_{0.1})_{0.85}Mg_{0.15}O_{3-\delta}$ 成化学计量比的硝酸盐溶液,加入 EDTA 的氨水溶液,在室温下用磁力搅拌机搅拌,使硝酸盐中的阳离子充分络合,然后加入柠檬酸作为燃料和辅助络合剂,充分搅拌将得到的溶液放入 80℃烘箱中加热蒸发得到浓溶液。将得到的浓溶液在 300℃加热浓缩,在溶液浓缩前还要加入一定量的硝酸铵,作为发泡剂和燃烧反应的引发剂。当混合溶液加热浓缩至自燃时,溶液开始变黑,剧烈地冒泡、膨胀,燃烧类似于硝胺爆炸的燃烧反应,生成超细前驱粉体,将得到的超细前驱粉体再煅烧,使前驱粉体中残余的有机物以及硝酸盐充分分解,从而得到预成型的白色 LSGM 和 $LSGMC_{0.85}$(黑色)粉体。

5.3　先进陶瓷成型

由于先进陶瓷材料在高温、机械强度和重腐蚀环境等苛刻条件下有比金属更优越的性能,被广泛应用于各个领域。但是陶瓷部件的加工难度大,工艺复杂,使得加工成本无法同金属材料相比,因此迫切需要新的陶瓷成型方法,以降低陶瓷成本和满足陶瓷部件可靠性和陶瓷部件形状的更高要求。

5.3.1　成型方法的分类及特点

陶瓷材料一般需经原料的选择、混合、造粒、成型、烧结、机加工、连接等多道工序才能形成最终产品。生产过程的成型技术是影响陶瓷产品形状、显微结构、性能及产品率等的关键技术之一。目前,陶瓷使用的成型方法主要分干法和湿法两大类(图 5-6 所示)。传统的陶瓷材料成型工艺如干压、等静压等容易在成型坯体中引入气孔、裂纹、分层、密度不均匀等缺陷,导致产品的可靠性降低。传统注浆成型技术一直被成功地应用于日用陶瓷的生产中。20 世纪 70 年代末到 80 年代初,伴随着陶瓷发动机研制的兴起,注射成型技术又受到了重视,但由于有机物含量较高,排脂时间较长且在排脂过程中容易形成缺陷,成品率较低,同时必须配备昂贵的设备,考虑到成本太高,难以普及;随后传统的注浆成型由于使用极少的有机物,再次受到重视,但注浆成型存在成型周期长达数十小时、干燥收缩大、素坯强度低、素坯密度分布不均匀、成品率低以及烧成变形大、尺寸精度低等缺点,不利于复杂形状样品的制备。而为了获得均匀、高密度的坯体,压滤成型和离心注浆成型技术又成为人们关注的焦点。遗憾的是,这些成型技术还是无法解决坯体均匀性与较高强度的问题,因此也就无法保证陶瓷产品的可靠性。

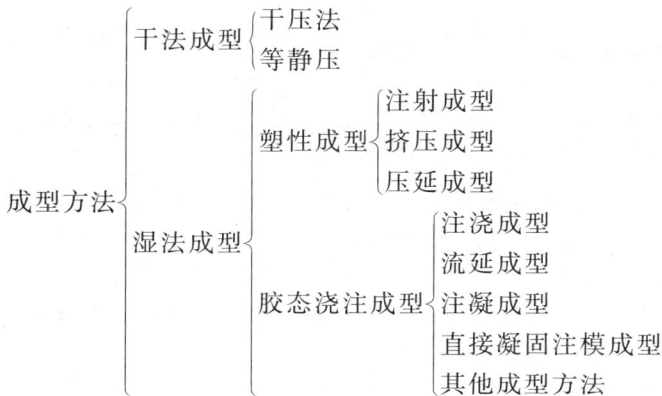

图 5-6　陶瓷成型方法示意图

　　高性能结构陶瓷的工程可靠性和功能重复性在很大程度上取决于材料内部隐含的缺陷大小、数量及分布情况。而这些缺陷存在的最直接根源是成型坯体结构上的不均匀性(如气孔、团聚体颗粒、密度梯度、夹裹物、裂纹等),结果使陶瓷材料的各项性能低于工艺设计要求。因此理想的成型工艺应尽可能提高坯体的均匀性;其次先进陶瓷是一种脆性的难加工材料,据统计陶瓷材料烧结后的机加工费用因部件不同可占制品总成本的 25%～50%,而近净尺寸成型可以减少烧结体的机加工量。针对高性能结构陶瓷的成型问题,90 年代以来发展起来的一系列使用非孔模具,实现原位固化的新型胶态成型技术,如原位凝固成型中的直接凝固注模成型、温度诱导絮凝成形、胶态振动注模成型等;其他新型胶态成型技术,如水解辅助固化成型、新型流延成型法、新型注射成型技术等;固体无模成型工艺以及气相成型工艺得到蓬勃发展,从而为各种精密零部件的制备提供了更多、更有效的工艺手段。各种胶态成型方法的特点见表 5-2。

表 5-2　各种胶态成型方法特点比较

成型工艺	分散介质	成型原理	特点
普通注浆成型	水、分散剂等	多孔模具吸取水分	成型薄壁、复杂形状部件;坯体均匀性较差
压滤成型	水、分散剂等	施加压力,多孔膜排除液体	坯体质量好;只能成型简单形状部件
离心注浆成型	水、分散剂等	粉体重力沉降	坯体密度高;只能成型简单形状部件
电泳成型	水、分散剂等	粉料电场下沉降	可控制坯体的显微结构;成型简单形状部件
流延成型	有机介质、分散剂等	涂覆、干燥固化	效率高;成型薄板部件

（续表）

成型工艺	分散介质	成型原理	特点
热压铸成型	石蜡、表面活性剂	石蜡凝固，脱脂	成型复杂形状部件，效率高坯体性能较差
注射成型	有机载体、黏结剂、增塑剂、偶联剂	有机物凝固，脱脂	成型复杂形状部件，坯体质量好，脱脂时间长
快速凝固成型	空隙流体、分散剂等	流体冰冻，低温升华介质	部件精度高，坯体质量较好，工艺过程可靠
凝胶注模成型	介质、有机单体、交联剂、分散剂等	有机单体交联，浆料凝固，排胶	成型复杂形状部件，坯体强度高
直接凝固注模成型	水、分散剂、底物、生物酶	改变浆料 pH 值至等电点或提高离子强度，浆料凝固	坯体密度高，均匀性好；坯体强度低，脱模困难
胶态振动注模成型	水、分散剂、电解质等	凝结料浆振动注模，静止凝固	成型复杂形状部件；坯体强度低
温度诱导絮凝成型	有机介质、分散剂等	低温分散剂失效，浆料凝固	成型复杂形状部件；坯体密度较低
水解辅助固化成型	水、分散剂等	AlN 水解、改变 pH 值，从而减小 Zeta 电位	生坯强度高，可机加工

5.3.2　原位凝固成型

陶瓷原位凝固成型技术，其成型原理不同于依赖多孔模吸浆的传统注浆成型，而是借助一些可操作的物理反应（如温度诱导絮凝成型和胶态振动注模成型等）或化学反应（如凝胶注模成型和直接凝固注模成型等）使注模后的陶瓷浆料快速凝固为陶瓷坯体。同时该技术使得坯体在固化过程中避免收缩，浆料进行原位固化，这样就避免了浆料在固化过程中可能引起的浓度梯度等缺陷，从而为成型坯体的均匀性和可靠性提供保证。

近十多年来，陶瓷原位凝固技术已经受到人们的高度重视，注凝成型、直接凝固成型、温度诱导絮凝成型和胶态振动注模成型等得到迅速发展，在随后的一段时期内，这一技术仍将是陶瓷成型工艺的发展主流。陶瓷原位凝固成型具有如下特点：

（1）减少了有机物的添加量，减少了脱脂时间；

（2）陶瓷浆料具有很高的固相体积分数，一般大于 50vol％，使成型坯体具有高密度；

（3）近净尺寸成型，可成型复杂形状的部件；

（4）成型坯体内部均匀，缺陷少，保证烧结后材料的高可靠性；

（5）成型坯体具有较高的强度，可对坯体进行各种机加工，从而使烧结后陶瓷机加工量减少或为零。

5.3.2.1　凝胶注模成型

凝胶注模（gelcasting）是 20 世纪末发展的一种新颖湿法成型方法，该方法是由美国橡树岭(Oak Ridge)国家重点实验室的 Janney M. A. 和 Omatete. O. O. 等人最早发明并用于制备陶瓷部件的。它将传统陶瓷的成型方法与高分子化学相结合,开创了在陶瓷成型工艺中利用高分子单体聚合交联反应进行成型的技术的先锋。克服了湿法成型时液相含量过大的缺点,又保留了泥浆的流动性。由于该工艺简单,成型坯体均匀性好、强度高易于深加工、烧结性能优异、收缩小、所用添加剂可全部是有机物且含量很少,烧结后不会残留杂质等,被认为是制备大尺寸、复杂形状坯体的一种有效方法。凝胶注模成型与其他胶态成型工艺的比较见表 5-3。

表 5-3　凝胶注模成型与其他胶态成型工艺的比较

工艺特点	凝胶注模成型	注浆成型	注射成型	压力浇铸成型
成型时间	5min~60min	1h~10h	10min~2min	0.5h~5h
坯体强度(干燥前)	中高,与凝胶体系有关	低	高	低
坯体强度(干燥后)	较高	低	中	低
模具材料	金属、玻璃、塑料、蜡	石膏	金属	多孔材料(多为塑料)
排脂时间	2h~3h	2h~3h	≤7d	2h~3h
成型缺陷	较少	较少	较多	较少
坯体尺寸	>1m	>1m	≈30cm 一维必须<1cm	≈0.5cm
变形程度(干燥排脂过程)	较少	较少	较大	较少
坯体厚度	无影响	厚壁延长成型时间	影响排脂	厚壁延长成型时间
粉料粒径	粒径减小提高料浆黏度	粒径减小;延长成型时间	粒径减小;提高料浆黏度	粒径减小;延长成型时间

近年来该工艺已逐步应用于制备各种结构陶瓷、功能陶瓷及陶瓷基复合材料等各种陶瓷材料体系的成型。目前,随着技术的不断改进,凝胶注模工艺也日臻完善,并成为现代陶瓷材料一种重要的成型方法。

1. 凝胶注模原理

凝胶注模成型工艺作为近年来发明的一种较为新颖的近净尺寸原位凝固新型成型技术,它的基本组分是陶瓷粉体、有机单体、交联剂、引发剂、催化剂、分散剂和分散介质。根据所采用分散介质的不同,可以把凝胶注模成型分为非水与水基两大类。若溶剂是水,此方法称为水溶液凝胶注模成型(aqueous gelcasting),而水溶液凝胶注模成型方法又包括两类:一类是以有机单体如丙烯酰胺、丙烯酸酯等作为凝胶前躯体;另一类是以天然凝胶大分子如明胶、琼脂糖等直接作凝胶剂使用。若溶剂是有机溶剂,此方法称为非水溶液凝胶注模成型(nonaqueous gelcasting)。由于使用有机溶剂毒性大、会给环境造成污染,同时采用水基分散介质可以使操作工序简化、降低材料成本并且利于环保,所以目前使用较为广泛的是水基凝胶注模成型工艺。

能用于水基凝胶注模成型工艺中的有机单体体系应满足以下性能：

(1)单体和交联剂必须是水溶的(前者质量分数至少20%,而后者至少2%)。如果它们在水中的溶解度过低,有机单体就不是溶液聚合,而是溶液沉淀聚合。这样就不能成型出密度均匀的坯体,并且还会影响坯体的强度。

(2)单体和交联剂的稀溶液形成的凝胶应具有一定的强度,这样才能起到原位定型作用,并能保证有足够的脱模强度。

(3)不影响浆料的流动性,若单体和交联剂会降低浆料的流动性,那么高固相、低黏度的陶瓷浆料就难以制备。

图5-7是凝胶注模成型原理及干燥过程示意图,该工艺将传统注浆工艺和聚合物化学结合起来,将高分子化学单体聚合的方法灵活地引入到陶瓷的成型工艺中。其核心是使用有机物的水溶液,该溶液在一定条件下发生凝胶化反应成为高强度的、横向连接的聚合物－溶剂的凝胶体。

陶瓷粉体溶于有机物的水溶液中,经球磨后将所形成的浆料浇注在模具中。有机物经凝胶化反应形成凝胶的部件。由于横向连接的聚合物－溶剂中仅有10%～20%(质量分数)的聚合物,因此应通过干燥步骤除去凝胶部件中的溶剂。同时由于聚合物的横向连接,在干燥过程中,聚合物不会随溶剂迁移。

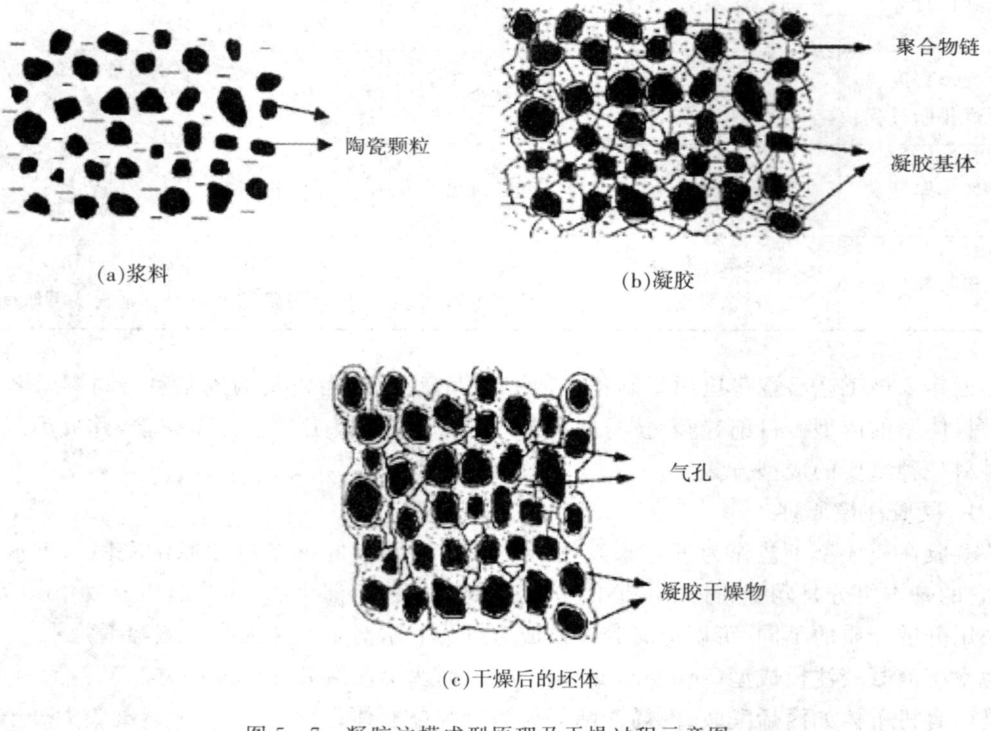

(a)浆料　　　　　　　　　　　(b)凝胶

(c)干燥后的坯体

图5-7　凝胶注模成型原理及干燥过程示意图

比如丙烯酰胺凝胶体系作为水相凝胶浇注体系,相对于非水溶剂体系有一定的优越性,目前已广泛用作陶瓷凝胶注模的凝胶胶体。以丙烯酰胺作为聚合主单体,双官能团N,N—

亚甲基双丙烯酰胺为交联剂的反应历程是：

（1）链引发反应

$$I \stackrel{\triangle}{=\!=\!=} 2M\cdot \tag{5-6}$$

$$M\cdot + CH_2CHCONH_2 \longrightarrow MCH_2CHCONH_2 \tag{5-7}$$

$$2M\cdot + CH_2CHCONHCH_2NHCOCHCH_2 \longrightarrow MCH_2CHCONHCH_2NHCOCHCH_2M$$
$$\tag{5-8}$$

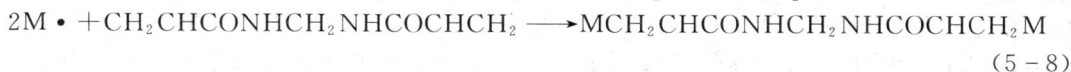

式（5-6）是吸热反应，反应活化能高，约为 105kJ/mol～150kJ/mol，反应速率小。链引发的第二步是初级自由基引发单体的过程，式（5-7）是初级自由基与有机单体发生的反应，式（5-8）是自由基与交联剂发生的反应，引发阶段存在多种副反应。例如，自由基会与阻聚物质发生反应。因此，链引发是聚合反应的关键步骤。

（2）链增长反应

链增长反应即链引发的自由基与单体分子连续发生加成反应，形成三位网状结构。

（3）链终止反应

链终止反应包括偶合终止与歧化终止。

2. 凝胶注模成型工艺流程

凝胶注模可通过净尺寸成型复杂形状的陶瓷部件，其具有良好的坯体均匀性和高的坯体强度，其操作工艺简单、坯体中有机物杂质含量少，而且陶瓷烧结体性能优良。凝胶注模成型过程是：首先将有机单体和交联剂溶于水溶液或非水溶液中，配成预混液；再将陶瓷粉料和分散剂加入预混液，球磨一定时间，利用真空除泡，制备出低黏度高固相体积分数的浓悬浮液；然后在注模前依次加入引发剂和催化剂，充分搅拌均匀后，将浆料注入非多孔模具中，在一定的温度条件下引发有机单体聚合成三维网络状聚合物凝胶，并将陶瓷颗粒原位黏结而固化形成湿坯；湿坯脱模后，在一定的温度和湿度条件下干燥，得到高强度坯体，最后将干坯排胶并烧结，有机凝胶在高温下分散挥发，坯体致密化后可以成为精加工的陶瓷部件。具体工艺流程见图 5-8。

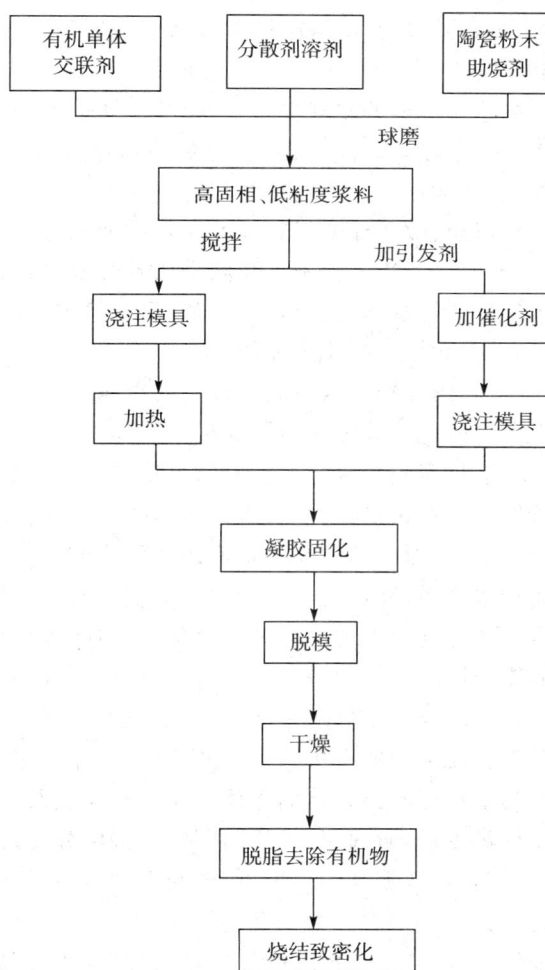

图 5-8　凝胶注模成型流程示意图

该工艺最初是将多官能团丙烯酸盐单体溶于有机溶剂中，这些单体通过自由基引发剂聚合成为高度交联的聚合物—溶剂凝胶。由于环境问题和脱除有机溶剂的额外成本，人们开始尝试用水作溶剂。水基体系工艺中首先研究的是 Al_2O_3 陶瓷粉末,水溶性单体为丙烯酰胺,该体系显示出了一些优势。然而丙烯酰胺单体具有一定的神经毒害作用,不利于操作人员的身体健康,也会给环境造成污染。人们开始开发低毒工艺以克服该体系的不足。最近清华大学材料系的陶瓷胶态成型小组利用明胶、琼脂糖等天然凝胶大分子作凝胶剂,代替丙烯酰胺单体进行涡轮、转子等复杂零部件的凝胶注模成型工艺研究,取得了一定的进展。凝胶注模工艺中,最有效的体系是基于单官能团单体甲基丙烯酰胺(MAM)、甲氧基聚(乙烯醇)单甲基丙烯酸(MPEGMA)和 n—乙烯基吡咯啉(NVP)、双官能团单体甲基双丙烯酰胺(MBAM)和聚(乙烯醇)二甲基丙烯酸[PEG(1000)DMA]。自由基引发体系中适宜的引发剂过硫酸胺/四甲基乙烯基二胺(APS—TEMED)、偶氮[2—(2—咪唑啉—2—基)]丙烷 HC1(AZIP)及偶氮(2—眯基丙烷)HC1(AZAP),除此之外,还可采用紫外线、X 射线、γ 射线、电子束或其他可引发聚合的射线;可选用的分散剂包括无机酸、无机碱、有机酸、有机碱、丙烯酸、丙烯酸盐、甲基丙烯酸及吖丙啶等等,所选用的分散剂不与有机单体溶液和引发剂发生反应。

在已经报道的文献资料中,凝胶注模成型技术法已经应用于 Al_2O_3、Si_3N_4、SiC、ZrO_2、TiO_2、Sialon、N—羟基磷灰石的单相陶瓷材料。少数陶瓷基复合材料,如 ZrO_2—Al_2O_3 复相陶瓷、纤维补强反应烧结复相陶瓷(如 Si_3N_4)、片状 SiC 补强 Al_2O_3 复相陶瓷等,以及纳米级复相陶瓷、微孔梯度材料以及颗粒增强陶瓷基复合材料如 Amraam 和 Standard 导弹天线罩等,此外还广泛应用于多孔陶瓷以及金属材料,如高温高强合金和工具钢等的制备。形状上从块状到管状、开孔、活塞、片状、齿轮等多种陶瓷零部件都可以成型。

3．凝胶注模成型影响因素

(1)固体体积分数对凝胶成型的影响

固体体积分数定义为陶瓷粉料的体积除以陶瓷粉料与水的总体积。胶凝注模成型工艺的要求浆料高固相含量、低黏度、高均匀性及高稳定性,这是制备高密度、结构均匀坯体的关键条件。一般来讲,固体含量太低,坯体干燥易变形,固体含量太高,浆料黏度不易降低,造成分布不均,形成结构缺陷。而固体体积的增加,有利于陶瓷成型后坯体的整体性能。针对丙烯酰胺体系,高友谊等人的实验表明只有固体体积分数大于 50% 才能制备出性能优良的坯体。王亚利等发现随着固相含量的增加,生坯抗弯强度呈先上升后下降的趋势。因此,在保证流动性的前提下,提高固体体积分数是提高生坯密度的有效途径。

(2)有机物(单体与交联剂)比例及含量

凝胶成型用的有机物含量非常低,占干坯的 2%～4%(质量分数),因此对坯体密度的影响几乎观测不出来。而单体与交联剂比例及含量主要影响聚合成型后湿坯体的强度。图 5-9 是陶瓷粉末在高分子线团网络结构中分布及相互作用的结构模式。

很明显,从聚合物角度看,随交联剂含量增大、网络结构中交联密度也增大,整个网络的强度比也相应增大。由于网络更加致密,使网络中陶瓷粉末堆积也更加紧密。而有机物含量较低时,湿坯体脱模后强度较低,甚至难以保持成型后形状。随着有机物含量增大,坯体强度大大提高,能完好保持成型形状,甚至可达相当高的强度。这种现象同样可归结为有机网络变得更加紧密所致。

(3)pH 值及分散剂对凝胶注模成型的影响

pH 值是影响悬浮体的流变性的重要因素。根据 DLVO 理论,颗粒在液相中的稳定性取决于范德华力和双电层排斥力的总位能,在等电点附近位能势垒小,易于沉降。Zeta 电位绝对值越大,则颗粒间的排斥力越大,越有利于颗粒在液相中的分散,因此要调节悬浮液的 pH 值,使其远离等电点。

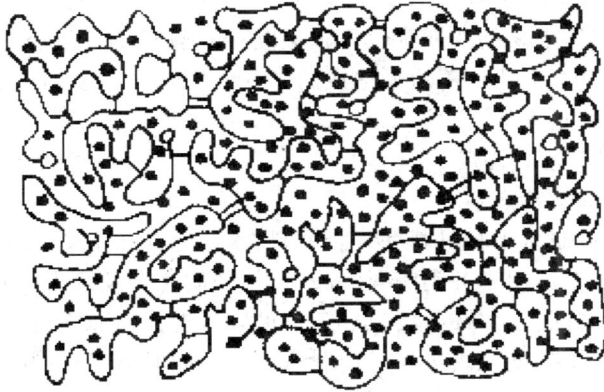

图 5-9　粉末在高分子线团网络结构中分布及相互作用的示意图

○-○ 链状高分子　　·陶瓷粉末颗粒

利用分散剂处理粉体是制备高固低粘悬浮体的一种常用方法。通过把分散剂吸附在颗粒表面产生足够高的势垒而使颗粒分散,而分散剂种类的选择与粉体的性质有关。所以可以通过调节浆料的 pH 值,加入合适的分散剂通过静电排斥力或空间位阻的稳定作用来实现高固含量胶体的稳定性。如 Morissette 等开发了利用有机钛偶联剂交联水基 PVA 氧化铝悬浮体,该体系的化学流变性紧密依赖于体系成分的变化,一定体积分数的 PVA 悬浮体的凝胶时间随着偶联剂加入量的增加、温度的升高、固相含量的增加而减少。

(4)引发剂、催化剂用量

在聚合反应中,催化剂和引发剂用量对反应速度影响很大。总的来说,聚合反应表观能较低、速度很快,如果引发剂和催化剂用量过多,则在室温下瞬间就可完成聚合反应;如果用量过少,则造成聚合速度太慢。为了成型工艺的需要,在浆料中加入催化剂和引发剂后需搅拌使其均匀分散,才能均匀引发并发生聚合反应。因此必须严格控制它们的含量。

(5)气泡消除对凝胶注模成型影响

悬浮液中的气泡会造成陶瓷坯体内部的气孔,阻碍烧结过程的的致密化,消除的方法分为化学消泡法和物理消泡法,由于化学消泡剂的加入会取代分散剂在表面的吸附,降低分散效果,因此一般采用真空消泡处理。

(6)固化对凝胶注模成型影响

当前的固化方法基本上沿用了高聚物合成中的升温法,即将浓悬浮浆料注模后,通过对模具加热,体系温度升高至 65℃～75℃,然后在此温度段保温一定时间,凝胶前驱体如丙烯酰胺在引发剂的作用下发生凝胶化反应,形成三维网络结构,从而实现原位固化成型。所以引发剂、催化剂和温度条件的变化可以改变陶瓷料浆凝胶化规律,掌握这一规律可以有效而准确地人为控制料浆的凝胶化时间。

(7)坯体的干燥及排胶对凝胶注模成型影响

湿度、温度和通风条件对湿凝胶坯体的干燥脱水和变形收缩至关重要。对坯体的排胶过程要考虑有机物在不同温度下的分解速度及完全烧除的最高温度来制定合理的干燥工序或方法制度,以缩短干燥时间并避免坯体的翘曲和开裂。

(8)坯体的变形和开裂

坯体干燥速度太快会产生较大的变形,同时会出现裂纹,影响坯体和产品的最终性能。为防止变形和开裂,坯体干燥的初期阶段应在湿度相对较低的环境下进行。张立明认为脱模开裂是因为单体和交联剂比例不协调造成的,干燥开裂的主要原因是固体体积分数过低引起坯体中无机相收缩过大等。

4. 凝胶注模成型工艺的特点

该成型工艺具有如下特点:

(1)适用范围广,可制备单相材料和复合材料,水敏感性和不敏感性材料。同时,该工艺对粉体无特殊要求,因此适用于各类陶瓷制品,包括硬质合金及耐火材料等。

(2)由于低黏度、高固相含量的浆料呈液态,可以流动并填充模具,因此可以制备出复杂形状的部件(部件的复杂程度取决于模具的制造水平),同时该工艺制备出的生坯强度高(强度可达 20MPa～40MPa),可以进行各种机械加工,从而可加工出形状复杂、尺寸精确、表面光洁的部件,取消或减少烧成后的加工,降低了部件的制造成本。

(3)有机物含量少,排除较易。浆料中有机物一般只占液相介质的 10%～20%,相当于陶瓷粉末重量的 3wt%～4wt%,故其去除过程容易,可与烧成过程同步完成,避免了热压铸和注射成型工艺耗时耗能的脱脂环节,节约能源,降低成本。

(4)凝胶定型过程与注模操作是完全分离的,同时凝胶注模成型的定型过程是靠料浆中有机单体原位聚合形成交联网状结构的凝胶体来实现的,所以成型坯体组分与密度皆均匀、缺陷少、烧结后坯体收缩很小(烧结收缩仅为 16%～17%)。

(5)通过调整工艺参数,可以调节和控制浆料黏度、成型时间、坯体强度等。因此可实现成型过程的连续化和机械化。

(6)由于该工艺无需贵重设备,且对模具的材质无特殊要求,玻璃、塑料、金属和蜡等均可用于凝胶注模成型(但在使用时一般需要使用脱模剂),因此是一种低成本技术。

5. 几种改进型凝胶注模成型工艺

(1)HMAM 工艺

Omatete 等使用羟基-甲基-丙烯酰胺(Hydoxymethylacrlamide,简称 HAMA)单体代替传统注凝成型所需要的单体,该单体能够在一定条件下自交联形成凝胶,且它配制的浆料黏度较低、固相含量较高,此外 HMAM 工艺凝固后较湿非常容易脱模,易于实现规模化生产。

(2)热可逆转变凝胶注模成型工艺

继 HMAM 工艺开发成功后,美国东北大学 Montnomer 等发明了热可逆转变凝胶注模成型(Thermoreversible Gelcasting,TRG)工艺。该工艺主要利用有机物的物理交联结合,而不像传统的凝胶注模工艺靠化学反应聚合起结合作用。在温度超过某一数值(如 60℃)时,其混合物料呈自由流动的液态;而冷却至低于此温度时,有机物形成物理连接,物料立刻转变为物理凝胶结合的固态。此转变过程相当容易实现。在这种热可逆转变的凝胶中加入高固相含量的粉体制成浆料后,浆料仍保持此种热可逆转变性质。该工艺的主要优点是当生坯不符合质量要求时可以加热重新回收利用,以减少粉体和有机物的浪费。该改进工艺可谓是引领了一种绿色陶瓷设计工艺的新理念。

6. 应用及存在问题

据报导,美国在 20 世纪 90 年代已有三家公司(Allied Sigal Ceramic Components,LO-TEC Inc.,and Ceramic Magnetics Inc.)获得了该技术的使用权,用于生产陶瓷涡轮转子、磷酸锆等低膨胀陶瓷材料、发动机排气管用隔热陶瓷材料。日本和德国的研究人员用注凝成型工艺已经制备出性能优异的 Y_2O_3 稳定 ZrO_2 陶瓷弹簧。其成型方法有两种:一是将塑料空心管预先绕成弹簧形状,然后将浆料注入空心管内;二是将已开始固化的但又具有一定塑性的泥条挤成细条,在保湿环境下使泥料进一步固化定型(保持足够的韧性),后将泥条绕成弹簧形状。

国内在陶瓷材料的凝胶注模成型和加工等方面也较早地开展了广泛的研究工作,如清华大学材料系黄勇等领导的陶瓷胶态成型课题组研究出的成果已接近或达到国际先进水平。此外天津大学、航天部 621 所等也做了大量卓有成效的工作。而且该技术已在我国陶瓷制造工业获得了一定规模的应用。

但该法一个致命的弱点是干燥条件苛刻,即使在室温和高湿度条件下长时间干燥,坯体仍易于开裂,而且工艺的自动化程度不高。目前该工艺的关键在于工业化的推广,研究重点放在优化当前所采用的凝胶注模体系工艺,研制天然、无毒、环保型且用量少的凝胶系统。例如,低毒性有机单体的选择;应用天然大分子通过物理或化学反应形成凝胶,如琼脂糖凝胶大分子和果胶大分子等;开发 Gelcasting 新的应用领域,如 Wang Huanting 等以氧化物和碳酸盐为原料,制备出了具有良好烧结性能的多元组分的 LSCF($La_{0.6}Sr_{0.4}Co_{0.8}Fe_{0.2}O_{3-\delta}$)陶瓷粉体;完善整套工艺体系,发展新型无缺陷 Gelcasting 工艺,如 Morissette 等开发了利用有机钛偶联剂交联水基 PVA 氧化铝悬浮体,该体系的化学流变性紧密依赖于体系成分的变化,一定体积分数的 PVA 悬浮体的凝胶时间随着偶联剂加入量的增加、温度的升高、固相含量的增加而减少;凝胶注模成型模具的选择,如 Stanford 大学提出的 MoldSDM(MoldShape Deposition Manufacturing),并且已成功利用此模具制作方法制备了氮化硅涡轮转子和不锈钢转子以及在保证浆料足够流动性的前提下尽可能提高浆料中的固相含量等。

5.3.2.2　直接凝固注模成型

直接凝固注模成型(DCC,Direct Coagulation Casting)工艺是由瑞士苏黎世高校的 Gaucker 教授和 Grauleb 博士发明的一种净尺寸原位凝固胶态成型方法。这一技术巧妙地将胶体化学与生物化学结合起来用于陶瓷的成型中。其思路是利用胶体颗粒的静电稳定机制,不用表面活性剂制备出高固相含量(55vol% 以上)、低黏度的浆体,通过引入酶和底物(如尿素酶和尿素)注入非孔模具后,诱发酶对底物水解的催化反应,从而改变浆体的 pH 值或放出反离子降低双电层的 Zeta 电位,使固相颗粒又吸引聚集,实现原位固化。

1. 陶瓷浆料的稳定性

当氧化物颗粒与水接触时,表面层就会发生水化反应生成氢氧化物,水化之后颗粒表面化学特性是由加入的 H^+ 或 OH^- 所发生的下列化学反应所控制:

$$\text{MOH}_{(表面)} + \text{H}^+_{(溶液)} \xrightarrow{K_1} \text{MOH}_2 \tag{5-9}$$

$$\text{MOH}_{(表面)} + \text{OH}^-_{(溶液)} \xrightarrow{K_2} \text{MO}^-_{(表面)} + \text{H}_2\text{O} \qquad\qquad (5-10)$$

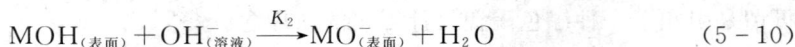

其中,M 为金属离子(如 Al^{3+}),K_1、K_2 为反应速率常数。上述两个反应速率常数决定颗粒表面的零电点(IEP):

$$\text{IEP} = \frac{1}{2}(\text{p}K_1 + \text{p}K_2)$$

对于分散在液体介质中的微细陶瓷颗粒,所受作用力主要有胶粒双电层斥力和范氏引力,而重力、惯性等影响很小。根据胶体化学 DLVO 理论,胶体颗粒在介质中总势能 U_t 是双电层排斥能 U_r 和范氏吸引能 U_a 之和,即 $U_t = U_r + U_a$,如图 5-10 所示。当介质 pH 值发生变化时颗粒表面电荷随之变化。在远离等电点 IEP,颗粒表面形成的双电层斥力起主导作用,使胶粒呈分散状态,即可得到低黏度、高分散、流动性好的悬浮体;当增加与颗粒表面电荷相反的离子浓度,可使双电层压缩,或者改变 pH 值靠近等电点,均可使颗粒间排斥能减少或为零,从而使范氏引力占优势,使总势能显著下降,浆料体系将由高度分散状态变成凝聚状态。若浆料具有足够高的固相含量($>$50vol%),则凝固的浆料将有足够高的强度以便成型脱模。

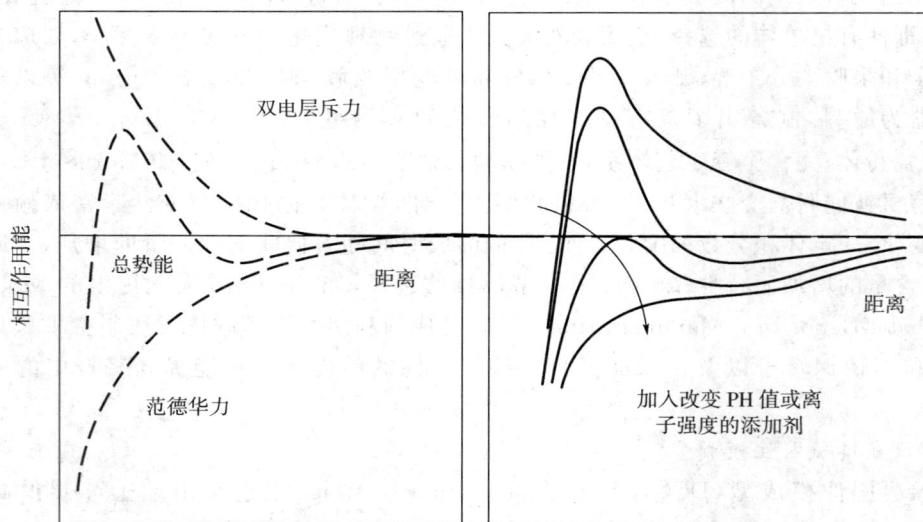

图 5-10　水溶性悬浮体中颗粒相互作用能

以 Al_2O_3 为例,颗粒水化后表面电荷由它与 H_3O^+ 或 OH^- 离子之间的反应决定。纯 Al_2O_3 的零电点大约是 pH=9,加入 H_3O^+ 离子后将降低 Al_2O_3 浆料的 pH 值,并使表面变为正电;若加入 OH^- 离子则会夺取表面的 H 原子而变成带负电。另外,由于 Al_2O_3 颗粒表面对带电的分子物质,如柠檬酸或其他表面活性剂具有特殊的吸附能力,因此表面电荷可以在更广泛的范围内调节,从而导致浆料的等电点(IEP)在 pH=3~9 之间变化。

图 5-11 是氧化铝料浆的稳定区域图。高浓度的氧化铝料浆在 pH=4 时仍然稳定,但当 pH 值改变到 IEP 时就出现凝固;另一方面,即使恒定 pH=4,通过增加盐浓以达0.2mol/L 以上,原来稳定的浆料也发生凝固。当浆料浓度很稀时,凝固化过程并没有使颗

粒聚集物之间产生直接搭接,因而不能得到坯体;当料浆固体含量提高后,凝固过程就形成连续的具有刚度的坯体,而没有任何宏观收缩。图 5 - 12 示出不同浓度料浆凝固后情况。

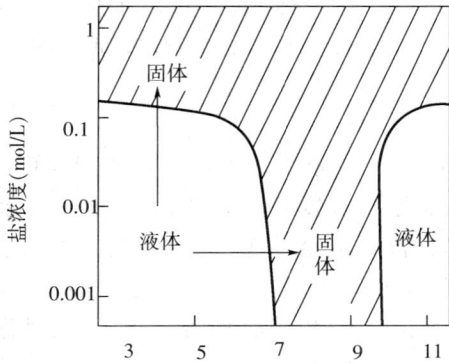

图 5 - 11　氧化铝浆料的稳定区域图　　　　图 5 - 12　不同浓度浆料凝固后情况

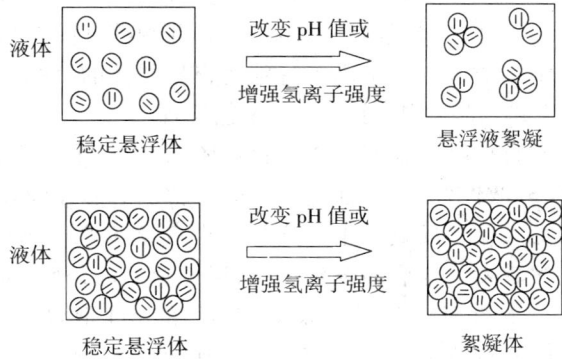

总之,为了减少双电层排斥力,使浆料的凝固得以发生,可以采取以下措施:

(1)改变浆料 pH 值到等电点 IEP;

(2)在浆料中生成盐,提高离子浓度。

2. 直接凝固注模成型原理

DCC 技术是基于内部化学反应(改变悬浮液 pH 值,或增加离子强度)使分散颗粒的表面电荷降低,进而悬浮体变得不稳定的机制。根据胶体化学 DLVO 理论,利用生物酶催化有机物质分解反应或者有机物质慢速自分解反应等方法,使预先加到浆料中的少量物质发生化学反应,放出 H_3O^+、OH^- 离子或高价金属离子,从而改变悬浮液 pH 值或改变浆料中离子浓度,控制陶瓷泥浆胶体的分散—凝聚状态,使其固化成型。此凝固体即为成型坯体。

(1)热激活分解反应

过去许多研究工作如 Sol - gel 法已采用过此类自分解反应。可以使用尿素、甲酰胺、乙酰胺来达到使 pH 值从强酸性变化到中性区,这些反应在 60℃～80℃ 之间均缓慢发生分解反应并释放出氨;采用自分解酯特别是甘油二酯或可自分解的各类内酯(如葡萄糖酸内酯),可使 pH 值从碱性变为中性。

由于上述反应都要求温度高于 60℃,这给工艺控制带来一定的困难,特别是这些反应应用于浆料的凝固成型时,困难较大;另一方面,这些反应 pH 值变化范围非常有限,因此凝固的湿坯强度较低。为此,目前使用的较多的是酶催化反应,该反应可以在很宽的范围内调节浆料的 pH 值或离子浓度,并且可以在室温下操作。

(2)酶催化反应

该方法中常用的酶反应体系为尿素酶水解尿素体系、酰胺酶水解胺类物质体系、葡萄糖苷酶—葡萄糖体系、胶质—蛋白质水解酶体系。在各种酶催化反应中,由于甲酰胺、丙酰胺等在分解过程中均会产生有毒物质,因此,目前国内外大多采用尿素酶分解尿素的反应来实现悬浮体系的凝固,其具体反应式如下:

$$NH_2CONH_2 + H_2O \longrightarrow NH_3 + CO(NH_2)OH \tag{5-11}$$

$$CO(NH_2)OH + H_2O \longrightarrow NH_3 + H_2CO_3 \tag{5-12}$$

$$NH_3 + H_2O \longrightarrow NH_4^+ + OH^- \qquad\qquad (5-13)$$

酶反应被成功地用于制备颗粒悬浮液如 Al_2O_3、Si_3N_4、SiC、ZrO_2 及加有特殊吸附活性剂、不同等电点的混合物。通过内部化学反应可以使 pH 值从酸性向碱性转变,如尿素酶水解尿素、酰胺酶水解胺及葡萄糖、葡萄糖苷酶。另外,还有其他的酶催化反应如胶质、酪蛋白或蛋白质水解酶也用于特殊陶瓷悬浮液的凝结。

3. 直接凝固注模成型工艺流程

直接凝固成型工艺流程见图 5-13。首先制备出固相体积分数高达 50vol% 以上,低黏度、分散性好、流动性好以及静电稳定的悬浮液。然后将浆料温度降至 0℃~5℃,在悬浮液中加入延迟反应的生物酶或底物,悬浮体注入模具后,升高温度至 20℃~50℃,此时酶的活性被激发。与底物发生反应,通过酶的催化反应增加悬浮液的离子强度,或使底物与酶反应放出来的 H^+ 或 OH^- 来调节体系的 pH 值,从而使体系的 Zeta 电位移向等电点,导致悬浮液的黏度增加,成为具有一定刚度的湿坯体,脱模后干燥,再进行烧结。

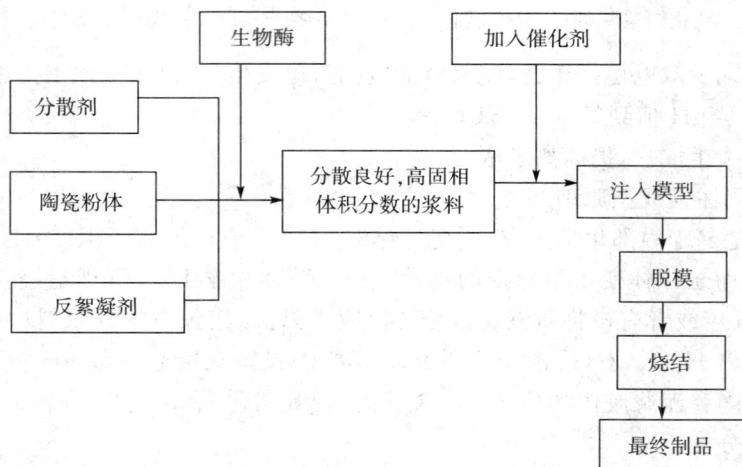

图 5-13　直接凝固注模成型工艺流程示意图

直接凝固成型工艺要求陶瓷浆料具有很好的可浇注性,并且坯体容易脱模。因此,制备出高固相含量、低黏度、稳定的陶瓷浆料,以及坯体成型后具有高强度是极其重要的。

通过优选粉体、浆料 pH 值及所用悬浮剂的种类和数量可以得到高固含量(体积分数 55%~70%)、低黏度、稳定的陶瓷浆料。同时悬浮分散剂要适当选择,否则会杀死酶,使其没有酶活性。此外适当选择反应体系,准确调节 pH 值至等电点 IEP 非常重要。最佳成型工艺条件可通过测量不同基质/酶系统 pH 值变化和 ESA 信号高度与时间的关系来确定。

4. 直接凝固注模成型特点

根据陶瓷成型工艺的需要,用直接凝固成型的化学反应具有以下特点:

(1)可成型出高固相体积分数(55%~70%)且显微结构均匀的复杂形状的陶瓷制品,特别适用于大截面尺寸的试样;

(2)不需加入黏结剂,不需要或只需少量的有机添加剂(0.1%~1.0%),坯体不需脱脂,体密度均匀,相对密度高(55%~70%);

(3)化学反应可控制,即浆料浇注前不产生凝固,浇注后可控制反应进行,使浆料凝固。

同时反应在常温下进行,并且产物对坯体性能或最终烧结性能无影响;

（4）模具结构简单,模具材料选择范围广,如塑料、金属、橡胶、玻璃等均可应用,加工操作简单,成本低。

但由于固化是通过化学反应来完成的,要求严格控制反应开始时间和速度,因此工艺过程比较复杂,不易控制。与凝胶注膜(GC)法相比,其湿坯强度往往不够高,提高生坯强度对于工艺操作和自动化生产十分重要。目前,DCC 工艺存在的主要问题是浆料固相含量不够高,干燥时易变形且湿坯强度不高,在产品工业化方面还有很大的差距。

5. 应用及存在问题

Gauckler 等人已将 DCC 方法用于氧化铝陶瓷的成型,制备了酸(HCl)和碱(柠檬酸二胺 DAC)稳定的浆料,并得到了性能优异的制品。国内清华大学和上海硅酸盐研究所近年来也开始从事陶瓷材料的 DCC 成型研究,将该成型方法成功地应用于成型氧化铝、氧化锆、碳化硅和氮化硅复杂形状的部件,如 $\Phi = 150mm$ 转子、齿轮及球阀等。

但该法的弱点是反应中所需的生物酶价格太贵,保持其良好的生物活性也不太容易,因此也难以实现工业化生产。由于其他新的更广泛的催化反应又难以找到,目前尚未发现有能将强酸调节至偏碱性范围的催化反应。为此寻找新的更广泛的催化反应和深入研究颗粒的表面改性是进一步应用 DCC 工艺的重要课题。此外,DCC 成型的坯体强度低,脱模困难,不利于工艺操作和规模化生产。因此如何提高生坯强度也是 DCC 工艺目前面临的主要问题之一。清华大学的谢志鹏等人通过在 Al_2O_3 悬浮液中加入微量的离子型淀粉(0.02wt%),可使强度由原来的 0.005 兆帕提高到 0.014 兆帕。另外,在 Al_2O_3 悬浮液中加入微细的 AlOOH 胶粒,增加堆积密度和网络强度,也可在一定程度上提高生坯强度。但这对于工业要求而言,是远远不够的,这些也较大程度地限制了 DCC 工艺的推广应用。

5.3.2.3　温度诱导絮凝成型

温度诱导絮凝成型(Temperature Induced Flocculation,简称 TIF)是由瑞典表面化学研究所的 Bergstrom 教授 1994 年发明的,它是利用物质溶解度随温度的变化,来产生凝胶化的一种近净尺寸原位凝固胶态成型方法。它充分利用了胶体的空间位阻稳定特性。其成型基本原理为:首先将陶瓷粉体用特殊分散剂分散在有机溶液中,以制备高固含量浆料。所用分散剂分子的一端吸附在颗粒表面,另一端伸展入溶剂中,起到空间位阻稳定粉料的作用,而且其溶解度随温度变化而变化,为此可通过控制浆料的温度来调节浆料的黏度;然后将分散好的高固含量浆料(>50%)注模后,随着温度的降低,分散剂在溶剂中的溶解度下降,逐渐失去分散能力,从而实现浆料的原位固化。保持温度脱模,再降低压力使溶剂升华,最终得到坯体。TIF 成型过程的影响因素主要有分散剂用量、悬浮体系固含量、聚丙烯酰胺分子质量和体系 pH 值等。其工艺流程见图 5 - 14。

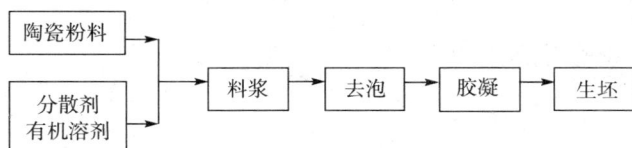

图 5 - 14　温度诱导絮凝成型示意图

　　TIF 方法中有机载体用量低,在很大程度上减轻了脱脂过程的负担。实验证明,有机载体的含量低至陶瓷粉体的 0.005％ 时,仍能发生凝胶化。该成型方法的最大优点在于所得到的陶瓷部件机械性能好,脱模后不合格的坯体可作为原料重复使用,但这种分散剂对于不同的陶瓷体系有很大的局限性,可用于成型大多数的陶瓷粉末体系。其缺点在于坯体中孔隙较多。

5.3.2.4　胶态振动注模成型

　　胶态振动注模成型(Colloidal Vibration Casting,简称 CVC)是 1993 年由 California 大学 SantaBarbara 大学分校 F. F. Lange 教授发明在压滤成型和离心注浆成型的基础上提出的一种新型的原位凝固成型技术。该方法的基本理论是:根据胶体稳定的 DLVO 理论,在悬浮体中的颗粒间除范德华吸引力和静电稳定的双电层排斥力外,当颗粒间距离很近时,还存在一种短程的水化排斥力。当悬浮体的 pH 值在等电点或其离子强度达到临界聚沉离子浓度时,形成一个接触的网络结构;当颗粒间的作用能大于零,颗粒呈分散状态;当悬浮体中离子浓度大于临界聚沉离子浓度时,水合后的离子不再与颗粒紧密接触,静电排斥力完全消失,颗粒间形成一个非常紧密接触的网络结构。这时颗粒处于一个较浅的势阱中,颗粒间的吸引力也由于水化排斥力的作用而减弱,此时的悬浮体呈一个不能流动的密实结构。如果有外力的作用,如振动、搅拌、超声等,固体可以转变为流动态。

　　Lange 利用这一特性在固相体积分数为 20vol％ 瓷悬浮体中加入 NH_4Cl 使颗粒形成絮凝态,然后采用压滤或离心的办法获得高固相含量(>50vol％)的坯料,然后再采用振动的办法,使其由坚实态变为流动态,注入模具中,静止后悬浮体又变为密实态,湿坯经干燥后成为有一定形状的坯体。用于该成型工艺中的浆料可由下列方法获得:

　　(1)水与陶瓷粉末(<30vol％)混合获得分散的料浆,调节 pH 值使水产生静电高的粒间相斥力,获得稳定的聚集态料浆;

　　(2)加入适量的盐到分散态的料浆中,使料浆中的粒子相互吸引;

　　(3)提高粒子的体积分数(例如通过压滤或离心法),获得具有均匀的高堆积密度水饱和的浆料,该浆料具有较高的黏度,并随着剪切速率的提高而变小,因此振动注模成型易于进行。

　　据称,这种工艺适合于连续式全封闭式生产,可减少外部杂质的影响。该成型方法可实现连续化生产,并且可成型形状复杂的陶瓷部件,但素坯强度较低,脱模时坯体易于开裂和变形。

　　当今,高性能陶瓷的成型技术及其理论的研究受到高度重视,各种陶瓷成型技术都有各自的优点和一定局限。根据近几年国际国内的研究开发情况和发展趋势,可以看出,采用低黏度高固相含量粉体浆料,通过原位固化方法和纳米陶瓷成型技术有望成为今后高性能陶瓷成型技术的一个主要方向。

5.3.3　其他新型胶态成型技术

1. 水解辅助固化成型

　　水解辅助固化成型(Hydrolysis Assisted Solidification,简称 HAS)结合了水泥性物质的硬化、直接凝固注模成型(DCC)和凝胶注模成型(GC)的优点,是用水基悬浮液在非孔模具中近尺寸成型陶瓷湿坯的一种方法。此方法建立于 AlN 等物质在热激法下的加速水解。

反应式为：

$$AlN + H_2O \longrightarrow AlOOH + NH_3 \qquad (5-14)$$

$$NH_3 + H_2O \longrightarrow NH_4^+ + OH^- \qquad (5-15)$$

$$AlN + H_2O \longrightarrow Al(OH)_3 + NH_3 \qquad (5-16)$$

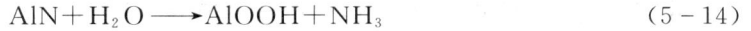

AlN 加入陶瓷浆料之后发生热水解，浆料中的水被消耗，固相体积分数增高。同时氨气的产生使浆料的 pH 值移向高 pH 值点，对 Al_2O_3 浆料来说 pH 值移向了其等电点，可引起陶瓷浆料的固化。另一方面，作为 AlN 的水解产物，$Al(OH)_3$ 在加热时可以胶态化，从而起到辅助固化、增加坯体强度的目的。图 5-15 为 HAS 工艺流程。

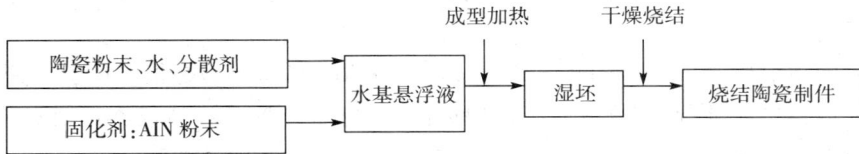

图 5-15　水解辅助固化成型工艺流程图

HAS 工艺的优势在于工艺简单、浆料流变性好、固化快、密度高。但存在时间的限制性、温度的稳定性、固化过程中的热交换等问题，同时需要额外的设备收集和中和氨。该工艺不适合于所有陶瓷，只适于制备含有氧化铝的、至少将其作为次要相的陶瓷材料，如氧化铝陶瓷、氧化铝增韧氧化锆陶瓷、Sialon 陶瓷等。

2. 新型流延成型法

目前，流延成型浆料的制备大多以有机溶剂为载体，这些有机溶剂（如甲苯、二甲苯等）具有一定的毒性，使生产条件恶化并造成环境污染，且生产成本较高。此外，由于浆料中有机物含量较高，生坯密度低，脱脂过程中坯体易变形，影响产品质量。为了克服上述缺点，发展了一些新型的流延法成型工艺，如水基流延成型、紫外引聚合流延成型和凝胶流延成型等。

水基流延成型所需浆料主要由陶瓷粉体、水、分散剂、黏结剂、塑性剂以及其他添加剂组成。它的一个重要特征是用水性溶剂代替有机物溶剂，因此，水基流延成型由于其环境友好、成本低等优点正日益受到广泛的关注，虽然水基流延成型对工艺参数变化敏感，但是如果严格控制成型工艺的细节，如浆料组成、干燥过程、薄片厚度等，就可以保证产品的良好质量。因此，水基流延成型工艺具有更加广阔的应用前景。

紫外引发聚合流延成型工艺是在陶瓷浆料中加入紫外光敏单体和紫外光聚合引发剂，对流延后的浆料实施紫外光辐射，引发单体聚合，使浆料原位固化成型。该法不使用溶剂，因而可以不需干燥便直接脱模，避免干燥收缩和开裂，提高了生产效率。但整个工艺过程需要保温，且聚合过程所需的紫外光强度对人体具有危害，需采取有效的防护措施。

凝胶流延成型工艺是在加热条件下由引发剂引发有机单体的氧化还原反应，导致浆料的凝胶化而实现固化成型。该工艺极大地降低了浆料中有机物的使用量，提高了浆料的固相含量，因而生坯的密度和强度高，同时环境污染小，生产成本低。但氧气对浆料的聚合固化过程有阻碍作用，需要使用惰性气体（如 N_2、Ar 等）保护。另外，在具体实施中，还需采用特别设计的专用成型装置。

　　随着各种新型流延成型工艺的发明,该技术已经被应用于各种电子器件、燃料电池薄膜和装甲板等的制造。而且最近几年,已被用于生产手提电话和笔记本电脑用锂电池薄膜。

　　3. 新型注射成型技术

　　陶瓷注射成型(Ceramics Injection Molding,简称 CIM)脱脂时间长,且脱脂过程中坯体易产生开裂、起皮、分层、变形等各种缺陷,一方面降低整个工艺的成品率;另一方面还进一步影响到坯体的完好烧结。针对这一问题,发展了一系列新型注射成型技术,如水溶液注射成型技术、气相辅助注射成型技术和快速凝固注射成型技术、胶态注射成型等。

　　水溶液注射成型(Aqueous Injection Molding,简称 AIM)采用水溶性的聚合物作为有机载体,因此能够降低注射时的温度和压力。AIM 技术可以很容易地实现自动控制,并且比传统注射成型成本低。

　　气体辅助注射成型(Gas-assisted Ceramic Injection Molding)是把气体引入聚合物熔体中而使成型过程更易进行,该技术能够得到更薄的管壁,降低了原料成本,且该法生产的产品的抗弯强度是一般方法的两倍。

　　快速凝固注射成型又称快速凝固成型(Quickset Forming Process),首先将陶瓷粉体分散于孔隙流体中,采用有机聚电解质作分散剂,制备体积分数 55%~56%的陶瓷浓悬浮体,然后注入非孔封闭的模腔中,降低温度至孔隙流体的冷冻点以下,使陶瓷浓悬浮体固化,然后降低压力,使孔隙流体升华,从而获得均匀的坯体。该方法可近净尺寸成型复杂形状的陶瓷部件,不合格的成型坯体可以重复使用,它不使用大量的高分子黏结剂,因此可避免有机物脱脂过程中所造成的坯体缺陷。缺点是成型的坯体强度比较低,不便于生坯进行机加工处理。

　　4. 胶态注射成型

　　清华大学黄勇教授提出把胶态成型和注射成型结合起来的"陶瓷胶态注射成型新工艺"(colloidal injection molding of ceramics,简称 CIMC)即水基非塑性浆料的注射成型,实现了陶瓷瘠性原料水基料浆的注射成型,是将低黏度、高固相体积分数的水基陶瓷浓悬浮体注射到非孔模具中,并使之原位快速固化,再经烧结,制得显微结构均匀、无缺陷和净尺寸的高性能、高可靠性的陶瓷部件,并大大降低陶瓷制造成本。

　　图 5-16 为胶态注射成型工艺流程图。为了防止浆料过早固化,本工艺采用浆料先分储后混合的思路。首先分别配制 A 料和 B 料,将陶瓷粉料、分散剂、有机单体和催化剂加入

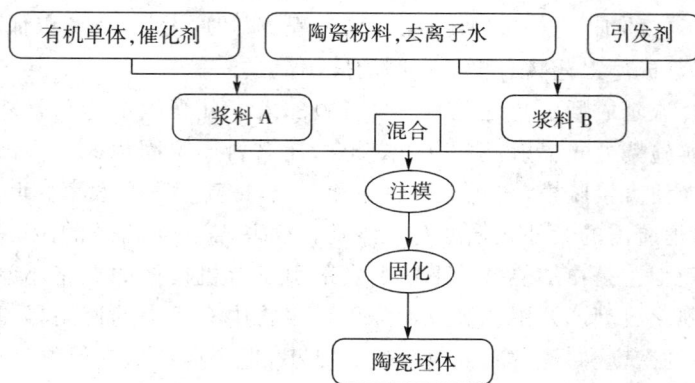

图 5-16　陶瓷胶态注射成型工艺流程

去离子水中球磨制备成 A 料,将陶瓷粉料、分散剂、引发剂加入去离子水中球磨制备成 B
料。两者储存在不同的容器中,成型时充分混合后注入模具型腔,保压一定时间。脱模取出
成型的坯体,经过干燥、排胶、烧结,得到陶瓷制品。此工艺流程是利用凝胶注模成型的原理
来制备陶瓷坯体的。实际上,依托本成型技术,还可以将其他胶态成型工艺(如 DCC)与注
射成型结合,亦可发展出对应的胶态注射成型工艺。

　　黄勇教授所在课题组已经研制开发了Ⅰ型和Ⅱ型陶瓷胶态成型机,并在此基础上进一
步开发了Ⅲ型陶瓷胶态注射成型机,实现了胶态成型的可控固化,真正实现了胶态注射成型
的连续化和自动化,满足了批量规模生产的要求。图5-17为Ⅲ型陶瓷胶态注射成型机的结
构流程图。

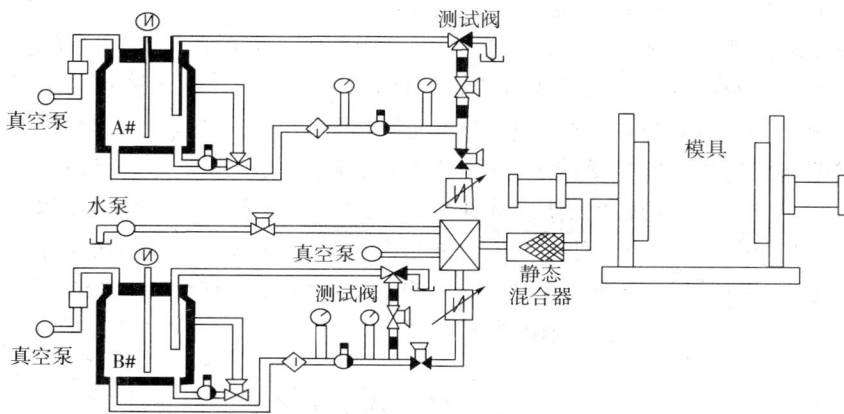

图 5-17　Ⅲ型陶瓷胶态注射成型机流程图

　　该新工艺解决了两个重要的关键技术:陶瓷浓悬浮体的快速原位固化成型和固化成型过程
的可控性。该工艺通过压力诱导陶瓷浓悬浮体固化,克服单纯温度诱导固化产生温度应力导致
制品开裂的缺点,所制备产品可靠性高,制造成本低。该工艺的研究成果达到国际领先水平。

　　通过胶态注射成型技术可以获得高密度、高均匀性和高强度的陶瓷坯体,这种成型技术
可以消除陶瓷粉体颗粒的团聚体,减少烧结过程中复杂形状部件的变形、开裂,从而减少最
终部件的机加工量,获得高可靠性的陶瓷材料与部件。同时,避免了传统陶瓷注射成型使用
大量有机物所导致的排胶困难,实现了胶态成型的注射过程,该工艺适合于规模化生产,是
高技术陶瓷产业化的核心技术。

　　与传统的成型方法相比,陶瓷粉体胶态成型经过这些年的发展,开辟了许多新的领域。
胶态成型方法在制备复杂形状的陶瓷部件方面有着无可比拟的优势,而且可以有效地控制
材料的显微结构,减少材料内部的各种缺陷,提高材料的力学性能和使用的可靠性。提高新
的成型技术的可靠性,降低成本,减少操作步骤,与环保要求相适应,并且把它们转化为商业
上可推广运用的生产方法,是胶态成型技术今后发展的主要目标。

5.3.4　其他新型成型方法

　　随着科学技术的发展,一些新型的陶瓷成型工艺不断涌现,除了前面介绍的各种新型胶
态成型方法外,还有固体自由成型制造技术和气相成型工艺等新型成型工艺,这里只简单介

绍一下，有兴趣的读者可以参考相关资料。

目前，固体无模成型技术制备陶瓷件的研究很多还处于研制阶段，该工艺主要包括：层片叠加成型法（Laminated Object Manufacture）、熔化沉积成型（Fused Deposition of Ceramics）、立体印刷成型（Stereo Lithography）、选区激光烧结（Selective Laser Sintering）、三维打印成型（3 - D Printing）等。

这种成型方法无需任何模具或模型参与，使生产过程更加集成化，制造周期缩短，生产效率得以提高；成型体几何形状及尺寸可通过计算机软件处理系统随时改变，无需等待模具的设计制造，大大缩短新产品的开发时间；与现代智能技术相结合，将进一步提高陶瓷材料制备的工业水平，该领域的技术进步与其他工业制造领域相匹配。目前国内已有多个单位对这一新技术进行了深入研究，并取得较好的阶段性研究成果，在实验室已能制备出多种复杂形状的陶瓷零部件。该种成型方法也各有其优缺点。选用的陶瓷材料也比较有限，但是这不能掩饰其快速制造复杂形状的陶瓷构件的优点，而且其应用领域还相当广泛，因此必将在包括结构陶瓷和功能陶瓷在内的领域发挥更重要的作用。

气相成型利用气相反应生成纳米颗粒，如能使颗粒有效而且致密地沉积到模具表面，累积到一定厚度即成为制品，或者先使用其他方法制成一个具有开口气孔的坯体，再通过气相沉积工艺将气孔填充致密，用这种方法可以制造各种复合材料。由于固相颗粒的生成与成型过程同时进行，因此可以避免一般超细粉料中的团聚问题。在成型过程中不存在排除液相的问题，从而避免了湿法工艺带来的种种弊端。

5.4　先进陶瓷的烧结

烧结是先进陶瓷的基本工序之一，根据产品结构和性能要求决定烧结方法，传统的方法有常压烧结和热压烧结，随着科学技术的发展，已形成了反应烧结、反应热压烧结和等离子烧结等方法。

5.4.1　反应热压烧结

反应热压法是近年来迅速发展的新的原位合成工艺。该技术制备的材料具有很好的热力学稳定性，并且不会出现传统工艺制备材料时可能存在的物理、化学反应而使物相失去所设计的性能问题。所谓反应热压烧结就是针对高温下在粉料中可能发生的某种化学反应过程，因势利导，加以利用的一种热压烧结工艺。也就是指在烧结传质过程中，除利用表面自由能下降和机械作用力推动外，再加上一种化学反应能作为推动力或激活能，以降低烧结温度，亦即降低了烧结难度以获得致密陶瓷。

从化学反应的角度看，可分为相变热压烧结、分解热压烧结，以及分解合成热压烧结三种类型。从能量及结构转变的过程看，在多晶转变或煅烧分解过程中，通常都有明显的热效应，质点都处于一种高能、介稳和接收调整的超可塑状态。此时，促使质点产生跃迁所需的激活能，与其他状态相比要低得多。利用这一特点，当烧结进行到这一时期，施加足够的机械应力，以诱导、触发、促进其转变，质点便可能顺利地从一种高能介稳状态转变到另一种低能稳定状态，可降低工艺难度、完成陶瓷的致密烧结。其特点是热能、机械能、化学能三者缺一不可，紧密配合，促使转变完成。

黄小萧等人以铝粉、石墨粉和有机物聚碳硅烷（PCS）为原料，通过原位反应热压烧结法制备 Al_4SiC_4/C 复合陶瓷，其反应式为：

$$4Al+SiC+(x+3)C \longrightarrow Al_4SiC_4+xC \tag{5-17}$$

其中，x 为 Al_4SiC_4 的体积分数。

制备 Al_4SiC_4/C 复合陶瓷所需材料采用两步烧结法制备，首先是原始粉料的预煅烧。在预煅烧中首先完成先驱体 PCS 的裂解。聚碳硅烷转化为纳米 SiC 的主要步骤为：500℃以前发生低分子量物质的蒸发和键的断裂和缩合；800℃前除 Si—C 键外其他键（如 Si—H、C—H 等）的断裂；然后发生 Si—C 键断裂并出现纳米 SiC；当温度高于 1000℃时，SiC 晶粒开始长大。先驱体 PCS 裂解的纳米或亚微米 SiC 粉末粒径小，比表面积大，界面原子数多，存在大量的悬键和不饱和键，具有较高的烧结活性，可促进反应烧结，降低反应温度。预煅烧过程中，除有机物 PCS 完成无机化转变外，还发生了下述反应：

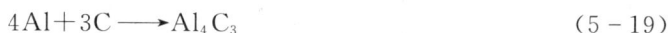

$$Al(s) \longrightarrow Al(l) \tag{5-18}$$

$$4Al+3C \longrightarrow Al_4C_3 \tag{5-19}$$

煅烧后的粉末含有 SiC、Al_4C_3 和石墨相。将预煅烧后的粉末进行反应热压烧结，图5-18是不同含量 Al_4SiC_4 热压烧结的复合材料 XRD 图谱。从图中可以看出，除主相外，在2000℃反应热压烧结的样品中还检测到了 $Al_4Si_2C_5$ 相，这是由于在高温时 Al_4SiC_4 的分解所致。通过 XRD 分析基本可以认为，所加入的原材料按设计转化为新相。

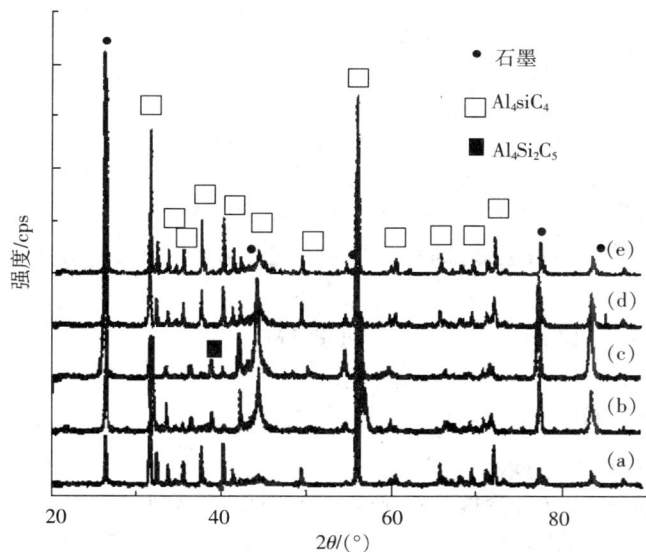

图 5-18　热压烧结不同含量 Al_4SiC_4 试样的 XRD 图谱

清华大学曾照强等人以 TiN、Al 和 BN 为原料通过反应热压法制备了 TiB_2/AlN 复合陶瓷，此法主要依据如下化学反应：

$$3Al(s)+2BN(s)+TiN \longrightarrow 3AlN(s)+TiB_2(s) \tag{5-20}$$

该反应 $\Delta H=-435.38kJ \cdot mol^{-1}$，说明此反应为放热反应。

根据标准 Gibbs 自由能计算,总自由能 $\Delta G_T^{\ominus}$ 为 $\Delta G_T^{\ominus} = -395915 + 133.23T (\text{J} \cdot \text{mol}^{-1})$ ($\ominus$ 表示标准状态)。

当 $\Delta G_T^{\ominus} = 0$,得 $T = 2971.67\text{K}$,当 $T > 2971.67\text{K}$ 时,$\Delta G_T^{\ominus} > 0$;当 $T < 2971.67\text{K}$ 时,$\Delta G_T^{\ominus} < 0$,即在温度低于 2971.67K 时,在热力学上 TiN,Al,BN 可以发生化学反应生成 TiB_2 和 AlN。

根据原料的组成判断,在反应热压过程中,可能会发生以下几个反应:

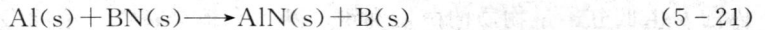

$$Al(s) + BN(s) \longrightarrow AlN(s) + B(s) \tag{5-21}$$

$\Delta G_T^{\ominus} = -65705 + 39.46T$

$\Delta G_T^{\ominus} = 0$ 时,$T = 1665.10\text{K}$,即在温度低于 1665.10K 时,反应式(5-21)在热力学上可以进行;

$$Al(s) + TiN(s) \longrightarrow AlN(s) + Ti(s) \tag{5-22}$$

$\Delta G_2^{\ominus} = 19995 + 33.81T$

当 $\Delta G_2^{\ominus} = 0$ 时,$T = -591.39\text{K}$,因而反应式(5-22)在热力学上无法进行;

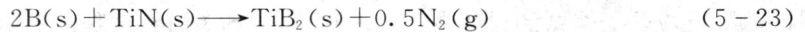

$$2B(s) + TiN(s) \longrightarrow TiB_2(s) + 0.5N_2(g) \tag{5-23}$$

$\Delta G_3^{\ominus} = 51800 - 72.76T$

当 $\Delta G_3^{\ominus} = 0$ 时,$T = 711.93\text{K}$,即温度高于 711.93K 时,反应式(5-23)在热力学上可以进行;

$$Al(s) + 0.5N_2(g) \longrightarrow AlN(s) \tag{5-24}$$

$\Delta G_4^{\ominus} = -316305 + 127.07T$

当 $\Delta G_T^{\ominus} = 0$ 时,$T = 2489.22\text{K}$,即在温度低于 2489.22K 时,反应式(5-24)在热力学上可以进行;

综合以上的计算,可以判断按照以下三步进行:

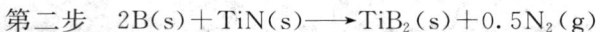

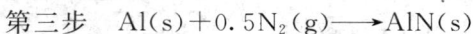

第一步　$Al(s) + BN(s) \longrightarrow AlN(s) + B(s)$

第二步　$2B(s) + TiN(s) \longrightarrow TiB_2(s) + 0.5N_2(g)$

第三步　$Al(s) + 0.5N_2(g) \longrightarrow AlN(s)$

图 5-19 所示为该反应的差热分析结果,图 5-20 所示为 700℃ 和 800℃ 烧结产物的 X 射线衍射分析结果。从差热曲线上可以看出,在从室温到 1300℃ 的升温过程中,样品的质量变化很小,可以视为不变;在 660℃ 左右有一个很明显的吸热峰,这是因为 Al 的熔点为 660℃,在此温度附近样品要吸收大量的热使 Al 由固态变为液态;在 900℃ 左右开始出现一个明显的放热峰,说明在 900℃ 时原料开始发生反应。这也可以从图 5-18 中得到证明,原料在 900℃ 烧结 0.5h 后,试样成分发生了变化,生成的相除了 AlN 外,还有未知的中间过渡相,根据前述的热力学分析,可判断这种过渡相可能是 Al_xB_y 相。从图 5-19 还可以看出在 900℃ 后反应速度加快,温度再升高,反应趋于平缓地进行。

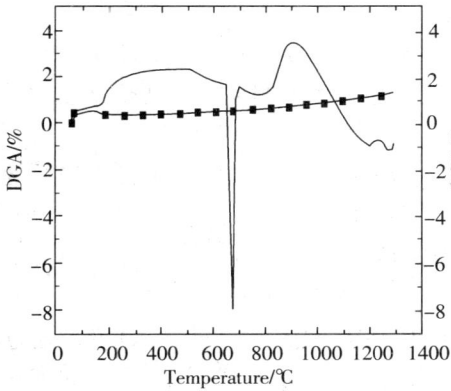

图 5-19 原料的差热及失重曲线

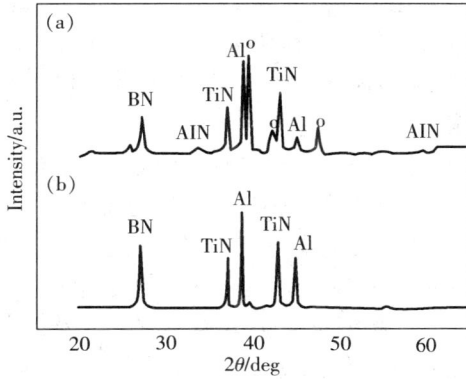

图 5-20 原料及 900℃烧结产物的 X 射线衍射分析

图 5-21 是原料在不同温度下烧结产物的 X 射线衍射分析结果。由图 5-21 可以看出，原料从 900℃开始反应直到 1500℃，中间过渡相逐渐消失，TiB$_2$ 和 AlN 相逐渐增加，但反应尚未完全，产物中还有少量的原料存在。在 1400℃烧结产物和 1500℃烧结产物的 X 射线图谱上，均发现了原料 BN 和 TiN 的衍射峰，而 1700℃及 1800℃烧结的产物的 X 射线图谱上只有 TiB$_2$ 和 AlN 的衍射峰，说明在 1700℃左右，原料已完全反应。

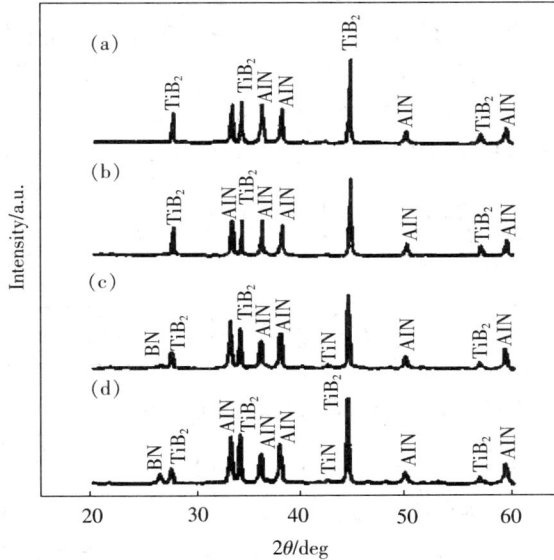

图 5-21 不同温度下烧结产物的 X 射线衍射分析

TiN、Al 和 BN 为在 800℃左右开始反应，随着反应温度的升高，反应进行得越完全，在 1700℃左右反应完全，产物为 AlN 和 TiB$_2$；完全反应烧结的产物相具有很高的致密度，晶粒细小且分布比较均匀，具有比机械混合法好的显微结构。

5.4.2 反应烧结

反应烧结（反应成型）是通过多孔坯体同气相或液相发生化学反应，使坯体质量增加，孔隙减小，并烧结成为具有一定强度和尺寸精度的成品的工艺。同其他烧结工艺比较，反应烧结有如下几个特点：

（1）反应烧结时，质量增加，普通烧结过程也可能发生化学反应，但质量不增加。

（2）烧结坯件不收缩，尺寸不变，因此，可以制造尺寸精确的制品。普通烧结坯件发生体积收缩。

（3）普通烧结过程，物质迁移发生在颗粒之间，在颗粒尺度范围内。而反应烧结的迁移过程发生在长距离范围内，反应速度取决于传质和传热过程。

（4）液相反应烧结工艺在形式上同粉末冶金中的熔浸法类似，但是，熔浸法中的液相和固相不发生化学反应，也不发生相互溶解，或只允许有轻微的溶解度。

通过气相的反应烧结陶瓷有反应烧结氮化硅（RBSN）和氮氧化硅 Si_2ON_2。通过液相反应烧结陶瓷有反应烧结碳化硅。气相反应烧结氮氧化硅的坯件由 Si、SiO_2 和 CaF_2（或 CaO、MgO 等玻璃形成剂）组成，在反应烧结时，CaO、MgO 等同 SiO_2 形成玻璃相。氮溶解入熔融玻璃中生成 Si_2ON_2，Si_2ON_2 晶体从被氮饱和的玻璃相中析出；气相反应烧结氮化硅是硅粉多孔坯体在 1400℃ 左右与氮气反应形成的。

下面详细介绍反应烧结 SiC 陶瓷。

5.4.2.1　传统制备工艺

通过液相反应烧结 SiC（Reaction Bonded Silicon Car‑bide，RBSC）是一种近乎完全致密的工程陶瓷，最初是由 Popper 在 20 世纪 50 年代提出。传统的反应烧结制备 SiC 的基本过程是，将一定比例的 SiC 粉、C 粉进行混合，通过成型制成有一定孔隙率的坯体，在惰性气氛中进行高温渗 Si。当温度高于 Si 的熔点（1410℃）时，熔融 Si 会在表面张力的作用下沿着毛细管渗入坯体中，与坯体中的 C 反应生成新的 β‑SiC，反应完成后剩余的气孔会由液相 Si 填充，最终形成几乎致密的烧结体。其工艺流程如图 5‑22 所示。

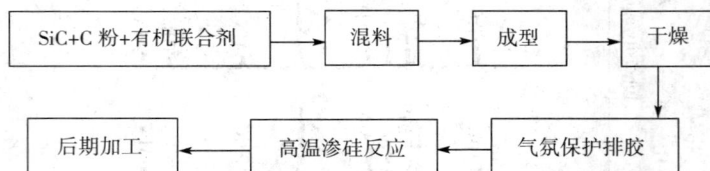

图 5‑22　SiC 陶瓷反应烧结工艺流程图

游离 Si 的存在，使得其室温抗弯强度为 200MPa～600MPa，但其断裂韧性仅为 $2MPa^{1/2}\cdot m$～$4MPa\cdot m^{1/2}$，而且当温度升至 Si 的熔点（1410℃）以上时，力学性能急剧下降。即使在低温下，由于失效裂纹常在 SiC/Si 界面上产生并沿之扩展，因而游离 Si 的存在对其性能也有不良影响。因此，传统反应烧结 SiC 陶瓷常用在强度、硬度、抗疲劳性能、抗蠕性能要求较高，而对断裂韧性要求不高的场合，如腐蚀介质或高温气体用的喷嘴。

另外，传统的 RBSC 制备过程能耗大、成本高，原料中大量使用 SiC 粉，造成烧结时间长、温度高，且材料的可靠性不高，均匀性低。因此需要通过对工艺进行优化和改进，以改善其性能。

5.4.2.2　新型制备工艺

1. 全 C 素坯反应烧结工艺

有人提出了一种全 C 素坯反应烧结工艺，如图 5‑23 所示。在有些资料上该工艺也称为 Hucke 工艺。

C 素坯由聚合物裂解制成,结构均一,具有适当体积的微孔和微孔间的通道,与 Si 有良好的反应活性。烧结后材料抗弯强度可达 600MPa～800MPa,大大超过了传统反应烧结法制备的 SiC 陶瓷的抗弯强度。其具体的工艺过程为:首先将三乙烯基乙二醇、二羟基乙烯基醚与糠醇树脂胺一定比例混合,机械搅拌后得到均匀的单相溶液,在有机酸的催化作用下,分离成富乙二醇相和富糠醇相,富糠醇相在低温加热过程中随着乙二醇的挥发而逐渐固化,当温度进一步升高时,固化的糠醇相在氢气保护下发生热解,得到多孔 C 生坯。

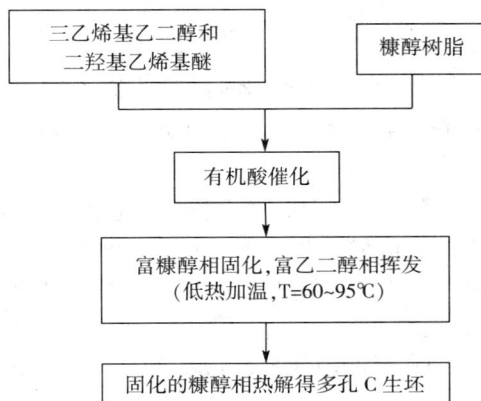

图 5 - 23　反应烧结微孔玻璃 C 预制体制备工艺示意图

Hucke 工艺制备多孔生坯的突出优点是:可以通过控制化学反应中组分、浓度和温度等条件,比较精确地控制碳质骨架的结构。这种方法制备的骨架结构和用研磨、混合、粒度级配等机械操作方法制备的骨架结构相比,要均匀得多,可以得到高性能的反应烧结碳化硅制品。但是这种工艺也存在自身的缺点,如原料价格昂贵,成本高,坯体前期制备工艺过程复杂,有机物的制备和热解过程中易放出大量的有毒气体,难以实现大规模的工业化。

Yet - MingChiang 等人利用 Hucke 法制备的树脂热解微孔 C 预制体,并使用熔融合金反应生成耐高温的硅化物来置换制品中的残余 Si,消除其不利影响,如图 5 - 24 所示。研究发现,当 C 颗粒为杆状且大小为 $1\mu m$ 时,SiC 陶瓷性能最好,抗弯强度可达 500MPa～700MPa。

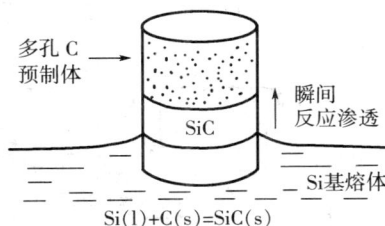

图 5 - 24　多孔 C 预制体渗 Si 制备
反应烧结 SiC 示意图

2. 合金熔渗和金属增韧

采用合金浸渗,即金属与 Si 形成合金进行熔渗,可以降低反应烧结所得制品中游离 Si 的含量;同时引入的韧性金属合金作为第二相,能较好地改善材料的韧性。Si 合金中含有可与 Si 形成高熔点化合物的元素,使用最多的是 Si - Mo 合金,其他还有 Si - Nb 合金、Si - Ti 合金、Si - Ta 合金。用 Si 相合金作浸渗剂,对素坯进行反应渗透,可以获得含有 $MoSi_2$ 耐火相的复合材料。由于材料中部分剩余 Si 被耐火 $MoSi_2$ 取代,其使用温度可达 1800℃。有研究表明,用合金取代 Si 浸渗坯体能够减少烧结体中游离 Si 的含量,提高材料的使用温度。但是关于合金浸渗坯体实际的反应过程尚不清楚,目前的技术还无法使游离 Si 完全转化为高温相。而且该工艺要求事先将 Si 用耐高温金属饱和以保证熔体进入坯体,这样就增加了工艺的复杂性。另外,由于反应渗入过程中产生的热应力,还有因两相热膨胀系数的不同而产生的应力导致材料中存在缺陷,使机械强度降低。

使用合金是为了控制润湿和液相的渗入,多数液态金属在 C 表面有高的接触角,因此,在渗入时需要加压力以保证反应的进行。但由于 Si 与 C 在一起时所表现出来的活性,使得熔融 Si 可以自发渗入到多孔体中,而纯 Al、Cu 等则不行,只有它们与 Si 的合金才能实现自发的熔渗。

5.4.2.3　反应烧结 SiC 机理

到目前为止,关于反应烧结碳化硅的机理的报道很多,总结起来主要有以下三种烧结机理:扩散控制机理、界面控制机理和溶解－再沉淀机理。下面对三种机理进行简单的介绍。

1. 溶解沉淀机理

图 5 - 25 为 Si—C 二元相图。结合 Si—C 相图,在通常的反应烧结 SiC 制备工艺中,Si 相对 C 是过量的,因此体系初始组成点位于 Si—C 相图的富 Si 区。当体系温度上升到 Si 熔点时,Si 熔融成液相,并在素坯中由气孔形成的毛细管力作用下渗入素坯。Pampuch, Sawyer 等人认为,液 Si 与固态 C 相接触时首先发生 C 在液 Si 中的溶解反应,此过程为放热过程(溶解热为−247kJ/mol),可引起溶解区域的温度升高。由于 C 在 Si 中的溶解度随温度升高而增大,能促进 C 的固溶。溶解的 C 可能以 C、C - Si、C - Si$_4$、SiC$_4$ 等形式存在,均可自由扩散。同时 SiC 从液态 Si 中的析出为吸热反应,所以在 C 的溶解处温度高,C 浓度大,这样在反应烧结体的局部形成了很大的温度和浓度梯度。C 从浓度较高区向较低区扩散,并在温度较低的区域溶解度达到饱和,优先在固体 C 表面的缺陷处沉淀形成 β - SiC 晶粒。而高温区的 C 不断溶解,直至溶完,所析出的 β - SiC 可能在素坯中原有的 α - SiC 颗粒表面定向生长,也可能在液 Si 中均匀成核、生长。C 溶解完毕后,烧结体内局部高温区消失,液相中的 C 过饱和,SiC 析出,直到过饱和消除。图 5 - 26 为 C 溶解、沉淀形成 SiC 以及 SiC 晶粒长大的过程示意图。由图可知,新生的 β - SiC 晶粒随机分布,相互独立,并通过固态 C 进一步溶解,以及在新生 SiC 晶粒表面上的沉积并实现晶粒长大,其增长速度与时间成线性关系。

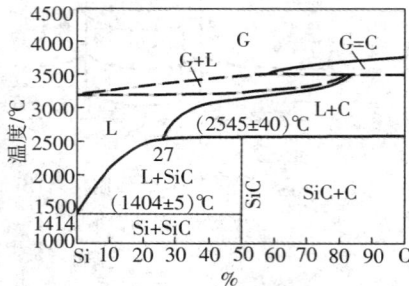

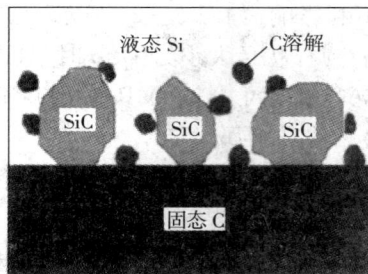

图 5 - 25　Si—C 二元相图　　　　图 5 - 26　溶解沉淀机理形成 SiC 的示意图

2. 扩散控制机理

众多研究者在各自的实验中均发现在基体上最终形成了连续的 SiC 层,如图 5 - 27 所示。液 Si 与 C 接触的瞬间形成了 SiC 层,并将 Si 和 C 分开,随后 SiC 的生长只能通过 Si 和

C 在 SiC 层中的扩散来实现。Hon 等研究表明,高温下 Si 和 C 在 SiC 中的自扩散行为受空位机制控制。在 SiC 晶体内 C 的扩散速度比 Si 的扩散速度快 50~100 倍,而 C 在 SiC 晶界的扩散速度是其在晶内扩散速度的 105~106 倍,因此,可以认为 C 在 SiC 晶界的扩散速率成为 SiC 生长的控制因素。

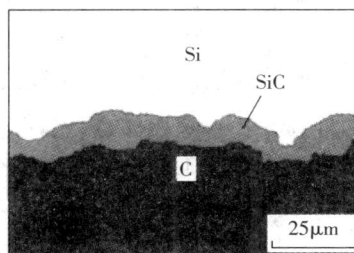

图 5 - 27　SiC 表面形成的连续的 SiC 层

3. 界面控制机理

Favre 等通过实验发现,Si 与 C 反应除了在 C 基体表面上形成连续的 SiC 层外,还在 Si 中存在孤立的 SiC 颗粒,如图 5 - 28 所示。图中孤立 SiC 颗粒的形成不能用上面的两种机理给出合理的解释。Favre 等认为,由于新生的 SiC 颗粒之间存在很大的压应力,导致部分的 SiC 颗粒从 C 基体表面脱落,进入液 Si 中,并促进了新 SiC 在 C 基体上继续生长。李冬云等人认为,孤立 SiC 颗粒是在冷却阶段由过饱和 C 在液 Si 中通过均匀成核和长大形成的,其大小与反应时间无关。Hase 和 Suzuki 没有发现在 C 颗粒和 Si 界面上存在连续的反应产物层。由于 SiC 和 C 之间的体积失配,二者界面上的反应产物层迅速崩裂,因此作者认为反应烧结 SiC 的烧结过程受 C 和 Si 之间界面反应的限制。

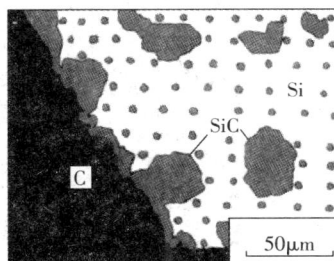

图 5 - 28　1600℃硅化 7min 后,在 Si 中形成孤立 SiC 颗粒层

通过上面的分析可以看出,Si/C 反应在不同阶段受不同机理控制,起始阶段反应在固态 C 与液 Si 界面进行,SiC 的生长受溶解沉淀机理控制,生长的速率与反应时间成正比;当固态 C 表面形成连续的 SiC 层后,反应发生在 SiC/Si 界面,反应速率受 C 在 SiC 层中扩散的控制,随之降低;Si 基体中孤立 SiC 颗粒的大小与反应时间无关,它们受界面的应力作用或冷却过程等因素的影响。

5.4.3　放电等离子烧结

放电等离子烧结(Spark Plasma Sintering,SPS),又称等离子活化烧结(Plasma Activated Sintering,PAS)或等离子辅助烧结(Plasma Assisted Sintering,PAS)或脉冲电流烧结(Pulse Electric Ourrent Sintering 或 PECS),是近年来发展起来的一种新型的快速烧结技术。它的发展起源于 20 世纪 60 年代的电火花烧结技术,在 80 年代末期经过改良后形成了如今的 SPS 技术。放电等离子烧结技术融等离子活化、热压、电阻加热为一体,具有升温速度快、烧结时间短、冷却迅速、外加压力和烧结气氛可控、节能环保等特点,可广泛用于磁性材料、梯度功能材料、纳米陶瓷、纤维增强陶瓷和金属间复合材料等一系列新型材料的烧结,并在纳米材料、复合材料等的制备中显示出极大的优越性,是一项有重要使用价值和广泛前景的烧结新技术。

目前全世界共有 SPS 装置 100 多台。日本东北大学、大阪大学、美国加利福尼亚大学、瑞典斯德哥尔摩大学、新加坡南洋理工大学等大学及科研机构相继购置了 SPS 系统。2000年 6 月武汉理工大学购置了国内首台 SPS 装置(日本住友石炭矿业株式会社生产,SPS－1050),随后上海硅酸盐研究所、清华大学、北京工业大学和武汉大学等高校及科研机构也相继引进了 SPS 装置,用来进行新材料的研究与开发,并对其烧结机理与特点进行深入研究与探索,尤其是其快速升温的特点,可作为制备纳米块体材料的有效手段,因而引起材料学界的特别关注。但目前关于 SPS 的烧结机理还存在争议,尤其是烧结的中间过程还有待深入研究。

1. SPS 的基本配置

日本住友石炭矿业株式会社制造的 SPS 系统主要由以下几个部分组成:由上、下柱塞组成的垂直压力施加装置;特殊设计的水冷上、下冲头电极;水冷真空室;真空/空气/氩气气氛控制系统;特殊设计的脉冲电流发生器;水冷控制单元;位置测量单元;温度测量单元以及各种安全装置。其基本结构如图 5－29 所示。

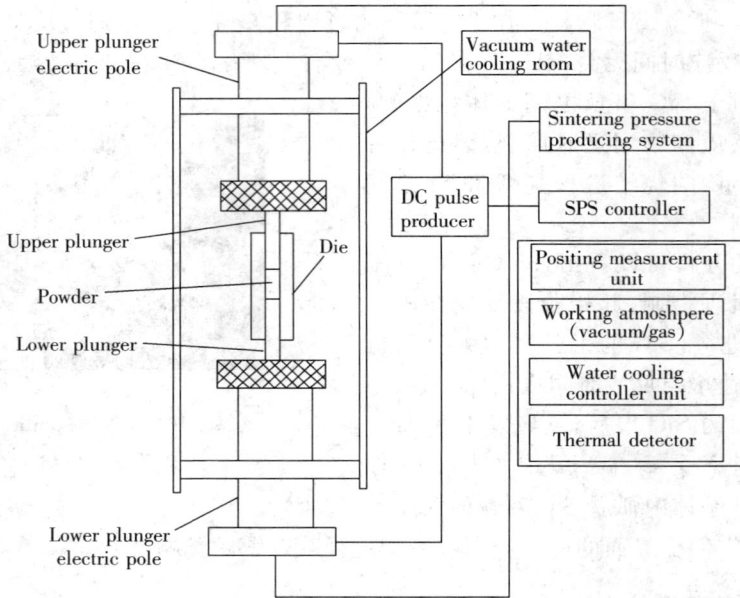

图 5－29　放电等离子烧结(SPS)系统结构示意图

可见,放电等离子烧结实质是传统通电热压烧结的发展,关键技术在于通入粉末上下电极的电源。它通过瞬时脉冲电源在粉末颗粒间产生放电等离子,从而去除了颗粒表面的氧化膜和吸附在颗粒表面的气体,然后对粉末施加轴向压力并进行电阻加热,通过插入石墨模具内的热电偶测量样品的烧结温度,通过线性测量装置测量样品的收缩率。整个烧结过程可在真空环境下进行,也可在保护气氛中进行。与热压烧结法、热等静压烧结法、常压烧结等传统的烧结方法相比,SPS 装置具有操作容易、不要求熟练技术、烧结速度快等特点。表5－4 所列为通常情况下放电等离子烧结的工艺参数。

表 5 - 4　典型的 SPS 过程工艺参数

Pressure/MPa	15
Pulse voltage/V	15
Pulse current/A	750
Single pulse peak value duration/μs	80
Single pulse valley value duration/μs	80
Total pulse duration/s	30
Electric resistance heating voltage/V	70
Electric resistance heating current/A	2000
Total densification time/min	<10

2. 放电等离子烧结原理

SPS 作为一种新颖而有效的快速烧结技术,已应用于各种材料的研制和开发,但目前关于 SPS 的烧结机理还存在争议,其烧结的中间过程还有待于进一步深入研究。M. Tokita 提出放电等离子的观点,认为粉末颗粒微区存在电场诱导的正负极,在脉冲电流作用下颗粒间产生放电,激发等离子体。但是,目前有关等离子体的产生尚缺乏具有说服力的证据,尤其是对于非导电粉体,因为非导电粉体中不会有电流通过。S. W. Wang 等分别对导电 Cu 粉和非导电 Al_2O_3 粉进行 SPS 烧结研究,认为导电材料和非导电材料存在不同的烧结机理,导电粉体中存在焦耳热效应和脉冲放电效应,而非导电粉体的烧结主要源于模具的热传导。此外,古屋泰文等对金属体系及 Al_2O_3 粉的烧结过程进行了原位监测,利用粉料下面的传感器探测烧结过程中电磁波的变化,发现在基本波形中都叠加了二次诱导的噪声信号,说明烧结过程中无论导电、非导电材料都存在诱导电波,但他没有对诱导电磁波产生的机理给出明确的解释。

放电等离子烧结与热压烧结的主要区别在于两者的加热方式不同。传统的热压烧结主要是由通电产生的焦耳热和加压造成的塑性变形来促进烧结过程的进行。由于其加热升温主要通过石墨模具从样品的表面向内部进行,因此整个样品的升温不很均匀,在样品内可能存在较大的温差,从而导致所烧结样品的组织与性能不均匀,当所烧结的材料的热导率较低时,其显微组织结构和性能的不均匀性更加明显。一般认为:SPS 过程除具有热压烧结的焦耳热和加压造成的塑性变形促进烧结过程外,还在粉末颗粒间产生直流脉冲电压,在粉末颗粒的接触点产生放电等离子以击穿粉末颗粒表面的氧化膜、排出其吸附的空气,并活化颗粒表面以加速粉末的热压烧结和致密化过程等 SPS 过程特有有利于烧结的现象,如图 5 - 30 所示。

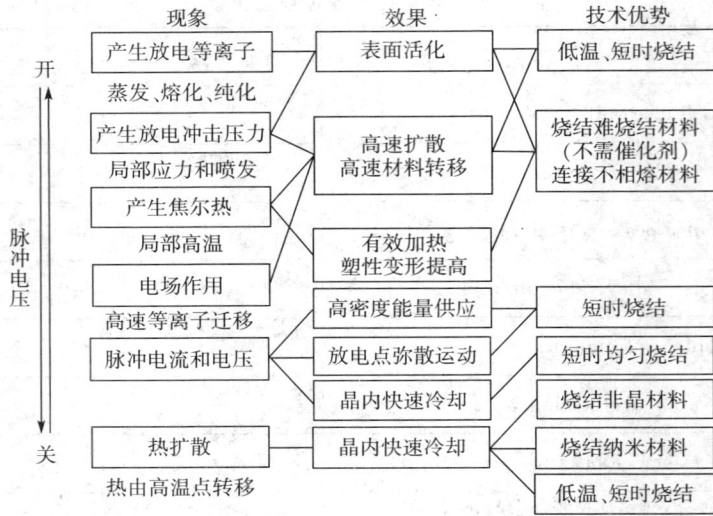

图 5 - 30　施加支流开关脉冲电流的作用

3. SPS 的技术特点

SPS 烧结有两个非常重要的步骤,首先由特殊电源产生的直流脉冲电压,在粉体的空隙产生放电等离子,由放电产生的高能粒子撞击颗粒间的接触部分,使物质产生蒸发作用而起到净化和活化作用,电能贮存在颗粒团的介电层中,介电层发生间歇式快速放电。如图 5-31 所示。等离子体的产生可以净化颗粒表面,提高烧结活性,降低金属原子的扩散自由能,有助于加速原子的扩散。当脉冲电压达到一定位时,粉体间的绝缘层被击穿而放电,使粉体颗粒产生自发热。进而使其高速升温,粉体颗粒高速升温后,晶粒间结合处通过扩散迅速冷却,电场的作用因离子高速迁移而高速扩散,通过重复施加开关电压,放电点在压实颗粒间移动而布满整个粉体,使脉冲集中在晶粒结合处是 SPS 过程的一个特点。

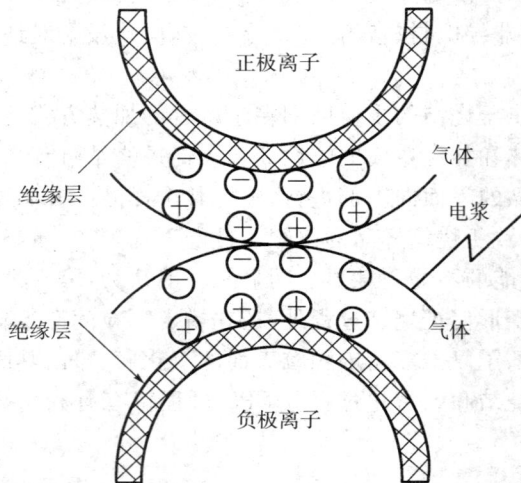

图 5 - 31　放电过程中粉末粒子对模型

SPS 过程中,颗粒之间放电时,会瞬时产生高达几千摄氏度至 1 万摄氏度的局部高温,在颗粒表面引起蒸发和熔化,在颗粒接触点形成颈部,由于热量立即从发热中心传递到颗粒表面和向四周扩散,颈部快速冷却而使蒸气压低于其他部位。气相物质凝聚在颈部形成高于普通烧结方法的蒸发—凝固传递是 SPS 过程的另一个重要特点。晶粒受脉冲电流加热和垂直单向压力的作用,体扩散、晶界扩散都得到加强,加速了烧结致密化过程,因此用较低的温度和比较短的时间可得到高质量的烧结体。SPS 过程可以看作是颗粒放电、导电加热和加压综合作用的结果。

即放电等离子烧结的技术特点是:热效率高、适合放电等离子烧结的材料体系广、升温和冷却速度快、加热均匀、成形压力低、产生放电等离子体、采用脉冲电源烧结时间短。导致以上特点的原因还可从以下公式获得解释。

热压烧结和放电等离子烧结扩散过程可以分别用公式表示如下。

热压烧结的烧结扩散过程可由式(5 - 25)表示:

$$\frac{\partial n}{\partial t} = D \frac{\partial^2 n}{\partial x^2} \tag{5 - 25}$$

放电等离子烧结的烧结扩散过程则由式(5 - 26)表示:

$$\frac{\partial n}{\partial t} = D_1 \frac{\partial^2 n}{\partial x^2} + \mu E \frac{\partial N}{\partial x} \tag{5 - 26}$$

其中 D 和 D_1 均由式(5 - 27)及(5 - 28)表示:

$$D(D_1) = C \exp\left(-\frac{\varepsilon}{kT}\right) \tag{5 - 27}$$

$$C = N\upsilon$$

式中: n 为扩散的原子数; t 为烧结时间; x 为原子扩散距离; E 为电场强度; μ 为原子在电场作用下的位移; D 和 D_1 为扩散系数; ε 为活化能; k 为波耳兹曼常数; C 为常数; N 为晶格的空位数; T 为绝对温度; υ 为原子的固有振动频率。

放电等离子烧结时,由于放电活化作用,扩散系数 D_1 大于热压烧结时的扩散系数 D;对比两式可以发现,放电等离子烧结过程的原子扩散远大于热压烧结过程中的原子扩散。因此,从理论上论证了放电等离子烧结致密化速率大于热压烧结的致密化速率。

4. 放电等离子烧结工艺

放电等离子烧结的主要工艺流程共分四个阶段。第一阶段:向粉末样品施加初始压力,使粉末颗粒之间充分接触,以便随后能够在粉末样品内产生均匀且充分的放电等离子;第二阶段:施加脉冲电流,在脉冲电流的作用下,粉末颗粒接触点产生放电等离子,颗粒表面由于活化产生微放热现象;第三阶段:关闭脉冲电源,对样品进行电阻加热,直至达到预定的烧结温度并且样品收缩完全为止;第四阶段:卸压。合理控制初始压力、烧结时间、成形压力、加压持续时间、烧结温度、升温速率等主要工艺参数可获得综合性能良好的材料。图 5 - 32 为放电等离子烧结时烧结压力、烧结温度、烧结材料的致密度与烧结时间的关系。

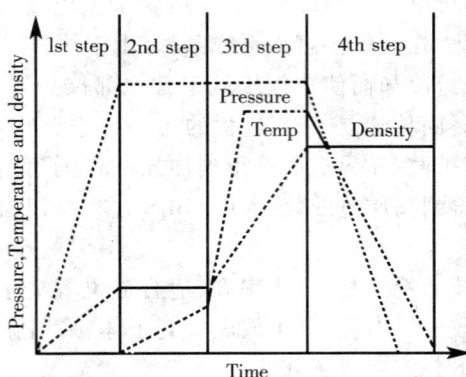

图 5-32　SPS 烧结压力、烧结温度、烧结材料的致密度与烧结时间的关系

（1）初始压力

由于粉末颗粒之间的拱桥效应，它们一般不能充分接触，因此，为了使放电等离子烧结时在样品内产生均匀并且充分放电的等离子，最大程度地活化颗粒表面以加速烧结致密化过程，需要向烧结粉末施加适当的初始压力，使粉末颗粒充分接触。初始压力的大小可随烧结粉末品种、烧结件大小和性能而不同。初压过小，放电现象只局限于部分粉末中，导致粉末局部熔化；压力过大，将会抑制放电，进而延缓烧结扩散过程。根据现有文献，为使放电持续而充分地进行，此初始压力一般不宜超过 10MPa。

（2）烧结时间

当用放电等离子烧结导电性能较好的粉末试样时，由于电阻加热从样品的外部和内部同时进行，因此烧结时间极短，甚至是瞬间的，但烧结时间长短应视粉末质量、品种和性能而不同，一般为几秒钟到几分钟；当烧结大型、难熔金属粉末材料时，甚至长达几十分钟。烧结时间对制件密度影响较大，为使致密化过程得以充分进行，需要确保一定的烧结时间；表5-5 列出了一些常见材料的放电等离子烧结时间、温度与烧结效果。

表 5-5　不同材料体系的烧结工艺参数与烧结效果

Material system	SPS parameters			Relative density/%
	Temperature/℃	Time/min	Pressure /MPa	
Mix MgO into Al_2O_3	1150	1015	—	Nearly densification
Ni_2MnGa shape memory alloy	900	5~10	80	99.6
$BaTiO_3$ ceramic	1100	3	39	97
$(La_{0.9}Sr_{0.1})CrO_3$ ceramic	1500	5	39	97
$Al_2O_3/14\%Nb_2Ti_2O_7$ composite	1150	3	63	99.5
Layered Si_3N_4+SiCw/BN $+Al_2O_3$ ceramic	1650	15	22	High densification
Reaction synthesize Ti_3SiC	1350	5	20~60	Nearly densification

（3）成型压力和加压持续时间

粉末经充分放电处理后立即进行压制成型与烧结。烧结材料在电阻焦耳热和压力的共同作用下发生严重的塑性变形,施加成型压力有利于增强粉末颗粒间的接触、增加烧结面积、排出烧结粉末间的残余气体、提高制件强度、密度及其表面光洁度。成型压力的大小一般根据烧结粉末的压缩性和对烧结材料密度、强度等性能的要求决定,一般在 15MPa～30MPa 范围内,有时可能高达 50MPa,甚至更高(如表 5-5 所列)。通常,成型压力越大,烧结材料的密度越高。

加压持续时间对烧结材料密度也有很大的影响,合适的加压时间视烧结材料的种类、粉末粒度和所烧结材料的几何尺寸而不同,需要通过实验确定。实验证明,加压持续时间等于或稍大于放电时间,这是获取最高密度烧结材料的必要条件。

（4）烧结温度

由于在 SPS 烧结过程中,样品内每一颗粒及其相互间的孔隙都可能是发热源,用通常方法烧结时所必需的传热时间在 SPS 过程中可以忽略不计,因此,烧结时间可以大大缩短,烧结温度显著降低。一般来说,对同种材料,SPS 烧结温度比热压低 130℃～200℃。

Li W. ,Cao L. 等人用 SPS 法对 $Al_2O_3-5\%SiC$(Volume fraction)和 80% $Al_2O_3-15\%$ ZrO_2(3Y)$-5\%SiC$(mass fraction)进行烧结实验,测定不同烧结温度下两种粉末烧结试样的相对密度,结果如图 5-33 所示。在 1450℃,两种试样几乎都实现了完全致密化。而热压法烧结 $Al_2O_3-5\%SiC$(volume fraction)纳米复合材料时,烧结温度为 1650℃时其相对密度只有 97.0%,1700℃时也只有 99.4%。热压烧结 80% $Al_2O_3-15\%ZrO_2$(3Y)$-5\%SiC$(mass fraction)复合材料时,温度 1600℃时相对密度为 98.0%,1650℃时为 99.2%,1700℃时也只有 99.7%。由此可见,对于同一种材料,采用放电等离子烧结其温度比热压烧结大约低 200℃。

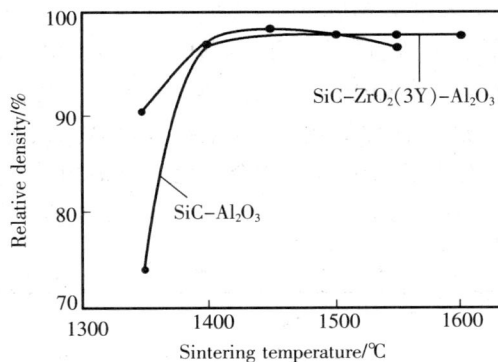

图 5-33　SPS 法烧结的试样相对密度与烧结温度的关系

（5）升温速率

一般认为,SPS 过程中快速升温对粉末的烧结是很有利的,因为它抑制了材料的非致密化机制而激活了材料的致密化机制,因此,提高升温速率,能使样品的致密化程度得到提高。图 5-34 是 M. Yo-shimura 等的实验结果,在不同温度下的烧结时间均为 5min,烧结时所施加的压力为 50MPa。从图 5-34(a)可以看出,当烧结温度低于 1200℃时,提高升温速率对材料的致密化是很有利的,尽管当烧结温度高于 1300℃ 时,不同的升温速率下烧结材料的致密度几乎都达到了 99% 以上。但是,从图 5-34(b)中可以很明显地看出,对于同一材料,升温速率越快,材料的晶粒度越细,从此看出,快速升温能够很好地抑制晶粒长大。应该指出,由于目前采用 SPS 工艺烧结的材料体系较多,有些报道可能会出现不同、甚至相反的结果。例如,T. Takeuchi 等的实验结果表明,在烧结时间相同的情况下,升温速率慢,材料的致密度反而更高。因此,以上所述只是一般性的结论,并非适合所有的材料体系,实验时还应该根据具体的材料选择适当的升温速率。

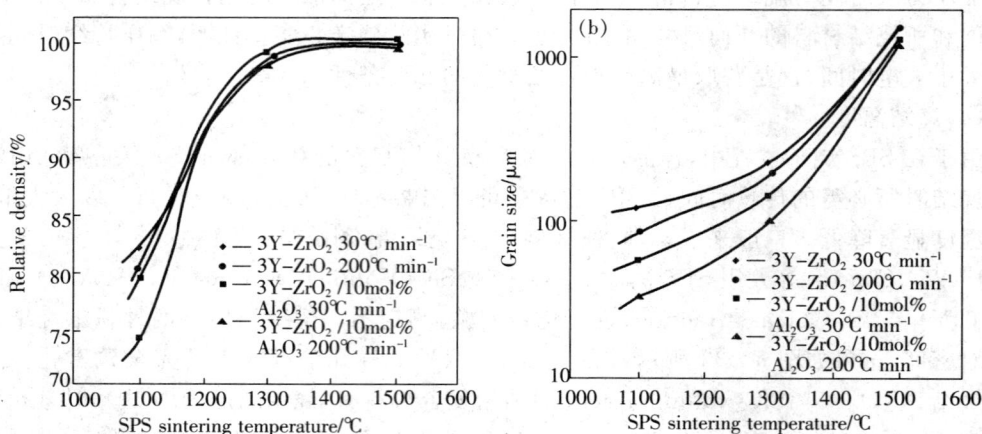

图 5-34　烧结温度与材料相对密度及晶粒度的关系

5. 放电等离子烧结开发新材料的最新进展

目前通过 SPS 技术既可以制造陶瓷/金属、聚合物/金属以及其他耐热梯度、耐磨梯度、硬度梯度、导电梯度、孔隙度梯度等梯度材料,梯度层可到 10 多层;又可以制作 SiGe/PbTe/BiTe/FeSi/CoSb$_3$ 系热电转换元件,同时还可以制作广泛用于电子领域的超导材料、磁性材料、靶材、介电材料、贮氢材料、形状记忆材料、固体电池材料、光学材料等;人们还利用 SPS 脉冲放电特有的烧结效应,烧结各种氧化物、氮化物、硅化物、碳化物、硼化物等;而日本将 SPS 技术生产硬质合金,如住友石炭矿业株式会社已在北海道建立了 SPS 生产超级硬质合金的示范工厂,并形成 TC 系列产品。表 5-6 是 SPS 可加工的各种材料的举例。

表 5-6　SPS 可加工材料

分类		举例
金属系		Fe,Cu,Al,Au,Ag,Ni,Cr,Mo,Sn,Ti,W,Be(几乎所有的金属)
陶瓷系	氧化物	Al$_2$O$_3$,ZrO$_2$,MgO,SiO$_2$,TiO$_2$,HfO$_2$
	碳化物	SiC,B$_4$C,TaC,TiC,WC,ZrC,VC
	氮化物	Si$_3$N$_4$,TaN,TiN,AlN,ZrN,VN
	硼化物	TiB$_2$,HfB$_2$,LaB$_6$,ZrB$_2$,VB$_2$
	氟化物	LiF,CaF$_2$,MgF$_2$

（续表）

分类	举例
金属陶瓷	$Si_3N_4 + Ni$, $Al_2O_3 + Ni$, $ZrO_2 + NiAl_2O_3 + TiC$, $SUS + ZrO_2$, $Al_2O_3 + SUSSUS + WC/Co$, $BN + Fe$, $WC + Co + Fe$
金属间化合物	$TiAl$, $MoSi_2$, Si_3Zr_5, $NiAlNbCo$, $NbAl$, $LaBaCuO_4$, Sm_2Co_{17}
其他	有机材料(聚酰亚胺等)，复合材料

　　综上所述，陶瓷的制备工艺是一个综合的物理与化学过程，但其中更多涉及化学问题。近十余年来，陶瓷材料制备工艺进展特别迅速，新的工艺方法不断涌现，如除了本书介绍的烧结方法外，还有诸如微波烧结、激光辅助自蔓延高温合成技术、化学气相沉积法和溅射法等原位反应合成烧结技术等。本章只是挑选其中有代表性的成型、烧结工艺过程作简要的介绍，以开拓读者的思路。21 世纪的材料研究更多地趋向于多学科的跨越、多相材料，诸如陶瓷/金属、陶瓷/聚合物、金属/聚合物，以及它们各自的精细复合将是新材料开拓的方向。以陶瓷的制备工艺为基础，再结合其他材料的工艺方法，是适应开拓新材料工艺的捷径和有效途径。化学合成的可变性和适应件的特征，使它更有利于多相材料初始原料的合成和更容易满足结构设计上的要求。材料发展的另一个趋向是按照使用上的要求对材料的性能进行剪裁或设计。这就要求对材料的组成、显微结构和相应的制备工艺进行设计。在这个过程中，化学合成和化学过程的运用显然是不可避免的。制备化学作为材料的工艺基础也是不言而喻的了。制备化学的发展为材料工艺的发展开拓思路并提供应用基础，材料工艺的发展为制备化学提供更多的研究命题，两者相辅相成的关系也是很明显的了。

5.5　新型耐火材料

　　普通耐火材料如黏土砖、硅砖、高铝砖等定型耐火材料的生产都遵循原料的粉碎——筛分——配料——混炼——成型——干燥——烧成的工艺过程。只是出于耐火材料的品种不同，在某些工序里存在小的差异，如烧成温度有的高些，有的低些，有些制品临界颗粒大些，有些小些。随着耐火材料科技的进步，原材料的制备、生产工艺也有了很大的改进，有的采用一些新型的化学方法制备原材料，有的将纳米材料引入耐火材料中，有的简化了工艺流程，有的几乎完全用新的方法生产新型耐火材料。关于原材料的新型制备工艺可以参考本书"无机材料合成方法与技术"的相关内容，关于生产工艺中的一些新型成型、烧结工艺可以参考本书"陶瓷制备"的相关内容。而各种不定型耐火材料、电熔耐火材料、熔融耐火材料制备工艺等部分内容可以参考耐火材料方面的书籍。

　　本节主要给大家举例介绍 21 世纪为适应高温新技术的发展而发展起来的新一代高效耐火材料，如具有优良的高温强度、抗热震性和抗侵蚀性的氧化物—非氧化物复合耐火材料、能够净化金属熔液和吸收废气中有害杂质的含游离 CaO 的碱性耐火材料、为了提高某些使用性能而加入纳米材料的纳米复合耐火材料，同时简单介绍了高性能浇注料以及基质成分和结构逐渐变化的"梯度"浇注料。

5.5.1 氧化物-非氧化物复合耐火材料

刚玉、刚玉-莫来石、氧化锆等高纯氧化物制品存在抗热震性较差、易产生结构剥落的缺点;碳结合耐火材料由于具有优良的抗热震性和抗侵蚀性,在炼钢过程中占据了重要地位,但其抗氧化性和力学性能较差。钟香崇院士预言,氧化物-非氧化物复合耐火材料将会兴起发展成为新一代的高技术、高性能的优质高效耐火材料,用于高温关键部位。这里的氧化物包括 Al_2O_3、锆刚玉莫来石(ZCM)、ZrO_2、锆英石、$CaZrO_3$ 和 MgO,非氧化物包括 SiC、BN、Si_3N_4、SiAlON、AlON 和 ZrB_2。

5.5.1.1 氧化物-非氧化物复合耐火材料的特点

钟香崇院士及所在课题组 1988 年以来对氧化物-非氧化物复合材料的制备、结构与高温性能进行了研究。研究结果表明,氧化物-非氧化物复合耐火材料具有如下特点:

(1)与碳结合材料比较,它们具有优越得多的常温和高温抗折强度

图 5-35 和图 5-36 为氧化物-非氧化物复合材料在常温和 1300℃~1400℃的抗折强度。从图 5-35 和图 5-36 可以看出,氧化物-非氧化物复合材料的常温抗折强度(>100 MPa)比碳复合材料的强度(10MPa)高出一个数量级;而高温抗折强度也比碳复合材料的强度(10MPa)高出一个数量级,可与氧化物材料(约 100MPa)相媲美。

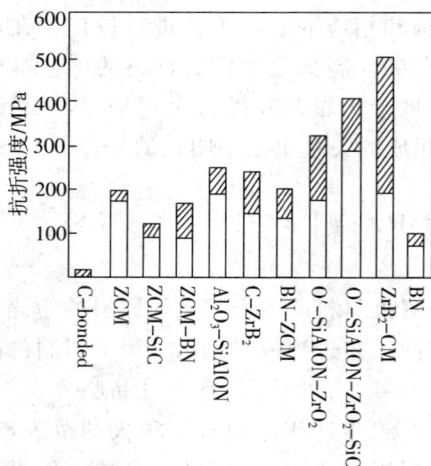

图 5-35 氧化物-非氧化物复合材料
的常温抗折强度

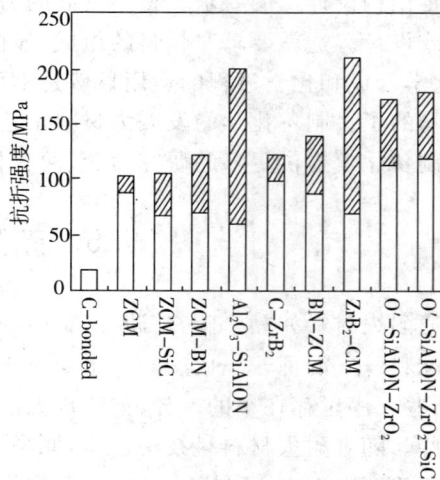

图 5-36 氧化物-非氧化物复合材料
在 1300℃~1400℃时的抗折强度

葛华、李庭寿等人的研究表明,氧化物-非氧化物复合耐火材料高温强度的优越性可归结于其显微结构特征:由于玻璃相含量很低(甚至没有),主导因素为结晶效应,即晶体之间接触或结合的程度和方式;次晶相镶嵌或弥散在主晶相骨架结构里,可增加晶体间的接触程度,导致强化效应。

(2)较强的抗氧化性

表 5-7 为氧化物-非氧化物复合材料的开始氧化温度和表观活化能。从该表可以看出,氧化物-非氧化物复合材料的开始氧化温度是 800℃~1200℃,比碳结合制品的(400℃

～600℃)要高。

表 5-7　一些氧化物-非氧化物复合材料的开始氧化温度和表观活化能

材料	开始氧化温度/℃	表观活化能/J
ZCM – SiC	800	$(0.7 \sim 1) \times 10^5$
ZCM – BN	1000	$(6 \sim 10) \times 10^5$
BN – ZCM	1000	$(2 \sim 3) \times 10^5$
O' – SiAlON – ZrO$_2$	1200	$(4 \sim 9) \times 10^5$
Al$_2$O$_3$ – β – SiAlON	1200	$(3 \sim 4) \times 10^5$
ZrB$_2$ – CM	1000	$(2 \sim 3) \times 10^5$
O' – SiAlON – ZrO$_2$ – SiC	1200	5.195×10^3

这些复合材料的氧化多数属于保护性氧化，如 ZCM – SiC 试样随着使用时间的延长,质量逐渐增加。这是由于该试样表层的 SiC 氧化为 SiO$_2$ 后,在试样表面逐渐形成保护层,阻碍了氧气向试样内部的进一步渗透。

(3)与氧化物比较,它们具有较好的抗热震性

图 5-37 示出了一些氧化物-非氧化物试样的临界热震温差(ΔT_c)。由图可见,在 ZCM 基质中加入非氧化物 SiC、BN 等以后,其临界热震温差显著提高。例如,当 BN 加入量为 30％时,其 ΔT_c 从 400℃提高到 700℃。当氧化物加入到非氧化物基质中时,热震临界温差更高,可达到 800℃～1100℃。

图 5-38 示出了一些氧化物-非氧化物试样的残余强度保持率(σ_r / σ_f)。该图表明,氧化物-非氧化物试样的残余强度保持率为 40％～90％,比氧化物材料的(10％～20％)高得多,与碳结合制品的(60％～90％)比较接近。

氧化物-非氧化物复合材料具有良好的抗热震性,可以从以下三点得到解释:

①非氧化物本身具有较好的抗热震性,因为它的热导率较高,热膨胀系数较低,强度较高;

②非氧化物晶体多数为针状或长柱状,抵抗热应力变化的性能较好。当它们镶嵌到

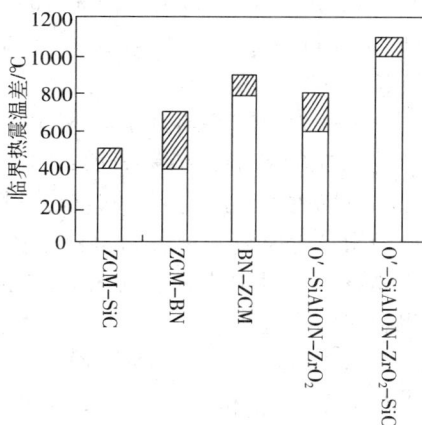

图 5-37　氧化物-非氧化物复合材料的临界热震温差 ΔT_c

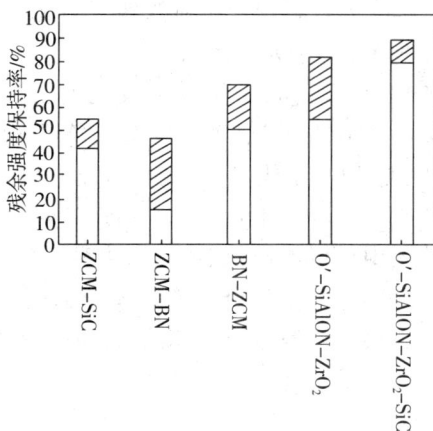

图 5-38　氧化物-非氧化物复合材料的残余强度保持率(σ_r / σ_f)

氧化物骨架结构中时,不仅可以增加高温强度,而且有利于抗剥落性的改善;

③氧化物-非氧化物复合材料试样中有微缺陷(微裂纹、微裂隙和位错)。微裂纹一般存在于氧化物与非氧化物结晶的晶界附近,是由氧化物与非氧化物的热膨胀系数不同造成的。由于微裂纹的存在具有微裂纹增韧作用,因此可以改善材料的抗热震性。

(4)抗渣侵蚀性好

氧化物-非氧化物复合材料对冶金炉渣和碱性氧化物具有较好的抗渣侵蚀性。图 5-39 为 MgO-AlON 复合材料抗碱性高铁炉渣的侵蚀性,图中侵蚀指数 K 是以 Si_3N_4 作比较时复合材料的侵蚀面积与 Si_3N_4 的侵蚀面积的比值,即 $K = S_1/S_0$(式中,S_1 是 MgO-AlON 的侵蚀面积,S_0 是 Si_3N_4 的侵蚀面积)。从该图可以看出,该复合材料的侵蚀指数随 N 含量增加而下降。在 N 含量为 2.12% 和 2.88% 处有转折点。

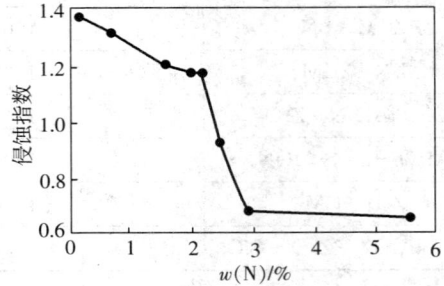

图 5-39　MgO-AlON 材料的侵蚀指数随其中 N 含量的变化

图 5-40 为 AlON 加入量对 MgO-Al_2O_3 浇注料侵蚀性的影响。结果表明:AlON 加入量的增加可以改善其抗侵蚀性和抗渗透性。这主要是因为 AlON 与 MgO-Al_2O_3 反应形成了含氮尖晶石。它对炉渣有较低的润湿性,因而能阻碍炉渣的渗透。

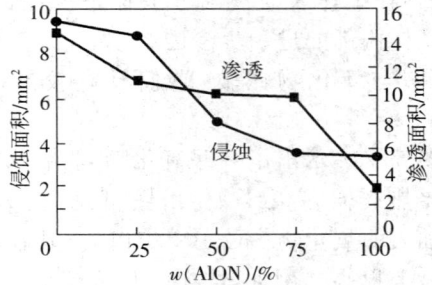

图 5-40　MgO-Al_2O_3 浇注料中 AlON 加入量对其侵蚀面积和渗透面积的影响

5.5.1.2　Al_2O_3-AlON 质耐火材料

AlON 是 AlN 和 Al_2O_3 的固溶体。它具有优良的光学、力学和化学性能,组成与刚玉较为接近,因而近 20 多年来引起了人们的广泛关注和研究。杨道媛等人预测,Al_2O_3-AlON 质耐火材料预计可做连铸及石化炉用的无 Si、无 C 高级耐火材料。

1. AlN—Al_2O_3 二元系相图

1946 年,Yamaguchi 首先发现尖晶石型氧化铝能在高于 1273K 时稳定存在。最初认为该相能稳定存在是出于 Al^{3+} 变成 Al^{2+}。他于 1959 年证实该尖晶石是由于氮起了稳定作用。20 世纪 60 年代以后,人们研究的焦点是 AlN-Al_2O_3 系相图。

从 McCauley 修正的 Lejus 于 1964 年绘制的 AlN-Al_2O_3 假二元系相图如图 5-41 所示。从图中可以看出:该体系有多种氧氮化铝(阿隆)相存在,表 5-8 列出了该二元系组分结构,而表 5-9 则列出 AlN-Al_2O_3 的假二元系存在的各氮氧化铝相的结构和 AlN% 的含量。之后,Willems 等人给出了实验的阿隆固溶区的相关系,参见图 5-42。

5 - 8 AlN－Al₂O₃ 二元系组分结构

组分	结构	$w(AlN)/\%$
	2H	100
$Al_5O_3N_7$	27R	88
$Al_7O_3N_6$	21R	83
	12H	80
$Al_{23}O_{27}N_3$	$AlOH(\gamma)$	35.7
$Al_{22}O_{30}N_2$	Φ 尖晶石	16.7
Al_2O_3	刚玉	0

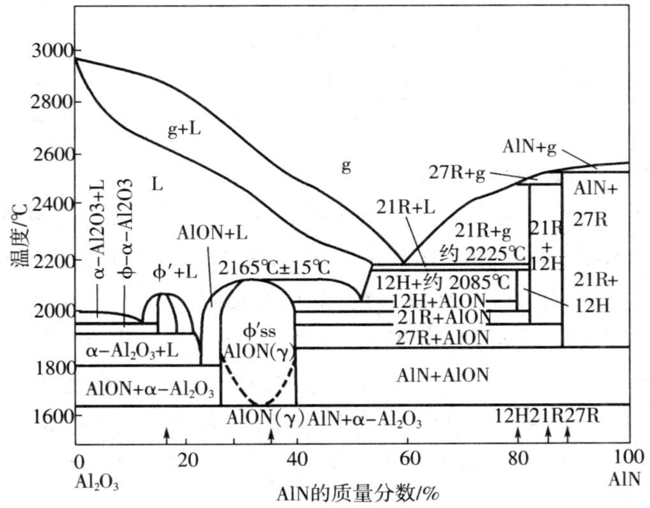

图 5 - 41 AlN－Al₂O₃ 假二元系 ($p_{N_2} \approx 10^5$ Pa)

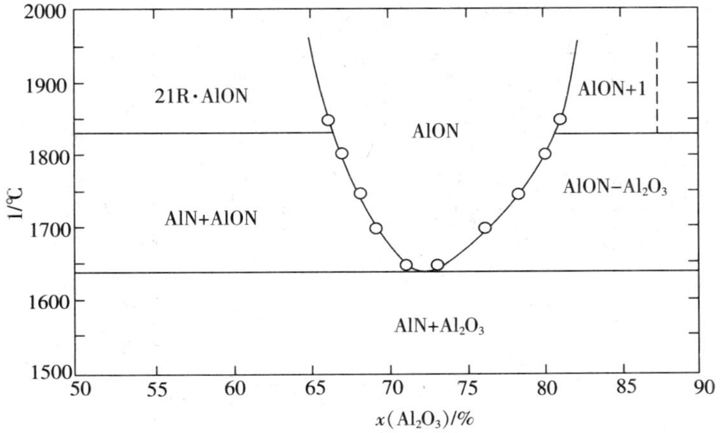

图 5 - 42 AlON－Al₂O₃ 稳定区域图

5-9　AlN－Al₂O₃假二元系氧氮化铝相

项目	$x(AlN)/\%$	分子式	M：X[①]	结构	资料来源
2H	100	AlN	1：1	多型体	
32H	93.3	$Al_{16}O_3N_{14}$		多型体	
20H	88.9	$Al_{10}O_3N_8$	10：11	多型体	
2H$^\delta$	—	—	9：10	多型体	
27R	87.5	$Al_9O_3N_7$	9：10	多型体	
16R	85.7	$Al_8O_3N_6$	8：9	多型体	
21R	83.3	$Al_7O_3N_5$	7：8	多型体	
12H	80.0	$Al_6O_3N_4$	6：7	多型体	
γ－AlON	35.7	$Al_{23}O_{27}N_5$	23：32	尖晶石	McCauley
γ'－AlON	21.0	$Al_{19.7}O_{29.5}N_{2.5}$	19.7：32	尖晶石	Goursal
Φ'－AlON	16.7	$Al_{22}O_{30}N_3$	22：33	尖晶石	McCauley
δ－AlON	10	$Al_{19}O_{27}N_1$	19：28	尖晶石	
Φ－AlON	7.1	$Al_{27}O_{39}N_1$	27：40	单斜晶系	Michel
刚玉	0	Al_2O_3	2：3	刚玉	

阳离子(M)与阴离子(X)的个数比。

从表5-8可以看出，氟氧化铝相可被划分为两类。一类属铅锌矿结构(wurtzite structure)，另一类属尖晶石结构(spinal structure)，其中在各种氮氧化铝中，γ-AlON(后来简称AlON)是唯一潜在的、具有广泛应用前景的氧氮化铝材料。

实际上，在AlN-Al₂O₃系统内AlON存在的这个较宽的固溶区，其摩尔分数为25%AlN周围区域内如图5-43所示。通常称这种尖晶石型AlON为γ-AlON。一AlON经过氧化后组成虽然发生了变化，但它仍保持尖晶石结构。有人将它称为γ-AlON。δ-AlON是另一种尖晶石型AlON，其摩尔分数在5%～12%AlN内。

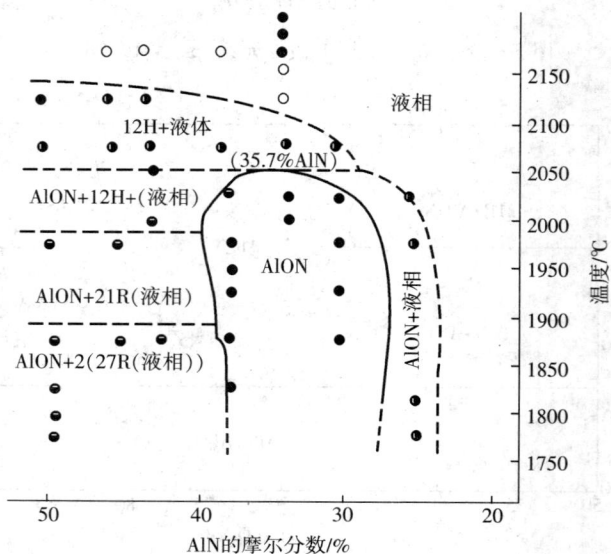

图5-43　Al₂O₃-AlN系在103.1kPa的N₂气下氧氮化铝高温关系图

　　为了表达 AlON 这种固溶体的组成,研究工作者采用阴离子(氧、氮)作紧密堆积,提出了尖晶石型氮氧化铝组成的 3 个模型表达式,见表 5-10。

表 5-10　尖晶石型氮氧化铝组成模型比较

氮氧化铝尖晶石模型[①]	AlN 的摩尔组成/%	文献来源
$Al_{(64+x)/3}S_{(8-x)/3}O_{32-x}N_x(0 \leqslant x \leqslant 8)$	40～27	McCauley J. W.
$Al_{(8+x)/3}S_{(1-x)/3}O_{4-x}N_x(0 \leqslant x \leqslant 1)$	40～27	LeJus A. M.
$Al_{(2+x)/3}S_{(3-4x)/12}O_{3-x}N_x(0 \leqslant x \leqslant 3/4)$	50～33	Adamas A. M. et al.

①S 为尖晶石中阳离子空位,x 为取值大小。

　　但通常采用的是第一种表达式,当 $x=8$ 时,为理想的尖晶石结构;当 x 大于 8 时,表示阴离子填隙;当 x 小于 8 时,表示阳离子空位。从中看出随着氮含量的增加,尖晶石中阳离子空位浓度降低。

　　同时随着氮含量的变化,AlON 的晶格常数也随之发生变化。McCauley 等发现尖晶石型 AlON 晶格常数随氮含量组成的降低,从 0.7951nm(7.951Å)(富氮)变为 0.7938nm(7.938Å)(富氧),其晶格常数与氮含量的摩尔组成满足 $a_0=7.888+0.17\%$AlN;Guillo 测定了氮的摩尔分数与晶格常数的关系为 $a_0=7.914+0.117\%$AlN(AlN 含量的摩尔分数为 18%～32%),式中,a_0 为晶格常数,nm。

　　但是上述直线的斜率和区间随着不同研究者发现的 AlON 相同溶区范围不同,公式的差别亦较大。Lejus 认为 AlON 的固溶范围在 1973K 时为 16%～33%(x 为 AlN),其晶格常数则从 0.7927nm 变化到 0.7950nm;Willems 认为,尖晶石型 AlON 的最大固溶区间 AlN 的摩尔分数为 19%～34%,相应的晶格常数由 0.7932nm(7.932Å)变为 0.7953nm(7.953Å)。并且随温度的降低,这种固溶区间有变窄的趋势。晶格常数与组成及与温度的关系如图 5-44 和图 5-45 所示。

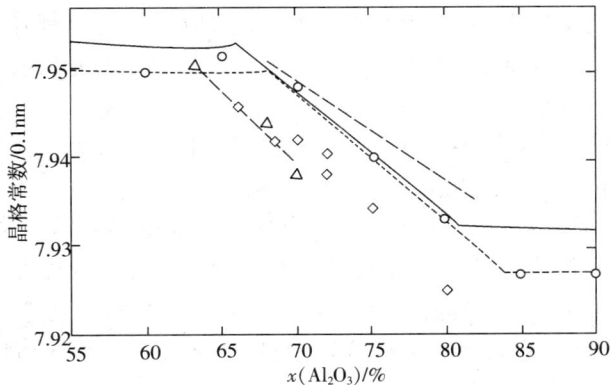

图 5-44　尖晶石型 AlON 相晶格常数与组成的关系

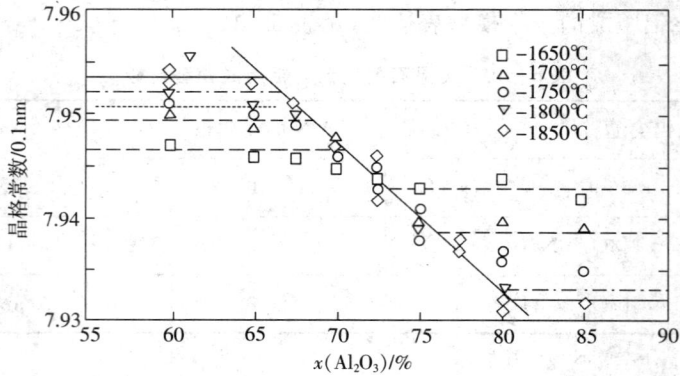

图 5-45 尖晶石型 AlON 相晶格常数与温度的关系

通常，AlON 指用氮稳定的立方氧化铝（$\gamma - Al_2O_3$），晶体结构为立方面心格子结构。AlON 也可看成是 AlN 和 Al_2O_3 的固熔体，其组成可用 $Al_{(64+x)/3} \square_{(8-x)/3} O_{32-x} N_x$ 表示（$\square$ 为阳离子空位）。在 $\gamma - Al_2O_3$ 中，Al 阳离子存在空位，当氧阴离子逐步被氮代替时，附加的 Al 阳离子则出现空隙，其固熔反应为：

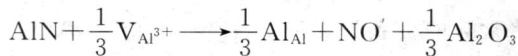

$$AlN + \frac{1}{3} V_{Al^{3+}} \longrightarrow \frac{1}{3} Al_{Al} + NO^{\cdot} + \frac{1}{3} Al_2O_3$$

氧氮化铝在 $x=5$ 时是稳定的，即用氮代替 5 个氧阴离子，从而每个单位晶胞都可能附加 5/3 个 Al 阳离子，并使离子空位数降低到 1。因此氧氮化铝的准确公式为 $Al_{23}O_{27}N_5$，其组成反应为 $9Al_2O_3 + 5AlN \longrightarrow Al_{23}O_{27}N_5$。氧氮化铝组成的摩尔分数为：AlN35.7%，$Al_2O_3$63.4%；相应的质量分数为：AlN18.2%，$Al_2O_3$81.8%。

氧氮化铝晶格的扩大与每个单位晶胞关系很大，因此就线膨胀系数而言，氧氮化铝（$7.8 \times 10^{-6} ℃^{-1}$）要低于 $\gamma - Al_2O_3$（$8.2 \times 10^{-6} ℃^{-1}$），而多晶 $\alpha - Al_2O_3$ 的线膨胀系数为 $8.5 \times 10^{-6} ℃^{-1}$。

AlON 的抗氧化性试验表明：无论是原始粉料还是烧结试样，都在 870℃ 时开始氧化，粉料在 1300℃ 时完全氧化，而烧结试样在 1500℃，保温 2h 后，氧化没有结束，在 10h 后氧化结束。

在充有氮气的试验环境里，将 AlON 致密试样经过 1500℃，4h 热处理，试样的质量没有发生变化，XRD 分析也证明其相组成没有发生变化。

Takeda 测量了不同气氛[（Ar＋0.8％O_2）和（Ar＋3.1％O_2）]下 AlON 与 Fe 的润湿角，并和电熔白刚玉（WFA）作了比较，其结果如图 5-46 所示。该结果表明：AlON 的润湿角已接近 160°，基本上不被润湿其值也大于电熔白刚玉。当然随着温度的升高，由于界面张力减小，AlON 及 WFA 的润湿角都降低，但是即使如此，AlON 的润湿角在 150° 仍然大于 WFA 的润湿角，说明 AlON 是个很好的抗铁水与渣侵蚀的材料。

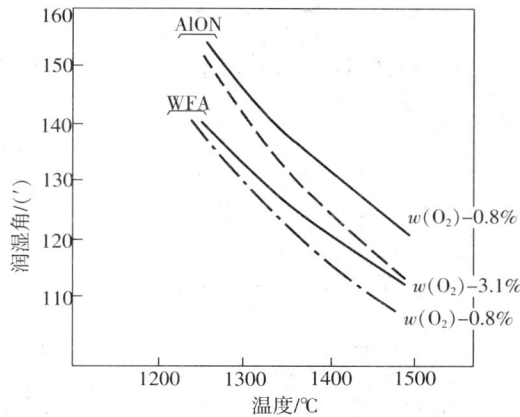

图 5-46　AlON 和电熔白刚玉与熔融铁水的润湿性

　　AlON 作为一种新型陶瓷材料,其性能与 $\gamma\text{-}Al_2O_3$ 相似,但其独特性能,如 AlON 在立方型尖晶石结构时所表现的各向同性。表 5-11 为 AlN 的摩尔分数为 35.7% 的 AlON 材料的主要性能。可见 AlON 陶瓷具有良好的光学、介电、机械和化学性能。

表 5-11　氧氮化铝($\gamma\text{-}$AlON)的性质

性质	数值	性质	数值
体积密度/$g \cdot cm^{-3}$	3.71	点阵参数/nm	79.47
弹性模量/GPa	323.26	线膨胀系数/$℃^{-1}$(30℃~200℃) (30℃~900℃)	5.8×10^{-6} 7.8×10^{-6}
剪切模量/GPa	1.3	热导系数/$W \cdot (m \cdot K)^{-1}$(30℃)	0.030
抗弯强度/MPa	300.1 ± 34.5	折射率/%　$\lambda = 4.0\mu m$ $\lambda = 0.589\mu m$	1.66 1.793 ± 0.001
熔点/℃	2140	泊松比	0.24
显微硬度/GPa(200g)	19.5	断裂韧性/$MPa \cdot m^{1/2}$	2.0

　　AlON 陶瓷对金属和非金属熔液的浸润性较小,具有良好的抗热震性,抗侵蚀性和耐高温性能,比 SiC 和 Si_3N_4 材料的抗侵蚀性强,比 Al_2O_3 和 MgO 材料具有更好的抗热震性和抗侵蚀性。因此以 AlON 为骨料的耐火材料,其抗热剥落性优于以 Al_2O_3 或 MgO 做骨料的耐火材料,抗侵蚀性优于以 SiC 或 Si_3N_4 做骨料的耐火材料(AlON 氧化时产生 Al_2O_3,同样具有较高的抗侵蚀性。AlON 还具有很好的抗辐射性,可用作核反应堆的容器。

　　2. AlON 的合成方法

　　近年来关于 AlON(阿隆)合成材料的技术有大量文献报道。AlON 可通过高温固相反应、还原氮化及气相反应等方法合成。其合成反应为:

　　(1)高温固相反应

$$Al_2O_3 + AlN \xrightarrow{1923K} AlON \tag{5-28}$$

$$Al_2O_3 + BN \xrightarrow{\geqslant 2123K} AlON \qquad\qquad (5-29)$$

该法的关键在于 AlN 粉必须高纯、超细、高性能,这无疑会给生产增加成本。目前该方法仅限于实验室使用。

(2)Al_2O_3 还原氮化法

$$Al_2O_3 + C + N_2 \xrightarrow{\geqslant 1973K} AlON + CO \qquad\qquad (5-30)$$

$$Al_2O_3 + Al + N_2 \xrightarrow{\geqslant 1773K} AlON + CO \qquad\qquad (5-31)$$

$$Al_2O_3 + Al + NH_3 + H_2 \xrightarrow{\geqslant 1773K} AlON + H_2O \qquad\qquad (5-32)$$

还原剂通常有 C、Al,NH_3 和 H_2。其中氧化铝碳热还原氮化是较为成熟的方法,其总反应为:

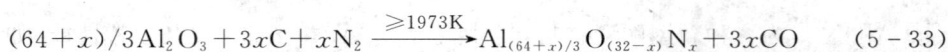

$$(64+x)/3 Al_2O_3 + 3xC + xN_2 \xrightarrow{\geqslant 1973K} Al_{(64+x)/3}O_{(32-x)}N_x + 3xCO \qquad (5-33)$$

所制备的 AlON 具有粒度小、纯度高、成本低的优点,适合于工业化生产。其技术关键是控制 Al_2O_3 与 C 的比例,C 含量太高则转化为 AlN,而无 AlON 生成。

(3)热压法

王习东等采用 $Al_2O_3(x=64.3\%)$,$AlN(x=32.1\%)$ 和 $Al(x=3.6\%)$ 粉末为原料,在 1800℃,25MPa,N_2 气氛中热压烧结 3h 合成了高纯 AlON 陶瓷,其反应式为:

$$Al_2O_3 + AlN + Al \xrightarrow{\geqslant 2073K} AlON \qquad\qquad (5-34)$$

所制试样进行 XRD 分析,没有发现杂质峰。晶粒间为直接结合,为尖晶石结构,晶界处末发现明显的玻璃相。试样体积密度为 $3.638g/cm^3$,约为理论值的 97.8%,抗折强度为 248MPa(室温)和 241MPa(1473K),断裂韧性为 $3.96MPa \cdot m^{1/2}$。

(4)化学气相沉积(CVD)

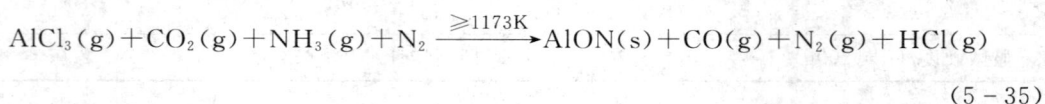

$$AlCl_3(g) + CO_2(g) + NH_3(g) + N_2 \xrightarrow{\geqslant 1173K} AlON(s) + CO(g) + N_2(g) + HCl(g)$$

$$(5-35)$$

此法可用于制备 AlON 膜或涂层,900℃在 Si 基板上采用此法可制得涂覆尖晶石型的 AlON 涂层。这是目前报道的合成 AlON 的最低温度。用肼和铝醇盐反应合成分子前驱体,再将该前驱体在氮气中热解,即可获得无定型的结晶态的 AlON 粉。

(5)自蔓延法

$$Al_2O_3 + Al + 空气 \xrightarrow{\geqslant 2318K} AlON \qquad\qquad (5-36)$$

$$Al_2O_3 + 空气 \xrightarrow{\geqslant 1773K} AlON \qquad\qquad (5-37)$$

$$Al_2O_3 + C + 空气 \xrightarrow{\geqslant 1973K} AlON \qquad\qquad (5-38)$$

此法具有反应速度快、成本低的优点。AlON 的合成取决于所施加的空气压力的大小,

故应当严格控制其工艺参数。

归纳起来认为,尖晶石型 AlON 的合成主要有以下三种方法:

①最普通的方法是碳热还原氮化氧化铝制取 AlON。

②以金属铝为原料,借助燃烧反应来氧化氮化制备 AlON。

③用气相反应合成 AlON。

3. Al_2O_3 - AlON 质耐火材料

杨道媛等人用电熔刚玉和预合成 AlON 粉和含有 Mg^{2+} 的复合添加剂为原料。电熔白刚玉中 $w(Al_2O_3) > 98\%$;AlON 细粉主要相成分是具有尖晶石型构造的氧氮化铝,并有少量刚玉。各原料按表 5 - 12 所示进行配比,加入聚乙烯醇溶液做结合剂,经 100MPa 成型出 $\phi 50mm \times 50mm$ 的试样,在保护气氛下烧成 0.5h。用常规方法测定烧成后试样的体积密度、显气孔率、常温耐压强度及烧后线变化率,同时研究了 AlON 加入量对 Al_2O_3 - AlON 质耐火材料烧结性能的影响,并对部分试样进行 XRD 物相分析和显微结构分析。

表 5 - 12　试样配比(w)

试样编号	白刚玉			AlON($< 47\mu m$)	添加剂
	2.5~1mm	1~0.5mm	0.088mm		
A0	40	10	50	0	6
A1	40	10	40	10	6
A2	40	10	30	20	6
A3	40	10	20	30	6
A4	40	10	10	40	6
A5	40	10	0	50	6

各试样的烧结性能见表 5 - 13。与不加 AlON 的试样 A0 相比,加入 AlON 的试样显气孔率降低,体积密度多数提高,表明加入 AlON 后试样的烧结性能有所改善。试样 A2 的体积密度最大($2.9g/cm^3$),显气孔率最小(20.4%),说明试样已基本达到烧结,AlON 最佳加入量为 20%;试样的常温耐压强度随 AlON 加入量增大而增大。AlON 加入量为 20% 试样的耐压强度达到 105MPa,继续增加试样的常温耐压强度不显著;同时分析可知,试样的烧后线膨胀随 AlON 加入量的增加,由微膨胀变为微收缩,当 AlON 加入量在 $30\% \sim 40\%$ 时试样基本达到零膨胀。综上分析,AlON 加入量为 $20\% \sim 30\%$ 时较好。

表 5 - 13　试样的烧结性能

试样编号	体积密度/(g/cm^3)	显气孔率/%	烧后线变化率/%	耐压强度/MPa
A0	2.78	24.4	0.62	64
A1	2.77	23.9	0.59	69
A2	2.90	20.4	0.51	105
A3	2.81	22.3	0.29	107
A4	2.78	23.0	−0.14	113
A5	2.75	23.7	−0.59	132

　　图 5-47 为试样 A2 和 A0 的 XRD 物相分析,由图可知,烧成后试样均含有刚玉相和尖晶石相。采用刚玉相[104]面和尖晶石相[220]晶面的特征峰[d(晶面间距)值分别为 0.2250nm 和 0.2407nm]积分面积,计算出 A0 试样中含 18% 的尖晶石相,其余是刚玉相,这是加入的复合添加剂在烧结过程中起的作用。加入 20% AlON 细粉的试样 A2 中含有 69% 刚玉相和 31% 尖晶石型构造的 AlON 相。

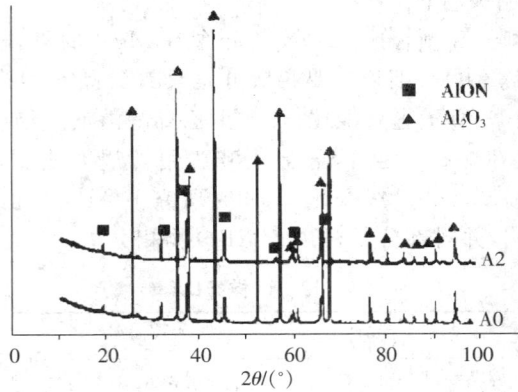

图 5-47　烧后试样 A2 和 A0 的 XRD 物相组成分析

　　图 5-48 为试样断口 SEM 图片,图 5-49 为 A2 试样中的片状晶体 SEM 图片,图 5-50 为 A2 试样中的亚微米级晶粒 SEM 图片。

图 5-48　试样 A2 中刚玉(A)与 AlON(B)
形成的紧密结合结构

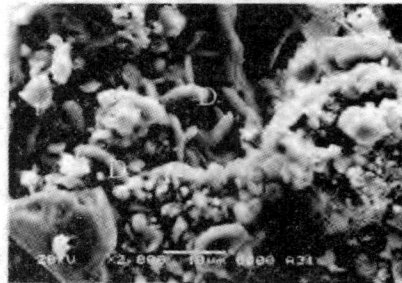

图 5-49　试样 A2 中的片状晶体

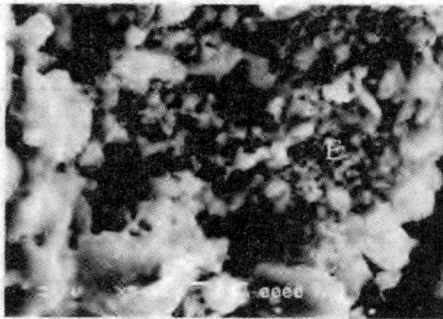

图 5-50　试样 A2 中的亚微米级晶粒

　　由图 5-48 可知,表面平整的刚玉颗粒(图 5-48 中 A)在试样中形成骨架结构,而表面不平整的不规则预合成 AlON 颗粒填充在刚玉骨架的孔隙中(图 5-49 中 B),形成紧密结合结构。由于预合成 AlON 颗粒含有 1%～3%(摩尔分数)的 Mg 元素,形成了少量的 MgAlON 颗粒里,填充在由刚玉和 AlON 颗粒之间的孔隙中(图 5-48 中刚玉颗粒表面),使材料进一步形成紧密结合结构,其强化作用。这些小颗粒,有的呈棒状附生在大颗粒表面(图 5-48 中 C),有的呈片状互相交叉附生(图 5-49 中 D),还有的呈八面体,更有一些晶体,粒度远小于 $1\mu m$,数量较多,且紧密附生于其他颗粒表面(图 5-50 中 E)。

　　另外,能谱显示生成的八面体小晶体、片状晶粒和亚微米级晶粒中含有多达 15%(摩尔分数)左右的氮元素,其他主要为铝元素和氧元素,表明烧结助剂在烧结过程中转化为了粒状、片状和八面体的 MgAlON 微晶。

　　由此可见,试样中各种粒度和各种形态的高熔点晶体形成致密的紧密结合结构,尤其是几微米乃至亚微米级晶体存在并紧密附生于其他晶体表面,使材料形成紧密结构。

　　AlON 作为其他材料的添加组分,已在钢铁生产中的得到应用。在铁中引入 AlON 材料后能使铁沟材料的耐腐蚀性大幅度提高,抗热震性也随 AlON 的增加而提高。为了提高 Al_2O_3-C 材质滑动水口的耐用性,武林健三等在 Al_2O_3-C 材质滑动水口中引入 AlON 后,发现其孔径扩大速度比未引入 AlON 材料的水口低 20%,而且使用次数也增加了。表 5-14 为引入 AlON 材料的铝碳质水口与一般铝碳质水口的性能比较。

表 5-14　氮氧化铝类质水口与铝碳质水口的性能比较

项目		氮氧化铝类质水口	铝碳质水口
表观气孔率/%		10.5	10.9
表观密度/(g/cm³)		3.38	3.43
体积密度/(g/cm³)		3.04	3.07
抗压强度/MPa		133	118
热膨胀系数(1000℃)/%		0.64	0.70
室温下断裂模数/MPa		30.7	28.6
1400℃断裂模数/MPa		14.8	13.4
1650℃,60min 的侵蚀层厚度/mm	渣中	3.8	8.4
	铁水中	0.5	0.6

　　此外,有人研究了 Al_2O_3-AlON 质耐火材料作为熔炼 A1-Mg 合金的炉衬材料,发现这种材料具有较好的抗铝合金熔体渗透件从侵蚀性,有可能成为新一代合色冶炼用耐火材料。

5.5.1.3　MgO-Al_2O_3-AlON 质耐火材料

　　在基质采用 AlON 或者 AlON 与 MgO 及 Al_2O_3 混合料设计时,在高温条件下通过各混合材料之间相互反应,都会生成 MgAlON,故可赋予该类耐火材料的耐浸润性和高温应力松弛性,并可提高抗热震性能和抗渣侵蚀性能。

　　苏新禄和叶方保等研究了 AlON 对 Al_2O_3 含量为 15%～20% 的 MgO-Al_2O_3 质耐火

浇注料性能的影响。在实验中,用 AlON 替代一部分或全部耐火浇注料基质 Al_2O_3 成分中细粉及超细粉,并以 $MgO-SiO_2-H_2O$ 系作为结合系统。现就其研究结果作以下简要说明。

不同 AlON 加入量的试样,在 110℃,24h 烘干和 1000℃,3h 中温条件下处理后的物理性能如图 5-51 和图 5-52 所示。

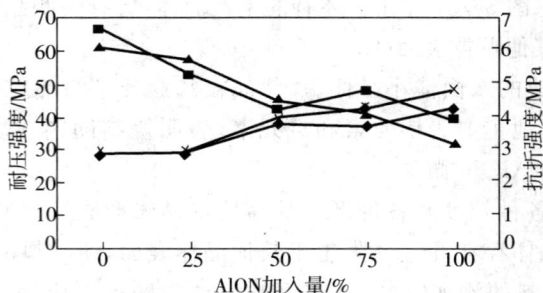

图 5-51　试样烘干及中温烧后的耐压、抗折强度

■—耐压强度(110℃,24h);▲—抗折强度(110℃,24h);

◆—耐压强度(1000℃,3h);×—抗折强度(1000℃,3h)

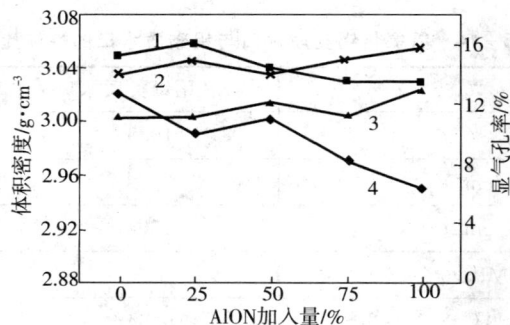

图 5-52　试样烘干及中温烧后的体积密度和显气孔率

1.(110℃,24h);2. 显气孔率(110℃,3h);

3. 显气孔率(110℃,24h);4. 体积密度(1000℃,3h)

由图 5-51 和图 5-52 看出:烘干及中温烧后的体积密度都减小,显气孔率升高;烘干后的耐压强度和抗折强度都下降,中温处理后的耐压强度和抗折强度都有提高。AlON 加入到 $MgO-Al_2O_3$ 浇注料中导致成型时加水量增加,使原有的基质的结合性能变差,影响试样的体积密度和气孔率,同时也影响试样烘干后的强度。1000℃时,AlON 与 MgO 不能形成固溶体,但 MgO 和 Al_2O_3 则开始反应生成尖晶石而导致试样内存在一定的化学键结合,使强度提高。但生成尖晶石的反应也伴随着约 7% 的体积膨胀,这又会影响试样的致密程度,进而影响强度。

图 5-53 和图 5-54 为 1600℃,3h 烧后试样的物理性能。该温度下,MgO 和 Al_2O_3 能够较完全反应生成尖晶石,AlON 也能与 MgO 和 $MgAl_2O_4$ 固溶形成含 N 尖晶石,所以试样的强度变化不大。

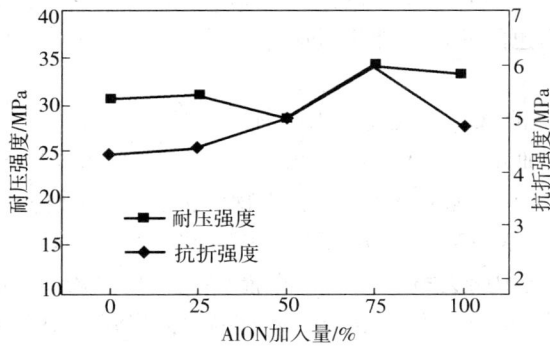

图 5-53　试样 1600℃,3h 后的耐压强度和抗折强度

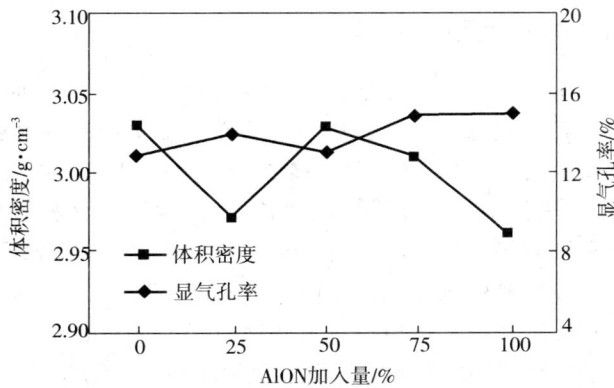

图 5-54　试样 1600℃,3h 后的体积密度和显气孔率

　　抗渣试验后,渣对坩埚的侵蚀和渗透面积如图 5-55 所示。由图 5-55 可以看出,在还原气氛下,随着 AlON 加入量增加,试样抗渣侵蚀和渗透能力都明显增强。抗渣试验后的试样可分为侵蚀层、渗透层和未变层。通过对各层的相组成分析和厚度统计,可以了解渣对试样的侵蚀情况。

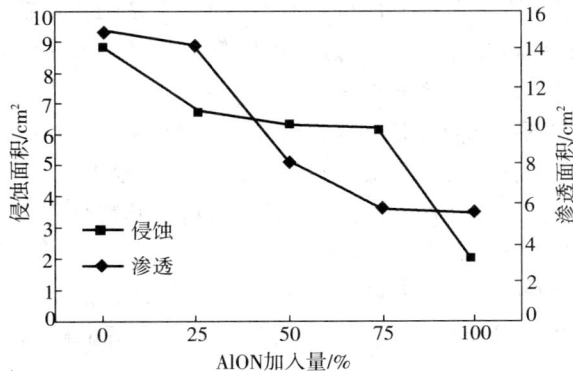

图 5-55　渣对坩埚的侵蚀和渗透

由于 MgO－Al$_2$O$_3$－AlON 质耐火材料具有优异的抗渣性,尤其是抗熔渣渗透能力强(图 5－55),因而可与钢包的使用条件相适应,估计用作钢包渣线内衬的耐火材料可获得长寿命。

5.5.1.4　其他氧化物—非氧化物复合耐火材料

除了上述给大家详细介绍的 Al$_2$O$_3$－AlON、MgO－Al$_2$O$_3$－AlON 氧化物-非氧化物复合耐火材料外,还包括以下各种氧化物-非氧化物耐火材料,如锆刚玉莫来石(ZCM)－SiC、ZCM－BN、β－SiAlON－Al$_2$O$_3$、β－SiAlON－TiN、O′－SiAlON－ZrO$_2$ 等。钟崇香院士等人对上述氧化物-非氧化物耐火材料的高温性能(强度、抗热震性、抗氧化性)进行了研究。结果表明:所研究的氧化物-非氧化物复合耐火材料的高温强度明显优于碳结合材料的高温强度;同时在氧化物基质中引入非氧化物,可提高材料的抗热震性;而在非氧化物基质中引入氧化物可明显改善材料的抗氧化性。

5.5.2　含游离 CaO 的碱性耐火材料

碱性耐火材料发展历史的一个特征是:镁质材料和白云石材料轮换充当主角,这与钢铁工艺的新发展有密切关系。死烧白云石材料的发明在冶金史中是一个重要突破,因为它不仅开始了碱性耐火材料的历史,也开始了碱性炼钢的历史(碱性 Bessemer 转炉)。

此后,在炼钢生产中碱性平炉逐渐取代碱性转炉,这时镁质材料居于主角地位,平炉炉墙和炉底都采用镁砖和镁质捣打料。白云石材料只用于补炉;在"二战"时期(1939—1945),由于欧洲和亚洲的天然菱镁矿资源分别被德国和日本所控制,白云石材料再次充当主角,稳定性和半稳定性白云石砖以及白云石质捣打料普遍用于平炉和电炉;战后不久,全碱性平炉和海水镁砂得到较快的发展,镁质材料又回到主角地位;20 世纪 50～60 年代,先后开发了一系列镁质新品种,如前期的镁铬砖和镁铝砖,后期的直接结合、电熔再结合和熔铸镁铬砖;奥地利氧气转炉的研究成功,开创了氧气转炉炼钢的新时代,这是白云石质材料又居主导地位,发展了焦油结合白云石大砖以及烧成油浸白云石和镁白云石砖,氧气转炉的使用寿命达到 1000 炉以上;最近 20 年,镁质材料又上风,镁碳砖又占据了炼钢炉的主体地位,如在氧气转炉炉衬取代了白云石砖、在电炉炉墙取代了镁铬砖。

在今后 20 年里,考虑到对洁净钢需求的不断增加和环境保护意识的不断增强,预计白云石材料将再回到主要位置。在这方面讲,创新性地开发系列优质白云石新产品,从镁白云石到白云石再到钙白云石和氧化钙产品,这些可以称为含游离 CaO 的碱性材料。

5.5.2.1　含游离 CaO 碱性耐火材料的特点

方镁石(MgO)和方钙石(CaO)是构成碱性耐火材料的两种主要化学矿物成分,因此它们各自性能的优劣直接影响着碱性耐火材料性能的好坏。根据所含 CaO 数量不同,分为高钙镁砂、镁白云石、白云石、高钙白云石和石灰耐火材料。其特性有:

(1)耐高温性

主要成分 MgO、CaO 均为高熔点氧化物,氧化镁的熔点为 2800℃,氧化钙的熔点 2600℃,二者共熔温度也在 2370℃。因此,这类材料具有良好的耐高温性。

(2)抗渣性

MgO－CaO 系耐火材料的游离 CaO 对炉渣有广泛的适应性,不仅对高碱性渣有较强的耐侵蚀性,随着渣碱度的提高,炉渣侵蚀量迅速下降,而且当精炼初期炉渣碱度低时,游离

CaO 也能优先与炉渣中的 SiO_2 反应,生成高熔点(2230℃)、高黏性的硅酸二钙保护层附着在炉衬砖工作表面,堵塞气孔,抑制炉渣向内渗透和减轻炉渣的侵蚀。

(3)热力学稳定性

图 5-56 示出氧化物的自由能及氧分压的关系,在图中氧化物中,CaO 的自由能最大,MgO 次之,也即 CaO、MgO 材料对钢水再供氧的可能性最小。

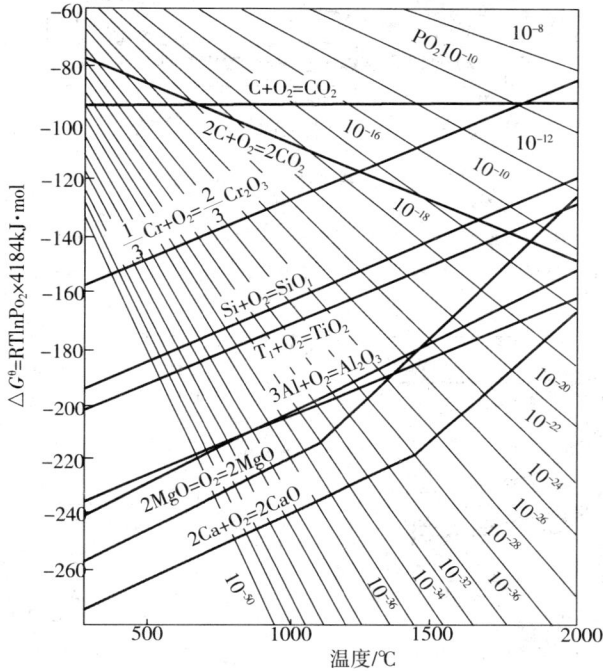

图 5-56　氧化物的自由能及氧分压

表 5-15 列出几种常见氧化物耐火材料的热力学性质。MgO-CaO 系耐火材料这一热力学稳定性,所以适合于使用在具有高温真空工作环境的炉外精炼中。

表 5-15　几种常见氧化物耐火材料的热力学性质

氧化物	Al_2O_3	CaO	MgO	SiO_2
1.33×10^{-4} MPa 蒸汽压下的平衡温度(℃)	2145	2531	1808	2406
$E_xO_y+yC=xE+yCO$ 平衡温度(℃)	2000	2150	1850	1540
1000K 时的蒸汽压力(MPa)	5×10^{-54}	2.7×10^{-54}	3.4×10^{-53}	6×10^{-40}

(4)净化钢液

含游离 CaO 耐火材料能净化钢液,因为游离 CaO 能较好地捕捉钢中 Al_2O_3、SiO_2、S、P 等非金属夹杂物,形成低熔物上浮进入炉渣中,它是制备坩埚、过滤器和水口的最佳材料之一。图 5-57 为不同耐火材料净化钢液后钢液中的硫含量。从该图中可以看出白云石、石灰耐火材料净化钢液后钢液中硫含量是图中 10 种耐火材料中最低的。

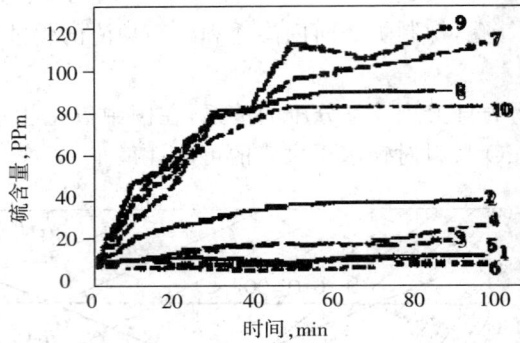

图 5-57　耐火材料对脱 S 作用的实验室研究

1. 石灰砖；2. 刚玉砖；3. 镁尖晶石砖；4. 镁砖；5. 镁碳砖；
6. 镁钙砖；7. 油浸高铝砖；8. 高铝砖；9. 镁铬砖；10. 锆英石砖

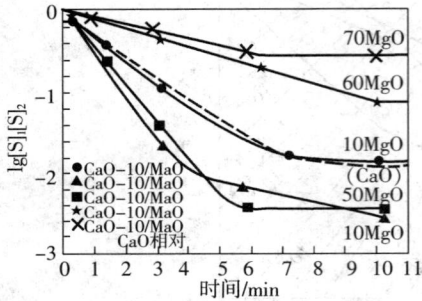

图 5-58　MgO-CaO 材料在 1600℃
对钢水脱 S 的行为

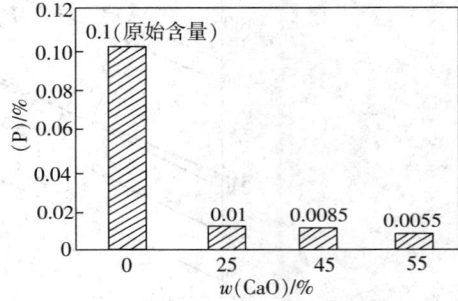

图 5-59　MgO-CaO 材料对钢水
脱 P 的行为

李楠等研究了 MgO-CaO 材料(CaO 含量 10%～90%)在 1600℃下对钢水脱 S 的影响，结果如图 5-58 所示。从图 5-58 可以看出，随 CaO 含量增加，钢水中 S 含量趋于降低；最佳 CaO 含量为 50%～70%(MgO 含量为 30%～50%)。

他们还研究了 MgO-CaO 材料对钢水脱 P 的影响，结果(图 5-59)表明，当材料中 CaO 含量大于 25%时，钢中 P 含量显著降低。

表 5-16 给出了宝钢铁钢厂中间包的包衬用 MgO-CaO 材料使用后 3 个段带的化学成分，侵蚀层和渗透层的 S 含量和 Al_2O_3 含量都有明显增加，说明 MgO-CaO 材料从钢水中吸收了 S 和 Al_2O_3，具有一定的净化作用。

表 5-16　宝钢中间包 MgO-CaO 材料残余工作衬的化学成分

成分	侵蚀层	渗透层	原砖层
$w(MgO)/\%$	29.86	32.51	37.34
$w(CaO)/\%$	44.53	55.15	57.51
$w(Al_2O_3)/\%$	5.76	5.31	0.29
$w(SiO_2)/\%$	14.03	5.24	3.68

（续表）

成分	侵蚀层	渗透层	原砖层
$w(Fe_2O_3)/\%$	4.78	0.49	0.48
$w(S)/\%$	0.12	0.15	0.02

另外，陶绍平等人的实验还表明含游离 CaO 的碱性材料可以降低[O]含量和非金属杂质，表 5-17 为首钢在吹 Ar 前后钢水中[O]含量的变化。包衬采用 Al_2O_3 - MgO 砖时，[O]含量增加，但采用 MgO - CaO - C 砖时，[O]含量降低，有利于钢质量的提高。

表 5-17　吹 Ar 前后钢水中的[O]含量

材料	[O]含量/10^{-6}		
	吹 Ar 前	吹 Ar 后	变化
MgO - CaO - C	208	152	-56
Al_2O_3 - MgO	203	221	+18

王乃荣对中间包挡渣堰使用的 CaO 过滤器在 1200℃与室温之间经过 20 次热震循环后，对其理化性能进行了研究，结果如表 5-18 所示。结果表明 CaO 过滤器具有良好的抗热震性，同时能使非金属杂质降低，即具有净化钢水的作用。

表 5-18　CaO 过滤器的化学组成和物理性能

$w/\%$					显气孔率 /%	体积密度 /(g/cm^3)	耐压强度 /MPa
CaO	MgO	SiO_2	Al_2O_3	Fe_2O_3			
> 98.00	<0.70	<0.10	<0.50	<0.10	2730	2.40～2.41	> 20

（5）易水化性

含游离 CaO 的碱性耐火材料与水接触时，不仅 MgO 而且 CaO 更易发生水化反应，水化反应为放热和膨胀反应，使制品易产生裂纹或崩散。这是一直限制含游离 CaO 的碱性耐火材料开发推广的最致命的缺点。

5.5.2.2　含游离 CaO 耐火材料水化机理

CaO 在结构上属于 NaCl 型，钙离子位于氧离子的八面体空隙中，而 CaO 的晶格常数较大，为 0.479nm，而密度仅为 $3.32g/cm^3$，相对较小，晶格结构较为疏松，不稳定，易水化。CaO 与水蒸气发生化学反应的方程式如下：

$$CaO(s) + H_2O(g) \longrightarrow CaO(OH)_2 \qquad (5-39)$$

$$\Delta G = -109.35 + 0.14T \qquad (5-40)$$

由 5-45 式可知，只要温度<781K，反应向右进行的趋势就不会停止，而生成 $CaO(OH)_2$ 的同时伴随着体积的膨胀，从而使耐火材料逐渐崩溃。

上述反应的逆反应是：

$$CaO(OH)_2 \longrightarrow CaO(s) + H_2O(g) \qquad (5-41)$$

该反应的水蒸气压力与高度之间存在如下对应关系：

$t/℃$　　369　389　408　4028　448

p/kPa　13　2.3　4.1　7.3　13.1

$t/℃$　　468　488　507　527　547

p/kPa　19.6 30.8 46.7 69.3 100

上述两个反应的反应自由能变化及水蒸气压力与温度的关系，如图5-60所示。

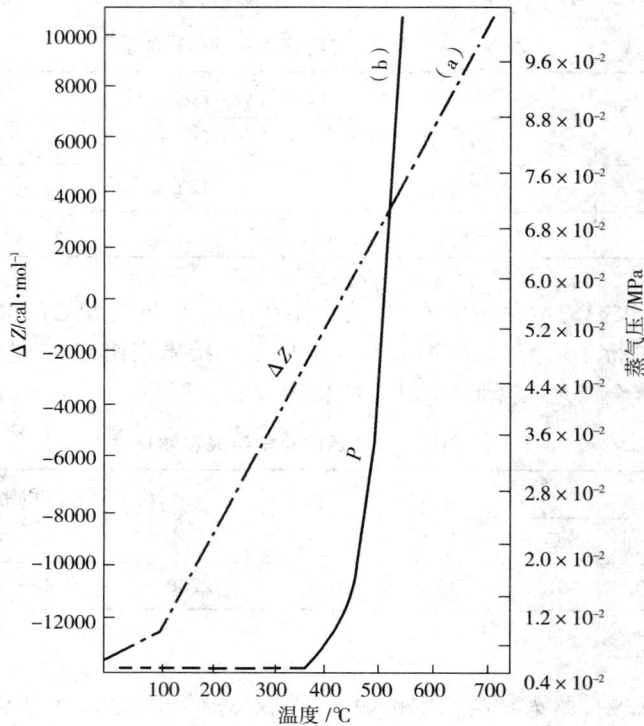

图5-60　CaO水化反应自由能变化和Ca(OH)₂分解压变化曲线

水化时，CaO的结构单元瓦解，生成四个Ca(OH)$_2$结构单元。其结构单元大小由CaO的0.480nm(4.80Å)变成0.352nm(3.52Å)。这四个结构单元所占的位置比CaO最初的单元大得多。CaO的这种水化作用不仅放出大量的热量，而且发生非常有害的体积变化，由计算得出CaO水化时体积分数增加96.5%，从而导致CaO耐火材料完全粉化而成为粉末。

CaO的水化速度与它的表面积成直线关系，并满足如下关系式：

$$\Delta x/\Delta t = hS + h'$$ (5-42)

式中　$\Delta x/\Delta t$为水化速率；S为比表面积；h,h'为常数。

根据式5-42，人们曾寻求将其表面积降低到最小值的途径来降低CaO的水化速度。

对于CaO制品而言，其水化速率也与气孔率成正比，二者亦是直线关系。随着烧结温度(烧结程度)的上升，CaO的水化速度变慢，如图5-61所示。

满足对数关系:

$$\lg\,(\Delta x/\Delta t)=aT+b \tag{5-43}$$

式中　a、b 为常数;T 为物料烧结温度。

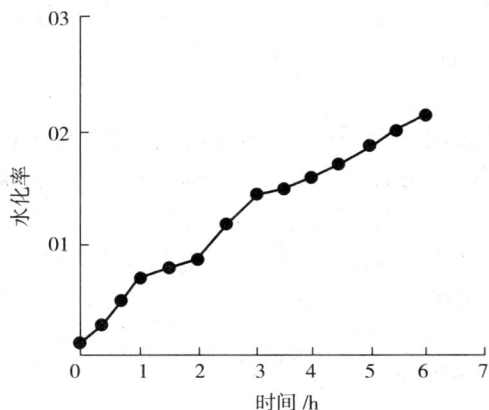

图 5 - 61　CaO 水化速度与烧结程度和水蒸气压力的关系

　　张智慧研究了 CaO 的水化率与水化时间的关系,结果如图 5 - 62 所示。作者认为 CaO 的水化曲线呈阶梯状变化的原因为:表面遇到水蒸气后水化生成 CaO,并产生体积膨胀,使水化后的颗粒脱落下来,这样又有新的一层裸露出来;当新的一层露出来时,因为水化很快,造成了曲线斜率增大,而水化后的颗粒不能立即脱落,对水化起阻碍作用,造成曲线斜率减小。CaO 的水化反应速度由化学反应速度与扩散速度交替控制。在水化反应前期,由于水化反应层很薄,水蒸气中的水分子与反应界面接触,因此,整个反应速度由化学反应速度控制。随着水化反应的进行,不断生成产物 $Ca(OH)_2$,产物层加厚,水分子必须通过产物层扩散到反应界面才能继续水化,由于扩散路径加长,扩散阻力加大,此时整个水化反应速度由扩散速度控制。水化反应继续进行,产物层 $Ca(OH)_2$ 因膨胀粉化而脱落,露出新的表面层,此时,水分子又直接与反应面接触,重复上面的过程。

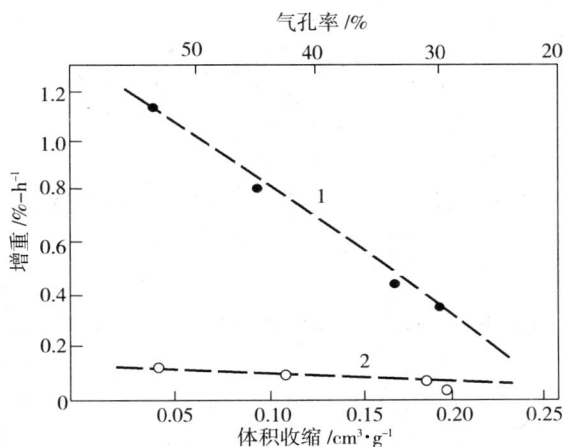

图 5 - 62　CaO 的水化率与水化时间的关系

5.5.2.3　抗水化性能的评价方法

评价耐火材料抗水化性能的方法很多,各个国家的测量技术和方法不尽相同,我国对耐火材料抗水化性能的测试还没有明确的标准。国外常用的方法有以下 4 种:蒸压法、煮沸法、常压长期保存法和实际使用状况评价法。其中蒸压法、煮沸法是日本学术振兴会在第 124 次特殊碱性耐火材料委员会上提出的试验方法,常压长期保存法是美国材料试验协会制定的试验方法。各个方法的详细标准如下:

(1)蒸压法

将试样破碎,用标准筛筛取 2.00mm~3.36mm 的颗粒,首先在 105℃~120℃空气中干燥至恒重,取 50g 颗粒,装入 100mL 的烧杯中,并在上面盖上表面皿或 300mL 的烧杯,一起放入高压釜中,在约 40min 内使高压釜内蒸汽压力达到 0.3MPa,并保持 2h,打开放气阀,放出蒸汽,取出试样,使其在 105℃~120℃空气中干燥至恒重,再用 1.00mm 的方孔筛筛去干燥后的<1.00mm 的颗粒,用质量增加率和粉化率表示 CaO 耐火材料的抗水化性能。

$$质量增加率=\left[\frac{(W_2-W_1)}{W_1}\right]\times100\% \qquad (5-44)$$

$$粉化率=\left[\frac{(W_1-W_3)}{W_1}\right]\times100\% \qquad (5-45)$$

式中:W_1 为水化试验前 2.00mm~3.36mm 的颗粒质量;

W_2 为水化后的质量;

W_3 为水化试验后,筛去<1.00mm 颗粒后的较大颗粒干燥后的质量。

(2)煮沸法

该方法的特点是试样直接与沸水接触,具体方法如下:取 2.00mm~3.36mm 的颗粒 50g,放在金属网制成的器皿中(0.5mm 的网孔,直径约为 45mm,高为 60mm,在 105℃~200℃下干燥至质量恒定,称量干燥后的试样质量(W_1),然后将装颗粒的金属网置于 100℃的沸水中,使其在沸水中保持 1h 后取出,将<1.00mm 的颗粒充分水洗后去掉,把>1mm 的颗粒在烘箱中烘干至质量恒定,称量烘干后颗粒的质量(W_2),用粉化率表示耐火材料的抗水化性能:

$$粉化率=\left[\frac{(W_1-W_2)}{W_1}\right]\times100\% \qquad (5-46)$$

(3)常压长期保存法

该方法的特点是将一定的颗粒置于常压与一定的温度和湿度下,测量经过一段时间后料的粉化率。

(4)实际使用状况评价法

观察试样在实际使用状况下的龟裂情况,由于该方法无法进行定量的评判,因而使用较少。

由于碱性耐火材料抗水化性能的测试方法较多且没有统一制定的测试标准,造成各个研究者所用抗水化评价方法不尽一致,即使是同种抗水化评价方法,试样的粒度、温度与湿度也不相同,这给比较各研究者的防水化方法的效果带来一定困难。

5.5.2.4　提高抗水化性能的方法

100 多年来,人们一直都在研究如何提高含游离 CaO 碱性耐火材料的抗水化能力,现在已经取得了明显的效果。而降低含游离 CaO 耐火材料的水化速率,其关键是降低其中游离 CaO 的比表面积,增大 CaO 与 H_2O 之间的接触角,阻止 $CaO+H_2O \longrightarrow Ca(OH)_2$ 反应的进行。为此,国内外学者做过许多尝试,其方法归纳起来主要有两类:烧结法和表面包覆法。所谓烧结法是在烧结时,添加一些添加剂,使添加剂与 CaO 反应生成低熔物或固溶体,或采用活化烧结工艺,促进烧结,提高密度,减少与水接触的面积,或者使 CaO 变成抗水性矿物,从而提高抗水化性;表面包覆法就是使 CaO 表面裹上一层抗水化性物质,使 CaO 与水隔绝,从而起到抗水化的作用。

1. 烧结法

因为 MgO、CaO 熔点高,烧结温度通常在 1900℃ 以上,且在烧结中后期,晶粒异常长大,封闭气孔率高,使烧结体结构疏松,相对密度低,抗水化性能差。所以,在烧结 MgO - CaO 系耐火材料时常常添加一些添加剂,或采用活化烧结工艺等措施。

(1)活化烧结

众所周知,镁钙熟料的烧结质量与抗水化性能有着密切的关系,良好的烧结一方面有利于坯体致密化和气孔率的降低,从而减小了外界水分向镁钙熟料内部扩散的通道;另一方面促进了 CaO 晶粒的发育,使其水化活性得到一定程度的降低,因此提高镁钙熟料的烧结质量成为改善其抗水化性能的一种有效途径。为了促进镁钙熟料的烧结,人们先后提出了四步煅烧和消化等活化烧结工艺。

BhattacharvaT. K. 和陈旭峰等对两步煅烧和消化方法对烧结的影响进行了细致的研究,认为通过两步煅烧,可以大大加快坯体的致密化速度和显著降低烧结温度,使石灰和镁钙熟料抗水化性得到有效提高;消化工艺则可借助消化过程中强烈的蹦散作用,破坏轻烧白云石所残留的母盐假象,同时所产生的 $Ca(OH)_2$ 和 $Mg(OH)_2$ 在烧结过程中可脱水生成更具活性的细小 MgO 和 CaO 晶粒,进一步促进了镁钙熟料的烧结性能。实验证明,水化物试样远比轻烧氧化物试样易烧结,前者在 1600℃ 保温 2～5h 可制得体积密度为 3.30g/cm³ ～3.38g/cm³,且显微结构良好的优质白云石熟料。另外,山元公圣等以海水和石灰乳为原料两步煅烧合成得到高密度、大结晶的镁钙熟料。对熟料进行检测表明,该熟料体密可达到理论密度的 6%～97%,晶粒发育完全:熟料在 20℃,相对湿度为 65% 的条件下放置 30 天后,增重率小于 0.3%。这两种方法中二步煅烧工艺复杂,投资大,所以一般很少使用。

(2)引入添加剂的烧结

引入添加剂来改善含游离 CaO 耐火材料的抗水化性是研究人员长期以来普遍采用的一种抗水化途径。对于添加剂,提高游离 CaO 耐火材料抗水化性能的机理,一般可归纳为两种:一种是在烧结过程中,所引入的添加剂在较低温度下生成液相,促进了烧结和晶粒的发育,从而达到提高游离 CaO 耐火材料抗水化性能的目的;另一种是添加剂在高温煅烧过程中与 CaO 或 MgO 生成固溶体,造成晶格缺陷,从而促进了物料烧结和晶体发育,有利于提高游离 CaO 耐火材料的抗水化性能。

①生成液相为主的添加剂

由于含游离 CaO 耐火材料的烧结几乎是无液相参加的烧结,为了改善烧结,提高游离 CaO 耐火材料的抗水化性能,人为地引入某些添加剂,一方面使其在较低温度下生成液相,加速烧结致密化过程,促进 CaO、MgO 晶粒的发育和长大;另一方面液相对 MgO、CaO 的良好润湿性,不仅有利于方镁石和方钙石在表面张力的作用下进行晶粒重排,形成以 MgO 为基体,CaO 分布其间的网络结构,而且液相冷却后在晶界上形成的玻璃相物质也阻碍了水蒸气向颗粒内部的扩散,从而改善了 MgO-CaO 系耐火材料的抗水化性。这些添加剂通常有 Al$_2$O$_3$、Fe$_2$O$_3$、SiO$_2$、TiO$_2$、CuO 等氧化物和氮化物、碳化硼、金属硼、铝等非氧化物及金属。

日本专利特公昭 55~35354 中,以图形表示了 Fe$_2$O$_3$、Al$_2$O$_3$、MgO、SiO$_2$ 和 Cr$_2$O$_3$ 的抗水化效果,其测试方法为蒸压法,结果如图 5-64 所示。图 5-64 中试样水化后的质量损失率相当于蒸压法 0.5MPa 处理 1h 的粉化率。可以看出,Fe$_2$O$_3$ 的防水化效果极好,远远高于其他 4 种氧化物。Fe$_2$O$_3$ 具有良好的抗水化效果是由于 Fe$_2$O$_3$ 和 CaO 在高温下发生反应,生成抗水化的 2CaO·Fe$_2$O$_3$,CaO·Fe$_2$O$_3$ 包裹在 CaO 颗粒上,形成 2CaO·Fe$_2$O$_3$ 薄膜,从而阻止了 CaO 与水接触,大大提高了 CaO 的抗水化性能。

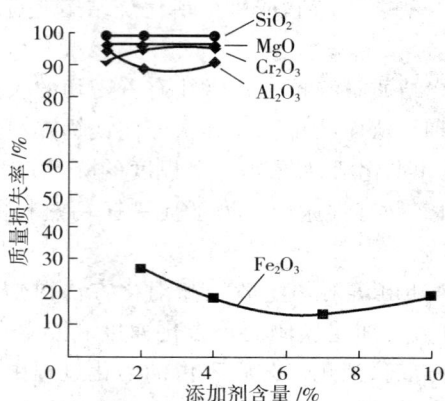

图 5-63　几种氧化物添加剂的抗水化效果

肖国庆等在镁钙砂中加入 Fe$_2$O$_3$ 和 Al$_2$O$_3$ 来提高镁钙砂的抗水化性,见图 5-64 和图 5-65。研究表明,加入 Fe$_2$O$_3$ 能有效提高镁钙烧结体的烧结性和抗水化性,最佳加入量为 0.5%,镁钙烧结体的密度可以达到理论密度的 93%,加入 Al$_2$O$_3$ 同样可以提高镁钙烧结体的抗水化性能。

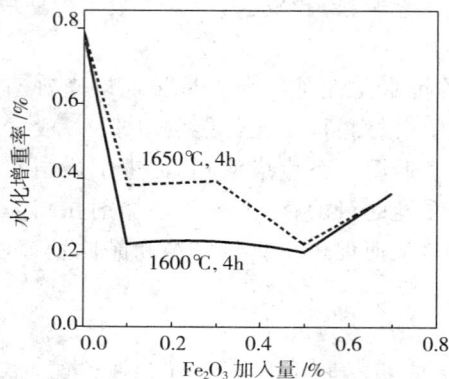

图 5-64　Al$_2$O$_3$ 添加量-水化增重曲线

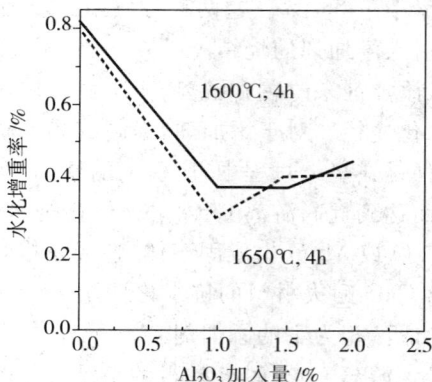

图 5-65　Fe$_2$O$_3$ 添加量-水化增重曲线

　　刘新田等研究认为,加入适量的 Al_2O_3,可使白云石生坯在 $1100℃ \sim 1150℃$ 就产生液相,液相的存在有力地促进了生坯的烧结和晶粒的发育,从而得到高体密、大结晶的烧结熟料。对有 $3\%Al_2O_3$ 的白云石熟料进行抗水化性能测定,结果表明该熟料在 $70℃$,相对湿度为 70% 的条件下放置 24 小时,其水化增重率为 0.12%,约为不含 Al_2O_3 熟料的水化增重率的 $1/3000$。由此认为添加 Al_2O_3 等这类氧化物可明显提高镁钙系耐火材料抗水化性能。

　　施惠生研究了加入 Fe_2O_3、Al_2O_3 和 SiO_2 对 CaO 的晶格参数和水化活性的影响,结果表明:加入 SiO_2 对 CaO 的晶格结构几乎无影响;加入 $1\%Al_2O_3$ 时,CaO 的晶格参数略有减少,但加入量增至 3% 时未发现有更大影响;加入 Fe_2O_3 后,CaO 的晶格参数显著减少,加入量为 1% 时,晶格参数从 $0.48105nm$ 降至 $0.48100nm$;加入量为 3% 时,进一步降至 $0.48092nm$。晶格参数的减少,使晶格中正负离子间距变小,结构更为稳定,水化活性降低。水化放热试验表明:加入 $1\%SiO_2$ 的 CaO 试样的水化放热速率与纯 CaO 几乎完全相同;掺 $1\%Al_2O_3$ 的试样在水化初期放热很快,可能是形成了少量高活性的铝酸盐矿物;加 $1\%Fe_2O_3$ 的试样的水化放热速率显著降慢,表明其水化活性显著降低。这表明,Fe_2O_3 对 CaO 的水化活性的影响最大,这与对晶体结构的影响相一致。

　　Hou Tiecui 将 3% 的 Al_2O_3 细粉引入到石灰石中,在高于 $1500℃$ 温度下烧结后,能形成 CaO 结晶非常好并且有少量的气孔出现在晶粒边缘或在晶粒中间的 CaO 熟料,经过抗水化检验,这种 CaO 熟料的抗水化性能较好。

　　古松英之、川端浩二等在 $Ca(OH)_2$ 粉末上浸涂一层 Al 的螯合物,相当于 $0.5\%Al_2O_3$,在 $1500℃$ 的空气中烧结 $2h$,制得 CaO 熟料。实验证明,在温度 $50℃$、相对湿度为 95% 的条件下,从 $360h$ 的水化情况看,水化增重率约为 14%。

　　这种方法由于在较低温度条件下就生成液相,温度升高,液相量增大,对材料高温性能不利。

　　②形成固溶体为主的添加剂

　　这种添加剂自身熔点高,其性质与 MgO、CaO 相似,因此它们的作用机理不是在较低的温度下生成液相,而是在较高温度下与 MgO、CaO 材料发生固溶反应,因此不会对白云石耐火材料的高温性能产生很大损害。同时由于固溶于 MgO、CaO 晶粒的添加物使 MgO、CaO 晶格发生畸变,造成晶格缺陷,活化了晶格,从而促进了 CaO、MgO 晶粒的发育、长大;此外,该添加物的加入还起到增加 CaO、MgO 之间固溶度的作用,有利于提高 $MgO - CaO$ 系耐火材料的抗水化性能。这些添加剂一般有 CeO_2、La_2O_3、ZrO_2、Y_2O_3、Cr_2O_3 等氧化物。

　　古瑞琴等人采用加入微量 CeO_2 的方法,在保证 CaO 的高纯度及优越性能的前提下提高其抗水化性。首先将方解石在 $1100℃$ 煅烧 $2h$,加足量的水使其充分消化,然后用 $0.5mm$ 的筛滤去筛上料,将石灰浆充分干燥,然后粉碎成 $<1mm$ 的颗粒备用;接着在 $Ca(OH)_2$ 中加入 CeO_2,加入量依次为 0、0.2%、0.4%、0.6%、0.8% 和 1%(在 $Ca(OH)_2$ 脱水后所得 CaO 中的质量分数),分别记为 C_0、$C_{0.2}$、$C_{0.4}$、$C_{0.6}$、$C_{0.8}$ 和 $C_{1.0}$。混合时采用湿法球磨 $5h$,将混合好的原料调配到适当的干湿度,然后在 $60MPa$ 的压力下压制成 $<25mm \times 20mm$ 的圆柱体试样,干燥后在 $16℃$ 煅烧 $1h$;最后分别采用煮沸法和恒温恒湿法对烧后试样进行抗水化试验。试样水化前后的质量变化率见表 $5 - 19$。

表 5 - 19　烧后试样抗水化前后的质量变化率/%

试样编号	C_0	$C_{0.2}$	$C_{0.4}$	$C_{0.6}$	$C_{0.8}$	$C_{1.0}$
煮沸法/%	9.0	6.3	5.3	4.5	4.7	6.7
恒温恒湿法/%	8.0	6.7	3.5	2.7	2.3	3.0

煮沸法的实验结果表明:随着 CeO_2 添加量的增加,水化后试样的质量变化率先逐渐减小后增大,最佳添加量为 0.6%。而恒温恒湿法的实验结果表明:随着 CeO_2 添加量的增加,水化后试样的质量变化率先逐渐减小后增大,最佳添加量为 0.8%。综合以上两种抗水化实验的结果可知,添加剂对抗水化性的影响与添加量有关,CeO_2 的最佳添加量为 0.6%~0.8%。

烧成后试样的体积密度和显气孔率见表 5 - 20。可以看出,加入 0.6% 的 CeO_2 的试样体积密度最大,显气孔率最低。说明加入 0.6% 的 CeO_2 对试样的促烧结效果最好。

表 5 - 20　烧后试样的体积密度和显气孔率

试样编号	C_0	$C_{0.2}$	$C_{0.4}$	$C_{0.6}$	$C_{0.8}$	$C_{1.0}$
体积密度/(g/cm³)	2.91	3.12	3.12	3.15	3.09	3.03
显气孔率/%	7.84	1.42	1.60	0.57	0.64	1.89

由 CaO—CeO_2 二元相图可知,CaO 与 CeO_2 的最低共熔点在 1900℃ 以上,而本实验的煅烧温度为 1600℃,不存在新增液相促进烧结的可能性。CeO_2 中 Ce^{4+} 的半径为 0.092nm,与 CaO 中 Ca^{2+} 的半径(0.099nm)相近。在 CaO 中加入 CeO_2 后,Ce^{4+} 可以置换 CaO 晶格中的 Ca^{2+},形成不等价置换固溶体,同时产生阳离子空位,增加了 CaO 晶体中的缺陷浓度,促进了 CaO 熟料的烧结,使材料更加致密,抗水化性提高。

$$CeO_2 \longrightarrow Ce_{Ca}^{\cdot\cdot} + V''_{Ca} + 2O_O$$

由试样 C_0 和试样 $C_{0.6}$ 的 SEM 照片(见图 5 - 66)也大致可以看出,试样 $C_{0.6}$ 较试样 C_0 更加致密,气孔明显变小,说明 CeO_2 促进了氧化钙材料的烧结。

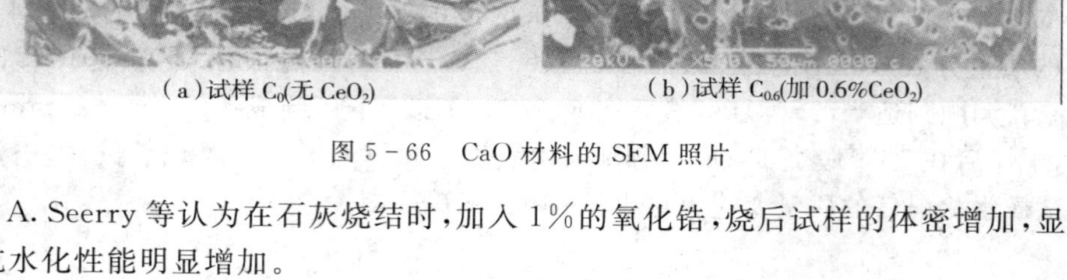

（a）试样 C_0(无 CeO_2)　　　　（b）试样 $C_{0.6}$(加 0.6% CeO_2)

图 5 - 66　CaO 材料的 SEM 照片

M. A. Seerry 等认为在石灰烧结时,加入 1% 的氧化锆,烧后试样的体密增加,显气孔率减少,抗水化性能明显增加。

熊星云等以可溶性锆化合物形式在 CaO 中加入了 1％的 ZrO_2，作为对比，还进行了添加湿化学法制备的超细 ZrO_2 粉末的试验。从结果看，尽管对比试样加入的是化学方法制备的超细 ZrO_2，但效果还是不如以溶液形式加入的 ZrO_2 好。因为加入固态 ZrO_2 粉末很难在 CaO 中分散均匀，加入量少，效果就不明显。以液态形式加入的锆化合物，经湿法球磨混合，加入沉淀剂后再次球磨混合，使 ZrO_2 均匀地分散在 CaO 晶粒表面，有利于高温下固相反应的进行。虽然只加入 1％左右的 ZrO_2，但试样的烧结收缩率达 28％，体积密度也达 $3.13g/cm^3$，在空气中存放 25 天后，试样质量增加仅 0.4％；而添加 ZrO_2 微粉试样的体积密度比以溶液形式加入 ZrO_2 的试样低 3.6％，其在空气中存放 25 天后，试样质量增加 0.6％。ZrO_2 能显著提高 CaO 材料的抗水化性能是由于 ZrO_2 与 CaO 形成有限固溶体，Zr^{4+} 进入 CaO 晶格后能有效地促进 CaO 烧结致密。

由此可以认为添加 CeO_2、La_2O_3、ZrO_2 等这类氧化物对镁钙系耐火熟料抗水化性能的提高具有明显的作用。

③洁净添加剂

加入添加剂通常会给钢液带来一定的污染，同时还会降低熟料的高温性能，为此人们选择了 $Ca(OH)_2$ 或 $CaCO_3$ 作为添加剂。这种同组分添加剂不仅不会引入其他杂质，而且它的作用机理也与传统的添加剂不同。

古松英之等研究了添加 $Ca(OH)_2$ 对 $CaCO_3$ 的烧结和抗水化性能的影响，结果表明，71％$Ca(OH)_2$-29％$CaCO_3$ 混合物烧结最好，其相对密度为 95％，比纯 $CaCO_3$ 烧结后的相对密度提高 10％，水化增重率约为 10％。Lanal. Wong、柯昌明等在石灰石或白云石中添加氢氧化物，结果可以加快致密化，降低烧结温度，改善显微结构，促进颗粒生长。实验证明，添加大约 10％的氢氧化物，在 1600℃烧成 4h，可以获得理论密度 95％的氧化钙砂，得到的镁钙熟料在空气中存放两年也未见明显水化损毁。

AliAnani 研究表明，在烧结白云石和石灰石时，加入一定量的氟化钙，在 1500℃下锻烧的白云石可以延迟水化，并可大大地加快 MgO 的结晶速度，获得 $2.0\mu m\sim2.5\mu m$ 的结晶粒度。日本、波兰、意大利等研究进行加入 $CaCl_2$ 来解决石灰水化的研究，并取得了可喜的成果。这种石灰砖是由 CaO 和 MgO 颗粒构成的。制砖时，根据 $CaCl_2$ 系液相生成温度，采用热压成型，可获得组织比陶瓷结合砖致密、抗水化性能更好的石灰砖。

从以上分析可知，添加氢氧化物对石灰石或白云石烧结是有好处的，但合适的添加量结果不一，需要进一步研究。

2. 表面包覆法

表面处理法分为两种：无水有机物包裹表面法和抗水性无机薄膜包裹表面法。该方法主要是对含游离 CaO 系耐火材料的表面进行包覆以改善其抗水化性能，所以一般不会改变其他性质，并且工艺相对简单，因而具有广阔的开发和应用前景。

(1)有机物表面包覆

无水有机物包裹表面法是在熟料的表面包裹一层憎水的油类，如焦油、沥青、石蜡和树脂等。其中焦油沥青处理白云石制品就早已应用于实际生产中，并取得了良好的抗水化效果和使用效果。如日本专利特昭 56～45878 是用含硫 2％～15％的石油系分子量高的沥青覆盖含游离 CaO 的高纯度合成白云石砂，使白云石砂的抗热震性和耐磨损剥离性有所改善，抗水化性提高 2.5～3 倍。但是由于焦油沥青浸渍的白云石制品在使用过程中会造成较大的环境污染,因此目前已经逐渐被其他产品所替代。

近几年来,人们提出用有机硅化物、有机酸-有机酸盐复合(如乙醇酸-乳酸铝、柠檬酸-乳酸铝等)对碱性耐火熟料进行表面处理。在一定的温度下,有机硅化合物中的 Si—OH 基、Si—H 基等脱水聚合,在熟料的表面形成具有三维网络硅氧烷结合(O—Si—O)的薄凝胶膜,因此阻止了外界水分与熟料表面的游离 CaO 的接触,大大提高了熟料的抗水化性能。该方法处理过的镁钙系耐火熟料进行抗水化测试,结果表明水化增重率降低到 4.1% 以下,与未处理过的熟料相比,其耐水化性能有较明显的提高。

该处理方法的缺点为沥青类污染环境,树脂类价格昂贵,都不耐热。

(2)无机物表面包覆

与有机物表面包覆的方法相似,无机物表面包覆就是采用在游离 CaO 和外界水分之间生成一层难溶于水的无机物隔离膜,来提高镁钙系熟料的抗水化性能。目前,无机物表面包覆的方法一般可以通过两种途径来实现:一种是通过气相反应对镁钙系耐火熟料进行表面包覆处理(简称气相法包覆处理);另一种是采用液相反应法包覆对镁钙系耐火熟料表面进行处理(简称液相法包覆处理,严格地讲为液相包覆法)。所谓气相法包覆处理主要是通过在 CO_2 气氛下对镁钙系耐火熟料进行加热处理,使熟料表面的游离 CaO 与 CO_2 发生反应而转变成较为稳定的一层 $CaCO_3$ 薄膜,降低熟料内部 CaO 与外界水分接触的机会,从而大大提高熟料的抗水化性能。这里主要给大家介绍液相法包覆处理。

顾志华等人利用磷酸铝和草酸溶液对镁钙熟料进行液相包覆来提高该碱性原料的抗水化性能,并取得了较好的成效。采用浸渍法来处理镁钙熟料,首先将定量的草酸溶于水,配成一定浓度的草酸溶液作表面浸渍剂;再称取镁钙熟料 110 克放入一个不锈钢丝织的网篮中,浸入盛有 300mL 温度为 45℃浸渍剂的烧杯中,10s 后提起网篮,摇动,0.5h 风干后,再浸入浸渍剂中,重复循环 4 次后,取出在烘箱内自由升温到 110℃×1h 干燥,马弗炉中热处理,升温速度 5℃/min。在 CO_2 气氛保护中碳酸化热处理制成包裹膜。

图 5-67 为草酸溶液浓度与镁钙熟料抗水化性能的关系。随着草酸溶液浓度的增大,抗水化性能增强,但草酸溶液浓度过大,抗水化性能反而下降。图 5-67 中虽然水化增重率以 0.25mol/L 的效果最好,但考虑到镁钙熟料抗水化能力的高低以粉化率为主,故草酸溶液的浓度选定为 0.5mol/L。

图 5-68 表示草酸溶液反复浸渍次数与镁钙熟料抗水化性能之间的关系。很显然,浸渍次数的增加有利于获得良好的抗水化保护膜,但浸渍次数超过 5 次以后反而有破坏作用。

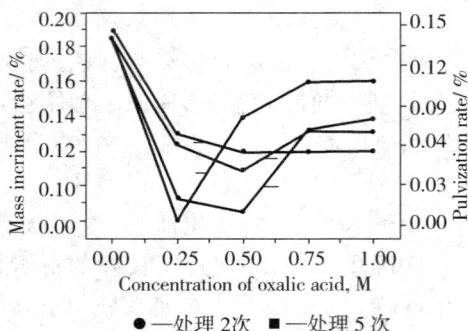

●—处理2次　■—处理5次

图 5-67　不同浓度的草酸溶液对镁钙
熟料抗水化性能的影响

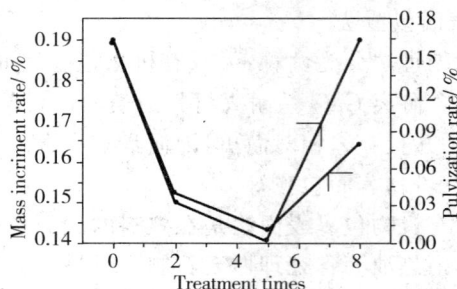

图 5-68　镁钙熟料的抗水化性能与
草酸处理次数的关系

图 5-69 为用 0.5mol/L 草酸溶液浸渍镁钙熟料 5 次后再在 CO_2 气氛中 800℃ 热处理的镁钙熟料表面膜的扫描电镜照片。膜由细小颗粒组成，均匀、密集，厚度为 $5\mu m \sim 10\mu m$。膜与镁钙熟料颗粒之间无间隙，结合良好。

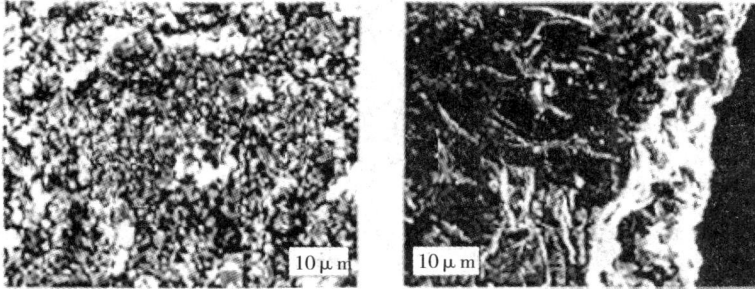

图 5-69　$H_2C_2O_4$ 溶液浸渍后镁钙熟料的扫描电镜照片（CO_2 保护）

通过分析研究表明：草酸溶液浸渍再碳化处理提高镁钙熟料抗水化性能的机理是，镁钙熟料表面的 CaO 与溶液中的草酸反应，通过非均匀成核在颗粒表面形成以一水草酸钙和氧化镁为主所构成的膜，经热处理后膜中一水草酸钙于 200℃ 左右脱除结晶水，500℃ 左右草酸钙发生分解生成一层 $CaCO_3$ 膜，与气氛中的 CO_2 通过膜渗入颗粒表面与 CaO 反应生成 $CaCO_3$，覆盖在镁钙熟料颗粒的表面，阻挡了水的渗入，从而提高了抗水化性能。

熊星云等将 CaO 试样埋在含 Cr_2O_3 的粉料中烧成，Cr_2O_3 挥发后均匀地扩散到 CaO 晶粒界面上，并与 CaO 反应，在 CaO 晶粒表面形成化合物 $9CaO \cdot 4CrO_3 \cdot Cr_2O_3$，但晶粒内部不含 Cr_2O_3。$9CaO \cdot 4CrO_3 \cdot Cr_2O_3$ 阻碍了 CaO 晶粒与水蒸气的接触，从而大大提高了 CaO 材料的抗水化性能，经 Cr_2O_3 处理后的 CaO 试样，在空气中存放 25 天后，试样质量增加仅为 0.1%。

还有报道把钙砂用水溶性磷酸盐浸渍，或者把钙砂用水充分浸渍后，混以粉末状的磷酸盐，在钙砂表面形成一层难溶性磷酸钙盐类保护层，可以显著提高钙砂的抗水化性能。

5.5.3　纳米复合耐火材料

纳米科技在耐火材料方面的研究主要是指将纳米粉引入到耐火材料中对其各种性能影响的研究。纳米粉在耐火材料中的应用虽是超微粉在耐火材料领域应用的推广和延伸，但此方面的研究报道不是很多，还需要做大量的研究工作。在耐火材料中应着重研究纳米粉的尺寸、形状、分散性和流变特性。纳米粉的吸附性与被吸附物质的性质以及溶剂的性质有关。

日本学者在纳米科技方面的研究比较多，他们以纳米粉为核心，利用耐火材料细粉、结合剂等在基质中形成某种特殊结构的基质。研究结果表明，极少量的这种结构基质成为决定耐火材料物理性能的重要因素。添加纳米粉的材料能够以这种特殊结构的基质吸收因热冲击产生的急剧热膨胀或收缩，提高了材料的抗剥落性。另外，在骨料间的气孔中填充已配好的纳米粉，通过在气孔内形成更多的小气孔使孔径细化，从而提高了材料的耐蚀性。

国内对纳米科技在耐火材料中的研究也比较活跃。汪厚植、赵惠忠、顾华志等人对纳米材料在耐火材料中的应用都有研究，下面对其进行简单的介绍。

5.5.3.1　纳米复合刚玉砖及镁铬砖

采用一定的混合工艺,将少量纳米粉添加到配料组成系统中。为了尽量使少量的纳米 Al_2O_3、SiO_2、Fe_2O_3 在混合料中混合均匀,先将两种纳米粉与 0.044mm 的刚玉粉按一定的比例在小型球磨机中(料∶球＝1∶4)混合 2h。然后,根据预先制定好的配料方案,用糊精加适量水作为结合剂进行混碾,混好的料在室温下困料 8h 后,用 150MPa 的压力压制成 125mm×25mm×25mm 的条形生坯试样。生坯样经 120℃ 保温 24h 干燥后分别在硅钼棒炉中在一定温度下保温 3h 烧成。

如在刚玉砖的配料中加入少量纳米 Al_2O_3 和纳米 SiO_2,在镁铬砖的配料中加入纳米 Fe_2O_3,均可以明显地提高试样的力学性能指标。如图 5-70、图 5-71 和图 5-72 所示。

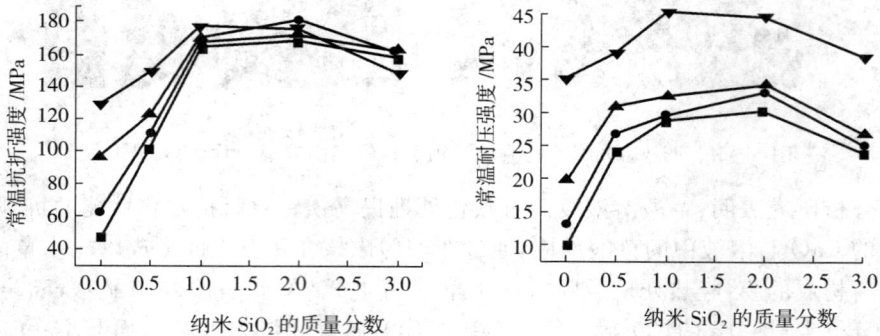

图 5-70　纳米 SiO_2 对试样烧结与力学性能的影响

■—1450℃；●—1550℃；▲—1650℃；▼—1750℃

图 5-70 为纳米 SiO_2 复合刚玉砖抗折强度和耐压强度的实验测试结果。由图 5-71 可以看出,纳米 SiO_2 的加入,可大幅度地提高试样的力学性能,特别是当加入量为 1%～2% 时,经 1450℃,1550℃ 烧成的试样,其强度与没加纳米材料的相比增加了 1.5～2.1 倍,如以无纳米粉的试样和加入 2% 纳米 SiO_2 时的试样相比,抗折强度分别从 9.8MPa 和 13.0MPa 上升到 30.7MPa 和 33.5MPa,耐压强度则分别从 45.8MPa 和 60.5MPa 上升到 170.4MPa 和 179.6MPa;经 1650℃ 和 1750℃ 烧成的试样,强度也有大幅度的提高。

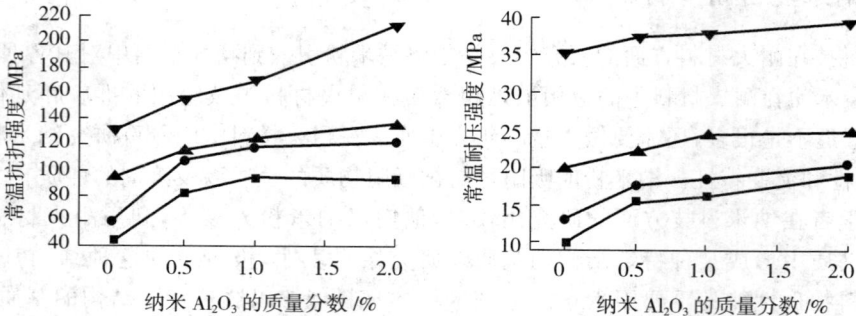

图 5-71　纳米 Al_2O_3 对试样烧结与力学性能的影响

■—1450℃；●—1550℃；▲—1650℃；▼—1750℃

图 5-71 为纳米 Al_2O_3 复合刚玉砖抗折强度和耐压强度的实验测试结果。随着纳米

Al_2O_3 添加量的增加,试样的耐压强度和抗折强度均相应提高。但这种影响的效果随着烧成温度的提高有降低的趋势,表现在经较低温度(1450℃和1550℃)烧成后的试样(耐压强度分别由 45.8MPa 和 60.5MPa 增加到 95.4MPa 和 123.6MPa,抗折强度分别由 9.8MPa 和 13.0MPa 增加到 19.5MPa 和 20.9MPa)要好于经高温(1650℃和1750℃)烧成后的试样(耐压强度分别由 94.6 和 130.0MPa 增加到 138.4MPa 和 215.0MPa,抗折强度分别由 20.0MPa 和 35.2MPa 增加到 25.5MPa 和 39.8MPa)。

图 5-72 为纳米 Fe_2O_3 加入量对镁铬质耐火材料的力学性能的影响测试结果。由图可以看出,烧成温度在 1500℃~1700℃时,试样的抗折强度均由于纳米加入而大幅度地提高,且以 1600℃烧成的效果最明显;试样的常温耐压强度也随纳米 Fe_2O_3 加入量的增加而提高。

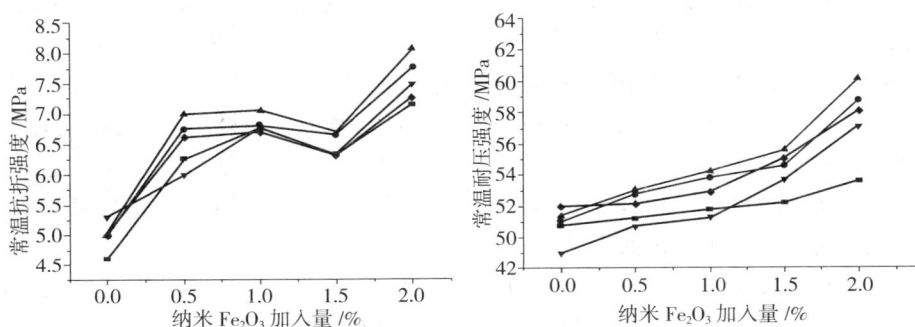

图 5-72　纳米 Fe_2O_3 对试样烧结与力学性能的影响

■—1500℃；●—1550℃；▲—1600℃；▼—1650℃；◆—1700℃

图 5-73 为经 1700℃×3h 处理后的试样断口 SEM 照片,其中图 5-73(a)为未添加纳米粉的对照样 SEM 照片,图 5-73(b)为添加纳米 Fe_2O_3 试样的断口 SEM 照片。从图 5-73(a)可以看出,断口表面有很多凹坑和凸起,从断口学角度来说,这种断口属韧窝断口,产生这种断口的主要原因是颗粒与基质间及颗粒与颗粒间存在间隙,在外力作用下,间隙两侧的材料容易被"剥离"分开,材料发生这种断裂时一般是沿晶断裂。具有这种断口的材料,其强度相对来说较低。从图 5-73(b)可以看出,断口表面存在很多阶梯状断痕,具有这种断口的断裂称为解理断裂,解理断裂为穿晶脆性断裂,解理裂纹一般起源于晶界,垂直于应力轴扩展,断口有许多解理平面小刻面组。具有这种断口的材料,力学性能一般较高。这种显微结构的差异是直接导致试样力学性能不同的原因。

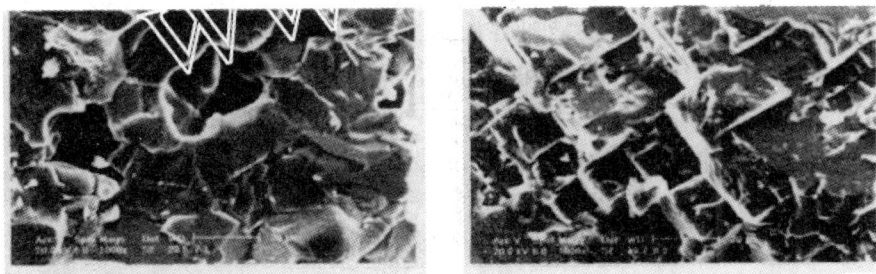

（a）不加纳米 Fe_2O_3　　　　　　　　（b）加 1.5%纳米 Fe_2O_3

图 5-73　镁铬砖试样加入纳米氧化铁前后的断口 SEM 形貌

国内贾晓林等报道了 $\alpha - Al_2O_3$ 纳米粉与 $\alpha - Al_2O_3$ 微粉对高纯刚玉砖烧结性能的影响,通过在刚玉砖基质中引入 0.5%、1%、2%、3% 的 $\alpha - Al_2O_3$ 纳米粉和 4%、8%、12% 的 $\alpha - Al_2O_3$ 微粉,研究纳米粉对高纯刚玉砖烧结性能的影响。结果表明,同时加入 $\alpha - Al_2O_3$ 纳米粉和 $\alpha - Al_2O_3$ 微粉可以促进固相烧结,改善制品烧结性能,使烧结温度降低 200℃~400℃;当 $\alpha - Al_2O_3$ 纳米粉加入量(质量分数,下同)为 1%~2%,$\alpha - Al_2O_3$ 微粉加入量为 4%~8% 时,烧结温度可降到 1400℃~1500℃,此时,试样的体积密度和强度达到最佳值,且其烧结机理是以扩散传质为主的固相烧结。

5.5.3.2　纳米复合 $Al_2O_3 - SiC - C$ 浇注料

$Al_2O_3 - SiC - C$ 浇注料因其优良的性能在铁沟中得到稳定、广泛的应用。长期以来,它经常采用纯铝酸钙水泥为结合剂,有时也用磷酸盐等其他结合剂。这些结合剂的引入对浇注料的性能产生了不利的影响。近年来,又发展了 $\rho - Al_2O_3$ 结合剂,但是,这类结合剂往往又必须加入一定量的助结合剂来增加其强度。这些助结合剂将使浇注料的相成分复杂化并导致低熔物的出现。总之,多数加入物都是以形成低熔物而促进烧结,这就难免会影响某些性能。为了进一步提高 $Al_2O_3 - SiC - C$ 浇注料的高温性能,特别是高温力学强度,有研究表明,用纳米硅铝凝胶粉替代纯铝酸钙水泥作为结合剂,它的引入可明显地降低 Sialon 的生成温度,并能促进 $\beta - Sialon$ 相的生成。

实验采用电熔致密刚玉(8－5mm)、SiC 为骨料,基质部分包括硅铝凝胶粉、Si_3N_4、硅微粉、$\alpha - Al_2O_3$、金属硅和铝,外加一定量的分散剂以及有机防爆纤维。实验中调整纳米硅铝凝胶粉含量,并与以水泥为结合剂的试样(纳米硅铝凝胶粉含量为 0)进行比较。分别按配方将各组配料在搅拌锅内混合,并加入适量的水(约 5%),然后振动成型为 40nmm×40mm×160mm 的试样,成型 12h 后脱模,并在室温下自然养护 24h,然后在 110℃ 下干燥 24h,干燥后试样分别经过 1000℃×3h 和 1450℃×3h 的热处理。

图 5－74 为纳米 $Al_2O_3 - SiO_2$ 凝胶粉的加入量对浇注料烧结性能的影响。

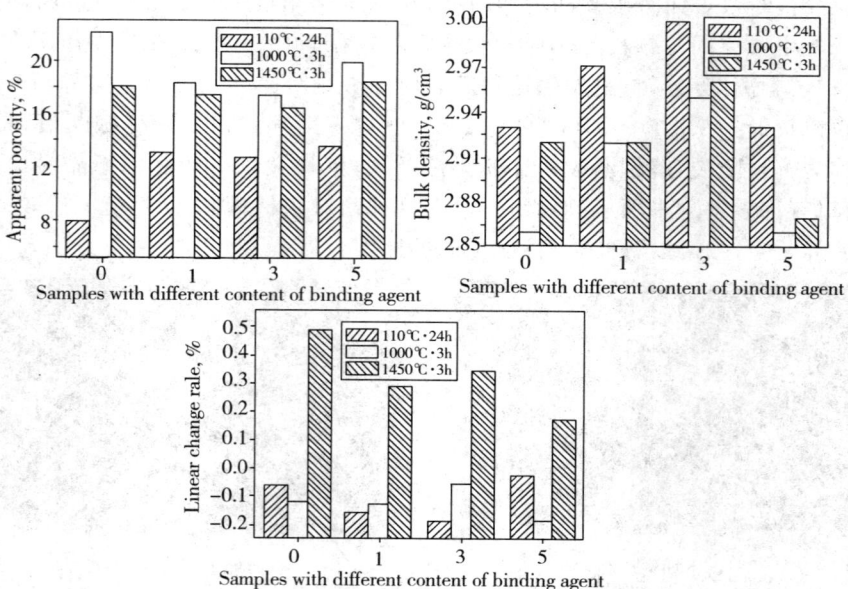

图 5－74　纳米 $Al_2O_3 - SiO_2$ 凝胶粉的加入量对浇注料烧结性能的影响

　　由图可知,纳米 $Al_2O_3-SiO_2$ 凝胶粉结合的浇注料在烧结性能方面优于超低水泥结合的浇注料,因为前者在烧结后具有较低的显气孔率、较大的体积密以及合适的线膨胀率,而这都将有利于铁沟料使用寿命的提高。随着处理温度的变化,凝胶粉结合的三组试样,每组试样的显气孔率、体积密度随着温度的变化规律基本相同。随着结合剂加入量的增加,在同一温度下,试样的显气孔率随着结合剂量的增大有着先减小而后又有一定增大的趋势,而体积密度的变化规律与其相反。

　　在常温及中温处理后,试样都有一定量的收缩,但是不同的是烘干后的线变化率随着结合剂量的增大先减小而后增大,而中温(1000℃)处理后线变化率的变化呈相反的变化规律。试样经过高温 1450℃烧成后,试样均有一定膨胀,并且随着结合剂量的增大其膨胀量将会先增大而后减小。

　　耐火材料的高温抗折强度是与其实际使用密切相关的,高温抗折强度大的制品也会提高其对物料的撞击和磨损性,增强抗渣性,这点对于铁沟浇注料尤为重要。图 5-75 为纳米 $Al_2O_3-SiO_2$ 凝胶粉加入量对浇注料高温抗折强度的影响。

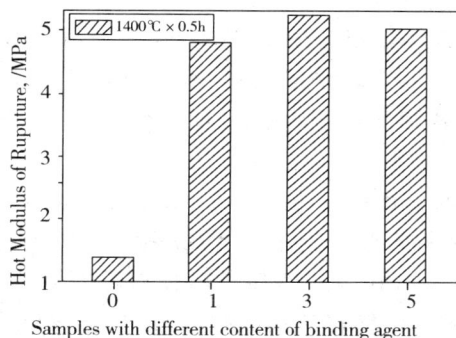

图 5-75　纳米 $Al_2O_3-SiO_2$ 凝胶加入量对浇注料高温抗折强度的影响

　　从图 5-75 可以看出,以该纳米 $Al_2O_3-SiO_2$ 凝胶为结合剂的浇注料的高温抗折强度非常高,比常规的超低水泥结合的铁沟料有很大的提高。随着结合剂量的增大,热态抗折强度先增大而后减小。因此,为得到最佳的热态抗折强度,应严格控制好结合剂的加入量。在本实验中,纳米 $Al_2O_3-SiO_2$ 凝胶加入量为 3% 时浇注料具有最好的热态强度值。

　　图 5-76 为经中温及高温处理后纳米复合 $Al_2O_3-SiC-C$ 浇注料的基质 X 射线衍射分析结果。由图可见,经中温处理后的试样基质由 β-Sialon、O'-Sialon、金属硅、Al_2O_3、SiC、Si_3N_4 等物质组成。经高温处理后,基质主要由 β-Sialon、Al_2O_3、SiC、A_3S_2 组成。两种方法的产物中均未发现低熔物,它们之间的主要区别在于,中温时有未完全反应完的 Si_3N_4 和金属 Si,以及生成的 O'-Sialon 存在,而高温时有莫来石的生成。仔细观察还可发现,高温时 β-Sialon 相对要低,这可能是由于 β-Sialon 与基质中的 Al_2O_3、SiO_2 等物质发生反应,生成了莫来石,从而使 β-Sialon 的含量减少。添加纳米 $Al_2O_3-SiO_2$ 凝胶粉后,纳米复合 Al_2O_3 -SiC-C 浇注料中 Sialon 的生成温度降低,中温 1100℃已发现 β-Sialon,而采用水泥结合的 $Al_2O_3-SiC-C$ 浇注料,在 1100℃时只出现 Si_2N_2O 过渡相。

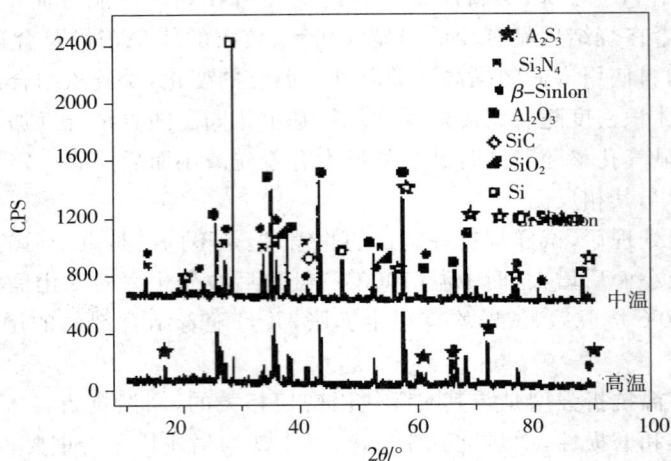

图 5-76 纳米 Al_2O_3-SiC-C 浇注料烧后基质部分衍射图

　　这类纳米复合 Al_2O_3-SiC-C 耐火浇注料已完成在国内某钢厂 2 号高炉($1536m^3$)主沟(包括砂口)上的工业试验。在不修补的情况下一次性通铁量达到 15.79 万吨,超过同类非纳米复合 Al_2O_3-SiC-C 浇注料 12 万吨的水平,目前正在国内其他铁厂高炉铁沟上推广应用。

5.5.3.3　其他纳米复合耐火材料

　　目前,关于纳米材料在耐火材料中的研究是一个非常活跃而有意义的课题,国内研究的比较多的除了前面介绍的耐火材料外,还有邓勇跃等人采用化学法制备出 $Cr(OH)_3$ 溶胶和 $Mg(OH)_2$-$Cr(OH)_3$ 混合溶胶,并用此两种溶胶分别对炼铜炉用镁铬砖进行真空浸渍处理,结果发现,两种溶胶的粒子在镁铬砖孔隙中分布均匀,均呈球形或近球形,平均粒径在 50nm 左右。对浸渍前后试样的理化性能和孔隙率进行对比分析可知,浸渍后试样中的 Cr_2O_3 含量增加,耐压强度和体积密度略有升高,显气孔率显著下降;两种试样的中位孔径由浸渍前的 $17.45\mu m$ 分别下降至浸渍后的 $9.56\mu m$ 和 $12.24\mu m$,孔径大于 $12\mu m$ 的气孔数量由浸渍前的 88.47% 分别下降至浸渍后的 40.65% 和 58.92%;浸渍后试样抗炼铜转炉渣的侵蚀性比浸渍前要好很多。其他纳米复合耐火材料在此不再详细介绍,可以参考其他有关资料。

　　众所周知,耐火材料在制备和使用过程中都要承受高温,高温下耐火材料的晶粒不可避免地要长大,因此要制备真正意义上的纳米相耐火材料还存在很大的困难,纳米复合耐火材料或纳米技术处理耐火材料仍是近几年乃至今后较长时间内的研究热点。对于定型耐火材料,应侧重研究纳米粉表面活性和尺寸效应对制品烧结性和力学性能的影响,进一步探讨使制品中气孔降至纳米量级的方法。对不定形耐火材料,应着重研究纳米粉在水介质中的团聚性、分散性、含纳米粉浆料的流变学特性和稳定性,并进一步降低纳米粉及纳米处理技术的成本。

　　纳米复合耐火材料或纳米技术处理耐火材料中,应进一步探讨使基质中的纳米微粒均匀地分布于基体材料晶粒内部的方法及其可行性,为增强晶界强度、大幅度提高耐火材料的力学性能和结构可靠性提供理论依据。从宏观复合到微观复合是材料技术发展的必然趋势,应不断探索原位反应或引入纳米粒子以形成纳米复合耐火材料的新方法、新途径。纳米复合耐火材料在组织上将向多相复合化的方向发展,在性能上向多功能方向耦合,由结构复合向结构功能一体化方向发展,要求其不仅能满足力学性能和使用性能的要求,同时还应具有"资源节约型、环境友好型"的特点。

5.5.4　高效不定型耐火材料和梯度浇注料

不定型耐火材料因在生产、劳动生产率、节能、施工效率、适用性、使用安全性、材料消耗等方面有胜过定型耐火制品的优势,在世界各国都得到迅猛的发展。其在整个耐火材料中所占的比例,已成为衡量耐火材料行业技术发展水平的重要标志。进入 21 世纪,定型与不定型耐火材料的竞争将会继续。在发展中国家,如巴西、印度和中国等,不定型耐火材料会有更好的发展前景。以中国为例,目前不定型材料的生产比例只有 15% 左右,预计今年内可能提高 30%～40%。

不定型耐火材料材质和品种的推陈出新主要受应用方面更高要求的驱使。随着使用范围的扩大和使用条件的苛刻化,一方面要满足更高的使用温度、抗碱性熔渣和冶炼洁净钢的需要,另一方面要满足有温度急变的高温部位使用,改善抗热剥落和结构剥落性,以满足用户提高使用寿命的需要。

为此开发具有更高、更好高温性能(热机械性能、抗热震性和抗侵蚀性)的 MgO 基浇注料[MgO、MgO - Al$_2$O$_3$、MgO - Al$_2$O$_3$ - Cr$_2$O$_3$、MgO - ZrO$_2$、MgO - Al$_2$O$_3$ - TiO$_2$、MgO - CaO、含阿隆(AlON)及塞隆(SiAlON)的 MgO 基等]、含天然鳞片石墨的 Al$_2$O$_3$ - SiC - C 和 Al$_2$O$_3$ - MgO - C 浇注料以及 Al$_2$O$_3$ 基浇注料等成为目前研究的热点。这些可以通过以下途径来实现:

(1)选择更合适的结合系统　当高温强度或抗剥落性是主要要求时,在微分中选用最佳的 Al$_2$O$_3$/SiO$_2$ 比例;当抗渣性为控制因素时,在微粉中应考虑少(或无)SiO$_2$,多(或全)Al$_2$O$_3$。

(2)在浇注料中加入鳞片状石墨盒(或)非氧化物　含碳和(或)非氧化物的无水泥浇注料具有更好的抗热震性和抗侵蚀性,因而适用于渣蚀严重和温度急剧变化的高温部位,如取代 MgO - C 砖用于钢包和精炼包的渣线处。关于在浇注料中加入非氧化物的例子可以参考 5.5.1 部分的内容。

(3)加入纳米粉　应当从经济和技术角度研究在优质不定形材料中引入纳米粉的可行性;应研究纳米粉的加入方法,使其能均匀分布在基质中;还应研究纳米粉体的加入对浇注料流变特性、烧结特性和高温使用性能的影响。关于在不定型尤其是浇注料中引入纳米材料的例子可以参考本书 5.5.2 部分的内容。

施工技术和装备的创新,加上自流、可泵送和喷射浇注料的创新,为更简便、更可靠的施工工艺提供了优越条件,这既有助于实现施工工艺控制的计算机化和施工过程的自动化,又有助于促进"梯度或多层浇注料"的研究开发。所谓梯度浇注料,就是不定型炉衬从热面到冷面是由几层基质成分、结构和热性能逐渐变化的浇注料所组成。这可能更加适应炉衬的实际使用条件,因而可能会取得更好的使用结果。

由于时间就是效益,越来越多的用户为了提高以不定型耐火材料作衬的热工设备的周转率和利用率,缩短施工、养护和烘烤所占用的时间,希望采用预制件筑衬。预制件的日益广泛应用是不定型耐火材料施工和应用技术方面的一个值得重视的动向,也是不定型耐火材料生产厂家追求和获得高附加值的一个好途径。在定型耐火材料和不定型耐火材料之间,"定型"和"不定型"的界限正在变得模糊。用浇注预制的方法,可以生产出比机压成型形状更为复杂、质量和体积更大、性能更好的"定型"制品。可谓不定型耐火材料在越来越多地定型化。有人认为,"不定型(Unshaped)耐火材料"今后改称"整体(Monolithic)耐火材料"似乎更合理。

参考文献

[1] 刘维良. 先进陶瓷工艺学[M]. 武汉:武汉理工大学出版社,2004

[2] 刘亚飞. 先进陶瓷材料制备科学研究[D]. 合肥:中国科学技术大学博士学位论文,2001

[3] 全世红. 醇水溶剂共沉淀法制备 Nd:YAG 粉体及透明陶瓷的研究[D]. 四川:四川大学硕士学位论文,2007

[4] R. X. Valenzuela, G. Bueno, V. C. Corberan, et al.. Selective oxide - hydrogenation of ethane with CO_2 over CeO_2 - based catalysts. Catalysis Today,2000,61,43~48

[5] 周晓华,袁颖,张树人,刘敬松. Pechini 法制备 $Bi_{0.5}Na_{0.5}TiO_3$ 陶瓷的研究[J]. 压电与声光,2006,28(6):710~712

[6] E. Ramyrez - Cabrera, A. Atkinson, D. Chadwick. The influence of point defects on the resistance of ceria to carbon deposition in hydrocarbon catalysis[J]. Solid State Ionics. 2000,136~137,825~831

[7] 徐国跃,曹敏,刘波,承新,周健. 改进的柠檬酸法制备 LSGM 和 $LSGMC_{8.5}$ 及其性能比较[J]. 无机材料学报,2006,21(3):612~618

[8] 邓斌. 氧化铝陶瓷凝胶注模成型工艺的研究与应用[D]. 山东:青岛化工学院硕士学位论文,2000

[9] 陈学文,刘维良,陈建华. 高性能陶瓷原位凝固成型技术的研究进展[J]. 陶瓷学报,2005,26(4):290~294

[10] 李伟,韩敏芳. 凝胶注模成型工艺研究进展[J]. 真空电子技术,2008,(1):34~38

[11] 王刚,阎逢元,石雷,杨祖华. 精密陶瓷凝胶注模成型工艺评述[J]. 材料科学与工程学报,2003,21(4):602~606

[12] 张立明,陶瓷悬浮液流变特性及胶态成型坯体缺陷的控制[D]. 北京:清华大学,2005

[13] 董秀珍,郑占申,王益民,张建生,王秀文. 陶瓷基复合材料胶态成形工艺研究进展[J]. 陶瓷,2007,10:16~21

[14] 李承亮,赵兴宇,郭文利,梁形祥. 陶瓷凝胶注模成型工艺的研究进展[J]. 材料导报,2007,21(5):36~39

[15] 刘卫华,贾成厂,郭猛志. 凝胶注模成型技术理论研究[J]. 材料导报,2006,20(1):19~22

[16] 黄勇,张立明,杨金龙,等. 先进陶瓷胶态成型新工艺的研究进展[J]. 硅酸盐学报,2007,35(2):133~136

[17] 马景陶. 氧化铝陶瓷多聚体系凝胶注模成型[D]. 北京:清华大学,2004

[18] Emad Ewais, Abbas A. Zaman, Wolfgang Sigmund. Temperature induced forming of zirconia from aqueous slurries: mechanism and rheology[J]. Journal of the European Ceramic Society，2002,22(16):2805~2812

[19] F. F. Lange. Shape forming of ceramic powders by manipulating the interparticle pair potential[J]. Chemical Engineering Science,2001, 56 (9):3011~3020

[20] 李淑静,李楠. 陶瓷胶态成型方法研究新进展[J]. 耐火材料,2005,39(2):135~139

[21] T. Kosmai, S. Novak, M. Sajko. Hydrolysis－Assisted Solidification (HAS): A New Setting Concept for Ceramic Net – Shaping [J]. Journal of the European Ceramic Society，1997, 17,(2~3): 427~432

[22] Sasa Novak,Tomaz Kosmac ,Kristoffer Krnel,Goran Drazic . Principles of the hydrolysis assisted solidification (HAS) process for forming ceramic bodies from aqueous suspension[J]. Journal of the European Ceramic Society，2002,22(3):289~295

[23] 黄勇,向军辉,谢志鹏,等. 陶瓷材料流延成型研究现状[J]. 硅酸通报,2001,20(5):22~27

[24] 张学军,郑永挺,韩杰才. 先进陶瓷材料胶态成型工艺研究进展[J]. 宇航材料工艺,2006,(1):16~20

[25] 李绍纯,李冬云,杨辉. 陶瓷材料水基流延成型工艺研究进展[J]. 材料导报,2006,20:387~389

[26] 李冬云,乔冠军,金志浩. 流延法制备陶瓷薄片的研究进展[J]. 硅酸盐通报,2004,(2):44~47

[27] 向军辉,黄勇,谢志鹏等. 薄片陶瓷材料凝胶流延成型(Gel–Tape–Casting)工艺研究[J]. 材料导报,2000,14(3):105~107

[28] 谢志鹏,杨金龙,黄勇等. 陶瓷注射成型脱脂过程研究[J]. 硅酸盐通报,1998,17(2):18~21

[29] 吴音,司文捷,金元生等. 陶瓷注射成型的一种新的脱脂方法——超临界流体脱脂[J]. 稀有金属材料与工程,2003,32(1):54~57

[30] 冯江涛,夏风,肖建中. 陶瓷注射成型技术及其新进展[J]. 中国陶瓷,2003,39(2):34~38

[31] 张学军,郑永挺,韩杰才. 低压注射成型工艺的研究进展[J]. 材料科学与工艺,2007,15(1)

[32] 黄勇,龙月洋. 高性能陶瓷创新工艺——陶瓷胶态注射成型技术[J]. 中国陶瓷,2006,42(5):41~43

[33] Huang Y, Ma L G, Yang J L, et al. A new approach to Preparing high performance ceramic parts with complex shapes: aqueous colloidal injection molding[J]. Key Engineering Materals,2003,247:39~44

[34] Yang J L,Dai C L, Huang Y. Controllable forming technology in gel casting [J]. Metals Science Forum,2005,475~479:1325~1328

[35] 余志勇. 先进陶瓷的挤出凝胶成型新工艺[D]. 北京:清华大学博士学位论文,2003

[36] 黄勇,张立明,汪长安,杨金龙,谢志鹏. 先进结构陶瓷研究进展评述[J]. 硅酸盐通报,2005,(5):91~101

[37] 王秀峰,罗宏杰. 快速原型制造技术[M]. 北京:中国轻工业出版社,2001

[38] 余志勇,黄勇,汪长安等. 三维挤出凝胶技术无模成型 Al_2O_3 陶瓷[J]. 稀有金属材料与工程,2003,32(增刊):167~170

[39] Yu Z Y,Huang Y, Zhang D J, et al. Freeform fabrication of aqueous alumina - acrylamide gel casting suspensions[J]. Keyeng Mater. ,2002,224(2):647~650

[40] 郭瑞松,蔡舒,季慧明,吴厚政. 工程结构陶瓷[J]. 天津:天津大学出版社,2002

[41] 邓斌. 氧化铝陶瓷凝胶注模成型工艺的研究与应用[D]. 山东:青岛化工学院硕士学位论文,2000

[42] 刘维良主编. 先进陶瓷工艺学[M]. 武汉:武汉理工大学出版社,2004

[43] 黄小萧,刘瑞堂,杜涵,温广武. 反应热压烧结 Al_4SiC_4/复合材料[J]. 热处理技术与装备,2007,28(6):40~43

[44] 范小林,冯春祥,宋永才,李效东. 高熔点聚碳硅烷的合成及其裂解机理的研究[J]. 宇航材料工艺,1999,(5):23~29.

[45] 何新波. 聚碳硅烷在热压 SiC 陶瓷中的作用[J]. 材料导报,2000,(14):98~100.

[46] 曾照强,陈英杰,吴崇隽,胡晓清,苗赫濯. 反应热压法制备 TiB_2/AlN 复合陶瓷[J]. 金属学报,1999,35(6):659~662

[47] 魏巍. 粉体碳的气-固相反应制备碳化硅陶瓷的研究[D]. 长沙:国防科学技术大学硕士学位论文,2004

[48] Hucke E E. The process of RBSC by the method of discomposition of the high polymer:US,3895421[P],1975

[49] Yet - Ming Chiang,Robert P. Messner and Chrysanthe D. Terwilliger, Donald R. Behrendt. Reaction - formed silicon carbide[J]. Materials Science and Engineering A,1991,144(1~2):63~74

[50] 张秀芳,曹顺华,邹仕民,李文超,谢继峰. 反应烧结 SiC 陶瓷的研究进展[J]. 粉末冶金工业,2008,18(5):48~53

[51] Pampuch R. , Walasek E. Bialoskopski J. Reaction mechanism in carbon - liquid silicon systems at elevated temperature[J]. Ceramics International,1986 ,12(2):99~106

[52] Sawyerg R , Pace T F. Microstructural charaterization of "PEFEL "(reaction - bonded)silicon carhides[J]. J. Mater. Sci. ,1978,13(4): 885~904

[53] Scace R I, Slack G A. Solubility of carbon in silicon and ger manium[J]. Chem Phys. , 1959,30(6):1551~1555

[54] Hase T, Suzaki H. Rise in temperature of SiC pellet in - volving reaction sintering[J]. Nucl. Mater. 1976, 59 (1):42~48

[55] Hillig W B. Making ceramic composites by melt in filtration[J]. J. Am: Ceram. Soc. Bull. , 1994,73(4):56~62

[56] Fitzer E, Gadow R. Fiber - reinforced silicon carbide[J]. J. Am. Ceram. Soc. Bull,1986,65(2):326~335

[57] Zhou H,Singh R N. Kinetics model for the growth of silicon carbide by the reaction of liquid silicon with carbon[J]. J Am Ceram Soc，1995，78(9):2456~2462

[58] LI J G. Hausner H. Reaction wetting in the liquid-silicon/solid－carbon syetem [J]. J. Am. Ceram. Soc. ,1996，79(4):873~880

[59] Hon M H，Davis R F. Self-diffusion of 30Si in polycrystalline β－SiC[J]. J Mater Sci, 1980，15 (8):2073~2080

[60] Hon M H，Davis R F. Self-diffusion of 14C in in polycrystalline β－SiC[J]. J. Mater. Sci,1979，14(10):2411~2421

[61] Ilegbu SI O J,Yang J J, Mat M D,et al . Mesoscopic scale analysis of the reaction-bonded SiC process[J]. Composites Part A(Applied Science and Manufacturing)，1999，30(3):339~348

[62] Favre A，Fuzell Ier H，Suptil J. An original way to investigate the siliconizing of carbon materials[J]. Ceramics International，2003，29(3):235~243

[63] 张东明,傅正义. 放电等离子加压烧结(SPS)技点及应用[J]. 武汉工业大学学报,1999,21(6):15~17

[64] Wang Y C,Fu Z Y. Study of temperature fuel spark plasma sintering[J]. Materials Science and Engineering B,2002,90(1):3437

[65] 张久兴,刘科高,王金淑等. 放电等离子烧结组织和性能[J]. 中国有色金属学报,2001,11(5):796~800.

[66] 高濂,宫本大树. 放电等离子烧结技术[J]. 无机材料学报,1997,12(2):129~133.

[67] 弈伟铃. 纳米 BATiO$_3$ 的制备与性能研究[D]. 上海:中国科学院硅酸盐研究所硕士学位论文,1998:85~92

[68] 高濂,洪金生,宫本大树. 放电等离子超快速烧结氧化铝力学性能和显微结构的研究[J]. 无机材料学报,1998,13(6):904~907

[69] 白玲,赵兴宇,沈卫平,葛昌纯. 放电等离子烧结技术及其在陶瓷制备中的应用[J]. 材料导报,2007,21(4):96~99

[70] Joanna R G. Consolidation of atomized NiAl powders by plasma activated sintering process[J]. Scri. Metall. Mater. ,1994，30(1): 47~52

[71] Hensley J E，Risbud S H Jr，Groza J R，et al. Plas ma activated sintering of aluminum nitride[J]. J Mate. Eng. Per. ，1993，2(5): 665~669

[72] Tokita M. Development of large-size ceramic/metal bulk FGM fabricated by spark plasma sintering[J]. Mater. Sci. Eng. ,2002,B90:34

[73] Wang S W，Chen L D, Kang Y S，et al. Effect of plasma activated sintering (PAS)parameters on densification of copper powder[J]. Mater Res Bull,2000,35:619

[74] Wang S W，Chen L D, Hirai T. Densification of Al$_2$O$_3$ powder using spark plasma sintering[J]. J. Mater. Res. ,2000,15:982[75] Risbud S H，Shan C H，Mukherjee A K, et al. Retention of nanostructure in aluminum oxide by very rapid sintering at 1150℃ [J]. J Mater. Res. 1995，10(2): 237~239

[76] Wang Z，Matsumoto M, Abe T, et al. Compressive properties of Ni$_2$MnGa pro-

duced by spark plasma sintering[J]. Mate. Trans. , JIM, 1999, 40(9): 863~866

[77] Takeuchi T, Betourne E, Tabuchi M,et al. Dielectric properties of spark-plasma-sintered BaTiO$_3$[J]. J. Mater. Sci. , 1999, 34(5): 917~924.

[78] Takeuchi T, Takeda Y, Funahashi R. Rapid preparation of dense (La$_{0.9}$Sr$_{0.1}$) CrO$_3$ ceramics by spark-plasma sintering[J]. J. Electrochemical Soc. , 2000, 147(11): 3979~3982

[79] Takeuchi T. , Takeda Y. , Funahashi R. Rapid preparation of dense (La$_{0.9}$Sr$_{0.1}$) CrO$_3$ ceramics by spark-plasma sintering[J]. J. Electrochemical Soc. , 2000, 147(11): 3979~3982

[80] Venkataswamy M A, Schneider J A, Groza J R,et al. Mechanical alloying processing and rapid plasma activated sintering consolidation of nanocrystallinic iron-aluminides[J]. Mater. Sci. and Eng. A. , 1996, 207(2): 153~158

[81] Li C. W. , Huang Y. , Wang C. A. , et al. Mechanical properties and microstructure of laminated Si$_3$N$_4$+SiCw/BN+Al$_2$O$_3$ ceramics densified by spark plasma sintering [J]. Mater. Lett. , 2002, 57(2): 336~342

[82] Gao N F, Li J T, Zhang D, et al . Rapid synthesis of dense Ti$_3$SiC$_2$ by spark plasma sintering[J]. J. Euro. Cer. Soci. , 2002, 22(13): 2365~2370

[83] Yoshimura M. , Ohji T. , Sando M. , et al. Rapid rate sintering of nano-grained ZrO$_2$-based composites using pulse electric current sintering method[J]. J. Mater. Sci. Lett. , 1998, 17(16): 1389~1391

[84] Takeuchi T, Ishida T, Ichikawa K, et al. Rapid preparation of indium tin oxide sputtering targets by spark plasma sintering[J]. J. Mater. Sci. Lett. , 2002,21(11): 855~857

[85] 王海兵,刘咏,羊建高,龙郑易. 放电等离子烧结的发展趋势[J]. 粉末冶金材料科学与工程,2005,10(3):138~143

[86] 赵金龙. 几种自蔓延高温合成新技术及其应用基础研究[D]. 大连理工大学博士学位论文,2001

[87] 罗锡裕. 放电等离子烧结材料的最新进展[J]. 粉末冶金技术,2001,11(6):7~16

[88] 张秀芳,曹顺华,邹仕民,李文超,谢继峰. 反应烧结 SiC 陶瓷的研究进展[J]. 粉末冶金工业,2008,18(5):48~53

[89] 葛华,毛裕文,洪彦若等. α-Al$_2$O$_3$/SiC,莫来石/SiC 和 ZrO$_2$/SiC 二元复合材料的显微结构[J]. 硅酸盐学报,1996,24(5):594~599

[90] 李庭寿,孙庚臣,钟香崇. 锆刚玉莫来石-碳化硅复合材料的显微结构[J]. 硅酸盐学报,1991,19(3):241~248

[91] 徐平坤,魏国钊. 耐火材料新工艺技术[M]. 北京:冶金工业出版社,2005

[92] 李文超等. 新型耐火材料理论基础:近代陶瓷复合材料的物理化学设计. 北京:地质出版社,2001

[93] 侯谨等. 新型耐火材料[M]. 北京:冶金工业出版社,2007

[94] 洪彦若等. 非氧化物复合耐火材料[M]. 北京:冶金工业出版社,2003

[95] Li N. Thinking about some problems related to refractories for the new century

[J]. Refractories Applications,2001(2):8～9

[96] 顾华志. 表面复合处理提高镁钙系耐火材料抗水化性能研究[D]. 北京:北京科技大学,2003

[97] 王城训,栾永杰等. 炉外精炼用耐火材料. 北京:冶金工业出版社,1995:147

[98] 北村夕,鬼冢浩次,田中国夫. マグネッフの水和特性. 耐火材料,1996,48(3):112～122

[99] 陈树江,程继键,田凤仁等. 合成 MgO－CaO 砂的水化动力学研究. 耐火材料,1999,33(6):316～319

[100] Maciel－Camacho A.,Jackson R.,et al. The Kinetic of Lime Hydration and its Control by Superficial Recarborrisation. The Institute of Materials(UK),1992:790～809

[101] 张智慧. CaCO₃ 及其与 Ca(OH)₂ 混合物系的烧结及抗水化性能研究[D]. 武汉:武汉科技大学硕士学位论文,2002

[102] 赵三团,王威,徐俊. 耐火材料的抗水化研究进展[J]. 耐火材料,2005,39(5):364—367

[103] Tietri H. Improvement in hydration resistance of CaO clinkers[J]. British Ceramic Transanction,1994,41(3):150～153

[104] 肖国庆,杨兴华. Fe₂O₃、Al₂O₃ 加入物对镁钙砂抗水化性的影响[J]. 耐火材料,1998,32(2):77～79

[105] 施惠生. 氧化钙的显微结构与水化活性[J]. 硅酸盐学报,1994,22(4):117～123

[106] 熊星云,崔昆. 抗水化高纯氧化钙材料的研究[J]. 钢铁研究,1997,97(4):38～43

[107] 汪厚植,赵惠忠,顾华志等. 纳米技术在耐火材料中的应用研究[J]. 武汉科技大学(自然科学版),2005,28(2):130～133

[108] 顾华志,吕春燕,汪厚植等. 原位生成 Sialon 增强 Al₂O₃－SiC－C 铁沟浇注料抗渣机理研究[J]. 武汉科技大学学报(自然科学版),2004,27(1):18～21

[109] 赵惠忠,吴斌,汪厚植等. 纳米 Al₂O₃ 和 SiO₂ 刚玉质耐火材料烧结与力学性能的影响[J]. 耐火材料,2002,36(2):66～69

[110] 赵惠忠,李红,魏建修等. 纳米 Fe₂O₃ 对镁铬耐火材料烧结及力学性能的影响[J] 耐火材料,2003,37(5):256～258

[111] 吕春燕. 原位生成 Sialon 增强 Al₂O₃－SiC－C 铁沟浇注料研究[D]. 武汉:武汉科技大学硕士学位论文,2004

[112] 唐勋海. 纳米 ZrO₂ 前驱体溶胶制备及其对定径水口表面处理的研究[D]. 武汉:武汉科技大学硕士学位论文,2004

[113] 贾晓林,钟香崇. α－Al₂O₃ 纳米粉对高纯刚玉砖烧结性能的影响[J]. 耐火材料,2005,39(5):326～328

[114] 赵惠忠,汪厚植. 纳米技术在耐火材料中的应用及研究进展[J]. 武汉科技大学学报,2008,31(3):242～246

[115] 邓勇跃,汪厚植,赵惠忠. 溶胶浸渍对镁铬砖性能的影响[J]. 耐火材料,2005,39(6):401～403

[116] 周宁生,胡书禾,张三华. 不定型耐火材料发展的新动态[J]. 耐火材料,2004,38(3):196～203

第6章　晶体材料的制备

　　人工晶体是一类重要的功能材料,它能实现光、电、声、磁、热、力等不同能量形式的交互作用和转换,在现代科学技术中应用广泛。目前人工晶体在品种、质量、数量方面已远远超过了天然晶体。很多功能晶体材料贯穿高新技术的许多领域,已经成为微电子、光学、激光、遥感、通讯、航天等高技术发展的重要物质基础,处于新材料科学发展的前沿。

　　人工晶体的合成(生长)既是一门技艺,又是一门科学。由于晶体需要在不同状态和条件下生成,加上应用对人工晶体的质量要求十分苛刻,因而造成了人工合成晶体方法和技术的多样性以及生长条件和设备的复杂性。如果说生长设备是晶体生长的"硬件",那么晶体生长技艺就是它的"软件"。作为一门科学,人工晶体包括材料制备、晶体生长机理、新晶体材料的探索和晶体表征等诸方面,体现了材料科学、凝聚态物理和固体化学等多学科交叉的特点。

6.1　人工晶体概述

6.1.1　人工晶体的发展

　　晶体分成天然晶体和人工晶体。千百年来,自然界中形成了许多美丽的晶体,如红宝石、蓝宝石、祖母绿等,这些晶体叫做天然晶体。然而,由于天然晶体出产稀少、价格昂贵,并且随着生产和科技的快速发展,人们对晶体的需求日益增加,天然晶体矿物无论在品质、数量以及质量上都难以满足要求,这极大地刺激了人们对人工晶体的研究。19世纪末,人们开始探索各种方法来生长晶体,这种由人工方法生长出来的晶体叫人工晶体。

　　晶体生长的研究历史可以说是科学技术发展史的缩影。人工晶体生长作为生产活动始于20世纪初。1904年法国人维尔纳叶发明了焰熔法来生长红宝石,并很快投入工业生产,为人工合成单晶代替天然晶体并实现产业化开创了先例。目前这种方法仍然是人工宝石的重要生产方法。20世纪30年代人们对晶体的各种生长方法进行了大量的研究,许多重要的生长方法大都是在这一时期发明的。如查克拉斯基的熔体提拉法(1918),布列奇曼的坩埚下降法(1923),斯托勃的温度梯度法(1925)以及基洛普罗斯的泡生法(1926)等。1936年,斯托克巴格用坩埚下降法成功地生长出大尺寸的碱卤化物光学单晶。目前这些生长方法仍然是我们生长大尺寸的激光晶体、半导体晶体和闪烁晶体等的重要手段。晶体生长技术在第二次世界大战期间得到了很大的发展,由于电子学、光学和科学仪器对各种单晶的需求,使晶体生长技术发展到很高的水平,以满足对单晶的尺寸、质量和数量不断增长的要求。德国化学家Nachen发明了工业化的水晶水热生长技术,满足了对压电水晶的大量需求。20世纪50年代半导体工业的兴起,极大地推动了半导体材料的提纯及生长技术。1950年梯尔和里脱将查克拉斯基法用于生长半导体锗单晶,随后法恩发明了区熔法,凯克与高莱发明了浮区法用来提纯和生长半导体锗与硅单晶,这些都为半导体单晶的研究和应用以及微电子学的发展开辟了广阔的前景。目前半导体单晶已成为了继人造宝石和人工水晶之后生产规模最大的商品晶体。20 世纪 50 年代另一个突破是 1955 年高压合成金刚石获得成功，实现了几代晶体生长工作者长期的梦想。目前工业上用的金刚石一般都是人工合成的。另外，新科学技术的出现，对新型晶体材料的需求也会对晶体生长产生很大的推动作用。例如，1960 年诞生的激光科学与技术及随之发展起来的非线性光学就推动了激光晶体和非线性光学晶体的生长工作。数百种激光及非线性光学晶体被生长出来，并有多种晶体在技术上得到应用。一些新技术应用于晶体生长中也会带来重要的研究成果，如在微重力及超导强磁场条件下进行晶体生长可以十分明显地改善晶体质量，高质量晶体对于高性能功能材料的研发和蛋白质晶体学来说都是非常重要的。现在单晶材料作为功能材料已经在高新技术领域（如半导体、磁存储、激光以及非线性材料方面）起着关键的作用。晶体生长在晶体物理、晶体学以及实验矿物学中占有重要的地位。

我国现代晶体生长工作起步较晚，20 世纪 50 年代初期仅有水溶性单晶和金属单晶的生长，1958 年以后有较大的发展。现已能依靠自己的技术生长几乎所有的人工晶体，而且许多晶体的尺寸和质量都达到了较高的水平，享誉国际市场。如锗酸铋（BGO），磷酸钛氧钾（KTP），偏硼酸钡（BBO），三硼酸锂（LBO）等，其中 BBO 和 LBO 都是首先由我国研制出来的，用下降法大规模生长 BGO，用助熔剂法批量稳定生长 KTP 的技术也是由我国首先开发成功的。经过半个多世纪的发展，中国人工晶体由一个基本上是空白的领域发展到今天在国际上占有一席之地，不能不令人刮目相看。

6.1.2　人工晶体的分类及应用

人工晶体种类繁多，分类方法各不相同。按化学组成可分为无机晶体和有机晶体（包括有机－无机杂化晶体）；按生长方法可分为水溶性晶体和高温晶体；按形貌可分为体块晶体、薄膜晶体和纤维晶体等；按功能可分为半导体晶体，激光晶体，非线性光学晶体，光折变晶体，闪烁晶体，电光、磁光、声光调制晶体，压电晶体，红外探测晶体，光学晶体，双折射晶体，宝石晶体与超硬晶体等十二类。由于人工晶体主要作为一类重要的功能材料应用，按功能分类最为常见。表 6-1 总结了目前研究较多的一些重要的人工晶体，其中多数为无机晶体。

表 6-1　一些重要的人工晶体

人工晶体	例子	主要应用
光学晶体	$NaCl, KCl, LiF, Al_2O_3, ZnS$	光学仪器窗口、透镜、分光棱镜
激光晶体	$Nd:YAG, Nd:LiYF_4, Cr:LiCaAlF_6$	激光工作介质
非线性光学晶体	$KTiOPO_4, LiNbO_3, BaB_2O_4, Li_2B_3O_5$	光学倍频、混频器件等
压电晶体	水晶 $SiO_2, LiNbO_3, Li_2B_4O_7$	压电换能器、超声换能器等
闪烁晶体	$Bi_4Ge_3O_{12}, BaF_2, CsI, ZnWO_4$	高能射线探测器
光调制晶体	$LiIO_3, Y_3Fe_5O_{12}, TeO_2$	各种光开关、光调制元件等
半导体晶体	$Si, Ge, GaAs$	芯片、半导体激光器、光电探测器
宝石晶体	红宝石、蓝宝石、立方氧化锆	饰物
超硬晶体	金刚石颗粒、金刚石薄膜、氮化硼	

6.2　晶体生长基础

晶体形成是在一定热力学条件下发生的物质相变过程,包括晶体成核和晶体生长两个阶段,而晶体生长又包括界面过程和输运过程两个基本过程。

6.2.1　晶体成核理论

1. 相变驱动力

气相生长系统中的过饱和蒸汽、溶液系统中的过饱和溶液、熔体生长系统中的过冷熔体都是亚稳相的,具有较高的吉布斯自由能,当过渡到稳定相(即晶体)时,吉布斯自由能要降低,该过程的发生原因是两者之间存在着吉布斯自由能的差值,即相变驱动力。

(1)相变驱动力的一般表达式

晶体生长过程实际上是晶体－流体界面向流体中推进的过程,这个过程之所以会自发地进行,是因为流体是亚稳相,其吉布斯自由能较高。设晶体－流体界面的面积为 A,向流体中推进的垂直距离为 ΔX,该过程引起的系统自由能的降低为 ΔG。再设作用于界面上单位面积的驱动力为 f,则 f 做的功为 $f \cdot A \cdot \Delta X$。显然

$$f \cdot A \cdot \Delta X = -\Delta G \Rightarrow f = -\Delta G/(A \cdot \Delta X) = -\Delta G/\Delta V = -\rho/M \cdot \Delta\mu。 \quad (6-1)$$

可见,生长驱动力在数值上就等于生长单位体积的晶体所引起的吉布斯自由能的降低。

式中,ρ 为晶体密度;M 为晶体摩尔质量;$\Delta\mu$ 为 1mol 晶体引起的吉布斯自由能的变化。而

$$\Delta\mu = N \cdot \Delta g \quad (6-2)$$

式中,Δg 为一个原子由液体转变为晶体引起系统的吉布斯自由能的降低量。

所以

$$f = -\frac{\rho}{M} \cdot N \cdot \Delta g \quad (6-3)$$

由式(6-1)和式(6-3)可知,驱动力 f 与 $\Delta\mu$ 和 Δg 成反比。所以有时定义 $\Delta\mu$ 为相变驱动力(也有用 Δg 为相变驱动力的),其意义是单个原子由流体相变为晶体时引起的系统吉布斯自由能的降低量。

从式(6-3)可见,当 $\Delta g < 0$,f 为正,表示 f 指向流体,即此时晶体生长;当 $\Delta g > 0$ 时,f 为负,表示 f 指向晶体,即此时晶体溶解或熔化、升华;当 $\Delta g = 0$ 时,$f = 0$,界面不动,晶体和溶液处于平衡,晶体不生长也不溶(熔)。

下面讨论几种不同情况下晶体生长的驱动力。

(2)气相生长

从气态生长晶体时,存在气态到固态的相变过程。当气体压力 p 大于某一温度下晶体蒸汽压 p_0 时,在该温度下,气体有转变为晶体的趋势。

对于该相变过程,驱动力可用下式描述。

$$\Delta\mu = kT\Delta\frac{p}{p_0} \quad (6-4)$$

式中，k 为 Boltzman 常数；T 为晶化温度。

定义 $\alpha = p/p_0$ 为过饱和比，则 $\dfrac{p-p_0}{p_0} = \alpha - 1 = \sigma$ 为过饱和度，则

$$\Delta\mu = kT\Delta\frac{p}{p_0} = kT\Delta\alpha \approx kT\sigma \tag{6-5}$$

也就是说，当气体的压力大于晶体的蒸汽压，气相自发转化为晶体，衡量相变驱动力大小的量为体系蒸汽压的过饱和度。

（3）溶液生长

对于简单的二元体系，$\Delta\mu$ 可以用生长单元的活度来表示。

$$\Delta\mu = kT_c\Delta(a/a_{ep}) \tag{6-6}$$

式中，k 为 Boltzman 常数；T_c 为晶化温度；a 为生长单元的实际活度；a_{ep} 为生长单元的平衡活度。同样可推导出 $\Delta\mu = kT_c\dfrac{a}{a_{ep}} = kT\Delta\alpha \approx kT\sigma$。显然，只有当溶液处于过饱和状态时，才能使 $\Delta\mu < 0$，这说明从溶液中析出晶体的驱动力是生长单元的过饱和度。

（4）熔体生长

对于熔体生长，$\Delta\mu$ 可用下式表示。

$$\Delta\mu = \Delta H \cdot \Delta T/N_A \cdot T_m \tag{6-7}$$

式中，ΔT 为过冷度，$\Delta T = T_m - T_C$；T_m 为熔体温度；T_C 为晶化温度；ΔH 为熔化热；N_A 为阿伏加德罗常数。

对于结晶过程，ΔH 为负值，因此只有 $T_m - T_C > 0$ 时，才能使 $\Delta\mu < 0$，所以 $T_C < T_m$ 是熔体结晶的必要条件，即熔体生长过程中的驱动力是其过冷度 ΔT 即 $T_m - T_C$。

总之，要使在不同体系中的结晶过程能自发进行，必须使体系处于过饱和（或过冷），以便获得一定程度的相变驱动力。

2. 均匀成核

在驱动力作用下，亚稳相终究要转变为稳定相。若在亚稳相系统中空间各点出现稳定相的几率都是相同的，称为均匀成核；若稳定相优先地出现在体系中的某些局部区域，称为非均匀成核。本小节先介绍均匀成核的有关知识。

（1）晶核的形成能和临界尺寸

在流体相中，由于能量涨落，可能有少数几个分子连接成"小集团"存在，这些"小集团"可能聚集更多的分子而生长壮大，也可能失去一些分子从而分解消失，这样的"小集团"称为胚团。胚团不稳定，只有当其体积达到一定程度后才能稳定的存在。这时就称它们为晶核，以区别于不稳定的胚团。胚团形成之后，它们的单位基体的自由能相对于流体相来说有所降低，系统趋于向新相过渡。当体系中一旦出现了新相，新相和流体相之间就会出现界面，有界面就会有界面能存在，所以胚团出现对体系来说增加了界面能，因此体系总的自由能变化应当是两部分之和。

设胚团中单个原子或分子的体积为 Ω_S，胚团和流体相界面的单位面积的表面能为 γ_{SF}，则亚稳流体相中形成一半径为 r 的球状胚团所引起的吉布斯自由能的变化为：

$$\Delta G(r)=\frac{4\pi r^3/3}{\Omega_S}\Delta g+4\pi r^2\gamma_{SF} \qquad (6-8)$$

由式(6-8)可以看出,当驱动力 $\Delta g>0$,ΔG 中第一项(体自由能项)为正,第二项为正,故 ΔG 恒为正,且随 r 的增加而增加,驱动力迫使晶体相转变为流体相。此时的 ΔG 与 r 的关系见图6-1。从图中可以看出 ΔG 随 r 单调的上升,因此在 $\Delta g>0$ 的情况下,晶体相是难以出现的,即使出现了也要很快地消失。当驱动力 $\Delta g<0$,ΔG 中第一项为负,第二项为正,但是二者之和 ΔG 有可能随 r 的增加而减小。因为体自由能是随 r 的三次方减小的,而表面能是随 r 的平方而增加的,所以体自由能项随 r 增加而减小要比表面能项随 r 的增加而增加要快。当 r 很小时,表面能项起主要作用,故 $\Delta G(r)$ 随 r 的增加而增加,当 r 超过某一特定值 r^* 之后,体自由能项起主要作用,r 继续增大,$\Delta G(r)$ 很快下降并变成负值,驱动力迫使晶体相转变为流体相。对应这个极大值的半径 r^* 称为晶核临界半径。

利用求极值的方法,对 $\Delta G(r)$ 求极大值就可以确定 r^* 的大小。利用数学知识求得:

$$r^*=-\frac{2\gamma_{SF}\Omega_S}{\Delta g} \qquad (6-9)$$

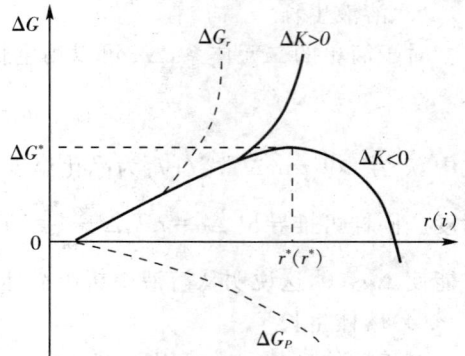

图6-1　自由能的改变与晶核尺寸的关系

将式(6-9)代入式(6-8)即得晶核的形成能为:

$$\Delta G(r^*)=\frac{4}{3}\pi\gamma_{SF}r^{*\,2}=\frac{1}{3}\frac{16\pi\Omega_S^2\gamma_{SF}^3}{\Delta g^2} \qquad (6-10)$$

单位体积、单位时间内,晶核形成的数目称为成核速率 J,可用 Arrhenius 反应速率方程表示:

$$J=A\exp\left[-\frac{16\pi\Omega_S^2\gamma_{SF}^3}{3k^3T^3(\Delta\alpha)^2}\right] \qquad (6-11)$$

式中,A 为指数前因子。由该式可见,影响成核速率的主要变量有 T、α 和 γ。成核速率对过饱和度的变化非常敏感。当过饱和度较小时,成核速率几乎为0;当过饱和度达到某一临界值时,成核速率突然升高到一个很大的数值,此时晶核大量形成,体系亚稳态遭到破坏。

3. 非均匀成核

在现实情况下,真正的均匀成核很少遇到。例如,容器的壁、体系中存在的杂质以及其他外界条件都会影响晶核的形成能和临界尺寸以及晶体的成核率,而且这些因素的影响几乎都是不可能完全避免的,因此理论上的均匀成核实际上是不可能实现的。因此研究非均匀成核时的晶核形成过程就显得非常重要,但非均匀成核理论大多数是从均匀成核理论发展起来的。

下面分别介绍非均匀成核时的晶核临界尺寸、形成能以及成核率。

考虑到晶核大小不超过 10^{-6}cm,因此具有曲率半径为 $\geqslant 10^{-5}$cm 的表面,对在其上形成晶核来说可看做平面,因此在相界面上的成核相当于平面上的非均匀成核。若有球冠状的晶体胚团 S 成核于衬底上,此球冠的曲率半径为 r(即是 S—F 界面的曲率半径),三相(C、F、S)交界处的接触角为 θ。利用数学知识可以得出,体系自由能变化为:

$$\Delta G = \frac{V_S}{\Omega_s} \cdot \Delta g + [A_{SF} \cdot r_{SF} + A_{SC} \cdot r_{SC} - A_{SC} \cdot r_{CF}] \tag{6-12}$$

式中,V_S 是胚团的体积;A_{SF} 是胚团与流体的界面面积;A_{SC} 是胚团与衬底的界面面积。为了方便起见,将接触角 θ 的余弦记为 m,如图 6-2 所示,用初等几何的知识就可求得胚团与流体、胚团与衬底的界面面积 A_{SF}、A_{SC} 以及胚团的体积为:

$$\left.\begin{array}{l} A_{SF} = 2\pi r^2(1-m) \\ A_{SC} = \pi r^2(1-m^2) \\ V_S = \frac{\pi r^3}{3}(2+m)(1-m)^2 \end{array}\right\} \tag{6-13}$$

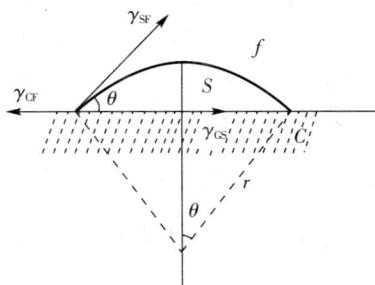

图 6-2　非均匀成核示意图

将式(6-13)代入式(6-12),即可得球冠状胚团在衬底上形成时所引起的系统吉布斯自由能的变化为:

$$\Delta G(r)_{非均匀} = \left(\frac{\pi}{3}r^3 \frac{\Delta g}{\Omega_S} + \pi r^2 \gamma_{SF}\right)(1-m)^2(2+m) \tag{6-14}$$

对式(6-14)求极大值,即令 $\frac{\partial \Delta G(r)}{\partial r} = 0$,就可求出球冠状胚团的临界半径为:

$$r^* = -\frac{2\Omega_S \gamma_{SF}}{\Delta g} \tag{6-15}$$

显然,这个结果与均匀成核的结果式(6-9)完全相同,这是不奇怪的,因为两式都是弯曲界面的相平衡条件所得的结果。

再将式(6-15)代入式(6-14),可得临界胚团的形成能为:

$$\Delta G(r^*)_{非均匀} = \frac{16\pi\Omega_S^2 \gamma_{SF}^3}{3\Delta g^2}f(m) \tag{6-16}$$

其中:
$$f(m) = \frac{(2+m)(1-m)^2}{4} \tag{6-17}$$

把式(6-16)与均匀成核情况下形成能的表达式(6-10)进行比较,两式只差一个因子 $f(m)$。

至于非均匀成核过程中成核率的计算和前述计算方法相同,若流体相为蒸汽,在衬底上的成核率为:

$$I_{V非均匀} = np(2\pi mkT)^{-\frac{1}{2}}4\pi\left[\frac{2\Omega_S \gamma_{SV}}{kT\Delta(p/p_0)}\right]^2 \exp\left[-\frac{16\pi\Omega_S^2 \gamma_{SV}^3}{3k^3T^3\Delta(p/p_0)^2}f(m)\right]$$

$$\tag{6-18}$$

若流体相为熔体时,在衬底上的成核率为:

$$I_{m非均匀} = nv_0 \exp\left(-\frac{\Delta g}{kT}\right) \exp\left[-\frac{16\pi\Omega_S^2\gamma_{SL}^3}{3kT\left(\dfrac{L_{SL}\Delta T}{T_m}\right)^2}f(m)\right] \qquad (6-19)$$

非均匀成核在工业结晶、铸件凝固过程、人工降雨操作、外延生长等方面起着很重要的作用。在晶体生长中必须给予足够的重视。在单晶生长过程中要保证单晶正常生长,就需要防止成核(包括均匀成核和非均匀成核)。其中,容器材料的选择也是很重要的。如要获得大的过冷度,装过冷溶液、熔体或蒸气的容器材料应尽可能与结晶物质不浸润,石墨坩埚常能满足这一条件。

6.2.2　晶体生长的界面过程

晶体生长都是在晶体和环境相的界面上进行的,界面过程是晶体生长最重要的基本过程,也是晶体生长理论的核心,它是指生长基元在生长界面上通过一定机制进入晶体的过程。晶体生长速率与相变驱动力有关,而晶体生长的驱动力,即生长体系对平衡的偏离程度,又往往决定生长机制,而后者与界面有关。

人工晶体通常在籽晶上生长,为了获得大单晶,必须在不形成新晶核的条件下(体系处于过饱和或过冷的亚稳区),使生长单元在已形成的晶体表面上不断堆砌而使晶体逐渐生长。晶体生长的机制还与生长环境有关,当晶体生长的母相介质是气相或液相时,如果母相介质与晶相的质点密度差别很大,我们把母相介质称为稀薄环境相。如果晶体生长的母相介质是该物质的熔体时,因为质点密度差别不是很大,则把它称为浓厚环境相。在浓厚环境相生长的晶体界面是原子级粗糙的表面,表面能较高。质点在其上的堆砌,宏观地看,可以在晶体表面的任何地方发生,其结果是在生长过程中,每个点都沿着表面法线方向推移,这样的生长称为法线生长。在稀薄环境中生长的界面是原子光滑的低能面,生长单元在晶面上沿切线方向依次沉积,这样的生长称为切向生长或层向生长。稀薄环境相晶体生长动力学发展较早,也较为成熟。这种理论最早由 Kossel 提出,后由 Stranski,Beker,Doring 和 Volmer 等人进一步完善为完整晶面的晶体生长理论。在上述理论的基础上,Burton、Cabrera和Frank 进行了充实和修正,提出了不完整晶面的晶体生长理论(即 BCF 理论)。

1. 完整光滑界面生长机制

该机制也叫成核生长理论模型,于 1927 年由 Kossel 提出,后经 Stranski 等人加以发展。这一模型的关键问题是:在一个尚未生长完全的界面上找出最佳生长位置。一个处于生长中的界面,不是简单的一个平面,在其上有平台、台阶、台阶拐角及孤立生长单元,这些结构缺陷比完美晶面处于更高的能量状态。所以当生长单元附着在生长面的这些位置时,会释放出表面能。也就是说这些位置是最佳生长位置,在有些情况下,晶面上的孤立生长单元也会迁移到台阶、台阶拐角处释放出更多的表面能,通过填补台阶及台阶拐角处的位置,平台沿晶面生长。当将这一界面上的所有最佳位置都生长完后,如果晶体继续生长,就必须在这一光滑表面上形成一个二维核,由此来提供最佳生长位置。形成二维核需要较大的过饱和度,但实验上发现许多晶体在过饱和度很低的条件下也能生长。为了解决这一理论模型与实验的差异,Frank 于 1949 年提出了螺旋位错生长机制。

2. 非完整光滑界面生长机制

该机制也叫螺旋位错生长机制(或 BCF 理论),该模型于 1949 年首先由 Frank 提出,然后由 Frank、Burton 和 Cabrera 等人进一步发展并提出一系列与此相关的动力学规律,总称 BCF 理论。实验表明,晶界、螺旋位错是重要的晶体生长因素,因为结构缺陷比完美晶面处于更高的能量状态,而且当晶体的化学组成不同于介质或母相时,生长速率会受扩散速率的影响。该模型认为,晶面上存在的螺旋位错可以作为晶体生长的源头,或者可以对光滑晶面的生长起到催化的作用。若生长的晶面上有螺旋位错存在,生长不需要新的晶核,位错提供了在低饱和度下能生长晶体的阶梯表面。这成功地解释了晶体在很低的过饱和度下仍能生长而且生长出来的晶体质量和光滑面几乎没什么区别这一实验现象。

由于有螺旋位错的存在,晶面生长速率大大加快。利用电子显微镜在许多从溶液或气相中生长出的晶体上都观察到了螺旋位错生长丘,这有力地支持了这个模型。理论和实验都证实了这一理论是正确的,这是非常成功的一个晶体生长模型,许多实际晶体的生长可以利用这一机制进行解释。

3. 其他位错生长机制

虽然 Frank 提出螺旋位错是晶体生长源,但能够提供永不消失生长源的位错不一定是螺旋位错。长期以来,人们提到位错理论时,总是提出螺旋位错而不考虑其他位错的作用。近年来的研究表明,刃型位错和层错都可以为晶体生长提供永不消失的生长源。

6.3　晶体的生长方法和技术

如何控制生长过程以制备具有大尺寸、高纯度和无缺陷的高质量晶体是晶体合成中必须面对的挑战,而控制生长过程和具体的晶体生长技术息息相关,因此晶体生长技术在人工合成晶体中有非常重要的地位。晶体可以从气相、液相和固相中生长,不同的晶体有不同的生长方法和生长条件,加上实际应用对晶体的质量及形貌要求有时会有不同,如单晶纤维、薄膜单晶和大尺寸晶体分别用于不同的目的,这导致了单晶生长方法和技术的多样性以及生长条件和设备的复杂性。在这些生长技术中,以液相生长(溶液和熔体生长)应用最为广泛,以气相生长发展最为迅速。

在晶体生长技术发展过程中,各种生长方法相互渗透,相互促进。一种晶体选择何种技术生长,取决于晶体的物理化学性质和应用要求。有的晶体只能用特定的生长技术生长;有的晶体则可采用不同的方法生长。选择的一般原则是:有利于提高晶体的完整性,严格控制晶体中的杂质和缺陷;有利于提高晶体的利用率,降低成本;有利于晶体的加工和器件化;有利于晶体生长的重复性和产业化。综合考虑上述因素,每一种晶体都应有一种较为合适的生长方法。如 Nd:YAG 易用提拉法生长,KTP、BBO、LBO 一般采用助熔剂法生长等。

另外必须指出的是,除生长设备外,晶体生长的技艺在晶体生长技术中也起着重要的作用。由于晶体生长的复杂性,晶体生长工作者的经验往往很重要。下面将重点介绍有关晶体生长的一些方法,其中包括一些实验室探索性的方法及工业生产技术。

6.3.1　气相生长法

在晶体生长方法中,气相生长单晶材料是最基本和最常用的方法之一。所涉及的主要生长方法有：升华法、外延生长法和化学传输法。由于这类方法包含大量变量，使生长过程较难控制，所以用气相法来生长大块单晶通常仅适用于那些难以从液相或熔体中生长的材料。例如Ⅱ-Ⅵ化合物和碳化硅等。

1. 升华法

这种气相晶体生长方法十分简单，它是将生长物质通过升华手段从热源直接传输到冷生长区，这就要求待生长物质在一定温度下有足够高的蒸汽压，晶体生长可以在真空或气流中进行。很多单质和化合物的晶体均适于用此法生长，如 Ag、Cd、Zn、SiC、ZnS 等。赵有文利用此方法在 2200℃ 左右生长出了晶粒尺寸达 10mm 长、直径 5mm 的 AlN 晶体。其装置原理如图 6-3 所示，所涉及的化学反应为 $2Al(g)+N_2(g)\rightarrow AlN(s)$。且在实验过程中发现，使用 BN 坩埚和 AlN 陶瓷基片籽晶得到的晶体通常为由大量的针状细长晶柱

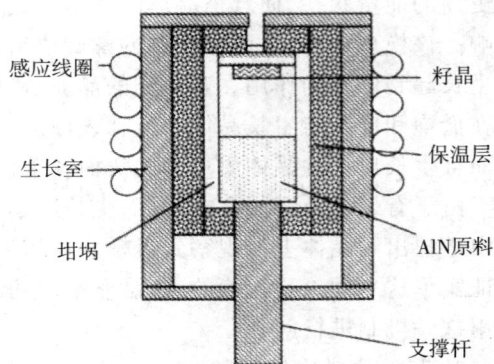

图 6-3　AlN 晶体生长原理
及设备结构示意图

构成的晶须或很小的晶粒构成的致密多晶，而使用钨坩埚和 AlN 陶瓷基片籽晶很容易得到大尺寸的晶体。李娟等通过采用高纯 Si 粉和 C 粉在适宜的温度和压力下合成了多晶 SiC 粉末，在此基础上采用升华法在低压高温条件下生长了大直径 6H—SiC 单晶。具体工艺条件为：生长室压力控制在 $5\times10^5\sim1\times10^4Pa$，生长温度为 2150℃～2250℃，温度梯度控制在 30℃～50℃。在 Ar 气氛中，经 100h 的生长，可获得厚度为 15mm～25mm 的 6H—SiC 单晶。总体来说，利用该方法生长的晶体大多数很小，仅可用于晶体结构测定。

2. 气相外延技术

气相外延技术是最早应用于半导体器件制备的一种比较成熟的外延生长技术，一般用于薄膜单晶的生长。气相外延生长是指将所需的化学元素以气相的形式传输到一种单晶衬底上，气体混合物在热的单晶衬底表面发生反应生长一层或多层单晶薄膜的方法。其生长过程是一种稍偏离化学热平衡的过程，所涉及的化学反应有：氧化还原、热解、歧化或水解等。根据衬底材料与外延材料的化学组成可分为同质外延与异质外延两种。同质外延是指衬底与外延层的化学组成或主要化学组成相同，仅掺杂剂或掺杂浓度不同。异质外延是指衬底与外延层的化学组成完全不同或大部分不同，对于异质外延，衬底晶面与生长晶面的晶格匹配十分重要，同时外延生长温度也是影响外延生长的重要因素，每一对衬底和薄膜都有临界外延温度。高于此温度的外延生长是良好的，低于此温度的外延生长则是不完整的。外延生长有以下重要特点：生长出的晶格完整，并可严格控制生长材料的组分及晶体厚度；气相外延生长温度低于待生长材料的熔点或升华温度，有利于制备高离解压的半导体（如 GaAs、InP、HgTe、CdS 等）；外延层与衬底单晶可以有不同的导电类型，即利用外延生长可以制备 p-n 结。外延生长有分子束外延、金属有机化学气相沉积和化学束外延等。

（1）分子束外延（MBE）

分子束外延这一名称是由美国 Bell 实验室的卓以和博士于 1970 年提出的。分子束外延是在真空蒸发的基础上发展起来的制备化合物半导体薄膜的先进材料生长技术。它是在

超高真空条件下,精确控制各蒸气源发射出的中性分子束强度,将待外延生长薄膜所需的组成元素按一定比例并以一定速度喷射到加热的衬底表面,在衬底表面进行吸附、迁移和反应而沉积薄膜单晶的一种技术。分子束外延的特点是:在超高真空条件下生长,高清洁度环境,杂质污染少,使用纯度极高的元素材料,可以得到高纯度、高性能的外延薄膜;生长速率低(典型值为 $1\ \mu m/h$ 或 $1/s$),利用快门控制材料的生长或停顿,对厚度的控制精度可以达到原子层级;不需要很高的生长温度,避免了高温生长引起的杂质扩散,可以获得陡变的界面杂质分布和异质结界面;在非平衡态下生长,可以用于生长处于不互溶隙范围的多元系材料;在生长过程中,可以结合反射式高能电子衍射(RHEED)、四极质谱(QMS)、俄歇电子谱(AES)、二次离子质谱(SIMS)和扫描隧道显微镜(STM)等分析手段,对外延生长进行原位检测、监控和质量评价;可与其他分析设备和工艺设备进行真空连接,使半导体材料的生长、表征和部分器件工艺全部在真空环境下完成。这种技术的缺点是设备昂贵,维修费用高,生长周期长,不易大规模生产等。但近年来,分子束外延材料及器件日益走向实用化和产业化。分子束外延不仅用于生长 III-IV 族材料,也广泛应用于生长 VI 族(Ge、Si 和 C)、II 族~VI 族(ZnSe、CdS 和 HgTe)和 IV-VI 族半导体材料,还可用于生长金属超晶格、绝缘材料、超导材料和磁性材料等等。分子束外延在 GaAs 基、InP 基和 GaN 基 III-IV 族化合物材料及其微波器件、光电器件上取得了巨大的成就,最近在 Ge/Si 量子级结构和高性能 HgCdTe 探测器方面也取得了突破性进展。图 6-4 为分子束外延设备的结构示意图。

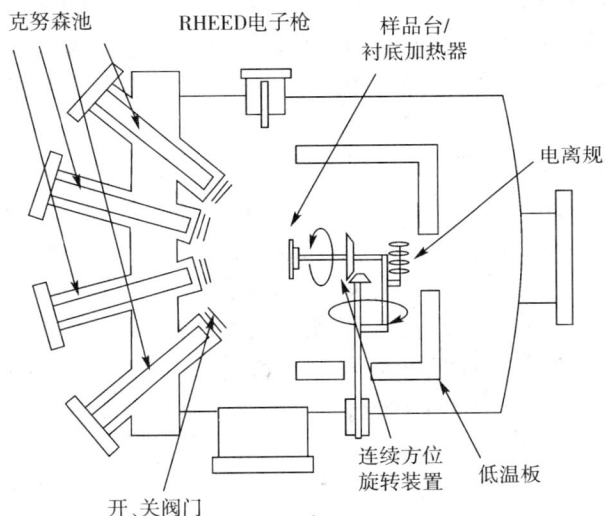

图 6-4　分子束外延设备的结构示意图

(2)金属有机化学气相外延(MOCVD)

MOCVD 是将所需的化学元素以金属有机化合物蒸气的形式输送到热单晶衬底,在衬底上形成薄膜晶体的方法。在这种技术中晶体生长是在常压或低压下进行的,金属有机源由氢气或氮气输运到反应器内。1968 年美国罗克韦尔公司的 Manasevit 等人用 TMGa 作 Ga 源,用 AsH_3 作 As 源,用 H_2 作载气,在绝缘衬底($\alpha-Al_2O_3$,$MgAl_2O_4$)上成功地气相淀积了 GaAs 外延层,首创 MOCVD 技术。20 世纪 80 年代以来,MOCVD 得到了迅速的发展,日益显示出在制备薄层异质材料特别是生长量子阱和超晶格方面的优越性。它的生长过程涉及流体动力学、气相及固体表面反应动力学及其二者相互耦合的复杂过程。一般的外延生长是在准热力学近平衡条件下进行的。MOCVD 生长所用的源材料均为气体,对Ⅲ族或Ⅱ族来说,采用其金属有机化合物;对于Ⅴ族或Ⅵ族来说,则采用其烷类化合物。金属有机化合物大多是具有高蒸气压的液体,通过 H_2、N_2 或者惰性气体作为载气,将其携带出与烷类混合再同入反应室在高温下进行反应。其技术基础是:在一定的温度下,金属有机物和烷类发生热分解,再在一定晶相的衬底表面上吸附、化合、成核、生长。用 MOCVD 方法研制成功的化合物半导体器件很多,比如:异质结双极晶体管(HBT)、场效应晶体管(FET)、高迁移率晶体管(HEMT)、太阳能电池、光电阴极管、发光二极管(LED)激光器、探测器和光电集成器件等。与常规气相外延相比,MOCVD 技术具有许多优点,如 MOCVD 的淀积温度低,能减少系统自污染(来自石墨舟、衬底、反应器等的污染),提高外延层的纯度;用来生长化合物晶体的各反应源和掺杂剂都是以气态形式进入反应室;可通过精确控制各种气体的流量来控制外延层的成分、导电类型、载流子浓度、厚度等参数;可以生长薄到几埃至十几埃的薄层和多层结构;反应室中气体流速快。因而,在需要改变多元化合物的组分和掺杂浓度时,通过切换控制阀门,反应器中的相应气体变化十分迅速,这可把掺杂的分布做得十分陡峭,过渡层做得很薄,因此对生长异质和多层超薄结构非常有利。晶体生长是以热分解的方式进行的,是单温区外延生长,需要控制的参数少,设备相对简单。通过改变反应器结构,可很方便地进行多片和大片外延生长,且非常适合高产量、低成本的工业化生产。低气压外延生长是 MOCVD 技术中很有特色的技术。低气压外延生长提高了生长薄层的控制精度,能减少自掺杂;能减少外延生长过程的存储效应和过渡效应,从而获得界面杂质分布更陡的外延层;低压下,减少某些气相中的化学反应,便于生长 InP、GaInAsP 等含 In 组分的化合物外延层。

由于 MOCVD 具有以上一些特点,所以发展十分迅速,而它的发展也大大推动了以 GaAs 为主的Ⅲ-Ⅳ族半导体及其他多元多层异质材料的生长,促进了新型微电子技术领域的发展。未来光电子学的重要突破口将是对超晶格、量子阱、量子线、量子点结构材料及器件的深入研究,而这一切都要依赖于 MOCVD 等超薄层生长技术的进步。

MOCVD 的缺点是实验设备比较昂贵,生产成本较高,并且需要使用大量有毒气体,基本上所有源材料都表现为毒性和腐蚀性,金属有机化合物在空气中还很容易自燃甚至爆炸,另外载气 H_2 与空气结合也会形成爆炸混合物,因此需要特别注意安全防护措施。MOCVD 生长设备和流程示意图如图 6-5 所示。

(3)化学束外延

化学束外延(CBE)是将 MOCVD 技术对气态源的使用和控制与 MBE 技术的分子束性质相结合发展而成的一项新的外延技术,是兼具两者的优点发展起来的。化学束外延生长是在高真空条件下进行的,它与分子束外延技术主要区别是用气体源取代了分子束外延生长的固体源。如生长Ⅲ-Ⅴ族化合物,使用金属有机化合物蒸汽(MO 源)在热的衬底上分解来供给Ⅲ族元素,而Ⅴ族元素则由其氢化物通过高温预裂解来得到。与分子束外延相比,化学束外延的优点在于:采用气体源,生长室可长期保持在真空和持续的工作状态。用质量流量计精确控制金属有机化合物和非金属氢化物的流量,将气体混合再输入生长室射向高温单晶衬底形成外延晶体。这种生长方法可以精确控制外延层的厚度及外延层均匀性,而且重复性好。CBE 因使用剧毒的砷烷和磷烷气体,许多 MO 源又是易燃的,故不及 MBE 安全。再者

CBE 的设备要比 MBE 和 MOCVD 复杂,因而设备成本和故障率都较高。自 CBE 问世起即陆续生长出了各种高水平的器件,如 GaInAsp－i－n 二极管、雪崩光电二极管、光导探测器、光晶体管、GaAs 双异质结激光器、1.3 μm 和 1.5 μm GaInAsP 双异质结激光器、GaInAs/InP 量子阱激光器、极低损耗的 GaInAs/InP 光波导、DBR 激光器和量子阱光调制器等。

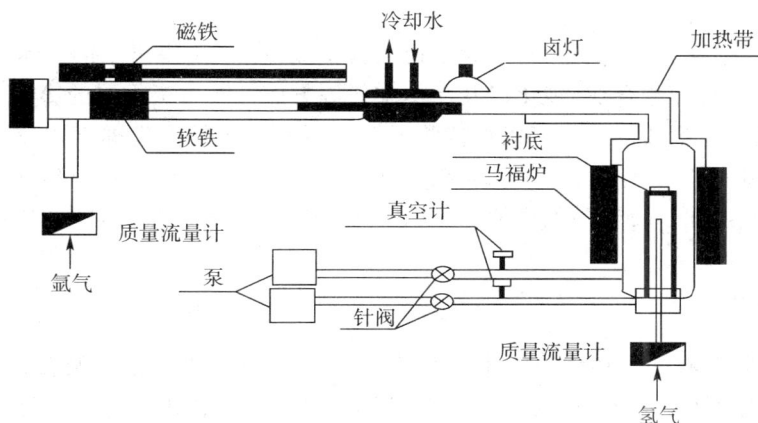

图 6－5　MOCVD 生长设备和流程示意图

3. 化学气相沉积

化学气相沉积是制备各种各样薄膜材料的一种重要和普遍使用的技术,利用这一技术可以在各种基片上制备元素及化合物薄膜。化学气相沉积是把待生长膜的组成元素以单质或化合物气体的形式从衬底上通过,借助气相反应或衬底表面上的化学反应生成薄膜的过程。在这种化学气相生长方法中,常利用高温、等离子体和光辐射等条件来促进化学反应。

化学气相沉积的优点是:可以准确地控制薄膜的组分及掺杂水平使其组分具有理想化学配比;可在复杂形状的基片上沉积成膜;由于许多反应可以在大气压下进行,系统不需要昂贵的真空设备;化学沉积的高沉积温度会大幅度改善晶体的结晶完整性;可以利用某些材料在熔点或蒸发时分解的特点而得到其他方法无法得到的材料;沉积过程可以在大尺寸基片或多基片上进行。

化学气相沉积也有其明显的缺点:化学反应需要高温,一般在 1000℃左右;反应气体会与基片或设备发生化学反应;设备可能较为复杂,且有许多变量需要控制。

化学气相沉积有较为广泛的应用,例如利用化学气相沉积,在切削刀具上获得 TiN 或 SiC 涂层通过提高抗磨性可大幅度提高刀具的使用寿命;化学气相沉积获得的 TiN 可以成为黄金的替代品,从而使装饰宝石的成本降低。化学气相沉积主要应用于半导体集成电子技术,在硅片上硅的外延沉积以及用于集成电路中的介电膜如氧化硅、氮化硅的沉积都可以由化学气相沉积来实现。

Vander Jengd 等人首次使用 GeH_4 作为 WF_4 的还原剂,在 Si 基片上沉积了单质 W。热力学计算表明在相似的条件下,以 SiH_4 作为还原剂也能获得单质 W。Vishwakarma 等人利用化学气相沉积,在玻璃基片上制备了透明导电且掺有 As 的氧化锡。实验中,清洁的玻璃基片被加热到 400℃,$SnCl_2$ 气体落到加热基片上,其中 O_2 作为氯化物气体的载气,且流量固定在 1.35L/min。为了掺杂,$AsCl_3$ 气体同时被带到基片上,$AsCl_3$ 气体量由载气 N_2 控制,膜沉积温度为 250℃～500℃。在 400℃沉积的膜均匀且为多晶,晶粒尺寸在 0.2～0.45

μm 范围。利用适当的金属盐在玻璃基片上的热分解，Ajayi 等人沉积制备了 Al_2O_3、CuO、CuO/Al_2O_3 和 In_2O_3 金属氧化膜。初始反应材料以细粉的形式放在未加热的容器中，将 Ar 气通向细粉，调整 Ar 气流量使 Ar 气携载细粉粒子落在位于炉中心的基片上，在 420℃下，金属乙酰丙醇盐分解，2h 后可长成厚度为 10～20nm 的氧化膜。

4. 化学气相传输法

化学气相传输法是 20 世纪 70 年代由德国科学家 Schafer 提出来的技术。经过三十多年的发展，该方法在固相合成、纯化以及晶体生长等方面都产生了重要的影响。在这种方法中，非挥发性的反应物或产物都可以在传输剂存在下在一定的温度梯度内发生传输。这种方法也可用于将不挥发及易分解的物质在远低于它们直接挥发的温度下转化为优质单晶。

以单相物质的化学传输为例说明其原理，一个典型例子是 ZnS 的传输，在传输中发生如下化学反应：

$$ZnS(s) + I_2(g) \rightleftharpoons ZnI_2(g) + S_2(g)$$

I_2 为输运剂，所有的产物均为气体。由于反应是吸热的，平衡常数及 $ZnI_2(g)$、$S_2(g)$ 分压随温度降低而降低，这就意味着当 ZnS 传输到冷区时就会转化为 ZnS 晶体。

另一个例子是红色 Cu_2O 在痕量 HCl 存在下的化学传输：

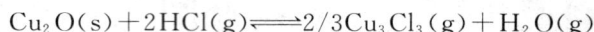

$$Cu_2O(s) + 2HCl(g) \rightleftharpoons 2/3Cu_3Cl_3(g) + H_2O(g)$$

反应是放热的，Cu_2O 从 600℃ 的低温区传输到 900℃ 的高温区。许多元素可以氧化物和卤化物的形式传输，而且许多卤化物在形成复合卤化物时，与单独卤化物相比，能在更低温度下传输。

这种方法的特点是能获得亚稳相单晶。表 6-2 列出了气相传输法生长的晶体和所用传输剂。

表 6-2　化学气相传输法生长晶体的例子

化合物	传输剂	化合物	传输剂
TiO_2	$I_2 + S_2$	$CrTaO_4$	Cl_2
AlOCl	$NbCl_5$	MWO_4(M=Mg,Mn,Fe,Ni)	Cl_2
CrOCl	Cl_2	MFe_2O_4(M=Mg,Mn,Co,Ni)	HCl
SiO_2	HF	MNb_2O_6(M=Ca,Mg,Zn,Co)	HCl 或 Cl_2
IrO_2	O_2	ZrOS,ZrSiS	I_2
Be,WO_3	H_2O	Cu_3NbS_4,Cu_3TaS_4	I_2
BP	HCl	$ZnSiP_2$	I_2
Nb_5Sb_4	I_2	$LaTe_2$,La_2Te_3	I_2
TiS_2,NbS_2,TaS_3	S	MIn_2S_4(M=Mn,Zn,Co,Cd)	I_2
$RbNb_4Cl_{11}$	$NbCl_5$	$HgCr_2Se_4$	$AlCl_3 + HgCl_2$
BiSBr	Br_2	$FeGaO_3$,$MnGaO_3$	NH_4Cl
$MgTiO_3$,$NiTiO_3$	Cl_2	Be_2SiO_4,Zn_2SiO_4	Li_2BeF_4

6.3.2　水溶液生长法

从溶液中生长晶体的方法历史最悠久,应用也很广泛。在工业结晶中,从食盐、食糖到各种可溶性固体化学试剂的生成都采用了这一技术,晶体生长可通过自发成核或加入籽晶来进行。这种方法的基本原理是将原料溶解在溶剂(主要为水)中,采用适当的措施造成溶液的过饱和,使晶体在其中生长。水溶液晶体生长法的关键就在于控制溶液的过饱和度,晶体只有在稳定的过饱和溶液中生长才能保证晶体质量。使溶液达到过饱和状态,并在晶体生长过程中始终维持过饱和度一般有下述两个途径:①根据溶液的溶解度曲线的特点升高或降低其温度;②采用蒸发等办法移去溶剂,使溶液浓度增高。当然也还有其他一些途径,如利用某些物质的稳定相和亚稳相的溶解度差别,控制一定的温度,使亚稳相不断地溶解,稳定相不断地生长以及通过化学反应等。

从水溶液中生长晶体的最显著的优点是:可在远低于熔点温度的条件下生长晶体;容易获得均匀性好及外形完整的大块晶体。当然,从水溶液中生长晶体也存在一些缺点,如溶液的组成复杂,杂质很难避免,因此影响晶体生长的因素较复杂;晶体生长速率慢,生长周期长。

根据晶体的溶解度与温度系数的差别,从水溶液中生长晶体的常见方法有:降温法、蒸发法、流动法、凝胶法、扩散法等。若待生长物质的溶解度及其温度系数均较大时,可采用降温法;若待生长物质的溶解度大小一般,但温度系数很小或为负值时则要采用蒸发法;若待生长物质的溶解度很小,可采用凝胶法。以下对水溶液生长晶体的方法分别予以介绍。

1. 降温法

降温法是从溶液中生长晶体的一种最常用的方法。在一些技术领域中有着广泛应用的晶体(如 $NH_4H_2PO_4$、KH_2PO_4、DKDP 等)都是利用该方法生长的。

降温法的基本原理是利用物质较大的正溶解度温度系数,在晶体生长过程中逐渐降低温度,使析出的溶质不断地进行晶体生长。用这种方法生长的物质其溶解度温度系数最好不低于 $1.5g/(kg \cdot ℃)$。

降温法适用于溶解度和温度系数都较大的物质,并需要一定的温度区间。而这一温度区间是有限制的,温度上限由于蒸发量过大而不宜过高,温度下限太低,晶体生长也不利。一般来说,比较合适的起始温度是 50℃～60℃,降温区间以 15℃～20℃为宜。

降温法生长晶体的装置有很多种,但基本原理都是一样的,图 6-6 所示是降温法生长晶体较常用的装置,在此主要对其进行介绍。在降温法生长晶体的整个过程中,关键是要控制温度,并按以一定程序降温,使溶液始终处于亚稳态,并维持适宜的过饱和度来促进晶体的正常生长。微小的温度波动就足以在生长的晶体中造成某些不均匀区域,从而带来晶体缺陷。因此育晶器要保有比较大的容量,以利于温度的稳定性,加热方式用水浴槽或内部加热,育晶器顶部要保持有冷凝水回流,底部设加热电炉,使溶液表面和底部都有不饱和层保护,以防止自发成核,温度控制精度一般在±0.5℃以内,温度控制灵敏度高,对生长优质晶体十分有益。

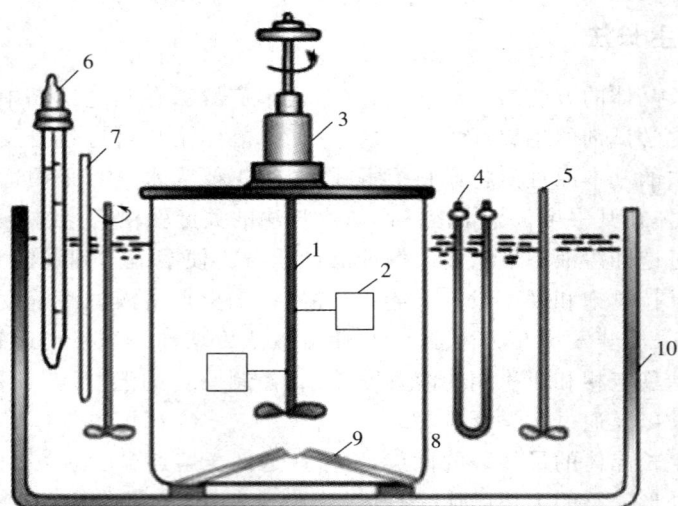

图 6-6　水浴育晶装置

1. 掣晶杆；2. 晶体；3. 转动密封装置；4. 浸没式加热器；5. 搅拌器

6. 控制器（接触温度计）；7. 温度计；8. 育晶器；9. 有孔隔板；10. 水槽

　　此外还需要提供适合晶体生长的其他条件。在晶体生长过程中必须使育晶器严格密封，以防止溶剂的蒸发和对溶液的污染。为使晶体的各个面族能够自由生长，就要保证过饱和溶液对晶体各个面族的均匀供应，所以控制溶液温度的均匀性是十分重要和必要的。通常采用对溶液进行晃动或使籽晶旋转的方法。为了避免一些晶面对向液流或背向液流时影响一些晶面的发育，故常采用正转与反转交替进行的方式，即用以下程序进行控制：

$$正转 \rightarrow 停 \rightarrow 反转 \rightarrow 停 \rightarrow 正转$$

　　降温法生长晶体的一般过程是：配制适量的溶液，然后将溶液过热处理，以便提高溶液的稳定性；预热籽晶，放入籽晶使其微溶；根据溶解度曲线，设计降温程序，降温使籽晶生长恢复几何外形，然后使晶体正常生长；当降低到一定温度时，抽出溶液，取出晶体。

　　目前常用该方法生长的晶体种类很多，典型的例子如表 6-3 所示。

表 6-3　从溶液中生长的一些重要晶体

名称及缩写	化学式	溶剂	生长方法	工艺要领
酒石酸钾钠	$KNaC_4H_4O_6 \cdot 4H_2O$	H_2O	降温，转晶	起始温度 45℃，降温先慢后快，1~2 月可生长出 10 余公斤单晶
罗谢尔盐		H_2O	密封，静置冷却，静置蒸发	配制浓度为 130g/100mL 水溶液，加热至完全溶解，然后在密封容器中静置、冷却、结晶。

（续表）

名称及缩写	化学式	溶剂	生长方法	工艺要领
钾矾,明矾	$K_2SO_4 \cdot Al_2(SO_4)_3 \cdot 24H_2O$	H_2O	降温,转晶 密封,静置冷却 静置蒸发	起始温度 48℃,降温速度 0.2℃/d 配制 24g/100mL 水溶液,见 KNT 配制 20g/100mL 水溶液,见 KNT
铬矾	$K_2SO_4 \cdot Cr_2(SO_4)_3 \cdot 24H_2O$	H_2O	降温,转晶 密封,静置冷却 静置蒸发	与明矾类似 配制 65g/100mL 水溶液,见 KNT 配制 60g/100mL 水溶液,见 KNT
酒石酸乙二胺(EDT)	$(CH_2NH_2)C_4H_4O_6$	H_2O	降温,转晶	EDT 无水物 40.6℃以上稳定,但也可在 40.6℃以下生长
酒石酸钾(DKT)	$K_2C_4O_6 \cdot 1/2H_2O$	H_2O	降温,转晶	起始温度 60℃
磷酸二氢铵(ADP)	$NH_4H_2PO_4$	H_2O	降温,转晶 温差流动	生长区间 50℃~30℃,以(001)切片为籽晶,成锥过程降温稍快
磷酸二氢钾(KDP)	KH_2PO_4	H_2O	降温,转晶	起始温度 50℃~60℃,见 ADP
氯酸钠	$NaClO_3$	H_2O	降温,转晶 密封,静置 静置蒸发	起始温度 51℃,降温速度 0.2℃/d 配制 117.4g/100mL 水溶液,见 KNT 配制 113.4g/100mL 水溶液,见 KNT
蔗糖	$C_{12}H_{22}O_{11}$	H_2O	静置降温	
硫酸镍	$NiSO_4 \cdot (6\sim7H_2O)$	H_2O	降温,转晶	50℃~30℃降温得六水物,35℃以下形成七水物
过硼酸钠	$NaBO_3$	H_2O	密封,静置冷却 静置、蒸发	配制 52g/100mL 水溶液,见 KNT 配制 50g/100mL 水溶液,见 KNT
五硼酸钾	KB_5O_8	H_2O	降温,转晶	起始温度 50℃~60℃,pH≈7
甲酸锂	$LiCOOH \cdot H_2O$	H_2O	降温,转晶	起始温度 45℃,pH≈6

名称及缩写	化学式	溶剂	生长方法	工艺要领
六次甲基四铵(HMTA)	$N_4(CH_2)_6$	乙醇	降温,转晶	起始温度约 50℃
邻苯二甲酸氢钾(KAP)	$KHC_8H_4O_4$	H_2O	降温,转晶	起始温度约 55℃
季戊四醇(PET)	$C(CH_2OH)_4$	H_2O	降温	生长区间(87~92)℃~(80~85)℃
山梨六醋酸酯(SHA)	$C_6H_3O_6(COCH_3)_6$	乙醇	降温,转晶	生长区间 56℃~48℃

2. 流动法

在降温法生长晶体过程中,由于不补充溶液或溶质,故生长晶体的尺寸受到限制,要生长更大的晶体,可用流动法。这种方法的特点是溶液配制、过热处理和单晶生长等操作过程分别在一个装置的不同部位进行,构成一个连续的流程。该方法的生长装置见图 6-7。

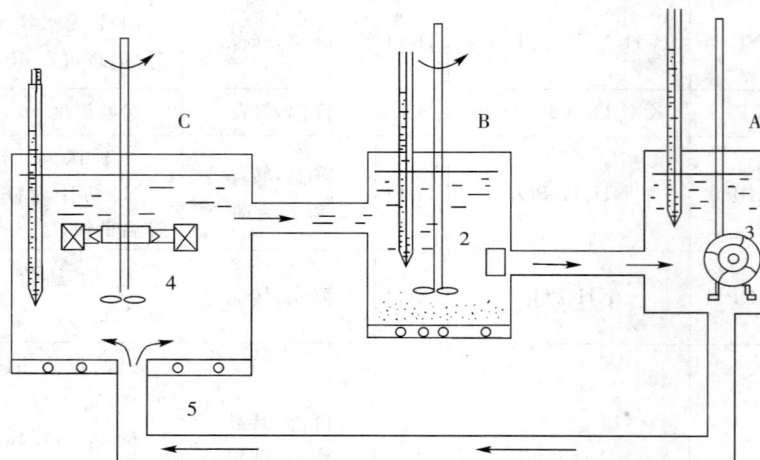

图 6-7　流动法生长晶体示意图
1. 原料;2. 过滤器;3. 泵;4. 晶体;5. 加热电阻丝

整个装置槽共有三部分容器组成:A 是晶体生长槽;B 是用来配制饱和溶液的饱和槽,其温度高于 A 槽;C 是过热槽。显然三者之间的温度关系是槽 C 高于槽 B,槽 B 又高于槽 A。

原料在溶解槽 B 中溶解后经过滤器进入过热槽 C,过热槽温度一般高于生长槽温度约 5℃~10℃,可以充分溶解从槽 B 中流入的微晶,提高溶液的稳定性。经过过热后的溶液用泵打入生长槽 A,此时溶液处于过饱和状态,析出溶质使晶体生长。析晶后变稀的溶液从生长槽 A 溢流进入槽 B,重新溶解原料至溶液饱和,再进入过热槽,溶液如此循环流动,晶体便不断生长。晶体生长速度靠溶液的流动速度和 A 槽与 C 槽的温差来控制。

流动法生长晶体的优点是生长温度和过饱和度都固定,使晶体始终处在最有利的温度和最合适的过饱和度下生长,避免了因生长温度和过饱和度变化而产生的杂质分凝不均匀和生长带来缺陷,使晶体完整性良好。此法的另一个优点是生长大批量的晶体和培养大单晶不受溶解度和溶液体积影响,而只受生长容器大小的限制。日本大阪大学曾用这种方法生长出 400mm × 400mm × 600mm 的大 KDP 单晶,生长速率为 2mm/d。重达 20kg 的

ADP($NH_4H_2PO_4$)优质单晶也已利用此法得以制备出来。流动法的缺点是设备比较复杂，调节三槽直接的温度梯度和溶液流速之间的关系需要有一定的经验。

3. 蒸发法

蒸发法生长晶体的基本原理是将溶剂不断蒸发减少，使溶液保持在过饱和状态，从而使晶体不断生长。这种方法比较适合溶解度较大而其温度系数很小或具有负温度系数的物质。

蒸发法的装置和降温法的装置基本相同，不同的是在降温法中，育晶器中蒸发产生的冷凝水全部回流，而蒸发法则是部分回流。降温法通过控制降温速度来控制过饱和度，而蒸发法则是通过控制回流比（蒸发量）来控制过饱和度。另外蒸发法和流动法一样，晶体生长也是在恒温下进行的，不同的是流动法用来补充溶质，而蒸发法用移去溶剂来造成过饱和度。

蒸发法生长晶体的装置类型很多，图 6-8(a)是比较简单的一种。这种装置在严格密封的育晶器上方设置了冷凝器，溶剂自溶液表面不断蒸发，水蒸气一部分在盖子上冷凝，沿着器壁回流到溶液中，一部分在冷凝器上凝结并积聚在其下方的小杯内再用虹吸管引出育晶器外。应该注意的是取水速度应始终小于冷凝速度。这种装置比较适合于高温(>60℃)晶体生长。

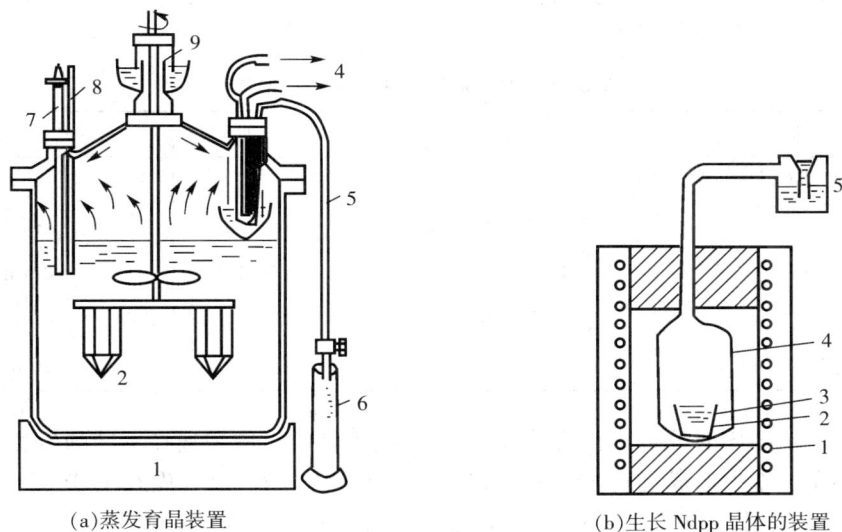

(a)蒸发育晶装置　　　　　(b)生长 Ndpp 晶体的装置

图 6-8　蒸发育晶和生长 NdPP 晶体的装置

1. 底部加热器；2. 晶体；3. 冷凝器；　　1. 电阻炉；2. 金坩埚；
4. 冷却水；5. 虹吸管；6. 量筒；　　　　3. $Nd_2O_3+H_3PO_4$；
7. 接触调控器；8. 温度计；9. 水封　　　4. 反应管；5. 鼓泡器

应该说明的是，有时体系中某一成分（如水）的蒸发并不是作为溶剂蒸发直接导致晶体生长，而是该成分蒸发引起化学反应，间接导致晶体生长。例如，在 $Nd_2O_3-H_3PO_4$ 体系中生长五磷酸钕(NdP_5O_{14}，缩写为 NdPP)晶体。生长 NdPP 的装置图见图 6-8(b)。其形成机制一般认为是：

$$14H_3PO_4+Nd_2O_3 \xrightarrow{>260℃} 2NdP_5O_{14}+2H_4P_2O_7+17H_2O\uparrow$$

NdP_5O_{14} 在焦磷酸($H_4P_2O_7$)中有较大的溶解度,所以不会从溶液中析出。当温度升至 300℃以上时,焦磷酸逐渐脱水,形成多聚偏磷酸,NdP_5O_{14} 在其中溶解度很小,在升温和蒸发过程中,由于焦磷酸浓度降低而使 NdP_5O_{14} 在溶液中达到过饱和而结晶出来。

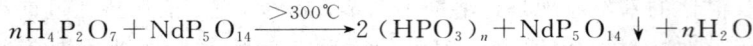

$$nH_4P_2O_7 + NdP_5O_{14} \xrightarrow{>300℃} 2(HPO_3)_n + NdP_5O_{14} \downarrow + nH_2O$$

据此机制,在一定的温度下,控制水的蒸发速率就可以生长出质量较好的 NdP_5O_{14} 晶体。

4. 凝胶法

凝胶法生长晶体是以凝胶作为扩散和支持介质,在溶液中进行的化学反应通过凝胶扩散缓慢进行,使溶解度较小的反应产物在凝胶中逐渐形成晶体。所以凝胶法也是通过扩散进行的溶液反应法。此方法的突出优点在于可用简单的方法,在室温下生长一些难溶的或是对热敏感而不便用其他方法生长的晶体。此外,由于在这种生长方法中,晶体的支持物是柔软的凝胶,作用于晶体的约束力均匀分布,使得生长的晶体完整性较好,应力较小。而且由于凝胶中不发生对流,生长环境比较稳定,因此,尽管凝胶法有生长速度慢(以周计)、长成的晶体尺寸小(毫米量级)等不足之处,但是,由于这种方法有其独到之处,使之成为探索新晶体、研究晶体的生长过程、生长机制以及宏观缺陷的形成的一种有效方法。表 6-4 列出了一些用该法生长晶体的实例。

表 6-4　在硅凝胶中生长的一些晶体

晶体	体系	生长时间	晶体尺寸
酒石酸钙($CaC_4H_4O_6$)	$H_2C_4H_4O_6 + CaCl_2$		8～11mm
方解石($CaCO_3$)	$(NH_4)_2CO_3 + CaCl_2$	6～8 周	6mm
碘化铅(PbI_2)	$KI + Pb(Ac)_2$	3 周	8mm
氯化亚铜($CuCl$)	$CuCl + HCl$(稀)	1 月	8mm
高氯酸钾($KClO_4$)	$KCl + NaClO_4$		20mm×10mm×6mm

凝胶法生长晶体的设备非常简单,可根据不同类型的反应来选择不同的生长装置,如先让一反应物在试管中形成凝胶,然后加入另一反应物的溶液;或者先在 U 形管内形成单纯凝胶,然后从 U 形管的两个端口加入不同的反应物溶液。

下面以生长酒石酸钙晶体为例对凝胶法的基本原理给予介绍。图 6-9 为生长酒石酸钙晶体的装置图。

图 6-9(a)给出了试管单扩散系统,$CaCl_2$ 溶液进入含有酒石酸的凝胶,发生如下化学反应:

$$CaCl_2 + H_2C_4H_4O_6 + 4H_2O \longrightarrow CaC_4H_4O_6 \cdot 4H_2O \downarrow + 2HCl$$

图 6-9(b)为 U 形管双扩散系统,Ca^{2+} 和 $C_4H_4O_6^{2-}$ 分别扩散进入凝胶,同样可生成酒石酸钙晶体。

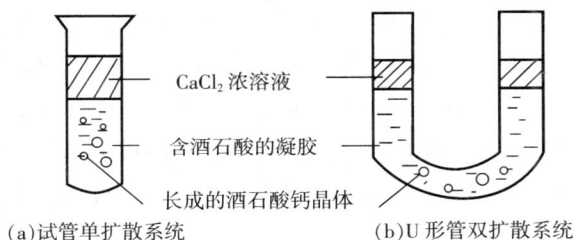

图 6-9　凝胶法生成酒石酸钙晶体的装置

凝胶法生长晶体获得成功的关键之一是避免过多形成自发晶核。在一些实验中观察到凝胶本身有抑制成核的作用。通常认为是一些能引起非均匀成核的颗粒被包裹在凝胶网络中的封闭腔内,在一定程度上减少了非均匀成核的可能性。为了降低成核几率,除了用高纯度的试剂和保持实验环境清洁以外,还可采取先用较稀的溶液进行扩散,待形成少数晶核之后再逐渐加入浓溶液,使晶体长大或者在凝胶中放置籽晶。

另外,用水溶液法生长晶体的还有电解溶剂法和扩散法等。电解溶剂法生长晶体仅适用于在溶液中能够导电而不能电解的物质,可用来生长一些稳定的离子晶体。扩散法是一种方便的实验室生长晶体的的方法。这种方法有不同的形式,可分为溶剂扩散、蒸气扩散法及反应物扩散法。在这里不再做介绍。

6.3.3　助熔剂法

助熔剂法又称熔剂法或熔盐法,它是在高温下从熔融盐熔剂中生长晶体的一种重要方法,也是最早的炼丹术之一,从古至今已有 100 多年的历史了,也可算是一种古老的经典方法。但自从火焰法发明以后,该方法曾一度衰落,很少有人问津。直到 20 世纪 50 年代初期,由于生产和科学技术发展的需要,这个方法才又重新发展起来。1954 年 Remeiks 从 PbO 中生长出 BaTiO$_3$ 单晶。1958 年 Nielsen 又从 PbO 中生长出钇铁石榴石(YIG)单晶。60 年代以后,助熔剂法已广泛用于新材料的探索,培育小晶体样品。后来随着许多新技术的出现,如顶部籽晶技术,ACTR 技术,生长出了大块优质的 YIG、KTP、KN、BaTiO$_3$ 等等一系列重要的技术晶体。现在用助熔剂生长的晶体类型很多,如半导体材料、光学材料、磁性材料、激光晶体、声学晶体,也用于生长宝石晶体,如助熔剂法合成红宝石和祖母绿等。助熔剂法已经发展成为一种晶体材料研究中十分重要的实验室生长方法和批量生产大尺寸晶体的实用技术。

助熔剂法的基本原理是将组成结晶物质的原料在高温下溶解于低熔点的助熔剂中,使之形成饱和溶液,然后通过缓慢降温或在恒定温度下蒸发熔剂等方法,使熔融液过饱和,从而使结晶物质析出生长的方法。

助熔剂法根据晶体成核及生长的方式不同分为两大类,即自发结晶法和籽晶生长法。自发结晶法按照获得过饱和度方法的不同又可分为缓冷法、反应法和蒸发法。这些方法中以缓冷法设备最为简单,使用最为普遍。籽晶生长法是在熔体中加入籽晶的晶体生长方法。其主要目的是克服自发成核时晶粒过多的缺点,在原料全部熔融于助熔剂中并成为过饱和溶液后,晶体在籽晶上结晶生长。根据晶体生长的工艺过程不同,籽晶生长法又可分为以下几种方法:籽晶旋转法、顶部籽晶旋转提拉法、底部籽晶水冷法、坩埚倒转法及倾斜法等。

　　助熔剂方法生长晶体具有许多突出的优点,如这种方法适应性很强,几乎对所有的材料都能找到一些适当的助熔剂来进行晶体生长;生长温度低,许多难熔的化合物或在熔点易挥发的晶体材料中可选择一些适当的助熔剂来进行晶体生长;生长设备简单,是一种很方便的生长技术。但是助熔剂法也有自身的缺点,如难以控制晶体的杂质,晶体的生长速率较慢,生长周期长;在晶体生长过程中,不能观察晶体生长;生长的晶体尺寸一般较小,比较适合研究用。

　　1. 助熔剂的选择

　　选择合适的助熔剂是晶体能否生长完好的关键,理想的助熔剂应具备以下物理化学性质:

　　(1)对晶体材料有足够大的溶解度,但不与原料起化学反应。同时,在生长温度范围内还应有适度的温度系数,以获得足够高的晶体产量。

　　(2)在尽可能大的温度压力条件范围内与溶质的作用是可逆的,不会形成稳定的化合物,而所要的晶体是唯一稳定的物相。

　　(3)助熔剂在晶体中的固溶度应尽可能小。

　　(4)具有尽可能小的粘滞性,以利于溶质和能量的输运,从而有利于溶质的扩散和结晶潜热的释放,这对生长高完整性的单晶极为重要。

　　(5)有尽可能低的熔点,尽可能高的沸点。

　　(6)具有很小的挥发性和毒性。

　　(7)对铂或其他坩埚材料的腐蚀性要小。

　　(8)易溶于对晶体无腐蚀作用的某种液体溶剂中,以便于生长结束时晶体与母液的分离。

　　(9)熔融态时,助熔剂的比重应与结晶材料相近,否则上下浓度不易均一。

　　实际上,助熔剂很难同时满足上述要求,近年来倾向使用复合助熔剂。少量添加物常常会显著改善助熔剂性质。目前,助熔剂的选择主要还是凭经验和实验,尚无完善的规律可循。常用的助熔剂有 KF、PbO、PbF_2、B_2O_3 或其混合物。除了单纯的晶体生长外,助熔剂还提供了重要的化学反应环境,利用电解手段可以生长复合氧化物、青铜类化合物等晶体以及合成碳化物、硅化物、砷化物等。在有些情况下,也使用有反应活性的助熔剂,如利用多硫化合物作助熔剂合成了大量的新型硫化物晶体。多硫化物除了起溶剂的作用外,还起着反应物的作用,参与化学反应,并维持环境的氧化还原性质。值得注意的是以金属作为反应活性助熔剂在合成金属间化合物也呈现出独特的特点。表 6-5 列出了一些常用的助熔剂及晶体生长的实例。

表 6-5　一些常用的助熔剂及晶体生长实例

晶体	助熔剂	晶体	助熔剂
Al_2O_3	$PbF_2 + B_2O_3$	$KTiOPO_4$	$K_6P_4O_{13}$
BaB_2O_4	Na_2O,$NaBO_2$,BaF_2	LiB_3O_5	Li_2O
$BaTiO_3$	KF,NaF,$BaCl_2$,BaF_2	$LiGaO_2$	$PbO + PbF_2$
$BeAl_2O_4$	PbO,Li_2MoO_4	$MgFe_2O_4$	PbP_2O_7

（续表）

晶体	助熔剂	晶体	助熔剂
$Bi_4Ti_3O_{12}$	$Bi_2O_3 + B_2O_3$	$Pb_3MgNb_2O_7$	$PbO + B_2O_3$
$CaLa_2B_{10}O_{19}$	CaB_4O_7 或 $CaB_4O_7 + B_2O_3$	$PbZrO_3$	PbF_2
CeO_2	$Li_2MoO_7, Li_2W_2O_7$	SiC	Si
Fe_2O_3	$Na_2B_4O_7$	TiO_2	$Na_2B_4O_7 + B_2O_3, PbO + B_2O_3$
$GaAs$	Sn, Ga	$Y_3Al_5O_{12}$	$PbO + B_2O_3$
GaP	Ga	$Y_3Fe_5O_{12}$	$PbO + B_2O_3$
$GaPO_4$	$LiCO_3 + MoO_3$	ZnO	$PbF_2, Na_2B_4O_7 + B_2O_3$
In_2O_3	$PbO + B_2O_3$	ZnS	$ZnF_2, KI + ZnCl_2$
$KNbO_3$	KF, KCl	$ZrSiO_4$	$Li_2O + MoO_3$

2. 自发结晶法

按照获得过饱和度方法的不同助熔剂法又可分为缓冷法、助熔剂蒸发法和助熔剂反应法。

（1）缓冷法

缓冷法是在高温下,在晶体材料全部熔融于助熔剂中之后,缓慢地降温冷却,使晶体从饱和熔体中自发成核并逐渐成长的方法。在自发成核方法中以缓冷法设备最为简单,使用最为普遍。

典型的缓冷法晶体生长装置如图 6 - 10 所示。把所需原料装入坩埚放入炉膛升温,温度高于原料的熔点几十度甚至 100℃ 后保温,使原料充分熔化,而后缓慢降温,一般降温速率为 0.5℃/h～5℃/h。控制成核常采用两种方法,一种是在上部,另一种是在底部。控制成核是长出优质大单晶的关键。晶核是在低温区形成,通常是在底部通水冷却来控制成核。

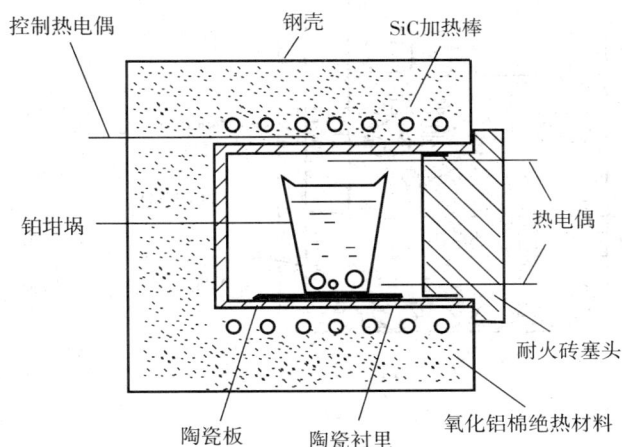

图 6 - 10　缓冷法晶体生长装置

下面以缓冷法生长祖母绿晶体为例对此方法的具体合成工艺给予详细介绍。早在 1888 年和 1900 年,科学家们就使用了自发成核法中的缓冷法生长出祖母绿晶体的技术。

之后,德国的埃斯皮克(H. Espig)等人于 1924 年～1942 年生长出了长达 2cm 的祖母绿晶体。缓冷法生长祖母绿晶体的设备为高温马弗炉和铂坩埚。合成祖母绿晶体的生长常采用最高温度为 1650℃ 的硅钼棒电炉。炉子一般呈长方体或圆柱体,要求炉子的保温性能好,并配以良好的控温系统。坩埚材料常用铂,使用时要特别注意避免痕量的金属铋、铅、铁等的出现,以免形成铂合金,引起坩埚穿漏。坩埚可直接放在炉膛内,也可埋入耐火材料中,后者有助于增加热容量、减少热波动,并且一旦坩埚穿漏,对炉子损害不大。合成祖母绿所使用的原料是纯净的绿柱石粉或形成祖母绿单晶所需的纯氧化物,成分为 BeO、SiO_2、Al_2O_3 及微量的 Cr_2O_3。目前多采用锂钼酸盐和五氧化二钒混合助熔剂。工艺流程为:

① 将铂坩埚用铂栅隔开,另有一根铂金属管通到坩埚底部,以便不断向坩埚中加料。

② 按比例称取天然绿柱石粉或二氧化硅(SiO_2)、氧化铝(Al_2O_3)、氧化铍(BeO)、助熔剂和少量着色剂氧化铬(Cr_2O_3)。

③ 原料放入铂坩埚内,SiO_2 因密度小浮在熔剂表面,其他反应物 Al_2O_3、BeO、Cr_2O_3 通过导管加入到坩埚的底部,然后将坩埚置于高温炉中,底部料 2 天补充一次,顶部料 2～4 周补充一次。

④ 升温至 1400℃,恒温数小时,然后缓慢降温至 1000℃ 保温。

⑤ 当温度升至 800℃ 时,坩埚底部的 Al_2O_3、BeO、Li_2CrO_4 等已熔融并向上扩散,SiO_2 熔融向下扩散。熔解的原料在铂栅下相遇并发生反应,形成祖母绿分子。当溶液浓度达到过饱和时,便有祖母绿形成于铂栅下面悬浮祖母绿晶种上。

⑥ 生长速度大约为每月 0.33mm,12 个月内可长出 2cm 的晶体。

⑦ 生长结束后,将助熔剂倾倒出来,在铂坩埚中加入热硝酸进行溶解处理 50 小时,待温度缓慢降至室温后,即可得干净的祖母绿单晶(图 6-11)。

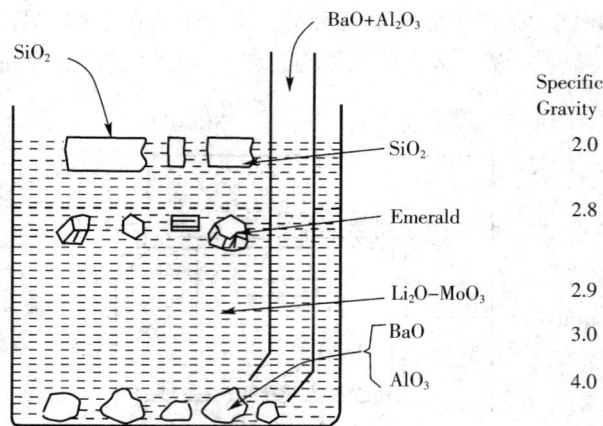

图 6-11　缓冷法合成祖母绿

(2)助熔剂蒸发法

该方法是借助助熔剂蒸发使熔液形成过饱和状态,得到析出晶体的目的。生长装置见图 6-12。蒸发法的生长设备也比较简单,且不需要降温程序,但要求助熔剂有足够的挥发性,比如 PbF_2、BiF_3 等,而易挥发的物质又大都带有毒性,因此要对挥发物进行冷凝回收。蒸发法由于是恒温生长,晶体成分较均匀,也避免了缓冷过程中遇到的外相干扰,这是助熔剂蒸发法的优点。该方法常用于一些易相变的晶体,如 Cr_2O_3 在 $1000℃$ 是稳定的,当温度降低后则变为 CrO_3,为了晶体保证在稳相态则经常采用蒸发法进行生长。由于该种生长方法控制成核比较困难,所以很难生长出优质大单晶。因为成核是在熔液的表面,所以在晶体中很容易包裹熔剂,若能控制在底部成核,晶体的质量会有所改善。

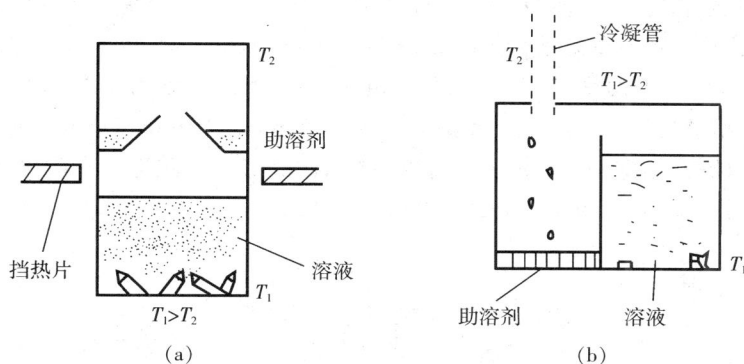

图 6-12　蒸发法生长晶体的助熔剂蒸气回收装置

Grodkiewicz 和 Nitti 曾用此法从 $PbF_2-B_2O_3$ 中生长出 CeO_2 单晶,生长温度为 $1300℃$,助熔剂每天蒸发 $35g$,生长 $5d$,得到 $10g$ 晶体。Wanklyn 从 $PbF_2-B_2O_3-PbO$ 中生长 Yb-CrO_3 晶体,生长温度在 $1260℃$,持续蒸发 $9d$,最大晶体的尺寸为 $3mm×3mm×2mm$。

（3）助熔剂反应法

这种方法是通过助熔剂和溶质系统的化学反应（常常同时加上其他条件）产生并维持一定的过饱和度,使晶体成核并生长。Brixner 和 Babcock 以 $BaCl_2$ 作助熔剂,在 $BaCl_2-Fe_2O_3$ 高温溶液中通过水蒸气,产生高温化学反应:

$$BaCl_2+6Fe_2O_3+H_2O \longrightarrow BaFe_{12}O_{19}(s)+2HCl \uparrow$$

生长出钡铁氧体单晶。水汽的通入和 HCl 的挥发,控制反应向右进行。类似地可从 $CaCl_2-Fe_2O_3$、$SrCl_2-Fe_2O_3$、$SrCl_2-TiO_2$ 中生长出 $SrFe_2O_4$、$SrFe_{12}O_{19}$、$SrTiO_3$ 晶体。Weaver 等用 KF 作助熔剂,生长 $K_2Ge_4O_9$ 单晶,采用的化学反应是:

$$2KF+4GeO_2+H_2O \longrightarrow K_2Ge_4O_9+2HF \uparrow$$

$$2KF+4.5GeO_2 \longrightarrow K_2Ge_4O_9+0.5GeF_4 \uparrow$$

3. 籽晶生长法

籽晶生长法是在熔体中加入籽晶的晶体生长方法。其主要目的是克服自发成核时晶粒过多的缺点,在原料全部熔融于助熔剂中并成为过饱和溶液后,晶体在籽晶上结晶生长。

根据晶体生长的工艺过程不同,籽晶生长法又可分为以下几种方法:籽晶旋转法、顶部籽晶法、底部籽晶水冷法和坩埚倒转法及倾斜法。这里仅对顶部籽晶法和底部籽晶水冷法给予介绍。

（1）顶部籽晶法

顶部籽晶生长技术是助熔剂生长方法的最重大发展之一,它是熔体生长提拉技术与助熔剂生长方法的巧妙结合。原理是原料在坩埚底部高温区熔融于助熔剂中,形成饱和熔融液,在旋转搅拌作用下扩散和对流到顶部相对低温区,形成过饱和熔液在籽晶上结晶生长。随着籽晶的不断旋转和提拉,晶体在籽晶上逐渐长大。该方法除具有籽晶旋转法的优点外,还可避免热应力和助熔剂固化加给晶体的应力。其典型的装置示意图见图 6-13。采用该方法生长出了尺寸达 75mm×60mm×25mm,重达 1300g 的 $K(Nb,Ta)O_3$ 单晶。现在一些很重要的非线性光学晶体,如 KDP、BBO、LBO、$BaTiO_3$、$KNbO_3$ 等都是用该法生长的。例如潘世烈等采用顶部籽晶高温溶液法,以 BPO_4-NaF 为助熔剂,生长了 $BaBPO_5$ 单晶。具体生长参数为:液面以下温度梯度为 1.5℃/cm,液面上温度梯度为 10℃/cm,晶体旋转速度30r/min,降温速率 0.5℃/d~1℃/d,可获得尺寸为 30mm×20mm×15mm 的 $BaBPO_5$ 单晶。余雪松等以高纯硼酸、碳酸锂和碳酸铯为原料,摩尔比硼酸:碳酸锂:碳酸铯=11:1:1,采用顶部籽晶法,生长出了尺寸为 65mm×22mm×12mm 的 $CsLiB_6O_{10}$(CLBO)单晶。

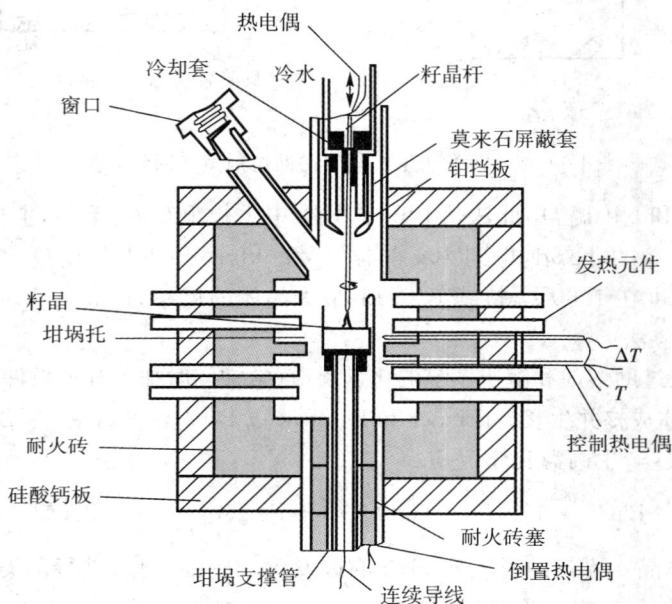

图 6-13　顶部籽晶法示意图

(2)底部籽晶法

底部籽晶法的基本原理是在坩埚底部放入籽晶,然后通过缓慢降温或者下降坩埚来实现接种生长。它把坩埚下降法与助熔剂生长技术巧妙地结合起来。图 6-14 为底部籽晶法示意图。该方法的生长炉由三个温区组成:高温区、梯度区和低温区。高温区主要用来熔化原料,低温区主要起到保温作用,同时在晶体生长后期可发挥后加热器的作用。梯度区处于高、低温度区之间,温度梯度主要由中间隔热层的厚度、材质、炉体设计等因素决定,也可以通过上下温区来调节。固液界面处的温度梯度是晶体能否成功生长的关键工艺参数。目前该方法在合成非线性光学晶体铌酸钾锂 $K_3Li_2Nb_5O_{15}$、新型弛豫铁电晶体 PZNT 以及近化学计量比 $LiNbO_3$ 晶体的方面取得了一定的进展。例如,选择准同型相界成分的 PZNT91/9 和具有超声医学应用背景的 PZNT93/7 两种成分,按化学计量比配料,在 800℃ 附近烧料,然后与 PbO 助熔剂按 1:1 的摩尔比混合均匀,装入铂金坩埚中。坩埚口密封以防止有害的 PbO 组分在高温下挥发。根据 PZNT 晶体的生长习性,设计了一个温度梯度大于

120℃/cm 的垂直温度梯度炉。利用自发成核生长的 PZNT 晶块作为籽晶,通过工艺参数的优化,成功生长了直径 30mm、长度 30mm～45mm 的 PZNT 单晶。钇铝榴石也可采用底部籽晶水冷法生长晶体。所用原料为 Y_2O_3 和 Al_2O_3,并加入少量 Nd_2O_3 作稳定剂;采用的助熔剂为 $PbO-PbF_2-B_2O_3$,另将原料及助熔剂混合后放入铂坩埚内,置于炉中加热升温至 1300℃时恒温 25 小时,将原料熔化;然后以每小时 3℃ 的速度降至 1260℃,此时,在底部加水冷却,将籽晶浸入坩埚底部中心水冷区。再按 20℃/h 的速度降至 1240℃,然后以 0.3℃/h～2℃/h 的速度降至 950℃,至生长结束。

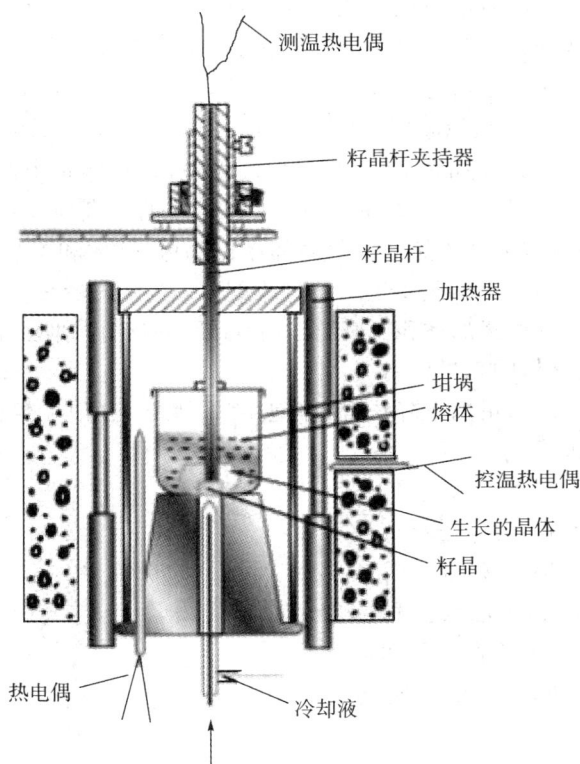

图 6-14　底部籽晶法示意图

6.3.4　熔体生长法

　　熔体生长法生长晶体的研究历史悠久,从 19 世纪末到 20 世纪 20 年代,熔体生长的几种主要方法就已陆续创立,其中焰熔法生长宝石的研究最早获得了工艺应用。随着科学技术的发展,从熔体中生长晶体的工艺和科学逐渐完善,现已成为所有晶体生长方法中用得最多也是最重要的一种。现代电子和光电子技术所需的光学、激光、半导体、非线性光学等关键单晶材料,如碱金属卤化物、Si、Ge、GaAs、Nd:YAG、Cr:Al_2O_3、$LiNbO_3$ 和 $LiTaO_3$ 等,大部分都是用该法制备的。

　　熔体生长法的原理是将待生长物质加热到熔点以上熔化,然后在一定的温度梯度下冷却,用各种方式缓慢移动固液界面,使熔体逐渐凝固成晶体。熔体生长法只涉及固-液相变过程。熔体生长与溶液生长和助熔剂方法生长的不同之处晶体生长过程中起主要作用的不是传质而是传热。结晶的驱动力是过冷度而不是过饱和度。在熔体生长中过冷区集中在界面附近狭小的范围,而熔体的其余部分则处于过热状态。结晶过程释放出的潜热只能通过生长着的晶体输运出去。由于传热远比通过扩散进行的传质过程快,所以从熔体中生长晶体的速率大多快于溶液中的生长速率,熔体生长速率从 mm/h 到 mm/min,而溶液的生长速率为 μm/h 到 mm/d。在熔体生长过程中,生长体系的温度分布与传热将起支配作用。另外,杂质分凝效应、相界面的稳定性以及流体动力学效应等问题对晶体质量也有重要影响。

熔体生长方法有许多种,目前也没有统一和严格的分类方法。可以根据是否使用坩埚来分类,也可以根据熔区的特点分类,前一种分类法是从技术和工艺的角度来考虑的,有其方便之处;而后一种分类法对于讨论生长过程中的某些问题是方便的。根据熔区的特点可以将熔体生长法分为正常凝固法和区熔法两大类。正常凝固法的特点是在晶体开始生长时,全部材料处于熔态(引入的籽晶除外),在生长过程中,材料体系由晶体和熔体两部分组成。生长时不向熔体添加材料,而是以晶体的长大和熔体的逐渐减少而告终。区熔法的特点是固体材料只有一小段区域处于熔态。材料体系由晶体、熔体和多晶材料三部分组成,体系中存在两个固一液界面,一个界面发生结晶过程,另一个发生多晶原料的熔化过程,熔区向多晶原料方向移动,尽管熔区的体积不变,但实际上是不断的向熔区中添加材料。生长过程以晶体的长大和多晶材料的耗尽而告终。

正常凝固法包括提拉法、坩埚下降法、晶体泡生法、弧熔法等;区熔法包括水平区熔法、浮区法、基座法和焰熔法等。

1. 提拉法

提拉法又称丘克拉斯基法,是丘克拉斯基(J. Czochralski)在 1917 年发明的从熔体中提拉生长高质量单晶的方法,现已成为熔体生长最常用的一种方法,许多重要的半导体和氧化物以及宝石晶体已经利用此方法成功得以制备。

提拉法的基本原理是,将构成晶体的原料放在坩埚中加热熔化,调整炉内温度场,使熔体上部处于过冷状态;然后在籽晶杆上安放一粒籽晶,让籽晶接触熔体表面,待籽晶表面稍熔后,提拉并转动籽晶杆,使熔体处于过冷状态而结晶于籽晶上,在不断提拉和旋转过程中生长出圆柱状晶体。其生长装置如图 6-15 所示。

晶体提拉法的装置由以下五部分组成:

(1)加热系统

加热系统由加热、保温、控温三部分构成。最常用的加热装置分为电阻加热和高频线圈加热两大类。电阻加热方法简单,容易控制。保温装置通常采用金属材料以及耐高温材料等做成的热屏蔽罩和保温隔热层,如用电阻炉生长钇铝榴石、刚玉时就采用该保温装置。控温装置主要由传感器、控制器等精密仪器进行操作和控制。

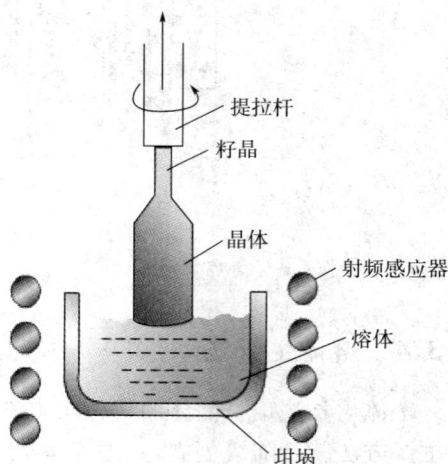

图 6-15　提拉法装置示意图

（2）坩埚

作坩埚的材料要求化学性质稳定、纯度高，高温下机械强度高，熔点要高于原料的熔点200℃左右。常用的坩埚材料为铂、铱、钼、石墨、二氧化硅或其他高熔点氧化物。

（3）传动系统和籽晶夹

为了获得稳定的旋转和升降，传动系统由籽晶杆、坩埚轴和升降系统组成。籽晶夹和籽晶杆用来装夹籽晶。籽晶要求选用无位错或位错密度低的相应单晶。

（4）气氛控制系统

不同晶体常需要在各种不同的气氛里进行生长。如钇铝榴石和刚玉晶体需要在氩气气氛中进行生长。该系统由真空装置和充气装置组成。

（5）后热器

放在坩埚的上部，生长的晶体经提拉逐渐进入后热器，在后热器中冷却至室温。后热器的主要作用是调节晶体和熔体之间的温度梯度，控制晶体的直径，避免组分过冷现象引起晶体破裂。

在晶体生长的整个过程中，为了获得更好的温度和浓度的均匀性籽晶与坩埚应沿相反的方向旋转；通过降低提拉速率或熔体温度增加晶体的直径，直到达到所希望的直径；通过控制提拉速率和熔体温度，同时补偿随晶体生长下降的熔体表面，生长出直径均匀的晶体。

另外，提拉法在其发展过程中，得到了不断完善和改进，技术多样，有几项重大改进技术需要加以关注。如晶体直径的自动控制（ADC）技术不仅使生长过程的控制实现了自动化，而且提高了晶体的质量和成品率。液相封盖（LEC）技术和高压单晶炉技术可以生长那些具有较高蒸汽压或高离解压的材料。磁场提拉法（MCZ）技术是在提拉法中加一磁场，可以使单晶中氧的含量和电阻率分布得到控制和趋于均匀，已成功用于硅单晶的生长。导模法（E.F.G.）技术可以按照所需的形状和尺寸来生长晶体，使晶体的均匀性得到改善。

提拉法生长晶体发展到现在，各种无机晶体都可以成功制备。锗酸铋（$Bi_4Ge_3O_{12}$）单晶是一种重要的功能材料，广泛应用于高能物理及核医学等领域。徐洲采用电子称重中频感应加热提拉法生长锗酸铋单晶，经过长期的实验探索，在稳定原料混合和熔融均匀等工艺措施的同时，设计制作出具备小温度梯度（固液界面处 1℃/cm～4℃/cm）的温场结构，并随之确定合适的关键工艺参数，如拉速（0.5mm/h～3mm/h），转速（10r/min～40r/min）等，而且在锗酸铋单晶生长中对某些参数进行微调，确保晶体始终处在较平的固液界面状态下生长，从而提高晶体的内部质量，生长出 ϕ（40～50）mm×80mm（001）、（110）向锗酸铋单晶。

钆镓石榴石（$Gd_3Ga_5O_{12}$，简称 GGG）晶体是 YIG 理想的外延衬底材料，又是重要的激光基质材料。陶德节等人利用提拉法生长出了高质量的 GGG 晶体。具体工艺条件为：起始原料为高纯度的 Gd_2O_3（99.99%）、Ga_2O_3（99.99%）；晶体生长时采用 Ir 金坩埚，中频感应加热方式，炉内抽高真空后充以高纯氩气作为保护气体；采用（111）方向 YAG 晶体作为籽晶并通过缩颈工艺进行晶体生长以获得（111）方向 GGG 籽晶，之后以此籽晶进行生长；生长过程中采用直径自动控制程序，提拉速度为 5mm/h～6mm/h，转速 10r/min～20r/min。生长出的晶体直径在 35mm 左右，长度约 70mm，晶体呈无色透明、无气泡、无散射、不开裂、质量优良。

Nd^{3+}:YAG 晶体是指在晶体生长的过程中掺加了 Nd^{3+} 而生长出的钇铝榴石晶体，具有增益高、热学特性和机械性能优良的特点，特别是其优异的光学和激光性能而成为当前最重要的固体激光材料。侯恩刚采用三价 Nd^{3+} 离子置换晶体中的部分 Y^{3+}，用提拉法生长出了高光学质量的 Nd^{3+}：YAG 晶体，确定了 Nd^{3+}：YAG 晶体的生长工艺参数：温度为 2070℃～2100℃，提拉速度为 0.6mm/h 左右，转速 17.5rpm 左右，晶体棒长度为 140mm，最大直径为 40mm，晶体呈美丽的淡紫色。

提拉法生长晶体的主要优点有：

(1)在生长过程中，可以直接观察晶体的生长状况，这为控制晶体外形提供了有利条件。

(2)晶体在熔体的自由表面处生长，而不与坩埚相接触，能够显著减小晶体的应力并防止坩埚壁上的寄生成核。

(3)可以方便地使用定向籽晶和"缩颈"技术，得到不同取向的单晶体，降低晶体中的位错密度，减少镶嵌结构，提高晶体的完整性。

(4)能够以较快的速率生长较高质量的晶体。

总之，提拉法生长的晶体完整性很高，而其生长率和晶体尺寸也是令人满意的。但同时其也有缺点：

(1)一般要用坩埚做容器，导致熔体有不同程度的污染。

(2)当熔体中含有易挥发物时，则存在控制组分的困难。

(3)适用范围有一定的限制。

2. 坩埚下降法

该方法的创始人为 P. W. Bridgmen，论文发表于 1925 年。D. C. Stockbarger 曾对这种方法的改善作出了重要的推动，因此，这种方法也叫 B—S 方法。其基本原理是使熔体从高温区进入低温区，通过控制熔体的过冷度，获得单晶材料。因此这种方法的特点是让熔体在坩埚中冷却而凝固。凝固过程都是由坩埚的一端开始而逐渐扩展到整个熔体，在晶体生长初期，晶体不与坩埚壁接触，以减少缺陷。坩埚可以垂直放置，也可以水平放置，垂直放置的装置如图 6-16 所示。生长时，将原料放入具有特殊形状的坩埚里，加热使之熔化。通过下降装置使坩埚在具有一定温度梯度的结晶炉内缓慢下降，经过温度梯度最大的区域时，熔体便会在坩埚内自下而上的结晶为整块晶体。这个过程也可以让坩埚不动，结晶炉沿着坩埚上升，或两者都不动，通过缓慢降温来实现生长。生长装置中尖底坩埚可以成功地得到单晶，也可以在坩埚底部放置籽晶。对于挥发性材料要使用密封坩埚。为防止晶体粘附在坩埚壁上，可以使用石墨衬里或涂层。

在图 6-16 中所使用的结晶炉一般设计成由上、下两部分组成，上炉为高温区，原料在高温区充分熔化，下炉为低温区。为造成上、下炉之间有较大的温度梯度，上、下两炉一般分别独立控温，必要时可以在上、下炉之间加一块散热板。炉体设计是否合理，也是保证能否得到足够的温度梯度以满足晶体生长需要的关键。

坩埚下降法生长晶体的优点有：(1)由于把原料密封在坩埚里，减少了挥发造成的泄露和污染，使晶体的成分容易控制。(2)操作容易，可以生长长大尺寸的晶体，可生长的晶体品种也很多，且易实现程序化生长。(3)由于每一个坩埚中的熔体都可以单独成核，这样可以在一个结晶炉内同时放入若干坩埚，可大大提高成品率和工作效率。坩埚下降法生长晶体的缺点有：(1)不适宜生长在冷却时体积增大的晶体；(2)由于晶体在整个生长过程中直接与坩埚接触，往往会在晶体中引入较大的内应力和较多的杂质。(3)在晶体生长过程中难以直接观察，生长周期也比较长。(4)若在下降法中采用籽晶生长，如何使籽晶在高温区既不完全熔融,又必须使它有部分熔融以进行完全生长,是一个很难控制的技术问题。

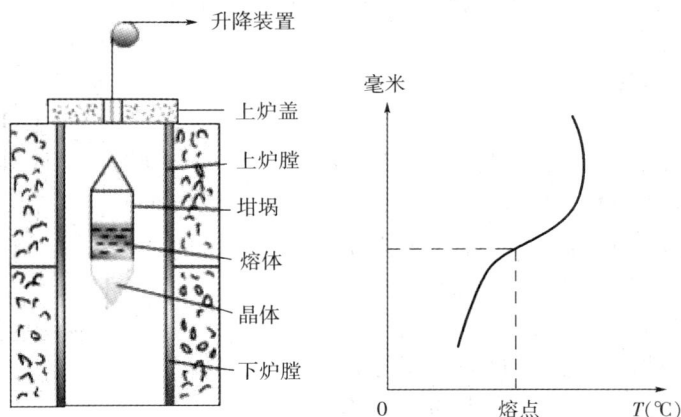

图 6-16　坩埚下降法示意图

　　这种方法主要用于生长碱金属和碱土金属的卤素化合物(如 CaF_2、LiF,NaI 等),也可用于闪烁晶体、光学晶体和其他一系列晶体材料的制备。下面给予几个实例,以期对这种方法的生长过程有更深的理解。

　　CaF_2 是一种非常重要的光功能晶体,具有良好的光学性能、机械性能和化学稳定性,可以用作光学晶体、激光晶体和无机闪烁晶体。在用坩埚下降法生长时,实验采用了特制的坩埚下降炉进行晶体生长,原料为 99.9% 的透明晶态颗粒原料,生长所用坩埚为多孔石墨坩埚,保温材料为复合碳纤维材料,控温仪表为日本岛电 FP23 型 0.1 级高精度 PID 调节数字控温仪,在坩埚下方有一可升降的下降杆带动坩埚进行下降生长,为了利于结晶潜热的释放,在下降杆内通冷却水,坩埚以 2mm/h～7mm/h 的下降速度下降,晶体生长在真空度达到 10^{-2} Pa 下进行,生长结束后以 40℃/h 的速度降至室温。为了防止生长的 CaF_2 晶体水解,装入 3wt% 的 PbF_2,以防止和消除 CaF_2 的水解,按照上述晶体生长条件和工艺方法,生长出了尺寸约为 $\phi 60 \times 200mm^3$ 完整无色透明,无宏观缺陷,无裂纹的晶体。

　　钨酸镉($CdWO_4$)单晶是综合性能优良的闪烁晶体材料,具有发光效率较高、余辉时间短,X 射线吸收系数大,抗辐照损伤性能强,材料密度大,无潮解性等特性,可广泛应用于核医学成像、安全检查、工业计算机断层摄影、石油测井、高能物理等技术领域,尤其在医用 X－Ray CT、集装箱检查系统领域具有非常重要的应用。宁波大学的肖华平等人于 2008 年首次报道了采用坩埚下降法生长钨酸镉单晶并成功生长出尺寸达 $\phi 40mm \times 70mm$ 的透明完整 $CdWO_4$ 单晶。具体工艺条件为:生长单晶时炉体温度为 1350℃～1400℃;固液界面温度梯度为 30℃/cm～40℃/cm;坩埚下降速率为 0.5mm/h～1.5mm/h。

　　硅酸铋($Bi_{12}SiO_{20}$,简称 BSO)晶体是一种宽带隙、高电阻率的非铁电立方半绝缘体,同时又具有电光、光电导、光折变、压电、声光、旋光等效应,是一种很有前途的多功能光信息材料,其制备方法主要有水热法和提拉法。上海硅酸盐研究所首次将坩埚下降法应用于 BSO 的生长并取得了初步成功。BSO 晶体的尺寸达到了 35mm×35mm×150mm,且晶体无核芯、应力小、位错密度低,没有提拉法生长的晶体中出现的生长条纹。他们采用电阻加热,用 DWK－702 精密温度控制仪控制炉温,通过热电偶来监测接种温度。生长过程中,炉温稳定性控制在±0.5℃以内,炉膛内轴线温度梯度为20℃/cm～30℃/cm,下降速度<1mm/h,坩埚中的熔体沿籽晶轴自下而上结晶,生长周期为10d～15d。

3. 晶体泡生法

该方法的创始人是 Kyropouls,他的论文发表于 1926 年。这种方法是将一根受冷的籽晶与熔体接触,如果界面的温度低于凝固点,则籽晶开始生长。为了晶体不断长大,就需要逐渐降低熔体的温度,同时旋转晶体,以改善熔体的温度分布。也可以缓慢上提晶体,以扩大散热面。晶体在生长过程中或生长结束时不与坩埚壁接触,这就大大减少了晶体的应力,不过当晶体与剩余的熔体脱离时,通常会产生较大的热冲击。图6

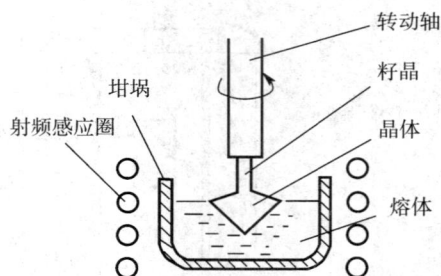

图 6-17　晶体泡生法示意图

-17为晶体泡生法示意图。70 年代以后,该方法已较少用于生长同成分熔化的化合物,而多用于含某种过量组分的体系,例如从含过量 K_2O 的熔体中生长 KNO_3 单晶,从含过量 TiO_2 的熔体中生长 $BaTiO_3$ 单晶等。用此法也可生长出直径达 500mm 的碱卤化物光学晶体以及直径在 65mm～85mm 之间的蓝宝石晶体棒。

4. 弧熔法

这是一种很少采用的晶体生长方法。该方法是将压结的粉末原料装入耐火砖槽内,插入料块中的石墨电极放电,使料块中心部分熔化,熔体由周围未熔化的料块支持,然后降低加热功率,晶体自发成核并长大。实际上这是一种无坩埚技术,唯一的污染来自电极。

该方法的优点是可以生长熔点很高的氧化物晶体(例如 MgO 晶体,熔点为 2800℃),且生长方法比较简单,迅速。该方法的缺点是投料多,晶体完整性差,生长过程也难以控制,因此使用很少,示意图见图 6-18。

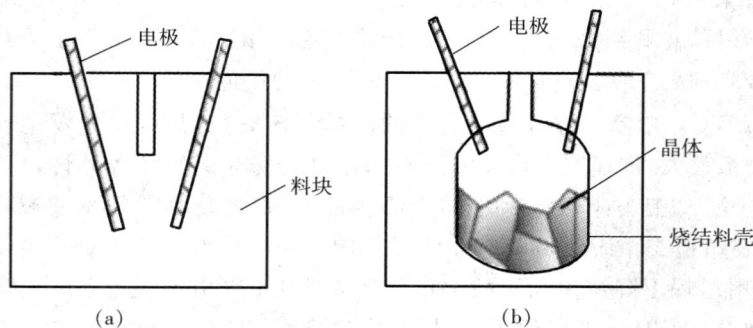

图 6-18　弧熔法示意图

5. 区熔法

区熔法的基本原理是将一个多晶材料棒,通过一个狭窄的高温区,使材料形成一个狭窄的熔区,移动材料棒或加热体,使熔区移动而结晶,最后材料棒就形成了单晶棒。这方法可以使单晶材料在结晶过程中纯度高,并且也能使掺质掺得很均匀。区熔技术有水平法、浮区法和基座法三种。

（1）水平区熔法

该种生长方法是由 W. G. Pfanm 创始的，论文发表于 1952 年。水平区熔法与水平 B—S 方法大体相同，不过熔区是被限制在一段狭窄的范围内，而绝大部分材料处于固态。随着熔区沿着料锭由一端向另一端缓慢移动，晶体的生长过程也就逐渐完成。该方法与正常凝固法相比，减小了坩埚对熔体的污染，并降低了加热速率。另外，这种区熔过程可以反复进行，从而可以提高晶体的纯度或使掺杂均匀化。这种方法主要用于材料的物理提纯，但也常用来生长晶体，如近化学计量比铌酸锂晶体以及部分难熔金属合金单晶等。生长装置如图 6 - 19。

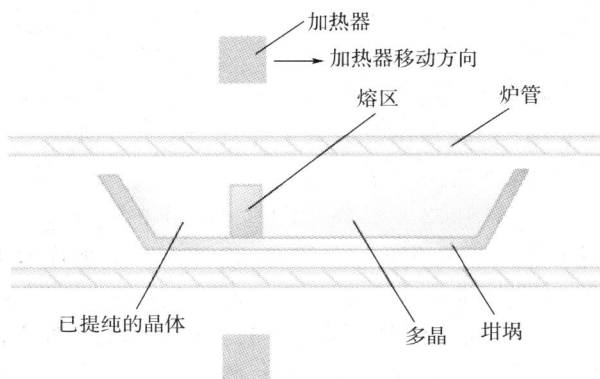

图 6 - 19　水平区熔法示意图

（2）浮区法

该方法可以认为是一种垂直的区熔法，是由 P. H. Keek 和 M. J. E. Golay 于 1953 年创立的。其生长装置如图 6 - 20 所示。将多晶试样两端保持垂直，在其中一小段上高温加热熔化形成熔融区，由一端到另一端移动高温加热装置形成单晶。一般要用籽晶或用有细颈的多晶，首先在籽晶与料棒之间形成一熔区，然后在籽晶、料棒一起旋转的情况下移动加热源，使熔区自下而上移动，完成单晶生长。常用的加热方法为高频加热、电阻丝加热和辐射加热，也可以用电子束和 CO_2 激光加热。该方法中，熔区的稳定性是非常重要的。在悬浮区中必须使熔区稳定而不塌落。熔区的稳定是靠表面张力与重力的平衡来保持，表面张力是指向熔体方向，使熔体区维持稳定和保持外形，而重力引起熔区塌落。熔区稳定条件与生长的材料性质及设备等密切相关。浮区法生长晶体要求材料要有较大的表面张力和较小的熔态密度，适用于熔点高于 1200K 的金属（特别是难熔金属，例如 W 单晶，熔点 3400℃）、氧化物、碱金属卤化物、碳化物和其他高熔点材料。此外，浮区法的优点是不需要坩埚、熔体仅与其本身的固体接触，污染可以降至最低限度。因此，特别适宜那些在熔点温度时具有非常强的溶解能力（或反应活性）的材料。此种方法对加热技术和机械传动装置的要求都非常

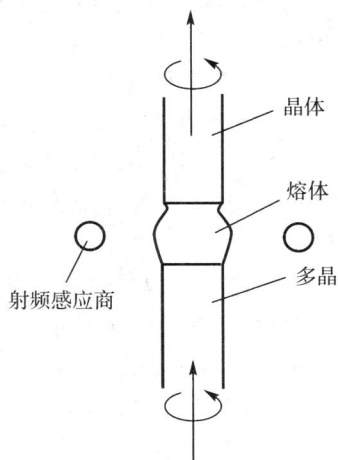

图 6 - 20　浮区法示意图

严格,但浮区法的生长过程容易观察。

（3）基座法

这种方法具有提拉法和浮区法的特点,但不使用坩埚,熔区仍由晶体和多晶材料支持。不同的是多晶原料棒的直径远大于晶体的直径。将一个大直径多晶材料的上部熔化,降低籽晶使其接触这部分熔体,然后向上提拉籽晶以生长晶体。基座法也是无坩埚技术的一种,用该方法曾成功生长了无氧硅单晶。生长装置如图 6-21 所示。

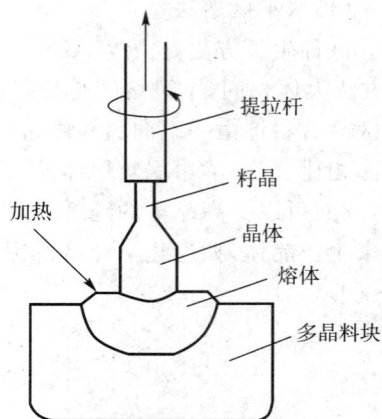

图 6-21　基座法示意图

6. 焰熔法

焰熔法最早是 1885 年由弗雷米(E. Fremy)、弗尔(E. Feil)和乌泽(Wyse)一起,利用氢氧火焰熔化天然的红宝石粉末与重铬酸钾而制成了当时轰动一时的"日内瓦红宝石"。后来于 1902 年弗雷米的助手法国的化学家维尔纳叶(Verneuil)改进并发展这一技术使之能进行商业化生产。因此,这种方法又被称为维尔纳叶法。由于这种方法结晶温度非常高(1500℃以上),与其他生长晶体的方法不同,不需要容器,所以适用于不便使用容器生长的晶体。焰熔法是工业化生长宝石晶体的主要方法。目前,红宝石、蓝宝石、金红石等人造宝石基本都是用这种方法生长的。

焰熔法是从熔体中生长单晶体的方法。其原料的粉末在通过高温的氢氧火焰后熔化,熔滴在下落过程中冷却并在籽晶上固结逐渐生长形成晶体。

下面结合焰熔法生长宝石的装置(图 6-22)对焰熔法合成晶体的生长过程做一介绍。一般焰熔法合成装置由供料系统、燃烧系统和生长系统组成,合成过程是在维尔纳叶炉中进行的。合成宝石所需原料三氧化二铝粉末通过焙烧铝铵矾来制备。如果合成红宝石,则需要加入少量的 Cr_2O_3 致色剂,添加量为 1%～3%,原料的粉末经过充分拌匀后放入料筒 2。用小锤 1 敲打 2 的顶部,震动粉料经筛网 3 而撒落下,氧气经入口 4 将粉料往下送,5 是氢气的入口,氢气和氧气在喷口 6 处混合燃烧,粉料经火焰的高温而熔化,落在炉体内的结晶杆上。由于炉体内腔有一定的温度分布,落下来的氧化铝熔层就逐渐结晶成宝石。如果要使宝石生长一定的长度,那就需要有下降机构把结晶杆逐渐下移。一般经 6 小时即可完成晶体生长,长出的晶体形态类似梨形,故称为梨晶。梨晶大小通常为长 23cm,直径 2.5cm～5cm。

焰熔法生长单晶材料与其他材料相比有如下优点：

（1）由于此方法生长单晶不需要坩埚,因此既节约了做坩埚的耐高温材料,又避免了晶体生长中坩埚污染的问题。

（2）氢氧焰燃烧时,温度可以高达 2800℃,故应用此方法能生长熔点较高的单晶。一般来说,熔点在 1500℃～2500℃之间,不怕挥发和氧化的材料都可以用这个方法来生长单晶。

（3）生长速率较快,短时间内可以得到较大的晶体,可以 10g/h 左右的速度生长出宝石,故这方法比较适合于工业生产。

（4）应用此方法可以生长出较大尺寸的晶体。例如,生长棒状的宝石,其尺寸可以达到 $\phi=15mm$～20mm,$l=500mm$～1000mm。还可以生长盘状、管状、片状的宝石。生长设备也比较简单。

这种方法主要缺点是：

(1)火焰中的温度梯度较大,一般情况下结晶层的纵向和横向温度梯度差别较大,生长出来的单晶质量欠佳。

(2)因为发热源是燃烧的气体,其温度不可能控制得很稳定。

(3)生长出的单晶位错密度较高,内应力较大。

(4)对易挥发或易被氧化的材料,就不适宜用此方法生长单晶体。

焰熔法经过一百多年的发展,除了可以生长种类繁多的宝石晶体之外,还可以生长 ZrO_2、SrO、Y_2O_3、$MgAl_2O_4$、$SrTiO_3$、NiO、$\beta-Ge_2O_3$、TiO_2、$CaWO_4$ 等多种晶体。例如,毕孝国等人以氯化锶和氯化钛为原料,采用控制水解法制备 $SrTiO_3$ 原料粉末,使用焰熔法生长了 $SrTiO_3$ 单晶体。晶体生长参数为:原料粉末粒度为 $-200+250$ 目,炉膛气氛的氢氧比 H/O 为 6.00,生长速度为 12mm/h,获得了直径 30mm,长 60mm 的单晶。采用高纯(99.995%)、超细的金红石(TiO_2)粉末为起始原料,用焰熔法制备了尺寸为 $\phi 30mm \times 50mm$ 的金红石单晶体。具体工艺条件为:采用 F2 炉膛,氢气流量为 $0.6m^3/h$,氢氧比为 1: $0.75 \sim 0.85$,轴向平均温度梯度 $9\Delta G_2 = 5.5℃/mm$,在氧气氛中退火。

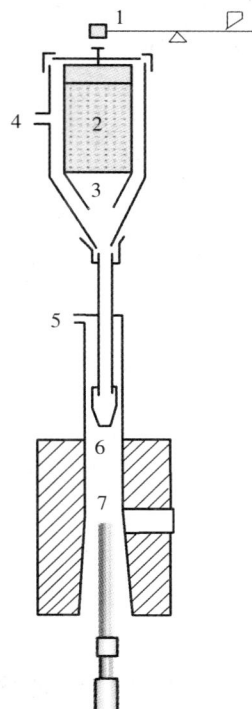

图 6-22　焰熔法示意图

7. 冷坩埚法

冷坩埚法是生产合成立方氧化锆晶体的方法。该方法是俄罗斯科学院列别捷夫固体物理研究所的科学家们研制出来的,并于 1976 年申请了专利。由于合成立方氧化锆的外观和钻石相似,无色的合成立方氧化锆迅速而成功地取代了其他的钻石仿制品,成为钻石首选的代用品。合成立方氧化锆易于掺杂着色,可获得各种颜色鲜艳的晶体,因此受到了宝石商和消费者的欢迎。1990 年统计,我国有近 90 台设备生产合成立方 ZrO_2,但单炉产量仅 10kg $\sim$15kg,年产量在 100t 左右。1998 年前后,我国首次合资兴建了合成立方 ZrO_2 生产厂,引进了每炉生长 120kg 合成立方氧化锆的先进设备,年产量超过 100t。现今,我国生产合成立方 ZrO_2 的厂家已超过 20 家,单炉产量最高可达 800kg,而国外据说单炉产量已达到吨级水平。

冷坩埚法的特点是晶体不在高熔点的金属坩埚生长,而是用原料本身作坩埚,使其内部熔化,外部则装有冷却装置,形成一层未熔壳,起到坩埚的作用。内部已熔化的晶体材料,依靠坩埚下降脱离加热区,熔体温度逐渐下降并结晶长大。冷坩埚技术用高频电磁场进行加热,而这种加热方法只对导电体起作用。冷坩埚法的晶体生长装置采用“引燃”技术,将金属的锆片放在坩埚内的氧化锆材料中,高频电磁场加热时,金属锆片升温熔融为一个高温小熔池(图 6-23),形成大于 1200℃的高温区,氧化锆在 1200℃以上时便有良好的导电性能,在高频电磁场下导电和熔融,并不断扩大熔融区,直至氧化锆粉料除熔壳外全部熔融。具体工艺过程如下:首先将 ZrO_2 与稳定剂 Y_2O_3 按摩尔比 9∶1 的比例混合均匀,装入紫铜管围成的杯,在中心投入 4g～6g 锆片或锆粉用于引燃。接通电源进行高频加热,约 8 小时后开始起燃。起燃 1min～2min,原料开始熔化,先产生了小熔池,然后由小熔池逐渐扩大熔区。

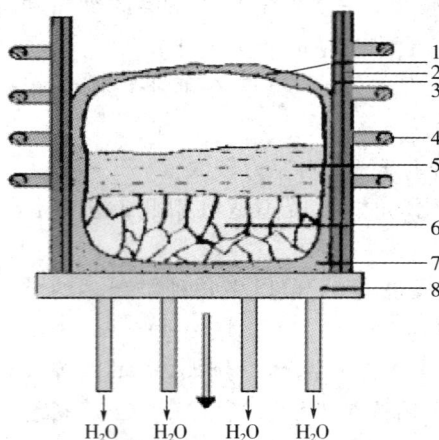

图 6-23　冷坩埚壳熔法生长晶体的装置
1. 熔壳盖;2. 石英管;3. 通冷却水的铜管;4. 高频线圈(RF);
5. 熔体;6. 晶体;7. 未熔料;8. 通冷却水底座

在此过程中,锆金属与氧反应生成氧化锆。同时,紫铜管中通入冷水冷却,带走热量,使外层粉料未熔,形成"冷坩埚熔壳"。待冷坩埚内原料完全熔融后,保持温度稳定 30min～60min。然后坩埚以每小时 5mm～15mm 的速度逐渐下降,坩埚底部温度先降低,在熔体底部开始自发形成多核结晶中心,晶核互相兼并,只有少数几个晶体得以发育成较大的晶块。晶体生长完毕后,慢慢降温退火一段时间,然后停止加热,冷却到室温后,取出结晶块,用小锤轻轻拍打,分离出合成立方氧化锆单晶体。整个生长过程约为 20 小时。

6.4　水热法在合成无机晶体中的应用

晶体的水热生长法是一种在高温高压下的过饱和水溶液中进行结晶的方法,这种方法的研究已有悠久的历史。"水热"一词最早由英国地质学家 Sir Roderick Murchison(1792—1871)提出,用来描述流体在高温高压下引起的地壳变化。地质学家最先开始水热研究,他们在实验室模拟地壳中自然水热现象,以便于更好地了解地质构造过程。现在的晶体水热法生长,是指利用高温高压下的水溶液使那些在大气下不溶或难溶的物质通过溶解或反应生成该物质的溶解产物,并达到一定的过饱和度而进行结晶和生长的方法。第一部水热研究的文章报道了石英晶体的合成,Daurree 第一次提出了衬管和反应釜间的压力平衡,Claire 首先报道了矿化剂的使用,Von Chroustshoff 第一次使用黄金衬管等,尽管早期这一系列的成果使水热研究有了长足的进步,但是人们的兴趣仅仅是模拟自然条件,试图合成天然存在的矿物,而并未对水热合成进行系统的研究。19 世纪水热研究也仅仅局限于法国、德国、瑞士和意大利。20 世纪各国科学家对水热体系进行了一系列基础研究,通过实验建立了压力和温度的关系,使用高纯的物质作为培养料,研究了二元和三元的相平衡。在这个时期,水热反应明确地作为一种重要的材料合成和应用技术得以应用,尤其是在单晶合成领

域。随着耐腐蚀高温高压容器制造技术的发展,水热反应的研究逐渐从地学领域跃入化学
领域。第二次大战期间,由于天然压电水晶来源紧缺,人们转而对水热合成水晶做了大量的
工作,1930 年~1940 年也被称为水热研究的"黄金时期"。由于 Franck,Seward 等人在溶
剂化学、结晶动力学、水热体系物理化学方面的成就,极大地推动了大尺寸晶体水热生长的
研究。20 世纪美国、苏联和日本逐渐成为开展水热研究的主要国家。后来,随着水热研究
的发展,水热反应可以在较低的条件下($T<500℃$、$p<100MPa$)进行,水热生长的商业应用
价值逐渐显现,这一研究领域得以拓展,显示了良好的发展态势,现在用水热法可以合成水
晶、刚玉、磷酸铝($AlPO_4$)、磷酸镓($GaPO_4$)、磷酸钛氧钾(KTP)、方解石、红锌矿、蓝石棉以
及钨酸盐和石榴石等上百种晶体。

6.4.1　石英晶体的水热合成

水晶俗称石英,是一种很有实用价值的压电晶体,它是制造无线电晶体元件,有线电话
多路通讯滤波元件以及雷达、声纳发射元件的理想材料。同时,水晶也是理想的光学材料,
可以用于制造光谱仪棱镜、光色仪棱镜以及检波片等。目前人造水晶基本都是采用水热法
制备的。在具体制备工艺中,各种制备条件的控制非常重要,这样才能获得高质量的石英
晶体。

(1)矿化剂选择

人工合成石英晶体,一般选用 NaOH、Na_2CO_3、KOH 和/或 K_2CO_3 等碱性试剂作矿化
剂。目前国内外多选用 NaOH、Na_2CO_3 或二者混合作矿化剂。如果为了生长低隧道密度
晶体,需选用优级纯 NaOH 作矿化剂。NaOH 在该晶体生长体系中大约有 50℃以上的亚
稳区,温度的波动对晶体的稳恒生长不会产生太大的影响,而 Na_2CO_3 有较快的生长速度,
亚稳区只有 17℃左右。所以,如果追求产量,减少生长周期,可选用或加入部分 Na_2CO_3 做
矿化剂。

(2)籽晶选取与加工处理

在晶体生长过程中,晶体沿着籽晶面逐渐长大,籽晶的缺陷往往要延伸到晶体中去,尤
其是引起腐蚀隧道的线位错和螺位错,很难自行消失,而且随着一代一代繁衍,这种缺陷会
逐渐增多。选取无位错单晶或者天然水晶作籽晶,是生长优质晶体的重要保证;晶体各原子
面的生长速度和排杂能力具有各向异性,正确的定向和生长面的合理选择,有利于杂质的排
除和隧道密度的减少;由于晶体切割工艺不同,加工过程对籽晶表面难免带来不同程度的机
械损伤,这种损伤如果不溶蚀掉,很容易影响晶体新生层的晶体结构。这一问题可以通过籽
晶处理或者利用升温期间的溶蚀解决。按照传统工艺,籽晶的预处理一般使用氢氟酸溶液,
由于氢氟酸对石英有很强的腐蚀性,掌握不好很容易在籽晶缺陷部位形成孔道,晶体生长时
延伸成缺陷,做器件时出现隧道。所以使用相对缓和的氟氢化氨作腐蚀剂则更容易掌握腐
蚀程度。

(3)晶体生长条件

按照晶体生长动力学理论,提高生长区的温度和体系的压力,有利于提高晶体的本征生
长速率;增加生长区与溶解区的温差;能够加快两者间溶液的质量输运,增大溶质在生长界
面的浓度梯度。Si—O 基团在晶体生长面上的排列与该基团的供应直接控制着晶体的实际
生长速率。实验证明,不足传质或过剩传质,都不利于晶格的完整性。合理的调整生长区的

温度、体系的压力和上下温区的温差，是生长优质晶体的重要条件。另外，保持温度的稳定性是生长高质量晶体的重要条件之一。

（4）升温程序

在开始升温时，体系的上部和下部都处于欠饱和状态，上部籽晶长时间浸泡在欠饱和的溶液中，会造成严重溶蚀，有时候会产生籽晶两面贯穿，经过严重溶蚀的籽晶长大以后，晶体内的缺陷较多。两面贯穿的籽晶，长大以后很容易开裂，但是，如果开始温差太大，上部籽晶来不及溶蚀掉切割造成的表面损伤，很快进入生长，则会使晶体出现较多的双晶。所以，升温过快或过慢，温差过大或过小，都会使晶体的质量下降。所以，保持合理的升温程序，对生长优质晶体是十分重要的。升温程序的设定，依赖于高压釜的加热方式、加热功率的分布、矿化剂的成分和浓度。

（5）加热与保温

过去生产石英晶体基本上都使用 Φ200mm 以下的小釜，它的生长区或者溶解区较短，生长中不太考虑上下部自身的对流问题。所以，大部分石英晶体生产企业，都采用两段保温。现在生产用釜长度都在 5m 以上，下部溶解区随着上部晶体的长大，料面会逐渐降低，如果要保持均匀的质量输运，尚需考虑下部的自身对流问题。造成溶解区合适的温度梯度，可以用改变加热功率分配的办法，也可以用改变保温的办法。

（6）生产工艺的编制和匹配

石英石的精选和清洗，籽晶的加工和腐蚀，高压釜和籽晶架的清洗和防护，水和试剂的纯度和准确计量等等，都直接影响生产工艺的实施和产品的质量。合理的编排工艺过程，合理掌握各工序之间的配合，同样是生产优质石英晶体的重要保证。

6.4.2　KTP 晶体的水热法生长

磷酸钛氧钾（KTiOPO$_4$，即 KTP）是一种具有优良性能的非线性光学晶体材料，它具有倍频系数高、温度稳定性好、强度高、机械和化学性质稳定等优点，

能够满足倍频材料所要求的大多数条件，被公认为 Nd∶YAG 激光器 1064nm 的最佳倍频材料，并获得广泛且重要的应用。目前，水热法成为生长 KTP 晶体的有效方法之一。采用如下水热条件的 KTP 晶体生长工艺，生长出了尺寸为 24mm×14mm×60mm 的 KTP 晶体。

（1）培养料的制备

将高纯试剂 K$_2$HPO$_4$、KH$_2$PO$_4$ 和 TiO$_2$ 以准确化学剂量比（3.26∶3.64∶1）在研钵中仔细研磨并混合均匀，放入铂坩埚中。将铂坩埚放入电炉中，升温至 1000℃，保温 10h，再按 5℃/h 的降温速度缓慢降温到 600℃。从电炉中取出铂金坩埚，将铂金坩埚内结晶析出的 KTP 晶体清洗干净并烘干。将烘干后的 KTP 晶体过筛，得到培养料。

（2）籽晶片的制备

KTP 晶体经 X 射线单晶定向仪确定（011）面后，在内圆切割机上按（011）方向切割成 1mm 厚的薄片，薄片在打孔机上打孔，再进行表面研磨、抛光等处理，烘干后得到籽晶片。

（3）晶体生长

KTP 晶体的生长是在高压釜中进行的，用阱式温差电阻炉加热。晶体的生长温度为 400℃～470℃，温差为 20℃～70℃，压力为 120MPa～150MPa，矿化剂溶液为 K$_2$HPO$_4$（2mol/L）＋KH$_2$PO$_4$（0.1mol/L）＋H$_2$O$_2$（1wt%）的混合水溶液，生长周期为 60d。生长出

的 KTP 晶体尺寸为 24mm×14mm×60mm，晶体各面发育良好，且无色透明。

6.4.3　ZnO 晶体的水热法生长

氧化锌为直接带隙宽禁带半导体材料，由于其具有优良的光电性能，预计在未来光电信息领域有着巨大的应用前景，目前在国际已掀起广泛的研究热潮。当前生长氧化锌单晶的方法主要有助溶剂法、水热法、气相法、坩埚下降法等，而水热法是目前生长 ZnO 较成熟的方法。另外，ZnO 为六方纤锌矿结构，一般条件下具有十分明显的极性生长特征，生长过程中可自发组织生成形状优美的各种晶形，因此各种工艺条件（如温度、矿化剂浓度、矿化剂种类等）对 ZnO 结晶形貌和生长质量都有影响。

在温度为 350℃和 430℃时，自发结晶合成了 ZnO 晶体，出现了粒度不同的多种晶体形态。温度为 430℃且矿化剂浓度为 1M 时，以 KOH 为矿化剂，得到一些几十微米的晶体；以 NaOH 为矿化剂，出现了几微米的小微晶；当矿化剂为 LiOH 时，得到几百纳米的 ZnO 晶体，形貌为不规则多面体。矿化剂浓度为 3M 时，以 KOH 为矿化剂，得到的最大孪晶长度为 1.5mm；以 NaOH 为矿化剂，得到的最大晶体长度超过 200 μm；以 LiOH 为矿化剂，得到线度为 1 μm～5 μm 的晶体，形貌不规则。矿化剂浓度为 5M 时，以 NaOH 为矿化剂，大双锥晶体长度接近 1mm；当矿化剂为 LiOH 时，生成几微米多种形貌的 ZnO 晶体。说明相对于 KOH 和 NaOH，纯 LiOH 碱性太弱不适于作为生长 ZnO 晶体的矿化剂；增加矿化剂浓度，营养料的溶解度提高，可以合成的较大晶体，同样有利于提高晶体质量。温度从 350℃提高到 430℃，KOH 浓度为 2M 时，大晶体从长度 4 μm 到 300 μm，结晶面显露得更多；KOH 浓度为 3M 时，结晶质量较好的大晶体从出现长度 100 μm 到出现长度 1.5mm；KOH 浓度为 4M 时，大晶体从出现长度 150 μm 到出现长度 600 μm，表面更平整。与 KOH 矿化剂类似，NaOH 浓度为 5M 时，大晶体从出现长度 500 μm 到出现长度 1.0mm，表面更平整。显示提高结晶温度，有助于晶核稳定和生长，有助于提高 ZnO 晶体的质量。

3M NaOH 和 3M LiOH 碱性矿化剂复合 1M KBr，430℃生长出的大晶体前者细长，长向尺寸超过 160 μm 而径向尺寸只有十几个微米，长径比约等于 10，后者长向、径向尺寸都超过 100 μm，长径比约等于 1，两者晶体负极面发育都不完全。说明加入 KBr 后，使显露 O^{2-} 的部位生长速度大大减小，由于影响程度的差异，对碱性强的 NaOH 为矿化剂更有利于正极面的生长，而对碱性弱的 LiOH 矿化剂更有利于除非负极面之外其他所有面生长。

6.4.4　BSO 晶体的水热法生长

BSO 晶体属于软铋矿类物质，最初由于其压电性能而备受关注，后来又因为一系列其他优异的性能而得以广泛研究。它是一种宽带隙、高电阻率的非铁电立方半绝缘体，同时具有光、电、声、磁等性能，是一种性能优良的光折变晶体。有很高的光折变灵敏度，因而在光信号处理方面大有用途，可用于光放大、相共轭补偿、全息存储、图像处理、实时体全息光学元件，空间光线调制器（PROM）等方面。在利用水热法生长大尺寸的 BSO 晶体时，一旦水热生长体系的温度压力等内部生长条件确定，在理想的生长条件下，晶体的数量和尺寸受培养料数量、容器大小和籽晶数目的限制，只需要稳定的温度控制，则非常易于连续稳定的生长性能优良的大尺寸晶体。

具体工艺过程为：称取一定量的 BSO 培养料放入黄金衬管底部，配制浓度约为 5mol/L

的 NaOH 溶液作为矿化剂溶液加入黄金衬管中,内填充度约为 60%～70%,外填充度约为 60%～70%。高压釜程序升温至 380℃左右,经过 20 天～30 天的生长周期,可以得到尺寸为 10mm×10mm×6mm³ 的无色 BSO 晶体。所得晶体为体心立方结构,晶体的显露面主要为(001)和(110)。当矿化剂体系的 NaOH 浓度小于 5mol/L,溶解区的温度低于约 380℃时,将不会有明显的生长现象;当矿化剂体系的 NaOH 浓度大于 5mol/L,溶解区的温度高于约 380℃时,将会有过快的成核生长现象。因而适宜的生长条件为 NaOH 浓度为 5mol/L,溶解区的温度约 380℃。同时要注意生长区和溶解区的温差,过大或过小的温度梯度都会影响晶体的质量。

6.4.5　其他晶体的水热合成

目前能用水热法合成的无机晶体材料种类繁多,无法逐一给予介绍,现把水热合成晶体的种类和合成条件列于表 6-6,合成方法可参考有关文献。

表 6-6　其他晶体的水热合成条件

晶体	溶剂浓度(mol/L)	结晶温度/℃	温差/℃
CdO	NaOH	400	10
PbO	NaOH	400	10
V_2O_3	H_2O	500～700	50
V_2O_4	1NaOH 或 1HAc	380	20
Fe_3O_4	$0.5NH_4Cl$	515	15
Fe_2O_3	$0.5NH_4Cl$	515	15
TiO_2	7%～10%KF,NaF	500～550	30
SnO_2	2NaOH	700	100
GeO_2	H_2O	450～700	45～100
ZnS	2NaOH	380	30
CaF_2	H_2O 或 $NaBO_3$	370	30
$NiFe_2O_4$	$0.5NH_4Cl$	475	
$ZnFe_2O_4$	NaOH	400	
$CaWO_4$	1NaOH	250	100
$CaMoO_4$	3%～15%NaOH	400～500	
$SrMoO_4$	3%～15%NaOH	400～500	
$Y_3Fe_5O_{12}$	1%～3%NaOH		
$Y_3Al_5O_{12}$	$8K_2CO_3$	550	
$Al_2O_3/Ti:Al_2O_3$	$1KHCO_3+1Na_2CO_3$	490	30～40
$KBe_2BO_3F_2$	$KF+H_3BO_3$	300～400	10～50
$Zn_{1-x}Cr_xO$	3NaOH	260	
BZT	0.2KOH	200	

参考文献

[1] 徐如人,庞文琴.无机合成与制备化学.北京:高等教育出版社,2001

[2] 张克从,张乐惠.晶体生长科学与技术.北京:科学出版社,1997

[3] 蒋民华.中国晶体生长和晶体材料五十年.功能材料信息,2008,5(4):11~16

[4] 宁桂玲,仲剑初.高等无机合成.上海:华东理工出版社,2007

[5] 张克立,孙聚堂,袁良杰等.无机合成化学.武汉:武汉大学出版社,2006

[6] 郑伟涛等.薄膜材料与薄膜技术.北京:化学工业出版社,2003

[7] 朱世富,赵北君.材料制备科学与技术.北京:高等教育出版社,2006

[8] 郑昌琼,冉均国.新型无机材料.北京:科学出版社,2003

[9] 江东亮等.中国材料工程大典.第9卷,无机非金属材料工程(下).北京:化学工业出版社,2005

[10] 郑燕青,施尔畏等.晶体生长理论研究现状与发展.无机材料学报,1999,14(3):321~332

[11] 蔡丽光,黄美松.人工晶体材料的生长技术.湖南有色金属,2008,24(3):29~31

[12] 张怀金,蒋民华.新型激光晶体材料研究进展.无机材料学报,2008,23(3):417~423

[13] 赵有文,董志远,魏学成等.升华法生长 A△ 体单晶初探.半导体学报,2006,27(7):1241~1245

[14] 李娟,胡小波,王丽等.升华法生长大直径的 SiC 单晶.中国有色金属学报,2004,14(S1):415~418

[15] 周增圻.化学束外延在光电子技术应用中的进展

[16] 谭春华.InP—SiO$_2$三维光子晶体的 MOCVD 法制备和表征.华南师范大学博士学位论文,2005

[17] P. M. Petroff, S. P. Denbaars. MBE and MCVD growth and properties of self-assembling quantum dot arrays in Ⅲ—Ⅳ semiconductor structures. Superlatt. & Microstruc. 1994,15:15

[18] 董鑫.MgZnO 薄膜材料的 MOCVD 法生长、退火及其发光器件研究.大连理工大学博士学位论文,2008

[19] 万松明,傅佩珍,吴以成等.助熔剂法生长 CaLa$_2$B$_{10}$O$_{19}$ 晶体.人工晶体学报,2002,31(5):432~435

[20] 李静,梁曦敏,徐国纲.助熔剂法生长 GaPO$_4$ 晶体.压电与声光,2007,29(6):695~696

[21] 潘世烈,吴以成,傅佩珍等.非线性光学晶体 BaBPO$_5$ 的生长、结构研究.人工晶体学报,2003,32(4):281~285

[22] 张书峰.新型紫外、深紫外非线性光学晶体材料合成、生长和性能的研究.中国科学院研究生院博士学位论文,2007

[23] 余雪松,岳银超,胡章贵等.顶部籽晶法生长大尺寸 CsLiB$_6$O$_{10}$ 晶体.人工晶体学报,2008,39(4):786~789

[24] 徐家跃.底部籽晶法:一种高温溶液晶体生长新方法.人工晶体学报,2005,34(1)

[25] 徐家跃. 新型弛豫铁电单晶 $(1-x)\mathrm{Pb}(\mathrm{Zn}_{1/3}\mathrm{Nb}_{2/3})\mathrm{O}_3 - x\mathrm{PbTiO}_3$ 生长的技术创新. 硅酸盐学报,2007,35(S1):82~88

[26] 徐洲. 提拉法生长大尺寸 $\mathrm{Bi}_4\mathrm{Ge}_3\mathrm{O}_{12}$ 单晶. 人工晶体学报,29(5):67

[27] 陶德节,郝根祥,闫如顺. 提拉法生长钆镓石榴石(GGG)晶体. 量子电子学报,2003,20(5):550~552

[28] 侯恩刚. 提拉法掺 Nd^{3+}:YAG 晶体的生长及性能研究. 中国地质大学,硕士学位论文. 2007

[29] 梁晓娟,叶崇志,廖晶莹等. CaF_2 掺杂钨酸铅晶体的生长与闪烁性能. 硅酸盐学报,2008,36(5):704~707

[30] 肖华平,陈红兵,徐方等. 钨酸镉单晶的坩埚下降法生长. 2008,36(5):617~621

[31] 徐学武,廖晶莹. 硅酸铋($\mathrm{Bi}_{12}\mathrm{SiO}_{20}$)晶体生长的研究进展. 无机材料学报,1994,9(2):130~139

[32] 毕孝国,黄菲,何凤鸣等. SrTiO_3 单晶体生长过程中的溢流问题. 人工晶体学报,2005,34(2):328~331

[33] 毕孝国,修稚萌,马伟民等. 金红石(TiO_2)单晶体的生长研究. 东北大学学报(自然科学版),2004,25(10):977~979

[34] 毕孝国,修稚萌,马伟民等. 大尺寸金红石(TiO_2)单晶体生长条件的实验研究. 人工晶体学报,2004,33(2):244~249

[35] 王立明,韦志仁,吴峰. 水热条件下影响晶体生长的因素. 河北大学学报(自然科学版),2002,22(4):345~350

[36] 韩建儒,周广勇,张树君等. 低腐蚀隧道密度压电石英晶体. 山东大学学报(自然科学版),2000,35(1):69~73

[37] 霍汉德,卢福华,覃世杰等. KTP 晶体的水热法生长与形貌研究. 超硬材料工程,2006,18(3):59~61

[38] 张华伟. 水热法合成 ZnO 晶体和蓝宝石晶体. 河北大学硕士论文,2004

[39] Sekiguchi T. Hydrothermal growth of ZnO single crystals and their optical characterization. J. Cryst. Growth,2000,214/215:72~76

[40] 刘超. 水热法生长无色 BSO 晶体. 中国科学院研究生院硕士学位论文,2008

[41] 陈振强,张戈,黄呈辉等. 祖母绿激光晶体的水热法生长. 无机材料学报,2002,17(6):1129~1134

[42] 宋词,张昌龙,夏长泰等. 水热法生长复合钛宝石激光晶体. 无机材料学报,2005,20(4):864~868

[43] 唐鼎元,叶宁,浦小杨等. 水热法生长 KBBF 单晶. 人工晶体学报,2008,37(6):1321~1324

[44] 苗鸿雁,李慧勤,谈国强等. 水热合成 $\mathrm{Zn}_{1-x}\mathrm{Cr}_x\mathrm{O}$ 稀磁半导体晶体. 无机材料学报,2008,23(4):673~676

[45] 胡嗣强,黎少华. 水热合成锆钛酸钡(BZT)固溶晶体的形成规律研究. 化工冶金,1996,17(4):304~309

第 7 章　非晶态材料的制备

凝聚态物质一般可分为晶态物质、准晶态物质和非晶态物质。晶体具有典型的有序结构，其根本特征是它的周期性；准晶体介于晶体和非晶体之间，具有长程的取向序列而没有长程的平移对称序列（周期性）；非晶体的原子在空间排列呈长程无序，并在一定温度范围内保持这种状态的稳定性，属于热力学亚稳结构。非晶体在结构上没有晶界与堆垛层错等缺陷，但原子的排列也不像理想气体那样的完全无序。

非晶态材料从组成上说，包括非晶态金属、合金、半导体、超导体、电介质、离子导体及普通玻璃等。从几何形态看，有非晶粉末、非晶薄膜以及大块非晶之分。非晶态材料物理化学性能比相应的晶态材料更佳，是目前材料科学中广泛研究的一个新领域，也是一类发展较迅速的材料。

本章将简单扼要地把非晶态材料的结构、形成规律、制备技术和某些应用作一阐述。

7.1　非晶态材料的结构

7.1.1　非晶态材料的结构特征

与晶体相比，非晶态固体具有如下结构特征：

（1）非晶态固体结构完全不具有长程有序，原子排列为长程无序的状态。晶体结构的根本特点在于它的点阵周期性。在非晶结构中，这种点阵周期性消失了，晶格、晶格常数、晶粒等概念也都失去了固有的意义。长程无序包括位置无序和成分无序两种情况。位置无序是指原子在空间位置上的排列无序，又称拓扑无序；成分无序是指多元素中不同组元的分布为无规则的随机分布。

（2）非晶态固体中存在着短程有序。同样这种短程有序通常也有两种情况，即组分短程有序和拓扑短程有序。前者是指非晶体中原子周围的化学组分与其平均值不同，后者则是指非晶体中元素的局域结构的短程有序。

（3）从热力学上讲，晶体结构处于平衡状态，而非晶态固体的结构则处于亚稳态（非平衡状态），后者有向平衡状态转变的趋势。但通常由于动力学原因，此种转变需要的时间很长，甚至难以实现。

人们对非晶态材料结构的认识远不如对晶体结构深入。目前的结构测定技术还不能精确测得玻璃和非晶合金原子的三维排列状况，只能以模型的方法加以描述和研究。这一类方法主要是从原子间的相互作用和其他约束条件出发，确定一种可能的原子排布，然后将模型得出的各种性质与实验结果相比较，来判断模型的可靠程度。不同的非晶态材料有不同的模型。目前对玻璃和非晶态的结构模型的研究尚未取得一致的方法。最具代表性的是微晶学说和无规则网络学说，而硬球无规则密堆学说则成为讨论非晶合金的一种主要模型。

此外,还有多面体无规则堆积和无规则线团结构学说等。

7.1.2　无机玻璃的结构

无机玻璃是采用液体急冷法制得的非晶态材料。有关玻璃结构的学说很多,但最主要的还是微晶子学说和无规则网络学说。

1. 微晶子学说

前苏联学者列别捷夫于 1921 年提出了微晶子学说。他在研究硅酸盐玻璃时发现,无论温度升高或者降低,当达到 573℃ 时,性质必然发生反常变化,而 573℃ 正是石英由 α 型向 β 型转变的温度。他认为玻璃是高度分散晶体(晶子)的集合体。瓦连柯夫等进一步研究证明,普通石英玻璃中的石英晶子平均尺寸为 1nm。之后又经其他学者的深入研究和完善得出微晶子学说,其要点如下:

(1)硅酸盐玻璃是由各种硅酸盐和二氧化硅等微晶体组成,玻璃中的金属离子和 SiO_4^{4-} 离子团或更复杂的硅氧阴离子团以一定的数量结合。

(2)这些微晶体不是正常晶格构造的晶体,而是原子有序排列的微区。为了与正常的微小晶体相区别,称这些微晶为晶子或微晶子。晶子的化学性质取决于玻璃的化学组成。

(3)晶子与晶子之间由无定形中间层相连,从晶子区到无定形区的过渡是逐步完成的,两者之间无明显界限。离开晶子部分越远,其不规则程度越大。也就是说,玻璃具有近程有序而长程无序的特性。

微晶子学说能很好地解释氧化物玻璃的结构,可以定性地解释非晶态材料的一些性质,如非晶态材料的密度常与晶态相近,衍射图形成弥散的环。但是微晶子模型可能与玻璃及非晶态的实际结构有着较大的差异,根据这种模型计算得到的径向分布函数 $g(r)$ 常与实验符合得不是很好,晶粒间界处原子的分布情况也不清楚。

2. 无规则网络学说

德国学者扎卡里阿森根据结晶化学观点,于 1932 年提出用三维无规则网络的空间构造来解释玻璃结构。他认为,凡是成为玻璃态的物质与相应的晶体结构一样,也是由一个三维空间网络所构成,这种网络是离子多面体(四面体或三角体)构筑起来的。晶体结构网络是由多面体无数次有规律的重复(周期性)而构成的,而玻璃中结构多面体的重复没有规律性。在无机氧化物玻璃中,网络是由氧离子多面体(如硅氧四面体、硼氧三角体等)构筑起来的。多面体中心总是被多电荷离子——网络形成离子(Si^{4+}、B^{3+}、P^{5+})所占有。氧离子有 2 种类型,即桥氧离子(属 2 个多面体)和非桥氧离子(属 1 个多面体)。网络中心过剩的负电荷则由处于网络间隙中的网络变性离子来补偿。这些离子一般都是低正电荷、半径大的金属离子,如 Na^+、K^+、Ca^{2+} 等。无机氧化物玻璃及石英晶体结构的二维示意图如图 7-1 所示。

由图 7-1 可以看出,多面体的结合程度甚至整个网络的结合程度都取决于桥氧离子的百分数,而网络改性离子则均匀而无序地分布在四面体骨架空隙中。

扎卡里阿森认为,玻璃和其相应的晶体具有相似的内能,并提出形成氧化物玻璃的 4 条规则:

(1)每个氧离子最多与两个网络形成离子相连;

(2)多面体中阳离子的配位数必须是小的,即为 4 或更小;

(3)氧多面体相互共角而不共棱或共面;

（4）形成连续的空间结构网要求每个多面体至少有三个角是与相邻多面体共用的。

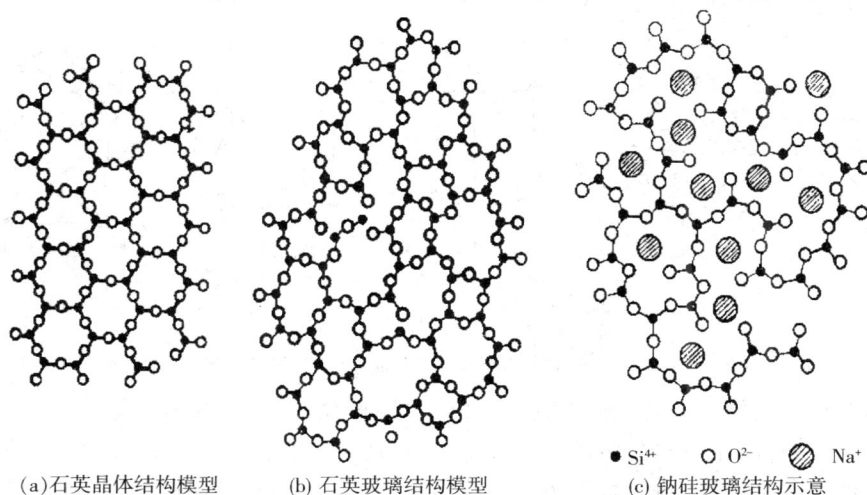

(a)石英晶体结构模型　　　(b) 石英玻璃结构模型　　　(c) 钠硅玻璃结构示意

● Si⁴⁺　　○ O²⁻　　◍ Na⁺

图 7 - 1　玻璃结构模型——无规则网络结构学说示意图

后来，瓦伦等利用 X 射线衍射的实验结果证实了扎卡里阿森的理论，并用傅里叶分析法等方法进一步研究了许多无机玻璃的结构，证明玻璃的主要部分不可能以方石英晶体的形式存在。而每个原子周围的原子配位，对玻璃和方石英来说都是一样的。

无规则网络学说强调了玻璃中离子与多面体相互间排列的均匀性、连续性及无序性。这些结构特征可以在玻璃的各向同性、内部性质的均匀性和随成分变化时玻璃性质变化的连续性等基本特性上得到反映。因此，网络学说能解释一系列玻璃性质的变化，成为玻璃体主要的结构理论。但是近年来的实验及研究发现，硼酸盐玻璃等具有分相与不均匀现象，说明了网络学说也有自身的局限性。

由上可以看出，微晶子学说和规则网络学说对于描述玻璃的结构，各有自己的特点和局限性。随着研究的深入，彼此都在发展。无规则网络学派认为，阳离子在玻璃结构网络中所处的位置不是任意的，而是存在一定配位关系的。多面体的排列也有一定的规律，并且在玻璃中可能不止存在一种网络（骨架），因而承认了玻璃结构的近程有序和微观不均匀性。同时，微晶子学派也适当地估计了晶子在玻璃中的大小、数量以及晶子与无序部分中的玻璃的作用，认为玻璃是具有近程有序（晶子）区域的无定形物质。两者比较统一的看法是：玻璃是具有近程有序、远程无序结构特点的无定形物质。目前双方对于无序与有序区的大小、比例和结构等仍有分歧，玻璃的结构理论还处在继续深入研究和发展之中。

7.1.3　非晶合金的结构

1. 硬球无规密堆模型

伯纳尔等人最早提出了硬球无规密堆模型，是为了模拟液态金属或分子液体几何结构而提出的。后来科亨和特思巴尔根据自由体积理论指出，伯纳尔模型也适用于非晶态金属和合金。该模型将所有原子看作紧密连接、难以压缩的刚性小球，它们在空间上无规排列而致密堆积，没有空隙以容纳多余的原子。伯纳尔观察硬球模型，并证实这种结构中存在周期性重复的晶体有序区。他提出无规密堆硬球模型由五种多面体组成,通常称为伯纳尔多面体(图 7 - 2)。多面体的顶点是球心位置,多面体的面多为三角形。

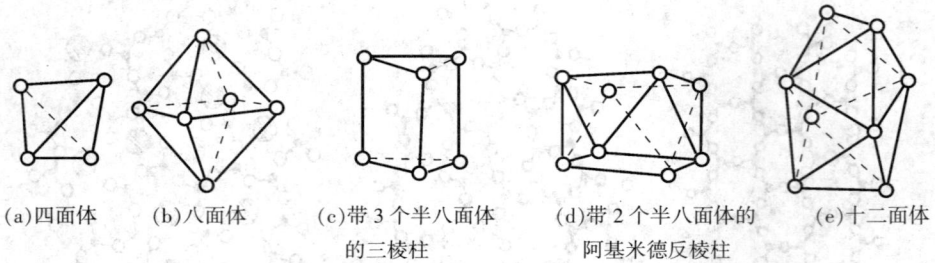

(a)四面体　(b)八面体　(c)带 3 个半八面体　(d)带 2 个半八面体的　(e)十二面体
　　　　　　　　　　　　　的三棱柱　　　阿基米德反棱柱

图 7 - 2　无规密堆硬球模型——伯纳尔多面体

(a)四面体;(b)八面体;(c)带 3 个半八面体的三棱柱;(d)带 2 个半八面体的阿基米德反棱柱;(e)十二面体

在这五种多面体中,前二种在密排晶体中也同样存在,但所占百分比不同。晶体中四面体比非晶少,而八面体比非晶多,这是非晶态结构的重要特征。后三种多面体为非晶态所特有。这三种类型的堆积方式,可以防止形成结晶。Cargill 利用这种模型计算得出一些非晶态金属(例如 NiP)的径向分布函数与实验结果相符。

无规密堆模型在一定程度上可以解释非晶合金材料中不会出现长程有序结构的原因。但是,由于根本不考虑相异原子间(特别是含有非金属元素的体系)化学键也即化学势的影响,忽略了化学短程序对材料内部结构的影响,具有一定的局限性。总体来说,硬球无规密堆模型过于简单化,它们可能代表非晶合金材料中一类基本结构单元,却不能描述完全的微观原子结构。

2. 空间无规网络模型

在金属-非金属非晶合金中,非金属原子往往占据各多面体空隙位置(如四面体空隙),从而产生类似于硅氧四面体的结构,在三维空间中无序延伸,并保持其近邻键长和键角不变,形成网状无规连接而体现非晶的长程无序性。Gaskell 用这种模型计算了 Pd - Si 非晶样品的径向分布函数,与中子衍射结果符合得很好。但这种模型可能在材料内部引入大量空洞,导致密度偏小,悖离了原子紧密堆垛原则,对大多数非晶合金材料的模拟计算还存在着局限性。

3. 微晶堆积模型

早些时候,Bragg 认为无序态合金的基本单元为各种微小晶粒,其尺寸在几个纳米以下,内部结构与对应晶体相似;同时,由于微晶是杂乱取向的,所以很难形成长程有序结构。结果表明,以此种模型来拟合非晶合金的原子结构,其径向分布函数与实验数据难以符合,位于微晶界面上的原子排布也很难做到杂乱取向。目前,一般认为该模型不适合阐述非晶合金的微观原子结构。

4. 团簇密堆模型

该模型认为由于原子与其近邻原子间具有拓扑连接和化学作用,从而形成了具有一定几何尺寸和对称性的多面体原子簇,即团簇,它们是构成非晶合金的基本结构单元,非晶合金的短程有序性主要来源于团簇内的拓扑和化学有序结构,有别于硅氧玻璃只以简单的四面体作为生长的基本结构单元,非晶合金以各种团簇作为基元进行致密堆积,从而呈现出长程无序性。由这种结构模型推导出来的团簇除了五种 Bernal 多面体,还包括很多其他多面体,如十八面体(带双长方体帽的阿基米德三棱柱)、二十面体和二十四面体等,它们一般都是原子数超过 10 的大型多面体,属于 Kasper 多面体或 Voronoi 团簇(Voronoi 团簇涵盖所有标准的和一些畸变的 Kasper 多面体,范围更广)。Kasper 多面体均可通过若干四面体紧密堆积形成。相比以原子作为结构单位进行无规密堆、只具备五种基本形式的 Bernal 多面体来说,该模型的多面体团簇种类繁多,团簇之间的连接方式十分丰富,可更详细地表述非晶合金的微结构信息。同时,团簇能形成密度较高、更加紧凑的空间排布。例如,在 $Zr_{41}Ti_{14}Cu_{12.5}Ni_{10}Be_{22.5}$ 等非晶合金体系中发现的二十面体团簇,具有五次高对称性,不会形成周期性长程排列的晶体,符合非晶短程有序而长程无序的结构原则。

7.1.4　非晶态的 X 射线散射特征

如前所述,和晶体相比,非晶态固体的结构是一种无序结构,但也不像气体那样完全没有规则,而是存在着短程有序。因此,采用怎样的方法来描述非晶态的结构是一个很重要也很复杂的问题。

晶态和非晶态物质的判定一般采用 X 射线衍射方法。图 7-3 用 X 射线衍射图给出了晶态和非晶态的区别。该图中的(a)、(b)、(c)分别是 SiO_2 晶体(方石英)、SiO_2 玻璃、硅胶 $[Si(OH)_4]$ 的 X 射线衍射图。图 7-3(a)显示出晶态物质的尖锐的衍射峰,而图 7-3(b)、7-3(c)在 $2\theta=23°$ 附近呈现出非常宽幅的散射峰,这是非晶态的特征散射谱。在晶体中能够看到尖峰,是由于原子规则排列构成了一定间隔的晶面,而在那些晶面发生了 X 射线衍射。如果原子排列不规则,就不能产生这样的衍射现象,而将会从相隔某种间距存在的原子对产生 X 射线散射,形成(b)、(c)所示的 X 射线散射谱。图 7-3(c)在 2θ 小于 $3°\sim5°$ 的小角能看到大的散射,被称为小角散射。它与原子排列无关,在数十埃以上的不均匀结构是由于密度的不同而引起的。

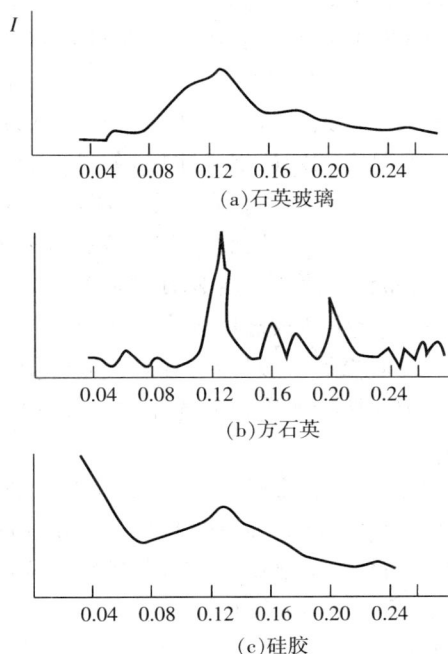

图 7-3　不同物质的 X 射线衍射图

7.2　非晶合金形成理论

对非晶合金形成过程的认识需要从结构、热力学和动力学等方面考虑。在非晶合金的发展历程中，Turnbull 的连续形核理论(CNT)在解释玻璃形成动力学和阐述玻璃转变的特征方面发挥了重要作用。根据 CNT 理论，Uhlmann 首先引入玻璃形成的相变理论。此后，Davis 将这些理论用于玻璃体系，估算了玻璃形成的临界温度。20 世纪 80 年代末，随着块体非晶合金的出现，玻璃形成理论又有了新的发展，主要有以 Greer 为代表的混乱法则和 Inoue 的 3 个经验规律。近年来，人们又进一步认识到合金过冷熔液的结构及其演化行为是决定非晶结构形成机制和玻璃形成能力的关键。

7.2.1　熔体结构与玻璃形成能力

当合金熔液冷到熔点以下时，就存在结晶驱动力。但是结晶是通过形核与核长大这两个过程来完成的，它们都需要合金组元按晶体相对化学及拓扑的要求进行长程输运和重排。合金组元的长程输运和重排需要一定时间，如果冷却速度足够快，那么就可以使组元的长程输运和重排来不及进行，从而抑制晶体相的析出，使合金熔液被过冷到很低的温度。过冷熔液的黏度随温度的降低不断增大，当黏度达到 $10^{13}\,\text{Pa}\cdot\text{s}\sim10^{15}\,\text{Pa}\cdot\text{s}$ 时，就形成了保留有液体原子结构的非晶态固体。

理论上，只要冷却速度足够快，所有的合金都能形成非晶态合金。另一方面，如果合金熔液中组元的长程输运和重排的阻力较大，那么较低的冷却速度也能使合金形成非晶态合金。不同的合金在形成非晶态合金时所需的临界冷却速度是相差很大的，其根本原因是它们的熔液结构及其演化行为存在很大的差异。

实际上，液态合金中的原子虽然不存在长程有序排列，但是，由于原子之间存在相互作用力，因此它们一般会形成短程有序原子团簇，其尺寸在 0.2nm～0.5nm 之间。短程有序团簇中，原子是通过范德华力、氢键、共价键或离子键这些方式结合在一起的。有些短程序是以化合物的形式结合存在的，具有一定的原子比例，如 $A_mB_nC_u\cdots$ 这类短程序称为化学短程序。对于成分较复杂的多组元合金，除了存在化学短程序外，还会由于不同组元的原子尺寸差别，通过原子的随机密堆垛方式形成几何短程序（或拓扑短程序）。如果这些短程序团簇中的原子排列方式与平衡结晶相中原子的排列方式相差较大并且短程序中原子之间结合力较强，那么，这些短程序团簇在合金从液态向固态的快速冷却过程中不论是单原子还是原子团的重排都变得相当困难，因而位形十分稳定，导致凝固时结构重排和组分调整的动力学过程变得极其困难，使合金原子无法按照平衡晶体相对化学及拓扑的要求进行长程重排，进而能够抑制晶体相的形核和长大。

目前的实验技术还无法直接研究合金过冷液体的结构，但是，由于非晶态合金可以看成是被"冻结"的合金熔液，因而，合金熔液的显微结构可以根据非晶态合金的显微结构推断出来。据此我们可以根据块体非晶合金的显微结构来分析什么样的合金具有高的玻璃形成能力(GFA)。

X 射线衍射分析（对径向分布函数、原子距离和配位数的试验测定和计算）表明，GFA 较低的传统非晶合金的局域原子构型在结构和化学成分上都与相应的晶体化合物相似，因此,对于这些合金来说冷却速度是抑制凝固过程中晶体相的形核与长大的最重要因素。与此相反,大块非晶合金(简称 BMGs)具有一种新型玻璃态结构,其特征是原子形成密度较高的随机密堆垛团簇。BMGs 的局域原子结构不同于相应晶态合金的局域原子结构,它们是长程均质的,相互之间存在吸引力。BMGs 在完全晶化前后的密度差一般为 0.3% ~ 1.0%,而需要极高冷速的传统非晶合金在完全晶化前后的密度差一般为 2% 左右。如此低的密度差数值也可以说明 BMGs 具有高密度的随机堆垛原子团簇。非晶合金晶化后,约化密度函数会发生变化,也就是说晶化对非晶合金的化学和拓扑构型存在显著影响,这说明晶化时组元原子必须进行长程重组,也说明非晶态的局域原子结构和晶态的是不一样的。正是 BMGs 形成合金的这种特殊局域原子结构决定了它们具有较高的玻璃形成能力。

Inoue 根据合金组元把 BMGs 分成三大类型,即金属-金属型、金属-类金属型和 Pd-类金属型。这三类 BMGs 的短程序原子团簇是不一样的。

对于像 Mg 基、La 基、Zr 基和 Ti 基等这样一些金属-金属型 BMGs 来说,高分辨率透射电镜、X 射线衍射以及中子衍射研究揭示这类玻璃呈现二十面体团簇这一显微结构。从二十面体团簇转变成二十面体相的临界尺寸是 8nm。这类 BMGs 在过冷液相温度范围内进行连续加热退火时,在温度较低的晶化初始阶段会析出二十面体准晶相(I 相),随着温度升高,I 相进一步转变成更稳定的晶体相。I 相的形成是由于非晶基体中存在二十面体团簇,它为 I 相的析出提供形核基地。由此,我们可以推断在金属—金属型 BMGs 形成合金的熔液中存在二十面体团簇这种局域原子结构。

熔液中处于非晶态的二十面体团簇(也叫二十面体短程序)为晶体相的形核增加了额外的热力学障碍和动力学障碍。其原因是,具有五重旋转对称性的二十面体团簇与具有平移对称性的正常晶体相是不匹配的,要想形成晶体相,二十面体团簇必须首先发生分解,然后,组元再进行相当规模的输运和重新分布才能满足析出晶体相所要求的化学和拓扑环境要求,而这些过程的发生必须要有足够大的能量起伏来支持,这就形成了额外热力学障碍。另外,高密度随机堆垛结构使得过冷液态中的自由体积大大减少,熔液的黏度较高,原子的可移动性大大降低,使得大规模的原子输运和重新排布非常困难,这就形成了额外动力学障碍。

对于 Fe 基、Co 基和 Ni 基这样一些金属-非金属型 BMGs,它们的局域原子结构一般呈现由三棱柱型的小原子团簇通过 Zr、Nb、Ta 或 La 系稀土等原子相互连接起来而形成的复杂网状原子构型。这一点可以从 Fe 基 BMGs 在晶化时形成晶格尺寸高达 1.1nm,单位体积中包含 96 个原子的复杂面心立方 $Fe_{23}B_6$ 初生晶体相而得到证明。虽然,网状原子构型中每个小的三棱柱型原子团簇内部由于金属原子和类金属原子之间强烈的键合作用而具有较高的结合强度,但是,整个网状构型的结合强度比二十面体团簇的强度要弱。因此,网状构型随着过冷度的增加比二十面体团簇更容易被分离,形成一个个的小原子团簇,导致团簇对组元原子的束缚能力降低。所以,Fe 基、Co 基和 Ni 基这些合金系虽然具有可观的 GFA,但是它们的 GFA 一般比 La 基、Zr 基和 Ti 基等合金系的 GFA 要低。

Pd 基 BMGs 的组元构成是不满足 Inoue 的 3 个经验准则的,因为 Pd-Cu 和 Pd-Ni 这两对原子之间的混和熔近乎为零,并且 Pd 原子与 Cu 原子或 Ni 原子之间的尺寸差小于10%。但是,Pd 基合金往往具有较高的 GFA,尤其是 $Pd_{40}Cu_{30}Ni_{10}P_{20}$ 合金,它的 GFA 在目前已知的 BMGs 中是最大的。结构研究表明 Pd-Cu-Ni-P 块体非晶合金的显微结构中包含两种尺寸较大的团簇化的结构单元。一种结构单元是由 Pd、Ni、P 构成的覆盖有三个半八面体的三棱柱团簇；另一种结构单元是由 Pd、Cu、P 构成的四角形二十面体团簇。这两种同时存在的、尺寸较大的、结构不同的原子团簇使得 Pd－Cu－Ni－P 合金的过冷熔液变得非常稳定，因而具有异常高的 GFA。其原因可以归结为团簇化结构单元中金属原子和类金属原子之间强烈的键合作用以及在这两种单元之间原子重新排布非常困难。

7.2.2　非晶合金形成热力学

从热力学角度来说，降低合金过冷液相的结晶驱动力，即液固自由能差 ΔG_{l-s}，可以提高合金的玻璃形成能力。利用热分析可以确定过冷液体与结晶固体相之间的 Gibbs 自由能之差，这可以通过对比热容差 ΔC_{l-s} 进行积分而计算出来，具体公式如下：

$$\Delta G_{l-s}(T) = \Delta H_f - \Delta S_f T_0 - \int_{T}^{T_0} \Delta C_P^{l-s}(T)dT + \int_{T}^{T_0} \frac{\Delta C_P^{l-s}(T)}{T}dT \qquad (7-1)$$

式中，ΔH_f 为温度为 T_0 时熔化焓；ΔS_f 为温度为 T_0 时的熔化熵；T_0 为液相与结晶相处于平衡时的温度。

由公式（7－1）可知，降低 ΔH_f 或提高 ΔS_f 都可以使得 ΔG_{l-s} 减小。由于熔化熵 ΔS_f 是和微观状态数成正比的，所以大的 ΔS_f 应该与多组元合金相联系。合金组元数的增加以及组元之间较大的原子半径差和大的负混和焓会使液态合金中原子的随机堆积团簇的数量和堆积密度都增加，而高密度的原子堆垛团簇有利于降低合金的熔化焓 ΔH_f。由此可见，"混乱法则"及 Inoue 的三个经验规则是有坚实的热力学基础的。

7.2.3　非晶合金形成动力学

非晶合金的形成可以看成是熔体冷到足够低的温度而未产生可以观测到的晶体相。Uhlmann 建议结晶相的体积分数值小于 10^{-6} 的合金可以被认为是非晶态合金。当结晶相的体积分数值 x 很小时，它与形核速率 I、生长速率 U 及时间 t 的关系可以用下面的方程表示：

$$x = \frac{1}{3}\pi I U^3 t \qquad (7-2)$$

假设合金熔液符合球形均质形核条件，则温度 T 时的均质形核速率 I 与线性生长率 U 可表示为：

$$I = \frac{NkT}{3\pi a_0^3 \eta} \exp\left[-\frac{16\pi}{3}\frac{\alpha^3 \beta}{T_r \Delta T_r^2}\right] \qquad (7-3)$$

$$U = \frac{fkT}{3\pi a_0^2 \eta}\left[1 - \exp\left(-\frac{\beta \Delta T_r}{T_r}\right)\right] \qquad (7-4)$$

式中，$T_r = T/T_l$——约化温度；

$\Delta T_r = 1 - T_r$

$\alpha = (NV^2)^{1/3}\sigma_{SL}/\Delta H_f$——约化表面张力；

$\beta = \Delta H_f / RT_l = \Delta S_f / R$——约化熔解焓；

k——玻尔兹曼常数；

N——阿佛加德罗常数；

a_0——平均原子半径；

T_1——合金液相线温度；

f——界面上原子优先附着或者移去的位置分数；

V——摩尔体积；

R——气体常数；

η——温度 T 时的剪切黏度

对于非晶来说，一般采用下列方程计算其黏度：

$$\eta = 10^{-3.3}\exp\left(\frac{3.34T_1}{T-T_g}\right) \tag{7-5}$$

Turnbull 等认为，在简化条件下，$\alpha = \alpha_m T_r$，其中 α_m 为一常数，是 $T=T_1$ 时的 α 值，取 $\alpha_m = 0.86$，此时均匀形核速率也可简化为：

$$I = \frac{K_n}{\eta}\exp\left[-\frac{16\pi}{3}\alpha_m^3\beta\left(\frac{T_r}{\Delta T_r}\right)^2\right] \tag{7-6}$$

式中，K_n 为形核速率系数。

将方程式(7-4)和(7-6)代入方程式(7-2)就可以计算出晶体相的体积分数达到 x 时所需要的时间 t：

$$t = \frac{9.32\eta}{kT}\left\{\frac{a_0^9 x}{f^3 N}\frac{\exp\left(\frac{1.024}{T_r^3\Delta T_r^2}\right)}{\left[1-\exp\left(\frac{-\Delta H_f\Delta T_r}{RT}\right)\right]^3}\right\} \tag{7-7}$$

根据式(7-7)，取 $x=10^{-6}$，可以绘出时间—温度—转变曲线，即 TTT 曲线。这样形成玻璃的临界冷却速度 R_c 就可以根据 TTT 曲线由下式进行计算：

$$R_c = (T_m - T_n)/t_n \tag{7-8}$$

式中：T_m 为熔点，T_n 和 t_n 分别是 TTT 曲线鼻尖处的温度和时间。

由式(7-7)可知，ΔH_f 越小或 η 越大，x 达到 10^{-6} 所需的时间就越长，也就是说 TTT 曲线越向右移，临界冷却速度就越低。符合 Inoue 三个经验规则的合金，其熔液中的原子容易形成结合力很强的、堆积密度很高的紧密随机堆垛团簇，而这些团簇的存在会使 ΔH_f 减小，使 η 增大，从而使临界冷却速度降低。所以 Inoue 的经验规则也是有动力学基础的。

7.3　非晶合金的形成规律

7.3.1　形成非晶合金的合金化原则

不同金属或者合金形成非晶的能力相差很远，人们在寻找新型块体非晶合金时，由于没有成熟的、定量的理论来指导实践，因此需要对大量的、不同的合金元素组合进行筛选，耗费巨大的人力和物力。所以,分析总结已知 BMGs 的组元构成规律显得很有必要。

Inoue 总结了块体非晶合金的组元构成规律,提出著名的有利于获得大的 GFA 的三条经验规则:(1)由 3 个或 3 个以上的元素组成合金系;(2)组成合金系的组元之间有较大的原子尺寸比;且满足大、中、小的原则,其中主要组元的原子尺寸比应大于 12%;(3)组元之间存在大而负的混和焓。但是,这三条法则太一般化了,对实际研究的指导作用不是很直接。

Egami 根据合金原子占据基体元素的晶格所引起的局域体积应变模型,推导出二元合金形成非晶结构所需的合金元素最低含量计算公式。Miracle 和 Senkov 对 Egami 的理论进行了完善,认为合金原子依据尺寸大小按不同百分比分别占据基体元素的晶格位置和间隙位置,并且提出了一个新的最低含量计算公式。Egami 后来将其理论推广到多组元合金系,提出 BMGs 形成合金的组元构成应该具有以下四个特点:(1)组元原子的尺寸差较大;(2)组元数目较多;(3)原子半径小的组元与原子半径大的组元之间存在强烈的相互吸引;(4)原子半径小的不同组元之间存在强烈的相互排斥。

Senkov 和 Scott 定义了原子尺寸分布曲线(ASDP 曲线,横坐标为合金原子与基体原子的半径比,纵坐标为合金原子的摩尔百分数),研究发现传统非晶合金(临界冷却速度大于 10^3 K/s)的 ASDP 曲线是开口向下的,而块体非晶合金(临界冷却速度小于 10^3 K/s)的 ASDP 曲线是开口向上的。

我国学者董闯教授发现 Zr 基块体非晶合金的最佳成分点在相图上位于等电子浓度面和等原子尺寸面的交线上,即符合“等电子浓度＋等原子尺寸”准则。

Li 等提出某合金体系能够形成块体非晶合金的成分与该合金的深共晶区成分密切相关,因为存在深共晶区的合金可以过冷到较低温度而不发生结晶,因而 GFA 较高。他将深共晶成分区分为对称(symmetric)和非对称(asymmetric)共晶区两种类型。对于具有对称共晶区的体系,其最佳非晶成分即为共晶成分;对于非对称共晶系,其最佳非晶成分会偏离共晶成分,在相图上会偏向具有较大熵变的液相线一边,即液相线较陡的一侧。

Inoue 根据合金组元原子尺寸的差别、组元间的混和焓以及组元元素在元素周期表中的周期数,在前述的三大类基础上,将目前已经发现的 BMGs 进行了详细分类,形成 G1～G7 这七个组别。每个组别的组元构成如下。

G1 组:ETM/Δ-LTM/BM-Al/Ca,典型合金代表为 Zr/Δ-Al-Ni/Cu、Zr/Δ-Al-Ni-Cu、Zr-Ti-Al-Ni-Cu 以及 Zr/Δ-Ga-Ni;

G2 组:ETM/Δ-LTM/BM-类金属,典型合金代表为 Fe-Zr/Hf-B、Fe-Zr-Hf-B、Fe-Co-Δ-B、Co-Zr-Nb-B 以及 Co-Fe-Ta-B;

G3 组:Al/Ga-LTM/BM-类金属,典型合金代表为 Fe-(Al,Ga)-类金属;

G4 组:IIA-ETM/Δ-LTM/BM,典型代表合金为 Mg-Δ-Ni/Cu、Zr-Ti-Ni-Cu-Be、Ti-Cu-Ni-Sn-Be 以及 Zr-Ti-Cu-Ni-Sn-Be;

G5 组:LTM/BM-类金属,典型代表合金为 Pd-Ni-P、Pd-Cu-Ni-P 以及 Pt-Ni-P;

G6 组:ETM/Δ-LTM/BM,典型代表合金为 Cu-Zr-Ti、Ni-NbTa/Sn、Ti-Zr-Cu-Ni、Ti-Ni-Cu-Sn 以及 Ti-Cu-Ni-Mo-Fe;

G7 组:IIA-LTM/BM,典型代表合金为 Ca-Mg-Cu/Zn。

前述中,ETM、LTM 和 BM 分别表示前过渡族金属、后过渡族金属和ⅢB 及ⅣB 族中的金属(In、Sn、Tl 以及 Pb)。ⅡA 表示碱金属，△ 表示 La 系稀土金属。

不同组别中的合金组元构成特点是不同的。对于 G1、G5 和 G7 组中的合金，基体元素的原子半径最大，具有最大负混和焓的原子对由基体元素和其他组元元素构成；对于 G2 和 G4 组中的三元合金及 Mg 基多元合金，基体元素的原子半径居中，具有最大负混和焓的原子对与基体元素无关。G3 的合金至少具有 6 个组元，其中基体组元的原子半径居中间大小，并且和比它原子半径小的一个组元构成具有最大负混和焓的原子对。这个规律也适合于 G4 组中的 Zr 基和 Ti 基多元合金。对于 G6 组中的三元合金，基体组元的原子半径最小，而对于本组中的多元合金，基体组元的原子半径却是最大。但是，不管是三元还是多元，具有最大负混和焓的原子对都是由基体元素和其他组元元素构成的。

以现有的具有较高 GFA 的合金成分为基础，选择具有相似化学性质的同族元素部分替代原合金中的某一组元，可以得到 GFA 更高的多组元 BMGs 形成合金。Inoue 发现，选择替代元素时应该优先考虑元素的周期数差别，这个差别比原子尺寸的差别更重要。Inoue 关于 BMGs 的分类以及对各个组别中组元构成规律的总结有助于我们在开发新的 BMGs 时选择正确的合金化元素，因而具有重要的理论和实用价值。

7.3.2　合金的玻璃形成能力判据

不同的合金体系在凝固过程中被过冷到玻璃转变温度以下的难易程度是不同的，也就是说不同合金系的玻璃形成能力是不同的。GFA 在本质上是由合金内在物理性质所决定的。人们在研究便于使用、简单可靠的 GFA 表征参数方面做了大量工作，提出了各种各样的 GFA 表征参数或判据。

根据过冷液体相区球状晶体的均匀形核和长大理论，对于 GFA 来说，有几个因素起主要作用：

① 临界冷却速度 R_c 是公认的表征 GFA 最重要的参数。合金的 GFA 越强，那么其获得非晶态所需的 R_c 就越小。它被定义为刚好避开 CCT 曲线或 TTT 曲线鼻尖时的冷却速率。

$$R_c = (T_m - T_n)/t_n \tag{7-9}$$

式中，T_m 为熔点，t_n 和 T_n 分别为鼻尖处所对应的时间和温度。

② 第二个表征 GFA 的参数是约化玻璃转变温度 $T_{rg}(T_{rg}=T_g/T_m)$，其中 T_g 为玻璃化转变温度，T_m 为合金熔点。Uhalmann 指出 T_{rg} 来源于对 T_g-T_m 温度区间内黏度的要求。只有在冷却过程中，黏度随温度下降的增长率足够大，才能使金属原子没有足够时间重排，抑制结晶，获得非晶态。一般认为，在 T_g 温度黏度等于常数($\eta=10^{13}\,p$)，而且 T_{rg} 越大，在 CCT 曲线或 TTT 曲线鼻尖处 η 值越高，则 R_c 越低。

③ 过冷液相区宽度 $\Delta T_x(\Delta T_x=T_x-T_g)$ 作为 GFA 的经验判断，它表示非晶合金被加热到高于温度时，其反玻璃化的趋势。也是衡量非晶合金热稳定性的重要指标。一般来说，ΔT_x 越大，热稳定性越好，GFA 越强。

综上所述，得到强玻璃形成能力的主要因素有两个：① 高 T_g/T_m；② 大 ΔT_x。

1. 临界冷却速率 R_c

Takeuchi 等考虑非晶态合金形成时各组元间的混合热和原子尺寸差的影响，对 Sarjeant 和 Roy 提出的氧化物玻璃的 R_c 表达式进行修改,得出形成非晶合金的临界冷却速率:

$$R_c = Z \frac{k T_m^2}{a^3 \eta_{T=T_m}} \exp \left[0.75 \left(\frac{\Delta H - T_m \Delta S^{\text{ideal}}}{300R} \right) - 1.2 \left(\frac{T_m S_\sigma}{300R} \right) \right] \quad (7-10)$$

式中,Z 为常数,k 为 Boltzmann 常数,R 为气体常数,a 为原子间距,$\eta_{T=T_m}$ 为熔点的黏度,ΔH 为混合焓,ΔS_{ideal} 为理想位形熵,S_σ 为错配熵。

经分析、计算可知:①T_m^2/η 项对 R_c 具有重要作用,低的熔点温度和高的熔点粘度明显降低 R_c 值;②具有负混合热的多组元系使 R_c 降低 2～7 个数量级;③原子尺寸比大于 12% 的合金系使 R_c 降低 1～2 个数量级。

R_c 判据比较直观,但计算复杂,而且很难直接测试。

2. 约化玻璃转变温度 T_{rg}

T_{rg} 是由 Tumbull 首先在研究过冷液态合金形核时提出来的,他定义:$T_{rg} = T_g/T_m$,其中 T_g 为玻璃化转变温度,T_m 为合金熔点,比值愈大,愈易形成非晶。

Lu Z P 等认为,随溶质原子浓度的增加,液相线温度 T_l 的变化比固相线温度(熔点温度)T_m 更加明显,特别是在共晶成分附近。与 T_g/T_m 相比,形成非晶的临界冷却速率 R_c 与 T_g/T_l 之间的对应关系更明显。因此,用 T_g/T_l 代替 T_g/T_m 来定义约化玻璃转变温度 T_{rg},能更好的反映 Zr 基、Mg 基、Pd 基、Re 基等大块非晶的玻璃形成能力。

对于在晶化前不出现玻璃转变和过冷液相区的非晶合金,可用 T_x 代替 T_g 来计算 T_{rg} 值,T_x/T_m 越大,玻璃形成能力越强。

T_{rg} 值较好地反映了合金的玻璃形成能力,应用也比较普遍,但对 Ca 基、Sr 基及 Ba 基合金系的玻璃形成能力则难以解释。此外,在 $Pd_{40}Ni_{40-x}Fe_xP_{20}$($0 \leqslant x \leqslant 20$)、Fe-(Co,Cr,Mo,Ga,Sb)-P-B-C、$Mg_{65}Cu_{15}M_{10}Y_{10}$(M=Ni,Al,Zn,Mn)、Mg-Cu-Gd 等大块非晶合金中,也发现 T_{rg} 值与合金的玻璃形成能力并不完全一致。这说明决定玻璃形成能力的因素是比较复杂的。

3. 过冷液相区宽度 ΔT_x

非晶态合金晶化时的过冷液相区 $\Delta T_x = T_x - T_g$。由于块体非晶合金多组元之间较大的原子尺寸差及负的混合热作用,使晶化相的形核与长大被抑制,从而导致合金在晶化前出现明显的玻璃转变和稳定的过冷液相区。一般,ΔT_x 越大,形成非晶所需的临界冷速 R_c 越小,玻璃形成能力越强。

实验表明,合金的玻璃形成能力与 ΔT_x 之间并不存在必然的联系。在研究玻璃形成能力时仅仅考虑过冷液体的稳定性是不够的,结合与玻璃相相互竞争的晶体相的稳定性或许能给出更合理的解释。另外,对于一些不具有过冷液相区的非晶态合金,其玻璃形成能力则无法用 ΔT_x 来表征。

虽然 ΔT_x 有一定的局限性,但其简单明了,与其他指标(如 T_{rg}、γ 等)结合使用可较好地说明大块非晶的玻璃形成能力。同时,ΔT_x 的大小对于大块非晶的超塑性变形和加工具有非常重要的意义。

4. γ 判据

Lu Z P 等通过对非晶合金的形成及其晶化过程分析,提出了表征玻璃形成能力的新指标,即:

$$\gamma = T_x / (T_g + T_l) \tag{7-11}$$

通过对 49 种大块非晶及普通非晶合金的分析表明,γ 值与合金的玻璃形成能力有很好的对应关系,可靠性优于 T_{rg} 判据,且简单易测,并成功表征了 $Pd_{40}Ni_{40-x}Fe_xP_{20}(0 \leqslant x \leqslant 20)$ 合金的玻璃形成能力。但有资料表明,与 $Ca-Mg-M(M=Cu,Ni,Ag)$ 系合金相比,$Ca_{65}Mg_{15}Zn_{20}$ 具有最强的玻璃形成能力,但其 γ 值却不高。

应用回归分析法,得出过冷液体临界冷速 R_c 以及试样临界截面厚度 W_c 与 γ 之间的关系式:

$$R_c = 5.1 \times 10^{21} \exp(-117.19\gamma) \tag{7-12}$$

$$W_c = 2.08 \times 10^{-7} \exp(41.70\gamma) \tag{7-13}$$

5. 参数 δ

2006 年,Chen 等人根据经典形核与核长大理论,结合使临界冷却速度最小化这一思想,提出一个表征合金 GFA 的新参数 δ:$\delta = T_x / (T_l - T_g)$。合金的 δ 越大,其 GFA 越强。统计分析表明 δ 和 R_c 及 W_c 之间的关系比 T_{rg} 和 γ 更紧密,因而比它们更能准确地反映合金的 GFA。

6. 参数 Φ

Fan 等人根据合金熔液的脆性理论,结合形核与核长大理论模型,提出一个表征合金 GFA 的最新参数 Φ,其数学表达式为:

$$\varphi = T_{rg}\left(\frac{T_x - T_g}{T_g}\right)^{0.143} \tag{7-14}$$

参数 Φ 包括了参数 T_{rg} 和 ΔT_x,因而能比这两个单独参数更好地反映合金的 GFA。另外,参数 Φ 不仅适用于金属玻璃,也同样适用于氧化物玻璃和高分子玻璃。但是对于不同的玻璃体系,式(7-14)右边的指数要发生变化。

7.3.3　影响玻璃形成能力的因素

1. 原子尺寸效应

Egami 对含有 2 个不同原子尺寸元素的二元固溶体(化学上随机的固溶体),采用弹性连续体方法对局部应变效应进行简单分析,发现当小原子(A 原子)的浓度达到与原子尺寸比率 R_A/R_B 有关的临界值 C_A^* 时,固溶体在拓扑上变得不稳定。根据简单的近似,A 原子在 B 基体中的最大浓度为:$C_A^* = 2\lambda R_B^3 / (R_B^3 - R_A^3)$,同样 B 原子在 A 基体中的最大浓度为:$C_B^* = 2\lambda R_A^3 / (R_A^3 - R_B^3)$,式中 λ 是一个常数。二元合金中有利于玻璃形成的体系是:$C_B^* C_B 1 - C_A^*$,其中 $\lambda \approx 0.07 - 0.09$。当竞争的晶体固溶体变得不稳定时将形成非晶相,玻璃形成的成分边界就相应于竞争固溶体的开始失稳。组元之间具有较大原子尺寸差的合金有利于玻璃的形成,非晶相的热稳定性和合金的玻璃形成能力与合金组元的可动性有关,非晶合金抵抗晶化的热稳定性与固态原子扩散有关。扩散是以原子跳跃的方式进行的,可以由 Arrhenius 扩散描述;而合金的玻璃形成能力与液态的原子扩散有关。对于液态,由于原子有更大的平均自由体积,扩散更多地依赖于合金熔体的黏度,原子扩散系数与熔体的黏度成反比,因此固态和液态的原子扩散系数会显示不同的原子尺寸效应。研究表明,Zr-Al-Ni-Cu 合金的过冷液体中由于 Al 的原子尺寸较大,Al 的原子扩散系数比 Ni 小 3 个数量级,而在更高的温度,它们的扩散系数趋于一致。$Zr_{46.75}Ti_{8.25}Cu_{7.5}Ni_{10}Be_{22.5}$(V4)合金的准弹性中子散射试验证实,液相线温度以上各组元的原子扩散系数差小于一个数量级。因此,与固态原子扩散相比,高温时液态原子扩散与原子尺寸的关系较弱。然而,对于玻璃形成合金,当过冷到液相线温度以下时,合金熔体在热力学上是不稳定的,过冷液体的黏度与温度有密切的关系,即随温度的降低而迅速增加,导致原子的扩散行为在相当高的温度由类液态向类固态转变。当 V4 合金的过冷液体从液相线温度 1026K 冷却至 850K 时,不能用类液态的原子扩散描述,但可以由 Arrhenius 扩散很好地描述。因此,合金的原子尺寸因素对玻璃形成能力有非常重要的影响。而 Al 基非晶合金或别的非共晶玻璃形成合金,在迅速过冷到玻璃态时,亚稳的液体必须在液相线温度以下经历相当宽的一段温度范围,因此 Al 基非晶合金过冷液体的黏度随温度降低而增加的速度低于块体玻璃形成合金。在一个相当大的温度范围内,Al 基非晶合金过冷液体中类液态的原子扩散是主要的。与共晶玻璃形成合金相比,Al 基非晶合金中组元的原子尺寸对熔体的原子扩散,也就是对合金玻璃形成能力的影响较弱。

2. 混合热

对于二元合金系,两个组元混合产生的系统自由能改变为 ΔG_{mix},其值由式 $\Delta G_{mix} = \Delta H_{mix} - \Delta S_{mix}$ 得出,其中 ΔH_{mix} 为组元之间的混合热,ΔS_{mix} 为混合前后的熵变。ΔS_{mix} 大于0,当 ΔH_{mix} 为较大的负值时,系统的吉布斯自由能总是降低。因此,合金中组元之间在液态存在大的负混合热时可以降低合金熔体的吉布斯自由能,从而稳定过冷液体。Chen 和 Park 通过计算 Pd-Cu-Si 体系中各组元的偏摩尔体积,发现玻璃合金中 Si 的偏摩尔体积比纯 Si 小,但是仅比 Cu-Si 固溶体和 PdSi 晶体中 Si 的偏摩尔体积略小,因此玻璃合金中 Si 的电子部分填充到 Pd 原子的 d 轨道上,所以玻璃态合金具有短程有序的结构。因此组元之间的化学键对金属玻璃的形成与稳定是重要的。

3. 黏度

黏度(η)是决定过冷液体中均质形核和长大的动力学参数,η 与 T_{rg} 密切相关。合金熔体黏度的提高导致原子扩散的激活能增加,阻碍晶体的形核和长大,增强合金的玻璃形成能力。合金熔体的黏度与温度的关系,在 $10^{-2} \sim 10^{-7}$ 泊松的范围内可以由 Fulcher 公式很好地描述:

$$\eta = A\exp\left(\frac{B}{T - T_0}\right) \tag{7-15}$$

式中,A,B 为与材料有关的参数;T 为温度,K;T_0 为 VFT 温度,K。

大部分液体,如:水、酒精、水银,在室温的黏度是 10^{-2} 泊松的数量级。

7.4　非晶材料制备技术

与晶态材料相比,非晶态材料的基本特征是其构成原子在很大程度上的混乱排布,体系的自由能比对应的晶态要高,处于热力学上的亚稳态。因此,获得非晶态材料必须解决下述两个关键问题：①形成原子的混乱排布。②将这种热力学上的亚稳态在一定的温度范围内保存下来，使之不发生向晶态的转变。基于以上两点，人们开发出很多非晶态材料的制备方法。这些方法可以制备出不同几何形态的非晶态材料。本节将选一些主要制备方法加以介绍。

7.4.1　非晶粉末的制备

在非晶粉末的制备方法中，以气体雾化法和机械合金化法应用最为广泛，另外还有化学还原法等。

1. 气体雾化法

气体雾化法是以惰性气体、氮气等为冷却介质，用高速气流撞击金属流，使其粉碎成液滴，之后这些液滴通过对流冷却或辐射冷却的途径凝固。气体雾化法的冷却速度可高达 $10^5 K/s$，适宜于制备非晶形成能力低的铝基非晶等。

图 7-4 为雾化法的示意图。在亚音速范围内，克服液流低的切阻，变成雾化粉末，对高性能易氧化材料往往用氩气雾化法，但气体含量仍高，一般高温合金的含氧量在一两百个 $\mu g/g$。冷却速率也不高，在 $10^2 K/s \sim 10^3 K/s$。粉末质量不高主要因为有较高的气孔率，密度较低，粉末颗粒有卫星组织，即大粉末颗粒上粘了小颗粒，使组织不一致，筛分困难，增加气体玷污。后来又发展氩气下强制对流离心雾化法，使冷却速率提高至 $10^5 K/s$。在氦气下可比在氩气下获得大一个数量级的冷却速率。目前又发展到超声雾化法，它是采用速度为 $2 \sim 2.5$ 马赫和频率为 $20000Hz$ 和 $100000Hz$ 的脉冲超声氩气或氦气流直接冲击金属液流，从而获得超细的雾化粉末，其原理是利用一个带锥体喷嘴的 Hartmann 激波管，超声波在液体中的传播是以驻波形式进行的，在传播的同时，形成周期交替的压缩与稀疏，当稀疏时在液体中形成近乎真空的空腔，在压缩时空腔受压又急剧闭合，同时产生几百个 MPa 的冲击波，把熔液打碎。一般是频率愈大，液滴愈小，冷却速率可达 $10^5 K/s$。表 7-1 为不同雾化工艺的冷却速率和粉末质量。

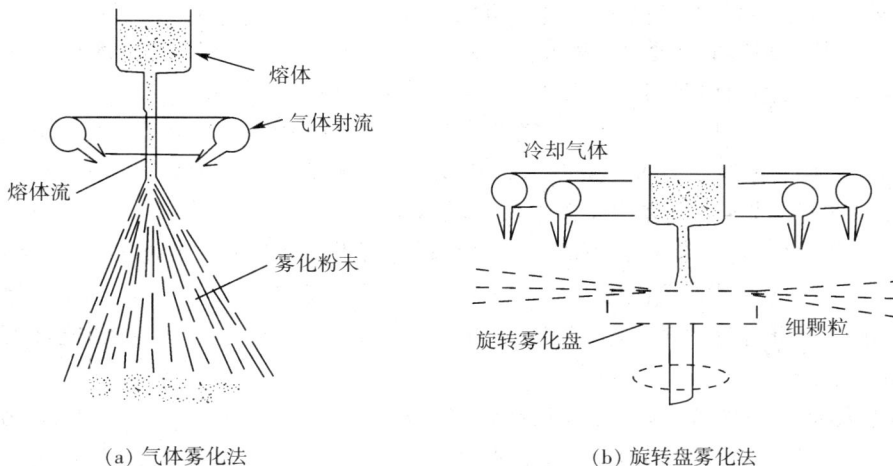

(a) 气体雾化法　　　　　　　　　　(b) 旋转盘雾化法

图 7-4　雾化法示意图

表 7 - 1　不同雾化工艺的冷却速率和粉末质量

工 艺	粉末粒度/μm	平均粒度/μm	冷却速率/$K \cdot s^{-1}$	包裹气体	粉末质量
亚音速雾化	<1 至 >500	50~70	1~10^2	无	球形,有卫星
超音速雾化	1~250	20	10^4~10^5	无	球形,卫星很少
旋转电极雾化	100~600	200	10	无	球形,无卫星
离心雾化	1 至 >500	70~80	10^5	无	球形,卫星很少
气体溶解雾化	1 至 >500	40~70	10^2	无	不规则,有卫星
电流体动力学雾化	10^{-3}~40	10^{-1}~10^{-2}	10^7~10^8	无	球形,无卫星
电火花剥蚀雾化	10^{-3}~75	10^{-1}~10^{-2}	10^7~10^8	无	球形,无卫星

$Fe_{69}Ni_5Al_4Sn_2P_{10}C_2B_4Si_4$ 合金具有强的非晶形成能力,陆曹卫等人通过水雾化方法获得粒度小于 75 μm 的非晶态合金粉末。用粒度 45 μm~75 μm 的水雾化粉末制备的磁粉芯具有优异的磁性能,磁导率大于 60,良好的频率特性、高的品质因数和低的损耗。最近发展起来的紧耦合气雾化是批量制备高性能球形微细金属及合金粉末的主流技术,具有快速冷凝的特征,可以形成非晶等亚稳态组织。中南大学的陈欣等人利用此方法制备出了 Al 基非晶合金粉末,并得出 Al-Ni-Ce-Fe-Cu 合金的非晶化临界冷却速率大致为 10^6 K/s,Al-Ni-Y 合金非晶化的临界冷却速率大致为 10^3 K/s;雾化中熔体的破碎和冷却是两个相互耦合(矛盾)的过程。快速冷却(大于 10^4 K/s)极大地阻碍熔体的充分雾化,熔滴的破碎模式对其冷却行为具有显著的影响,而不同(相同)直径熔滴可能经历相同(不同)的冷却行为。但目前的紧耦合气雾化技术还只能制得非晶/晶态混合的 Al 基合金粉末。

2. 高能球磨法

高能球磨是 20 世纪 60 年代由美国人 Benjamin 首先提出的一种制备合金粉末的非平衡制备技术,它包括机械合金化(简称 MA)和机械研磨(简称 MM)两种形式。其过程是对单一粉末或混合粉末进行高能球磨,最终形成具有不同于原料粉末结构的新型合金粉末。高能球磨可以制备超饱和固溶体、金属间化合物、纳米晶、准晶以及非晶等合金粉末。某些合金体系用传统液淬法很难得到非晶态,而用高能球磨却可以实现非晶化,甚至单质元素也能球磨成非晶状态,所以它已成为一种制备非晶合金的重要手段,并被人们重视和研究。人们已经通过高能球磨制备出了 Mg 基、Al 基、Zr 基、Cu 基、Nb 基以及属于磁性材料的 Ni 基,Fe 基和 Co 基非晶合金,这些合金体系包括二元、三元甚至四元合金。

用高能球磨机进行研制非晶的研究,可使 Se 非晶化,用五个 9 纯度的晶体 Se,在氩气下(0.8mL/s),球与金属质量比为 10 的条件下球磨 5h 就转变成非晶 Se。如果球磨罐在干冰、乙醇和液氮的混合物中,温度控制在 -100±5℃,Se 只要经过 2h 球磨就能转变成非晶态,见图 7-5。

张静等人通过研究 Ni 基非晶软磁合金粉末在 Ni—Zr 二元相图上三个稳定化合物成分配方 Ni_7Zr_2、$Ni_{21}Zr_8$、NiZr 和两个共晶点 $Ni_{64}Zr_{36}$、$Ni_{36}Zr_{64}$ 组分在机械合金化条件下的非晶合金形成能力和热稳定性。研究发现五种配方在一定的时间内都能形成非晶态合金,其中 $Ni_{64}Zr_{36}$ 的过冷液相区间 ΔT_x 达到 69.9K。张富邦等人以纯度 >99.65%,粒度 <56 μm 的 Co 粉以及纯度 >99.8%,粒度 <71 μm 的 Zr 粉为原料,采用行星式高能球磨机,

通过室温下球磨纯元素混合粉末制备出原子数分数比为 $Co_{80}Zr_{20}$ 的非晶合金粉末。应用 X 射线衍射(XRD)、差示扫描量热分析仪(DSC)、扫描电镜及透射电镜对不同球磨时间的混合粉末进行了研究。结果发现,球磨时间对混合粉末的结构及颗粒形貌存在显著影响。原始混合粉末由密排六方的 β‑Co 和 α‑Zr 组成,经过 0.5h 球磨,β‑Co 转变为同素异构的面心立方的 α‑Co,随着球磨时间的增加,Co、Zr 颗粒都发生严重塑性变形,并且通过冷焊团聚起来,形成具有层状结构的复合颗粒。球磨导致基体元素 Co 晶格中的晶体缺陷密度大大增加,使得合金元素 Zr 原子向 Co 晶格中扩散迁移,扩散迁移到 Co 晶格中的 Zr 原子数量随球磨时间的增加而增加,导致 Co 元素的晶格常数单调增大。当球磨时间达到 8h 时,形成 $Co_{80}Zr_{20}$ 固溶体,继续球磨至 10h～20h,固溶体转变为非晶。

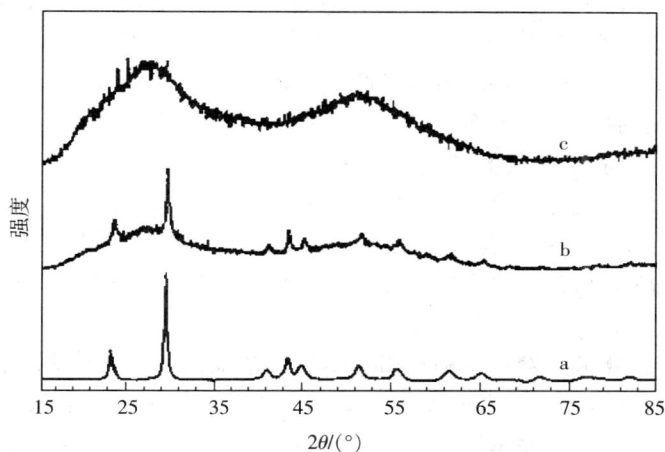

(a)在室温球磨,其中 a—0h,b—2h,c—5h 球磨

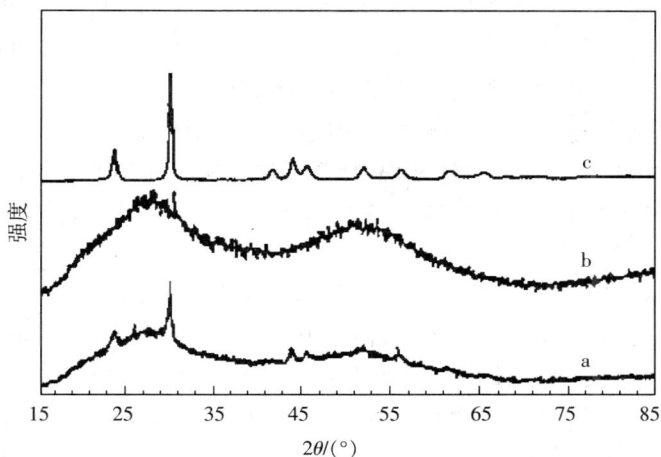

(b) 在-100℃球磨,其中 a—1h,b—2h,c—2h 球磨试样再经 DSC 试验

图 7‑5　Se 的 XRD 图

　　形成非晶的驱动力可以认为有两个:一是当成分移向非计量时自由能的急剧升高;二是提高缺陷浓度。另有一种适合薄膜扩散偶法的判据,即两种纯金属要形成非晶,必须要有一个很大的负混合热以及彼此间扩散有大的差别,在机械合金化法中也适用。有些合金在非

晶形成前,先形成一种金属间化合物,然后再转化为非晶,如 $Nb_{75}Ge_{25}$ 合金和 $Nb_{75}Sn_{25}$ 合金,是通过形成 A15 结构的 Nb_3Ge 或 Nb_3Sn,最后形成非晶。对用 Cu、Ni 和 P 粉机械合金化制 $Cu_{71}Ni_{11}P_{18}$ 三元系非晶合金,球磨第一阶段是粉末颗粒的进一步细化和发生互扩散。在中间阶段生成 Cu_3P 金属间化合物,但不生成 Ni_3P,由于反应激活能较 Cu_3P 高,第三阶段 Cu_3P 和 Ni 进一步合成 $Cu_{71}Ni_{11}P_{18}$ 非晶合金。

许多负混合焓较大的二元系,如 Fe-Nb、Cu-Ti 和 Ti-Fe 系,都可以用球磨法制备成非晶,而较小的体系如 Cu—Fe、Ti—Nb 和 Cu—Nb 系则难以用球磨法制备成非晶。二元金属混合粉通过机械合金化形成非晶合金必须满足两个条件:二者具有大的负混合焓,其中一种在另一种金属中是快的扩散元,前者为非晶化反应提供了驱动力,而后者保证了非晶相的形成速率。娄太平等做了一个有趣的试验,他们把 $Cu_{60}Ti_{40}$ 和 $Fe_{50}Nb_{50}$ 两种非晶合金的混合体球磨时很快晶化为纳米结构的固溶体,但是按 38.4Cu-25.6Ti-18Fe-18Nb 原子配比混合,在球磨初期就形成非晶,因为前者两个非晶合金都已释放出其能量,因此混合焓负值很小,不利于非晶的形成,后者不同,整个 4 种金属的混合体系的混合焓的负值较大,因而具有较大的驱动力,有利于非晶的形成。

机械合金化技术不仅工艺简单,而且合成的非晶合金成分范围宽,许多用快淬法无法实现非晶化的合金系,都可以用这种方法获得相应的非晶材料,它的设备简单、成本低廉、体系广、产率高,而且不受非晶合金的几何尺寸和合金成分限制,适宜工业化生产。

3. 其他方法

日本秋田县资源技术开发机构和秋田大学矿山学部以通过非晶态化提高电子元件用金属微粉末的功能为目标,已证实金属元素采用 Ni,产生非晶化的合金化剂采用 P,用液相还原法能制造出非晶态 Ni-P 球形颗粒。在用金属微粉末制造优良的电子元件时考虑了各种条件,特别重要的是要将粒度控制在一定的范围内。因此,研究了改变还原条件是否能控制生成的非晶态 Ni-P 合金粉末球形颗粒的粒度。试验中,作为 Ni 源的金属盐使用 $NiCl_2 \cdot 6H_2O$,作为 P 源的还原剂使用 $NaPH_2O_2 \cdot H_2O$,为调整反应系的 pH 使用 NaOH。在设定的反应条件下,生成物的平均颗粒度在 0.1mm~2.5mm 范围内。

徐惠等人采用化学还原法,利用硼氢化钠还原氯化钴水溶液中的 Co^{2+} 离子,得到超细 Co-B 非晶粉末。相对于熔体骤冷法来说,化学还原法制备超细非晶粉体具有工艺流程短、成本低、易于批量制备以及成分范围宽、产物比表面积大,悬浮性好,易于被压制成所要求的形状等优点。

厚度薄的扁平状非晶合金粉末具有比一般粉末更为优异的性能,作为工业材料有其广阔的应用前景。为此,开发了过冷液滴快淬法,其原理是把母合金在坩埚中熔化,将坩埚底部的浇铸水口打开而合金熔体流出时以压力高于 0.98MPa 的高压气体(Ar 或 N_2)使熔体雾化,雾化液滴则与设于水口下方的高速旋转铜制锥形冷却体碰撞,从而使液滴变形扁平化。雾化液滴被喷雾气体冷却,即使冷却到熔点以下仍保持过冷液滴状态,同时雾化的液滴具有 200m/s~1000m/s 的飞行速度,由于与高速回转的冷却体相撞而变成扁形,并以高于 10^4K/s 的冷却速度凝固,故能获得纵横尺寸(长径/厚度)比很大的扁平状非晶合金粉末。利用此法生产的 $Co_{70.3}Fe_{4.7}Si_{10}B_{15}$ 钴基非晶合金粉末,具有极佳的软磁特性;利用此法生产的 $Fe_{69}Cr_8P_{13}C_{10}$ 扁平状非晶粉末,与环氧树脂等配合作为涂料使用,具有优异的耐蚀、耐磨、耐划伤和耐候性,是极佳的涂层保护材料。$Cu_{71}Ni_{11}P_{18}$ 扁平状非晶粉末与氯化橡胶树脂混合,作为船底涂料使用具有很好的防污效果,这种新型防污涂料颜料已受到人们的关注。

7.4.2　非晶薄膜的制备

鉴于大块非晶材料的难得,有时也无必要,可以采取在材料加工成零件后,再使其表面非晶化的方法。采用离子束、电子束等的高能密度(约 100kW/cm²),可将表面快速熔化、基体快速导热将表面凝固,使表面非晶化,或用其他的化学方法使表面非晶化,甚至干脆将非晶粉喷涂至工件表面形成非晶层。工件表层的非晶膜可大大提高其耐蚀性和耐磨性,电子工业则利用非晶优异的磁性能,制备出性能优良的功能器件。

1. 蒸发法和溅射法

在真空(1.33×10⁻⁴Pa)中将预先配制好的材料加热,并使从表面蒸发出来的原子积淀在衬底上,从而制得非晶态薄膜,这就是蒸发法制备非晶。原料可以采用电阻加热、高频加热和电子束轰击等加热方法,衬底可根据用途选用适当的材料,在蒸发生长非晶态半导体 Si,Ge 时,衬底一般保持室温或高于室温的温度;但在蒸发晶化温度很低的过渡金属 Fe,Co,Ni 时,一般要将衬底降温,例如保持在液氮温度,才能实现非晶化。蒸发制备合金膜时,大都采用各组元同时蒸发的方法。1954 年,德国哥廷根大学的 Buckel 和 Hilsch 就是采用真空蒸发沉积,辅之于液氮冷底板,首先获得了具有超导特性的非晶态金属铋和镓薄膜。

溅射法是在位于低压气氛中的 2 个电极上加上电压,将气体电离,离子冲击原材料表面,使其释放出原子,这些原子在冷却板上无规则的沉积形成非晶态材料。加在电极上的电压很高,到达衬底的原子动能可达 10eV 左右,因此,即使对于组元蒸汽压相差较大的合金,薄膜也比较致密且与衬底的黏附性较好。溅射的方法很多,以二极式的最简单,还有三极式、四极式、磁控子的溅射、高频溅射等。还可采用离子溅射的方法来制备氮化硅等薄膜。

2. 化学反应法

化学反应法分为化学还原法和化学气相沉积法。将各种金属盐溶液进行混合,在一定的温度下搅拌,将反应产物过滤、洗涤后干燥,可制得非晶态合金。用化学还原法已制得了多种非晶颗粒,如 Fe－P－B,Co－P－B,Ni－P－B,Fe－Zr－B,TM－B,Fe－Ni－B 等。化学气相沉积法是将反应气体通过加热的衬底,使之在衬底表面上发生异质反应,或者在衬底上的气流中发生均匀反应,生成物在衬底上沉积的过程。化学气相沉积法适于制备非晶态 Si,Ge,Si₃N₄,SiC,SiB 等薄膜。与蒸发和溅射法相比,这种方法工艺简单,成本低廉,适用于制备大面积的非晶态薄膜材料。

3. 离子注入

很多种类的原子可以用离子注入法注入到多种材料的表面而获得非晶态表层。离子注入法不受组成成分相图的限制并具有很大的成分自由度,相近的成分规律对离子注入法和一般急冷法的合金都有效。把单个原子注入的过程作为热脉冲来考虑,可以得到约 10¹⁴ K/s 的有效冷却速度,把离子注入看成是一种表面改善技术,仅仅是因为和靶材料的表层原子连续相碰撞时穿透的离子经受能量的损失。离子注入适于制备非晶薄膜材料。用离子注入法不仅可以注入金属元素,而且还可以注入类金属或非金属元素,不失为一种探索新型非晶态表面层的好方法。

4. 等离子喷涂法

将基材表面经除锈、除氧化皮、除油等清洁化处理和喷砂粗化活化处理后备用。喷涂设备为等离子喷涂机。向兴华等人选用铁基非晶合金粉末喷涂制得了厚度为 0.1mm 左右的非晶涂层,其涂层喷涂工艺参数见表 7-2。

表 7-2　铁基非晶合金涂层的等离子喷涂工艺参数

电弧电流 /A	电弧电压 /V	工作气体组成	Ar 流量 /(L·h^{-1})	H$_2$ 流量 /(L·h^{-1})	送粉率 /(g·min^{-1})	喷涂距离 /mm
500	62	Ar+H$_2$	45	8	35	120

5. 激光束或离子束辐射法

由结晶材料通过激光辐射或离子束辐射可获得表层为非晶态的材料。将退火态 45 号钢作为基体材料,将 Fe,Zr,Ni,Al,Si,B 粉末按 Fe$_{70}$Zr$_{10}$Ni$_6$Al$_4$Si$_6$B$_4$(摩尔分数)均匀混合,将混合粉末覆盖在基体材料上,利用 10kW 连续波横流 CO$_2$ 激光器在高纯氩气氛中进行单道熔覆,优化熔覆工艺参数后可获得很厚的非晶态表层。

6. 电沉积法和微弧氧化技术

采用电刷镀技术可以刷镀出含磷 9.00%(质量分数)左右,含铜 3.50%(质量分数)左右的 Ni-Cu-P 非晶态合金镀层。刷镀的 Ni-Cu-P 非晶态合金镀层有良好的耐蚀性、耐磨性能,通过热处理可以改变其组织结构,提高硬度。将镁合金在硅酸盐系电解液中进行电解,在阳极表面会产生微区弧光放电,在基体金属表面会生成一层含非晶的陶瓷层,从而极大地提高镁合金的耐蚀性能。

7.4.3　薄带非晶合金的制备

非晶薄带的制备通常采用熔体急冷法,即将液态金属或合金熔体急冷,从而把液态的结构冻结下来以获取非晶。熔体急冷法包括单辊法(甩带法)、双辊法以及锤砧法等,以单辊法应用最为广泛。

图 7-6 为单辊法示意图。首先将破碎并清洗后的母合金置于底部开孔的石英管里,在真空背底的高纯氩气保护下,采用高频感应线圈加热使其熔化,利用氩气将熔融状态的合金液体喷射到高速旋转的铜辊上,迅速凝固并借助离心力抛离辊面,得到厚度约几到几十微米的连续薄带。单辊法可以获得 $10^5 \sim 10^6$ K/s 左右的冷却速率,因此能大大地抑制晶化,从而得到完全非晶合金材料。

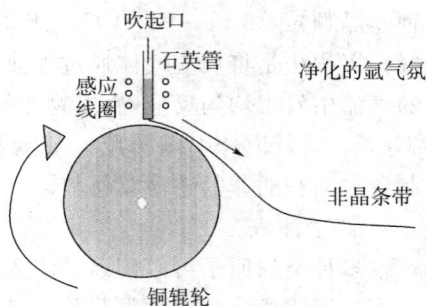

图 7-6　单辊法制备非晶薄带示意图

7.4.4　大块非晶合金制备

通常,金属熔体的三维体积越大,凝固时散热就越慢,因此大块非晶合金(Bulk Amorphous Alloys,BMG)的制备是目前遇到的最大困难之一。而减少冷却凝固过程中的非均匀形核是制备大块非晶的技术关键,故块体非晶合金的制备有下列共同的特征:①对合金母材的纯度要求很高,以消除非均匀形核点;②采用高纯惰性气体保护,尽量减少氧含量。常见的制备块体非晶合金的主要方法有水淬法、悬浮熔炼法、固相反应法、压铸法、金属模浇铸法、铜模吸铸法、射流成形法等。

1. 水淬法

熔体水淬法属于直接凝固的一种,它最初是由日本东北大学 Inoue 和美国加州理工大学 Johnson 研究小组直接将液态合金制备成块体合金的。

水淬法通常与熔融玻璃包覆合金法结合使用。常用的包覆剂为 B_2O_3,它既是吸附剂,吸附熔体内的杂质颗粒,又是包覆剂,隔离合金熔体,避免其与冷却器壁直接接触而诱发非均匀形核。通过对金属熔体进行水淬就可以得到非晶态合金棒材或丝材。但是这种方法对某些与石英管壁有强烈反应的合金受到限制,如 Mg - Cu - Y 非晶合金就不能用这种方法。因为水的比热比铜高,导热性不如铜,因此,冷却效率比铜模要差。该法的冷却速度不太大,只适于制备非晶形成能力较强的合金,如 Zr - Al - Cu - Ni,La - Al - Ni,Pd - Cu - Ni - P 等。

2. 铜模铸造法

该法是目前制备大块非晶合金最常用的方法。由于铜的导热性好,故很早就用铜模来制备大块非晶了。传统的铜模铸造是将金属液直接浇注到金属型(铜模)中使其快速冷却获得 BMG,金属型冷却方式分为水冷和无水冷两种。浇注方式有压差铸造、真空吸铸和挤压铸造等。试块的形状则可以是楔形、阶梯形、圆柱形或片状等。楔形铜模具有在单个铸锭中得到不同的冷速,组织分析对比性强,通过非晶合金的临界厚度可以度量合金的玻璃形成能力等优点。

这里的挤压铸造在提高铸件质量及其最终成形等方面是一种极具潜力的成形方法。它是利用水压将熔体压入水冷铜型腔,等型腔完全被填满后,在密闭的型腔内加压至 100MPa 并保压一段时间,直到金属完全凝固。挤压铸造制备 BMG 的优点如下:

(1)高压作用使整个凝固期内液态金属与模具型壁之间更加紧密地接触,增加了熔融金属与模具表面的换热系数,有利于热量的快速排出;

(2)压力的应用可使大部分金属和合金的平衡凝固温度升高,导致液态合金的深过冷;

(3)能有效地避免气孔和收缩等铸造缺陷。

高压模铸装置如图 7-7 所示。实验时,先将纯金属组元在纯净氩气保护下置于电弧炉中熔化,制得块状母合金,将其置于套管内,经高频感应线圈加热熔化,再用压头以一定的压并以一定的速度持续加压,将合金压入铜模,铜模外通循环冷却水,将合金冷却成型。

20 世纪 80 年代后期,Inoue 等人用铜模铸造法先后制备出了直径为 $\phi5mm$ 的 $La_{55}Al_{25}Ni_{20}$ 非晶圆棒和直径为 $\phi9mm$ 的 $La_{55}Al_{25}Ni_{10}Cu_{10}$ 非晶圆棒。Johnson 等人用此法制备的 $Zr_{41}Ti_{14}Cu_{12.5}Ni_{10}Be_{22.5}$ 大块非晶合金的直径达到了 $\phi25mm$。1995 年又获得了两类铁磁性大块非晶合金,即具有软磁性能的 Fe -(Al,Ga)-(P,C,B,Si,Ge)和具有硬磁性的 Nd - Fe - Al 系非晶合金。在低冷速($V\leqslant10K/s$)条件下可以制备出直径为 $\phi30mm$ 的 $Zr_{14.2}Ti_{13.8}Cu_{12.5}Ni_{10.0}Be_{22.5}$ 非晶合金。对于 Pd - Ni - Cu - P

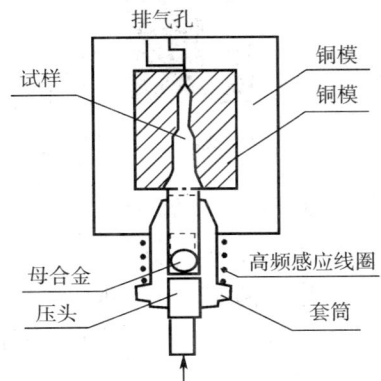

图 7-7　高压模铸装置示意图

非晶合金,样品直径已高达 $\phi72mm$。样品直径与合金的种类密切相关。到目前为止,使用常规的水冷模铸造方法,所能制备的 Fe 基非晶如 $Fe_{48}Cr_{15}Mo_{14}Er_2C_{15}B_6$ 和 $(Fe_{44.3}Cr_{10}Mo_{13.8}Mn_{11.2}C_{15.8}B_{5.9})_{98.5}Y_{1.5}$(摩尔分数,%),试棒最大直径为 $\phi12mm$。而使用工业纯铁为原料,在低真空下制备的非晶样品 $Fe_{69}C_{7.0}Si_{3.5}B_{4.8}P_{9.6}Cr_{2.1}Mo_{2.0}Al_{2.0}$(at%)最大直径为 5mm。

3. 铜模吸铸法

吸铸法是制备大块金属玻璃的主要工艺之一,如图 7-8 所示。通过选择不同尺寸和形状的铜模可以铸造出各种直径的柱状及其他形状样品。一般认为,由于吸铸法所产生的强吸力和被吸熔体的快速移动而产生的快速凝固过程,可以避免样品表面上出现孔洞。通常,吸铸系统同氩弧熔炼腔的底部相连。当锭子制备完成后,可以直接进行吸铸。首先,重新熔炼锭子至完全熔化。然后,迅速按下阀门开关以连通铜模和机械泵。熔炼腔与铜模之间的气压迅速将熔化的合金液体吸入水冷的铜模中。吸铸法所产生的较高的冷却速率将有助于铸造出大尺寸的 BMG。

4. 吹铸法

图 7-9 为吹铸法示意图,首先将母合金破碎后置于底部开孔的石英管里,在真空背底的高纯氩气保护下,采用高频感应线圈加热使其熔化,然后利用氩气将熔融状态的合金液体喷射入铜模中。与吸铸法相比,吹铸法适合制备形状简单的块体样品,如合金圆棒等;对一些流动性较差的合金体系,吹铸法容易引入气孔。采用吹铸法可以制备出直径为 $\phi1mm\sim6mm$ 的非晶合金棒。

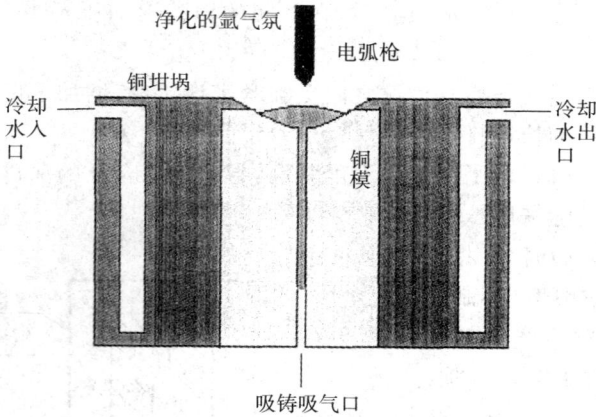

图 7-8　吸铸法制备非晶合金示意图

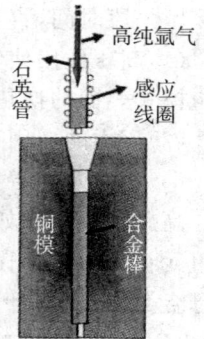

图 7-9　吹铸法制备非晶合金示意图

5. 射流成型法

利用铜模的优良导热性能和高压水流强烈的散热效果,以及吸取吸铸、压铸的特点,可设计用于制备不同厚度的非晶薄板和不同直径的非晶圆棒的设备,其原理简图见图 7-10。将母合金置于底部具有 $\phi0.08\sim0.5mm$ 的小孔的石英管中,带有不同孔径型腔的铜模置于石英管下面。型腔的孔径范围为 $d=2,3,5,7,8,10mm$ 或者型腔的尺寸(长×宽×高)为 $30mm\times2mm\times50mm$,$30mm\times3mm\times50mm$,$30mm\times4mm\times50mm$。采用中频感应炉加热熔化母合金,整个装置放在一个密闭的真空系统中,真空度为 $1.33\times10^{-3}Pa$。从石英管上端导入压力为 p_1 的氩气,在压力 $\Delta p=p_1-p_0$ 的作用下,液态母合金从石英管下端小孔中射出,注入冷铜模型腔中。液态母合金在水冷铜模型腔中快速冷却,形成金属玻璃。

6. 落管技术

它是一种微重力、无容器处理技术。将合金锭的表层氧化皮去除后放于落管顶部的带喷嘴的石英坩埚内,落管连同石英坩埚一起被抽真空,用纯净的氮气将整个落管系统清洗后,再抽真空。使用加热炉将合金加热熔化,然后将熔态合金分散成液滴使之自由下落,下落样品由位于落管底部的装有冷却剂的容器收集。用落管技术已成功地制备出了 Cu – Zr,Pd – Ni – P,Zr – Ti – 2Ni – Cu – Be 等非晶态合金。

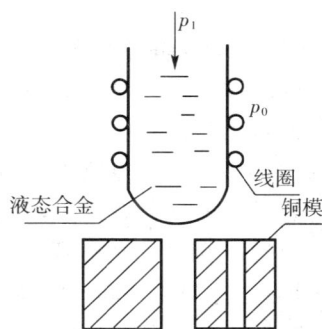

图 7 – 10　射流成型法制备大块非晶的原理示意图

7. 悬浮熔炼

悬浮熔炼的优点在于液态合金与器壁不接触,避免了非均质形核。按悬浮方式可分为电磁悬浮和声悬浮。在电磁悬浮中,将试样置于特定结构线圈形成的电磁场中,通过电磁感应产生的悬浮力以克服重力来实现对合金样品的磁悬浮,在悬浮无容器条件下熔化样品,再吹入冷气(惰性气体)进行快速凝固。但是试样在冷却时必须克服悬浮涡流带来的热量,故冷却速率不可能很快,增加了制备难度。样品尺寸不宜过大。

声悬浮是高声强条件下的一种非线性效应,利用声驻波与物体的相互作用产生竖直方向的悬浮力以克服物体的重量,同时产生水平方向的定位力将物体固定于声压波节处。和电磁悬浮技术相比,它不受材料导电与否的限制,且悬浮和加热分别控制,因而可用以研究非金属材料和低熔点合金。

8. 金属模浇铸法

图 7 – 11 是金属模浇铸法的示意图。将高纯度的组元元素(纯度为 99.99at% ～ 99.9999at% 的块状或粉末)按所需要的原子成分配比,在高真空下熔融,混合均匀。再浇铸到用水冷却的铜模内,即得到所需形状的大块非晶合金。在制备的每一环节,精确测定样品的重量,样品的损失少于 0.1%,因而实际合金的成分与配比成分的差别可忽略不计。这种方法可制备直径最大达十多厘米,重达几十公斤的非晶合金。

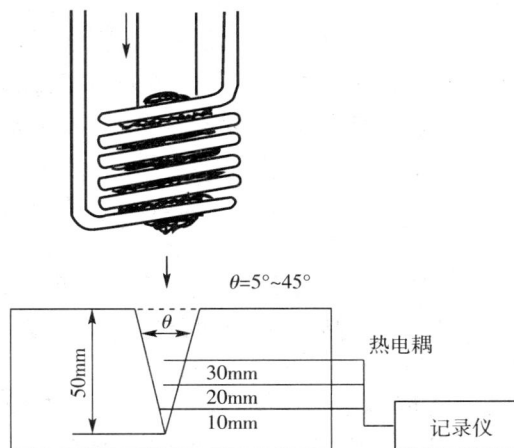

图 7 – 11　金属模浇铸示意图

9. 固态反应法

固态反应制备块体非晶体的方法是利用扩散反应动力学对固态晶体进行各种无序化操作,使之演变为非晶相从而实现由固态晶体直接转化为固态非晶体。如把两种组分的 25 μm 厚的纯金属薄片一层层交叠起来,再将叠片卷成一种螺旋构造,然后在外面套上钢套进行模锻,再进行冷拉拔,直到原始薄片减薄至原始厚度的 1/25 左右,最后把许多根丝捆成一把,重套上钢套冷拉拔,直到直径达到 1mm 左右,此时原始薄片的厚度变为 0.1 μm 量级,经过 X 射线衍射和透射电镜分析达到了非晶态。它的优点在于可以不考虑金属玻璃形成对熔体冷却速率和形核条件等较为苛刻的要求。从原理上讲,固态反应可以制备出任意尺寸、形状的非晶合金块,但并不是任何一种金属都可以制备成非晶合金块体,有些合金不易制备且生产的效率有待进一步提高。固相反应法除了可用来制备非晶合金外,还可以被用来在理论上模拟其他固相反应(如机械球磨)的热力学条件和动力学过程。

7.5 非晶合金的性能及应用

7.5.1 非晶合金的性能

1. 力学性能

目前已经发现的非晶合金体系主要有 Pd 基、Zr 基、Mg 基、Cu 基、Ni 基、Fe 基、Co 基、Ti 基及 Re 基。虽然 Al 基合金系在很早就获得玻璃条带,但是到现在还没有突破毫米尺度。根据大量的性能研究报道,可以总结出 BMGs 具有以下力学性能特征。

(1)极高的断裂强度

非晶态合金的压缩断裂强度比成分相近的晶态合金高得多,这是非晶态合金最为显著的力学性能特征。几乎所有合金系的非晶态合金的最高强度都达到了同类合金系晶态材料的数倍。例如,经过挤压后获得的含纳米晶强化的 Al - Ni - Y - Co 块体非晶的强度可达 1420MPa。Zr - Al - Cu - Ni - Ta 和 Mg - Cu - Ag - Gd 的压缩断裂强度分为 2114MPa 和 1000MPa,而普通晶态 Mg 合金的强度仅为 20MPa。$Mg_{80}Cu_{10}Y_{10}$非晶合金的室温抗拉强度超过 600MPa,比 Mg 基晶态合金强度高出近 3 倍。

从图 7 - 12 还可以看到,大块非晶合金具有较高的抗拉强度,远高于 Mg、Al、Ti 合金,不锈钢及超高强度钢。图 7 - 13 将 Zr 基大块非晶合金的强度与工程聚合物、工程合金、普通合金、工程陶瓷的强度进行了示意性对比,可以看出 Zr 基大块非晶合金的强度接近于工程陶瓷,而远高于其他材料。

特别是以过渡族元素 Fe、Co 和 Ni 为基的非晶态合金的强度更是令人吃惊,例如 Fe - Co - Ni - Nb - B - Si,Co - Fe - Ta - B 和 Ni - Ti - Zr - Al 的断裂强度分别达到了 2400MPa、5185MPa 和 2370MPa。Co 基 BMG 的力学性能创造了自然界金属材料强度的最高记录。与此同时,Cu 基和 Ti 基非晶合金的最高强度也均超过了 2400MPa。

(2)高硬度和低杨氏模量

非晶态合金的硬度很高,如 Fe 基、Ti 基、Zr 基和 Mg 基大块非晶合金的硬度(Hv)分别达到 1200、650、500 和 250,钴基合金硬度 Hv 更是达到惊人的 1400,是同类晶态合金的 2.5 ~4 倍;$Zr_{60-x}Ti_xAl_{10}Cu_{10}Ni_{20}$($x=0\sim5$)大块非晶合金的冲击断裂能高达 120kJ/$m^2$ ~

$135kJ/m^2$；Zr 基大块非晶合金的三点弯曲强度高达 $3000MPa\sim3900MPa$。Zr‐Al‐Ni‐Cu 和 Zr‐Ti‐Al‐Ni‐Cu 等大块 Zr 基非晶合金的缺口断裂韧性均可达到 $60MPa \cdot m^{1/2}$ $\sim70MPa \cdot m^{1/2}$。

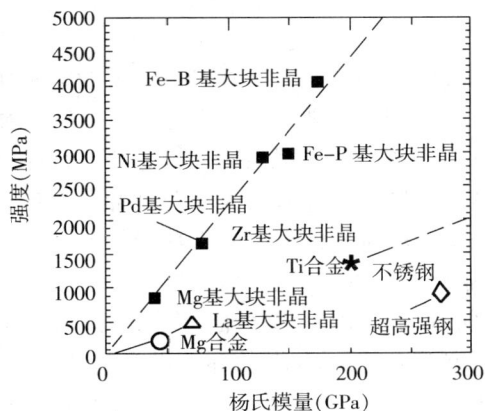

图 7‐12　大块非晶合金和晶态合金的力学性能

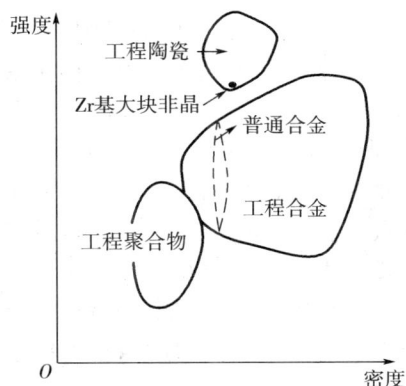

图 7‐13　工程材料强度与密度关系图

杨氏模量是表征材料弹性性质的一个重要物理量。从图 7‐12 可以看出,大块非晶合金的杨氏模量由于成分的不同而有较大差别。总的来说,Mg 基、La 基非晶合金的杨氏模量与 Mg 合金的杨氏模量相近,Pd 基、Zr 基非晶合金的杨氏模量与 Al 合金的杨氏模量相近,Fe‐B 基、Fe‐P 基非晶合金的杨氏模量高于 Ti 合金并接近于钢铁材料的杨氏模量。表 7‐3 中列出了目前研究中得出的大块非晶合金杨氏模量的具体数值。

表 7‐3　大块非晶合金的杨氏模量

大块非晶合金	杨氏模量/GPa
$Zr_{60}Al_{10}Co_3Ni_9Cu_{18}$	97
$Pd_{40}Cu_{30}Ni_{10}P_{20}$	80
$Zr_{41.25}Ti_{13.75}Ni_{10}Cu_{12.5}Be_{22.5}$	93
$Zr_{65}Al_{7.5}Ni_{10}Cu_{7.5}Pd_{10}$	85
$Ti_{50}Cu_{25}Ni_{25}$	93
$Zr_{52.5}Ti_{2.5}Al_{15}Ni_{10}Cu_{20}$	92
$Zr_{55}Al_{15}Co_3Ni_{10}Cu_{20}$	86
$Zr_{55}Ti_5Al_{10}Ni_{10}Cu_{20}$	86
$Fe_{72}Al_5Ga_2P_{10}C_6B_4Si_1$	150
$Fe_{63}Co_7Ni_7Zr_8Nb_2B_{20}$	175
$La_{55}Al_{15}Ni_{10}Cu_{20}$	43
$Mg_{65}Y_{15}Cu_{20}$	41
$Zr_{55}Al_{10}Ni_{15}Cu_{20}$	80

同晶态合金相比,大块非晶合金的杨氏模量值较低,但其最大弹性应变量很大,可达 2.2%(高碳弹簧钢为 0.46%)。另外,大块非晶合金的弹性极限值很高,接近屈服强度值。由此可知,大块非晶合金具有极高的弹性比功。例如,Zr 基大块非晶合金的弹性比功为 $19.0MJ/m^2$,比性能最好的弹簧钢的弹性比功($2.24MJ/m^2$)高出 8 倍以上。

(3)过冷液相区内的超塑性行为

由于大块非晶合金中不存在晶体中的滑移,在高温下具有很大的粘滞流动,可发生塑性应变,因此 $La_{55}Al_{25}Ni_{20}$ 非晶合金在过冷液相区表现出突出的变形能力,其应变率敏感系数达到 1.0,延伸率可达 15000%。这种在其他任何晶态合金中都得不到的良好超塑性特性的发现对于过冷液相作为一种超塑性介质未来发展具有重要意义。采用大块非晶合金和超塑性成形技术,可望制备高性能、高精度和大深宽比的微细机械零部件和光学精密仪器。例如这类合金在过冷液相区像玻璃一样,可被吹成表面非常光滑的非晶合金球,加工成表面非常光滑的微型齿轮,这是一般超塑性晶态合金所无法实现的。除了 La 基合金系外,其他合金也都表现出了不同程度的超塑性变形行为。其中研究较多的是 Zr 基块体非晶合金。

(4)断裂韧性

Conner 和 Rosakis 等人最早对大块 $Zr_{41.25}Ti_{13.75}Cu_{12.5}Ni_{10}Be_{22.5}$ 非晶的断裂韧性(K_{Ic})进行了测试,其结果为 $K_{Ic}=(57.2\pm2.3)MPa \cdot m^{1/2}$;Gilbert 等测得 $Zr_{41.2}Ti_{13.8}Cu_{12.5}Ni_{10}Be_{22.5}$ 的 K_{Ic} 约为 $(55\pm5.0)MPa \cdot m^{1/2}$;Lowhaphandu 和 Lewandowski 则得到了颇让人感到意外的结论:$Zr_{62.58}Ti_{10.1}Cu_{14.2}Ni_{9.65}Be_{3.47}$ 的 K_{Ic} 只有 $(18.4\pm1.4)MPa \cdot m^{1/2}$。原因在于:首先,三种试样之间成分有所差别;其次,氧含量的不同具有极大影响,Conner 等人采用的试样含氧量仅为 0.08%(质量分数),而 Lowhaphandu 等人的试样的含氧量为 0.16%(质量分数);最后,也是最主要的一点,前两种三点弯曲试样的缺口是由利刃直接切割出来的,尺寸较宽大的缺口钝,试样在裂开时裂纹倾向于向多个方向同时扩展。在第三种情况下,试样被切出缺口后还通过适量疲劳预制了裂纹,这样可以保证试样在断裂时只沿预制裂纹方向扩展,因而前两者试样的断裂韧性测量值远高于第三者。

(5)冲击断裂强度与断裂能

图 7-14 所示为采用铜模铸造法生产的大块 $Zr_{55}Al_{10}Cu_{30}Ni_5$ 和 $Pd_{40}Cu_{30}Ni_{10}P_{20}$ 非晶合金板的摆锤冲击载荷—位移曲线。最大冲击断裂应力分别估算为 1615MPa(Zr 基非晶合金)和 1740MPa(Pd 基非晶合金)。此外,最大冲击断裂能分别为:Zr 基非晶合金 $63kJ/m^2$,Pd 基非晶合金 $70kJ/m^2$。试验研究还表明,Zr 基非晶合金的摆锤冲击断裂能值与制备方法有关。压铸法制备的 Zr 基大块非晶合金的冲击断裂能有显著增加。通过对摆锤冲击断裂表面的形貌进行观察发现,断面由"U"形缺口区附近的典型脉纹状形貌和大部分表面的等轴类韧窝形貌组成。整个断面既无贝壳状形貌,也没有类解理形貌等典型脆性非晶合金形貌。

2. 磁性能

(1)软磁性能

软磁大块非晶合金体系主要有 Fe 基非晶合金,如 Fe-(Al-Ga)-(P,C,B,Si)、F-TM-B 和 Co 基非晶合金,如 Co-Fe-(Zr-Nb-Ta)-B、Co-Cr-(Al,Ga)-(P,B,C)等。研究结果表明,这类 Fe 基大块非晶合金的饱和磁化强度(I_s)、矫顽力(H_c)分别为 1.1T,2kA/m~6kA/m,在 1kHz 条件下,磁导率(μ_e)为 7000,具有很好的软磁磁特性。表 7-4 总结了新型大块非晶合金 Fe -(Co,Ni)-(Zr,Nb,Ta)- B 和 Fe - Co - Zr -(Mo,W)- B 在 800K 退火
300s 后的一些力学性能和磁性能。结果进一步表明，非晶形成能力很高的 Fe 基软磁大块
非晶合金在具有良好软磁特性的同时，还具有很高的强度、抗腐蚀能力和热稳定性，这是其
他非晶和晶态合金通常所不具备的，也使得这类材料的应用前景更为广泛。

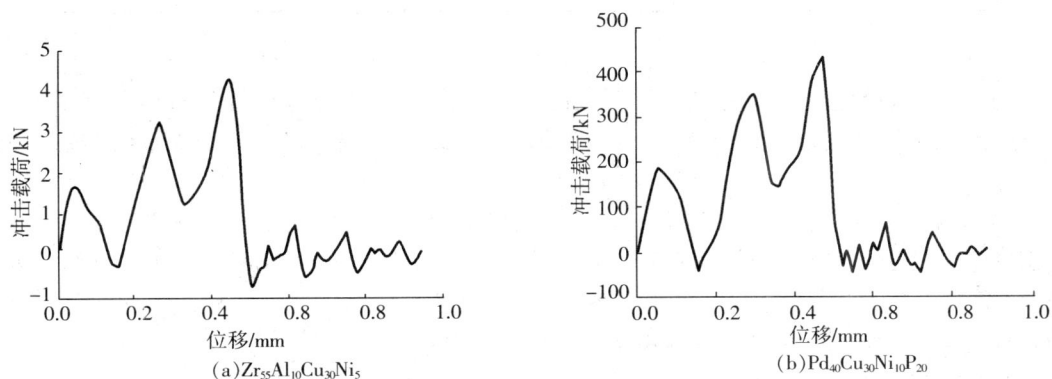

(a)$Zr_{55}Al_{10}Cu_{30}Ni_5$　　　　(b)$Pd_{40}Cu_{30}Ni_{10}P_{20}$

图 7 - 14　摆锤冲击断裂载荷—位移曲线

表 7 - 4　大块非晶合金 Fe -(Co,Ni)-(Zr,Nb,Ta)- B 和 Fe - Co - Zr -(Mo,W)- B 的
最大样品尺寸、热稳定性、维氏硬度和磁性能

合金	t_{max} (mm)	T_g (K)	ΔT_X	T_X/T_g	H_V	$\sigma_{c.f}$ (MPa)	I_s (T)	H_c (A/m)	μ_e (1kHz)	λ_s (10^{-6})
(a)	2	814	73	0.6	370	—	0.96	2.0	19100	10
(b)	2	828	86	—	1370	—	0.75	1.1	25000	13
(c)	2	808	50	—	1340	—	0.85	3.2	12000	14
(d)	2	827	88	—	1360	—	0.74	2.6	12000	14
(e)	6	898	64	0.63	1360	3800	—	—	—	14

注：(a)$Fe_{56}Co_7Ni_7Zr_{10}B_{20}$；(b)$Fe_{56}Co_7Ni_7Zr_8Nb_2B_{20}$；(c)$Fe_{61}Co_7Ni_7Zr_8Nb_2B_{15}$；(d)$Fe_{56}Co_7Ni_7Zr_8Ta_2$
B_{20}；(e)$Fe_{60}Co_8Zr_{10}Mo_5W_2B_{15}$。

（2）硬磁性能
目前发现的大块硬磁非晶合金体系主要有 Nd 基和 Pr 基非晶合金，如 $Nd_{60}Fe_{40-x}Al_x$，
$Pr_{60}Fe_{40-x}Al_x$ 等合金体系。其硬磁特性有以下特征：矫顽力可达 300kA/m，其中 $Nd_{60}Fe_{30}Al_{10}$ 和
$Pr_{60}Fe_{30}Al_{10}$ 大块非晶合金的矫顽力和居里温度比对应的二元非晶薄带分别高出 100kA/m
~150kA/m，45K~120K。铸态大块非晶合金的硬磁性能与薄带非晶合金明显不同，前者
矫顽力更高；对于同一合金体系而言，无论是 Nd 基还是 Pr 基，只有以大块非晶合金形式出
现才具有硬磁特性，而其晶化后或以薄带形式存在时则不具有硬磁特性。表 7 - 5 总结了这
两类大块非晶合金的硬磁特性和热稳定性。实验结果表明，这类大块硬磁非晶合金具有弛
豫态的原子结构并且具有很高的热稳定性。

表 7-5　$Nd_{60}Fe_{30}Al_{10}$ 和 $Pr_{60}Fe_{30}Al_{10}$ 大块非晶合金的硬磁性能和热稳定性

合金	$T_g(K)$	$T_x(K)$	$\Delta T_m(K)$	T_x/T_m	$B_r(T)$	$H_c(kA/m)$	$(BH)_{max}(kJ/m^3)$	$T_c(℃)$
$Nd_{60}Fe_{30}Al_{10}$	775	859	84	0.90	0.089	300	13	515
$Pr_{60}Fe_{30}Al_{10}$	784	921	137	0.85	0.120	277	19	660

3. 其他性能

与力学和磁性能相比,块体非晶合金的其他一些物理性能研究得相对较少。实际上,BMGs 的抗腐蚀性能也是相当优异的。即使在极端严重的腐蚀环境下,BMGs 的抗腐蚀性能也非常令人满意。

例如,将 $Zr_{52.5}Cu_{17.9}Ni_{14.6}Al_{10}Ti_5$ 非晶合金与 304L 不锈钢一起置于几种腐蚀剂中,比较它们的腐蚀情况。结果表明,$Zr_{52.5}Cu_{17.9}Ni_{14.6}Al_{10}Ti_5$ 非晶合金在 $NaCl$、H_2SO_4 和 HNO_3 中抗蚀性能好于 304L 不锈钢,只是在 HCl 溶液中的抗蚀性能稍差一些。若在 $Zr-Al-Ni-Cu$ 非晶合金中添加少量的 Nb 能显著提高在 HCl 溶液中的抗蚀性能。

Mg 和 Mg 合金由于其自身的耐腐蚀性较低,严重限制了它的广泛应用。研究证明,如果制成化学成分均匀并且含有足够浓度钝化合金元素的单相合金即可得到理想的耐蚀 Mg 合金,而非晶合金正是符合这一要求的合金。Gebert 研究了 $Mg_{65}Cu_{25}Y_{10}$ 非晶薄带和同样成分的多晶 Mg 合金试样在 NaOH 溶液中的腐蚀行为,结果发现非晶态 Mg 合金的腐蚀速度较低,钝化电流也很低。这种腐蚀行为上的差别反映了玻璃结构效应对材料抗腐蚀性能的影响。

Ni 基块体非晶合金的抗腐蚀性能也极为优异。Kawashimal 研究了 Ta 含量对 $[Ni_{60}Nb_{(40-x)}Ta_x]_{95}P_5$ 块体非晶合金在 HCl 溶液中极化行为的影响,发现当 Ta 含量为 $30\% \sim 40\%$ 时,合金发生自发钝化现象。浸泡实验显示腐蚀速度几乎为零。Fe 基块体非晶合金也表现出足够高的抗腐蚀能力,完全可以作为实际抗蚀材料来使用。

BMGs 在低温、高压及微重力等极端条件下的性能具有特殊的重要性,然而,截至目前为止,这方面的研究工作还做得非常少。对 Vit1 和 Vit4 合金的超导性能研究表明,在没有磁场存在的情况下,Vit4 合金在制备态的超导临界温度 T_c 是 1.84K,而退火后的 T_c 为 3.76K。对 Vit1 合金在不同结构状态时的德拜温度 θ_D 和低温比热 Cp 研究结果发现,随着晶化程度的增加,或者说随着合金内部结构有序度的增加,θ_D 逐渐增加而 Cp 逐渐降低。

随着对块体非晶合金的深入研究,块体非晶合金的许多特殊性能将会不断被发现,也必然会在各种工业产品上得到应用。

7.5.2　非晶合金的应用

块体非晶合金独特的不同寻常的性能使得这类材料可以被用于各种领域。在不远的将来,随着研究的进一步发展,BMGs 这种材料在基础研究和实际应用方面将变得越来越重要。

1. 体育用品

BMGs 作为高性能材料而首先得到商业化应用是制做高尔夫球拍。除了低密度、高比强度等优点之外,BMGs 的其他一些性能,比如低的弹性模量和振动响应,使得球手在击球时手感更舒适,更便于对球的控制。另外,BMGs 制作的球头的能量传递效率非常高。钢制球拍只能把 60％ 的打击能量传递给球,钛合金球拍能把 70％ 的能量传递给球,其余的能量则因球头形变而被吸收。BMGs 制的球头能把 99％ 的能量传递给球,正是由于非晶合金特殊的回弹与振动吸收性能,以至于不得不规定用非晶合金制成的高尔夫球头不能用于高尔夫球职业赛。BMGs 的这些优异特性,使得它在某些高端体育用品上也会得到应用,比如,网球拍、棒球棒、自行车车架、滑雪和滑冰用具等。

2. 高性能结构材料

将 BMGs 模铸成截面很薄的元器件已经成为可能,这使得 BMGs 对镁合金在电子领域的应用提出挑战。随着个人电子产品的不断小型化,人们迫切要求将外壳做得小而薄,同时又具有足够的机械强度,在这方面,BMGs 比高分子聚合材料和传统轻合金存在明显优势。人们已经开发出用 BMGs 制作外壳的手机和数码相机。

块体非晶合金具有超过常规材料 2 倍以上的高比强度,使这种材料在航空领域很有竞争力。特别是对铝合金来说,当非晶基体上析出纳米晶颗粒时,由 Al 基非晶/纳米晶相组成的复合材料其抗拉强度可达普通晶态铝合金数倍,成为目前航天航空材料中比强度最高的材料,是理想的航空、航天器的结构材料。

BMGs 的一些特殊性能能够明显地提高许多军工产品的性能和安全性。美国的研究人员正在开发非晶合金穿甲弹,以取代目前的贫铀穿甲弹,因为贫铀弹对生态环境具有一定的污染性,其使用受到谴责。用钨丝增强的块体非晶复合材料制造的穿甲弹和氧化物玻璃一样具有自锐性,而且在穿甲时效率很高。BMGs 高的比强度使得军用器件在小型化和轻量化的同时不降低其可靠性。

3. 生物医学材料

高生物兼容性是非晶合金用于医学上修复移植和制造外科手术器件的一个非常重要的性能。目前块体非晶合金在生物医学上可以预见的用途有:外科手术刀、人造骨头、用于电磁刺激的体内生物传感、人造牙齿等。在微型医疗设备、微型摄像机、微型机器人等方面,过去这些设备的关键零件,如微型齿轮、传动轴等,大都采用不锈钢材料制造,不仅强度和耐磨性达不到要求,而且加工非常困难。使用块体非晶合金不但可以制造更小的金属齿轮(直径小于 1mm),同时其机械性能远远高于常见金属材料制的零件。

4. 空间探测材料

由于非晶合金的特殊性能,它将在未来的太空探索中发挥独特的作用。例如,美国宇航局在 2001 年发射的起源号宇宙飞船上安装了用 Zr－Al－Ni－Cu 块体非晶合金制成的太阳风收集器。当飞船接近太阳风暴时,高能粒子撞击非晶盘并进入盘中,由于非晶中的原子是随机密堆排列,不存在晶体结构中的通道效应,因而能够有效地截留住高能粒子。由于非晶的低摩擦、高强度和高抗磨损特性,块体非晶合金已经被美国宇航局选为下一个火星探测计划中钻探岩石的钻头保护壳材料。另外,利用块体非晶合金制造的航天轴承滚珠正在研制中。

5. 耐蚀催化材料

燃料电池是当今材料领域研究的热点。日本经济产业省曾将块体非晶合金作为燃料电池隔板候选材料。催化电极是制备氯碱的关键材料,而块体非晶合金在结构上是长程无序而近程有序的亚稳材料,每个短程有序的原子团可以视为一个高活性点,所以,这种高活性、高耐蚀性材料是最理想的电极催化材料。

6. 软磁材料

目前具有优异软磁性能的非晶带材已经广泛用于各种变压器、电感器和传感器,成为电力、电子和信息领域不可缺少的重要基础材料。在中国,非晶连续带材生产线早已建成并投入生产。但是薄带的形状特征在某些方面也始终限制着它的许多应用。尽管目前市场上尚未正式推出块体非晶软磁产品,但很多专家预测,块体非晶软磁合金制品将很快应用于快速发展的高新技术领域。

在计算机、网络、通信和工业自动化等信息领域,开关电源是各种电子设备必备的部件,轻、薄、小和高度集成化是这类部件的必然发展趋势,因此近年来高频电子技术越来越受到重视,这就要求其中变压器和电感器的软磁铁芯具有良好的高频特性。目前常用的高频软磁材料主要是具有高电阻的铁氧体和非晶合金带材。铁氧体因饱和磁感和磁导率低,对小型化不利。而非晶合金带材难以制备成异形和微型铁芯。因此从块体非晶合金的软磁性能和易加工成型来看,它们可以直接熔铸或加工成各种复杂结构的微型铁芯,应用于笔记本电脑和手机等电子或通讯设备中。

钕基非晶薄带是顺磁的,而被制成块体非晶合金时则具有硬磁性,当把它加热晶化成晶态时又变为顺磁性。由于这种材料很容易实现非晶态和晶态之间的相互转变,也就意味着可实现硬磁性和顺磁性之间的转化。因此它是具有特殊用途的功能材料。

各种不同成分的非晶合金纳米晶带材的典型性能及主要应用领域见表7-6。

表7-6　非晶纳米晶带材的典型性能及主要应用领域

性能指标	非晶纳米晶带材			
	铁基非晶	铁镍基非晶	钴基非晶	铁基纳米晶
饱和磁感(T)	1.56	0.77	0.6~0.8	1.25
矫顽力(A/m)	<4	<2	<2	<2
B_r/B_s	—	—	>0.96	0.94
最大磁导率	45×10^4	>200000	>200000	>200000
铁损(W/kg)	—	$P_{20KH2,0ST} < 90$	$P_{20KH2,0ST} < 90$	$P_{20KH2,0ST} < 30$
磁致伸缩系数	2.7×10^{-5}	1.5×10^{-5}	$<1 \times 10^{-6}$	$<2 \times 10^{-6}$
居里温度(℃)	415	360	>300	560
电阻率($\Omega \cdot cm$)	130	130	130	80
应用	配电变压器、中频变压器、功率因素校正器	磁屏蔽、防盗标签	磁放大器、高频变压器、扼流圈、脉冲变压器、饱和电抗器	磁放大器、高频变压器、扼流圈、脉冲变压器、饱和电抗器、互感器

7. 首饰材料

珠宝行业是最近对 BMGs 非常感兴趣的领域之一。BMGs 可以得到极好的表面光泽,这吸引了全世界高端珠宝市场的注意。BMGs 制品的表面硬而耐磨,同时它的耐腐蚀性使得它的表面光泽可以长久保持。另外,BMGs 的精密净形铸造性能很好,这使得珠宝设计者在进行艺术构思时不必顾及材料的加工性能,而设计出独具匠心的、传统金属很难做出的艺术造型。

参考文献

［1］徐如人，庞文琴.无机合成与制备化学.北京:高等教育出版社,2001

［2］刘光华.现代材料化学.上海:上海科学技术出版社,2000

［3］季惠明.无机材料化学.天津:天津大学出版社,2007

［4］卢安贤.无机非金属材料导论.长沙:中南大学出版社,2004

［5］宋晓岚,黄学辉.无机材料科学基础.北京:化学工业出版社,2006

［6］Inoue A, Zhang T, Masumoto T, et al. Amorphous $La_{55}Al_{25}Ni_{20}$ alloy prepared by water quenching. Materials Transactions, JIM, 1989, 30(9):722~725

［7］Inoue A, Nakamura T, Sugita T, et al. Bulky La – Al – TM(TM = transition metal) amorphous alloys with high – tensile strength produced by a high – pressure die casting method. Materials Transactions, JIM,1993,34(4):351~358

［8］Inoue A. High strength bulk amorphous alloys with low critical cooling rates(overview). Materials Transactions, JIM,1995,36(7):866~875

［9］Inoue A, Zhang T. Fabrication of bulk glassy $Zr_{55}Al_{10}Ni_5Cu_{30}$ alloy of 30mm in diameter by a suction casting method. Materials Transactions, JIM,1996,37(2):185~187

［10］Inoue A. Stabilization of metallic supercooled liquid and bulk amorphous alloys. Acta Materialia,2000,48(1):279~306

［11］Inoue A, Nashiyama N. Extremely low critical cooling rates of new Pd – Cu – P base amorphous alloys. Materials Science & Engineering A. 1997,22(15):401~405

［12］袁子洲.钻基非晶合金的晶化行为及玻璃形成能力研究.兰州理工大学博士学位论文,2008

［13］Lu Z P, Liu C T, Thompson J R, et al. Structural amorphous steels. Physical Review Letters,2004,92(24):245~503

［14］黄兴民.Fe – Y – B基块体非晶合金的制备、性能与结构.浙江大学博士学位论文,2008

［15］Senkov O N, Scott J M. Specific criteria for selection of alloy composition for bulk metallic glasses. Scripta Materialia,2004,50(4):449~452

［16］Chen W, Wang Y, Qiang J, et al. Bulk metallic glasses in the Zr – Al – Ni – Cu system. Acta Materialia,2003,51(7):1899~1907

［17］Wang Y M, Xu W P, Qiang J B, et al. The e/a criterion of Zr – based bulk metallic glasses. Materials Science & Engineering A,2004,375~377(1~2):411~416

［18］Wang D, Tan H, Li Y. Multiple maxima of GFA in three adjacent eutectics in Zr – Cu – Al alloy system – A metallographic way to pinpoint the best glass forming alloys. Acta Materialia,2005,53(10):2969~2979

［19］Takeuchi A, Inoue A. Classification of bulk metallic glasses by atomic size difference, heat of mixing and period of constituent elements and its application to characterization of the main alloying element. Materials Transactions, JIM,2005,46(12):2817~2829

［20］孔见.Cu – Ti基块体非晶合金玻璃形成能力、合金化效应及性能研究.南京理工

大学博士论文,2006

[21] 张国庆 . Cu 基大块非晶合金的制备及性能 . 浙江大学博士论文,2007

[22] Inoue A. Bulk amorphous alloys. Zurich: Trans. Tech. Publications,1999

[23] Zhang T, Inoue A, Chen S J, et al. Amorphous $(Zr - Y)_{60} Al_{15} Ni_{25}$ alloy with two supercooled liquid regions. Mater. Trans. , JIM,1992,33(2):143~145

[24] 孙军,张国君,刘刚 . 大块非晶合金力学性能研究进展 . 西安交通大学学报, 2001,35(6):640~645

[25] 王庆,夏雷,肖学山等 . 大块非晶合金的研究进展 . 自然杂志,2001,23(3):145 ~148

[26] 陈欣,欧阳鸿武,黄誓成等 . 紧耦合气雾化制备 Al 基非晶合金粉末 . 北京科技大学学报,2008,30(1):35~39

[27] 欧阳鸿武,陈欣,余文焘等 . 紧耦合气雾化制备 Al 基合金非晶粉末的研究 . 稀有金属材料与工程,2006,35(6):866~870

[29] 陆曹卫,卢志超,郭峰等 . 水雾化 $Fe_{69} Ni_5 Al_4 Sn_2 P_{10} C_2 B_4 Si_4$ 非晶合金粉末及其磁粉芯的性能 . 钢铁研究学报,2007,19(9):33~35

[30] Fan G J, Guo F Q, Hu Z Q, et al. Amorphization of selenium induced by high-energy ball milling. Phys Rev B,1997,(55):11010~11013

[31] 张富邦,陈学定,郝雷等 . 机械合金化制备 $Co_{80} Zr_{20}$ 非晶合金粉末 . 粉末冶金技术,2006,24(5):340~344

[32] 张静,陈学定,王翠霞等 . 机械合金化法制备 Ni - Zr 非晶软磁合金粉末的研究 . 金属功能材料,2009,16(1):4~8

[33] 袁子洲,王冰霞,梁卫东等 . 高能球磨制备非晶粉末的形成机理及形成能力的研究综述 . 粉末冶金工业,2006,16(1):30~34

[34] 娄太平,李福山,洪军等 . 混合熔对 Cu - Ti - Fe - Nb 系非晶形成和晶化的影响 . 材料研究学报,1998,12(3):320~322

[35] 徐惠,曲晓丽,袁子洲等 . Co - B 非晶粉末的化学还原法制备及晶化研究 . 兰州理工大学学报,2006,32(4):5~9

[36] 向兴华,刘正义,朱晖朝 . Fe 基非晶合金涂层的等离子喷涂制备工艺研究 . 材料工程,2002,3(2):10~13

[37] 黄劲松,张贵兴,刘咏等 . 大块非晶的制备 . 矿冶工程,2004,24(1):80~83

[38] 陶平均,杨元政 . 大块非晶材料的性能及其应用 . 轻合金加工技术,2006,34(1): 45~48

[39] 高玉来,沈军,孙剑飞 . 大块非晶合金的性能、制备及应用 . 材料科学与工艺, 2003,11(2):215~219

[40] 李雷鸣,徐锦锋 . 大体积非晶合金的制备技术 . 铸造技术,2007,28(10):1332 ~1337

[41] 祁红璋,赵晖,邱嘉杰 . 非晶合金的制备 . 上海有色金属,2008,29(1):37~41

第8章　功能信息材料的制备

　　信息材料是信息技术和产业的基础,主要包括微电子材料、光电子材料、存储和显示材料、光纤传输材料、传感材料、磁性材料、电子陶瓷材料等。这些材料及其产品支撑着通讯、计算机、家用电器与网络技术等现代信息产业的发展。目前,信息材料作为基础性材料已渗透到国民经济和国防科技中各个领域,如以硅为代表的集成电路用材料是集成电路产业的基础,没有高质量的以硅和砷化镓等为代表的微电子材料就不可能制造出高性能的电子元器件和集成电路。21世纪是光电子时代,光电子产业的兴起和发展无不以光电子材料的发展为基础。例如,砷化镓、磷化铟等化合物半导体材料的研制成功导致了新型激光器和光探测器的出现;当今世界80%的信息传输业务由光纤来完成,光纤及其网络技术的进步和普及正在改变着人类社会的交流和生活方式;存储和显示材料、磁性材料、电子陶瓷材料广泛应用于计算机、通讯设备、家用电器、汽车、医疗设备、航空、航天等各个领域。

　　近年来,中国信息材料的科技和产业发展取得了很大进展。我国在无机非线性人工晶体方面研究水平一直保持国际领先地位;在氮化镓基器件的基础材料和器件技术以及关键装备方面取得突破性进展;研制出具有自主知识产权且性能指标达到国际先进水平的金属内电极多层陶瓷电容器;设计并制备了一系列新型有机复合和有机分子信息存储薄膜,成功地实现了超高密度的信息存储;光纤预制棒制造核心技术的研制取得重大突破;二维电子气材料、应变自组装量子点材料及量子点激光器的研究、Ⅲ族锑化物材料与器件等方面处于国际先进水平;在大晶格失配材料体系的柔性衬底材料、大功率半导体量子阱激光材料和器件、激光光纤模块、超高亮度黄光橙光发光管材料等方面都取得了具有自己知识产权的成果。

　　2003年,我国在光控弯曲材料的研究方面取得了突破性进展,在世界上首次利用合成的新型高分子液晶薄膜材料,实现了通过光能驱动控制该材料薄膜沿着任意方向进行反复卷曲;成功"拉"出了一条具有我国自主知识产权的12英寸掺氮硅单晶;在多孔硅的研究中取得重要进展,获得稳定的、肉眼可见的蓝光发射;成功研制大尺寸优质蓝宝石晶体,生长方法、装置、晶体退火工艺等均拥有自主知识产权,衬底基片尺寸和质量达到国际先进水平;成功研制电子浆料及厚膜电路制品,其性能达到国外同类产品的先进水平;成功研制新型半绝缘磷化铟晶片,它的出现对于改善和提高磷化铟基微电子器件的性能具有重要的意义;启动国家半导体照明工程,有50多家企业和研发机构得到了"十五"科技攻关的立项支持,上海、厦门、大连和南昌已经启动国家级半导体照明产业化基地的建设,60多名海外留学人员回国创业,一批新企业应运而生。

8.1　微电子材料

　　微电子材料总体发展是向着大尺寸、高均匀性、高完整性,以及薄膜化、多功能化、片式化和集成化方向发展。

8.1.1　硅基材料

　　95％以上的半导体器件是用硅材料制作的,硅片被称作集成电路的核心材料,硅材料产业的发展和集成电路的发展紧密相关。经过多年的发展和竞争,国际硅材料行业出现了垄断性企业,日本、德国和美国的六大硅片公司的销量占硅片总销量的 90％以上,其中信越、瓦克、SUMCO 和 MEMC 四家的销售额占世界硅片销售额的 70％以上,决定着国际硅材料的价格和高端技术产品市场,其中以日本的硅材料产业最大,占据了国际硅材料行业的半壁江山。目前世界多晶硅的年生产能力约为 26000 吨,海姆洛克(美国)、瓦克 ASIM(德国),德山曹达(日本)、MEMC(美国)占据了多晶硅市场的 80％以上;单晶硅和外延片的生产企业有信越(日本)、三菱住友 SUMCO(日本),MEMC(美国),瓦克(德国)等。在集成电路用硅片中,8 英寸的硅片占主流,约 40％～50％,6 英寸的硅片占 30％。当硅片的直径从 8 英寸到 12 英寸时,每片硅片的芯片数增加 2.5 倍,成本约降低 30％,因此,国际大公司都在发展 12 英寸硅片,2006 年产量将达到 13.4 亿平方英寸,将占总产量的 20％左右。

　　随着集成电路特征线宽尺寸的不断减小,对硅片的要求越来越高,控制单晶的原生缺陷变得愈来愈困难,因此外延片越来越多地被采用。目前 8 英寸硅片有很大部分是以外延片形式提供的,而 12 英寸芯片生产线将全部采用外延片。

　　在世界范围内 8 英寸和 12 英寸硅片仍然是少数几家硅片供应商的拳头产品,他们有自己的专有生产技术,为世界提供了大部分制造集成电路用的 8 英寸和 12 英寸硅抛光片和硅外延片,这种局面在今后相当一段时间内不会有根本的改变。这些大公司的 12 英寸外延片已大量生产,目前国外 8 英寸外延片价格约 45 美元/片,而 12 英寸外延片价格就高得多,其经济效益还是很可观的。

　　我国半导体材料行业经过四十多年发展已取得相当大的进展,先后研制和生产了 4 英寸、5 英寸、6 英寸、8 英寸和 12 英寸硅片。2003 年国内从事硅单晶材料研究生产的企业约有 35 家,从业人员约 3700 人,主要研究和生产单位有北京有研硅股、杭州海纳半导体材料公司、宁波立立电子公司、洛阳单晶硅厂、万向硅峰电子材料公司、上海晶华电子材料公司、峨眉半导体材料厂、河北宁晋半导体材料公司等。2008 年国内单晶硅总产量为 5186 吨,其中太阳能级单晶硅产量 4621 吨,占总产量的 89％,半导体级直拉单晶硅产量 505 吨,区熔单晶硅产量 60 吨。我国硅单晶产量主要集中在技术含量偏低的太阳能用单晶硅上,IC 用硅单晶尤其是 8 英寸以上硅晶片基本依赖进口,远不能满足国内 IC 市场的需求。2008 年国内多晶硅产量超过 4500 吨,产能超过 1 万吨,其中太阳能电池需要的多晶硅占主要部分。预计 2009 年国内多晶硅产能大约在 3 万吨,产能超过 1 万吨。如果在建项目全部建成投产,2009 年～2010 年将形成 6 万～10 万吨多晶硅生产规模。按照这样的发展态势,国内多晶硅产能有过剩的危险。对已具备基础条件的多晶硅生产企业来说,应加大产业化新技术的突破,并在此基础上新建多晶硅生产线,扩大多晶硅产量,以尽快形成中国的多晶硅产业。目前从事外延片研究生产的主要单位有信息产业部 13 所、55 所、浙大海纳、华晶外延厂等近 10 家,但是由于技术、体制、资金等种种原因,我国硅材料企业的技术水平要比发达国家落后约 10 年,硅外延状况也基本如此。

8. 1. 2　SOI(Silicon on Insulator)材料

集成电路发展到目前的超大规模时代,要进一步提高芯片的集成度和运行速度,现有的体硅材料和工艺正接近它们的物理极限,在进一步减小集成电路的特征尺寸方面遇到了严峻的挑战,必须在材料和工艺上有重大突破,同时寻找比体硅更好的材料。SOI 有望取代体硅材料成为深亚微米集成电路的主流技术。SOI 技术具有高速、低压低功耗、耐高温等特点,同时具有简化工艺流程、提高集成密度、减小软误差等优势,是解决超大规模集成电路功耗危机的关键技术,是 0.13mm 以下工艺的首选技术,被誉为 21 世纪的新型硅基集成电路技术。

SOI 材料的种类很多,目前使用比较广泛和比较有发展前途的主要有通过注氧隔离的 SIMOX(Separation by lmplanted Oxygen)材料、键合再减薄的 BESOI(Bonding and Etchback SOI)、材料和将键合与注入相结合的 Smart – Cut SOI 材料。在这三种 SOI 材料中,SIMOX 适合于制作薄膜全耗尽超大规模集成电路,BESOI 材料适合于制作部分耗尽集成电路,而 Smart Cut SOI 材料则是今后非常有发展前景的 SOI 材料。

8.1.2.1　注氧隔离技术(Separation by Implanted Oxygen,SIMOX)

该技术受到美国 IBM 公司的极力推崇,是迄今为止比较先进和最为成熟的 SOI 制备技术。美国的 IBIS(Intelligent Building Information Systems)公司及日本的新制铁和小松等公司利用这项技术批量生产 Advantox 片。其工艺主要包括:

(1)氧离子注入,在硅表层下产生一个高浓度的注氧层;

(2)高温退火,注入的氧与硅反应,在高浓度注氧层附近形成隐埋二氧化硅层,并消除离子注入引入的损伤。形成氧化物埋层的临界剂量大约为 $1.4 \times 10^{18} cm^{-2}$,典型的注入剂量约为 $2 \times 10^{18} cm^{-2}$。注入期间衬底温度过低,顶部硅就会完全非晶化,退火后变成多晶硅,若衬底温度太高,顶部硅下界面处易形成大量的氧化物沉淀,最常用的温度在 $600℃ \sim 650℃$。氧化物沉淀的生长是 Ostwald 机理生长,小的氧化沉淀溶解而大的沉淀生长。在相对较低温度(如 $1150℃$)退火,小的沉淀在顶部硅层析出,大的沉淀稳定在更深处。退火温度达到 $1300℃$,能使注入氧发生分凝形成类矩形分布,沉淀完全溶解,形成完整的二氧化硅层。

ITOX(Internal Oxidization)是近年提出和实践的一种颇受重视的 SIMOX 改良工艺,它是在较低剂量注入后,高温下($>1300℃$)在 $Ar+O_2$ 气氛中退火和氧化。

另外,SPIMOX(Separation by Plasma Implantation Oxygen)工艺得到发展。该工艺是将氧源等离子化,样品浸在等离子气氛中,在一定温度下,氧注入到硅片内。该工艺氧注入更为均匀,注入时间减小,产量至少提高一个数量级,制作成本大为降低,生产设备更简单。等离子体中存在两种不同的离子 O^+ 和 O^{2+},两种具有不同的能量与注入深度,当 O^+ : $O^{2+} = 2:1$ 时,可形成 $Si/SiO_2/Si/SiO_2/Si$ 的双埋层结构。另外也可将氧源改为水,水能形成 H_2O^+、OH^+ 和 O^+ 三种等离子体,由于这些等离子体质量接近,注入深度比较一致,从而解决了因多种不同能量的等离子体导致能量不均匀的问题,但这样效率低,额外注入了大量氢。

8.1.2.2　智能剥离(Smart – Cut)技术

智能剥离技术的工艺过程主要包括以下四个步骤:

（1）离子注入

室温下，以一定能量向硅片 A 注入一定量的 H^+，在硅表面层下产生一气泡层。

（2）键合

将硅片 A 与另一硅片 B 进行严格的清洗处理后，在室温下键合。硅片 A 与 B 之间至少有一片的键合表面用热氧化法生长 SiO_2 层，用以充当 SOI 结构中的隐埋绝缘层。B 片将成为 SOI 结构中的支撑片。

（3）热处理

基本上分两步：第一步使键合后的硅片在注入 H^+ 的高浓度层位形成气泡层，并发生剥离，剥离掉的硅层留待后用，余下的硅层作为 SOI 结构中的顶部硅层；第二步高温热处理，提高键合界面的结合强度并消除 SOI 层中的注入损伤。

（4）抛光

SOI 片化学机械抛光，降低表面粗糙度，并使其减薄到规定的厚度，在硅晶圆上形成有源器件。美国 Analog Device 公司的 XFCB（超高速互补双极型）工艺和美国 NS（National Semiconductor）公司的 VIP10CB 工艺所制备的 SOI 晶圆深受电路设计人员的欢迎，因为这种 SOI 晶圆表面的缺陷较少，形成 SOI 器件的 $1/f$ 噪声系数较小。用智能剥离 Smart-Cut 法制备的互补双极 SOI 器件的寄生电容、寄生电阻都较小。

人们在 Smart-Cut 工艺的基础上还发展了 P（Pentium）Ⅲ工艺。该工艺以氢等离子体代替氢离子注入，容易提供剥离所需的高剂量氢。氢等离子体有 H^{2+}、H^{3+} 和 H^+，通过调整氢的气压、微波功率和磁场的大小，可获得以 H^{2+} 和 H^{3+} 为主的等离子体。Genesis 公司的 William 报道了一种制造 SOI 的新方法，这是 PⅢ与 RT-CCP（Room Temperature Control Cleave Process）相结合的方法。注入工艺与 PⅢ工艺相同，但其剥离方法与一般的 Smart-Cut 不同，它是在室温下进行，剥离速度非常快，在 1s 内就能完成，剥离后的界面要平整得多，且设备简单。

8.1.2.3　外延层转移技术（Epitaxial Layer Transfer，ELTRAN）

外延层转移技术是日本佳能公司开发的制备 SOI 材料的最新技术，包括以下制作过程

（1）硅片的阳极极化，形成多孔硅层

阳极极化后的硅片需在 400℃氧气气氛中处理 1h，所有多孔硅壁被轻微氧化。这个预氧化使孔壁形成一层很薄的氧化物，起着钝化的作用，能够抑制后续热处理时孔的结构变化，防止腐蚀选择性变差。

（2）外延和热氧化

外延是在前面形成的多孔硅上生长高质量的单晶硅层。在外延层上热氧化形成一层氧化层，可阻止局限在键合界面的 C、B 等杂质扩散进入外延层，并减少 SOI 层底面的界面态。

（3）键合

器件片和支撑片仔细清洗后在室温下贴合，两个片受范德瓦尔斯力键合。然后两个片在 1180℃以上退火，发生脱氢反应，形成稳定的共价键，键合强度提高。为了扩大键合面积，还要进行氧化。

（4）减薄

首先进行机械磨、抛，去掉器件片的表层，直到多孔硅层完全露出。多孔硅有巨大表面体积比（~200$m^2 \cdot cm^{-3}$），与一般的单晶硅相比结构大为不同，两者的腐蚀特性也将不同，

从而大大提高了腐蚀选择性,多孔硅完全被腐蚀掉,而腐蚀液几乎不腐蚀非多孔硅,SOI 表面改善。

(5)氢退火

腐蚀后的 ELTRAN 片置于氢退火炉中于高于 1000℃,2.3×10^5 Pa 氢气氛中退火。氢退火有两个效果:使表面光滑和促进硼外扩散。氢退火表面能减少,硅表面原子迁移增强,从而形成一光滑的 SOI 表面。

IBM、SEMInvest(半导体设备材料协会)等指出,在 300mm 技术中,新的取得主导地位的材料技术将是铜连线、SOI、锗硅以及应力硅(Strain Silicon)等。世界著名的 Dataquest 预测:SOI 材料在 2010 年将占整个硅市场的 50%,约为 80 亿美金;2015 年占 60%,那时 SOI 材料市场将达到每年 100 亿美金。其中,薄膜 SOI 市场约占 80%,约为 64 亿美金。薄膜 SOI 市场大部分为 300mm SOI 圆片市场,300mm 薄膜和超薄 SOI 材料,实际上就是 SOI 薄膜厚度在数十纳米的微纳半导体新材料。

国际上对 SOI 材料的应用研究,主要是 IBM、Intel、Motorola、AMD 等公司,SOI 结构器件已有规模化生产,器件成品率达到硅器件的成品率,IBM 年消耗 8 英寸 SOI 外延片约 36 万片,并正投资 50 亿美元建造 12 英寸 SOI 线。Intel 公司利用 SOI 技术构造的 THz 晶体管,其截止频率达 2.6THz,Texas Instrument 的研究集中于单芯片系统(DSPs),技术水平为 0.25mm,SOI 器件和材料具有广阔的商业前景。

国内从事 SOI(主要是 SIMOX 圆片技术)研究的科研单位约四五家,上海新傲科技有限公司引进了大束流氧离子注入机,先进的超高温退火炉、清洗和表征设备以及高级别的 10 级工作区,生产线已于 2002 年 7 月全面调试验收,进行了 4~6 英寸 SOI 材料的研究生产销售,并正在研究生产 8 英寸 SOI。北师大辐射中心也是从事 SOI 材料技术多年的研究单位,采用国产设备和 SIMOX 技术,在 4 英寸、6 英寸 SOI 材料工艺方面取得了一定的进展。

8.1.3　SiGe/Si 外延材料

在硅外延市场不断发展的同时,锗硅外延市场随着全球通讯的快速发展也越来越好。锗硅材料作为一种新型硅基半导体材料,其频率特性优于硅。SiGe/Si HBT 技术的主要优势在于其低成本(与标准硅工艺兼容)、高性能,基于 SiGe HBT 的功率放大器(PA)、低噪声放大器(LN)、Mixer 等在无线通信中获得了广泛的应用,SiGe/Si HBT 在第三代移动通信系统(射频前端)领域是砷化镓器件最强有力的竞争者。IBM 将 SiGe-HBT 高速性能引入 Bi-CMOS 工艺中去,使模拟与数字电路功能在同一芯片上实现。目前,国际上锗硅外延以 6~8 英寸为主。美国、德国和日本在锗硅材料及相关器件的研究领域保持领先水平。美国的 IBM 是这一行业的领军人物,目前 IBM 在应变 SiGe/Si 材料和相关器件的研究上同样建树颇丰,并于 2001 年宣布,应变 SiGe/Si 材料将是下一个进入产业界的锗硅器件。研究人员看好的还有锗硅技术与 SOI 材料的结合,由于兼有锗硅和 SOI 的优点,可以更好地体现锗硅器件的高速度和 SOI 低功耗等优点,大大降低了有源寄生效应,易于实现片上高 Q 值的无源器件,有利于大规模的集成,以实现 MMIC 和 SOC。目前,美国和日本等国在这一领域开展了不少研究工作。由于将锗硅技术引入 BiCMOS 只需增加 10% 的成本,但其性能却可以达到高一代工艺水平的 Si-BiCMOS 性能。投资高一代工艺水平的生产线需数十亿美元,而在现有生产线基础上增加锗硅外延设备只需几百万美元,用低的投入而得到高的收益使得 IC 制造厂纷纷涉足锗硅技术。目前已有十余家 IC 制造厂可进行 0.18 μm～0.5 μm 工艺水平的锗硅 BiCMOS(Bipolar Complementary Metal Oxide Semiconductor)代工业务,;除了 SiGe BiCMOS 技术,亦有数家半导体生产厂拥有微波功率器件制备技术,如 Infineon、Maxim、Tachyonics 等。硅锗到 2007 年将占化合物半导体市场的 33%,原因之一就是可与传统 CMOS 工艺兼容。

目前国内有 4～5 家单位从事锗硅材料和器件的研究,清华微电子研究所已具有年产锗硅外延片 1 万片左右的能力,该所还研制了 SiGe/Si 真空外延设备。

8.1.4　砷化镓单晶材料

砷化镓和磷化铟是微电子和光电子的基础材料,为直接带隙,具有电子饱和漂移速度快、耐高温、抗辐照等特点,在超高速、超高频、低功耗、低噪声器件和电路,特别在光电子器件和光电集成方面具有独特的优势。目前,世界砷化镓单晶的总年产量已超过 200 吨(日本 1999 年的砷化镓单晶的生产量为 94 吨),其中以低位错密度的垂直梯度凝固法/垂直布里支曼法(Vertical Gradient Freezing/Vertical Bridgman,VGF/VB)方法生长的 2～3 英寸的导电砷化镓衬底材料为主。近年来,为满足高速移动通信的迫切需求,大直径(6～8 英寸)的 Si-GaAs 发展很快,4 英寸 70 厘米长及 6 英寸 35 厘米长和 8 英寸的半绝缘砷化镓(Si-GaAs)也在日本研制成功,美国 Motolora 公司正在筹建 6 英寸的 Si-GaAs 集成电路生产线。磷化铟具有比砷化镓更优越的高频性能,发展的速度更快,但研制直径 4 英寸以上大直径的磷化铟单晶的关键技术尚未完全突破,价格居高不下。砷化镓单晶材料的发展趋势是:①增大晶体直径,目前 4 英寸的 Si-GaAs 已用于大生产,预计直径为 6 英寸的 Si-GaAs 在 21 世纪初也将投入工业应用;②提高材料的电学和光学微区均匀性;③降低单晶的缺陷密度,特别是位错;④砷化镓和磷化铟单晶的 VGF 生长技术发展很快,很有可能成为主流技术。

8.1.4.1　水平布里支曼法(HB)

水平布里支曼法(HB)是目前大量生产半导体砷化镓(SC GaAs)的主要工艺,是一种利用石英舟、管的热壁生长技术,在常压下生长,可靠性高。它的优点是:能利用砷气雾精确控制固化时单晶的砷离解,使材料组分均匀,降低固液界面附近的温度梯度,减少固化后单晶的残余热应力,从而达到降低位错的目的。

8.1.4.2　垂直梯度凝固法/垂直布里支曼法(VGF/VB)

VGF/VB 法是 20 世纪 80 年代末开发并逐步发展起来的能生长大直径、低位错、低热应力、高质量砷化镓等Ⅲ族～Ⅴ族半导体单晶的生长方法。其生长原理是将砷化镓多晶、B_2O_3 及籽晶真空封入石英管中,炉体和装料的石英管垂直放置,熔融砷化镓接触位于下方的籽晶后,缓慢冷却,按〈100〉方向进行单晶生长。这两种方法既可以生长 SC GaAs,也可以生长 SI GaAs。所生长的晶体为圆柱形,晶体中热应力小,约为 3MPa～4MPa。

我国从 20 世纪 60 年代初开始研制砷化镓,近年来,随着中科稼英半导体有限公司、北京圣科佳电子有限公司相继成立,我国的化合物半导体产业迈上新台阶,走向更快的发展道路。中科镓英公司成功拉制出我国第一根 6.4 公斤 5 英寸 LEC 法大直径砷化镓单晶;信息产业部 46 所生长出我国第一根 6 英寸砷化镓单晶,单晶重 12kg,并已连续生长出 6 根 6 英寸砷化镓单晶;西安理工大学在高压单晶炉上称重单元技术研发方面取得了突破性的进展。

8.1.5 宽禁带材料

以氮化镓和碳化硅为代表的第三代半导体材料具有禁带宽度大、击穿电场快、热导率大、电子饱和漂移速度高、介电常数小、抗辐射能力强、良好的化学稳定性等特性,它在光显示、光存储、光探测等光电子器件和高温、高频大功率电子等微电子器件领域有广阔的应用前景,其研究工作突飞猛进,日新月异。在美国开展氮化镓高亮度 LED 和 LD 研究的公司和大学有几十家之多,耗资上亿美元。日本的日亚(Nichia)公司在这场竞争中扮演了重要角色,它在技术上一路领先,市场上独占鳌头,几年间从一个名不见经传的小公司变成一个在日本家喻户晓、国际上知名度很高的公司,获取了巨大商业利润。以上特点明显不同于其他研究领域,显示了市场驱动力的特征。到目前为止,全世界有 184 个公司和 293 个大学和研究机构从事氮化镓基材料生长、器件工艺和相关设备制造的研究和开发工作,比 2000 年 5 月以来分别增加了 74% 和 24%。美国 Cree 公司由于其研究领先,主宰着整个碳化硅的市场,几乎 85% 以上的碳化硅衬底由 Cree 公司提供,90% 以上的生产在美国,亚洲只占 4%,欧洲占 2%。碳化硅衬底材料的市场正在快速上升阶段,估计到 2007 年,碳化硅衬底材料的生产将达到 60 万片,其中 90%~95% 被用于氮化镓基光电子器件作外延衬底。

传统方法制备出多晶的氮化镓,包括加热金属镓的氧化物、卤化物或者金属镓在高温(>750K)下反应相当长的一段时间,这种方法得到的氮化镓纯度不高,结晶效果不好;还有一些新方法如溶液热反应方法或者固态的复分解反应;制备出像 $[H_2GaN_3]_n$,$[H(Cl)GaN_3]_n$ 等一些含镓氮键的制备氮化镓的母体,这些母体可以在较低温度下热降解,生成氮化镓;还有采用反应离化簇团束技术在低衬底温度下制备出多晶的氮化镓薄膜。目前比较流行的是金属有机气体气相外延、分子束外延、氢化物气相外延。

8.1.5.1 金属有机物气相外延(MOVPE)

MOVPE(有时也称为 MOCVD)是以物质从气相向固相转移为主的外延生长过程。含外延膜成分的气体被气相输运到加热衬底或外延表面上,通过气体分子热分解、扩散以及在衬底附近或外延的表面上的化学反应,并按一定的晶体结构排列形成外延膜或者沉积层。

8.1.5.2 分子束外延(MBE)

MBE 技术是真空外延技术。在真空中,构成外延膜的一种或多种原子,以原子、原子束或分子束形式像流星雨般地落到衬底或外延面上,其中的一部分经过物理—化学过程,在该面上按一定的结构有序排列,形成晶体薄膜。镓、铝或铟分子束是通过在真空中加热和蒸发这些ⅢA族元素形成的,而ⅤA族氮分子束则有不同的形成方式。直接采用氨气作为氮源的分子束外延,被称为 GSMBE 或 RMBE(气源分子束外延)。采用氮气等离子体作为氮源的,有 RF-MBE(射频等离子体辅助分子束外延)和 ERC-MBE(电子回旋共振等离子辅助分子束外延)两种。

8.1.5.3 氢化物气相外延(HVPE)

该方法是在金属镓上流过 HCl,形成 GaCl₃ 蒸气,当它流到下游时,在衬底或外延面与 NH₃反应,沉积形成 GaN。该方法的生长速度相当高(可达 100 μm/h),可生长很厚的膜,从而减少衬底与外延膜的热失配和晶格失配对外延材料性质的影响。Maruska 等随后的研究表明可以在 HCl 气流中同时蒸发掺杂剂 Zn 或 Mg 实现 p 型掺杂。

　　该技术主要有两项应用:其一,用来制作氮化镓基材料和同质外延用的衬底材料,例如用 HVPE 技术在 100 μm 厚的 SiC 衬底外延 200 μm 厚的 GaN,然后用反应离子刻蚀技术除去 SiC 衬底,形成自由状态的氮化镓衬底;另一项应用是所谓的 ELOG(epitaxially laterally overgrown GaN)衬底。这种衬底典型的做法是用 MOVPE 技术在 c 面蓝宝石上外延一层非晶 SiO$_2$,然后刻出一排沿<1100>方向的长条窗口,在上面用 HVPE 技术外延一层相当厚(几十微米)的氮化镓,窗口处的氮化镓成为子晶,在非晶 SiO$_2$ 上不发生外延,但当外延氮化镓的厚度足够厚的时候,窗口区氮化镓的横向外延将覆盖 SiO$_2$。在 SiO$_2$ 掩膜区上方的氮化镓的位错密度可以降低几个数量级。类似的还有悬挂外延 GaN(pendeo - epitaxy GaN,PE - GaN),利用 GaN 的横向外延减少位错密度,只是不使用 SiO$_2$ 作掩膜,用的是分开 GaN 条的深槽。

　　氮化镓基宽禁带半导体材料、器件和电路具有超强的性能和广阔的应用前景,近年来受到各国军方特别是美国军方的重视。从 20 世纪 90 年代初开始,包括海军、陆军、空军、弹道导弹防卫局(BMDO)和国防预研局(DARPA)在内的美国国防部几乎所有的部门都将氮化镓器件研究列入了各自电子系统发展规划之中。美国国家航空航天局(NASA)、运输部(DOT)和能源部(DOE)也将基于氮化镓的大功率和高温电子系统列入了发展规划中。

　　美国的 APA 光学公司 1993 年研制出世界上第一个氮化镓基 HEMT 器件。目前,国外正朝着更大功率、更高工作温度、更高频率和实用化方向发展。生长在蓝宝石衬底上的氮化镓基 HEMT 结构材料的室温迁移率最高达到 1500cm^2/Vs,二维电子气浓度达到 1013cm^{-2},研制的 HEMT 器件的功率密度达到 6W/mm。

　　目前在 6H－SiC 衬底上氮化镓微电子材料室温迁移率达到 2000cm^2/Vs,电子浓度达到 1013cm^{-2}。生长在碳化硅衬底上的氮化镓基 HEMT 的功率密度达到了 10.3W/mm(栅长 0.6mm,栅宽 300mm),生长在碳化硅衬底上的 AlGaN/GaN HEM 器件(栅长为 0.12mm)的特征频率 f_t=101GHz、最高振荡频率 f_{max}=155GHz。

　　与蓝宝石衬底材料相比,碳化硅衬底材料具有高的热导率,其晶格常数和热膨胀系数与氮化镓材料更为接近,仅为 3.5%(蓝宝石与氮化镓材料的晶格失配度为 17%),是一种更理想的衬底材料。目前在碳化硅衬底上生长氮化镓微电子材料及器件的研究是国际上的热点,也是军用氮化镓基 HEMT 结构材料和器件的首选衬底,但这种材料十分昂贵。

　　在氮化镓基材料方面,中科院半导体所在国内最早开展了氮化镓基微电子材料的研究工作,取得了一些具有国内领先水平、国际先进水平的研究成果,可小批量提供 AlGaN/GaN HEM 结构材料,一些单位采用该种材料研制出了 AlGaN/GaN HEM 相关器件。如,中科院微电子所研制出具有国内领先水平的 AlGaN/GaN HEM 器件;信息产业部 13 所研制出了 AlGaN/GaN HEMT 器件。

　　由于碳化硅衬底上材料十分昂贵,目前国内氮化镓基高温半导体材料和器件的研究主要在蓝宝石衬底上进行,由于蓝宝石与氮化镓材料的晶格失配大、热导率低,因此,材料和器件性能均受到很大限制。

　　在碳化硅材料方面,到目前为止,2 英寸、3 英寸的碳化硅衬底及外延材料已经商品化。目前研究的重点主要是 4 英寸碳化硅衬底的制备技术以及大面积、低位错密度的碳化硅外延技术。目前国内进行碳化硅单晶的研制单位有中科院物理所、中科院上海硅酸盐研究所、山东大学、信息产业部 46 所等,进行碳化硅外延生长的单位有中科院半导体所、中国科技大学以及西安电子科技大学。

8.2　光电子材料

　　光电子器件领域主要涉及新型光显示器件、光存储器件、光照明器件、光探测器件、全固态激光器、光纤传输等。随着光电集成成为 21 世纪光电子技术发展的一个重要方向，光电子器件的尺度逐步低维化，由体结构向薄层、超薄层和纳米结构的方向发展，材料系统由均质到非均质、工作特性由线性向非线性、平衡态向非平衡态发展。光电子器件的发展重点将主要集中在激光器件、红外探测器件、等离子体显示器件、液晶显示器件、高亮度发光二极管器件、光纤用材料和器件等方面。

　　光电子器件技术领域的发展特点是对工艺创新的依赖性强，而任何创新的工艺，必须使用与之相配套的新型材料，所以说光电子器件的进步和发展离不开各类专用材料的强有力的支撑，同时电子材料的开发和发展也是与光电子器件的需求息息相关。

8.2.1　LED 材料

　　经过 40 多年的发展，LED 材料和器件已经实现了红、橙、黄、绿、青、蓝、紫七彩原色 LED 的生产和应用，并拓展到近红外和近紫外范围，发光效率提高了近千倍。现在使用氮化镓基材料除了已经制备出蓝光、绿光到近紫外波段的高亮度 LED，还由此发展出高亮度白光 LED，为半导体照明产业的发展奠定了基础。

　　国际上 LED 产业正在向种类更多、亮度更高、应用范围更广、价格更低的方向发展，其中半导体照明(含特种照明和通用照明)用 LED 是发展的重中之重。日本日亚公司在蓝宝石衬底上生长氮化镓基 LED，无论是蓝光 LED、紫光 LED、紫外 LED 还是白光 LED 均为国际上目前最高水平，其 460nm 蓝光 LED、400nm 紫光 LED 和 365nm 紫外 LED 的外量子效率分别达到 34.9%、35.5% 和 12.4%，其白光(蓝光 LED 芯片＋荧光粉)的照明效率达 50lm/W。美国 CREE 公司在碳化硅衬底上生长氮化镓基 LED，无论是小尺寸芯片蓝光 LED 和紫光 LED 还是大尺寸蓝光 LED 和紫光 LED 均属国际上顶级水平。

　　半导体照明的巨大市场引起了许多国家政府的重视，纷纷组织国家级的研究计划，推动半导体照明产业的发展。日本的 21 世纪光计划，提出要在 2006 年完成用白光 LED 照明替代 50% 传统照明的目标；美国的国家半导体照明计划，时间是从 2000 年～2010 年，将耗资 5 亿美元；欧盟的彩虹计划在 2000 年 7 月启动，通过欧盟的补助金来推广白光 LED 的应用；韩国产业资源部的氮化镓半导体开发计划预计持续 5 年，分 1999 年～2002 年及 2003 年～2004 年两阶段进行。

　　我国国内从事 LED 产业的单位超过 400 家，从业人员超过 5 万人，其中技术人员超过 5000 人，2002 年 LED 产量超过 150 亿只，产值超过 80 亿元。2008 年，我国 LED(发光二极管)封装产值达到 185 亿元，较上年增长了 10%；产量由 2007 年的 820 亿只增加 15%，达到 940 亿只。其中高亮度 LED 产值达到 140 亿元，占 LED 总销售额的 76%，同时从产品和企业结构来看国内也有较大改善，SMD(表面贴装器件)和大功率 LED 封装增长较快。科技部半导体照明工程的实施将大大推动我国 LED 技术和产业的发展。台湾地区的一些光电企业，经过多年的研发和产业发展，已经成为世界第二大 LED 生产地区。

8.2.2　LCD 材料

根据 MERCK 公司的估计,随着液晶显示技术的发展,世界市场将进一步扩大,2005年,LCD 占平板显示器市场的 82.6%,达到 449 亿美元;TFT－LCD 占 LCD 市场 84.4%,达到 379 亿美元;TFT－LCD 用液晶材料的产值达到约 20 亿美元,需求量为 250 吨左右。目前全球 TFT－LCD 用基片玻璃市场规模已达 3000 万平方米,属于高档硼硅玻璃,与一般TN(扭曲向列型)、STN(超扭曲向列型)所用钠玻璃不同,主要制造商为日本电气硝子(NEG)、旭硝子、美国康宁等。世界偏光板市场至今为止几乎由日本 4 家公司垄断,产量约为 840 万 m²,国内有三家企业生产偏光片,总的生产能力为每年 300 万 m²。彩色滤光片作为显示面板的主要原材料,可以大致分为 CSTN 彩色滤光片、TFT 彩色滤光片和 OLED 彩色滤光片,国外 CSTN 彩色滤光片与 TFT 彩色滤光片的生产技术已经成熟,中国尚处于研制阶段。

我国液晶材料的研究工作始于 1969 年,1987 年开始正式生产液晶材料,打破了西方国家的技术垄断。据液晶材料工程技术研究中心调查统计,LCD(液晶显示器)相关材料中,液晶材料企业数增加很快,由原先的五六家,增加到现在的 10 多家,共销售 492.0t 液晶(其中单体 450t 和混合液晶 42t),销售额 14.53 亿元,产量与销售额与 2006 年相比都有显著提高。目前我国液晶材料还基本上只能满足 TN、STN 器件的需求,国内企业还不能生产TFT(薄膜晶体管)用混合液晶材料。随着 CSTN－LCD(彩色超扭曲向列型液晶显示器)逐步应用到 IT 数码家电等行业,CSTN－LCD 用液晶材料需求量大增,目前市场需求量大约在 3.5t～5t 左右,国内相关企业有 40 多家。其中,石家庄永生华清液晶有限公司的 CSTN液晶材料 2009 年月销售量已达 150 公斤,供应稳定,约 1/3 的产品出口,是目前国内最大的CSTN 液晶材料厂。中国大陆有 ITO 导电玻璃生产线约 40 条,年生产能力超过 500 万片,在低、中档方面生产数量位居世界第一,已成为世界上 ITO 导电玻璃的主要生产国。

8.2.3　PDP 材料

PDP 是指所有利用气体(稀有惰性气体)放电而发光的平板显示器件的总称,PDP 用材料主要有玻璃基板、电极材料、介质材料、荧光材料等。PDP 的发展方向是尺寸向中大尺寸扩展,如 42 英寸。目前在 PDP 材料供应上,供应商以日本为主,韩国为辅,国内已有不少研究单位和企业开始了部分彩色 PDP 材料的研制和生产。

玻璃基板主用于保护显示器主要发光单体,构成像素所需的空间,并且作为显示器的支撑物。PDP 玻璃基板的厚度以 3mm、0.7mm 为主。主要采用浮法工艺制作的钠钙玻璃和耐高温、加工变形小、应变点高的专用玻璃基板。玻璃基板主要生产厂商有旭硝子、Central硝子、日本板硝子、美国康宁等。美国康宁公司和法国 Saint－Gobain 公司也合作开发出CS25 玻璃基板,它的应变点温度高达 610℃。

电极材料主要包括透明电极和总线电极。到目前为止 ITO 仍是透明电极主要材料,ITO 的成膜一般都由 LCD 产业的成膜厂家及玻璃厂家完成。总线电极要求导电性能好且与玻璃基板匹配,材料有 Cr－Cu－Cr 薄膜、Ag 浆料、光敏 Ag 浆料,主要是 Du Pont Fodel,日本太阳油墨和日本 Toray 的产品。电极材料的研究重点是低阻值、热稳定性好、工艺简单、成本低。

透明介质层材料要求有较高的耐压值,主要由含铅低熔点玻璃粉、树脂黏结剂、溶剂等组成。目前市场呈垄断局面,日本电气硝子和旭硝子占有绝对优势。

荧光粉是一种粉末结晶的物质,由基质和激活剂组成,普遍使用的是红$(Y,Gd)BO_3:Eu$、绿 $Zn_2SiO_4:Mn$、蓝 $BaMgAl_{14}O_{23}:Eu$。目前所用的荧光粉,特别是 Mn^{2+} 和 $BaAl_{12}O_{19}:Mn^{2+}$ 都存在着余辉过长的缺陷,这将影响图像的质量,若采用稀土发光材料将可能有根本的改善。荧光材料主要供货商也是日本厂商,首先是化成 Optonix,其次为日亚化学工业与根本特殊化学。

我国从事 PDP 技术研究的单位主要有信息产业部电子 50 所、东南大学、西安交通大学、深圳大学、西安电子科技大学、浙江大学、彩虹集团公司、TCL 王牌、上广电、赛格集团公司、中原显示技术有限公司以及一些材料和设备研究单位等。开展了 21 英寸、42 英寸 PDP 的样机研制和新型槽型全彩色 PDP 样机研制,申请 PDP 中国发明专利和 PCT 国际发明专利 10 多项。北京、上海、南京、苏州、深圳等城市都已将高清晰度数字平板显示技术列为未来十年规划中的重点产业发展方向,将 PDP 显示技术列为主攻目标,计划在五至八年内建成几条 PDP 大规模生产线,各种材料正在研发和产业化进程中。

8.2.4　光纤光缆材料

光纤光缆在过去的 20 年里发展得十分迅速,1980 年前后,全世界只有 2～3 家光纤厂,2001 年初发展到 60 多家。2002 年～2003 年间因市场萧条,全世界光纤厂数量已经减到 46 家。目前,排名前七位的企业包括:康宁、古河＋OFS、藤仓、住友、阿尔卡特、皮瑞利、DRAKA(德拉克,含长飞)。2002 年总产量为 4670 万公里,占全球年总产量的 80％左右。

制备传统光纤的方法包括两个主要步骤,即制作预制棒和在光纤拉丝塔上拉制光纤。传统石英基质的光纤制备技术在过去二三十年间得到了充分的发展,时至今日已是非常成熟。制备光纤预制棒的不同气体沉积工艺也得到了充分的发展,其中包括改进气相化学沉积工艺(MCVD),轴向气相沉积(VAD)和外部气相沉积(OVD)。

光纤光缆的发展趋势为:在芯棒方面,目前国际上生产芯棒的工艺有多种途径,但是,就其主要特点而言,管内法更适于生产折射率分布比较精细复杂的产品,例如梯度多模光纤和非零色散位移光纤;而外沉积法在生产常规单模光纤方面更易于发挥高沉积速率的优势,同时具有彻底除去 OH 的技术优势,有利于制造正在兴起的低水峰光纤。预计今后将有更多厂家采用外沉积工艺(OVD/VAD)。

在外包层工艺方面,套管法的主要限制因素是合成石英管的价格高。只要合成石英管的价格降到足够低,这种方法简单实用(不需投巨资购买设备和技术、不需处理废气、工时短)。等离子体喷涂技术的主要限制因素在于用天然石英原料,自然资源有限,其优势是成本较低。溶胶-凝胶法正在发展中,尚未产业化。目前,SOOT 工艺所生产的光纤在市场份额上已占绝对的优势,因其成本较低、设备和技术已经成熟,应用将日益广泛。

发展大直径长拉丝光纤预制棒已成为降低成本的有效方法。大直径长拉丝预制棒可以减少多根预制棒的头尾损耗,减少工艺运输和安装等非必要生产工时,增加连续生产时间,提高原材料利用率。进一步开发高生产效率、低成本的预制棒技术的方向,很可能是发展复式设备和技术,实现在一台设备上同时制造多根大预制棒的设备和技术。

国外在研制、开发大预制棒制造技术的同时,也开发了与大预制棒相适应的高速拉丝设备和技术。目前,大部分厂家的拉丝速度 1200m/min,采用的预制棒直径约 60mm～80mm,每根棒可拉光纤 400km～800km。拉丝塔的高度,也从 20 年前的 5m～6m 增加到 30m。国内已有厂家在常规生产中采用了 1700m/min 的高速度来拉直径 140mm 的预制棒。拉丝速度的提高,对拉丝塔、加热炉、直径控制技术、相应的涂覆材料与涂覆技术提出一系列更加严格的要求。预计今后几年内,2000m/min 的高速度拉丝将投入商用。

自 1997 年以来,我国光纤年需求量一直占全世界光纤年需求量的 10% 左右,仅次于美国和日本。近几年来,由于北美、西欧、日本经济衰退,中国的光纤市场份额有所增加,占全世界光纤年需求量的 13% 以上,预计今后几年,我国光通信产业仍将以 15%～20% 的速度发展,近期内有望成为世界光纤的需求与生产大国。

8.2.5　激光晶体材料

国际上已经研制出来并实现激光振荡的激光晶体多达数百种,正在开发的有数十种。从事激光晶体开发生产的厂商超过 60 家,2002 年产值约 1 亿美元,主要是美、日、俄罗斯等国家。1995 年～2002 年世界商用固体激光器销售额平均年增长率 20%。

在世界范围内掺钕钇铝石榴石(Nd:YAG)晶体,已发展成为应用最广泛的激光晶体。20 世纪 70 年代末和 80 年代初,研制出一批室温工作高功率输出终端声子宽带可调谐激光晶体,其中最突出的是金绿宝石($Cr:BeAl_2O_4$)和钛宝石($Ti:Al_2O_3$)晶体。自此,固体可调谐激光技术真正进入实用化阶段。20 世纪 80 年代末和 90 年代初,受泵浦用大功率半导体激光二极管(LD)技术和高功率固体激光器技术发展的带动,研制 LD 泵浦和高功率激光材料,获得了掺钕钒酸钇($Nd:YVO_4$)和掺镱钇铝石榴石(Yb:YAG)等一批性能优良的 LD 泵浦和高功率激光晶体,极大推动了微片激光器和高功率激光器技术及应用的迅速发展。近十年来又有一批激光晶体新材料(如掺钕氟磷酸锶 Nd:S-FAP)和新技术(如扩散键合技术)涌现,并且随着晶体生长方法和生长设备技术的进步,激光晶体的直径和尺寸不断增大,质量和性能不断提高,大大促进了激光晶体材料的产业化发展。

经过四十余年的努力,特别近二十年的发展,我国在激光晶体材料领域取得了举世瞩目的成绩。Nd:YAG 等一批晶体产品已形成批量生产能力,产品的质量达到或接近国际先进水平,许多国家重点工程使用的材料靠自已研制,打破了外国封锁和禁运。

当前我国激光晶体材料科研和生产单位有十五六家,主要有华北光电所、西南技术物理所、上海光机所、福建物构所、北京物理所、山东大学、北京人工晶体研究院、吉林激光材料厂以及依托这些所厂成立的公司等。已经开发生产的激光晶体材料主要有:钕钇铝石榴石(Nd:YAG)、钕铝酸钇(Nd:YAP)、钕铈钇铝石榴石(Nd:Ce:YAG)、钕铈铬钇铝石榴石(Nd:Ce:Cr:YAG)、钬铬铥钇铝石榴石(Ho:Cr:Tm:YAG)、铒钇铝石榴石(Er:YAG)、铬蓝宝石($Cr:Al_2O_3$)、钕钒酸钇($Nd:YVO_4$)、钕氟化钇锂(Nd:YLF)、钬铒铥氟化钇锂(Ho:Er:Tm:YLF)、钛蓝宝石($Ti:Al_2O_3$)、铬铝酸铍($Cr:BeAl_2O_4$),正在研究、开发的激光晶体有:镱钇铝石榴石(Yb:YAG)、钕钆镓石榴石(Nd:GGG)、钕氟磷酸锶(Nd:S-FAP)、镱氟磷酸锶(Yb:S-FAP)、钕钒酸钆($Nd:GdVO_4$)、铬氟铝锶锂(Cr:LiSAF)、铬氟铝钙锂(Cr:LiCAF)、钬铥氟化钇锂(Ho:Tm:YLF)、钬铥钇铝石榴石(Ho:Tm:YAG)等。

在开发生产的晶体中生产规模最大、产值最高、生产单位最多的是 Nd:YAG 晶体,全国有十余家单位 70 余台单晶炉生产,年产值超过 4000 万元,产品除满足国内市场需求外,还有出口。华北光电所生产规模和提拉法生长晶坯尺寸最大,生产晶体单晶炉 30 余台,最大晶坯尺寸直径 80mm,等径长度 200mm,质量达到国际先进水平。其次是 Nd:YVO$_4$ 晶体,五家生产,年产值超过 2000 万元,产品出口。高效率低阈值 Nd:Ce:YAG、Nd:Ce:Cr:YAG 晶体生产有一定规模,全国有三四家生产,可满足国内无水冷或风冷灯泵激光器件应用需求。Ti:Al$_2$O$_3$、Nd:YLF、Cr:BeAl$_2$O$_4$ 等晶体由于产业化能力较差,目前还不能完全满足国内军民用激光器的需求。

我国激光晶体材料发展趋势基本保持与国际上发展趋势相一致,放在首位的高功率激光晶体以大尺寸高质量 Nd:YAG 为发展重点,Nd:GGG、Nd:S-FAP 等晶体正在积极开发。LD 泵浦激光晶体 Nd:YVO$_4$、Nd:YLF 大力发展生产,Nd:GdVO$_4$、Yb:YAG、Yb:S-FAP 晶体加紧开发。可调谐和新波长晶体 Ti:Al$_2$O$_3$、Ho:Cr:Tm:YAG 发展生产,Cr:LiSAF、Cr:LiCAF、Ho:Tm:YLF、Ho:Tm:YAG 晶体积极研发,此外还有一批可调谐、新波段、新功能激光晶体材料正在研究之中。

8.2.6　非线性晶体材料

就非线性光学晶体材料、器件及应用的整个领域科技水平来看,发达国家如美国、英国、日本等居于世界前列,包括从最初的原理的提出,到新材料的探索,器件的开发,都处于领先地位。从产业化角度来看,在非线性晶体材料的生产上,日本、中国和俄罗斯、乌克兰、立陶宛等,占有重要的地位,美国和欧洲一些国家则主要侧重于非线性晶体器件及设备的制造。目前全世界的非线性光学晶体的销售额每年超过 4 亿美元,传统的非线性晶体的需求量仍在逐年增大,今后几年市场增长率在 15%～30% 左右。

非线性光学元器件在调制开关与远程通讯、信息处理和娱乐等三个领域表现出了加速发展的趋势。

我国在非线性光学晶体研究方面一直保持着国际领先地位,受到世界瞩目。我国在非线性晶体领域最主要的成就是发明了掺镁铌酸锂晶体,通过掺杂使得铌酸锂(LiNbO$_3$)的抗损伤阈值提高两个数量级以上,大大开拓了铌酸锂晶体的应用领域;实现了熔剂法 KTP 晶体的产业化,使 KTP 晶体在全世界得到普及应用,促进了激光技术的发展;在硼酸盐系列中发现并研制了一系列性能优异的紫外非线性光学晶体,开创了紫外激光倍频的新纪元,使得人类不断向固体紫外激光的极限推进。

8.3　新型元器件材料

8.3.1　电子陶瓷材料

电子陶瓷材料是制造各种陶瓷电容器(低压圆片、直流高压、交流高压、半导体、MLCC 等)的主体结构材料,各种陶瓷电容器广泛用于各类电子整机,对整机的小型化、高可靠、多功能化发挥极其重要的作用。随着表面贴装技术(SMT)中片式元器件用量的增幅日益上升,电子陶瓷材料要满足片式化、小型化、复合化、智能化以及微波高频大容量等方面的需求。国外介质陶瓷材料发展具有综合领先水平的是日本、美国等发达国家。日本在介质陶瓷材料领域中一直以全列化、产量最大、应用领域最广、综合性能最优,处在世界领先地位。

在 Ni、Cu 贱金属电极 MLCC 电容器用介质瓷料的研究和生产方面，主要研究的介质陶瓷材料品种为 Y_5V、X_7R，同时已开展无铅（Pb）、镉（Cd）等有害物质介质瓷料的研究和生产，并开展纳米基料研究和生产，用以添加在介质陶瓷材料。在制造 MLCC 多层陶瓷电容器中，实现了层厚 5 μm～6 μm，提高单位体积比容和可靠性。介质陶瓷材料已实现了高性能和不含铅（Pb）、镉（Cd）等有害物的使用，美国的发展趋势为：一是进一步改善高压电容用介质瓷料的综合性能研究；二是改善 MLCC 产品用介质瓷料的性能；三是研究用贱金属 Ni、Cu 做电极，同时实现高可靠性的 MLCC 产品用介质瓷料；四是不断扩展介质陶瓷材料使用温度范围。X_8R（工作温度范围为 $-55℃\sim155℃$），X_9R（工作温度范围为 $-55℃\sim185℃$）等品种用以保证终端陶瓷电容器和 MLCC 的应用领域。工作目前国外多层陶瓷电容器的最新尺寸为 0.6mm×0.3mm（即 0603），并正向 0402 和 0201 发展。但目前此类产品的容量精度问题仍有待解决。同时为降低产品的生产成本，提高产品的质量，使用镍（Ni）电极代替价格昂贵的银-钯（Ag-Pa）电极已是大势所趋。抗还原烧结的电子陶瓷材料，配以低廉的镍电极所生产的多层陶瓷电容器正逐渐成为主流产品。

新一代微波介质陶瓷材料的研究开发主要围绕两大方向展开：一是追求超低损耗的极限；二是探索更高介电常数（>100 乃至 >150）的新材料体系。

热敏电阻陶瓷材料，国际上，美国 VISHAY、德国 EPCOS、日本村田、TDK、HDK（北陆）、ISHIZUKA（石冢）、SHIBAURA（芝浦）、MITSUBISHI（三菱）等公司的新型热敏功能陶瓷材料及器件的年总产值约占世界总量的 60%～80%，其产品虽然质量好，但价格太高。

国外热敏电阻器正在向高性能、高可靠、高精度、片式化和规模化方向发展。例如，消磁电路用 PTC 适应高亮度、大屏幕彩电、彩显需要，正向高电压、低电阻（2.2Ω）方向发展；马达启动用 PTC 正向长寿命（开关 500000 万次）方向发展，主要生产厂有日本村田、德国 EPCOS、美国 VISHAY 等。片式热敏电阻器日本村田和日本三菱等已规模生产，片式 NTC 和片式 PTC 最小尺寸已达 0402、0201。浪涌电流抑制 NTC，日本石冢年产近 2 亿只。

氮化铝的高热导率，与硅相匹配的热膨胀系数，无毒，密度较低，比强度高等优点，使其成为微电子工业中电路基板和封装的理想选择，因而发展迅速，商品化和实用化水平也较高。氮化铝基片已开始大量进入市场，日本京陶、德山曹达、东芝、德国 Hochest、Starck，加拿大 Sherritt、Alcan Aluminum，美国 Carborundum、Keramont Corporation、ART、Dow Chemical Company、法国的 ESK Engeering Ceramics 等公司都有商品化氮化铝粉料、基板和封装出售，日本德山曹达的氮化铝粉产量已达 480 吨/年，陶氏化学已具备了年产 1000 吨的生产能力，目前国际上商品化氮化铝基片的热导率一般为 140～170W/m·K，最高达 200W/m·K，基板尺寸一般为 50×50mm²。日本在氮化铝的研究和制造方面一直处于领先地位，1983 年就研制出热导率为 95W/m·K 的透明氮化铝陶瓷和 260W/m·K 的氮化铝基板，东芝公司已具备生产 150×150mm² 氮化铝基板的能力，日本的 NEC、京陶和美国的 Coors 公司均可批量生产高性能的氮化铝陶瓷封装和模块。最近几年，日美为了占据氮化铝陶瓷的国际市场又制定了"日美联合研究和开发高性能的氮化铝陶瓷项目"开发计划，大力发展氮化铝陶瓷技术。由于氮化铝良好的综合性能使其在基板和封装领域获得了较快的发展，其平均市场增长率高达 75%，成为目前市场增长率最快的陶瓷材料之一，而引起了人们的极大关注。

我国研发介质陶瓷材料的单位已有上百家，国家 863 计划中设立了介质陶瓷材料的研究课题,采取了科研院所、大专院校与工厂联合开发的复合性科技队伍,通过近年来的不断努力,已取得了具有一批国际先进水平的科研成果,并具有独立自主的知识产权。我国介质陶瓷材料年生产各种介质陶瓷材料 1800 余吨,其中不少类别瓷料如风华高科匹配贱金属电极 X7R 瓷料,成都宏科 Y5UAC-732、1CH-200,昆山长风的 2F4-153 瓷料在综合性能上可与国外同品种媲美,个别电性能和工艺性还可以超过国外同品种,具有较好的市场前景。

在其他电子陶瓷材料方面,国内微波介质陶瓷材料及器件的生产企业在技术水平、产品品种和生产规模上与国外相比有较大差距。热敏电阻器生产企业约有 40 余家,科研机构有 10 余所。我国在氮化铝陶瓷的研究和开发方面起步较晚,与国外相比相差甚远,主要表现在产品质量差、规模小、档次低等方面。

8.3.2　覆铜板材料(CCL)

美国、日本覆铜板的技术水平代表了国际上覆铜板的科技发展水平,主要有新型低介电常数覆铜板,积层法多层板用涂树脂铜箔,芳酰胺无纺布增强的半固化片,低线膨胀系数的封装基板用覆铜板,无卤化覆铜板,二层型无粘接剂挠性覆铜板,带载封装薄型连续法生产的 FR-4 等。日本开发并掌握了以上的所有技术,而欧洲、美国也拥有以上技术,台湾地区拥有低介电常数各类覆铜板和无粘接剂挠性覆铜板的技术。

其发展趋势为:高耐热性或高玻璃化温度(Tg);高尺寸稳定性或低热线膨胀系数;低介电常数或高介电常数的各种 CCL;耐离子迁移性;介质层厚度的均匀性和平整度;无卤素CCL(不含卤素及锑化合物等对环境有影响的物质);具有各种功能的特种覆铜板材料,如导热覆铜板及粘接片、平面电阻和平面电容材料等。

2008 年我国刚性 CCL(覆铜板)的总产量为 29150 万平方米,同比增长 7.96%,销售额达 267.3 亿元;挠性覆铜板产量约 1280 万平方米,较上年增长 28%,销售收入为 95488 万元。加上挠性覆铜板、金属板、特殊覆铜板,总的年销售额约为 276.8 亿元,同比增长 4.06%。

2008 年覆铜板的出口量为 12.67 万吨,同比下降 10.22%。国家将覆铜板的出口退税率从 2006 年 9 月起下调为 5%,因此 2008 年 CCL 出口量大幅下降。虽然从 2008 年 11 月开始将退税率上调到 11%,但第四季度金融海啸的突然爆发,使覆铜板在出口下跌的同时,进口也出现了近 18% 的大幅下跌。全国从事覆铜板生产制造的企业共有约 100 余家,其中产能达到年产 300 万平方米以上的大概 40 多家,80% 分布在华东(江苏省、浙江省、上海市等)、华南(广东省、深圳市)等地区,大部分是外资或中外合资企业。其次是由乡镇企业改制成的民营企业,国有企业较早地于 20 世纪末基本退出该行业,目前较有影响的只有两家国资控股的合资企业。

8.3.3　压电晶体材料

压电晶体材料有人造石英晶体、铌酸锂、钽酸锂晶体、金刚石等,压电晶体材料是制造声表面波器件、谐振器、振荡器等频率元件的关键材料。

欧、美、日等发达国家和地区生产的低频 SAW 器件在彩色电视机中的应用比例已由 20 世纪 90 年代中期的 58% 下降到现在的 18% 左右,其中相当大比例的产品已转移到通信产业,特别是移动电话(900MHz/1800MHz/1900MHz/2400MHz SAWF)上。压电薄膜

(ZnO/Al_2O_3)制作的 3GHz 以下的高频率 SAW 器件已商品化,并已应用于光纤通信及卫星通信系统中。

压电晶体与薄膜材料有两个特别值得注意的发展方向:一是结构由晶体向薄膜方向发展,这对信息产业的通信领域高频化发展具有重要意义;二是功能向复合效应方向发展。固体微电子器件的三大领域——集成电路(IC)、声表面波器件(SAWD)及电荷耦合器件(CCD)有复合化的趋势,声电荷迁移器件 ACT 和压电半导体材料(如砷化镓)、锗酸铋、铌酸钾、金刚石薄膜等受到了广泛重视。

压电晶体材料是用于制造谐振器、振荡器、滤波器、声表器件和光学器件的重要原材料。我国已成为世界石英晶体材料的生产大国,2005 年,国内水晶材料的年产量约为 2000 吨,2006 年石英晶体材料生产 1200 吨,原晶进口 700 吨,生产了 65 亿只石英晶体元器件,材料供应和需求数量基本平衡够用,按 2006 年石英晶体元器件的品种和结构分析,年需要量 1500 吨毛坯材料才能达到供需平衡。随着今后压电晶体元器件向表面贴装化、小型化方向发展,所用原材料数量会进一步减少,国内企业要加大高档产品的研究开发。

8.3.4　磁性材料

磁性材料在消费类家电产品和工业类整机领域具有广阔的应用前景,如各类电机、电源、开关均离不开磁性材料。专家分析,世界磁性材料将以 15% 的年增长率发展。

2002 年全球的烧结 NdFeB 总产量已达到 1.8 万吨,其中中国的产量为 1 万吨,占全球的 60%。日本日立金属公司是全球最大的烧结 NdFeB 生产企业,年生产能力为 8000 吨左右,日立金属公司美国工厂年生产能力不足 500 吨;信越化学和 TDK 为日本的另外两家烧结 NdFeB 生产企业。德国的 VAC 和芬兰的 NEOREM 两家公司,年生产能力为 1200 吨左右。粘结 NdFeB 最大的生产企业国外只有日本大同公司一家。其他的粘结 NdFeB 的生产企业主要在中国。中国上海爱普生和成都银河的生产规模相当,仅次于日本大同公司。

其发展趋势为:获得新型强磁晶各向异性、高居里温度、高稳定性的稀土永磁材料,包括纳米晶及纳米复合材料;高磁性能的稀土永磁薄膜替代 Co/Pt 和 Fe/Pt 薄膜材料;纳米晶永磁材料理论磁能积达到 125MGOe 以上的纳米和非晶金属永磁材料;500℃ 以上的高温永磁材料。

我国钕铁硼材料产业迅猛发展,自 1996 年至 2000 年,我国烧结钕铁硼年产量增长了 1.5 倍,年均递增速度达 20%,5 年累计销售总额达 66 亿元人民币,出口创汇 5 亿美元。目前年生产能力达 1000 吨以上的有 3 家:中科三环、韵声强磁和山西恒磁。浙江宁波地区、京津地区和山西省形成了中国钕铁硼三大基地,产量占全国产量的 90% 以上。目前,中科三环、北京京磁、清华银纳、宁波韵声和安泰科技都有自己的专利产品。国内稀土永磁材料的产量发展很快,但主要应用在低档产品上。预计"十一五"期间我国永磁铁氧体生产能力将达到 21 万吨,软磁铁氧体将达到 9.4 万吨,稀土永磁材料将达到 1 万吨,形成了浙江横店永磁铁氧体、海宁软磁铁氧体、宁波钕铁硼等三大磁性材料生产基地的格局。目前中国从事磁性材料研究生产企业及相关的企业有 1000 多家,其中铁氧体生产企业 350 家,稀土磁体和金属磁体生产企业 220 家,其余为配套设备生产企业和辅助原料生产企业。

参考文献

[1] 张兴,黄如. SOI CMOS 技术及其应用[M]. 北京:科学出版社,2005

[2] 林成鲁等. SOI 材料和器件及其应用的新进展[J]. 核技术,2003,26(9):658～663

[3] 肖清华等. SOI 材料制备技术[J]. 稀有金属,2002,26(6):460～466

[4] 赵璋,文羽中. 日趋成熟的 SOI 技术[J]. 电子工业专用设备,2001,30(1):16～22

[5] 孙殿照. 半导体材料的华贵家族——氮化镓基材料简介[J]. 物理,2001,30(7):413～419

[6] 周玉刚,沈波,陈志忠等. 光加热金属有机物化学气相淀积生长氮化镓[J]. 半导体学报,1999,20(2):147～151

[7] 孙殿照,王晓亮,王军喜. GSMBE 生长的高质量的氮化镓材料. 半导体学报,2000,21(7):723～725

[8] 黄浩,孟先权,王琼等. 反应离化簇团束制备氮化镓薄膜[J]. 武汉大学学报(自然科学版),1999,45(5):604～606

[9] 彭必先,李群. 光盘染料研究进展[J]. 感光科学与光化学,1994,12(2):150～165

[10] 崇英哲,任晓敏. 微结构光纤——新型光通信媒质[J]. 光通信研究,2004,2(122):55～58

[11] 谈斌,陈晓伟,李世忱. 全内反射光子晶体光纤[J]. 光电子・激光,2002,13(5):491～495

[12] 池灏,曾庆济,姜淳. 光子晶体光纤的原理、应用和研究进展[J]. 光电子・激光,2002,13(5):534～537

第9章　新能源材料的制备及应用

9.1　概　述

广义地说，凡是能源工业及能源技术所需的材料都可称为能源材料。但在新材料领域，能源材料往往指那些正在发展的、可能支持建立新能源系统满足各种新能源及节能技术的特殊要求的材料。

能源材料可以按材料种类来分，也可以按用途来分。大体上可分为燃料（包括常规燃料、核燃料、合成燃料、炸药及推进剂等）、能源结构材料、能源功能材料等几大类。按其使用目的又可以把能源材料分成能源工业材料、新能源材料、节能材料、储能材料等大类。为叙述方便也经常使用混合的分类方法。

目前比较重要的新能源材料有锂离子电池材料、太阳能电池材料和燃料电池材料等。

1. 锂离子电池材料

锂离子电池的发展方向为：发展电动汽车用大容量电池；提高小型电池的性能；加速聚合物电池的开发以实现电池的薄型化。这些都与所用材料的发展密切相关，特别是与正极材料、负极材料和电解质材料的发展有关。

（1）负极材料

最早使用金属锂作为负极，但由于此种电池在使用中曾突发短路，使用户烧伤，因此被迫停产并收回出售的电池。这是由于金属锂在充放电过程中形成树枝状沉积而造成的。现在实用化的电池是用碳负极材料，靠锂离子的嵌入和脱嵌实现充放电的，从而避免了上述不安全问题。通过对不同碳素材料在电池中的行为研究，使碳负极材料得到优化。随着研究的深入，目前负极材料已经发展为合金类、氧化物类等负极材料。

（2）正极材料

目前使用的正极材料有 $LiCoO_2$。此化合物的晶体结构、化学组成、粉末粒度以及粒度分布等因素对电池性能均有影响。为了降低成本，提高电池的性能，还研究了一些金属取代金属钴。目前研究较多的正极材料是 $LiMn_2O_4$、$LiFePO_4$ 和双离子传递型聚合物。

（3）电解质材料

研究集中在非水溶剂电解质方面，这样可以得到高的电池电压。重点是针对稳定的正负极材料调整电解质溶液的组成，以优化电池的综合性能。还发展了在电解液中添加 SO_2 和 CO_2 等方法以改善碳材料的初始充放电效率。三元或多元混合溶剂的电解质可以提高锂离子电池的低温性能。

2. 太阳能电池材料

太阳能是人类最主要的可再生能源。但是这一巨大的能量却分散到整个地球表面，单位面积接收的能量强度不高，所以制约太阳能电池发展的因素有：接收面积的问题；能量按照时间分布不均的问题;电池材料的资源问题;成本问题。综合上述因素,太阳能电池材料的发展主要围绕着提高转换效率、节约材料成本等问题进行研究,这方面主要有以下进展:

(1)发展新工艺、提高转换效率

材料工艺包括材料提纯工艺、晶体生长工艺、晶片表面处理工艺、薄膜制备工艺、异质结生长工艺、量子阱制备工艺等。通过以上的研究进展,使得太阳能电池的转换效率不断提高。单晶硅电池转换效率已经达到 23.7%,多晶硅电池转换效率已达 18.6%。

(2)发展薄膜电池、节约材料消耗

目前大量应用的是晶体硅电池。此种材料属间接禁带结构,需较大的厚度才能充分地吸收太阳能。而薄膜电池如砷化镓电池、碲化镉电池、非晶硅电池,则只需 $1\ \mu m \sim 2\ \mu m$ 的有源层厚度。而多晶硅薄膜电池的有源层厚度为 $50\ \mu m$,同时使用衬底剥离技术,使衬底可以多次使用。

(3)材料大规模的加工技术

提高太阳电池成本竞争力的途径之一是扩大生产规模。其中材料制备与加工技术是关键的因素,为此研究开发大生产的工艺与设备。目前生产的太阳电池的 $70\% \sim 80\%$ 是晶体硅太阳能电池,它们使用的原料为生产半导体器件用晶体的头尾料。

(4)与建筑相结合

解决太阳能电池占地面积问题的方向之一是与建筑相结合。除了建筑物的屋顶可架设太阳电池板之外,将太阳电池做在建筑材料上是值得重视的。

3. 燃料电池材料

研究开发燃料电池的目的是使其成为汽车、航天器、潜艇的动力源或组成区域供电。现针对上述不同用途开发的燃料电池有碱性氢氧电池(AFC)、磷酸型燃料电池(PAFC)、质子交换模型燃料电池(PEMFC)、熔融碳酸盐型燃料电池(MCFC)和固体氧化物燃料电池(SOFC)。燃料电池材料的发展主要围绕提高燃料发电的效率、延长电池的工作寿命、降低发电成本等方面。

(1)SOFC 材料

固体氧化物燃料电池材料的优点是电解质为固体,无电解液流失问题,而且燃料的适用范围广、燃料的综合利用率高。对于平板型的 SOFC,由于工作温度高造成选择材料困难,通过发展薄氧化钇、稳定化氧化锆(YSZ)膜技术以及探索新兴的中温电解质,将使中温SOFC 电池走向实用化。对于管式 SOFC,目前正在探索廉价的 YSZ 膜制备工艺,以降低电池成本。

(2)PEMFC 材料

PEMFC 最初用于宇航领域,其结构材料昂贵及高的铂黑用量阻碍了民用发展。最近PEMFC 材料获得了突破性进展,有望取代汽车现有动力源。现在 PEMFC 均使用 Pt/C 或Ru/C 做电催化剂,以提高 Pt 分散度,并向电催化层中浸 Nafion 树脂,实现电极的立体化以提高铂的利用率,使铂用量降至原来的 $1/10 \sim 1/20$。另一项发展是试图用金属双极板取代目前使用的无孔石墨板,这要靠金属板表面改性技术来实现。

(3)MCFC 材料

熔融碳酸盐燃料电池的工作温度约为 $650℃$,余热利用价值高,电催化剂以镍为主,不使用贵金属。现在的问题是成本高,降低成本的重要途径是延长电池的使用寿命。在材料方面主要是解决在电池使用过程中阴极材料发生溶解、阳极材料发生蠕变、双极板材料发生腐蚀等问题。目前正在探索新的阳极材料,如金属间化合物。

9.2 锂离子电池材料

9.2.1 概述

9.2.1.1 锂离子电池工作原理及发展

锂离子电池是指分别用两个能可逆地嵌入与脱嵌锂离子的化合物作为正负极构成的二次电池。人们将这种靠锂离子在正负极之间的转移来完成电池充放电工作的独特机理的锂离子电池形象地称为"摇椅式电池",俗称"锂电"。

锂离子电池的内部结构如图 9-1 所示,以 $LiCoO_2$ 为例:

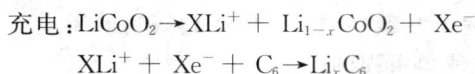

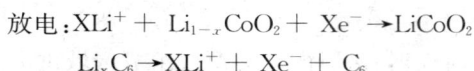

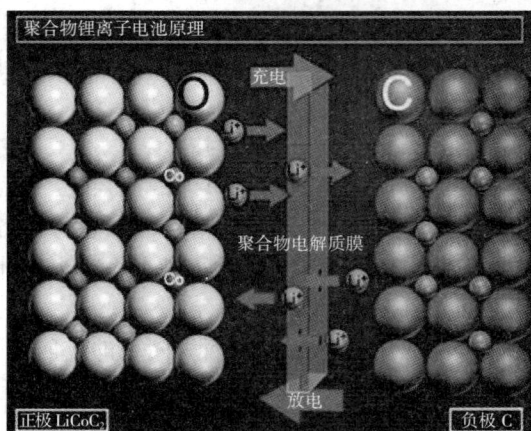

充电:$LiCoO_2 \rightarrow XLi^+ + Li_{1-x}CoO_2 + Xe^-$

$XLi^+ + Xe^- + C_6 \rightarrow Li_x C_6$

放电:$XLi^+ + Li_{1-x}CoO_2 + Xe^- \rightarrow LiCoO_2$

$Li_x C_6 \rightarrow XLi^+ + Xe^- + C_6$

图 9-1 锂离子工作原理图

锂离子电池的工作原理是指其充放电原理。当对电池进行充电时,电池的正极上有锂离子生成,生成的锂离子经过电解液运动到负极。而作为负极的碳呈层状结构,它有很多微孔,到达负极的锂离子就嵌入到碳层的微孔中,嵌入的锂离子电池的锂离子越多,充电容量越高,表 9-1 为锂离子电池的发展历程。

表 9-1 锂离子电池的发展历程

年份	电池组成的发展			体系
	负极	正极	电解质	
1970	金属锂 锂合金	过渡金属硫化物 过渡金属氧化物	液体有机电解质 固体无机电解质 (Li_3N)	$Li/LE/TIS_2$ Li/SO_2
1980 1980	Li 的嵌入物 ($LiWO_2$) Li 的碳化物 (LiC_{12})(焦炭)	聚合物正极 FeS_2 正极 $LiCoO_2$、$LiNiO_2$、$L_x Mn_2 O_4$	聚合物电解质	$Li/$聚合物二次电池 $Li/LE/LiCoO_2$ $Li/PE/V_2O_5$,V_6O_{13} $Li/LE/MnO_2$
1990	Li 的碳化物 (LiC_6、石墨)	尖晶石氧化锰锂 ($LiMn_2O_4$)	聚合物电解质	$C/LE/LiCoO_2$ $C/LE/LiMnO_4$

（续表）

年份	电池组成的发展			体系
	负极	正极	电解质	
1994～1995	无定形碳	氧化镍锂	PVDF 凝胶电解质	凝胶锂离子电池
1997至今	锡的氧化物新型合金	LiFePO$_4$	PVDF 凝胶电解质	

9.2.1.2　锂离子电池分类

锂离子电池的分类方法很多。根据温度,可分为高温锂离子电池和常温锂离子电池;根据所用电解质的状态,可分为液体锂离子电池、凝胶锂离子电池和全固态锂离子电池;根据正极材料的不同,可分为锂离子电池、锂/聚合物离子电池和 Li/FeS$_2$ 离子电池;依据使用方向的不同,锂离子电池大致可分为便携式电子设备提供电源的小型锂离子电池和为交通工具提供动力的动力锂离子电池两类;按形状,可分为圆柱形、方形、扣式锂离子电池。当然还有别的分类方法,同时在这些分类的基础上,也可以再进行细分。

9.2.1.3　锂离子电池的优缺点

锂离子电池与其他电池相比具有许多优点,有关数据见表 9 - 2。

表 9 - 2　几种二次电池的性能比较

技术参数	镍镉电池（Ni/Cd）	镍氢电池（Ni/MH）	锂离子电池（LiB）
工作电压（V）	1.2	1.2	3.6
质量比能量（wh/kg）	40～50	80	100～160
体积比能量（wh/L）	150	200	270～300
能量效率（%）	75	70	＞95
充放电寿命（次）	500	500	1000
自放电率（%/月）	25～30	15～20	6～8
充电速率（C）	1C	1C	1C
记忆效应	有	少许	无
价格（Ni－Cd＝1）	1	1.2	2
尺寸	圆形/方形	圆形/方形	圆形/方形
毒性	Cd	无	无

锂离子电池的许多显著特点，它的优点表现为：

（1）工作电压高

锂离子电池的工作电压在 3.6V，是镍镉和镍氢电池工作电压的 3 倍。在许多小型电子产品上，一节电池即可满足使用要求。

（2）比能量高

锂离子电池比能量目前已达 150wh/kg，是镍镉电池的 3 倍，是镍氢电池的 1.5 倍。

（3）循环寿命长

目前锂离子电池循环寿命已达 1000 次以上，在低放电深度下可达几万次，超过了其他几种二次电池。

（4）自放电小

锂离子电池月自放电率仅为 6%～8%，远低于镍镉电池（25%～30%）及镍氢电池（15%～20%）。

（5）无记忆效应

（6）对环境无污染

锂离子电池中不存在有害物质，是名副其实的"绿色电池"。

锂离子电池也有一些不足之处，主要表现为：

（1）成本高，主要是正极材料 $LiCoO_2$ 的价格高；

（2）必须有特殊的保护电路，以防止过充；

（3）与普通电池的相容性差，因为一般要在用 3 节普通电池的情况下才能用锂离子电池替代。

9.2.2 负极材料

9.2.2.1 锂离子电池材料的发展

锂离子电池的负极材料主要是作为储锂的主体，在充放电过程中实现锂离子的嵌入和脱嵌。从锂离子的发展来看，负极材料的研究对锂离子电池的出现起着决定作用，正是碳材料的出现解决了金属锂电极的安全问题，从而直接导致了锂离子电池的应用。已经产业化的锂离子电池的负极材料主要是各种碳材料，包括石墨化碳材料和无定形碳材料和其他的一些非碳材料。纳米尺度的材料由于其特殊的性能，也在负极材料的研究中广泛关注，而负极材料的薄膜化是高性能负极和近年来微电子工业发展堆化学电源特别是锂离子二次电池的要求，各种锂离子电池负极材料如表 9-3 所示。

表 9-3 各种锂离子电池负极材料

材　料	种　类	特　点
金属锂及其合金负极材料	Li_xSi、Li_xCd、$SnSb$、$AgSi$、Ge_2Fe 等	Li 具有最负的电极电位和最高的质量比容量，Li 作为负极会形成枝晶，Li 具有大的反应活性。合金化是能使寿命改善的关键
氧化物负极材料（不包括和金属锂形成的合金的金属）	氧化锡、氧化亚锡等	循环寿命较高，可逆容量较好。比容量较低，掺杂改性性能有较大的提高

（续表）

材　　料	种　　类	特　　点
碳负极材料	石墨、焦炭、炭纤维、MCMB 等	广泛使用,充放电过程中不会形成 Li 枝晶,避免了电池内部短路。但易形成 SEI 膜(固体电介质层),产生较大的不可逆容量损失
其他负极材料	钛酸盐,硼酸盐,氟化物,硫化物,氮化物等	此类负极材料能提高锂电池的寿命和充放电比容量,但制备成本高,离实际应用尚有距离

作为锂离子电池的负极材料,首先是金属锂,然后才是合金,但是锂离子电池商品化以后主要是其他负极材料了。

作为锂离子电池的负极材料,所必须具备的条件是:

(1)低的电化当量;

(2)锂离子的脱嵌容易且高度可逆;

(3)Li^+ 的扩散系数大;

(4)有较好的电子导电率;

(5)热稳定及其电解质相容性较好,容易制成适用电极。

9.2.2.2　金属锂及其合金

人们最早研究的锂二次电池的负极材料是金属锂,这是因为锂具有最负的电极电位(—3.045V)和最高的质量比容量(3860mAh/g)。但是,以锂为负极时,充电过程中金属锂在电极表面不均匀沉积,导致锂在一些部位沉积过快,产生树枝状的结晶。当枝晶发展到一定程度时,一方面会发生折断,产生死锂,造成不可逆的锂;另一方面更为严重的是,枝晶刺破隔膜,引起电池内部短路和电池爆炸。除此之外,锂有极大的反应活性,可能与电解液反应,也可能消耗活性锂和带来安全问题。为了解决上述问题,目前研究者主要在以下三个方面展开研究:

(1)寻找替代金属锂的负极材料;

(2)采用聚合物电解质来避免金属锂与有机溶剂的反应;

(3)改进有机电解液的配方,使金属锂在充放电循环中保持光滑均一的表面。

前两个方面已经取得重大进展。已有的工作表明,金属锂在以二甲基四氢呋喃为溶剂、$LiAsF_6$ 为盐的电解质溶液中有较好的循环性。金属锂与 $LiAsF_6$ 反应生成的 Li_3As 使锂的表面均一而光滑。有机添加剂如苯、氟化表面活性添加剂、聚乙烯醇二甲醚均可以改善金属锂的循环性。研究发现,添加 CO_2 使金属锂在 PVDF - HFP 凝胶电解质中的充放电效率达 95%。进一步的研究有望使金属锂作为负极的二次锂电池在 21 世纪初开发成功。

9.2.2.3　合金类负极材料

为了克服锂负极高活泼性引起的安全性差和循环性差的缺点,人们研究了各种锂合金作为新的负极材料。相对于金属锂,锂合金负极避免了枝晶的生长,提高了安全性。然而,在反复循环的过程中,锂合金将经历较大的体积变化,电极材料逐渐粉化失效,合金结构遭到破坏。目前的锂合金主要有以下几种:LiAlFe、LiPb、LiAl、LiSn、LiIn、LiZn、LiSi 等。为了解决维度不稳定问题,采用了多种复合体系:(1)采用混合导体全固态复合体系,即将活性物质均匀分散在非活性的锂合金中，其中活性物质与锂反应，非活性物质提供反应通道；(2)将锂合金与相应金属的金属间化合物混合，如将 Li_xSi 与 Al_3Ni 混合；(3)将锂合金分散在导电聚合物中，如将 Li_xAl、Li_xPb 分散在聚乙炔或聚并苯中，其中导电聚合物提供了一个弹性、多孔、有较高电子和离子电导率的支撑体；(4)将小颗粒的锂合金嵌入到一个比较稳定的网络体系中。这些措施在一定程度上提高了锂合金的维度稳定性，但是仍达不到实用化的程度。近年来出现的锂离子电池，锂源是正极材料 $LiMO_2$（M 代表 Co、Ni、Mn），负极材料可以不含金属锂。因此，合金类材料在制备上有了更多的选择。

　　而纳米尺寸的金属氧化物材料也是一种较好的锂离子电池的负极材料。2001 年，Naichao Li 等人用纳米结构的 SnO 作负极材料，结果发现，这种材料具有很高的容量（在 8℃时，一般大于 700 mAh/g），而且经过 800 次循环后仍然具有充分电性能。

9.2.2.4 碳负极材料

　　性能优良的碳材料具有充放电可逆性好、容量大和放电平台低等优点。近年来研究的碳材料包括石墨、碳纤维、石油焦、无序碳和有机裂解碳。目前，对所使用哪种碳材料做锂离子电池负极的看法并不完全一致。如日本索尼公司使用的硬碳，三洋公司使用的天然石墨，松下公司使用的中间相碳微球等。

1. 石墨材料

　　石墨作为锂离子电池负极时，锂发生嵌入反应，形成不同阶的化合物 Li_xC_6。石墨材料导电性好，结晶度较高，有良好的层状结构，适合锂的嵌入一脱嵌，形成锂-石墨层间化合物 Li-GIC，充放电比容量可达 300mAh/g 以上，充放电效率在 90% 以上，不可逆容量低于 50mAh/g。锂在石墨中脱嵌反应发生在 0～0.25V 左右（VS. Li＋/Li），具有良好的充放电电位平台，可与提供锂源的正极材料 $LiCoO_2$、$LiNiO_2$、$LiMn_2O_4$ 等匹配，组成的电池平均输出电压高，是目前锂离子电池应用最

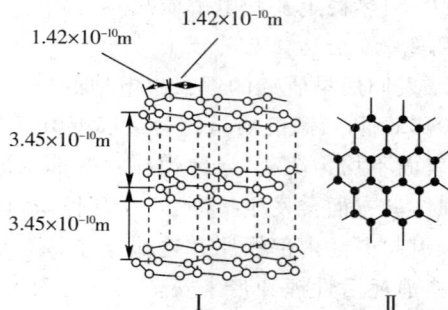

图 9-2　石墨结构示意图

多的负极材料。石墨包括人工石墨和天然石墨两大类。人工石墨是将石墨化炭（如沥青焦炭）在氮气气氛中于 1900℃～2800℃ 经高温石墨化处理制得，石墨结构如图 9-2 所示。

　　常见人工石墨有中间相碳微球（MCMB）和石墨纤维。

　　天然石墨有无定形石墨和鳞片石墨两种。无定形石墨纯度低，石墨晶面间距（d002）为 0.336nm。主要为 2H 晶面排序结构，即按 A-B-A-B 顺序排列，可逆比容量仅 260mAh/g，不可逆比容量在 100mAh/g 以上。鳞片石墨晶面间距（d002）为 0.335nm，主要为 2H＋3R 晶面排序结构，即石墨层按 ABAB 及 ABCABC 两种顺序排列。含碳 99% 以上的鳞片石墨，可逆容量可达 300mAh/g～350mAh/g。

2. MCMB 系负极材料

　　20 世纪 70 年代初，日本的 Yamada 首次将沥青聚合过程的中间相转化期间所形成的中间相小球体分离出来并命名为中间相炭微球（MCMB）或（mesophase fine caxbon，MFC），随即引起材料工作者极大的兴趣并进行了较深入的研究。

由于 MCMB 具有独特的分子层片平行堆砌结构,又兼具微球形特点和自烧结性能,故其已成为锂离子电池的负极材料、高密度各向同性炭石墨材料高比表面积微球活性炭及高压液相色谱的填充材料的首选原料。

3. SEI 膜的形成机理

SEI 膜是指在电池首次充放电时,电解液在电极表面发生氧化还原反应而形成的一层钝化膜。SEI 膜的形成一方面消耗有限的 Li^+,减小了电池的可逆容量;另一方面,增加了电极、电解液的界面电阻,影响电池的大电流放电性能。对于 SEI 膜的形成有下面两种物理模型。

(1)Besenhard 认为溶剂能共嵌入石墨中,形成三元石墨层间化合物(GIC,graphite intercalated compound),它的分解产物决定上述反应对石墨电极性能的影响;EC 的还原产物能够形成稳定的 SEI 膜,即使在石墨结构中,PC 的分解产物在石墨电极结构中施加一个层间应力,导致石墨结构的破坏,简称层离。

(2)Aurbach 在 Peled 的基础上,在基于对电解液组分分解产物光谱分析的基础上发展起来的。他提出下面的观点:初始的 SEI 膜的形成,控制了进一步反应的特点,宏观水平上的石墨电极的层离,是初始形成的 SEI 膜钝化性能较差及气体分解产物造成的。

9.2.2.5　氧化物负极材料

在摇椅式电池刚提出时,可充放锂离子电池负极材料首先考虑的是一些可作为 Li 源的含锂氧化物,如 $LiWO_2$、$Li_6Fe_2O_3$、$LiNb_2O_5$ 等。当碳负极材料逐渐发展成为主流方向时,仍有部分小组进行研究。其他氧化物负极材料还包括具有金红石结构的 MO_2、MnO_2、TiO_2、MoO_2、IrO_2、RuO_2 等材料。

近期锂钛复合氧化物 $Li_4Ti_5O_{12}$ 是研究的重点。由于锂钛氧结构稳定,其结构为尖晶石型,在充放电过程中几乎不发生任何变化,因此具有非常好的循环性能,同时钛资源丰富、清洁环保;但是 $Li_4Ti_5O_{12}$ 的嵌锂电位偏高(1.55V),若直接以 $LiCoO_2$ 作正极组装电池,势必会降低电池的输出电压。$Li_4Ti_5O_{12}$ 作为电池的负极材料,有着较好的高温性能,这是因为 $Li_4Ti_5O_{12}$ 的电导性不好,提高电池的使用温度,可以提高材料的本征导电性,从而使材料有更好的倍率性能。通常改善 $Li_4Ti_5O_{12}$ 的电导率的方法是进行掺杂改性,对材料进行金属离子的体相掺杂,形成固溶体,或者是引入导电剂以提高导电性。研究人员通过用 Mg 取代 Li 可得到固溶体 $Li_{4-x}Mg_xTi_5O_{12}$($0.1 \leqslant x \leqslant 1.00$),由于镁是二价金属,而锂为一价,这样部分的钛由四价转变为三价,混合价态的出现提高了材料的电子导电能力。当 $x=1.00$ 时,材料的电导率可提高到 10^{-2} S/cm^2。三价铬离子取代锂同样有相同的作用。当 $Li_4Ti_5O_{12}$ 与 4V 的正极材料($LiMn_2O_4$,$LiCoO_2$)组成电池时工作电压接近 2.5V,是镍氢电池的 2 倍。与 $LiFePO_4$ 可以组成性能优异的动力锂离子电池。在 25℃ 下,$Li_4Ti_5O_{12}$ 的化学扩散系数为 $2×10^{-8}$ m^2/s,比碳负极材料中的扩散系数大一个数量级。高的扩散系数使得 $Li_4Ti_5O_{12}$ 可以在快速、多次循环脉冲电流的设备中得以应用。$Li_4Ti_5O_{12}$ 作为电池负极材料,相对于石墨等碳材料来说,具有安全性好、可靠性高和寿命长等优点,因此在电动汽车、储能电池等方面得以应用。

9.2.2.6　其他负极材料

过渡金属氮化物是另一类引起广泛的负极材料。Takeshi A. Sai 等在 1984 年就报道了 $Cu_xLi_{1-x}N$ 的制备和离子电导性质,通过 Li_3N 中的部分氧离子替代得到锂铜氮。由于铜和氮之间部分共价键,导致活化能降低为 0.13eV,另外由于替代导致锂空位减小,从而锂离子电导降低。由于含锂负极在目前的锂离子电池体系中并不适用,其他因素如制备成本以及对空气敏感等目前离实际应用还有一段距离,但它提供了电极材料的另一种选择。它与别的电极材料符合补偿首次不可逆容量损失也不失为一种很好的尝试。

9.2.3　正极材料

9.2.3.1　正极材料概述

正极材料是锂离子电池的重要组成部分,在锂离子充放电过程中,不仅要提供正负极嵌锂化合物往复嵌入/脱嵌所需要的锂,而且还要负担负极材料表面形成 SEI 膜所需的锂,表 9-4 为正极材料的类型。

此外,正极材料在锂离子电池中占有较大比例(正负极材料的质量比为 3:1～4:1),故正极材料的性能在很大程度上影响着电池的性能,并直接决定着电池的成本。大多数可作为锂离子电池的活性正极材料是含锂的过渡金属化合物,而且以氧化物为主。目前已用于锂离子电池规模生产的正极材料为 $LiCoO_2$。

表 9-4　基本的正极材料的类型

材　料	理论比容量 mAh/g	实际比容量 mAh/g	电位平台 V	特　　点
$LiCoO_2$	275	130～140	4	性能稳定,高比容量,放电平台平稳
$LiNiO_2$	274	170～180	4	高比容量,价格较低热稳定性较差
$LiMn_2O_4$	148	100～120	4	低成本,高温循环和存放性能较差

9.2.3.2　$LiCoO_2$ 正极材料

1. $LiCoO_2$ 基本性质

层状结构 $LiCoO_2$ 是锂离子电池中一种较好的正极材料,具有工作电压高、放电平稳、比能量高、循环性能好等优点,适合大电流放电和锂离子的嵌入和脱出,在锂离子电池中得到率先使用。此外,由于它较易制备而成为目前唯一已实用于生产的锂离子电池正极材料。$LiCoO_2$ 的实际容量约为 140mAh/g,只有理论容量(275mAh/g)的 50% 左右,且在反复的充放电过程中,因锂离子的反复嵌入和脱出,使活性物质的结构在多次收缩和膨胀后发生改变,导致 $LiCoO_2$ 内阻增大,容量减小。高温制备的 $LiCoO_2$ 具有理想层状的

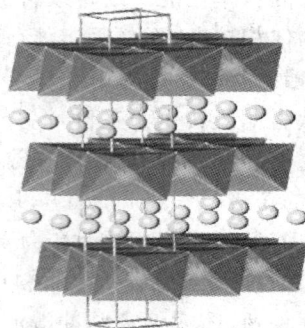

图 9-3　$LiCoO_2$ 结构示意图

α - $NaFeO_2$ 型结构,属于六方晶系,R3m 空间群;$a=$ 0.282nm,$c=$1.406nm。氧原子以 ABCABC 方式立方密堆积排列,Li^+ 和 Co^{2+} 交替占据层间的八面体位置。Li^+ 离子在 $LiCoO_2$ 中的室温扩散系数在 10^{-11}～10^{-12} m^2/s 之间。Li^+ 的扩散活化能与 $Li_{1-x}CoO_2$ 中的 x 密切相关。在不同的充放电态下,其扩散系数可以变化几个数量级。层状的 CoO_2 框架为锂原子的迁移提供了二维隧道。电池在充放电时,活性材

料中的 Li$^+$ 的迁移过程可用下式表示：

充电：$LiCoO_2 \longrightarrow xLi^+ + Li_{1-x}CoO_2 + xe$

放电：$Li_{1-x}CoO_2 + yLi^+ + xe \longrightarrow Li_{1-x} + yCoO_2 (0 < x \leqslant 1, 0 < y \leqslant x)$

2. $LiCoO_2$ 的制备方法

(1)高温固相合成法

传统的高温固相反应以锂、钴的碳酸盐、硝酸盐、醋酸盐、氧化物或氢氧化物等作为锂源和钴源，混合压片后在空气中加热到 600℃～900℃ 甚至更高的温度，保温一定时间。为了获得纯相且颗粒均匀的产物，需将焙烧和球磨技术结合，进行长时间或多阶段加热。高温固相合成法工艺简单，利于工业化生产。但它存在着以下缺点：①反应物难以混合均匀，能耗巨大。②产物粒径较大且粒径范围宽，颗粒形貌不规则，调节产品的形貌特征比较困难。导致材料的电化学性能不易控制。

(2)低温固相合成法

为克服高温固相合成法的缺陷，近年来发展了多种低温合成技术。如将钴锂的碳酸盐按照化学计量比充分混合，在己烷中研磨，升温速率控制在 50℃ h^{-1}，在空气中加热到 400℃，保温一周，形成单相产物。结构分析表明大约有 6% 的钴存在于锂层中，具有理想层状和尖晶石结构的中间结构。

9.2.3.3　$LiNiO_2$ 正极材料

与 $LiCoO_2$ 相比，$LiNiO_2$ 因价格便宜且具有高的可逆容量，被认为最有希望成为第二代商品锂离子电池的材料，按 $LiCoO_2$ 制备工艺合成 $LiNiO_2$ 所得到材料的电化学性能极差，原因在于 $LiCoO_2$ 属于 R3m 群，其晶格参数为 ah＝0.29nm，ch＝1.42nm，ch/ah＝4.9，属于六方晶系，且和立方晶系相应值接近，说明镍离子的互换位置与 $LiCoO_2$ 相比对晶体结构影响很小，如图 9-4 所示。而(3a)、(3b)位置原子的互换，严重影响材料的电化学活性。应用中的主要问题是脱锂后的产物分解温度低，分解产生大量的热量和氧气，造成锂离子电池过充电时容易发生爆炸、燃烧，因此限制了大规模的应用。

图 9-4　$LiNiO_2$ 结构示意图

$LiNiO_2$ 属于三方晶系，Li 与 Ni 隔层分布占据于氧密堆积所形成的八面体空隙中，因此具有 2D 层状结构，充放电过程中该结构稳定性的好坏决定其化学性能的优劣。层状化合物的稳定性与其晶格能的大小有关。理论比容量为 274mAh/g，实际可达到 180mAh/g 以上，远高于 $LiCoO_2$，具有价廉、无毒等优点，不存在过充电现象。

合成 $LiNiO_2$ 比 $LiCoO_2$ 要困难得多，合成条件的微小变化会导致非化学计量的 Li_xNiO_2 生成，其结构中锂离子和镍离子呈无序分布。这种氧离子交换位置的现象使电化学性能恶化，比容量显著下降。用改进的 Rietveld 精细 XRD 分析可以评估 Li 和 Ni 离子位置的错乱程度。结构和分析结果表明，化学计量的 $LiNiO_2$ 阳离子交换位置较少。

$LiNiO_2$ 首次的不可逆容量较大，与生成 NiO_2 非活性区有关。这种非活性区的形成及性质与 $LiNiO_2$ 颗粒的表面形貌、颗粒尺寸以及 $LiNiO_2$ 与导电剂之间的界面接触有关。研究表明，如果非活性区随机分布，整个正极将成为非活性区。为了改善正极的利用率，应减

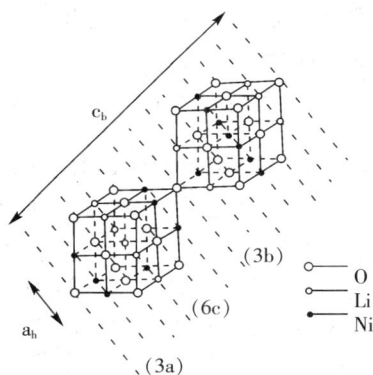

少非活性区。非活性区主要在高压区产生，因此应限制充电上限。

9.2.3.4　LiMn₂O₄ 正极材料

1. LiMn₂O₄ 的结构

$LiMn_2O_4$ 具有尖晶石结构，属于 Fd3m 空间群，氧原子呈立方密堆积排列，位于晶胞的 32d 位置，锰占据一半八面体空隙 16d 位置，而锂占据 1/8 四面体 8a 位置。锂离子在尖晶石中的化学扩散系数在 $10^{-14} \sim 10^{-12}$ m²/s 之间，Li^+ 占据四面体位置，Mn^{3+}/Mn^{4+} 占据八面体位置，如图 9-5 所示。空位形成的三维网络，成为 Li^+ 离子的输运通道，利于 Li^+ 离子脱嵌。$LiMn_2O_4$ 在 Li 完全脱去时能够保持结构稳定，具有 4V 的电压平台，理论比容量为 148mAh/g，实际可达到 120mAh/g 左右，略低于 $LiCoO_2$。

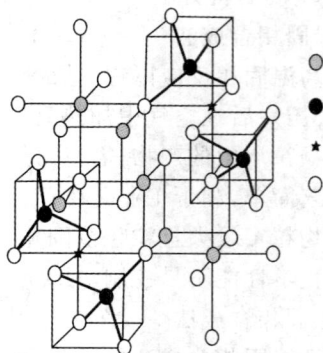

图 9-5　$LiMn_2O_4$ 的结构示意图

2. LiMn₂O₄ 制备方法

$LiMn_2O_4$ 制备主要采用高温固相反应法。

固相反应合成方法是以锂盐和锰盐或锰的氧化物为原料，充分混合后在空气中焙烧，制备出正尖晶石 $LiMn_2O_4$ 化合物，再经过适当球磨、筛分以便控制粒度大小及其分布。工艺流程可简单表述为：

原料——混料——焙烧——研磨——筛分——产物

一般选择高温下能够分解的原料。常用的锂盐有：$LiOH$、Li_2CO_3 等。使用 MnO_2 作为锰源。在反应过程中，释放 CO_2 和氮的氧化物气体，消除碳和氮元素的影响。原料中锂锰元素的摩尔比一般选取 1∶2。通常是将两者按一定比例的干粉研磨，加入少量环己烷、乙醇或水作分散剂，以达到混料均匀的目的。焙烧过程是固相反应的关键步骤，一般选择的合成温度范围是 600℃～800℃。

9.2.3.5　LiFePO₄ 正极材料

1. LiFePO₄ 的结构

$LiFePO_4$ 晶体是有序的橄榄石型结构，属于正交晶系，空间群为 Pnma，晶胞参数 $a=1.0329$nm，$b=0.60072$nm，$c=0.46905$nm。在 $LiFePO_4$ 晶体中氧原子呈微变形的六方密堆积，磷原子占据的是四面体空隙，锂原子和铁原子占据的是八面体空隙。$LiFePO_4$ 具有 3.5V 的电压平台，理论容量为 170mAh/g，图 9-6 是 $LiFePO_4$ 的结构示意图。

$LiFePO_4$ 中强的 P—O 共价键形成离域的三维立体化学键，使得 $LiFePO_4$ 具有很强的热力学和动力学稳定性，密度也较大（3.6g/cm³）。由于 O 原子

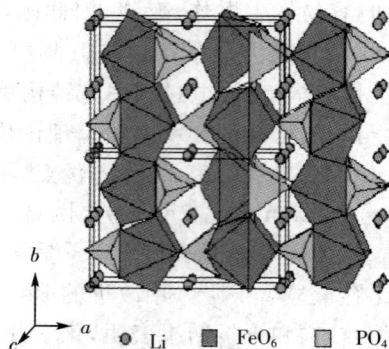

图 9-6　$LiFePO_4$ 的结构示意图

与 P 原子形成较强的共价键,削弱了与 Fe 的共价键并稳定了 Fe^{3+}/Fe^{2+} 的氧化还原能级,使 Fe^{3+}/Fe^{2+} 电位变为 3.4V。此电压较为理想,因为它不至于高到分解电解质,又不至于低到牺牲能量密度。

$LiFePO_4$ 具有较高的理论比容量和工作电压。充放电过程中,$LiFePO_4$ 的体积变化比较小,而且这种变化刚好与碳负极充放电过程中发生的体积变化相抵消。

因此,$LiFePO_4$ 正极锂离子电池具有很好的循环可逆性,特别是高温循环可逆性,而且提高使用温度还可以改善它的高倍率放电性能。

2.$LiFePO_4$ 的合成方法

(1)固相合成法

固相合成法是制备电极材料最为常用的一种方法。Li 源采用碳酸锂、氢氧化锂或磷酸锂;Fe 源采用乙酸亚铁、乙二酸亚铁、磷酸亚铁;P 源采用磷酸二氢铵或磷酸氢二铵,经球磨混合均匀后按化学比例进行配料在惰性气氛(如 Ar、N)的保护下经预烧研磨后高温焙烧反应制备 $LiFePO_4$。

(2)水热法

水热法也是制备 $LiFePO_4$ 较为常见的方法。

它是将前驱体溶成水溶液,在一定温度和压强下加热合成的。以 $FeSO_4$、H_3PO_4 和 LiOH 为原料用水热法合成 $LiFePO_4$。其过程是先把 H_3PO_4 和 $FeSO_4$ 溶液混合,再加入 LiOH 搅拌 1min,然后把这种混合液在 120℃保温 5h、过滤后,生成 $LiFePO_4$。

9.2.3.6　钒系正极材料

目前,锂钒化合物系列已引起了人们的关注。钒为典型的多价(V^{2+}、V^{3+}、V^{4+}、V^{5+})过渡金属元素,有着非常活泼的化学性质。钒氧化物既能形成层状嵌锂化合物 VO_2、V_2O_5、V_3O_7、V_4O_9、V_6O_{13}、$LiVO_2$ 及 LiV_3O_8,又能形成尖晶石型 LiV_2O_4 及反尖晶石型的 $LiNiVO_4$ 等嵌锂化合物。与已经商品化的钴酸锂材料相比,上述钒锂系系材料具有更高的比容量,且具有无毒、价廉等优点,因此成为了新一代绿色、高能锂离子蓄电池的备选正极材料。

9.2.4　电解质材料

9.2.4.1　电解质

电解质是制备高功率密度和高能量密度、长循环寿命和安全性能良好的锂离子电池的关键材料之一。用于锂离子电池的电解质一般应满足下列要求:

(1)离子电导率

电解质必须具有良好的离子导电性而不能具有电子导电性。一般温度范围内,电导率要进到 $10^{-1} \sim 2 \times 10^{-3}$ s/cm 数量级之间。

(2)锂离子迁移数

阳离子是运载电荷的重要工具。高的离子迁移数能减小电池在充、放电过程中的浓度极化,使电池产生高的能量密度和功率密度。较理想的锂离子迁移数应该接近于 1。

(3)稳定性

电解质一般存在两个电极之间。当电解质与电极直接接触时,不希望有副反应发生,这就需要电解质有一定的化学稳定性。为得到一个合适的操作温度范围,电解质必须具有好的热稳定性。另外电解质必须有一个 0～5V 的电化学稳定窗口,满足高电位电极材料充放电电压范围内电解质的电化学稳定性和电极反应的单一性。

(4)机械强度

当电池技术从实验室到中试或最后的生产时,需要考虑的一个最重要问题就是可生产性。虽然许多电解质能装配成一个无支架膜,能获得可喜的电化学性能,但还需要足够高的机械强度来满足常规的大规模生产包装过程。

(5)安全,无毒,无污染。

9.2.4.2　电解质材料

1. 有机电解质材料

目前,人们对无机锂盐水溶液的性质和作用机理比较了解。它们在锂二次电池中虽有过应用,但平均电压较低。若以锂盐为溶质溶于有机溶剂制成非水有机电解质,电池的电压大大提高。常用溶剂的主要物理化学性质如表 9-5。

电解质的一个重要指标是电导率。理论上,锂盐在电解质中离解成自由离子的数目越多,离子迁移越快,电导率就越高。溶剂的介电常数越大,锂离子与阴离子之间的静电作用力越小,锂盐就越容易离解,自由离子的数目就越多;但介电常数大的溶剂其黏度也高,致使离子的迁移速率减慢。对溶质而言,随着锂盐浓度的增高,电导率增大但电解质的黏度也相应增大;锂盐的阴离子半径越大,由于晶格能变小,锂盐越容易离解,但黏度也有增大的趋势,这些互为矛盾的结果。

2. 聚合物电解质材料

表 9-5　锂离子二次电池用的有机溶剂及其在 25℃ 时的物理性质

溶剂	熔点 /℃	沸点 /℃	介电常数 ε	黏度 (10^{-4} Pa·s)	密度 /(g·m^{-3})	偶极 /μm	施主数	受主数	闪点 /℃
碳酸乙烯酯(EC)	40	248	89.6	1.38	4.8	16.4	—	160	
碳酸丙烯酯(PC)	−49	241	64.4	25.3	1.19	5.21	15.1	18.3	132
二甲亚砜(DMSO)	18.6	189	46.5	19.9	1.10	3.96	29.8	19.3	—
二甲基碳酸酯(DMS)	3	90	3.12	6.0	1.07	—	16	—	—
二乙基碳酸酯(DEC)	−43	127	2.82	7.5	0.97	—	14.6	—	—
甲乙基碳酸酯(EMC)	−55	—	2.4	0.65	1.007	—	—	—	—
二甲氧基乙烷(DME)	−58	83	7.2	0.455	0.866	1.07	20.0	—	−9
乙酸乙酯(EA)	−84	71.1	6.02	0.426	0.894	—	17.1	—	—
丙腈(AN)	−45	82	36.0	3.4	0.78	3.94	14.1	18.9	5

聚合物电解质按其形态可分为凝胶聚合物电解质(GPE)和固体聚合物电解质(SPE),其主要区别在于前者含有液体增塑剂,而后者没有。用于锂二次电池中的聚合物电解质必须满足化学与电化学稳定性好,室温电导率高,高温稳定性好,不易燃烧,价格合理等特性。聚合物电解质的基体类型主要有:同种单体的聚合物、不同单体的共聚物、不同聚合物的共混物及其他对聚合物改性的聚合物等。常见的聚合物基体有 PEO、PPO、PAN、PVC、

PVDC 等。基体的结构、分子量、玻璃化转变温度(T_k)、结晶度等都会影响聚合物电解质离子电导率、电化学稳定性、机械性能等。如 T_k 较低、结晶度不高的聚合物电解质会有较高的离子电导率,而增加基体的 T_k 或分子量、聚合物共混可提高聚合物电解质的机械性能。

3. 增塑剂

增塑剂是聚合物电解质中重要一环。一般是将增塑剂混溶于聚合物溶液中,成膜后将它除去,留下微孔用于吸附电解液。这就要求增塑剂与高聚物混溶性好,增塑效率高,物理化学性能稳定,挥发性小且无毒,不与电池材料发生反应。一般应选择沸点高、粘度低的低分子溶剂或能与高聚物混合的低聚体。凝胶聚合物电解质的增塑剂类似液体电解质体系的溶剂。

9.2.5　锂离子电池的应用

1. 锂离子电池在便携式电器中的应用前景

随着科学技术的进步和人们生活水平的提高,便携式电子器件不仅走进了办公室,而且还走进了千家万户。据不完全统计,全球移动电话发展趋势如表 9-6 所示。Yankee 公司对蜂窝电话、计算机、摄录机产业的考察表明,全球移动电话的年增长率为 80%。个人电脑,西欧和美国年增长率至少为 25%,其中美国电脑的增长率为 13%。Yankee 公司预测移动电话在中国的增长最为明显。另据爱立信公司统计:全球 GSM 用户已于 1998 年超过了 1 亿户,2003 年,超过 4.5 亿户。并指出,亚太地区是近年来 GSM 用户增长最快的地区之一,仅中国 GSM 系统容量就占全球的 14%。国内专家测算,目前全国移动电话的持有量已超过 2350 万只,笔记本电脑也超过 200 万台,高档摄录相机、照相机及微型电子产品都有相当数量增加。当今,国家电讯部门对移动电话入网又采取了优惠政策,同时,国内自主生产的移动电话的质量和档次不断提高。可以预测,拥有 12.5 亿人口的中国,在不久的将来,GSM 用户必将超过 1 亿。那时,全球移动电话的持有量将有更大的增长。便携式用电器具的迅速增长,为锂离子电池的应用开拓了广阔的前景。

表 9-6　全球移动电话发展趋势　　　　　　　(单位:百万)

年份	北美	亚洲	欧洲	其他	合计
1993	18	6	8.5	4	36.5
1994	26	9	15	5	55
1995	38	12	20	6	86
1996	49	21	24	8	92
1997	60	32	29	10	131
1998	71	46	32	13	162
1999	78	62	38	16	194
2000	90	80	42	19	231

2. 锂离子电池在电动车(EV)行业的应用前景

随着社会文明的进步,人们对保护环境的意识和要求日益高涨。于是,汽车尾气给生态环境和城镇空气造成的严重污染使人们愈来愈感到不安,因此呼唤采用“绿色”电池为动力的 EV 车。此外,据报道,“截至 1994 年 1 月 1 日,全球探明石油储量为 9999.1 亿桶(7 桶约相当 1 吨),若按 1993 年平均日耗 6680 桶计算,那么在 46 年内(即到 2043 年),将把全球石油用完"。基于上述原因,汽车动力的"更新换代"已势在必行。为此,世界各先进国家如美国、日本、德国、法国等积极开展了 EV 车的研究试制工作,以期尽早解决环境与噪声污染及能源危机问题。美国加州以立法的形式规定:从 1998 年起,加州销售的汽车中必须含有 2% 的电动车,到 2003 年,销售汽车中,电动车必须占汽车总量的 10%。为了推动和支持 EV 车电池的研究试制工作,美国早在 90 年代初就成立了"先进电池联合会"负责为 EV 车提供电池。该机构为扶持 EV 车用电池(主要是锂离子电池)的研制,先后投资 2.6 亿美元,其中向美国 SAFT 公司投资 1180 万美元,用以开发锂离子电池,向加拿大魁北克公司投入 8500 万美元,用以开发锂离子电池和锂聚合物电池;另外,还向美国 Duracell 及其合作伙伴德国 Varta 公司投入了 1450 万美元,开发以 $LiMn_2O_4$ 为正极的锂离子动力电池。

在各国政府的支持下,不同性能的 EV 车先后亮相。首先是日本索尼公司于 1995 年推出了以锂离子电池为动力的 EV 车。日本三菱汽车公司于 1996 年推出了 EV 车,该车是用 $LiMn_2O_4$ 为正极的锂离子电池作电源,电池总重为 15kg,一次行程可达 250km。之后三菱重工、本田、尼桑等均有 EV 车亮相,并于 1997 年初正式销售以锂离子电池为动力的 EV 车。此外,日本有 4 家公司已经开发出用于 EV 车的高能量锂电池,如日立公司和新寇博电气公司合作开发出 200W·h 电池。三洋开发出 250W·h 电池,日本蓄电池开发出 360 W·h 电池等;这 4 家公司是日本政府支持的 12 家公司的一部分。继日本之后,美国和欧洲一些公司也相继推出了自己研制的以锂离子电池为动力源的 EV 车。例如,美国的 3M 公司与魁北克公司联合研制推出了以锂离子聚合物电池作动力源的符合 USABC 制定的商业化标准要求的 EV 车,一次行驶可达 200km,并且以超负荷压力进行了安全性试验。又如法国的 SAFT 公司,其锂离子电池动力源可使 EV 车行驶 200km。可以看出随着全球 EV 车产业的发展,高能量锂离子电池需求是非常可观的。

我国对锂离子电池的应用开发是十分重视的。特别是对 EV 车的开发,国家经贸委和机械部,已将此列为"九五国家重大科技产业项目"。由于电池的落后,造成我国 EV 车同世界水平的差距太大。国外 EV 车或电动助力车,都是以锂离子电池为动力源的。其行驶距离和速度,对城市内部及中长距离用车来讲,已能满足要求。但我国目前出台的电动车,最好的也只是采用一般水平的 MH-Ni 电池为动力源,而落后的则仍使用比能量很低的铅酸电池。因此,行速慢、行距短,这不能适应中长距离要求。事实说明,EV 车性能的好坏,在很大程度上取决于动力电源—电池的好坏。Varta 公司认为:最好的铅酸电池的行程为 60km,MH-Ni 电池最好可达 140km,而锂离子电池现在已经达到了 240km。由此不难看出,锂离子电池对 EV 车产业的发展及对 EV 车性能的影响是非常重要的。作为"明日之星"的 EV 车大战,必将衍生出"电池大战"。我国人口众多,汽车和自行车的拥有量是相当可观的。这些车的电气化,所需求的电池量是可想而知的。因此,电池产业的发展,特别是高比能量新型电池——锂离子电池的应用开发是非常具有前途的。

目前,根据材料的特点,开发出新型的以 $LiMn_2O_4$ 为正极,$Li_4Ti_5O_{12}$ 为负极的电池体系动力电池,该电池由于大电流充放电,安全性能很好,循环性能优越,非常适合现代动力汽车的需求,目前正在大力研发中。

3. 锂离子电池在军事装备及航天事业中的应用前景

军事装备中的电源,主要是动力车起动电池、无线通讯电台电源(过去主要是干电池、可充锌银和 Cd - Ni 电池)、特种兵器使用的电池,所谓特种兵器电源,如水中兵器电源(包括鱼雷、水雷和声纳干扰器等),微型无人驾驶侦察飞机动力电源(包括摄录相装置电源)、带引信装置的预埋式各种地雷电源等。此外,还有激光瞄准器、夜视器、飞行员(包括宇航员)救生电台电源、船示位标电源等等。以上各种军事装备电源,除特种兵器以一次锂电池为首选电源外,其他装备均可采用锂离子电池作电源。在航天事业中,锂离子电池同太阳能电池联合组成供电电源,从其具有的性能特性(如自放电率小、无记忆效应、比能量大、循环寿命长等)看,这个电源将比原用 Cd - Ni 电池组成的联合供电电源要优越得多。特别是从小型化、轻量化角度看,对航天器件是相当重要的。因为航天器件的质量指标往往不是按千克计算的,而是按克计算的。这方面的应用已有报道,例如将锂离子电池作为 Teledesic 通信卫星的供电电源。虽然,锂离子电池由于贮存寿命不如一般锂一次电池长(一般可达 10 年),因而在特种兵器中的应用受到限制,但在某些运作时间相对较短的情况下还是很有前途的。

9.3　太阳能电池材料

9.3.1　概述

太阳能电池是通过光电效应或者光化学效应直接把光能转化成电能的装置。太阳光照在半导体 p - n 结上,形成新的空穴-电子对,在 p - n 结电场的作用下,空穴由 n 区流向 p 区,电子由 p 区流向 n 区,接通电路后就形成电流。图 9 - 7 为太阳能电池构型图。

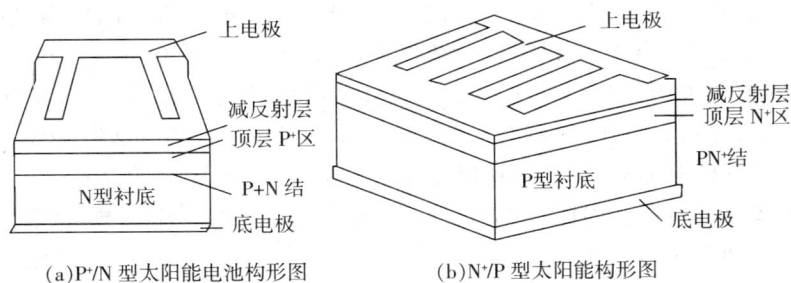

(a)P⁺/N 型太阳能电池构形图　　　(b)N⁺/P 型太阳能构形图

图 9 - 7　太阳能电池构型图

太阳能利用涉及的技术问题很多,但根据太阳能的特点,具有共性的技术主要有四项,即太阳能采集、太阳能转换、太阳能贮存和太阳能传输,将这些技术与其他相关技术结合在一起,便能进行太阳能的实际利用——光热利用、光电利用和光化学利用。作为地面电源,太阳能电池的最主要制约因素是成本。解决这一问题主要靠材料科学与技术的进步。因为在太阳能电池成本中,材料费用是最大的支出,同时材料特别是半导体材料的选择、制备工艺与质量直接影响太阳电池的转换效率和成品率。

9.3.1.1　太阳能电池的分类

(1)硅系太阳能电池(包括单晶硅太阳能电池、多晶硅薄膜太阳能电池、非晶硅薄膜太阳能电池);

(2)多元化合物薄膜太阳能电池(包括砷化镓Ⅲ-Ⅴ化合物、硫化镉、铜铟硒);

(3)聚合物多层修饰电极型电池;

（4）纳米晶化学太阳能电池。

9.3.1.2　太阳能电池发电的优缺点

优点：

（1）属于可再生能源，不必担心能源枯竭；

（2）太阳能本身并不会给地球增加热负荷；

（3）运行过程中低污染、平稳无噪音；

（4）发电装置需要极少的维护，寿命可达 20 年；

（5）所产生的电力既可供家庭单独使用也可并入电网，用途广泛。

缺点：

（1）受地域及天气影响较大；

（2）由于太阳能分散、密度低，发电装置会占去较大的面积；

（3）光电转化效率低致使发电成本较传统方式偏高。

9.3.2　晶体硅太阳能电池材料

　　硅系列太阳能电池中，单晶硅太阳能电池转换效率最高，技术也最为成熟。高性能单晶硅电池是建立在高质量单晶硅材料和相关成熟的加工处理工艺基础上的。在电池制作中，一般都采用表面织构化、发射区钝化、分区掺杂等技术，开发的电池主要有平面单晶硅电池和刻槽埋栅电极单晶硅电池。提高转化效率主要是靠单晶硅表面微结构处理和分区掺杂工艺。通常的晶体硅太阳能电池是在厚度 350 μm～450 μm 的高质量硅片上制成的，这种硅片从提拉或浇铸的硅锭上锯割而成。目前制备多晶硅薄膜电池多采用化学气相沉积法，包括低压化学气相沉积（LPCVD）和等离子增强化学气相沉积（PECVD）工艺。此外，液相外延法（LPPE）和溅射沉积法也可用来制备多晶硅薄膜电池。研究发现，在非硅衬底上很难形成较大的晶粒，并且容易在晶粒间形成空隙。解决这一问题的办法是先用 LPCVD 在衬底上沉积一层较薄的非晶硅层，再将这层非晶硅层退火，得到较大的晶粒，然后再在这层籽晶上沉积厚的多晶硅薄膜。因此，再结晶技术无疑是很重要的一个环节，目前采用的技术主要有固相结晶法和中区熔再结晶法。

　　1. 单晶硅太阳电池材料

　　单晶硅太阳能电池是当前开发得最快的一种太阳能电池，产品已广泛用于空间和地面。以高纯的单晶硅棒为原料，纯度要求 99.999% 以上，其结构和生产工艺已经定型，单晶硅太阳能电池转换效率最高，但对硅的纯度要求高，而且复杂工艺和材料价格等因素致使成本较高。单晶硅材料制造要经过如下过程：石英砂——冶金级硅——提纯和精炼——沉积多晶硅锭——单晶硅——硅片切割。

　　生长单晶硅的两种最常用的方法为丘克拉斯法以及区熔法。

　　丘克拉斯法又称为直拉法，是将硅料在石英坩埚中加热熔化，籽晶与硅液面进行接触然后开始向上提升以长出棒状的晶棒。直拉法的研究发展方向是设法增大硅棒的直径。目前直拉法的直径达到 100nm～500nm。坩埚的加料量一般已经达到 60kg。研究改进方向主要是控制晶体中的杂质含量、碳含量、减少晶体硅的缺陷，同时也要考虑其生长速度。

　　区熔法主要用于材料提纯，也用于生长单晶。区熔法生长硅单晶的成本较高，但得到硅单晶的质量却最佳。

2. 多晶硅太阳电池材料

随着电池制备和封装工艺的不断改进,在硅太阳电池总成本中,硅材料所占比重已由原先的 1/3 上升到 1/2。因此,生产厂家迫切希望在不降低光电转换效率的前提下,找到替代单晶硅的材料。目前,比较适用的材料就是多晶硅。因为熔铸多晶硅锭法比提拉单晶硅锭法的工艺简单,设备易做,操作方便,耗能较少,辅助材料消耗也不多,尤其是可以制备任意形状的多晶硅锭,便于大量生产大面积的硅片。同时,多晶硅太阳电池的生产成本却低于单晶硅太阳电池。多晶硅太阳电池的出现主要是为了降低成本,其优点是能直接制备出适于规模化生产的大尺寸方型硅锭,设备比较简单,制造过程简单、省电、节约硅材料,对材质要求也较低。

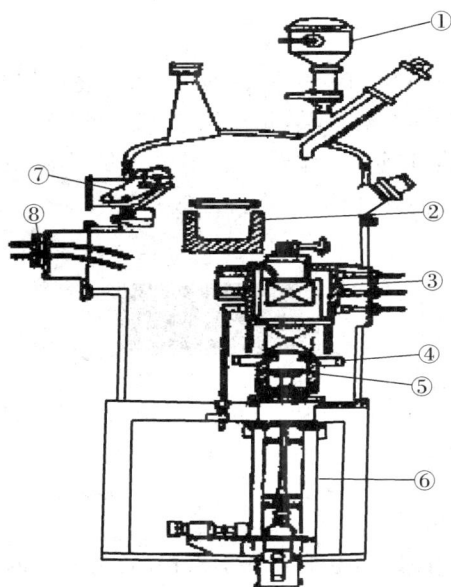

根据生长方法的不同,多晶硅可分为等轴晶、柱状晶。通常在热过冷及自由凝固的情况下会形成等轴晶,其特点是晶粒细,机械物理性能各向同性。如果在凝固过程中控制液固界面的温度梯度,形成单方向热流,实行可控的定向凝固,则可形成物理机械性能各向异性的多晶柱状晶,太阳电池多晶硅锭就是采用这种定向凝固的方法生产的。在实际生产中,太阳电池多晶硅锭的定向凝固生长方法主要有浇铸法、热交换法(HEM)、布里曼(Bridgeman)法、电磁铸锭法,其中热交换法与布里曼法通常结合在一起。

浇铸法将熔炼及凝固分开,熔炼在一个石英分砂炉衬的感应炉中进行,熔融的硅液浇入一个石墨模型中,石墨模型置于一模模升降台上,周围用电阻加热,然后以 1mm/min 的速度下降(见图 9-8)。浇铸法的特点是熔化和结晶在两个不同的坩埚中进行,从图 9-8 中可以看出,这种生产方法可以实现半连续化生产,其熔化、结晶、冷却分别位于不同的地方,可以降低能源消耗。缺点是由于熔融和结晶使用不同的坩埚,会

图 9-8　浇铸法示意图

1. 硅原料装入口;2. 感应炉;
3. 固炉;4. 硅锭搬运机;
5. 冷却机;6. 铸型升降;
7. 感应炉翻转机构;8. 电极

导致二次污染,此外因为有坩埚翻转机构及引锭机构,使得其结构相对较复杂。

热交换法及布里曼法都是把熔化及凝固置于同一坩埚中(避免了二次污染),其中热交换法是将硅料在坩埚中熔化后,在坩埚底部通冷却水或冷气体,在底部进行热量交换,形成温度梯度,促使晶体定向生长。图 9-9 为布里曼法示意图。该炉型采用顶底加热,在熔化过程中,底部用一个可移动的热开关绝热,结晶时则将它移开以便将坩埚底部的热量通过冷却台带走,从而形成温度梯度。布里曼法则是在硅料熔化后,将坩埚或加热元件移动使结晶好的晶体离开加热区,而液态硅仍然处于加热区,这样在结晶过程中液固界面形成比较稳定的温度梯度,有利于晶体的生长。其特点是液相温度梯度 dT/dX 接近常数,生长速度受工作台下移速度及冷却水流量的控制,生长速度可以调节。实际生产所用结晶炉大都是采用热交换与布里曼相结合的技术。

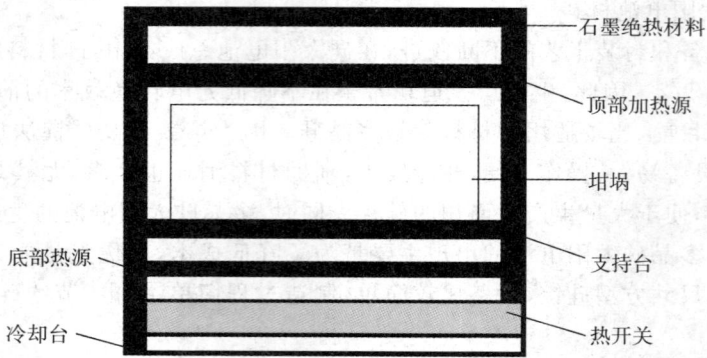

图 9-9 布里曼法示意图

图 9-10 为热交换法与布里曼法相结合的结晶炉示意图。如图所示,工作台通冷却水,上置一个热开关,坩埚则位于热开关上。硅料熔融时,热开关关闭,结晶时打开,将坩埚底部的热量通过工作台内的冷却水带走,形成温度梯度。同时坩埚工作台缓慢下降,使凝固好的硅锭离开加热区,维持固液界面有一个比较稳定的温度梯度。

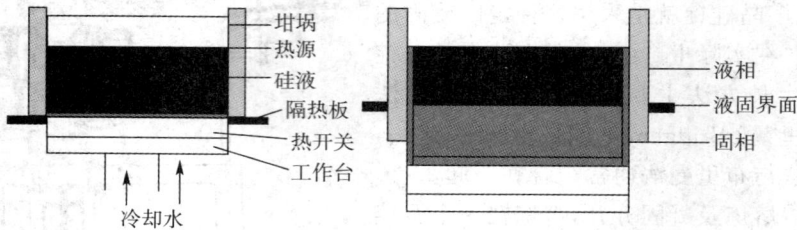

图 9-10 热交换法与布里曼法相结合的结晶炉示意图

晶体硅电池效率不断提高,技术不断改进,加上晶硅稳定,无毒,材料资源丰富,人们开始考虑开发多晶硅薄膜电池。多晶硅薄膜电池既具有晶硅电池的高效、稳定、无毒和资源丰富的优势,又具有薄膜电池工艺简单、节省材料、大幅度降低成本的优点,因此多晶硅薄膜电池的研究开发成为近几年的热点。另一方面,采用薄片硅技术,避开拉制单晶硅或浇铸多晶硅、切片的昂贵工艺和材料浪费的缺点,达到降低成本的目的。

3. 多晶硅薄膜电池

各种 CVD(如 PECVD、RTCVD、CVD 等)技术被用来生长多晶硅薄膜,在实验室内有些技术获得了重要的结果。德国 Fraunhofer 太阳能研究所使用 SiO_2 和 SiN 包覆陶瓷或 SiC 包覆石墨为衬底,用快速热化学气相沉积(RTCVD)技术沉积多晶硅薄膜,硅膜经过区熔再结晶(ZMR)后制备太阳电池,两种衬底的电池效率分别达到 9.3% 和 11%。

在多晶 Si 材料作为衬底的条件下,PECVD 也可用于多晶 Si 薄膜材料的制备。但由于 ECVD 设备的沉积温度一般都不能超过 600℃,因此,利用 PECVD 方法直接沉积的多微晶 Si 薄膜的晶粒尺寸都比较小,通常小于 300nm。尽管晶粒较小,但由于属原位生长,该方法所制得的 Si 薄膜的晶界(Boundary)得到了很好的钝化。多晶硅薄膜材料的制备方法可分为两大类:一类是高温工艺,即制备过程中温度高于 600℃,衬底只能用昂贵的石英,但是制备工艺简单;另一类是低温工艺,整个加工工艺温度低于 600℃,采用低温工艺可用廉价的

玻璃做衬底,因此可大面积制作,但是制备工艺相对较复杂。目前制备多晶硅薄膜的方法主要有以下几种:

(1)低压化学气相沉积法(LPCVD)

低压化学气相沉积法,这是一种能够直接生成多晶硅的方法。该方法生长速度快,成膜质量好。多晶硅薄膜可采用硅烷气体通过 LPCVD 方法直接沉积在衬底上。典型的沉积参数是:硅烷压力 $P=13.3Pa\sim26.6Pa$;沉积温度 $T_d=580℃\sim630℃$;生长速率 $V=5\sim10nm/min$。由于沉积温度较高,不能采用廉价的玻璃做衬底材料,而必须使用昂贵的石英衬底。LPCVD 法生长的多晶硅薄膜,晶粒具有择优<110>趋向,其形貌呈现“V”字形,内含高密度的微孪晶。此外,减少硅烷压力有助于增大晶粒尺寸,但这往往伴随着表面粗糙度的增加,而粗糙度的增加对载流子的迁移率与器件的电学稳定性会产生不利影响。

(2)催化化学气相沉积法(CCVD)

催化 CVD 方法在低于 410℃ 的温度下直接沉积多晶硅薄膜,晶粒大小在 100nm 左右,霍尔迁移率为 $8\sim100cm^2/(V\cdot S)$,电阻率在 $1\times10^3\sim10^6\Omega\cdot cm$ 范围。催化方法就是在基片下方 4cm 处放置一个直径 0.35mm 的钨丝盘,盘的面积有 $16cm^2$。钨丝盘的表面温度为 1300℃~1390℃,加热功率为 300W~1000W,沉积气体在流向基片的途中受到钨丝盘的高温催化作用而发生分解反应,衬底的实际温度低于 410℃,这样就可以在常规的玻璃基片上直接沉积出多晶硅薄膜。

(3)固相晶化法(SPC)

这是一种间接生成多晶硅薄膜的方法。即先用 LPCVD 等方法在 600℃ 下由硅烷分解沉积非晶硅,然后在 530℃~600℃ 之间经 10h~100h 热退火获得多晶硅。固相晶化过程包括成核与长大,一旦晶核超过临界尺寸就可进一步长大。采用非晶硅固相晶化方法可以获得比直接 CVD 法更好的膜质量,因此可制备出性能更好的多晶硅薄膜器件。但对于 SPC 法来说,一个明显的缺点就是热退火时间太长,这对于实现批量生产是极为不利的。

(4)准分子激光晶化法

激光晶化是所有退火方式中最理想的,其主要优点为短脉冲宽度(15nm~50nm),浅光学吸收深度(在 308nm 波长下为几十纳米),短光波长和高能量,使硅烷熔化时间短(50ns~150ns),衬底发热小。常用的激光器有三种,即 ArF、KrF、XeCl,相应的波长为 193nm、248nm、308nm。由于激光晶化时初始材料部分熔化,结构大致分为两层,即上晶化层和下晶化层。能量密度增大,晶粒增大。薄膜的迁移率相应增大。太大的能量密度反而使迁移率下降,激光波长对晶化效果影响较大,波长越长,激光能量注入硅膜越深,晶化效果越好。

玻璃衬底多晶硅薄膜的制备:以玻璃基片为衬底的无定形硅太阳电池电池为例,其制造工序是:洁净玻璃衬底——生长 TCO 膜——激光切割 TCO 膜——依次生长非晶薄膜——激光切割 a-Si 膜——蒸发或溅射 Al 电极——激光切割或掩模蒸发 Al 电极。TCO 膜的种类有铟锡氧化物 ITO、二氧化锡 SnO 和氧化锌 ZnO。

通常,人们将玻璃作为薄膜太阳电池的理想衬底,其原因包括几个方面:①玻璃具有优良的透比特性;②玻璃可以耐一定的温度;③玻璃具有一定的强度;④玻璃的成本低廉。因此,人们将玻璃衬底作为主攻方向,并视其为薄膜电池商业化的最具潜力的选项。但是,利用玻璃作为衬底时,其最大缺点是由于其软化温度的限制,薄膜的沉积温度以及相关的后续处理温度都不能太高。多晶硅薄膜材料的质量(或缺陷密度)与沉积温度以及相关的后续处理温度有极大的关系。一般来说,温度越高,所制得的薄膜材料的质量越好(或缺陷密度越低)。

9.3.3　非晶硅太阳电池材料

非晶硅太阳电池又称"无定形硅太阳电池",简称"a-Si 太阳电池"。它是太阳电池发展中的后起之秀。它是最理想的一种廉价太阳电池,可以作为一种弱光微型电源使用,如小型计算器、电子手表等。非晶硅科技已转化为一个大规模的产业,世界上总组件生产能力每年在 50MW 以上,组件及相关产品销售额在 10 亿美元以上。应用范围小到手表、计算器电源,大到 10MW 级的独立电站,涉及诸多品种的电子消费品、照明和家用电源、农牧业抽水、广播通讯台站电源及中小型联网电站等。a-Si 太阳电池成了光伏能源中的一支生力军,对整个洁净可再生能源发展起了巨大的推动作用。非晶硅太阳电池的最大特点是薄,不同于单晶硅或多晶硅太阳池需要以硅片为底村,而是在玻璃或不锈钢带等材料的表面镀上一层薄薄的硅膜,其厚度只有单晶硅片的 1/300。因此,可以大量节省硅材料,加之可连续化大面积生产,能耗也低,成本自然也低。由于电池本身是薄膜型的,太阳的光可以穿透,所以还可做成叠层式的电池,以提高电池的电压。通常单晶硅太阳电池每个单体只有 0.5V 左右的电压,必须几个单体串联起来,才能获得一定的电压。非晶太阳硅电池一个就能做到几伏电压,使用比较方便。

1. 非晶硅太阳电池的工作原理及结构

非晶硅太阳电池同单晶硅电池的工作原理类似,都是利用半导体的光伏效应实现光电转换。与单晶硅电池不同的是非晶硅中光生载流子只有漂移运动而无扩散运动,原因是非晶硅结构中的长程无序和无规网络引起的极强散射作用使载流子的扩散长度很短,光生载流子由于扩散长度的限制将会很快复合而不能被收集。为了能有效地收集光生载流子,电池设计成 PIN 型,其中 P 层是入射光层,i 层是本征吸收层,处在 P 和 n 产生的内建电场中,当入射光通过 P 进入 i 层后,产生空穴-电子对,光生载流子一旦产生后就由内建电场分开,空穴漂移到 p 边,电子漂移到 n 边,形成光生电流和光生电压。

非晶硅太阳电池可以玻璃、不锈钢、柔性衬底(塑料等)、陶瓷等为衬底,图 9-11 为四种典型的薄膜太阳电池的结构:

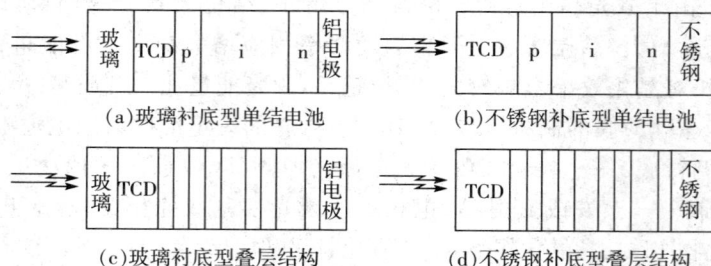

图 9-11　4 种典型的薄膜太阳电池的结构

双叠层结构有两种:一种是两层结构使用相同的非晶硅材料;另一种是上层使用非晶硅合金,下层使用非晶硅锗合金以增加对长波光的吸收,三叠层与双叠层类似。上层电池使用宽能隙的非晶硅合金做本征层,吸收蓝光光子,光从玻璃面入射,电流从透明导电膜和电极铝引出。不锈钢衬底非晶硅电池同单晶硅 a - Si 电池类似,在透明导电膜上制备梳状银电极,电池电流从银电极和不锈钢引出。

2. 非晶硅太阳电池的制备工艺

非晶硅是由气相沉积法制备的,气相沉积法可分为辉光放电分解法、溅射法、真空蒸发法、光化学气相沉积(Photo CVD)和热丝法等。等离子体增强化学气相沉积法(PECVD)已经普遍被应用。在 PECVD 沉积非晶硅的方法中,PECVD 的原料气体一般采用 SiH_4 和 H_2,制备叠层电池时用 Si 和 GeH_4,加入 SiH_4 和 GeH_4 可同时实现掺杂。SiH_4 和 GeH_4 在低温等离子体的作用下分解产生 a - Si 或 a - SiGe 薄膜。PECVD 法具有许多优点,如低温工艺和大面积薄膜的生产等,适合于大面积生产。

把硅烷(SiH_4)等原料气体导入真空度保持在 $10Pa \sim 1000Pa$ 的反应室中,由于射频(RF)电场的作用,产生辉光放电,原料气体被分解,在玻璃或者不锈钢等衬底上形成非晶硅薄膜材料。此时如果原料气体中混入硅烷(B_2H_6)即能生成 P 型非晶硅,混入磷烷(PH_3)即能生成 N 型非晶硅。仅仅用变换原料气体的方法就可生成 pin 结,做成电池。为了得到重复性好、性能良好的太阳电池,避免反应室内壁和电极上残存的杂质掺入到电池中,一般都利用隔离的连续等离子反应制造装置,即 p,i,n 各层分别在专用的反应室内沉积,图 9 - 12 为非晶硅太阳能电池制备方法示意图。

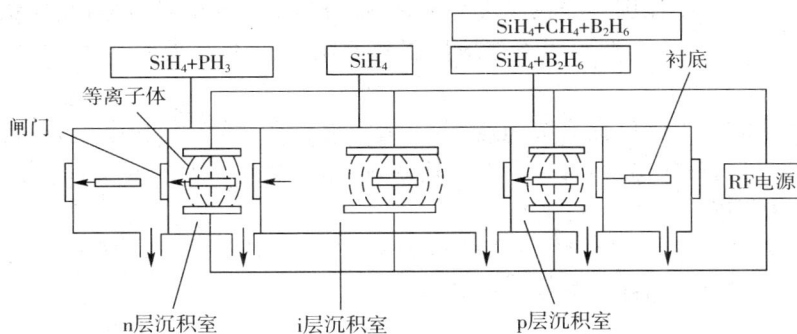

图 9 - 12　非晶硅太阳能电池制备方法示意图

提高非晶硅太阳电池转换效率的措施:

(1)改进 P 型窗口材料及其前后界面特性

用 P 型 a - SiC:H 材料代替 P 型 a - Si:H 材料。前者具有较高的光学带隙,能提高电池的短路电流。常规的 P 型 α - SiC:H 窗口 B_2H_6 以一定的配比(一般的流量比为 SiH_4：CH_4：$B_2H_6 = 1：1：0.01$)的混合气体经辉光放电分解沉积而成。

(2)采用陷光结构以增加太阳电池的短路电流光入射到太阳电池的表面时总会有反射损失,即使光进入 i 层有源区,也会由于吸收系数和 i 层厚度的限制造成部分光的透射损失。为了减少损失,一般在太阳电池的加一层减反射膜或采用多层背反射电极。

(3)获得高质量的 i 层

i 层是非晶硅太阳电池的有源区,因此其光电特性对太阳电池的转换效率有决定性的影响。

(4)为了进一步提高电池的开路电压和填充因子,除了提高 P 层的掺杂浓度外,还需要提高 n 层的掺杂浓度,以进一步增加内建电势和减少串联电阻。为了提高掺杂效率,人们曾采用各种方法生长微晶化硅材料,如提高衬底温度 T_s,加大 rf 功率,加大 H_2 稀释率等。

(5)采用叠层电池结构以扩展光谱响应范围对叠层电池结构,需要调节电池各层材料的带隙、各个异质结之间的带隙匹配、异质结过渡以及各子电流 i 层的厚度等,以获得最大的能量输出,达到提高转换效率的目的。

非晶硅电池的特性:非晶硅电池是目前最适于进行大面积自动化生产的薄膜电池,它具有以下优点:

(1)在可见光范围内,非晶硅比单晶硅有更大的吸收系数,电池活性材料厚度为 0.3mm ~0.45mm,是常规电池的 1/10~1/100,可节约大量材料;

(2)可直接沉积出薄膜,没有切片损失;

(3)可采用集成技术在电池制备过程中一次完成组件,省去材料、器件、组件各自单独的制作过程;

(4)可采用多层技术,降低对材料品质要求等;

(5)非晶硅电池由于适合于沉积在不锈钢、塑料薄膜等衬底上,所以在与建筑物一体化(BIPV)方面也会有很大的作为。

非晶硅电池的缺点:

(1)效率较低

引起效率低的主要原因是光诱导衰变或称 Staebler - Wronski 效应;用氢稀释硅烷方法生长的 a - Si 和 a - SiGe 薄膜可以有效地抑制光诱导衰变,提高效率。

(2)沉积速率低

目前主要采取以下措施提高沉积速率:①适当地提高射频(rf)功率;②适当控制加工气的保持时间;③提高衬底温度,可提高沉积速率,但同时会降低太阳电池的效率。

(3)Ag 电极问题

Ag 电极昂贵、质软、在后续加工中产生问题。采用 Al 代替 Ag 做背反射层,这样可以降低成本、优化可靠性,但却降低了转化效率。

(4)薄膜沉积过程中的杂质

沉积过程中 O、N、C 等杂质浓度高,存在表面反应,影响薄膜质量和电池性能的稳定性。

3. 多晶薄膜太阳电池

制作薄膜太阳电池的新材料、$CuInSe_2$、$CdTe$ 薄膜,晶体硅薄膜和有机半导体薄膜等;近 20 年来大量的研究人员在该领域中的工作取得了可喜的成绩。薄膜太阳电池以其低成本、高转换效率、适合规模化生产等优点,引起生产厂家的兴趣,薄膜太阳电池的产量得到迅速增长。如果以 10 年为一个周期进行分析,世界薄膜太阳电池市场年增长率为 22.5%。

(1)Cu_2S/CdS 太阳电池

CdS 是非常重要的半导体材料。CdS 薄膜具有纤锌矿结构,是直接带隙材料,带隙较宽,为 2.42eV。实验证明,由于 CdS 层吸收的光谱损失不仅与 CdS 薄膜的厚度有关,还与薄膜的形成方式有关。CdS 薄膜广泛应用与太阳电池窗口层,并作为 n 型层与 p 型材料形成 pn 结,从而构成太阳电池。

Cu_2S/CdS 是一种廉价太阳电池,它具有成本低、制备工艺简单的优点。在多种衬底上使用直接和间接加热源的方法沉积多晶 CdS 薄膜。用喷涂法制备 CdS 薄膜,其方法主要是将含有 S 和 Cd 的化合物水溶液,用喷涂设备喷涂到玻璃或具有 SnO_2 导电膜的玻璃及其他材料的衬底上,经热分解沉积成 CdS 薄膜。

(2)$CuInSe_2$ 多晶薄膜材料与 $CdS/CuInSe_2$ 太阳电池

$CuInSe_2$ 材料具有高达 $6 \times 10^5 cm^{-1}$ 的吸收系数,是到目前为止所有半导体材料中的最高值。

$CuInSe_2$ 的光学性质主要取决于材料的元素组分比、各组分的均匀性、结晶程度、晶格结构及晶界的影响。大量实验表明,材料的元素组分与化学计量比偏离越小,结晶程度好,元素组分均匀性好,温度越低其光学吸收特性越好。

(3)$CdS/CuInSe_2$ 薄膜太阳电池

$CuInSe_2$ 是一种三元 Ⅰ-Ⅲ-Ⅵ 族化合物半导体,直接带隙材料,77K 时的带隙为 1.04eV。300K 时为 1.02eV,带隙对温度的变化不敏感。$CuInSe_2$ 具有黄铜矿、闪锌矿两个同素异行的晶体结构。其高温相为闪锌矿结构,属立方晶系。低温相为黄铜矿结构,属于正方晶系。由于 $CuInSe_2$ 薄膜材料具备十分优异的光伏特性,20 年来,出现了多种以 $CuInSe_2$ 薄膜材料为基础的同质结和异质结太阳电池,主要有 $nCuInSe_2/p-CuInSe_2$、$(InCd)S_2/CuInSe_2$、$CdS/CuInSe_2$、$ITO/Cu1nSe$、$GaAs/CuInSe_2$、$ZnO/CuInSe_2$ 等。其中人们最为重视的是 $CdS/CuInSe_2$ 电池。由 28 个 39W 组件构成的 1kW 薄膜太阳电池方阵,面积为 $3665cm^2$,输出功率达到 40.6W,转换效率为 11.1%。

(4)多晶薄膜 CdTe 材料与 CdTe/CdS 太阳电池

在薄膜光伏材料中,CdTe 为人们公认的高效、稳定、廉价的薄膜光伏器件材料。CdTe 多晶薄膜太阳电池转换效率理论值在室温下为 27%,目前已制成面积为 $1cm^2$,效率超过 15% 的 CdTe 太阳电池,面积为 $706cm^2$ 的组件,效率超过 10%。

由于 CdTe 是直接带隙材料,带隙为 1.45eV,所以对波长小于吸收边的光,其光吸收系数很大。它的光谱响应与太阳光谱十分吻合,且电子亲和势很高,为 4.28eV。具有闪锌矿结构的 CdTe,晶格常数 $a=0.16477nm$。在 CdTe/CdS 太阳电池中,要想得到高的短路电流密度,CdS 膜必须极薄,由于 CdS 带隙为 2.42eV,能通过大部分可见光,而且薄膜厚度小于 100nm 时,CdS 薄膜可使波长小于 500nm 的光通过。

制备方法主要有:电镀、丝网印刷,化学气相沉积 CVD,物理气相沉积 PVD,MOCVD,分子束外延 MBE,喷涂,溅射,真空蒸发,电沉积等。

4. 砷化镓太阳电池材料

砷化镓是一种典型的 Ⅲ-Ⅴ 族化合物半导体材料,具有与硅相似的闪锌矿结构。不同的是 Ga 和 As 原子交替占位。GaAs 具有直接的能带隙,带隙宽度为 1.42eV。GaAs 还具有很高的光发射效率和光吸收系数,已经成为当今光电子领域的基础材料。GaAs 的带隙宽度正好位于最佳太阳材料所需要的能隙范围。由于能量小于带隙的光子基本上不能被电池材料吸收,而能量大于带隙的光子,其多余的能量基本上会热释给晶格,很少再激发光生电子空穴对而转变为有效电能。GaAs 和 Si 都是有效的光生伏特材料,但是 GaAs 比 Si 具有更高的转换效率。

5. 有机半导体太阳电池

由于半导体太阳电池是基于肖特基结或 p/n 结的光生伏打效应,利用取之不尽、用之不竭的太阳光能,在不产生空气污染,因而自 1954 年第一块单晶硅太阳电池问世后,人们对用半导体太阳电池解决将来由于矿物燃料的枯竭而引起的能源危机寄予很大希望。特别是自 1973 年的石油危机以来,许多国家都加紧了开发和研究太阳电池的速度,使其得到了迅猛发展,新型太阳电池的开发与应用也就成了各国争相研究的重点。目前发展的有机半导体太阳电池主要有肖特基型和 p/n 结型两种,肖特基型电池的基本结构为衬底玻璃/M_1(Au、Ag 或 ITO)/有机半导体/M_2(In 或 Al)。其中 M_1 为高功函数金属,M_2 为低功函数金属。金属与有机半导体形成肖特基势垒的情况与无机半导体情况类似。对于 P 型半导体,它与 M_2 形成整流接触,而与 M_1 形成欧姆接触。对于 n 型有机半导体的情况与 P 型完全相反。在 M_1/p 型材料/M_2 的电池中,随着金属 M_2 功函数降低,U_{oc} 增加。在光辐射情况下,U_{oc} 值不会超过 M_2 与有机半导体功函数之差,由于有机半导体费米能级的位置与掺杂有关,通常可以通过掺杂的方法提高 U_{oc}。

6. 多元化合物太阳电池

多元化合物太阳电池是指不是用单一元素半导体制成的太阳电池,以区别于各种硅太阳电池。目前,国内外研制的多元化合物太阳电池品种繁多,较有代表性的有硫化镉太阳电池和砷化镓等太阳电池。

7. p/n 结型有机电池

与肖特基型有机电池相比,p/n 结型电池被认为是比较有前途的电池、其结构为玻璃/ITO/p 型半导体/n 型半导体/Au 或 Ag,或者玻璃/ITO/n 型半导体/p 型半导体/Au 或 Ag。这种电池的特性不仅要优于肖特基型,而且在空气中也有高的稳定性,填充因子 FF 约为 0.3~0.5,转换效率为 0.1%~0.9%。

9.3.4 太阳能电池的应用与展望

9.3.4.1 太阳能电池的应用

近年来,太阳能利用在技术上的不断突破使太阳能光电池的商业化应用要比人们原先预期的快得多。目前,全世界总共有 23 万座光伏发电设备,以色列、澳大利亚、新西兰居于领先地位。技术上的不断突破使光电池以高速度进入市场。20 世纪 80 年代后期,由于多晶薄膜光电池的出现,使光电池的光电转换率达 16%,而生产成本降低了 50%,极利于在缺能少电的发展中国家推广。美国拥有世界上最大的光伏发电厂,其功率为 7MW,日本也建成了发电功率达 1MW 的光伏发电厂。最初太阳能电池主要是广泛应用于人造卫星和航空航天领域,因为在太空中只有白天,没有黑夜,太阳光强度也不受天气变化和季节更替的影响。如人造卫星、宇宙空间站上的能源都是有太阳能电池提供。目前,太阳能电池已在民用电力、交通,以及军用航海、航天等诸多领域发挥着愈来愈大的作用。大型的可用于电话通讯系统、卫星地面接收站、微波中继站等;中型的可用于电车、轮船、卫星、宇宙飞船等;小(微)型的可用于太阳能手表、太阳能计算器、太阳能充电器、太阳能手机等。

太阳能的热利用,是将太阳的辐射能转换为热能,实现这个目的的器件叫"集热器"。例如"太阳灶"、"太阳能热水器"、"太阳能干燥器"等等。太阳能热利用是可再生能源技术领域商业化程度最高、推广应用最普遍的技术之一。1998 年世界太阳能热水器的总保有量约 5400 万平方米。按照人均使用太阳能热水器面积,塞浦路斯和以色列居世界一、二位,分别为 $1m^2$/人和 $0.7m^2$/人。日本有 20% 的家庭使用太阳能热水器,以色列有 80% 的家庭使用太阳能热水器。

太阳能的热利用主要是以下几个方面：

（1）太阳能空调降温

太阳能制冷及在空调降温研究工作重点是寻找高效吸收和蒸发材料，优化系统热特性，建立数学模型和计算机程序，研究新型制冷循环等。

（2）太阳能热发电

太阳能热发电是利用集热器将太阳辐射能转换成热能并通过热力循环过程进行发电，是太阳能热利用的重要方面。

（3）太阳房

太阳房是直接利用太阳辐射能的重要方面。通过建筑设计把高效隔热材料、透光材料、储能材料等有机地集成在一起，使房屋尽可能多地吸收并保存太阳能，达到房屋采暖目的。太阳房可以节约 75%～90% 的能耗，并具有良好的环境效益和经济效益，成为各国太阳能利用技术的重要方面。被动式太阳房平均每平方米建筑面积每年可节约 20kg～40kg 标准煤，用于蔬菜和花卉种植的太阳能温室在中国北方地区较多采用。全国太阳能温室面积总计约 700 万亩，发挥着较好的经济效益。由于我国目前在相关的透光隔热材料、带涂层的控光玻璃、节能窗等方面没有商业化，所以太阳房的应用水平受到限制。

（4）太阳灶和太阳能干燥

我国目前大约有 15 万台太阳灶在使用中。太阳灶表面可以加涂一层光谱选择性材料，如二氧化硅之类的透明涂料，以改变阳光的吸收与发射，最普通的反光镜为镀银或镀铝玻璃镜，也有铝抛光镜面和涤纶薄膜镀铝材料等。同时可以提高太阳灶的效率，每个太阳灶每年可节约 300 千克标准煤。

太阳能干燥是热利用的一个方面。目前我国已经安装了有 1000 多套太阳能干燥系统，总面积约 2 万 m^2。主要用于谷物、木材、蔬菜、中草药干燥等。

9.3.4.2　太阳能电池的展望

（1）Ⅲ-Ⅴ族化合物及铜铟硒等系由稀有元素所制备，但从材料来源看，这类太阳能电池将来不可能占据主导地位。

（2）从转换效率和材料的来源角度讲，多晶硅和非晶硅薄膜电池将最终取代单晶硅电池，成为市场的主导产品。

（3）今后研究的重点除继续开发新的电池材料外，应集中在如何降低成本上来。近来国外曾采用某些技术制得硅条带作为多晶硅薄膜太阳能电池的基片，以达到降低成本的目的，效果还是比较理想的。

9.4　燃料电池材料

9.4.1　概述

1. 燃料电池基础

燃料电池（fuel cell）是一个电池本体与燃料箱组合而成的动力装置。燃料电池具有高能效、低排放等特点，近年来受到了普遍重视，在很多领域展示了广阔的应用前景。20 世纪六七十年代，美国"Gemini"与"Apollo"宇宙飞船均采用了燃料电池作为动力源，证明了其高效与可行性。燃料的选择性非常高,包括纯氢气、甲醇、乙醇、天然气,甚至于现在运用最广泛的汽油,都可以作为燃料电池燃料。这是目前其他所有动力来源无法做到的。以氢为燃料、环境空气为氧化剂的质子交换膜燃料电池(PEMFC)系统近十年来在车上成功地进行了示范,被认为是后石油时代人类解决交通运输用动力源的可选途径之一。再生质子交换膜燃料电池(RFC)具有高的比能量,近年来也得到航空航天领域的广泛关注;直接甲醇燃料电池(DMFC)在电子器件电源如笔记本电脑、手机方面等得到了演示,已经进入到了商业化的前夜;以固体氧化物燃料电池(SOFC)为代表的高温燃料电池技术也取得了很大的进展。但是,燃料电池技术还处于不断发展进程中,燃料电池的可靠性与寿命、成本与氢源是未来燃料电池商业化面临的主要技术挑战,这些也是燃料电池领域研究的焦点问题。

2. 燃料电池工作原理

燃料电池通过氧与氢结合成水的简单电化学反应而发电。燃料电池的基本组成有:电极、电解质、燃料和催化剂。两个电极被一个位于它们之间的、携带有充电电荷的固态或液态电解质分开。在电极上,催化剂,例如白金,常用来加速电化学反应。图9-13为燃料电池基本原理示意图。

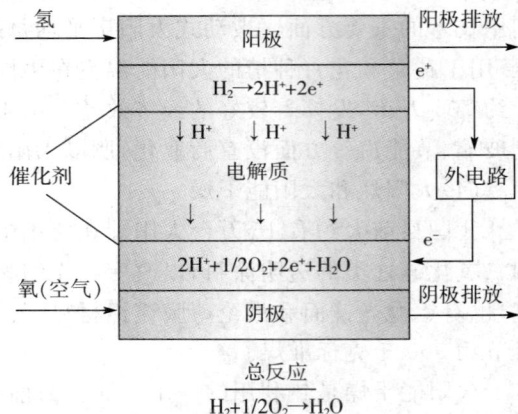

阳极反应:$2H_2+4OH^- \rightarrow 4H_2O+4e^-$
阴极反应:$4e^-+O_2+2H_2O \rightarrow 4OH^-$
总反应: $2H_2+O_2 \rightarrow 2H_2O$

3. 燃料电池的分类

(1)碱性燃料电池(AFC)
(2)质子交换膜燃料电池(PEMFC)
(3)磷酸燃料电池(PAFC)
(4)熔融碳酸燃料电池(MCFC)
(5)固态氧燃料电池(SOFC)

9.4.2 质子交换膜燃料电池(PEMFC)材料

质子交换膜燃料电池以磺酸型质子交换膜为固体电解质,无电解质腐蚀问题,能量转换效率高,无污染,可室温快速启动。质子交换膜燃料电池在固定电站、电动车、军用特种电源、可移动电源等方面都有广阔的应用前景,尤其是电动车的最佳驱动电源。它已成功地用于载人的公共汽车和奔驰轿车上,图9-14为质子交换膜燃料电池原理图。

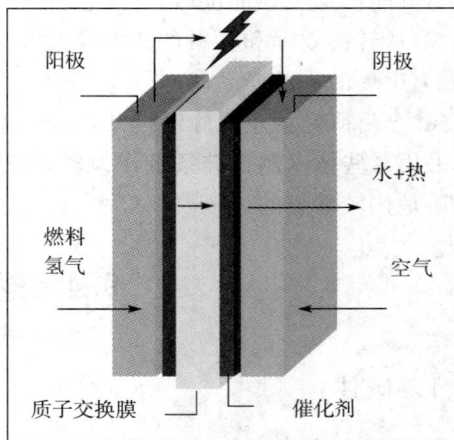

图9-13 燃料电池工作原理示意图

图9-14 质子交换膜燃料电池原理图

1. 电催化剂

(1)电催化

电催化是使电极与电解质界面上的电荷转移反应得以加速的催化作用。电催化反应速度不仅由电催化剂的活性决定,而且与双电层内电场及电解质溶液的本性有关。

(2)电催化剂的制备

至今,PEMFC 所用电催化剂均以 Pt 为主催化剂组分。为提高 Pt 利用率,Pt 均以纳米级高分散地担载到导电,抗腐蚀的碳担体上。所选碳担体以碳黑或乙炔黑为主,有时它们还要经高温处理,以增加石墨特性。最常用的担体为 VulcanXC-72R,其平均粒径约 30nm,比表面积约 250m²/g。

采用化学方法制备 Pt/C 电催化剂的原料一般采用铂氯酸。制备路线分两大类:① 先将铂氯酸转化为铂的络合物,再由络合物制备高分散 Pt/C 电催化剂;② 直接从铂氯酸出发,用特定的方法制备 Pt 高分散的 Pt/C 电催化剂。

为提高电催化剂的活性与稳定性,有时还添加一定的过渡金属,支撑合金型的电催化剂。

(3)多孔气体扩散电极及其制备方法

① 多孔气体电极。燃料电池一般以氢为燃料,以氧为氧化剂。由于气体在电解质溶液中的溶解度很低,因此在反应点的反应剂浓度很低。为了提高燃料电池实际工作电流密度,减小极化,需要增加反应的真实表面积。此外还应尽可能地减少液相传质的边界层厚度。因此在此种要求下研制多孔气体电极,其比表面积不但比平板电极提高了 3~5 个数量级,而且液相传质层的厚度也从平板电极的 10^{-2}cm 压缩到 10^{-3}cm~10^{-6}cm,从而大大提高了电极的极限电流密度,减少了浓差极化。

② 电极制备工艺。PEMFC 电极是一种多孔气体扩散电极,一般由扩散层和催化层组成。扩散层的作用是支撑催化层、收集电流,并为电化学反应提供电子通道、气体通道和排水通道;催化层是发生电化学反应的场所,是电极的核心部分。电极扩散层一般由碳纸或碳布制作,厚度为 0.2mm~0.3mm。制备方法为:首先将碳纸或碳布多次浸入聚四氟乙烯乳液(PTFE)中进行憎水处理,用称量法确定浸入的 PTFE 的量;再将浸好的 PTFE 的碳纸置于 330℃~340℃烘箱内进行热处理,除掉浸渍在碳纸中的 PTFE 所含有的表面活性剂,同时使 PTFE 热熔结,并均匀分散在碳纸的纤维上,从而达到优良的憎水效果。

(4)经典的疏水电极催化层制备工艺

催化层由 Pt/C 催化剂、PTFE、及其导体聚合物(Nafion)组成。制备工艺:将上述三种混合物按照一定比例分散在 50%的蒸馏水中搅拌,用超声波混合均匀后涂布在扩散层或质子交换膜上烘干,并热压处理,得到膜电极三合一组件。催化层的厚度一般在几十微米左右。

在薄层亲水电极催化层种,气体的传输不同于经典疏水电极催化层中由 PTFE 憎水网络形成那个的气体通道中传递,而是利用氧气在水或 Nafion 类树脂种扩散溶解。因此这类电极催化层厚度一般控制在 5 μm 左右。

该催化层一般制备工艺为:① 将 5%的 Nafion 溶液与 Pt/C 电催化剂混合均匀,Pt/C 与 Nafion 质量比为 3:1;② 加入水与甘油,控制质量比为 Pt/C:H₂O:甘油=1:5:20;③ 超声波混合,使其成为墨水状态;④ 将上述墨水态分几次涂到已经清洗的 PTFE 膜上,在 135℃下烘干;⑤ 将带有催化层的 PTFE 膜与经过储锂的质子交换膜热压处理,将催化层转移到质子交换膜上。

2. 质子交换膜

根据 PEMFC 的制造和工作过程，PEMFC 对质子交换膜的性能要求为：① 具有优良的化学、电化学稳定性，保证电池的可靠性和耐久性；② 具有高的质子导电性，保证电池的高效率；③ 具有良好的阻气性能，以起到阻隔燃料和氧化剂的作用；④ 具有高的机械强度，保证其加工性和操作性；⑤ 与电极具有较好的亲和性，减小接触电阻；⑥ 具有较低成本，满足使用化要求。

(1)全氟磺酸质子交换膜

最早在 PEMFC 中得到实际应用的质子交换膜是美国 DuPont 公司于 20 世纪 60 年代末开发的全氟磺酸质子交换膜（Nafion 膜），在此之后，又相继出现了其他几种类似的质子交换膜，它们包括美国 Dow 化学公司的 Dow 膜、日本 Asahi Chemical 公司的 Aciplex 膜和 Asahi Glass 公司的 Flemion 膜，这些膜的化学结构与 Nafion 膜都是全氟磺酸结构。在全氟磺酸膜

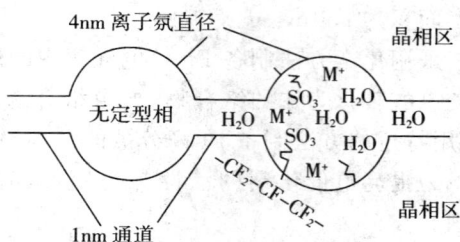

图 9 - 15　全氟磺酸膜结构示意图

内部存在相分离，磺酸基团并非均匀分布于膜中，而是以离子簇的形式与碳—氟骨架产生微观相分离，离子簇之间通过水分子相互连接形成通道（图 9 - 15 所示）。这些离子簇间的结构对膜的传导特性有直接影响。

因为在质子交换膜相内，氢离子是以水合质子 $H^+(xH_2O)$ 的形式，从一个固定的磺酸根位跳跃到另一个固定的磺酸根位，如果质子交换膜中的水化离子簇彼此连接时，膜才会传导质子。膜离子簇间距与膜的 EW 值和含水量直接相关，在相同水化条件下，膜的 EW 值增加，离子簇半径增加；对同一个质子交换膜，水含量增加，离子簇的直径和离子簇间距缩短，这些都有利于质子的传导。

(2)耐热型质子交换膜

目前 PEMFC 的发电效率为 50% 左右，燃料中化学能的 50% 是以热能的形式放出，现采用全氟磺酸膜的 PEMFC 由于膜的限制，工作温度一般在 80℃ 左右，由于工作温度与环境温度之间的温差很小，这对冷却系统的难度很大。工作温度越高，冷却系统越容易简化，特别是当工作温度高于 100℃ 时，便可以借助于水的蒸发潜热来冷却；另一方面，重整气通常是由水蒸气重整法制得的，如果电催化剂的抗 CO 能力增强，即重整气中 CO 的允许浓度增大，则可降低水蒸气的使用量，提高系统的热效率。

由此可见，随着质子交换膜工作允许温度区间的提高，给 PEMFC 带来一系列的好处，在电化学方面表现为：①有利于 CO 在阳极的氧化与脱付，提高抗 CO 能力；②降低阴极的氧化还原过电位；③提高催化剂的活性；④提高膜的质子导电能力。在系统和热利用方面表现为：①简化冷却系统；②可有效利用废热；③降低重整系统水蒸气使用量。随着人们对中温质子交换膜燃料电池认识的加深，开发新型耐热的质子交换膜正在被越来越多的研究工作者所重视。

目前开发的耐热型质子交换膜大致分为中温和高温两种，前者是指工作温度区间在 100℃～150℃ 的质子交换膜，质子在这种膜中的传导仍然依赖水的存在，它是通过减少膜的

脱水速度或者降低膜的水合迁移数使膜在低湿度下仍保持一定质子传导性;后者的工作温度区间则为 150℃～200℃,对于这种体系,质子传导的水合迁移数接近于零,因此它可以在较高的温度和脱水状态下传导质子,这对简化电池系统非常重要。

开发耐高温质子交换膜根本途径是降低膜的质子传导水合迁移数,使膜的质子传导不依赖水的存在。在这方面的研究工作中,有人采用高沸点的质子传导体,如咪唑或吡唑代替膜中的水,使膜在高温下保持质子导电性能(如图)。另一个引人注目的工作是聚苯并咪唑(PBI)/H_3PO_4 膜,由浸渍方法制成的磷酸 PBI 膜在高温时具有良好的电导率。

(3)膜电极三合一组件(MEA)的制备

膜电极三合一组件(MEA)是由氢阳极、质子交换膜和氧阴极热压而成,是保证电化学反应能高效进行的核心。膜电极三合一组件制备技术不但直接影响电池性能,而且对降低电池成本、提高电池比功率与比能量均至关重要。

PEMFC 电极为多孔气体扩散电极,为使电化学反应顺利进行,电极内需具备质子、电子、反应气体和水的连续通道。对采用 Pt/C 电催化剂制备的 PEMFC 电极,电子通道由 Pt/C 电催化剂承担;电极内加入的防水粘结剂如 PTFE 是气体通道的主要提供者;催化剂构成的微孔为水的通道;向电极内加入的全氟磺酸树脂,构成 H 通道。MEA 性能不仅依赖于电催化剂活性,还与电极中四种通道的构成即各种组分配比、电极孔分布与孔隙率、电导率等因索密切相关。在 PEMFC 发展进程中,已发展了多种膜电极制备工艺。

其制备工艺主要包括:①膜的预处理;②将制备好的多孔气体扩散型氢氧电极浸入或喷上全氟磺酸树脂,在 60℃～80℃烘干;③在质子交换膜两面放好氢、氧多孔气体扩散电极,置于两块不锈钢平板中间,放入热压机中;④在 130℃～135℃,压力在 6MPa～9MPa 下热压 60s～90s,取出后冷却降温。

为了改进 MEA 的整体性,可采用的方法有:①制备电极时,加入少量的 10% 的聚乙烯醇;②提高热压温度　为此,需将 Nafion 树脂和 Nafion 膜用 Nacl 溶液煮拂。使其转化为 Na^+ 型,此时热压温度可提高到 160℃～180℃,还可将 Nafion 溶液中的树脂转化为季胺盐型(如用四丁基氢氧化胺处理),再与经过钠型化的 Nafion 膜压台,热压温度可提高到 195℃。

(4)质子交换膜燃料电池的特点及研发现状

燃料电池种类较多,PEMFC 以其工作温度低、启动快、能量密度高、寿命长、重量轻、无腐蚀性、不受二氧化碳的影响、能量来源比较广泛等优点,特别适宜作为便携式电源、机动车电源和中小型发电系统。

由于膜的结构、工艺和生产批量等问题的存在,到目前为止,质子交换膜的成本是非常高的,约为每平米 600 美元,其中膜的成本占 20%～30%。因此降低膜的成本迫在眉睫。据研究计划报道,其第三代质子交换膜 BAM3G,价格将为每平米 50 美元。质子交换膜燃料电池的工作温度约为 80℃。在这样的低温下,电化学反应能正常地缓慢进行,通常用每个电极上的一层薄的白金进行催化。

质子交换膜燃料电池拥有许多优点,因此成为汽车和家庭应用的理想能源,它可代替充电电池。它能在较低的温度下工作,因此能在严寒条件下迅速启动。其电力密度较高,因此其体积相对较小。此外,这种电池的工作效率很高,能获得 40%～50% 的最高理论电压,而且能快速地根据用电的需求而改变其输出。

目前,能产生 50kW 电力的示范装置业已在使用,能产生高达 250kW 的装置也正在开发。当然,要想使该技术得到广泛应用,仍然还有一系列的问题尚待解决。其中最主要的问题是制造成本,因为膜材料和催化剂均十分昂贵。不过人们进行的研究正在不断地降低成本,一旦能够大规模生产,其较高的经济效益将会充分显示出来。

另一个大问题是这种电池需要纯净的氢方能工作,因为它们极易受到一氧化碳和其他杂质的污染。这主要是因为它们在低温条件下工作时,必须使用高敏感的催化剂。

9.4.3　固态氧化物燃料电池(SOFC)材料

9.4.3.1　SOFC 工作原理

固体氧化物燃料电池(Solid Oxide Fuel Cell,简称 SOFC)属于第三代燃料电池,是一种在中高温下直接将储存在燃料和氧化剂中的化学能高效、环境友好地转化成电能的全固态化学发电装置。它被普遍认为是在未来会与质子交换膜燃料电池(PEMFC)一样得到广泛普及应用的一种燃料电池。固体氧化物燃料电池是一个将化石燃料(煤、石油、天然气以及其他碳氢化合物等)中的化学能转换为电能的发电装置,其工作原理如图 9-16 所示。能量转换是通过电极上的电化学过程来进行的,阴极和阳极反应分别为:

阴极:$O_2 + 4e^- = 2O^{2-}$

阳极:$2O^{2-} + 2H_2 = 2H_2O + 4e^-$

其中的 H 来自于化石燃料,而 O 来源于空气。

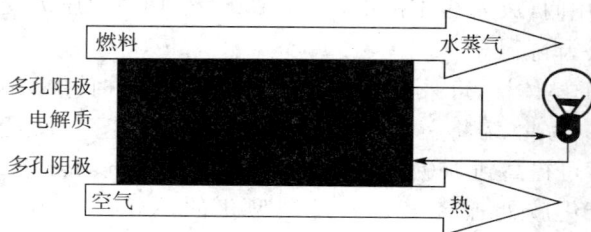

图 9-16　固体氧化物燃料电池原理示意图

从理论上讲,固体氧化物燃料电池是最理想的燃料电池类型之一。它不仅具有其他燃料电池高效和环境友好的优点,而且还具备下列优点:

(1)SOFC 是全固态的电池结构,避免了因为使用液态电解质所带来的腐蚀和电解液流失的问题;

(2)电池在高温下(800℃~1000℃)工作时,电极反应过程相当迅速,无需采用贵金属电极,因而电池成本大大降低,同时在高的工作温度下,电池排出的高质量余热可以充分利用,既能用于取暖,也能与蒸汽轮联用进行循环发电。

(3)燃料的适用范围广,不仅用 H_2、CO 等作为燃料,而且可以直接用天然气,煤气、碳氢化合物及其可燃烧物质作为燃料发电。

9.4.3.2　SOFC 材料

1. 固体氧化物电解质

氧化物固体电解质通常为萤石结构的氧化物,常用的电解质是 Y_2O_3、CaO 等掺杂的

ZrO_2、CeO_2 或 Bi_2O_3 氧化物形成的固溶体。目前最广泛应用的氧化物电解质为 6mol％～10mol％ Y_2O_3 掺杂的 ZrO_2，常温下 ZrO_2 属单斜晶系，1150℃时不可逆转变为四方结构，到 2370℃时转变为立方萤石结构，并一直保持到熔点（2680℃）。8mol％ Y_2O_3 稳定的 ZrO_2（YSZ）是 SOFC 中普遍采用的电解质材料，其电导率在 950℃下约为 0.1S/cm。虽然 YSZ 的电导率比其他类型的固体电解质小 1～2 个数量级，但它有突出的优点，即在很宽的氧分压范围呈纯氧离子导电特性，电子导电和空穴导电只在很低和很高的氧分压下产生。因此，YSZ 是目前少数几种在 SOFC 中具有实用价值的氧化物固体电解质。目前 YSZ 电解质薄膜的制备方法很多，按其成膜原理可以分为陶瓷粉末法、化学法和物理法。

陶瓷粉末法分为流延成型法和浆料涂覆法两种。

流延成型法流延成型是在陶瓷粉料中添加溶剂、分散剂、黏结剂和增塑剂等，制得分散均匀的稳定浆料，经过筛、除气后，在流延机上制成具有一定厚度的素胚膜，再经过干燥、烧结得到致密薄膜的一种成型方法。流延成型法制备 YSZ 薄膜工艺的关键在于制备性能合适的流延浆料。为了使成膜致密，通常采用细颗粒的球形粉料，但是如果粉料过细，浆料中黏结剂和增塑剂的用量也要相应增加，以保证浆料的黏度，这会给干燥和烧结带来困难，从而影响烧结膜的质量。浆料中溶剂、分散剂、黏结剂和塑性剂等添加剂的种类和含量很重要，并且添加剂的添加次序对流延浆料的黏度及流变性影响很大。一般先在粉料中加入溶剂和分散剂，用球磨或超声波分散的方法混合均匀后，再加入塑性剂和黏结剂，这主要是因为黏结剂和分散剂在粉体颗粒上的吸附具有竞争性，分散剂先吸附在颗粒表面后不易被解吸，可增强粉体的分散效果，有利于提高膜的致密度。图 9-17 是流延法制备 YSZ 薄膜的工艺流程图。

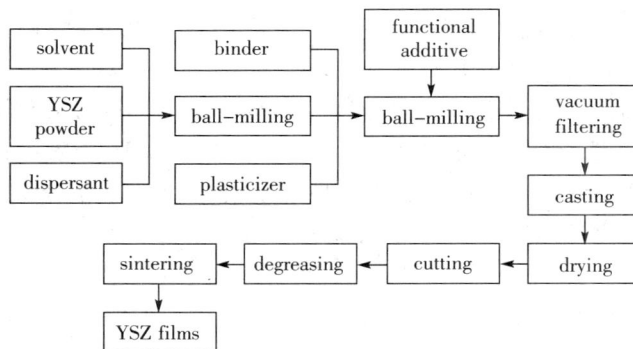

图 9-17 流延法制备 YSZ 薄膜的工艺流程

浆料涂覆法是将 YSZ 粉末分散在溶剂中，加入助剂配成浆状悬浮液，然后采用不同涂覆方式将 YSZ 浆料涂覆在基片表面，再经干燥、烧结得到电解质薄膜的方法。图 9-18 是浆料涂覆法的工艺流程图。浆料涂覆法设备成本低，工艺简单，成膜较薄，但所用的浆料一般是 YSZ 含量 10wt％左右的稀悬浮液，为了得到气密性良好的电解质膜，浆料的涂覆、干燥、预烧过程一般需要重复 3～10 次，既费时又费力。针对稀浆涂覆法的不足，一般将浆料中 YSZ 含量提高到 40wt％，用刷子将浆料刷到电极上后再用匀胶机甩平，只进行一次涂覆，烧结后得到 8 μm 厚的均匀致密的 YSZ 薄膜。也可以将 NiO-YSZ 片放在布氏漏斗底部，向漏斗中加入 YSZ 纳米粉和异丙醇及乙烯醇缩丁醛混合悬浮液，通过控制溶液的浓度和液面下沉速度,得到 7 μm 厚的致密 YSZ 薄膜。

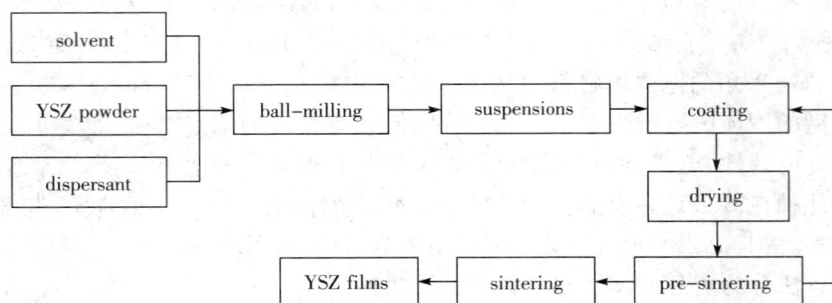

图 9-18 浆料涂覆法制备 YSZ 薄膜的工艺流程

YSZ 作为氧离子电解质时,由于电导率较低,必须在 900℃~1000℃的温度下工作才能使 SOFC 获得较高的功率密度,这样给双极板、高温密封胶的选材和电池组装带来一系列的困难。目前国际上 SOFC 的发展趋势是,适当降低电池的工作温度至 800℃左右。

2. 电极材料

(1)阴极材料

在高温 SOFC 中,要求电极必须具备下列特点:多孔性;高的电子导电性;与固体电解质有高的化学和热相容性以及相近的热膨胀系数。

SOFC 中的阴极、阳极可以采用 Pt 等贵金属材料,但由于 Pt 价格昂贵,而且高温下易挥发、实际已很少采用。目前发现钙钛矿型复合氧化物 $Ln_{1-x}A_xMO_3$(Ln 为镧系元素,A 为碱土金属,M 为过渡金属)是性能较好的一切阴极材料。不同过渡金属的钙钛矿型的氧化物 $La_{1-x}Sr_xMO_{3-\delta}$(M 为 Mn、Fe、Co,$0 \leqslant x \leqslant 1$)的阴极电化学活性的顺序为:$La_{1-x}Sr_x CoO_{3-\delta} > La_{1-x}Sr_x MnO_{3-\delta} > La_{1-x}Sr_x FeO_{3-\delta} > La_{1-x}Sr_x CrO_{3-\delta}$。

目前,SOFC 中空气电极广泛采用锶掺杂的亚锰酸镧(LSM)钙钛矿材料。原因是 LSM 具有较高的电子导电性、电化学活性和与 LSM 相近的热膨胀系数等优良综合性能。在 $La_{1-x}Sr_x MnO_3$ 中,随 Sr 掺杂量的变化,电导性连续增大,但热膨胀系数也不断增加。为了保证和 YSZ 膨胀系数相匹配,一般 Sr 量取 0.1~0.3。

(2)阳极材料

SOFC 通过阳极提供燃料气体,阳极又称为燃料极。从阳极的功能和结构考虑,必须满足一系列要求:

好的化学稳定性和性能稳定性;有足够的电子电导率,减小欧姆极化,能把产生的电子及时传导到连接板,同时具有一定的离子电导率,以实现电极的立体化;与其相接触的材料的化学兼容性和热膨胀匹配性;适当的气孔率,使燃料气体能够渗透到电极—电解质界面处参与反应,并将产生的水蒸气和其他的副产物带走,同时又不严重影响阳极的结构强度;良好的催化活性和足够的表面积,以促进燃料电化学反应的进行;有良好的催化性能,较高的强度和韧性,易加工性和低成本。

① 金属电极

具有电子导电性的材料曾用于制作阳极,如 Pt,Ag 等贵金属,石墨,过渡金属铁、钴、镍等都曾作为阳极加以研究。贵金属不仅成本太高,而且在较高的温度下还存在 Ag 的挥发问题,Pt 电极在 SOFC 运行中,反应产生的水蒸气会使阳极和电解质发生分离;过渡金属也有一定的局限性,如铁也可以作为阳极材料,但是铁在高温下容易被氧化而失去活性。之后人们用廉价的 Ni 代替了 Pt、Ag 等贵金属。但 Ni 颗粒的表面活性高,容易烧结团聚,不仅会降低阳极的催化活性,而且由于电极烧结、孔隙率降低,会影响燃料气体向三相界面扩散,增加电池的阻抗。Co 也是一种很好的阳极材料,其电催化性能比 Ni 好,但是 Co 的价格比较贵,限制了它在实际中的应用。因此,纯金属阳极都不能为 SOFC 技术所采用。

② Ni - YSZ 金属陶瓷电极

金属陶瓷复合材料是通过将具有催化活性的金属分散在电解质材料中得到的,这样既保持了金属阳极的高电子电导率和催化活性,又增加了材料的离子电导率并改善了阳极与电解质热膨胀系数不匹配的问题。复合材料中的陶瓷相主要是其结构方面的作用,即保持金属颗粒的分散性和长期运行时阳极的多孔结构。金属 Ni 以其便宜的价格及较高的稳定性常与电解质氧化钇稳定的氧化锆(yttria stabilized zirconia,YSZ)混合制成多孔金属陶瓷 Ni - YSZ。它是目前应用最广泛的 SOFC 阳极材料,在 Ni - YSZ 金属陶瓷中,首先需要制备 NiO - YSZ 复合材料,然后在 SOFC 工作环境中还原,得到 Ni - YSZ 金属陶瓷。

Ni - YSZ 金属陶瓷阳极的电导率与其中的 Ni 的含量密切相关。Ni - YSZ 的电导率随 Ni 的含量呈 S 形(如图 9 - 19 所示),说明了 Ni - YSZ 组中导电机理随 Ni 含量不同而发生变化。在 Ni - YSZ 金属陶瓷中存在两种导电机制:电子导电相 Ni 和离子导电相 YSZ。Ni - YSZ 的电导大小性质由混合物中两者的比例决定,当 Ni 含量超过 30%(体积分数)时,电导率骤增,高出以前的三个数量级,说明此时起作用的主要是 Ni 中的电子电导,其电导率还与电极的微观结构密切相关。Ni 含量越大,欧姆电阻越小,极化电阻随 Ni 的体积含量变化有一最小值,一般为 50% 左右。

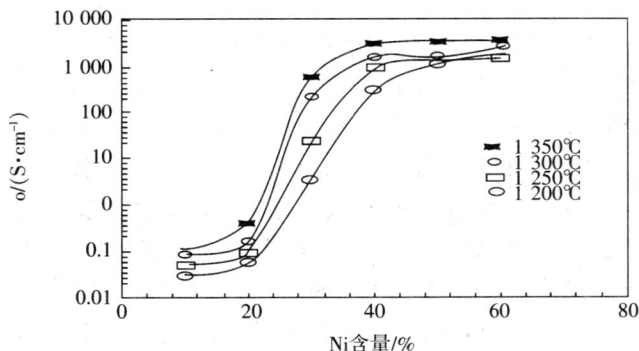

图 9 - 19　不同的温度时 Ni - YSZ 阳极电导率与 Ni 含量的关系

Ni - YSZ 金属陶瓷阳极的热膨胀系数随组成不同而发生变化。随着 Ni 含量的增加,Ni - YSZ 阳极的热膨胀系数增大。但是当 Ni 的含量超过 30% 时,Ni - YSZ 金属陶瓷的热膨胀系数将比 YSZ 电解质的高。综合考虑阳极材料的各方面性能,Ni 的含量一般取 30% 左右。除了组成外,Ni - YSZ 的粒径比会直接影响到阳极的极化和电导率。对于 Ni 含量和孔隙率都固定的阳极来说,粒径比越大,电导率就越高。

Ni/YSZ 的粒径比会直接影响到阳极的极化和电导率。对于 Ni 含量和孔隙率都固定的阳极来说,粒径比越大,电导率就越高。粗的 YSZ 颗粒在烧结和还原 NiO 时,更容易收缩,此时产生的应力会造成微裂纹和电池性能的快速衰减。另外,从电催化活性角度考虑,使用粗的 YSZ 颗粒会减小燃料发生氧化反应的三相界面,增加极化电阻。现在,一种新的微观结构被提出,即原始粉料由粗 YSZ、细 YSZ 和 NiO 颗粒构成。这种新型阳极与传统阳极相比,它的优越性主要体现在电池的长期性能上。整个阳极有多层具有不同粒径和镍含量的阳极层构成,由离向外,粒径和 Ni 含量逐渐增大,从而阳极的孔隙率、电导率和热膨胀系数也呈梯度分布。Koide 等人的研究表明,采用具有不同镍含量的双层阳极能够有效地降低电池的欧姆和极化电阻。实验结果表明,在 600℃～800℃ 之间,其电导率高达 103.3S/cm。所以,它可以被用作中低温固体氧化物燃料电池的阳极材料。

③ Cu 基金属陶瓷

人们考虑用一种惰性金属来代替 Ni 形成金属陶瓷阳极。Gorte 等用金属 Cu 代替或取代部分 Ni,Cu/YSZ 阳极在 SOFC 的工作温度和环境下保持稳定,没有碳沉积,但是,并没有获得很好的电池性能。这可能是因为 Cu 没有足够的催化活性,减弱了对甲烷催化生成碳的反应,显著减少了阳极积碳。研究发现 Cu、Ni、CeO_2/YSZ 复合阳极对多种碳氢化合物(例如甲烷、乙烷、丁烷、丁烯、甲苯等)的直接电化学催化有良好的催化活性,而且没有积碳现象。有人合成 $Cu-CeO_2-YSZ$ 阳极材料,发现与 Ni-YSZ 相比其对燃料的适应性更强,还可以得到更加稳定的电池性能。所以这类 Cu 基阳极对碳氢化合物的直接电化学氧化有很好的发展潜力。

④ CeO_2 基的复合材料

目前阳极的材料体系和微观结构设计已是多种多样。在传统的 Ni/YSZ 材料的基础上,发展出了 Ni/DCO 材料。研究表明:采用掺杂 CeO_2 的 Ni-YSZ 阳极,用潮湿的 CH_4 为燃料,工作温度在 850℃ 时工作 3h 阳极没有发现出现碳沉积。该材料在中低温下具有较好的性能,而且 Ni/DCO 阳极对碳氢燃料有更好的催化活性和稳定性,现已被广泛用于中低温 SOFC。

CeO_2 是具有萤石结构的氧化物,空间群为 Fm3m,熔点高,不容易烧结。目前已有实验室开展了以 CeO_2 做燃料电池电催化剂的研究。CeO_2 在许多反应,包括碳氢化合物的氧化和部分氧化中,可以作为催化剂。同时,CeO_2 还具有阻止碳沉积和催化碳的燃烧反应的能力。因此,它被研究用作以合成气、甲醇、甲烷为燃料的 SOFC 阳极材料或复合阳极材料的组成部分。掺杂和不掺杂的 CeO_2 基材料在低氧分压下都能够表现出混合导体的性能,是很有潜力的 SOFC 阳极材料。氧化铈的电导率也随着掺杂元素的离子大小、价态和掺杂量的变化而变化。在所有三价掺杂元素中,Gd^{3+}、Sm^{3+}、Y^{3+} 的半径与 Ce^{4+} 最接近,因而这三种元素掺杂的氧化铈的阳空位缔合能最低。纯 CeO_2 的电导率并不高,600℃ 时的离子电导率只有 10^{-5}S/cm,但掺杂碱金属氧化物(如 CaO)或稀土氧化物(如 Y_2O_3,Sm_2O_3,Gd_2O_3)后,其氧离子电导率会大大提高。

为了降低采用阳极支撑结构的 SOFC 的成本,研究了钙掺杂的氧化铈(CDC)。结果表明,掺杂 20% 钙的材料的电导率最高,850℃ 时在氢气气氛下的电导率可以达到 1.1S/cm,远大于在空气气氛下的电导率,同样我们研究了钇掺杂的氧化铈,掺杂 20% 钇的材料在 850℃ 时氢气气氛下的电导率可以达到 0.39S/cm。分别以 Ni-20CDC 作为阳极,Sm0.5Sr0.5Co-SDC 作为阴极,SDC 作为电解质的单电池在 650℃,氢气气氛下的最大输出比功率可以达到 $623mW/cm^2$。

（3）双极连接材料

双极连接板在 SOFC 中起到连接阴、阳电极的作用，特别是平板式 SOFC 中同时起分隔燃料和氧化剂和构成流场与导电作用，是平板 SOFC 中关键材料之一。双极连接板在高温和氧化、还原气氛下必须具备良好的力学性能、化学稳定性、高的电导率和接近 YSZ 的热膨胀系数，目前 $La_{1-x}CaCrO_3$（简称 LCC）和 Cr-Ni 合金材料能满足平板式 SOFC 连接材料的要求。

9.4.4　熔融碳酸盐燃料电池（MCFC）材料

熔融碳酸盐燃料电池（MCFC）的概念的提出最早在 20 世纪 40 年代。目前，MCFC 试验与研究集中在以下方面：应用基础研究主要集中在解决电池材料抗熔盐腐蚀方面，以期望延长电池寿命；试验电厂的建设正在全面展开，主要集中在美国、日本与西欧一些国家，试验电厂的规模已经达到 1MW～2MW。MCFC 的工作温度约 650℃，余热利用价值高；电催化剂以镍为主，不用贵金属，并可用脱硫煤气、天然气为燃料；电池隔膜与电极均采用待铸方法制备，工艺成熟，容易大批量生产。

熔融碳酸盐燃料电池具有能量转换率高，无公害，在 600℃～700℃高温下工作不需价格昂贵的催化剂，在 H 燃料中可含 CO 以及还能用煤气制作燃料等优点。

作为第二代燃料电池，目前很多国家，如美国、荷兰、意大利、日本等都很重视这项研究工作。美国 IFC 于 1986 年已运转 25kW 级电池组。熔融碳酸盐燃料电池主要由燃料电极（阳极）、空气电极（阴极）、熔融碳酸盐电解质及隔板等组成这些材料的好坏直接影响燃料电池的性能。因此很多国家都很重视这些材料的研究工作。

9.4.4.1　燃料电极

燃料电极经常与燃料气体 H_2 及 CO 等接触，所以对这些气体要求具有稳定性。对燃料电极材料的基本要求是：

（1）导电性能好；

（2）耐高温特性好；

（3）对电解质（熔融碳酸盐）具有抗腐蚀性；

（4）在燃料气体等还原性气氛中很稳定；

（5）在高温下不发生烧结现象和蠕变现象，机械强度高。

目前解决这些问题的主要方法是采用电极特性比较好的 Ni 系材料进行合金化处理或用氧化物弥散强化的 Ni-Cr、Ni-Co、$Ni-LiAlO_2$ 等。

9.4.4.2　空气电极

空气电极经常与高温的氧化气氛接触，所以需要抗氧化的性能。目前常用的空气电极材料是掺 1%～2%Li 的 NiO。这种电极用纯 Ni 粉末进行烧结而制成，具有多孔性结构。它组成电池时被氧化成黑色的 NiO。NiO 单体本身是一种绝缘体，但在电解质中的 Li 掺到这里后就形成导电性高的空气电极。目前存在的最大问题是，在电池运转中电极中的 Ni 逐渐被溶解在电解质中，使长期运转时，电解质中析出 Ni。因此燃料电极和空气电极有时发生短路现象。

9.4.4.3　电解质

熔融碳酸盐燃料电池的电解质部分，主要由基体材料和熔融碳酸盐电解质两部分组成。

电解质部分又按其结构可分为基体型电解质及膏型电解质两种。

基体型电解质主要由 $LiAlO_2$ 或 MgO 烧结体组成，一般具有 $50\%\sim60\%$ 的空隙率，其中浸有熔融碳酸盐电解质。在基体型电解质中，对基体材料的要求是：绝缘性能好；机械强度高；在高温下对熔融碳酸盐稳定；能浸进及保持电解质。

膏型电解质主要由 $LiAlO_2$ 及 ZrO_2 组成。它是在比熔融碳酸盐熔点低的基础上经过热压法制备的。膏型电解质在机械强度方面不如基体型电解质，但其气密性及内部电阻方面比基体型好。因为气密性好，所以内电阻小。膏型电解质缺点是：反复操作及热循环时，容易出现裂纹。为了防止这种现象，可在其中加入 $Fe-Cr-Al$ 合金组成补强剂。

9.4.4.4 燃料电池隔膜

隔膜是 MCFC 的核心部件，要求温度高、耐高温熔盐腐蚀、浸入熔盐电解质后能阻气并具有良好的离子导电性能。早期的 MCFC 隔膜有氧化镁制备，然而氧化镁在熔盐中微弱溶解并容易开裂。研究表明 $LiAlO_2$ 具有很强的抗碳酸熔盐腐蚀的能力，因此目前广泛采用。

在 MCFC 中，碳酸盐电解质被保持在多孔的偏铝酸锂（$LiAlO_2$）结构中，通常称之为电解质板。$LiAlO_2$ 的结构形态和物理特性（即粒子大小和比表面积等）强烈地影响着电解质板的强度及保持电解质的能力。$LiAlO_2$ 有三种结构形态，见表 9-7。研究表明，$\gamma-LiAlO_2$ 在 MCFC 工作环境中是最稳定的结构形态。因为 $LiAlO_2$ 在高温下具有良好的化学、热稳定性和力学稳定性，与其他材料的相容性好，尤其是有极好的辐射行为，并且该材料锂的含量相对较高，所以它引起了学者们广泛的兴趣。偏铝酸锂粉料的合成方法很多，通常有固相合成法、溶胶-凝胶法、共沉淀法等。后两种方法的制备过程复杂，成本高，且反应周期较长，另外反应后存在副产物。

表 9-7 $LiAlO_2$ 有三种结构形态

品体类型	品 系	颗粒外形	粒子细度	密度 (θ/cm^2)	比表面积	稳定性
$\alpha-LiAlO_2$	六 方	球 形	高	3.400	大	高压稳定
$\phi-LiAlO_2$	正 交	针 状	中	2.610	中	亚稳
$\gamma-LiAlO_2$	正 方	片状、双锥	低	2.615	小	高湿稳定

1. $LiAlO_2$ 粉体的制备

$LiAlO_2$ 由 Al_2O_3 和 Li_2CO_3 混合（摩尔比 $1:1$），去离子水为介质，长时间充分球磨后经过 $600℃\sim700℃$ 高温下焙烧制备。其化学反应式为：

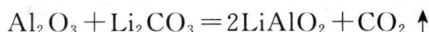

$$Al_2O_3+Li_2CO_3=2LiAlO_2+CO_2\uparrow$$

将粉体与一定量的黏合剂和增塑剂混合，滚压成膜，以滚压制得的 $LiAlO_2$ 膜作电池隔膜，以烧结 Ni 作对电极，组装成了电极面积 $28cm^2$ 的小型 MCFC，电池性能良好，放电电流 $125mA/cm^2$，电池电压 $0.91V$。

2. $LiAlO_2$ 隔膜的制备

国内外已经开发了多种 $LiAlO_2$ 隔膜的制备方法，有热压法、电沉积法、真空铸造法、冷热滚法和带铸法。带铸法制备的 $LiAlO_2$ 隔膜，不但性能好，重复性好，而且适用于大批量生产。带铸法制备隔膜的过程是：在 $\gamma-LiAlO_2$ 粗料中掺入 5% 的 $\gamma-LiAlO_2$ 细料，同时加入一定比例的黏结剂、增塑剂和分散剂,用正丁醇和乙醇的混合物做溶剂,经长时间球磨制备出适于带铸的浆料,然后将浆料用带铸机铸膜,在制模的过程中要控制溶剂的挥发速度,使膜快速干燥。将制得的膜数张叠合,热压成厚度为 0.5mm~0.6mm、堆密度为 1.75g/cm³~1.85g/cm³ 的电池用隔膜。

国内已经开发了流铸法制模技术。用该技术制模时,浆料的配方与带铸法相似,但是加入的溶剂量大,配成的浆料具有很大的流动性。将制备好的浆料脱气至无气泡,均匀铺摊于一定面积的水平玻璃板上,在饱和溶剂蒸汽中控制膜中溶剂挥发速度,让膜快速干燥,然后将数张这种膜叠合热压成厚度为 0.5mm~1.0mm 的电池隔膜。

9.4.4.5　MCFC 需要解决的关键技术

1. 阴极熔解

MCFC 电极为锂化的 NiO。随着电极长期工作运行,阴极在熔盐电解质中将要发生熔解,熔解产生的 Ni²⁺ 扩散进入到电池隔膜中,被隔膜阳极一侧渗透的 H_2 还原成金属 Ni,而沉积在隔膜中,严重时导致电池短路。

2. 阳极蠕变

MCFC 阳极最早采用烧结 Ni 做电极,由于 MCFC 属于高温燃料电池,在高温下还原气氛中的 Ni 将蠕变,从而影响了电池的密封性和电池性能。为提高阳极的抗蠕变性能和力学强度,国外采用以下方法:向 Ni 阳极中加入 Cr、Al 等元素,形成 Ni-Cr,Ni-Al 合金,以达到弥散强化的目的;向 Ni 阳极中加入非金属氧化物,利用非金属氧化物良好的抗高温蠕变性能对阳极进行强化。

3. 熔盐电解质对电极双极板材料的腐蚀

MCFC 双极板通常用的材料是 SUS310 或 SUS316 等不锈钢,长期工作后,会造成电极双极板材料的腐蚀,为提高双极板的抗腐蚀性能,一般国外采取在双极板表面包覆一层 Ni 或 Ni-Cr-Fe 耐热合金或在双极板表面上镀 Al 或 Co。

4. 电解质流失问题

随着 MCFC 运转工作时间的加长,熔盐电解质将按照以下的途径发生部分流失:

(1)阴极溶解导致流失;
(2)阳极腐蚀导致流失;
(3)双极板腐蚀导致流失;
(4)熔盐电解质蒸发损失导致流失;
(5)电解质迁移导致流失。

为了保证 MCFC 内部有足够的电解质,一般在电池结构上增加补盐设计,如在电极或基板上加工一部分沟槽,用在沟槽中储存电解质的方法补盐,使盐流失的影响降为最低。

9.4.5　燃料电池的应用

1. 军事上的应用

军事应用应该是燃料电池最主要、也是最适合的市场。高效,多面性,使用时间长,以及安静的工作,这些特点极适合于军事工作对电力的需要。燃料电池可以以多种形态为绝大多数军事装置——从战场上的移动手提装备到海陆运输——提供动力。

在军事上,微型燃料电池要比普通的固体电池具有更大的优越性,其较长的使用时间就意味着在战场上无需麻烦的备品供应。此外,对于燃料电池而言,添加燃料也是轻而易举的事情。

　　同样,燃料电池的运输效能极大地减少了活动过程中所需的燃料用量,在进行下一次加油之前,车辆可以行驶得更远,或在遥远的地区活动更长的时间。这样,战地所需的支持车辆、人员和装备的数量便可以显著减少。自 20 世纪 80 年代以来,美国海军就使用燃料电池为其深海探索的船只和无人潜艇提供动力。

　　2. 移动装置上的应用

　　伴随燃料电池的日益发展,它们正成为不断增加的移动电器的主要能源。微型燃料电池因其具有使用寿命长,重量轻和充电方便等优点,比常规电池具有得天独厚的优势。

　　如果要使燃料电池能在电脑、移动电话和摄录影机等设备中应用,其工作温度、燃料的可用性以及快速激活将成为人们考虑的主要参数,目前大多数研究工作均集中在对低温质子交换膜燃料电池和直接甲醇燃料电池的改进。正如其名称所示,这些燃料电池以直接提供的甲醇—水混合物为基础工作,不需要预先重整。

　　使用甲醇,直接甲醇燃料电池要比固体电池具有极大的优越性。其充电仅仅涉及重新添加液体燃料,不需要长时间地将电源插头插在外部的供电电源上。当前,这种燃料电池的缺点是用来在低温下生成氢所需的白金催化剂的成本比较昂贵,其电力密度较低。如果这两个问题能够解决,应该说没有什么能阻挡它们的广泛应用了。目前,美国正在试验以直接甲醇燃料电池为动力的移动电话。

　　3. 空间领域的应用

　　在 20 世纪 50 年代后期和 60 年代初期,美国政府为了寻找安全可靠的用于载人航天飞行的能源,对燃料电池的研究给予了极大的关心和资助,使燃料电池获得了长足的发展。重量轻,供电供热可靠,噪声轻,无震动,并能生产饮用水,所有这些优点均是其他能源不可比拟的。

　　General Electric 生产的 Grubb – Niedrach 燃料电池是 NASA 用来为其 Gemini 航天项目提供动力的第一个燃料电池,也是第一次商业化使用燃料电池。从 20 世纪 60 年代起,飞机制造商 Pratt & Whitney 赢得了为阿波罗项目提供燃料电池的合同。Pratt & Whitney 生产的燃料电池是基于对 Bacon 专利的碱性燃料电池的改进,这种低温燃料电池是最有效的燃料电池。在阿波罗飞船中,三组电池可产生 1.5kW 或 2.2kW 电力,并行工作,可供飞船短期飞行。每组电池重约 114kg,装填有低温氢和氧。在 18 次飞行中,这种电池共工作 10000 小时,未发生一次飞行故障。

　　在 20 世纪 80 年代航天飞机开始飞行时,Pratt & Whitney 的姊妹公司国际燃料电池公司继续为 NASA 提供航天飞机使用的碱性燃料电池。飞船上所有的电力需求由 3 组 12kW 的燃料电池存储器提供,无需备用电池。国际燃料电池公司技术的进一步发展使每个飞船上使用的燃料电池存储器能提供约等于阿波罗飞船上同体积的燃料电池十倍的电力。以低温氢和氧为燃料,这种电池的效率为 70% 左右,在截至现在的 100 多次飞行中,这种电池共工作了 80000 多个小时。

　　4. 运输上的应用

　　当前,以内燃机提供动力的汽车已成为有害气体排放的主要排放源。世界各地都在立法强迫汽车制造商生产能极大限度地降低排放的车辆,燃料电池可为这种要求带来实质的机遇。位于 Alberta 的 Pembina 设计研究所指出：当一辆小车使用以氢为燃料的燃料电池而不用汽油内燃机时，其二氧化碳的排放量可以减少高达 72%。然而，如果用燃料电池代替内燃机，燃料电池技术不仅要符合立法对车辆排放的严格要求，还要能对终端用户提供同样方便灵活的运输解决方案。驱动车辆的燃料电池必须能迅速地达到工作温度，具有经济上的优势，并能提供稳定的性能。

应该说质子交换膜燃料电池最有条件满足这些要求，其工作温度较低，80℃ 左右，很快即可达到。由于能迅速地适应各种不同的需求，与内燃机的效率 25% 左右相比，它们的效率可高达 60%。Pembina 研究所近来的研究表明，以甲醇为燃料的燃料电池，其燃料利用率是用汽油内燃机提供动力的车辆的 1.76 倍。在现有的燃料电池中，质子交换膜燃料电池的电力密度最大。当人们在车辆设计中重点考虑空间最大化时，这一因素则至关重要。另外，固态聚合物电解质能有助于减少潜在的腐蚀和安全管理问题。唯一的潜在问题是燃料的质量，为了避免在如此低温中催化剂受到污染，质子交换膜燃料电池必须使用无污染的氢燃料。

现在，大多数车辆生产商视质子交换膜燃料电池为内燃机的后继者，General Motors，Ford，Daimler - Chrysler，Toyota，Honda 以及其他许多公司都已生产出使用该技术的原型。在这一进程中，运用不同车辆和使用不同地区的试验进展顺利，用质子交换膜燃料电池为公共汽车提供动力的试验已在温哥华和芝加哥取得成功。德国的城市也进行了类似的试验，今后，还有另外十个欧洲城市也将在公共汽车上进行试验，伦敦和加利福尼亚也将计划在小型车辆上进行试验。

在生产商能够有效地、大规模地生产质子交换膜燃料电池之前，需要解决的主要问题包括生产成本、燃料质量，以及电池的体积。目前，人们也在对直接使用甲醇为燃料和从环境空气中取得氧的另一解决方案进行研究，它也可以避免燃料的重整过程。

参考文献

[1] Byoungwoo K，Gerbrand C. Battery materials for ultrafast charging and discharging [J]. Nature，2009，458：190～193

[2] Nam KT. Virus-enabled synthesis and assembly of nanowires for lithium ion battery electrodes [J]. Science，2008，322：44～44

[3] Zhang W M，Hu J S，Guo Y G. Tin - Nanoparticles Encapsulated in Elastic Hollow Carbon Spheres for High-performance Anode Material in Lithium-Ion Batteries [J]. Adv. Mater. 2008，20：1160～1165

[4] Kushiya K，Thin Solid Films[J]. 2001，387：257

[5] Gary L. Miessler，D. A. Tarr. Inorganic Chemistry，2003，45

[6] Wada T，Kinoshita H，Kawata S. [J]. Thin Solid Films，2003，11：431～432

[7] Peter G. Bruce. Energy materials [J]. Solid State Sciences，2005，7：1456～1463

[8] Bach S，Pereira - Ramos J P，Baffier P N. Electrochemical Properties of Sol - gel $Li_{1/3}Ti_{5/3}O_4$[J]. Powder Sources，1999，81～82：273～276.

[9] 黄可龙，王兆翔，刘素琴. 锂离子电池原理与关键技术[M]. 北京：化学工业出版社，2007

[10] 唐致远,武鹏,杨景雁,等. 电极材料 $Li_4Ti_5O_{12}$ 的研究进展[J]. 电池,2007,37 (1):73~75

[11] 李戬洪. 辐射致冷的实验研究[J]. 太阳能学报,2000,21(3):243~247

[12] 沈辉,舒碧芬. 国内外太阳电池材料的研究与发展[J]. 阳光能源,2005,(10):42

[13] 雷永泉,万群,石永康. 新能源材料[M]. 天津:天津大学出版社,2000

[14] 李建保,李敬峰. 新能源材料及其应用技术[M]. 北京:清华大学出版社,2005

[15] 衣宝廉. 燃料电池现状与未来[J]. Chinese Journal of Power Sources,1998,22 (5):216~230

[16] 张翔. 论中国电动汽车产业的发展[J]. 汽车工业研究,2006,(2):2~12

图书在版编目(CIP)数据

无机材料合成与制备/朱继平,闫勇主编 . —合肥:合肥工业大学出版社,2009.12(2018.1重印)

ISBN 978 - 7 - 5650 - 0137 - 6

Ⅰ.无⋯   Ⅱ.①闫⋯②朱⋯   Ⅲ.无机材料—合成—教材   Ⅳ.TB321

中国版本图书馆 CIP 数据核字(2009)第 221126 号

无机材料合成与制备

朱继平　闫　勇　主编		责任编辑　权　怡　郭　艳		

出　版	合肥工业大学出版社	版　次	2009 年 12 月第 1 版
地　址	合肥市屯溪路 193 号	印　次	2018 年 1 月第 5 次印刷
邮　编	230009	开　本	787 毫米×1092 毫米　1/16
电　话	总编室:0551 - 62903038	印　张	22
	发行部:0551 - 62903198	字　数	532 千字
网　址	www.hfutpress.com.cn	印　刷	安徽昶颉包装印务有限责任公司
E-mail	hfutpress@163.com	发　行	全国新华书店

ISBN 978 - 7 - 5650 - 0137 - 6　　　　　　　　　　定价:38.00 元

如果有影响阅读的印装质量问题,请与出版社发行部联系调换。